T0180457

Simulation von Röhrenverstärkern mit SPICE

 Springer

Alexander Potchinkov

Simulation von Röhrenverstärkern mit SPICE

PC-Simulationen von Elektronenröhren in Audioverstärkern

2., bearbeitete und erweiterte Auflage

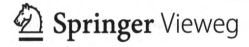 Springer Vieweg

Alexander Potchinkov
Lehrstuhl für Digitale Signalverarbeitung
Technische Universität Kaiserslautern
Kaiserslautern, Deutschland

ISBN 978-3-8348-1472-2   ISBN 978-3-8348-2112-6 (eBook)
DOI 10.1007/978-3-8348-2112-6

Die Deutsche Nationalbibliothek verzeichnet diese Publikation in der Deutschen Nationalbibliografie;
detaillierte bibliografische Daten sind im Internet über http://dnb.d-nb.de abrufbar.

Springer Vieweg
© Springer Fachmedien Wiesbaden 2009, 2015

Springer Fachmedien Wiesbaden GmbH ist Teil der Fachverlagsgruppe Springer Science+Business Media
(www.springer.com)

Vorwort

In vielen hochwertigen Musikwiedergabeanlagen setzen Audiophile Röhrenverstärker ein, die, nicht nur nach Meinung des Autors, entscheidend für den Wohlklang verantwortlich sind. Diese Röhrenverstärker müssen (dürfen) entwickelt werden, auch dann, wenn sie im Selbstbau entstehen.

Elektronikentwicklung mit Halbleitern und Schaltungssimulation bilden schon seit geraumer Zeit eine untrennbare Einheit. Dafür gibt es viele Gründe, von denen einige in diesem Buch und noch weitere in zahlreichen anderen Büchern genannt werden. Röhrenverstärker und Schaltungssimulation werden (noch) nicht als so innig miteinander verwoben angesehen. Dafür gibt es zwar verständliche, nicht aber berechtigte Gründe. Zum einen fehlt es an Röhrenmodellen. Das Simulationsprogramm SPICE enthält keine generischen Röhrenmodelle. Zum anderen fehlt es, vor allem im Amateurbereich, an Erfahrung im Umgang mit Simulationssoftware, einer Software, die fälschlicherweise als kompliziert angesehen wird. Und schließlich fehlt es an Literatur, die sich mit genau diesem Thema befasst. Dem ist entgegenzuhalten, dass Simulationssoftware auch kostenfrei erhältlich ist und die Einarbeitungszeit, nicht zuletzt auch wegen nunmehr verfügbarer graphischer Benutzerschnittstellen, überraschend gering ausfällt. Zudem zeigt die Erfahrung, dass, wenn man einmal erst eine solche Software nutzen kann, sie nach kurzer Zeit auch intensiv genutzt wird. Wie sonst kann man an einem Abend mehrere Schaltungsvarianten testen?

Der Autor hat schon als Schüler Röhrenverstärker nachgebaut und als Student der Elektrotechnik später dann auch entwickelt. Es folgten ungefähr zwanzig Jahre Pause, in denen der Autor Audiosignale zumeist digital verarbeitet hat, denn das ist sein Beruf. Frühe Leidenschaften können ruhen, sie müssen nicht vergehen. Vor noch nicht zwei Jahren hat der Autor sich wieder den Röhrenverstärkern zugewandt, doch mittlerweile mit den Kenntnissen und Erfahrungen aus zwei Jahrzehnten Tätigkeit als Ingenieur und Universitätsprofessor in der Elektrotechnik. Eine dieser Erfahrungen ist es, zeitgemäße Softwarewerkzeuge für die Elektronikentwicklung als unverzichtbar anzusehen. Die Entwicklung der Röhrenverstärker *in der zweiten Generation* erfolgte dann schon mit der Unterstützung durch SPICE, wodurch auf den ersten Blick das Schöne mit dem Nützlichen verbunden wird und auf den zweiten Blick das zunächst vielleicht nur Nützliche zum ebenfalls Schönen wird. Die Simulation von Röhrenschaltungen gelang so hervorragend, dass auch schnell der Wunsch aufkam, nicht alles angehäufte Wissen für sich selbst zu behalten, sondern es Interessenten zur Verfügung zu stellen. Das ist die Aufgabe dieses Buchs.

In den ersten Überlegungen zum Inhalt des Buchs stand die Praxis der Simulatorbenutzung noch an recht hoher Stelle. Während des Schreibens stellte sich dann schon nach kurzer Zeit heraus, dass es sinnvoll ist, Schaltungstechnik und Schaltungsberechnung höher zu gewichten. Schließlich sank also der Anteil an Beschreibung von SPICE, denn die Beschaffung von hierzu ein- und auch weiterführender Literatur ist nicht schwierig. Die Schaltungstechnik trat in den Vordergrund. Schaltungen werden stets auf der Grundlage von Berechnungen entworfen. Ergebnisse von Berechnungen findet man auch verstreut in der schon historischen Literatur, wobei der Weg zum Ergebnis manchmal recht dürftig beschrieben ist und die Darstellungen in verwirrender Weise voneinander abweichen können. So wird mancher Leser schon beobachtet haben, dass unterschiedliche Texte unterschiedliche Schreibweisen benutzen, frühere Entwurfsmethoden auf die Verwendung von Nomogrammen und Rechenschiebern abgestimmt waren und viele Texte eher den vordergründigen Wunsch nach Faustformeln unterstützen statt dem Leser das Rüstzeug zur Verfügung zu stellen, das er benötigt, um Schaltungen systematisch zu verstehen und anzuwenden. Erfreulicherweise lassen sich NF-Verstärker mit Röhren wegen der möglichen stromlosen Steuerung der Röhren recht leicht berechnen. Die Berechnung von Transistorschaltungen ist bereits schon etwas aufwändiger. Aus diesen Gründen wird in diesem Buch ein einheitliches Schema dargelegt, nach dem Röhrenschaltungen systematisch mit einfachsten Mitteln berechnet werden können. Das mag an manchen Stellen etwas mühsam und ausufernd aussehen, doch wenn der Leser die Schritte selbst nachvollziehen möchte, wird er, etwas Geduld vorausgesetzt, alles dazu Notwendige auch finden. Im weiteren muß man sehen, dass ohne verläßliche Rechenergebnisse die Genauigkeit der Simulationsergebnisse nicht überprüft werden kann. Der große Schaltungskonzepte-Anteil am Buch wird aber auch genutzt, um fortgeschrittene Themen für den Einsatz von SPICE zu diskutieren, wie z. B. die verläßliche simulierte Messung von Klirrfaktoren.

Der Autor meint, dass man nicht notwendigerweise die alten Schaltungskonzepte der fünfziger Jahre unverändert nachbauen muß. Mittlerweile haben sich auch viele Erkenntnisse im Verstärkerbau mit Transistoren ergeben und können vorteilhaft für den Entwurf moderner Röhrenverstärker genutzt werden. Auch ist die Spannungsversorgung von Röhrenverstärkern dank moderner Bauelemente schon längst nicht mehr kritisch. Zudem stehen heute Bauelemente in weit höherer Qualität zur Verfügung und auch die Beschaffung von Röhren, dem speziellen Zubehör und Ausgangsübertragern ist via Internet, bei mittlerweile zahlreichen Versandhändlern, ein unproblematischer Vorgang.

Dem Vieweg+Teubner-Verlag und dort dem Cheflektor für die Elektrotechnik, Herrn Reinhard Dapper, spreche ich meinen Dank für den Mut aus, ein recht spezielles Buch herauszugeben, das sicher nie in den Bestsellerlisten aufgeführt werden wird. Ich danke der Firma NXP Semiconductors, gegründet von Philips, für die Erlaubnis, Diagramme aus den historischen Verstärkerröhrendatenblättern in diesem Buch abbilden zu dürfen. Diese Datenblätter sollten wegen ihrer Ausführlichkeit, wegen ihrer Darstellungsqualität und wegen ihrer Internet-Verfügbarkeit ständige Begleiter derjenigen sein, die sich mit

Verstärkerröhren beschäftigen. Meiner Familie, Julia, Nikolas und Sophia, danke ich für das Ertragen eines Schreibens, das auch dem Familienleben Abstriche abverlangte.

Dem Leser wünsche ich, dass er Gewinn aus möglichst vielen Teilen dieses Buches ziehen möge, denn nur dann erhalte ich als Autor einen Lohn für meine Mühen.

Neustadt an der Weinstraße, November 2008

Prof. Dr.-Ing. habil. Alexander Potchinkov

Vorwort zur zweiten Auflage

In seiner zweiten Auflage wird dieses Buch zur SPICE-Simulation von Röhrenverstärkern fortgeführt, was mit einer erheblichen Erweiterung des Umfangs erfolgt. Abgesehen von der Korrektur einiger kleinerer Fehler hat der bereits bestehende Buchanteil der ersten Auflage keine wesentliche Änderungen erfahren. Es schließt sich ein neugeschriebener Buchanteil mit ungefähr dem gleichen Umfang an. Dieser Anteil umfaßt sechs inhaltliche Abschnitte, die im Folgenden aufgezählt werden.

Im Fortführen des bereits vorhandenen sechsten Kapitel, SPICE-Simulationen von Röhrenschaltungen in Beispielen, werden zwei Unterkapitel ergänzt, die eine Grundschaltung, den Anodenfolger, und eine Baugruppe, das Sallen&Key-Filter am Beispiel von Aktivlautsprecherfrequenzweichen, zum Inhalt haben.

Es folgen zwei recht umfangreiche Kapitel. Das siebente Kapitel stellt SPICE-Simulationen für „Fortgeschrittene" und das achte Kapitel Rückkopplungen in Röhrenverstärkern vor. Das siebente Kapitel ist dreigeteilt mit den Teilen *Anwenderdefinierte SPICE-Analysen, Funktionsquellen* und *Rauschanalyse*. Der Leser erfährt unter Nutzung der .meas-Anweisung einiges zu Spannungscd ..versorgungen von Röhrenverstärkern mit ihren Siebschaltungen, passive wie auch aktive, er erfährt am Beispiel der Funktionsquellen einiges zu Audiotests und schließlich vieles zur Rauschanalyse und zum Rauschen von Röhrenverstärkern, ergänzt um das Beispiel einer rauschkritischen Anwendung, den Phonoentzerrverstärkern. Das Unterkapitel Rauschanalyse ist notwendigerweise umfangreich, da es nicht nur die SPICE-Rauschanalyse selbst beschreibt, sondern auch eine sehr ausführliche Einführung zu einem gleichermaßen „schwierigen" wie auch umfangreichen Thema gibt.

Das achte Kapitel zu Rückkopplungen und Stabilität ist noch einmal erheblich umfangreicher als das Unterkapitel zum Rauschen. Ein spezifischer Grundlagenüberblick mit einigen nützlichen Konzeptüberlegungen bringt dem Leser einige fundamentale Zusammenhänge näher und zeigt Wirkungen sowie Auslegungen von Rückkopplungen auf, die zumeist als Gegenkopplungen ausgeführt werden. Ziel der Ausarbeitung ist das Zurverfügungstellen des Rüstzeugs für die Konstruktion stabiler Verstärker mit wirkungsstarken Rückkopplungen. SPICE entfaltet seine Stärke bei der Beschaffung der in Praxis nicht ohne weiteres messbaren komplexwertigen Schleifenverstärkung über der Frequenz. Diese ist Dreh- und Angelpunkt für die Erfassung der Wirkung und die Auslegung der für Stabilität notwendigen Frequenzgangskorrektur. Wer dem Kapitel folgt, und das ist sicher nicht weniger mühsam als es das Schreiben dieses Kapitels gewesen ist, wird am Ende wissen, wie man eben diese Frequenzgangskorrekturen vornimmt. Auch enthält dieses Kapitel ein Plädoyer für die gründliche Frequenzgangsentzerrung von Röhrenleistungsverstärkern sowohl im Hoch- als auch im, meist vernachlässigten, Tieftonbereich. Wegen der erheblich gesteigerten Qualität heutiger Tonträger und Lautsprecher können Frequenzgangsfehler nicht mehr akzeptiert werden, auch wenn sie bei historischen Röhrenverstärkern oder Röhrenradios als „liebenswürdig" angesehen wurden.

Kurz gesagt, unser Buch hat seinen Umfang verdoppelt und es wäre ein schöner Gewinn, wenn Leser nach der Lektüre Erkenntniszuwachs erfahren haben, der am Ende zu den Wunschröhrenverstärkern führt.

Meinen besonderen Dank spreche ich an Prof. Dr.-Ing. habil. Albrecht Reibiger in Dresden, meinem Habilitationsvater, aus, der mit zahlreichen wertvollen Hinweisen, im Besonderen für den Abschnitt zum Rauschen, das Schreiben an diesem Buch begleitet hat.

Mein Dank gilt ebenfalls dem Springer-Verlag mit seinem Lektorat Elektrotechnik – IT und hier Herrn Cheflektor Reinhard Dapper und Frau Andrea Broßler.

Neustadt an der Weinstraße, November 2014

Prof. Dr.-Ing. habil. Alexander Potchinkov

Inhaltsverzeichnis

NF-Röhrenverstärker in Zeiten digitaler Audiotechnik

1

In einem Zeitraum von einem guten Jahrzehnt, vor allem in den sechziger Jahren des letzten Jahrhunderts, wurden die Röhrenverstärker von den Transistorverstärkern abgelöst. Lediglich im Bereich der Musikelektronik ließen sich Röhrenverstärker als Gitarren- und Baßverstärker nicht verdrängen und werden nach wie vor wegen ihres *Sounds* als den Transistorverstärkern überlegen[1] angesehen. Unter technischen Gesichtspunkten war und ist die Ablösung der Röhrenverstärker zu begrüßen, brachte sie doch den Wegfall von Heizungen der Glühkathoden, die Integrierbarkeit, den Wegfall von Übertragern, vor allem der großen, schweren und teuren Ausgangsübertrager, die die niederohmigen Lautsprecher an die Verstärkerröhren anpassen, die Verkleinerung der Geräte, die Reduktion der Betriebsspannungen, die Erhöhung des Wirkungsgrades, die Erhöhung der Ausgangsleistung, die Reduktion linearer und vor allem nichtlinearer Verzerrungen und weitere Vorteile mehr. Auch digitale Audiotechnik ist nicht mit Röhren realisierbar. Warum aber sind Röhrenverstärker dann in den späten achtziger Jahren zurückgekommen? Warum erfreuen sie sich wachsender Beliebtheit als Hochpreis-Nischenprodukte? Warum sehen viele Nutzer von Röhrenverstärkern keinen Widerspruch zu digitalen Tonträgern als Signalquelle? Warum meinen Besitzer von Röhrenverstärkern, diese klängen einfach besser und schmücken diese Aussage mit blumigen Worten aus? Bevor Antworten, die keineswegs erschöpfend sind und es auch nicht sein können, versucht werden, wollen wir zunächst einige Beobachtungen und Fakten zusammenstellen:

- Mit den Röhrenverstärkern verschwanden auch die Röhrenhersteller in West-Europa und den USA. Manchmal sind Fabrikationsanlagen in einige der Länder verkauft worden, in denen heute Verstärkerröhren gefertigt werden.
- Die Renaissance der Röhrenverstärker wird im erheblichen Maß vom Internet gefördert, wo man Zugang zu unzähligen Bauvorschlägen, Diskussionsforen, Datenblättern,

---

[1] Diese Überlegenheit ist so stark, daß man sogar versucht, mit Verfahren der digitalen Signalverarbeitung den Röhrensound nachzubilden [Zoe02].

© Springer Fachmedien Wiesbaden 2015
A. Potchinkov, *Simulation von Röhrenverstärkern mit SPICE*,
DOI 10.1007/978-3-8348-2112-6_1

kopierten Lehrbüchern, Schaltplänen und persönlichen Berichten findet. In Deutschland ist z. B. *Jogis Röhrenbude*, www.jogis-roehrenbude.de, zu nennen, ein Forum, das sich vor allem an Selbstbauer wendet und Interessenten an dieser schönen Technik zusammenbringt.

- Röhren werden mittlerweile wieder in Stückzahlen hergestellt. Die Hersteller sind in Russland wie Svetlana in St. Petersburg und SOVTEK, das als Handelskonsortium auch Verstärkerröhren „labelt", der Slowakei, in China und weiteren Ländern des ehemaligen Ostblocks. Es werden auch wieder betagte Traditionsröhren wie die Telefunken-Leistungspentode EL156 von Tungsol wiederaufgelegt und sogar neue Typen entwickelt wie die Doppeltriode ECC99 von JJ-Electronics in der Slowakischen Republik oder die Leistungspentode KT90 von EI-RC in Serbien. Darüber hinaus gibt es ein endliches Angebot an NOS-Röhren (new old stock). Es handelt sich um gelagerte, aber ungebrauchte Röhren der ehemaligen Traditionshersteller wie Telefunken, Valvo oder RCA. Aus gegenwärtiger Sicht ist die Beschaffung von Verstärkerröhren unproblematisch und auch bei akzeptablen Kosten gesichert.

- Röhrenverstärker gehören zu einem Nischenmarkt, der dadurch gekennzeichnet ist, dass die Konsumenten ein hohes bis sehr hohes Preisniveau akzeptieren und es oft vielleicht sogar fordern, um die Exklusivität der Produkte zu unterstreichen. Röhrenverstärker sind oft Prestigeprodukte.

- *Röhrenverstärker klingen besser als Transistorverstärker.* Dieses Argument ist das stärkste und das schwächste zugleich. Es ist stark, weil die Anwender von seiner Richtigkeit überzeugt sind, und es ist schwach, da es sich, wenigstens z.Zt., nicht objektiv, d. h. mit Messverfahren, belegen lässt. Vielmehr ist aus Sicht der Systemtheorie der Röhrenverstärker seinem Halbleiter-Nachfolger weit unterlegen.

- Zur Begründung der unterschiedlichen Klangeindrücke von Transistor- und Röhrenleistungsverstärkern gibt es viele esoterische Deutungsversuche auf der Grundlage mehr oder weniger plausibler Annahmen zur unterschiedlichen Charakteristik der nichtlinearen Verzerrungen von Transistoren und Röhren. Es sind aber auch schon wohlbegründete Aussagen formuliert worden. Eine wichtige Grundannahme ist es, Leistungsverstärker und Lautsprecher nicht getrennt, sondern als eine Einheit zu sehen. Eine solche Einheit ist ein elektroakustisches System mit einer elektrischen Eingangsschnittstelle und einer akustischen Luftschall-Ausgangsschnittstelle. In seinem Inneren treten Verstärker und Lautsprecher in Wechselwirkung. Leach [Lea05] führt aus, dass der größere Dämpfungsfaktor der Röhrenverstärker zu einer Frequenzgangsverzerrung, einer linearen Verzerrung, führt. Er argumentiert, dass vor allem im Bereich der Tieftonlautsprecherresonanzfrequenz, also bei niedrigen Frequenzen, eine Betragsfrequenzgangserhöhung zu sehen ist, die für den „warmen" Klang der Röhrenverstärker verantwortlich ist. Aus dieser Perspektive müsste man einem Transistorverstärker zu einem Röhrenverstärkerklang verhelfen können, indem man einen $2\,\Omega$-Widerstand zwischen Verstärker und Lautsprecher einfügt.

- Hohe Klirrfaktoren und geringe Dämpfungsfaktoren als Folge hohen Innenwiderstands sind Ergebnisse der bei Röhrenverstärkern nur im begrenzten Maße anwendbaren linearisierenden Rückkopplung (Gegenkopplung).
- Röhrenverstärker sind sogar im und beim PC angekommen. So sind PC-Boards mit Trioden am Soundsystem-Ausgang erhältlich oder externe Soundsysteme mit Röhrenunterstützung.
- Seit einigen Jahren werden auch wieder hochwertige Studiomikrophone mit Röhrenverstärkern gebaut [Fey07]. Über viele Jahre hinweg wurden hierfür Feldeffekttransistoren verwendet und nun kehrt man, vielleicht sogar reumütig, zum Röhrenverstärker zurück.
- Röhrenverstärker sind teuer. Sie sind teuer, weil viel Handarbeit zu ihrer Herstellung nötig ist und weil viele teure Komponenten verbaut werden müssen, die wegen der notwendigen hohen Spannungsfestigkeit und der unvermeidlichen Wärmeentwicklung groß sind. Die bereits angesprochenen notwendigen Übertrager sind sehr teuer und auch die Röhren selbst verursachen Kosten und unterliegen, vor allem die Leistungsröhren, einer Alterung, die von ungünstigen Betriebsbedingungen, z. B. Betrieb mit hoher Verlustleistung, beschleunigt wird.
- Man kann Röhrenverstärker nur mit Schwierigkeiten ohne Abgleichelemente aufbauen. Wegen der relativ hohen Kosten der Röhren und wegen notwendiger Röhrenheizungen unterscheiden sich Röhrenschaltungen von Transistorschaltungen erheblich. Betrachtet man sich Schaltpläne von Transistorverstärkern, so erkennt man den oft erheblichen Schaltungsaufwand mit Konstantstromquellen, Stromspiegeln etc. zur Festlegung und Stabilisierung der Arbeitspunkte. Röhrenverstärker hingegen werden mit einem Minimalaufwand an Röhren konstruiert und dies verlangt dann die Anwendung von Trimmern für die Einstellung der Arbeitspunkte.
- Von Vorteil ist, dass die Schaltungskonzepte von Röhrenverstärkern vergleichsweise einfach sind, was vor allem den Selbstbau vereinfacht. Dies ist ein nicht zu unterschätzender Aspekt, denn das traditionelle Elektronikbasteln ist in den Zeiten von Billiggeräten, FPGA, VHDL, μC, Prozessoren, SMD etc. in den Hintergrund getreten.
- Die in Europa weitverbreitete Hobbyelektronikzeitschrift *Elektor* hat in den zurückliegenden Jahren mehrere Röhrenverstärkerschaltungen für den Selbstbau veröffentlicht. Darüber hinaus wurden bereits zehn Sonderhefte und mehrere Bücher zum Thema herausgegeben.

Zusammenfassend lässt sich anführen, dass Röhrenverstärker zwar im steigenden Umfang hergestellt und verkauft werden, aber nie wieder einen Massenmarkt finden werden. Sie werden nicht die Halbleitertechnik im Audiobereich ablösen, so wie sie einst von der Halbleitertechnik abgelöst worden sind. Röhrenverstärker sind exklusive Prestigeprodukte und werden als „Hingucker" im Zentrum der Heimstereoanlagen stehen und in dieser Rolle auch die Funktion von Einrichtungsgegenständen mit übernehmen.

Die gegenwärtige Entwicklung in der Audiotechnik von mehr- bis vielkanaliger Wiedergabe (Dolby Surround, DTS usw.) bis hin zur komplexen virtuellen Akustik mit Wellenfeldsynthese verbietet die Anwendung von Röhrentechnik aus wirtschaftlichen Gründen und auch aus Gründen des Platzbedarfs. Mit dieser Perspektive könnte man meinen, dass in naher Zukunft Röhrenverstärker auch wieder verschwinden werden, d. h. zeitgleich mit dem Verschwinden der stereophonen Musikwiedergabe. Aber, wer wie der Autor gerne Lieder hört, z. B. Schumann-Lieder mit dem 1966 verstorbenen Tenor Fritz Wunderlich, will das sicher nicht mit Dolby-Surround oder IOSONO-Soundsystemen zur Klangfeldsynthese für ein dreidimensionales Klangerlebnis tun, mit denen man Fritz Wunderlich quasi als aufgescheuchte singende Biene durch sein Wohnzimmer fliegen lassen könnte.

Wenn man einräumt, dass Röhrenverstärker heutzutage hergestellt werden und das Geschäft mit Ihnen sich ausweitet, dann sollten sich vor allem die Entwickler mit der Frage auseinandersetzen, ob sich nicht nur der Nachbau alter und bewährter Technik lohnt, sondern ob auch eine Weiterentwicklung sinnvoll ist. Kann man vielleicht sogar von den Schaltungskonzepten lernen, die sich in mehreren Jahrzehnten Transistorverstärkerbaus als vorteilhaft herausgestellt haben? Ein einfaches Beispiel ist der Differenzverstärker, die zentrale Komponente nahezu aller NF-Transistorverstärker (vor allem der Operationsverstärker). Differenzverstärker, einschließlich der gerne verwendeten Konstantstromquellen zur Erhöhung der Gleichtaktsignalunterdrückung und Vereinfachung der Arbeitspunkteinstellung, lassen sich natürlich auch mit Verstärkerröhren aufbauen. Davon hat man früher im Bereich der NF-Röhrenverstärker wenig Gebrauch gemacht, abgesehen von einer recht bekannten Phaseninverterschaltung, der sog. *long tailed pair* Schaltung [Lan53]. Die Vorteile der Differenzverstärker, wie Reduktion nichtlinearer Verzerrungen und konsequente symmetrische Signalverarbeitung vom Verstärkereingang bis zur Gegentaktendstufe, lassen sich aber auch bei Röhrenverstärkern nutzen. Wir wollen darauf hinaus, festzustellen, dass sich auch die Neuentwicklung von Röhrenverstärkern lohnt, in die nun verfügbare Kenntnisse einfließen. In diesem Zusammenhang möchten wir auf zahlreiche aktuelle Vorschläge zu übertragerlosen Röhrenleistungsverstärkern, Arbeiten zur Verwendung von Ringkernausgangsübertragern mit unterschiedlichen Schaltungstopologien [Vee99] und auch auf einige Patente der letzten 20 Jahre hinweisen, die Schaltungskonzepte mit Röhren zum Gegenstand haben. Ein solches Konzept wird in diesem Buch noch besprochen und simuliert werden. Und eben diese Entwicklung von Röhrenverstärkern kann von Computersimulationen gewinnbringend unterstützt werden. An dieser Stelle möchte das vorliegende Buch helfen, moderne Entwicklungswerkzeuge für die Entwicklung von Röhrenverstärkern zu nutzen. Es sollen auch nicht die zahlreichen Interessierten an dieser Technologie vergessen werden, die einige Fragen zu den Vorteilen bestimmter Schaltungskonzepte, deren Versuche einer Beantwortung bislang oft in Glaubenskriegen ausarteten, auf der Grundlage von Simulationen und der Interpretation von Simulationsergebnissen beantworten wollen. Jetzt sind wir an dem Punkt angekommen, der Anlass für das Schreiben dieses Buches war. Welchen vielfältigen Nutzen bringt ein

Schaltungssimulator wie SPICE für die Analyse und Entwicklung von Röhrenschaltungen?

- Experimentieraufbauten sind bei Röhrenverstärkern vergleichsweise teuer. Sie sind wegen der notwendigen hohen Spannungen gefährlich und sie erfordern bei Leistungsverstärkern den Einsatz von Übertragern, die teuer sind und für Experimente auch nur mit erheblichem Zeit- und Kostenaufwand geändert werden können. Hier ist auch anzumerken, dass die Hersteller der Verstärker oft nicht die Hersteller der Übertrager sind, was die Herstellung von Experimentieraufbauten erschwert.

- Vieles von dem Wissen über Praxis und Theorie der Röhrenverstärkerentwicklung aus der Zeit der früheren Röhrenverstärker ist schon verloren gegangen. Experimente mit Simulationen können helfen, dieses nunmehr fehlende Wissen in konzentrierter Form und in kurzer Zeit zu gewinnen.

- Mit dem Internet hat man kostenfreien Zugriff auf Schaltpläne, Schaltungsbeschreibungen und SPICE-Röhrenmodelle. Man kann beispielsweise moderne Schaltungskomponenten, die die Anwendung teurer Zwischenübertrager vermeiden helfen, mit dem Simulator verstehen und beurteilen lernen.

Im Anschluss an dieses Kapitel enthält dieses Buch noch sieben weitere Kapitel. Davon sind die ersten drei sehr kurz gehalten und stellen das Schaltungssimulationsprogramm SPICE vor. Im einzelnen enthält das zweite Kapitel eine Kurzbeschreibung der SPICE-Bauelemente und Anweisungen, das dritte Kapitel eine Übersicht über die PC-Software und das vierte Kapitel Anwendungen der wichtigsten SPICE-Analysen am Beispiel passiver Netzwerke. Den Verstärkerröhren und ihrer Simulation sind die umfangreichen Kapitel fünf und sechs gewidmet, die eng aufeinander abgestimmt sind. Das Kapitel fünf stellt die Röhren- und Verstärkereigenschaften zusammen und die Modellierung der Verstärkerröhren. Man kann nach der Lektüre in der Lage sein, jede beliebige Verstärkerröhre zu modellieren, sofern nicht auf die zahlreichen über das Internet erhältlichen Röhrenmodelle zurückgegriffen werden kann. Das sechste Kapitel enthält in acht Abschnitten Diskussionen, Berechnungen und Simulationen von repräsentativen Röhrenschaltungen, die Teilschaltungen von NF-Verstärkern mit linearen und nichtlinearen Frequenzgängen sind. Berechnung und Simulation werden in diesem Buch als gleich wichtig angesehen, zumal die Simulationsergebnisse mit den Rechenergebnissen verglichen werden müssen. Der Leser lernt in diesem Kapitel einiges über Schaltungstechnik, Berechnung von Schaltungen und manche fortgeschrittene Simulationstechnik. Das siebente Kapitel vertieft die Anwendung von SPICE-Analysen mit anwenderdefinierten Simulationen und Funktionsquellen und hat einen Schwerpunkt auf Rauschen und SPICE-Rauschanalyse. Dieser Abschnitt beschränkt sich nicht alleine auf Angaben zur Verwendung der SPICE-Rauschanalyse zusammen mit einigen Beispielen, sondern gibt vielmehr einen für ein Buch zu einem „historischen" Thema der Elektronik recht weitreichenden Einblick in die Grundlagen und Modellierungstechniken rauschender Widerstände und Verstärkerröhren. Das achte Kapitel ist das umfangreichste Kapitel. Rückkopplungen und Stabilität rückgekoppelter

Röhrenverstärker sind die Themen. SPICE kann an dieser Stelle eine besondere Stärke zeigen, können wir doch mit Simulationen die Schleifenverstärkung komplexwertig und ohne Bandbegrenzung messen und auf dieser Grundlage die Frequenzgangskorrekturen auslegen, die für den Betrieb rückgekoppelter mehrstufiger Röhrenverstärker unverzichtbar sind. Auch in diesem Kapitel steht den Grundlagen eine große Fläche zur Verfügung. Der Leser erfährt allgemeines und auch einiges röhrenverstärkerspezifisches, was für ihn von erheblichem Nutzen sein kann.

Simulation elektronischer Schaltungen mit SPICE 2

Simulationen mit SPICE sind in vielerlei Hinsicht nützlich und in vielen Fällen unentbehrlich. In diesem Abschnitt sollen zwei Verwendungsbereiche hervorgehoben werden:

- Eine Simulationssoftware unterstützt ihren Anwender beim Erarbeiten von Schaltungskonzepten, was auch heißt, die bestgeeignete Schaltung aus einer Auswahl mehrerer möglicher Schaltungen zu finden. Sie ergänzt die fundamentalen Überlegungen mit der experimentellen Arbeit. Ihr besonderes Verdienst ist die hohe zeitliche Effizienz gegenüber realen Experimentieraufbauten, den Laboraufbauten.
- Im Zeitraum der Entwicklung einer konkreten Schaltung ersetzt die Simulation mit dem Rechner die Laboraufbauten wenigstens in der frühen Phase. Nach intensiver Anwendung von Simulationssoftware wird nicht nur die frühe Phase ersetzt, sondern man wird in vielen Fällen gar keine realen Aufbauten mehr vornehmen müssen. Dieser Zustand ist bei der Entwicklung komplexer Digitaltechnik schon seit geraumer Zeit üblich, denn hier sind Laboraufbauten oft nicht einmal mehr möglich.

Aus dieser Perspektive soll eine Simulationssoftware wie SPICE als simuliertes Elektroniklabor betrachtet werden. Man kann die SPICE-Analysen dann als Durchführung von Messungen betrachten, für die dem Anwender eine vorzügliche Ausstattung an Labormessinstrumenten zur Verfügung steht, unabhängig von Ort und Zeit.

Nach einem Beginn dieses Abschnitts mit einer Positivdarstellung von Simulationssoftware sollte auch eine übergeordnete Einschränkung nicht unerwähnt bleiben. Ein Simulator kann nur dann erfolgreich genutzt werden, wenn man prinzipiell selbst in der Lage ist, das gewünschte Ergebnis zu berechnen. Der Simulator vermag nichts anderes, als die zeitliche Effizienz zu steigern. Man kann aber mit Hilfe von Simulationen durchaus dazulernen, so wie es auch mit realen Experimenten im Labor möglich ist.

SPICE ist ein universelles Simulationsprogramm zur Analyse elektronischer Schaltungen [Hoe85]. Es dient, soweit es in diesem Buch benutzt wird, der Gleichstromana-

© Springer Fachmedien Wiesbaden 2015
A. Potchinkov, *Simulation von Röhrenverstärkern mit SPICE*,
DOI 10.1007/978-3-8348-2112-6_2

lyse sowie der Analyse des Schaltungsverhaltens im Zeit- und im Frequenzbereich. Die Bauelemente, aus denen die Schaltung „aufgebaut" ist, können lineare und nichtlineare Bauelemente sein. Darüber hinaus erlaubt SPICE Rauschanalysen, Sensitivitätsanalysen, Anlaysen von Digitalschaltungen, Temperaturverhaltensanalysen und weitere Analysen. Diese Analysen werden in diesem Buch nicht durchgeführt.

SPICE wird als abgeschlossene Simulationssoftware angeboten oder als Bestandteil von integrierter Entwurfssoftware, die den Entwickler vom Schaltplan über Simulation bis hin zum Leiterplattenentwurf begleitet. SPICE ist das bekannteste und wichtigste Simulationsprogramm:

- Die wissenschaftlichen Grundlagen von SPICE stehen außer Zweifel.

- Die Wahl der (modifizierten) Knotenpotentialanalyse ist für die Rechner-Implementierung sicher die günstigste Wahl aus den bekannten Netzwerkanalyseverfahren.

- Die Software, entwickelt an der Universität Berkeley in Kalifornien, USA, wurde intensiv gepflegt und kostenfrei an die Interessenten zur Verfügung gestellt. So konnte die aus heutiger Sicht unkomfortable und auch schon nicht mehr akzeptable Benutzerschnittstelle schon vor einiger Zeit durch benutzerausgerichtete Implementierungen, meist graphisch orientiert, ersetzt werden und dennoch die SPICE-Numerik mit ihren Verfahren integriert werden.

- Die in SPICE verwendete Technik der adaptiven numerischen Integration ist numerisch besonders stabil und günstig. Für ihre Entwicklung wurden ausführliche Tests von mehreren Integrationsverfahren auf ihre Anwendungstauglichkeit durchgeführt und dokumentiert.

- Das Programm verfügt nur über vergleichsweise wenige und leicht erlernbare Kommandos, die die Einarbeitungszeit überraschend kurz halten. Die Einarbeitungszeit ist deswegen überraschend kurz, da man es mit einem Programm auf einem sehr hohen Niveau zu tun hat, das ein außerordentlich leistungsfähiges und schon längst unverzichtbares Entwicklungswerkzeug darstellt.

- Die Syntax der SPICE-Kommandos lehnt sich stark an die Sprech- und Denkweise von Ingenieuren an. Dieser Aspekt sollte nicht unterschätzt werden. Man erhält auch für Numerik-Software zusätzliche Softwarekomponenten für typische Berechnungen in der Elektrotechnik. Solche Softwarekomponenten sind manchmal nicht im ausreichenden Maße auf Ingenieure zugeschnitten und der Ingenieur muss eine ihm fremde und manchmal auch befremdliche Ausdrucksweise erlernen.

- Einige kommerzielle und auch nichtkommerzielle SPICE-Softwarerealisierungen verfügen über graphische Schaltplaneditoren, die die Fehleranfälligkeit der ursprünglich benutzten textbasierten Netzlisteneingabe reduzieren.

- Ein raffiniertes System von Defaultparametern der in SPICE enthaltenen Modelle und der Analysemethoden ermöglicht für viele Simulationen zufriedenstellende Ergebnisse, auch wenn der Anwender nur sehr wenige Bauelementeinformationen zur Verfügung stellen kann. Jeder Ingenieur weiß, dass dieser Zustand der Normalzustand ist. Wenn Ergebnisse nicht zufriedenstellend ausfallen und/oder mehr und mehr Informationen zur Verfügung stehen, muss man sich mit den Details von SPICE auseinandersetzen. Zumeist ist man dann aber schon soweit eingearbeitet, dass man in diesem Stadium die weitere Auseinandersetzung als Gewinn ansieht und den Wunsch verspürt, das Einsatzspektrum stetig auszuweiten.

- Die meisten Halbleiterhersteller bieten über ihre jeweilige Internetpräsenz die Möglichkeit, die SPICE-Modelle ihrer Produkte kostenfrei herunterzuladen. Vielleicht wird es in Zukunft auch einen solchen Service bei den Herstellern der Verstärkerröhren geben?

Zum Abschluss dieses Abschnitts zitieren wir zwei Äußerungen zu SPICE von Autoren, die sich beide im Bereich Elektronik und Verstärkertechnik Namen haben schaffen können. Von Cordell [Cor10] stammt das Zitat:

SPICE simulation can be extremely important to power amplifier design, and its use in this area is described in detail in Part 4. Even those designers with no SPICE experience will be able to employ this valuable tool. The excellent SPICE simulator LTspice, made available free of charge from Linear Technology Corporation, is the central focus. The use of SPICE simulation can save hours in reaching the point where you can build a working amplifier. Intuition is not always right when it comes to circuit design, and SPICE helps here. SPICE simulation of the power amplifier can be very valuable in assessing loop gain and stability because internal nodes can be viewed, impractical component values can be used, and functions of probed voltages and currents can be calculated and plotted, such as the ratio of amplifier output voltage to forward path input error voltage. Time domain performance can also be evaluated with transient simulations to observe square-wave behavior, for example.

Das zweite Zitat, formuliert wie eine Kampfansage, stammt von Pease [Pea04] und bezieht eine fundamental andere Position:

I usually try to avoid using SPICE. I use pen and paper; I call it "back-of-envelope SPICE". I do mostly hand computations, and good approximations, using my slide rule or by doing the math in my head. You might say I am in agreement with Dick Burwen's chapter, "How to Design Analog Circuits Without a Computer". Other people think that SPICE is acceptable over a wide range of applications. That makes me nervous. I find that you can use SPICE to save an hour of computation every day for a month and then discover that SPICE has made a costly mistake that wastes all the time you thought you saved. Some people agree with me on that. And sometimes SPICE just lies. Sometimes it just gives incorrect answers. I've had debates with many "SPICE experts" and they try to tell me I am wrong. But I have seen too many cases where I was right and SPICE was wrong. I say this because people bring me their problems when their circuit does not work. I can see through the errors of SPICE; I use special test techniques (mostly in the time domain or in thought experiments) to show why a circuit is misbehaving. SPICE is not only no help, it leads to "computer-hindered design".

2.1 Kurzeinführung in SPICE

Ausgangspunkt einer jeden Simulation mit SPICE ist die *Netzliste* oder der Schaltplan, wenn die SPICE-Implementierung über einen graphischen Schaltplaneditor zur vereinfachten und vor allem übersichtlichen Erstellung der Netzliste verfügt. Eine Netzliste ist, kurz gesagt, ein Schaltplan in Textform. Die Netzliste definiert die Knoten des Netzwerks (der Schaltung) und die Zweigelemente, d. h. konzentrierte lineare und nichtlineare Bauelemente, Leitungen, Spannungs- und Stromquellen. Jedes Netzwerk hat einen Bezugsknoten, den Knoten 0 oder GND, auf deutsch, die (Schaltungs-)Masse. Die Begriffe Knoten, Bezugsknoten, Zweig und Masse sind dem Ingenieur und auch dem Amateurelektroniker vertraut. Wenn die Netzliste erstellt ist und es für jeden Knoten einen Gleichspannungspfad zum Bezugsknoten 0 gibt und keine Masche einen Gleichstromumlaufwiderstand von Null oder unendlich aufweist und keine Syntaxfehler enthalten sind, sich die Netzliste also in ein lösbares Gleichungssystem übersetzen lässt, kann das Netzwerk in der Simulation mit einigen mächtigen Analysemethoden analysiert werden. Die Analyseergebnisse werden entweder als Textdatei oder aber mit Graphiken aufbereitet.

Die nun folgende Kurzeinführung in SPICE stellt die Bezeichnungskonventionen und die SPICE-Anweisungen zusammen. Sie ist nicht vollständig und auch nicht ausführlich, da in diesem Buch auch nicht alle Möglichkeiten von SPICE ausgenutzt werden und neben den Handbüchern zur Software im großem Umfang Literatur zu SPICE erhältlich ist. So sind wir beispielsweise nicht an den Halbleitermodellen interessiert, die ja gerade zusammen mit den professionellen numerischen Methoden das Interessanteste an SPICE bei seiner Entwicklung ausgemacht haben.

Es gibt viele Bücher zu SPICE und auch über das Internet zahlreiche Universitätsskripten, die das Arbeiten mit SPICE zum Inhalt haben. Die Kurzeinführung hier ist nicht an eine bestimmte SPICE-Implementierung gebunden. Gleichwohl werden wir im nächsten Kapitel eine bestimmte SPICE-Implementierung, das kostenfreie LtSpice des Halbleiterherstellers *Linear Technology* vorstellen, das man sich als graphische Benutzeroberfläche mit eingebettetem SPICE-Standard-Programmkern vorstellen kann.

2.1.1 Die Syntax von SPICE

Die Syntax von SPICE ist einfach. Sie kennt nur zwei Arten von Elementen, nämlich Angaben zu Schalt- oder Bauelementen und Anweisungen. Mit den Angaben zu den Bauelementen werden ihre Art und ihre Verbindungen im Netzwerk oder der Schaltung erklärt. Mit Parametern werden die Bauelementeeigenschaften festgelegt. Anweisungen, kenntlich gemacht mit einem führenden Punkt, legen fest, wie die Schaltung analysiert werden soll und wie die Analyseergebnisse aufbereitet werden sollen.

Für die Bauelemente verwendet SPICE bestimmte Buchstaben, die nicht beliebig verwendet werden dürfen. Auch wenn wir im deutschen Sprachgebrauch eine Spannungsquelle z. B. gerne als U1 bezeichnen würden, müssen wir ihr bei SPICE die Bezeichnung V1, entsprechend *voltage source*, geben. Die Tab. 2.1 listet die Schaltelemente, Kennbuchstaben und speziellen Zeichen auf. Der Wert eines Bauelementeparameters wird als Dezimalzahl mit Exponenten oder als Dezimalzahl mit Maßstabsfaktor angegeben. Die Maßstabsfaktoren werden direkt (ohne Leerzeichen) angehängt und sind in der Tab. 2.2 auf-

Tab. 2.1 Kennbuchstaben und
Zeichen in SPICE

Zeichen	Bedeutung
*	Kommentar
A	Spez. Funktionsblöcke
B	Arb. Behavioral Source
C	Kapazität
D	Diode
E	Spannungsabh. Spannungsquelle
F	Stromabh. Stromquelle
G	Spannungsabh. Stromquelle
H	Stromabh. Spannungsquelle
I	Unabh. Stromquelle
J	JFET-Transistor
K	Kopplungsinduktivität
L	Induktivität
M	MOSFET-Transistor
O	Verlustbehaftete Leitung
Q	Bipolartransistor
R	Widerstand
S	Spannungsgest. Schalter
T	Verlustlose Leitung
U	RC-Kettenschaltung
V	Unabh. Spannungsquelle
W	Stromgest. Schalter
X	Subcircuit
Z	MESFET-Transistor
.	Anweisungskennzeichnung
+	Zeilenfortsetzung

gelistet. Gültige Angaben sind beispielsweise -3.45k oder -3.45E3 und 12.9p oder 12.9E-12.
Ein einfaches SPICE-Programm, zu erstellen mit einem beliebigen Texteditor, für einen
Spannungsteiler mit Gleichspannungsquelle könnte lauten:

```
* Spannungsteiler
V1 in 0 10V
R2 out 0 10k
R1 out in 1k
.op
.tf V(out) V1
.end
```

Tab. 2.2 Maßstabsfaktoren in SPICE

Faktor	Wert	Bezeichnung
T	E12	10^{12}, Tera, T
G	E9	10^9, Giga, G
MEG	E6	10^6, Mega, M
K	E3	10^3, kilo, k
M	E-3	10^{-3}, milli, m
U	E-6	10^{-6}, mikro, μ
N	E-9	10^{-9}, nano, n
P	E-12	10^{-12}, piko, p
F	E-15	10^{-15}, femto, f
MIL	25.4E-6	$25{,}4 \times 10^{-6}$, mil

Die nicht notwendige Zeile * Spannungsteiler erklärt einen Namen für die Schaltung. Die drei Zeilen V1 in 0 10V, R2 out 0 10k und R1 out in 1k stellen die Netzliste dar. Die beiden Zeilen .op und .tf V(out) V1 legen mit zwei Anweisungen die beiden Schaltungsanalysen fest. Die Zeile .end beendet das Programm. Darauf folgende Zeilen werden vom SPICE-Interpreter ignoriert. Die Schaltung enthält drei Knoten, den Bezugsknoten 0, den Knoten in und den Knoten out. Zwischen den Knoten in und 0 liegt eine Gleichspannungsquelle V1, Pluspol am Knoten in, mit einer Spannung von 10 V. Zwei Widerstände, R2 mit 10 kΩ und R1 mit 1 kΩ bilden den Spannungsteiler. Die beiden Anweisungen .op und .tf legen die SPICE-Analysen fest. Das Schlüsselwort .end beendet das SPICE-Programm.

2.1.2 Bauelementebibliotheken

Für die in SPICE vordefinierten Bauelemente, das sind die, deren Kürzel in der Tab. 2.1 aufgeführt werden, enthält SPICE zum Teil sehr aufwändige *Modelle*. Diese Modelle benötigen Parameter, in manchen Fällen eine große Anzahl, mit denen diejenigen Bauelemente mit Werten versehen werden, aus denen das Modell zusammengesetzt ist. Diese Modelle sind übrigens ein wichtiges Qualitätsmerkmal eines Schaltungssimulators. Mit Bauelementebibliotheken werden die Parameter individueller Bauelemente zusammengefasst. Viele Halbleiterhersteller bieten solche Bibliotheken für ihre Produkte an. Für die Parameter, die nicht auf diese Weise festgelegt werden, verwendet SPICE sog. *Defaultwerte*. Das ist auch sehr sinnvoll, da man beispielsweise für spezielle Transistoren, für die der Hersteller kein Modell zur Verfügung stellt, erhebliche Schwierigkeiten hat, die Parameterwerte zu bestimmen. Kommerzielle SPICE-Produkte bieten für diesen Vorgang manchmal Hilfsprogramme an. Leider enthält SPICE keine Röhrenmodelle, so dass wir die später benötigten Modelle in der Form von Teilschaltungen selbst erstellen müssen.

2.1.3 Elementangaben

In diesem Teilabschnitt folgt eine kurze Auflistung der von SPICE verwendeten Element-
angaben, mit denen Bau- oder Schaltungselemente beschrieben werden. Mit den spitzen
Klammern <.> markieren wir die notwendigen Benutzerangaben, mit den vertikalen
Strichen |.| die Knotennummern oder Knotennamen und mit den eckigen Klammern [.]
optionale Benutzerangaben. Für die optionalen Benutzerangaben sieht SPICE sinnvolle
Defaultangaben vor, die optional „überschrieben" werden können.

Widerstand

R<name> |+node| |-node| <value> [TC= <TC1> [, <TC2>]]

Es bezeichnen TC1 einen linearen und TC2 einen quadratischen Temperaturkoeffizienten.
Die Bezeichnungen +node und -node beziehen sich nicht auf die Polarität des Wider-
stands, sondern auf die Zählpfeilrichtung des Stromes durch den Widerstand bei einer
SPICE-Analyse.

Beispiel R1 1 0 4.7E3 TC=0.02
Ein $4,7\,\mathrm{k}\Omega$-Widerstand zwischen den Knoten 1 und 0 mit einem linearen Temperaturko-
effizienten von 0,02/K oder $R = 4,7\,\mathrm{k}\Omega \times (1 + 0,02 \times 4,7\,\mathrm{k}\Omega \times (T - To))$ (T: Temperatur
To: Bezugstemperatur)

Kondensator

C<name> |+node| |-node| <value> [IC=<value>]

Es bezeichnet IC (*initial conditions*) den Wert der Kondensatorspannung zum Zeitpunkt
$t = 0$. Die Bezeichnungen +node und -node beziehen sich nicht auf die Polarität des
Kondensators, sondern auf die Polarität der Kondensatorspannung zum Zeitpunkt $t = 0$.

Beispiel C1 2 0 56n IC=5V
Ein 56 nF-Kondensator zwischen den Knoten 2 und 0, der zum Zeitpunkt $t = 0$ auf die
Spannung 5 V aufgeladen ist

Induktivität

L<name> |+node| |-node| <value> [IC=<value>]

Es bezeichnet IC (*initial conditions*) den Wert des Spulenstroms zum Zeitpunkt $t = 0$. Die
Bezeichnungen +node und -node beziehen sich nicht auf die Polarität der Induktivität,
sondern auf die Polarität des Spulenstroms zum Zeitpunkt $t = 0$.

Beispiel LS 4 3 20u

Eine $20\,\mu\text{H}$-Spule zwischen den Knoten 4 und 3, die zum Zeitpunkt $t=0$ stromlos ist (Defaultwert).

Kopplungsanweisung

K<name> L<name> L<name> [L<name> [L<name>...]] <value>

Die Kopplungsanweisung stellt die „magnetische" Kopplung zwischen wenigstens zwei Induktivitäten her. Der Kopplungsfaktor definiert das Verhältnis zwischen Haupt- und Streuinduktivität. Eine genaue Definition und Anwendung der Kopplungsanweisung befindet sich im Abschn. 6.7.

Beispiel K12 L1 L2 k

Zwei zuvor definierte Induktivitäten L1 und L2 werden miteinander gekoppelt. Die Induktivitäten setzen sich aus Streu- und Hauptinduktivität zusammen. Es gilt $L_1 = L_{1h} + L_{1\sigma}$, $L_{1h} = L_1 k^2$, $L_{1\sigma} = L_1(1 - k^2)$ und $L_2 = L_{2h} + L_{2\sigma}$, $L_{2h} = L_2 k^2$, $L_{2\sigma} = L_2(1 - k^2)$.

Spannungsquelle (Gleichspannung)

V<name> |+node| |-node| [DC] <value>

Beispiel VB 1 0 380

Eine Gleichspannung zwischen 1 (Pluspol) und 0 (Minuspol) mit einem Wert von 380 V. Die beiden Angaben VB 0 1 380 und VB 1 0 -380 würden eine entsprechende „negative" Gleichspannung ergeben.

Stromquelle (Gleichstrom)

I<name> |+node| |-node| [DC] <value>

Beispiel I4 0 1 20u

Ein Gleichstrom von $20\,\mu\text{A}$ vom Knoten 0 zum Knoten 1.

Spannungsgesteuerte Spannungsquelle

E<name> |+node| |-node| |+cnode| |-cnode| < voltage gain>

Eine spannungsgesteuerte Spannungsquelle ist ein aktiver Vierpol. An den Eingangsklemmen, bezeichnet mit |+cnode| und |-cnode|, wird eine Steuerspannung angelegt. An den beiden Ausgangsklemmen |+node| und |-node| lässt sich die mit dem Faktor

<voltage gain> verstärkte Eingangsspannung abgreifen. Die Steuerung erfolgt leistungslos. Mit einem solchen Konstrukt ließe sich z. B. eine Verstärkerröhre darstellen, die dann noch ausgangsseitig um den Quellinnenwiderstand ergänzt werden muss.

Beispiel E1 2 0 1 0 60
Zwischen den Ausgangsklemmen 2 und 1 liegt das 60-fache der Spannung zwischen den Klemmen 1 und 0 an.

Spannungsgesteuerte Stromquelle

G<name> |+node| |-node| |+cnode| |-cnode| <transconductance value>

Eine spannungsgesteuerte Stromquelle ist ein aktiver Vierpol. An den Eingangsklemmen, bezeichnet mit |+cnode| und |-cnode|, wird eine Steuerspannung angelegt. An den beiden Ausgangsklemmen |+node| und |-node| lässt sich die mit dem Faktor <transconductance value> (Steilheit) abgebildete Eingangsspannung als Strom abgreifen. Die Steuerung erfolgt leistungslos. Mit einem solchen Konstrukt ließe sich z. B. ein Bipolartransistor darstellen, der dann noch ausgangsseitig um den Quellinnenleitwert und eingangsseitig um den Eingangswiderstand ergänzt werden muss.

Beispiel G1 2 0 1 0 2e-3
Zwischen den Ausgangsklemmen 2 und 1 fließt der Strom, der sich als Produkt der Steilheit von $S = 2\,\text{mA/V}$ und der Spannung zwischen den Klemmen 1 und 0 ergibt.

Stromgesteuerte Spannungsquelle

H<name> |+node| |-node| |+cnode| |-cnode| <transresistance value>

Eine stromgesteuerte Spannungsquelle ist ein aktiver Vierpol. Zwischen den Eingangsklemmen, bezeichnet mit |+cnode| und |-cnode|, wird ein Steuerstrom eingespeist. An den beiden Ausgangsklemmen |+node| und |-node| lässt sich der mit dem Faktor <transresistance value> (Transferwiderstand) abgebildete Eingangsstrom als Spannung abgreifen. Die Steuerung erfolgt leistungslos. Mit einem solchen Konstrukt ließe sich z. B. ein rückgekoppelter Operationsverstärker mit einem Steuerstrom am Eingangsknoten darstellen, wobei der Transferwiderstand dem Rückkopplungswiderstand entspricht. Die Spannungsquelle ist dann noch ausgangsseitig um den Quellinnenwiderstand zu ergänzen.

Beispiel H1 2 0 1 0 1k
Zwischen den Ausgangsklemmen 2 und 1 liegt die Spannung an, die dem $1000\,\Omega$-fachen des Stroms zwischen den Klemmen 1 und 0 entspricht.

Stromgesteuerte Stromquelle

F<name> |+node| |-node| |+cnode| |-cnode| <current gain>

Eine stromgesteuerte Stromquelle ist ein aktiver Vierpol. Zwischen den Eingangsklemmen, bezeichnet mit |+cnode| und |-cnode|, wird ein Steuerstrom eingespeist. An den beiden Ausgangsklemmen |+node| und |-node| lässt sich der mit dem Faktor <current gain> verstärkte Eingangsstrom als Strom abgreifen. Die Steuerung erfolgt leistungslos. Mit einem solchen Konstrukt ließe sich z. B. ein Bipolartransistor darstellen, dessen Kollektorstrom dem verstärkten Basisstrom entspricht. Ausgangsseitig ist der Quellinnenleitwert zu ergänzen.

Beispiel F1 2 0 1 0 200
Zwischen den Ausgangsklemmen 2 und 1 fließt der Strom, der sich als Produkt der Stromverstärkungsfaktors 200 und dem Strom zwischen den Klemmen 1 und 0 ergibt.

Analogue behavioural modelling Mit dem Betriebsmodus *analogue behavioural modelling* wird SPICE um mathematisch definierbare Schaltungsteile ergänzt. Mit Hilfe von allgemein steuerbaren Spannungs- und Stromquellen können so vielfältige Funktionalzusammenhänge modelliert werden. Die allgemein steuerbaren Quellen sind eine Erweiterung von SPICE in vielen Implementierungen, so auch bei dem in diesem Buch vorgestellten LtSpice. Man kann mit diesen Quellen

- Funktionsblöcke durch ihre mathematische Beschreibung und nicht durch ihren physikalischen Aufbau aus Bauelementen definieren und
- Bauteile simulieren, für die es keine Modelle bzw. Makromodelle in der Bibliothek gibt und die durch ihre U-I-Kennlinie definiert sind. Das ist der Weg, mit dem die Verstärkerröhren modelliert werden.

Steuernde Größen sind

- Spannungen und Ströme,
- tabellierte Kennlinien, wobei zwischen den Tabellenwerten linear interpoliert wird und
- Laplacetransformierte.

Zwei Beispiele aus den später beschriebenen Simulationen verdeutlichen die Anwendung.
    In einem Triodenmodell finden wir eine SPICE-Anweisung

E1 2 0 VALUE={V(A,K)+25*V(G,K)}.

Zwischen den Klemmen 2 und 0 liegt eine Spannungsquelle, deren Spannung sich aus der Linearkombination zweier Netzwerkspannungen zwischen A und K (Spannung zwischen

Anode und Kathode) und G und K (Spannung zwischen Gitter und Kathode), die mit dem Verstärkungsfaktor 25 multipliziert wird, ergibt.

In einer Simulation verwenden wir eine spannungsgesteuerte Spannungsquelle, mit der wir ein inverses RIAA-Filter (Schneidekennlinie der Langspielplatten) nachbilden, dessen Systemfunktion als rationale Laplace-Transformierte definiert ist,

```
E1 |+node| |-node| |+cnode| |-cnode|
+ LAPLACE=(1+3180u*S)*(1+75u*S)/((1+318u*S)*(1+3.18u*S)*9.897).
```

Zwischen den Steuerspannungs-Klemmen |+cnode| und |-cnode| wird die Filtereingangsspannung angeschlossen und an den Klemmen |+node| |-node| wird die Filterausgangsspannung abgegriffen.

2.1.4 Spezielle Anweisungen

Die Anweisung .model dient dazu, für die in SPICE enthaltenen Bauelementemodelle Parameter zu spezifizieren. Mit den SPICE-Anweisungen

```
Q1 2 1 0 BC413B
.model BC413B NPN BF=230 RB=210 TF=3N
+ CJE=7P CJC=8P IS=72F VAF=15 KF=13F
```

wird der NPN-Bipolartransistor BC413B spezifiziert, falls er nicht Teil der Bipolartransistor-Bibliothek ist. Genauer gesagt, es wird das SPICE-eigene Transistormodell mit Parametern spezifiziert. Man kann auch auf diese Weise z. B. zwei Transistoren in einem Differenzverstärker unterschiedliche Stromverstärkungen BF zuweisen und so die Auswirkungen dieses Unterschieds auf die Gleichtaktunterdrückung simulieren.

Mit der .param-Anweisung lassen sich Variablen definieren, die nicht nur Konstanten sein müssen, sondern auch durch Berechnung gewonnen werden können. Beispiele sind die Anweisungen

```
R1 1 2 {rval}
.param rval=6.8Meg
```

oder

```
R1 1 2 {rval}
.param rval={3*10k/5},
```

mit der einem Widerstand R1 ein fester oder ein berechneter Wert zugewiesen wird. Auch können so Abhängigkeiten zwischen Bauelementen erklärt werden, wie es das Beispiel

```
.param R1=1k
.param R2={10*R1}
```

zeigt.

Mit der .step-Anweisung können die Parameter einer Schaltung für alle Analysen variiert werden. Beispiele sind die beiden Anweisungen

```
.step LIN I1 5mA -2mA 100uA
.step PARAM rval LIST 100k 500k 1Meg
```

Mit der ersten Anweisung wird der Strom I1 linear zwischen 5 mA und -2 mA mit einem Dekrement von 100 μA schrittweise geändert. Mit der zweiten Anweisung wird eine als Parameter definierte Variable rval mit den drei gelisteten Werten 100 k, 500 k und 1 Mega listenwertweise geändert und kann z. B. als Widerstandswert dienen.

Die Anweisung .subckt dient dazu, Teilschaltungen in der Form von Unterprogrammen zu definieren. Mit dieser Anweisung werden wir später unsere Röhrenmodelle definieren. Der obligate Rahmen der .subckt-Anweisung ist

```
.subckt Name A-Knoten
Bauelemente der Teilschaltung
.ends<Name>
```

Mit den Knoten A-Knoten werden die von außen zugänglichen Knoten festgelegt. Knoten innerhalb der Teilschaltung werden, sofern es nicht der globale Knoten 0 ist, wie lokale Knoten behandelt. Teilschaltungen können auch verschachtelt werden. Das Einbinden einer Teilschaltung in eine Netzliste erfolgt in der Form

```
Xname S-Knoten Name
```

Mit den Knoten S-Knoten werden die Netzwerkknoten festgelegt, an die die Teilschaltung angeschlossen ist.

2.2 Gleichstromanalysen

SPICE enthält drei Anweisungen für Gleichstromanalysen:

- .OP
- .DC <srcnam> <Vstart> <Vstop> <Vincr> [<srcnam2> <Vstart2> <Vstop2> <Vincr2>]
- .TF V(<node>[, <ref>]) <source> oder .TF I(<voltage source>) <source>

Die Anweisung .OP, die ohne Parameter erfolgt, berechnet die Gleichstromarbeitspunkte. Hierzu werden alle Kondensatoren aus der Schaltung „entfernt" und alle Induktivitäten durch „Kurzschlüsse" ersetzt. SPICE berechnet die Knotengleichspannungen, die Zweiggleichströme und bei manchen SPICE-Softwareprodukten auch die Verlustleistungen der Bauelemente, in denen ein fließender Gleichstrom einen Gleichspannungsabfall zur Folge hat. SPICE stellt uns ein komfortables DC-Multimeter zur Verfügung, das Spannungen anzeigt, Ströme anzeigt, ohne hierfür Zweige auftrennen zu müssen, und Leistungen. Das Instrument weist automatische Bereichswahl auf und einen unendlich hohen Innenwiderstand für Spannungsmessungen, was vor allem bei Röhrenschaltungen ein klarer Vorteil ist.

Die Anweisung .DC ergänzt die Gleichstromanalysen um einstellbare Labornetzgeräte. Eine Anweisung

.DC Ua 200V 300V 1V

erhöht die Gleichspannung Ua von 200 V bis 300 V in 1 V-Schritten und löst eine Folge von 101 .OP-Analysen aus. Die .DC-Anweisung lässt sich auch vermaschen. So würde die Anweisung

.DC Ua 200V 300V 1V Ug -15V 0V 0.5V

die beiden Spannungen Ua und Ug zwischen

Ua:= 200 V:1 V:300 V in 101 Schritten und
Ug:= -15 V:0,5 V:0 V in 31 Schritten

einstellen und so $101 \times 31 = 3131$ .OP-Analysen auslösen. Die .DC-Analyse ist u. a. für die Aufnahme von Kennlinien der nichtlinearen Bauelemente geeignet. So könnte bei einer Verstärkerröhre die Spannung Ua für die Anodenspannung und die Spannung Ug für die Gitterspannung stehen.

Die Anweisung .TF schließlich berechnet den Gleichgrößenübertragungsfaktor und Ein- sowie Ausgangswiderstand. Mit

.TF V(out) V1

berechnet die .TF-Anweisung, ausgehend von einer unabhängigen Gleichspannungsquelle V1, den Faktor, der V(out) in Beziehung zu V1 setzt sowie zwei Widerstandswerte, den einen, den V1 „sieht" und den anderen, den man zwischen dem Knoten out und dem Bezugsknoten GND „sieht". Die Analyse ist also nützlich, wenn man zu einem Netzwerk Ersatzspannungsquelle oder Ersatzstromquelle sucht.

2.3 Zeitbereichs- oder Transientenanalyse

Für die Zeitbereichsanalyse enthält SPICE fünf Arten zeitabhängiger Spannungs- bzw. Stromquellen, die mit der Angabe

V<name> |+node||-node| <**Quellenbezeichner**> <Zeitparameter>

aufgerufen werden. Entsprechende Stromquellen sind mit dem Buchstaben I statt V festzulegen. Die Quellenbezeichner sind EXP, PULSE, SIN, SFFM und PWL und sind wie folgt definiert:

- EXP (**Exponentialquelle**)

  EXP V1 V2 tauD1 tauC1 tauD2 tauC2

  V1: Anfangsspannung, V2: Maximalspannung, tauD1: Anstiegsverzögerungszeit, tauC1: Anstiegszeitkonstante, tauD2: Abklingverzögerungszeit, tauC2: Abklingzeitkonstante

$$
v(t) = \begin{cases}
V_1, \; 0 \leq t < \tau_{D1}, \\
V_1 + (V_2 - V_1)\left(1 - e^{-\frac{t-\tau_{D1}}{\tau_{C1}}}\right), \; \tau_{D1} \leq t < \tau_{D2}, \\
V_1 + (V_2 - V_1)\left(\left(1 - e^{-\frac{t-\tau_{D1}}{\tau_{C1}}}\right) - \left(1 - e^{-\frac{t-\tau_{D2}}{\tau_{C2}}}\right)\right), \\
\qquad\qquad\qquad\qquad\qquad\qquad \tau_{D2} \leq t < t_{\text{STOP}}.
\end{cases}
$$

- PULSE (**Impulsquelle**)

  PULSE V1 V2 tauD tauR tauF tauP T

  V1: Anfangsspannung, V2: Maximalspannung, tauD: Verzögerungszeit, tauR: Anstiegszeit, tauF: Abfallzeit, tauP: Pulsbreite, T: Periode

$$
v(t) = \begin{cases}
V_1, \; 0 \leq t < \tau_D, \\
V_1 + \frac{V_2 - V_1}{\tau_R}(t - \tau_D), \; \tau_D \leq t < \tau_D + \tau_R, \\
V_2, \; \tau_D + \tau_R \leq t < \tau_D + \tau_R + \tau_P, \\
V_2 - \frac{V_2 - V_1}{\tau_F}(t - \tau_D - \tau_R - \tau_P), \\
\qquad\qquad \tau_D + \tau_R + \tau_P \leq t < \tau_D + \tau_R + \tau_P + \tau_F, \\
V_1, \; \tau_D + \tau_R + \tau_P + \tau_F \leq t < \tau_D + T, \\
V_1 + \frac{V_2 - V_1}{\tau_R}(t - \tau_D - T), \; \tau_D + T \leq t < \tau_D + \tau_R + T, \\
\text{usw.}
\end{cases}
$$

- SIN (**Sinusquelle**)

SIN V0 VA f tauD df phi

V0: Gleichspannungsoffset, VA: Wechselspannungsamplitude, f: Frequenz in Hz, tauD: Verzögerungszeit in s, df: Dämpfungsfaktor, phi: Phase in Grad

$$v(t) = \begin{cases} V_0 + V_A \sin\left(2\pi \frac{\varphi}{360°}\right), \ 0 \leq t < \tau_D, \\ V_0 + V_A \sin\left(2\pi \left(f(t - \tau_D) + \frac{\varphi}{360°}\right)\right) e^{-d_f(t-\tau_D)}, \\ \qquad\qquad\qquad\qquad\qquad\qquad \tau_D \leq t < t_{\text{Stop}}. \end{cases}$$

- SFFM (**Frequenzmodulationsquelle**)

SFFM V0 VA fC m fM

V0: Gleichspannungsoffset, V2: Wechselspannungsamplitude, fC: Trägerfrequenz, m: Modulationsindex, fM: Modulationsfrequenz

$$v(t) = V_0 + V_A \sin(2\pi f_C t + m \sin(2\pi f_M t)), \ t \geq 0.$$

- PWL (**Quelle mit stückweise linearem Zeitverlauf**)

PWK T1 V1 T2 V2 ... TN VN

Tn: Zeitstützpunkt, n=1,...,N, Vn: Amplitudenwert zum Zeitpunkt t=Tn, n=1,...,N

$$v(t) = \begin{cases} V_1, \ 0 \leq t < T_1, \\ V_1 + \frac{V_2 - V_1}{T_2 - T_1}(t - T_1), \ T_1 \leq t < T_2, \\ \text{usw.} \end{cases}$$

Für die Zeitbereichsanalyse steht die .TRAN-Anweisung (Transientenanalyse) zur Verfügung. Die .TRAN-Anweisung legt den Zeitabschnitt fest, in dem das Signal, also der Zeitverlauf einer Spannung oder eines Stroms berechnet werden. Der Zeitabschnitt beginnt mit der Zeit $t = 0$. Die Anweisung hat die Form

.TRAN <tp> <tE> [tD] [tmax] [UIC]

Mit dem Parameter tp wurde ursprünglich dem Plotter oder dem Drucker angegeben, wieviele Abtastwerte im Zeitabschnitt [tD,tE] geplottet oder gedruckt werden sollten. Bei den heute üblichen Graphik-Darstellungen ist dieser Parameter ohne Bedeutung und kann zu Null gesetzt werden. Der Parameter tE gibt das Ende des Zeitintervalls und der optionale

Parameter tD den Beginn der Datenaufzeichnung an. Mit der Wahl tD>0 können Einschwingvorgänge übergangen werden, was z. B. bei einer nachfolgenden Fourieranalyse
notwendig ist. Der Parameter tmax gibt an, wie groß der Maximalzeitschritt zweier aufeinander folgender Abtastungen sein darf. Wenn dieser Parameter nicht spezifiziert ist, wählt
SPICE seinen Wert zu tmax = tE/50. Man muss hier bedenken, dass SPICE Abtastzeitpunkte dynamisch bzw. adaptiv wählt, was bedeutet, dass Zeitteilintervalle sehr viel
kleiner als tmax sein können. Die Wahl von tmax beeinflusst die Genauigkeit einer optionalen nachfolgenden Fourieranalyse, was wir im Abschn. 6.5 genauer diskutieren werden.
Mit dem Schlüsselwort UIC (use initial conditions) können die Energiespeicher, Kondensatoren und Induktivitäten, mit Angaben für den Zeitpunkt $t = 0$ „geladen" werden.

2.4 Frequenzbereichsanalyse

Das Netzwerk (oder die Schaltung) enthält eine oder mehrere Spannungs- oder Stromquellen der Form

V |+node| |-node| [DC <V0>] AC <V> [<phi>].

Die Quellen sind zwischen den Knoten +node und -node angeordnet und mit einem optionalen Gleichspannungsoffset V0, einer überlagerten sinusförmigen Wechselspannung
mit der Amplitude V sowie der optionalen Phase phi festgelegt. Erst mit der Durchführung der .AC-Analyse wird die Frequenz f des Wechselanteils festgelegt. Auf diese
Weise stellt SPICE sicher, dass alle Quellen des Netzwerks Wechselanteile mit dersel-
ben Frequenz erzeugen. Dies hat z. B. zur Folge, dass in linearen Netzwerken sämtliche
Zweigwechselspannungen und Zweigwechselströme ebenfalls die Frequenz f aufweisen.
Die Quellspannung gehorcht dann der Zeitfunktion

$$u(t) = V_0 + V \cos\left(2\pi f t + \varphi \frac{2\pi}{360°}\right).$$

Zum Wechselanteil gehört die komplexe Amplitude (Spitzenwertzeiger)

$$U = V e^{j\varphi}.$$

Mit der .AC-Analyse wird für ausgewählte Zweiggrößen, d. h. Zweigspannungen, Zweig-
ströme oder auch Zweigleistungen, die komplexe Amplitude über der Frequenzvariablen
berechnet und zur Verfügung gestellt. Alle Quellen haben dieselbe Frequenz, die mit
der Analyse aus einem benutzerdefinierten Intervall gewählt und in benutzerdefinierter
Weise variiert wird. Wenn nur eine Quelle verwendet wird und diese mit $V = 1$ und
$\varphi = 0$ parametrisiert wird, erhält man frequenzdiskrete Übertragungsfunktionen als Analyseergebnisse. Bei anderer Wahl der Parameter muss man auf die komplexe Amplitude $V e^{j\varphi}$ normieren. Im Laborbetrieb ersetzt SPICE mit der .AC-Analyse den Spektrumanalysator mit Mitlaufgenerator, ein Messgerät, das teuer ist und zumeist mit erheblichem
Bedienungsaufwand zu benutzen ist.

Die .AC-Analyse hat drei mögliche Aufrufe, die sich in der Art der *Frequenzfortschaltung* unterscheiden:

```
.AC DEC   <n>   <fS>   <fE>
.AC OCT   <n>   <fS>   <fE>
.AC LIN   <n>   <fS>   <fE>
```

Es bedeuten n die Anzahl der Frequenzen in einem Frequenzteilintervall, fS die Start- und fE die Endfrequenz. Die Schlüsselwörter DEC, OCT und LIN legen die Art der Frequenzfortschaltung fest, was in Beispielen am besten zu sehen ist.

Der Aufruf

```
.AC DEC 100 10Hz 100kHz
```

lässt die Frequenz zwischen $f_S = 10\,\text{Hz}$ und $f_E = 100\,\text{kHz}$ laufen, wobei pro Dekade, d. h. Frequenzverzehnfachung, $n = 100$ Frequenzen verwendet werden. Der relative Frequenzunterschied ist konstant und es gilt

$$f_{k+1} = 10^{1/n} f_k.$$

Im Beispiel werden über $\log_{10}(f_E/f_S) = 4$ Dekaden je 100 Frequenzen eingestellt, also erstreckt sich die Analyse über 401 Frequenzen. Der Aufruf

```
.AC OCT 100 200Hz 800Hz
```

lässt die Frequenz zwischen $f_S = 20\,\text{Hz}$ und $f_E = 800\,\text{Hz}$ laufen, wobei pro Oktave, d. h. Frequenzverdopplung, $n = 100$ Frequenzen verwendet werden. Der relative Frequenzunterschied ist ebenso konstant und es gilt

$$f_{k+1} = 2^{1/n} f_k.$$

Im Beispiel werden über $\log_2(f_E/f_S) = 2$ Oktaven je 100 Frequenzen eingestellt, also erstreckt sich die Analyse über 201 Frequenzen. Der Aufruf

```
.AC LIN 100 10Hz 1kHz
```

lässt die Frequenz zwischen $f_S = 10\,\text{Hz}$ und $f_E = 1\,\text{kHz}$ laufen, wobei das Frequenz-Intervall gleichmäßig mit $n = 100$ Frequenzen aufgeteilt wird. Der absolute Frequenzunterschied ist konstant und es gilt

$$f_{k+1} - f_k = \frac{f_E - f_S}{n - 1},$$

was im Beispiel einem Abstand von 10 Hz entspricht.

2.5   Ergebnisvariablen der Analysen

Die Analysen .DC, .AC und .TRAN erlauben mehrere Möglichkeiten, die Zweiggrößen und Potentialunterschiede als Ergebnisse der Analyse zu nutzen. So sind beispielsweise die folgenden Darstellungen zulässig:

- V(|node|), Spannung eines Knotens gegenüber Knoten Null,
  Beispiel V(2), Spannung zwischen Knoten 2 und 0,
- V(|node1|,|node2|), Spannungsdifferenz zwischen zwei Knoten,
  Beispiel V(2,3), Spannungsdifferenz zwischen den Knoten 2 und 3,
- I(<ame>), Strom durch ein Zweipolelement,
  Beispiel I(R1), Strom durch Widerstand R1,
- Ix(<name:pin>), Strom in den Anschluss-Pin einer Teilschaltung X,
  Beispiel Ix(V1:Cathode), Kathodenstrom der Röhre V1.

Die Ergebnisdaten der .AC-Analyse sind komplexwertig. SPICE enthält einige Berechnungsmöglichkeiten für komplexe Daten. So kennt LtSpice für eine komplexwertige Zahl z die Berechnungen Re(z) für den Realteil, Im(z) für den Imaginärteil, Mag(z) für den Betrag, Ph(z) für den Winkel und Conj(z) für die konjugiert komplexe Zahl.

Die graphische Ergebnisausgabe kann auf vielfältige Weise die darzustellenden Größen errechnen. Es stehen bei LtSpice ca. 50 mathematische Funktionen zur Verfügung, die hier aus Platzgründen nicht aufgezählt werden. Um ein Beispiel zu geben, könnte man im Graphen die Triodengleichung 5.9 mit der Anweisung K*pwr(Ug+D*Ua,1.5) darstellen, einen Röhrenstrom in Abhängigkeit von Gitter- und Anodenspannung Ug und Ua mit den beiden Parametern K und D.

SPICE Implementierungen für PC 3

Für den PC sind mehrere, kommerzielle und auch nichtkommerzielle SPICE-Implementierungen als Software-Produkte verfügbar. Auch gibt es Shareware-Lösungen, die für ein vergleichsweise niedriges Entgeld lizensiert werden können. Wir wollen im Folgenden stichwortartig eine Auswahl von Software-Produkten vorstellen, die wichtigsten grundlegenden Unterschiede zwischen kommerziellen und nichtkommerziellen Software-Produkten herausstellen und schließlich auf diejenigen Software-Eigenschaften hinweisen, die aus der Sicht der Simulation von Röhrenschaltungen wichtig sind.

Von den kommerziellen Software-Produkten haben wir drei ausgewählt, darunter das bekannteste, das Produkt Pspice, mit dem vor ca. 25 Jahren die Portierung des in Fortran codierten Berkeley-Großrechner-Spice auf den PC, damals noch unter dem Betriebssystem DOS, vorgenommen wurde.

Pspice

- Anbieter ist die Firma Cadence Design Systems, Inc., San Jose, CA, USA, www.cadence.com
- Der SPICE-Simulator ist Teil einer integrierten bzw. integrierbaren Entwurfsumgebung und kann aber auch alleine genutzt werden. Integriert werden Pspice und Orcad. Letzteres ist ein Programm zur Elektronikentwicklung mit Schaltplaneditor, Leiterplattenentwurf, Verifikation und weiteres mehr.
- Pspice enthält graphische Benutzerschnittstellen mit dem Schaltplaneditor Orcad Capture und der graphischen Ausgabe.
- Pspice enthält über den SPICE-Standard hinaus weitere Analysen wie Stress-Analysen und „smoke-analysis" zum Test von Bauelementebelastungen sowie Monte-Carlo- und Worst-Case-Analyse für Bauelementetoleranzen.
- Der Simulator unterstützt die Simulation analoger, digitaler und gemischt analog-digitaler Schaltungen.
- Software zur Modellierung elektromagnetischer Komponenten ist verfügbar.
- Für Numerik-Software wie Matlab/Simulink sind Schnittstellen verfügbar.

© Springer Fachmedien Wiesbaden 2015
A. Potchinkov, *Simulation von Röhrenverstärkern mit SPICE*,
DOI 10.1007/978-3-8348-2112-6_3

IsSpice4

- Anbieter ist die Firma Intusoft, Carson CA, USA, www.intusoft.com
- Der SPICE-Simulator ist Teil einer integrierten bzw. integrierbaren Entwurfsumgebung und kann aber auch alleine genutzt werden. Integriert werden der Simulator und zusätzliche Software in der Umgebung ICAP/4 für die Eingabe, Simulation und Verifikation von analogen und digitalen Schaltungen.
- Graphische Benutzerschnittstellen sind mit dem Schaltplaneditor SpiceNet und der graphischen Ausgabesoftware IntuScope vorhanden.
- IsSpice4 enthält über den SPICE-Standard hinaus weitere Analysen, wie „Stress-Alarms" zur Warnung vor unzulässigen Bauelementebelastungen sowie Monte-Carlo- und Worst-Case-Analysen für Bauelementetoleranzen.
- Software zur Erstellung von Spice-Modellen und zur Modellierung elektromagnetischer Komponenten ist verfügbar.
- Intusoft bietet ferner auch Modelle von Verstärkerröhren an. Hierzu sind zwei Firmenschriften [Int94a] und [Int94b] erhältlich, die sich mit der Modellierung von Trioden und Pentoden beschäftigen.

NI Multisim

- Anbieter ist die Firma National Instruments, Austin Texas, USA, www.ni.com
- Der SPICE-Simulator ist Teil einer integrierten bzw. integrierbaren Entwurfsumgebung und kann aber auch alleine genutzt werden. Integriert werden der Simulator, die Software Ultiboard zur Entwicklung von Leiterplatten und Labview, der Industriestandard für virtuelle Instrumente (PC-basierte Messtechnik).
- Graphische Benutzerschnittstellen sind mit Schaltplaneditor und graphischer Ausgabe vorhanden.
- Der Simulator unterstützt die Simulation analoger, digitaler und gemischt analog-digitaler Schaltungen.
- Es stehen virtuelle Messinstrumente wie Oszilloskop und Logic-Analyzer zur Verfügung.
- Reale Messdaten, die an einem Laboraufbau gewonnen werden, können dem Simulator zur Verfügung gestellt werden.
- Die Firma Analog-Devices bietet einen kostenfreien Multisim-Simulator zur Simulation ihrer Bauelemente an.

Von den nichtkommerziellen Software-Produkten haben wir ebenfalls drei ausgewählt.

Winspice

- Winspice ist Shareware und kann über www.winspice.co.uk bezogen werden
- Winspice enthält keinen graphischen Schaltplaneditor, sondern wird in „klassischer Weise" über das Erstellen einer Netzliste in Textform benutzt. Die Datenausgabe er-

folgt graphisch und unterstützt simultane Darstellungen in mehreren Graphik-Fenstern, die zoombar sind.

5Spice

- 5Spice ist Shareware und kann über www.5spice.com bezogen werden.
- Graphische Benutzerschnittstellen mit Schaltplaneditor und graphischer Ausgabe sind vorhanden. 5Spice nutzt den o. g. Winspice-Simulator und ergänzt den Simulator um den graphischen Schaltplaneditor.

LtSpice (Switcher Cad)

- LtSpice ist Freeware und wird von Linear Technology, Milpitas, CA USA, www.linear.com, angeboten.
- Graphische Benutzerschnittstellen mit Schaltplaneditor und graphischer Ausgabe sind vorhanden.

Zusammenfassend kann man sagen, dass alle PC-Softwareprodukte SPICE um graphische Hilfsmittel ergänzen und sich so vor allem der Benutzerfreundlichkeit annehmen. Es ist auch zu sehen, dass graphische Benutzerschnittstellen für Windows-Applikationen unverzichtbar sind.

Ein graphisches Hilfsmittel ist die Netzlistenerstellung mit einem Schaltplaneditor, was, vor allem wenn Schaltungen mehrfach im Zusammenspiel von Simulation und Entwurf geändert werden, eine erhebliche Verbesserung des Bedienungskomforts bedeutet. Dies resultiert vor allem aus der besseren Übersichtlichkeit, da der Schaltungsentwickler selbst, oft mit Bleistift und Papier, in der Konzeptphase Schaltpläne und keine Netzlisten erstellt. Das zweite graphische Hilfsmittel ist die Graphikausgabe der Ergebnisse parametrischer Analysen, d. h. Analysen bzgl. der Parameter Zeit, Spannung oder Strom, Frequenz oder Temperatur. Für diese Graphikausgaben werden anbieterabhängig Komfortmerkmale wie Zoom-Funktionen, Cursor-Funktionen, Mittel- und Effektivwertberechnung zeitabhängiger Signale bzgl. eines auswählbaren Zeitfensters u. w. m. angeboten. Gebräuchlich sind auch Fenster mit Eingabemasken für die SPICE-Analysekommandos, die sich vorteilhaft mit einer Syntaxüberprüfung ergänzen lassen. In diesem Kontext reihen sich die PC-SPICE-Software-Produkte in die typischen Windows-Programme ein.

Die kommerziellen und nichtkommerziellen Software-Produkte unterscheiden sich in einigen Punkten. Man kann pauschal sagen, dass die nichtkommerziellen meist einen SPICE-Standard-Simulator um graphische Benutzerschnittstellen ergänzen. Das trifft auch auf die kommerziellen Software-Produkte zu, die aber darüber hinaus die Integration von Simulation und Elektronikentwicklung, einschließlich der Entwicklung für programmierbare Logik, zum Ziel haben, Schnittstellen zu kommerzieller Numeriksoftware wie Matlab/Simulink anbieten, erweiterte SPICE-Analysen vorsehen wie Monte-Carlo- und Worst-Case-Analysen, virtuelle Messinstrumente enthalten, die Simulation von analogen

und digitalen sowie gemischt analog-digitalen Schaltungen erlauben, Konzepte inter-
aktiver Simulation enthalten und Zusatzsoftware anbieten wie z. B. die Modellierung
elektromagnetischer Bauelemente.

Wenn wir diesen kleinen Ausflug in die Höhen der modernen Elektronik abbrechen
und auf den vergleichsweise dürren Boden unserer Röhrenverstärker zurückkehren, dann
sehen wir

- Schaltungen mit sehr wenigen Bauelementen,
- Schaltungen, die oft, wenigstens zum Teil, in freier Handverdrahtung, also ohne Leiterplatten, aufgebaut werden und
- reine Analogschaltungen.

Aus dieser Perspektive gibt es kaum einen vernünftigen Grund, eine kommerzielle Software zu verwenden, da die meisten Softwarekomponenten nicht benutzt werden, sofern
man nur an der Simulation von Röhrenschaltungen interessiert ist. Die Produkte sind für
eine andere Zielgruppe von Entwicklern geschaffen, eine Zielgruppe, die mit weit kom-
plexeren Technologien arbeitet und Schaltungen entwirft, die in ihrer Größe nicht mehr
ohne Software-Werkzeuge überschaut werden können.

Kurz gesagt: Es ist völlig ausreichend, eine frei verfügbare Software einzusetzen. Der
Autor benutzt den Simulator LtSpice von Linear Technology, mit dem alle Simulationen
in diesem Buch ausgeführt wurden. Ein Schwachpunkt aus der Sicht des Autors sind die
fehlenden Analysen für Bauelementetoleranzen, die Monte-Carlo- und die Worst-Case-
Analyse. Im Abschn. 6.1. werden wir zum Ersatz eine „Sparanalyse" vorstellen, mit der
man, wenig komfortabel zwar, doch einige interessante Ergebnisse mit „Bordmitteln" erzielen kann.

Im Folgenden werden wir einige wenige Eigenschaften von LtSpice auflisten, dies aber
in aller Kürze, da dieses Buch nicht dem Abdruck von Auszügen des ausführlichen Her-
steller-Handbuchs dienen soll.

Der Hersteller führt sein Produkt mit der Beschreibung

*SwitcherCAD III is a high performance Spice III simulator, schematic capture and waveform
viewer with enhancements and models for easing the simulation of switching regulators. Our
enhancements to Spice have made simulating switching regulators extremely fast compared to
normal Spice simulators, allowing the user to view waveforms for most switching regulators
in just a few minutes. Included in this download are Spice, Macro Models for 80 % of Linear
Technology's switching regulators, over 200 op amp models, as well as resistors, transistors
and MOSFET models.*

ein und gliedert die Software in die Komponenten Simulator, Schaltplaneditor und Gra-
phik-Ausgabe. Im weiteren weist der Hersteller darauf hin, dass LtSpice ursprünglich
dazu gedacht war, die firmeneigenen Schaltregler und ihre Applikationen zu simulieren.
Mittlerweile erfreut sich das ausgesprochen gut gemachte Produkt aber auch großer Auf-
merksamkeit für allgemeine Schaltungssimulation. Um einen ersten Eindruck von den

Eigenschaften des Simulators LtSpice zu vermitteln, dient eine kurze Auflistung der Softwarekomponenten und ihrer Merkmale.

LtSpice Simulator

- Der Simulator enthält sechs Standard-SPICE-Analysen, die Analysen .OP, .DC, .TF, .AC, .TRAN und .NOISE.
- Für die Parametrisierung der Analysen stehen Eingabefenster mit Eingabemasken zur Verfügung. Auch eine Syntaxüberprüfung wird in den Eingabefenstern vorgenommen.
- Für die Parametrisierung der Signalquellen der Transientenanalyse PULSE, SINE, EXP, SFFM und PWL stehen ebenfalls Eingabefenster mit Eingabemasken zur Verfügung. Eine interessante Möglichkeit ist es, das Eingangssignal für eine Transientenanalyse aus einer Wave-Datei zu lesen und das Ausgangssignal (oder ein beliebiges interessierendes Signal) einer Schaltung in eine Wave-Datei zu schreiben. Auf diese Weise kann man seinen Röhrenverstärker „anhören", indem man die Schaltung mit einem Musiksignal speist und das von ihr erzeugte Signal liest, um es im Anschluss beispielsweise mit einem Kopfhörer wiederzugeben.
- Die Parametrisierung des Eingangssignals für die .AC-Analyse erfolgt ebenfalls in einem Eingabefenster.
- Lineare zeitinvariante Systeme, wie z. B. Analogfilter, lassen sich auch über ihre Laplace-Transformierte definieren und im Zeit- sowie im Frequenzbereich nutzen. Wir werden im Abschn. 6.1. davon Gebrauch machen, indem wir zum Test eines Phono-Verstärkers die RIAA-Schneidkennlinie auf diese Weise nachbilden.

LtSpice Schaltplaneditor

- Der graphische Schaltplaneditor ist mit den hierfür üblichen Eigenschaften von Programmen seiner Art ausgestattet, wie Plazierung der Bauelemente mit der Maus, Drehen und Spiegeln von Bauelementen, Kopieren von Bauelementen oder ganzen Schaltungsgruppen, Benamung von Knoten unabhängig von der automatischen Knotennummervergabe, Zoom-Funktion, undo- und redo-Funktion u. w. m.
- Die Software enthält einen kleinen Grundstock an allgemeinen Bauelementen und eine größere Auswahl an Bauelementen von Linear Technology. Es stehen zahlreiche Schaltzeichen (symbols) von aktiven und passiven Bauelementen zur Verfügung, darunter auch Schaltzeichen von Verstärkerröhren. Man kann ohne weiteres weitere Schaltzeichen hinzufügen und auch die vorhandenen Bibliotheken um Bauelemente der eigenen Wahl ergänzen, die dann, wenn sie in die richtigen Verzeichnisse eingetragen wurden, auch in den Komponenten-Auswahlfenstern aufgeführt werden.

LtSpice Graphikausgabe (waveform viewer)

- Die im *waveform viewer* anzuzeigenden Spannungen, Ströme und auch Leistungen lassen sich entweder im Schaltplan mit der Maus oder aus einer Liste auswählen. Man kann mit der Maus sogar die Differenzspannungen zwischen zwei beliebigen Netz-werkknoten im Schaltplan auswählen und zur Anzeige bringen.

- In einem Fenster lassen sich mehrere Darstellungen zeigen, von denen jede für sich die Selbstskalierungsmöglichkeiten nutzen kann, um bildfüllende Darstellungen für Funktionsverläufe bei unterschiedlichen Wertebereichen zu erreichen. In einem Diagramm lassen sich mehrere Funktionen darstellen, die auch unterschiedliche physikalische Einheiten benötigen können wie Volt, Ohm, Ampere und Watt.

- Neben der Selbstskalierungsmöglichkeit steht Zoom-Funktionalität zur Verfügung.

- Für die darzustellenden Funktionen stehen arithmetische Operationen in großer Zahl zur Verfügung, mit denen sich beispielsweise Signale normieren lassen, Beträge berechnen lassen und vieles mehr.

- In einem Diagramm lassen sich unterschiedliche Darstellungsmöglichkeiten nutzen. So kann man z. B. die komplexwertigen Spannungen einer .AC-Analyse entweder im Bodediagramm mit Verstärkung und Phase oder in der komplexen Zahlenebene als Ortskurve darstellen.

- Die Betragsspektren der Signale einer Transientenanalyse lassen sich als Ergebnisse einer FFT graphisch darstellen.

- An Zeitbereichssignalen einer Transientenanalyse können für wählbare Zeitfenster Berechnungen durchgeführt werden, wie Spitzenwerte, Periodendauer, Effektivwert und arithmetische Mittelwerte.

LtSpice Allgemeines

- Linear Technology bietet einen automatischen Software-Update über das Internet an.

- Unter dem Web-Link http://groups.yahoo.com/group/LTspice/ firmiert eine recht rührige Newsgroup.

- Das Programm enthält keine Beschränkungen hinsichtlich der Anzahl erlaubter Netzwerkknoten oder der Anzahl möglicher Bauelemente. In zahlreichen Simulationen hat der Autor bislang noch kein instabiles Software-Verhalten bemerkt.

SPICE Analysen am Beispiel einfacher passiver Netzwerke

4

In diesem Kapitel werden wir die für dieses Buch wichtigsten SPICE-Analysen, die beiden Gleichstromanalysen .DC und .TF, die Zeitbereichsanalyse .TRAN und die Frequenzbereichsanalyse .AC vorstellen. Hierfür dienen exemplarisch drei einfache passive Netzwerke, die man, mit überschaubarem Aufwand, auch noch ohne Zuhilfenahme eines Schaltungssimulationsprogramms analysieren könnte. Zur Illustration sollen vor der Anwendung von SPICE die Netzwerkanalysen analytisch erfolgen, was dem Leser verdeutlicht, welchen Gewinn er von einem Schaltungssimulationsprogramm bereits in den einfachsten Fällen erwarten kann.

4.1 Gleichstromanalysen am Beispiel zweier resistiver Spannungsteiler

Das Beispiel hat zwei Teile, die Analyse eines festen (resistiven) Spannungsteilers und die Analyse eines einstellbaren Spannungsteilers (Potentiometer) mit Lastwiderstand. Im ersten Fall werden die Gleichgrößen Spannungen, Ströme und Leistungen analysiert und im zweiten Fall die Kennlinienschar in Abhängigkeit von Potentiometerdrehwinkel und Wert des Lastwiderstands. Zur analytischen Berechnung der beiden Netzwerke genügen elementare Kenntnisse der Elektrotechnik.

Abbildung 4.1a zeigt den festen Spannungsteiler. Die Bauelementewerte sind $R_1 = 1\,\text{k}\Omega$, $R_2 = 10\,\text{k}\Omega$ und $U_1 = 10\,\text{V}$. Das Spannungsteilerverhältnis wird mit

$$\frac{U_2}{U_1} = \frac{R_2}{R_1 + R_2}$$

berechnet. Man kann, hieraus abgeleitet, einen Gleichspannungsübertragungsfaktor t_F zwischen der Quellspannung U_1 und der Spannung U_2 angeben, die demzufolge als Eingangs- und als Ausgangsgröße anzusehen sind. Wir berechnen diesen Gleichspan-

© Springer Fachmedien Wiesbaden 2015
A. Potchinkov, *Simulation von Röhrenverstärkern mit SPICE*,
DOI 10.1007/978-3-8348-2112-6_4

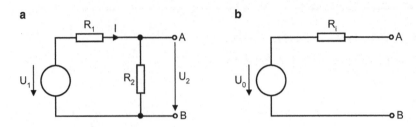

Abb. 4.1 Spannungsteiler (**a**) und Ersatzquelle (**b**)

nungsübertragungsfaktor mit

$$t_F = \frac{R_2}{R_1 + R_2} = 0{,}9091 \ . \tag{4.1}$$

Die Spannung U_2 ist mit diesem Faktor in der Form

$$U_2 = t_F U_1 = 9{,}091 \, \text{V}$$

zu berechnen. Der Gleichstrom in der Spannungsteiler-Masche wird mit

$$I = \frac{U_1}{R_1 + R_2} = 909{,}1 \, \mu\text{A}$$

berechnet. Mit diesem Wert lassen sich die Verlustleistungen in den beiden Widerständen zu

$$P_{R1} = I^2 R_1 = 826{,}5 \, \mu\text{W} \ \text{und} \ P_{R2} = I^2 R_2 = 8{,}265 \, \text{mW}$$

berechnen. Soll für das Netzwerk mit den Klemmen A und B über R_2 eine Ersatzspannungsquelle nach Abb. 4.1b angegeben werden, so hat diese die Leerlaufspannung

$$U_0 = t_F U_1 = 9{,}091 \, \text{V}$$

und den Innenwiderstand R_i, Parallelschaltung von R_1 und R_2, mit

$$R_i = R_1 \parallel R_2 = \frac{R_1 R_2}{R_1 + R_2} = 909{,}1 \, \Omega \ . \tag{4.2}$$

Das Symbol $\parallel$ werden wir im weiteren als „Parallelschaltungsoperator" ansehen. Schließlich können wir noch den Lastwiderstand berechnen, mit dem die Spannungsquelle belastet wird. Dieser Widerstand entspricht der Reihenschaltung beider Widerstände und beträgt

$$R_1 + R_2 = 11 \, \text{k}\Omega \ . \tag{4.3}$$

Die SPICE-Netzliste und die Analyseanweisungen haben wir bereits im Abschn. 2.1.1 angegeben. Die Abb. 4.2, erstellt mit dem LtSpice-Schaltplaneditor, zeigt die Schaltung mit der Benamung der Knoten. Mit V1 wird die Spannungsquelle mit der Span-

Abb. 4.2 LtSpice-Spannungs-
teiler

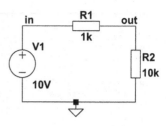

nung $U_1=10$ V bezeichnet, wobei der Buchstabe V für *Voltage Source* steht. Die SPICE-
Ergebnisausgabe der .OP-Analyse lautet

– Operating Point –

V(in):	10	voltage
V(out):	9.09091	voltage
I(R1):	-0.000909091	device_current
I(R2):	0.000909091	device_current
I(V1):	-0.000909091	device_current

Wir erinnern uns daran, dass bei SPICE ein Strom positiv gezählt wird, wenn er von den
Bauelementeanschlüssen +node zu -node fließt. Die SPICE-Ergebnisausgabe der .TF-
Analyse mit den Größen (4.1, 4.3, 4.2) lautet

– Transfer Function –

Transfer_function:	0.909091	transfer
v1#Input_impedance:	11000	impedance
output_impedance_at_V(out):	909.091	impedance

Wenn man mit LtSpice einen Widerstand im Schaltplan mit der Maus anwählt, erhält man
die Angaben zum Widerstandsstrom und der Verlustleistung.

Das zweite Beispiel ist eine Schaltung mit einem belasteten Potentiometer R in
Abb. 4.3. Das Potentiometer wird mit zwei Teilwiderständen R_1 und R_2 in der Form

$$R = R_1 + R_2 = (1 - \alpha)R + \alpha R$$

Abb. 4.3 Belasteter Spannungsteiler

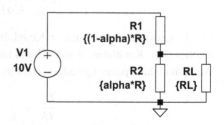

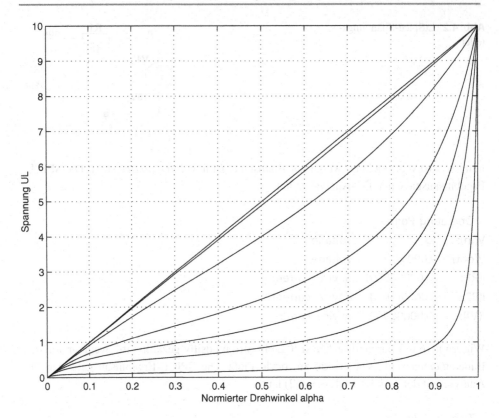

Abb. 4.4 $(U_L, \alpha)_{R_L}$-Kennlinienfeld des belasteten Spannungsteilers

und einem normierten Drehwinkel α, $0 \leq \alpha \leq 1$, modelliert und mit dem Lastwiderstand R_L belastet. Für das Spannungsteilerverhältnis erhält man die nichtlineare Beziehung

$$
\begin{aligned}
\frac{U_L}{U_1} &= \frac{\dfrac{R_L \alpha R}{R_L + \alpha R}}{(1-\alpha)R + \dfrac{R_L \alpha R}{R_L + \alpha R}} \\
&= \frac{R_L \alpha R}{R_L \alpha R + (1-\alpha)R\,(R_L + \alpha R)} \\
&= \frac{\alpha R_L}{R_L + \alpha(1-\alpha)R} .
\end{aligned}
$$

Das Potentiometer mit linearer Kennlinie wird durch die Last zum Potentiometer mit nichtlinearer Kennlinie, deren Charakteristik vom Wert des Lastwiderstands abhängt. Wenn man das Spannungsteilerverhältnis in der Form

$$
\frac{U_L}{U_1} = \frac{\alpha}{1 + \alpha(1-\alpha)R/R_L}
$$

schreibt, erkennt man gut, dass U_L/U_1 gegen α geht, wenn R_L gegen unendlich geht, was dem Fall des unbelasteten linearen Spannungsteilers entspricht. Mit der SPICE-Analyse soll ein $(U_L, \alpha)_{R_L}$-Kennlinienfeld mit dem Parameter R_L dargestellt werden, worin α die unabhängige Variable ist. Mit den SPICE-Anweisungen

```
.param R=1e4
.step param alpha 1e-6 0.999999 1e-3
.step param RL List 100 500 1000 2000 10000 100000 1Mega
.op
```

lösen wir diese Analyseaufgabe. Die erste .step-Anweisung legt die unabhängige Variable α als SPICE-Parameter fest, die zweite .step-Anweisung den Parameter R_L, der aus einer Liste mit 7 Werten entnommen wird. Mit der unteren Grenze von 10^{-6} und der oberen Grenze von $1\text{-}10^{-6}$ für α wird verhindert, dass SPICE Widerstände mit dem Wert 0 verwendet, was andernfalls zu Programmabbruch und Fehlermeldung führen würde. Die Abb. 4.4 zeigt das $(U_L, \alpha)_{R_L}$-Kennlinienfeld. Die Kurven für abnehmende Lastwiderstandswerte folgen der Richtung von links nach rechts.

4.2   Zeitbereichsanalyse am Beispiel eines Spitzenwertgleichrichters

Die Abb. 4.5 zeigt einen einfachen Spitzenwertgleichrichter mit unterschiedlichen Zeitkonstanten für das Ansprechen und das Rückstellen, was dem Laden und dem Entladen des Kondensators C entspricht, wobei diese beiden Vorgänge wegen der Diode unterschiedlichen Bedingungen, sprich unterschiedlichen Zeitkonstanten, unterliegen. Wegen der Diode handelt es sich bei diesem Netzwerk um ein nichtlineares Netzwerk. Bevor nun eine analytische Berechnung angegeben wird, soll zunächst die Diode mit einer linearen Kleinsignalersatzschaltung modelliert werden. Hierfür gehen wir von einer Durchlaßspannung $U_D = 0,6\,\text{V}$ aus und vernachlässigen den differentiellen Innenwiderstand r_D der Diode, da wir im Hinblick auf die praktische Anwendung einer solchen Schaltung von $r_D \ll R_1, R_2$ ausgehen können. Zur Analyse des Ansprech- und Rückstellzeitverhaltens ist es zweckmäßig, eine Pulsquelle mit der Eigenschaft

$$u(t) = \begin{cases} U_0, 0 \le t \le t_R, \\ 0, t < 0, t > t_R \end{cases}$$

Abb. 4.5 Schaltbild des Spitzenwertgleichrichters

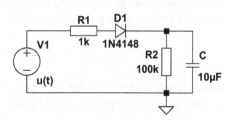

anzusetzen. Für den Zeitabschnitt des Ansprechvorgangs $0 \leq t \leq t_R$, $u_{C,A}(0) = 0$ (entladener Kondensator), lässt sich bzgl. des Kondensators das Netzwerk wie im Abschn. 4.1 durch eine Ersatzspannungsquelle ersetzen, die die Leerlaufspannung

$$u_0(t) = \frac{R_2}{R_1 + R_2} \left(u(t) - U_D \right) = \frac{R_2}{R_1 + R_2} \left(U_0 - U_D \right)$$

erzeugt und den Innenwiderstand, Parallelschaltung von R_1 und R_2,

$$R_i = R_1 \parallel R_2$$

aufweist. Mit elementaren Berechnungen erhält man für den Ansprechzeitraum die Kondensatorspannung

$$u_{C,A}(t) = (U_0 - U_D) \frac{R_2}{R_1 + R_2} \left(1 - e^{-t/\tau_A} \right), \tau_A = CR_i, 0 \leq t \leq t_R . \quad (4.4)$$

Für den Rückstellvorgang, ausgelöst zum Zeitpunkt $t = t_R$ reduziert sich das Netzwerk auf die Parallelschaltung von Kondensator C und Widerstand R_2. Der Kondensator wird über R_2 entladen. Die Kondensatorspannung wird für die Rückstellzeit mit

$$u_{C,R}(t) = (U_0 - U_D) \frac{R_2}{R_1 + R_2} \left(1 - e^{-t_R/\tau_A} \right) e^{-(t-t_R)/\tau_R}, \tau_R = CR_2, t \geq t_R , \quad (4.5)$$

berechnet, worin die Spannung $(U_0 - U_D) \frac{R_2}{R_1+R_2} \left(1 - e^{-t_R/\tau_A} \right) = u_{C,A}(t_R)$ der Spannung (4.4) an der Stelle $t = t_R$ entspricht. Für die spätere Simulation verwenden wir eine periodische 100 ms-Impulsfolge mit der Impulshöhe $U_0 = 10$ V und einer Periodendauer von $T = 2$ s (Puls-Pausen-Verhältnis 1:19). Der erste Rückstellvorgang für $t > 0$, der Aus-Zustand der Pulsquelle, beginnt also zum Zeitpunkt $t = t_R = 100$ ms und dauert 1,9 s bis zum Wiedereinsetzen des Pulses bei $t = 2$ s.

Die Bauelementewerte sind $R_1 = 1$ k, $R_2 = 100$ k und $C = 10$ μF und die Zahlenwerte der Zeitkonstanten sind $\tau_A = 9{,}901$ ms und $\tau_R = 1$ s. Während des ersten Impulses erreicht die Kondensatorspannung den Maximalwert

$$u_{C,A}(t_R) = (U_0 - U_D) \frac{R_2}{R_1 + R_2} \left(1 - e^{-t_R/\tau_A} \right) = 9{,}3065 \, \text{V} . \quad (4.6)$$

Nach Auslösen des Rückstellvorgangs geht die Kondensatorspannung bis zum Beginn des zweiten Impulses zurück auf den Wert

$$u_{C,R}(2\,s) = 9{,}3065 \, \text{V} \times e^{-(2-0.1)/1} = 1{,}392 \, \text{V}.$$

Beim nächsten Impuls ist der Startwert zwar höher, aber die Maximalspannung unterscheidet sich nur wenig vom Wert in (4.6), da die Impulsbreite mehr als 10mal so groß

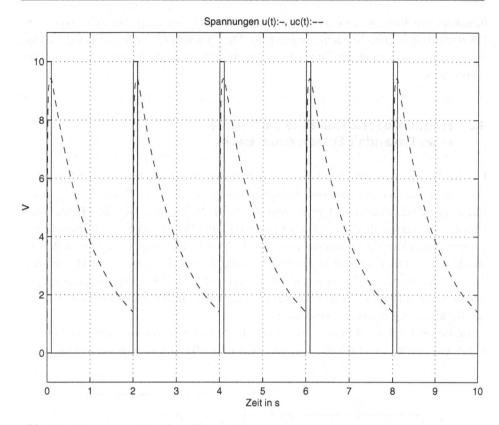

Abb. 4.6 Spitzenwertgleichrichter, Puls- und Kondensatorspannung

ist wie die Hinlaufzeitkonstante. Zunächst wächst der Startwert der Kondensatorspannung bei einem jeden Impulseinsatz weiter an und konvergiert gegen den mit einer Simulation gewonnenen Wert von $u_{c,R}(n2\,s) = 1,408\,V$ für große Werte n.

Die SPICE-Simulation soll den Zeitverlauf der Kondensatorspannung für einen periodischen Puls zeigen, also eine Transientenanalyse ausführen. Mit der im Abschn. 2.3 eingeführten SPICE-Angabe

```
PULSE 0 10 0 1ns 1ns 100ms 2s 5
```

wird eine Pulsquelle definiert, die im Aus-Zustand 0 V und im An-Zustand 10 V abgibt. Das Puls-Pausen-Verhältnis beträgt 100 ms/1,9 s, was einer Periodendauer von $T = 2\,s$ entspricht. Die Anstiegs- und die Abfallzeit des Pulses sind mit je 1 ns zu vernachlässigen. Die Pulsquelle gibt ein Signal mit fünf Periodendauern ab, entsprechend einer Signaldauer von 10 s. Eine Transientenanalyse von 10 s Analysedauer

```
.tran 0 10s 0
```

berechnet den Kondensatorspannnungsverlauf. Die Abb. 4.6 zeigt den Zeitverlauf von Pulsquellspannung und Kondensatorspannung. Die Spannungswerte lassen sich entweder im *waveform viewer* mit der Cursor-Funktion abfragen oder als Textdatei über der Zeit abspeichern.

4.3 Frequenzbereichsanalyse am Beispiel eines Baxandall-Entzerrernetzwerks

Das Netzwerk dieses Abschnitts in Abb. 4.7 ist eine Standardschaltung in NF-Steuer-verstärkern, nämlich ein passiver[1] *Kuhschwanzentzerrer* oder ein *Baxandall-Netzwerk*. Mit zwei $100\,\text{k}\Omega$-Potentiometern R_2 und R_3 sowie R_9 und R_{10} wird die Tiefen- und die Höhencharakteristik eingestellt oder ein nichtidealer Wiedergabebetragsfrequenzgang entzerrt. Die beiden Potentiometer werden in der SPICE-Schaltung durch je zwei Wider-stände ersetzt. Der Höhensteller entspricht R_2 und R_3 mit $R_2 + R_3 = 100\,\text{k}\Omega$ und der Tiefensteller entspricht R_9 und R_{10} mit $R_9 + R_{10} = 100\,\text{k}\Omega$. Die Frequenzgangsanalyse eines schon recht umfangreichen Netzwerks ist erheblich aufwändiger als die Analysen in den beiden vorangegangenen Abschnitten.

Im Beispiel soll die Wirkung des Tiefenstellers analysiert werden, wofür der Höhen-steller, ein Potentiometer mit sog. logarithmischer Kennlinie (Audiopotentiometer), in die

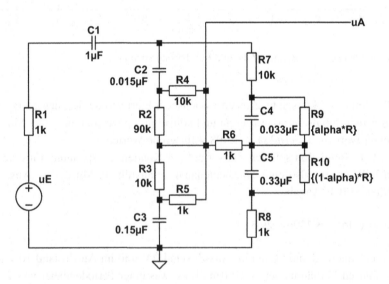

Abb. 4.7 Baxandall-Entzerrernetzwerk

---

[1] Ein Entzerrernetzwerk ist passiv, wenn zu seinem Betrieb kein Verstärker benötigt wird. Bei akti-ven Entzerrernetzwerken für diese Anwendung ist der Einschluß des Netzwerks in eine Verstärker-Rückkopplung vorgesehen.

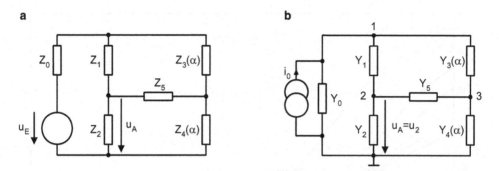

Abb. 4.8 Ersatzbrückenschaltungen zum Baxandall-Entzerrernetzwerk

Mittenstellung gebracht wird, was mit $R_2 = 90\,\text{k}\Omega$ und $R_3 = 10\,\text{k}\Omega$ nachgebildet wird. Nun können die Zweigelemente in geeigneter Weise zu den Impedanzen Z_0 bis Z_5 zusammengefaßt werden und eine Brückenschaltung nach Abb. 4.8a angegeben werden.

Die Brückenschaltung enthält vier Knoten. Die Impedanzen Z_0 bis Z_5 der Brückenschaltung sind

$$Z_0 = R_1 + Z_{C1}$$
$$Z_1 = Z_{C2} + R_2 \parallel R_4$$
$$Z_2 = Z_{C3} + R_3 \parallel R_5$$
$$Z_3(\alpha) = R_7 + Z_{C4} \parallel R_9 = R_7 + Z_{C4} \parallel \alpha R$$
$$Z_4(\alpha) = R_8 + Z_{C5} \parallel R_{10} = R_8 + Z_{C5} \parallel (1-\alpha)R$$
$$Z_5 = R_6\,.$$

Im Interesse einer kompakten Darstellung verzichten wir bei den Impedanzen auf die Angabe der Abhängigkeit von der Frequenz und notieren alleine die Abhängigkeit vom Drehwinkel α. Beispielhaft würden wir für die Impedanzen komplexwertige Funktionen der Form

$$Z_3(\alpha)(\omega) = R_7 + Z_{C4}(\omega) \parallel \alpha R = R_7 + \frac{\alpha R \dfrac{1}{j\omega C_4}}{\alpha R + \dfrac{1}{j\omega C_4}} = R_7 + \frac{\alpha R}{1 + j\omega\alpha R C_4}$$

vorliegen haben. Zur analytischen Berechnung wählen wir diesmal die Analysemethode, die auch SPICE in modifizierter Form verwendet, nämlich die gewöhnliche Knotenpotentialanalyse[2]. Für die gewöhnliche Knotenpotentialanalyse müssen wir zunächst die

---

[2] Genauer gesagt: SPICE benutzt die sog. modifizierte Knotenpotentialanalyse, bei der Spannungsquellen nicht in Stromquellen transformiert werden müssen. Dies hat aber zur Folge, daß die Netzwerkmatrix größer wird. Das UrSPICE hat dieselbe Knotenpotentialanalyse wie im Beispiel benutzt, also mit geeigneter Transformation des Netzwerks.

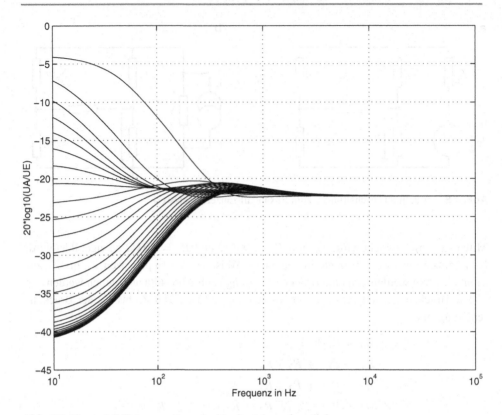

Abb. 4.9 Baxandall-Entzerrernetzwerk, Abschwächungskennlinien

Knoten benennen. Der Bezugsknoten ist GND und die berechneten Knotenpotentiale sind die Potentiale der drei weiteren Knoten 1 bis 3 bzgl. des GND-Potentials von Null. Zur Durchführung der Analyse und Aufstellung des für die Analyse notwendigen Gleichungssystems berechnen wir die Admittanzen $Y_i = 1/Z_i, i = 0, \ldots, 5$, und ersetzen die Spannungs- durch eine Stromquelle mit $I_0 = U_E/Z_0$. Das so veränderte Netzwerk zeigt Abb. 4.8b. Das lineare komplexe Gleichungssystem zur Netzwerkberechnung lässt sich nun im Frequenzbereich in der Form

$$\begin{pmatrix} U_1 \\ U_2 \\ U_3 \end{pmatrix} = \begin{pmatrix} Y_0 + Y_1 + Y_3(\alpha) & -Y_1 & -Y_3(\alpha) \\ -Y_1 & Y_1 + Y_2 + Y_5 & -Y_5 \\ -Y_3(\alpha) & -Y_5 & Y_3(\alpha) + Y_4(\alpha) + Y_5 \end{pmatrix} \begin{pmatrix} I_0 \\ 0 \\ 0 \end{pmatrix}$$

angeben und berechnen, wobei die Frequenzabhängigkeit der Admittanzen zu berücksichtigen ist und die Berechnung getrennt für Real- und Imaginärteile zu erfolgen hat. Ein Rechnung von Hand erfordert in diesem Fall einen beträchtlichen Zeitaufwand. Man kann hier schon deutlich erkennen, wieviel an eintöniger und fehleranfälliger Berechnung einem durch ein Schaltungssimulationsprogramm abgenommen wird.

Mit der SPICE-Simulation sollen die Betragsfrequenzgänge für unterschiedliche Einstellungen des Tiefenentzerrpotentiometers dargestellt werden, wobei das Höhenentzerrpotentiometer in Mittenstellung ist. Mit zwei SPICE-Anweisungen, einer .STEP-Anweisung für die Einstellung des Potentiometers und einer .AC-Anweisung für die Frequenzgangsberechnung wurden die Kurven in der Abb. 4.9 erzeugt.

Verstärkerröhren, Verstärker und SPICE-Modelle 5

Im fünften Kapitel kommt das Buch endlich an der Stelle an, die mit seinem Titel angekündigt wurde, nämlich den Verstärkerröhren, ihrer Modellierung und ihren einfachen Grundschaltungen. Das Kapitel enthält vier Teile:

- Theoretische Grundlagen der Wirkungsweise von Verstärkerröhren,
- Grundlagen von Verstärkern und ihrer Berechnung,
- Modellierung von Verstärkerröhren mit SPICE,
- Test der Röhrenmodelle.

Die Darstellung der theoretischen Grundlagen folgt im wesentlichen Auszügen aus zwei historischen Büchern, den Büchern von Barkhausen [Bar65] und Spangenberg [Spa48]. Beide Bücher sind nicht nur außergewöhnlich gut geschrieben, sie zeichnen sich auch durch eine Fülle von Inhalten aus, dass man vermuten möchte, es bedürfe keiner weiterer Bücher zu diesen grundlegenden Themen. Aus unserer Perspektive, der Perspektive des Modellierens von Verstärkerröhren in einer mathematischen Simulationsumgebung, müssen wir noch etwas diskutieren, was in den historischen Büchern ohne Belang gewesen war. Der gesamte mögliche Betriebsbereich von Verstärkerröhren wird in unterschiedliche Teilbereiche aufgeteilt, die mit unterschiedlichen Theorien erklärt werden. Mit den unterschiedlichen Theorien erhält man auch unterschiedliche Bereichsgleichungen, die an den Übergangsstellen Unstetigkeiten aufweisen. Für die Modellierung der Röhren wirft dies Probleme auf, wenn ein Modell bereichsübergreifend verwendet werden soll.

Unser Exkurs in die Theorie der Röhren fällt vergleichsweise gering aus, denn zum einen haben wir nicht das Ziel, Röhren zu fertigen und zum anderen beschränken wir uns auf moderne Verstärkerröhren mit indirekten Heizungen, Bariumoxydkathoden, Niederfrequenzschaltungstechnik, Trioden und Pentoden und schließen beispielsweise Senderöhren aus unseren Betrachtungen aus.

Nach der Aufbereitung der für unsere Anwendung wichtigen Ausschnitte der Theorie der Röhren wird in zunächst allgemeiner Weise der Röhrenverstärker eingeführt. Wir

© Springer Fachmedien Wiesbaden 2015
A. Potchinkov, *Simulation von Röhrenverstärkern mit SPICE*,
DOI 10.1007/978-3-8348-2112-6_5

berechnen Grundschaltungen mit einer Verstärkerröhre und führen Verstärkerstufen als elektrotechnische Systeme ein. Dieser Abschnitt wird mit den Berechnungen der Verstärkungen zweier über zwei Stufen gegengekoppelter Verstärker abgeschlossen.

Ausführlich werden in diesem Kapitel die Modellierung und der Test der Modelle beschrieben. Zunächst kategorisieren wir die Modelle hinsichtlich der beiden unterschiedlichen Ansätze, der Modellierung auf der Grundlage physikalischer Charakterisierung und der Modellierung auf der Grundlage mathematischer Approximation. Beide Ansätze werden von einigen Autoren verfolgt. Die Röhrenmodelle der verschiedenen Autoren sind hauptsächlich über das Internet zu erhalten. Wir wollen in einem Anhang die entsprechenden Web-Seiten angegeben und sie nicht hier oder im Literaturverzeichnis aufnehmen, da Web-Seiten manchmal recht kurzlebig sind. Wir ergänzen die Darstellung um einen Ansatz zur Modellierung der Stromverteilung zwischen Anoden- und Schirmgitterstrom bei Pentoden.

Wir analysieren nicht nur die verschiedenen Modellierungstechniken, sondern zeigen, wie man für die Röhrenmodelle die Parameter findet. Insbesondere zeigen wir, wie man die Raumladungsmodelle auf der Grundlage von Systemen linearer Gleichungen parametrisiert, eine Technik, die jeder mit Zugang zu einem PC und einfacher Numeriksoftware leicht selbst ausführen kann, wenn er Röhren modellieren möchte zu denen keine SPICE-Modelle verfügbar sind oder, wenn er Röhrenmodelle auf die Arbeitspunkte in seiner Schaltung hin optimieren möchte. Im weiteren werden wir mit aufwändigen Tests die unterschiedlichen Röhrenmodelle testen, indem wir die Simulationsergebnisse mit den Datenblätter-Angaben vergleichen. Hierzu haben wir einfache Testschaltungen für die Simulation mit SPICE verwendet, die, und das ist ein wichtiger Gewinn der Simulation gegenüber realen Messschaltungen, in „wörtlicher Übereinstimmung" mit der Messvorschrift stehen.

5.1 Grundlegende Eigenschaften von Elektronenröhren

Um SPICE-Modelle von Verstärkerröhren auf der Grundlage von Datenblattangaben oder Messwerten entwickeln und parametrisieren zu können oder um sie verstehen und bewerten zu können, ist es sinnvoll, auch in einer Einführung zur Wirkungsweise von Verstärkerröhren, mit der gitterlosen Elektronenröhre, der Diode, zu beginnen. Dies betrifft vor allem auch die Betriebsbereiche, in denen die Modelle nur ungenügend die Eigenschaften realer Verstärkerröhren nachbilden. Auch wenn wir nicht Dioden modellieren werden, so werden wir dennoch erkennen, dass man für die Verstärkerröhren Ersatzdioden angeben kann und sich so die an der Diode gewonnenen Erkenntnisse auf die Verstärkerröhren, die Gitterröhren, anwenden lassen. Die im Folgenden beschriebenen Eigenschaften von Elektronenröhren beziehen sich zunächst auf Gleichgrößen. Anschließend werden die differentiellen Kennwerte der Verstärkerröhren beschrieben, mit denen sich das Verhalten für kleine Wechselgrößen bei Verwendung linearer Ersatzschaltungen berechnen lässt.

5.1.1 Eigenschaften der Röhrendioden

Die Diode hat zwei Elektroden, die Anode und die Kathode. Betrachtet man die Kennlinien der Dioden in den Datenblättern oder in den Büchern zu den Elektronenröhren, so kann man vermuten, dass es unterschiedliche Arbeitsbereiche gibt, die mit unterschiedlichen Theorien zur Abhängigkeit des Diodenstroms I_a von der Diodenspannung U_a zu beschreiben sind[1]. Tatsächlich unterscheidet man

- den *Anlaufbereich,*
- den *Raumladungsbereich* und
- den *Sättigungsbereich.*

Auch wenn schließlich die Dioden und die Verstärkerröhren vornehmlich im Raumladungsbereich betrieben werden, der „nur" den Übergangsbereich vom Anlauf- in den Sättigungsbereich darstellt, müssen dennoch die Modelle für alle Bereiche anwendbar sein, d. h. Ergebnisse liefern, sogar wenn diese keinen nutzbaren Informationsgehalt mehr aufweisen.

Der Anlaufbereich, der Bereich sehr kleiner Anodenströme, ist der Bereich mit negativer Anodenspannung. Wenn das Anodenpotential niedriger als das Kathodenpotential ist, treten dennoch Elektronen aus der Kathode aus, sofern ihre Voltgeschwindigkeit[2] größer als der Betrag der negativen Anodenspannung ist. Die Elektronen können dann die Barriere überwinden, die die negative Anodenspannung aufbaut. Im Anlaufbereich fließt der Anlaufstrom durch die Röhre, der mit

$$I_a = I_0 e^{\frac{U_a}{E_T}}, U_a \leq 0,\tag{5.1}$$

berechnet wird, worin I_0 dem Anodenstrom an der Stelle $U_a = 0$ entspricht. Dieser Strom kommt für kleine Heizstromstärken dem Sättigungsstrom I_S sehr nahe. Die Größe $E_T = 0,1$ V, charakteristisch für eine Bariumoxydkathode bei T $\approx$ 1160 K, ist die sog. *Voltgeschwindigkeit,* die der auf das Volt bezogenen mittleren Geschwindigkeit entspricht, mit der Elektronen aus der auf Betriebstemperatur aufgeheizten Kathode austreten. Wenn die Elektronen ungebremst austreten sollen, ist dafür eine ungefähr 10-fache Voltgeschwindigkeit nötig. Da die Elektronen nicht alle gleich schnell sind, genauer gesagt die Geschwindigkeit der Elektronen eine normalverteilte statistische Größe ist, finden sich auch

---

[1] Unter Diodenstrom oder Anodenstrom I_a verstehen wir einen Strom, der von der Anode zur Kathode gerichtet ist und unter Diodenspannung oder Anodenspannung U_a verstehen wir die Potentialdifferenz zwischen Anode und Kathode.

[2] Durch die Erhitzung der Kathode erhalten die freien Elektronen des Metalls kinetische Energie und somit auch eine Geschwindigkeit bzw. einen Geschwindigkeitszuwachs. Elektronen, die bereits aus der Kathode ausgetreten sind, erfahren durch das mit der Anodenspannung aufgebaute elektrische Feld eine Kraftwirkung. Die Voltgeschwindigkeit zeigt, wie groß die Anodenspannung bei kalter Kathode sein müsste, damit die Elektronen die Geschwindigkeit annähmen, die sie durch die erhitzte Kathode erreichen.

bei dem niedrigen Wert für die Voltgeschwindigkeit einige Elektronen, die so schnell sind, dass sie aus der Kathode austreten können. Man kann die Wahrscheinlichkeit sogar berechnen. Für eine Bariumoxyd-Kathode ist die Wahrscheinlichkeit des Elektronenaustritts ungefähr $\exp(-10) = 4{,}54 \cdot 10^{-5}$. Sie enthält den Faktor 10 für die zum ungebremsten Elektronenaustritt benötigte Voltgeschwindigkeit. Der Anlaufgebietsanodenstrom nimmt nach (5.1) mit weiter negativ werdender Anodenspannung exponentiell ab und ist unterhalb $U_a = -1\,\mathrm{V}$ praktisch versiegt. Eine Konsequenz dieser Betrachtung ist, dass man den Stromfluß zu einer kalten Elektrode zu Null bringen kann, wenn diese nur eine ausreichend negative Spannung gegenüber der Elektronen emittierenden Kathode aufweist. Das ist die Technik, mit der man Verstärkerröhren leistungslos steuert. Wir beachten, dass bei gewünschter leistungsloser Steuerung nach dem Anlaufstromgesetz die Spannung an der kalten Elektrode wenigstens 1 V unterhalb der Kathodenspannung liegen sollte, damit auch kein Anlaufstrom fließt. Im Anlaufbereich ist die Stärke der Heizung die wesentliche Einflußgröße für den Strom I_0.

Für die später folgende Betrachtung der Verstärkerröhren benötigen wir eine Verfeinerung des Anlaufgesetzes (5.1). Setzt man die Anodenspannung zu Null, müsste I_0 dem Sättigungsstrom entsprechen, weil ohne eine an der Anode angelegte Gegenspannung die von der Kathode emittierten Elektronen alle an der Anode aufgefangen werden müssten. Bei Barkhausen lesen wir, dass dieser Sättigungszustand aber erst bei $U_a = E_k$ eintritt. E_k ist das Kontaktpotential zwischen Kathode und Auffangelektrode (Anode, kann aber auch das Steuergitter einer Gitterröhre sein, wie wir es später angeben werden), das der Differenz beider Austrittsarbeiten entspricht. Das Kontaktpotential ist eine Materialgröße und beträgt ungefähr $E_k = 0{,}55\,V$ bei den Bariumoxydkathoden. Für sehr kleine Stromstärken, das sind Stromstärken, für die sich um die Kathode herum noch keine Raumladungen ausbilden, gilt

$$I_a = I_S e^{\frac{U_a - E_k}{ET}}, U_a - E_k \leq 0\,, \qquad (5.2)$$

worin I_S nun den Sättigungsstrom bezeichnet, der bei $U_a = E_k$ fließt.

Wenn die Anodenspannung U_a positiv, aber nicht zu groß wird, d. h. noch unterhalb der später eingeführten Sättigungsspannung liegt, spricht man vom *Raumladungsbereich*. Der Begriff Raumladung bezieht sich auf den Raum zwischen Kathode und Anode, sozusagen das Röhreninnere. Nicht alle emittierten Elektronen gelangen zur Anode. Man stellt sich das so vor, dass die emittierten Elektronen beim Verlassen der Kathode so weit schon an Geschwindigkeit verloren haben, dass einige um die Kathode herum eine Raumladungswolke aus quasi ruhenden Elektronen bilden. Diese Wolke stellt eine Barriere für sich bewegende Elektronen dar und begrenzt den Röhrenstrom auf Werte, die weit unterhalb dessen liegen, was die Kathode an Stromfluß erzielen kann. Manche der von der Kathode emittierten Elektronen werden an dieser Wolke sogar reflektiert und gelangen nicht zur Anode. Für die Berechnung des Röhrenverhaltens betrachtet man den Raum als angefüllt mit ruhender negativer Aufladung. Wir finden bei Barkhausen [Bar65] eine Argumentation auf der Grundlage von Elektronenemission und einem Ersatzkondensator für die Röhre, aus der dann die fundamentale Gleichung, das sog. *Raumladungsgesetz* ,

$$I_a = K^* U_a^{3/2} \qquad (5.3)$$

abgeleitet wird, worin K^* die Raumladungskonstante bezeichnet, eine Konstante, die den Aufbau der Röhrendiode repräsentiert. In den meisten Fällen kann man die Röhrenkonstante zu

$$K^* = 2{,}33 \cdot 10^{-6} \frac{F}{a^2} \frac{\text{A}}{\text{V}^{3/2}} \qquad (5.4)$$

setzen, worin F die Kathodenfläche und a den Abstand zwischen Kathode und Anode bezeichnen. Das Raumladungsgesetz ist gültig, sofern Strom und Spannung positiv sind und unterhalb des Sättigungsbereichs liegen. Barkhausen führt hierzu aus:

„Ganz unabhängig von der Zahl der aus der Glühkatode austretenden Elektronen – sie muß nur größer sein, als es dem nach (5.3) berechneten Strom entspricht – begrenzt sich der Strom selbst durch die von ihm hervorgerufenen Raumladungen auf einen sehr kleinen, genau bestimmbaren Wert."

Anders als im Anlaufbereich spielt die Stärke der Heizung im Raumladungsbereich nur eine recht geringe Rolle. Für die Höhe des Stroms ist im wesentlichen die Höhe der Anodenspannung verantwortlich. Wir werden die Heizung daher nicht modellieren.

Aus der Sicht der Röhrenkonstruktion ist man bestrebt, die Raumladungskonstante möglichst groß zu wählen. Sie entspricht gewissermaßen der Effizienz der Röhre. Für die Praxis kann man von Raumladungskonstanten im Größenbereich von

$$K^* = 10^{-3} \ldots 10^{-2} \frac{\text{A}}{\text{V}^{3/2}} \qquad (5.5)$$

ausgehen.

Bei hohen positiven Anodenspannungen wird wegen des mit der Anodenspannung aufgebauten elektrischen Feldes die Raumladung abgebaut und die Elektronen bewegen sich quasi ungehindert von der Kathode zur Anode. Dies hat zur Folge, dass, weitestgehend unabhängig von der Anodenspannung, ein hoher Strom, der Sättigungsstrom I_S, fließt. Alle von der Kathode emittierten Elektronen gelangen zur Anode, der Sättigungsstrom entspricht dem Emissionsstrom. Wir erinnern uns daran, dass die beheizte Kathode ein Vielfaches des Raumladungsstroms an Emissionsstrom aufbringen kann. Der Übergang in den Sättigungsbereich findet statt, wenn die Anodenspannung U_a die Sättigungsspannung U_s mit

$$U_S = \left(\frac{I_S}{K^*} \right)^{2/3} \qquad (5.6)$$

übertrifft. Der Sättigungsstrom ist als der auf die Kathodenoberfläche bezogene Strom definiert, der nicht mehr von einer hohen positiven Anodenspannung beeinflusst wird und mit

$$I_S = 120\, T^2 e^{-\frac{11600\, E_0}{T}} \tag{5.7}$$

berechnet wird, worin T die absolute Temperatur und E_0 die Austrittsarbeit ist, die bei Bariumoxyd-Kathoden mit $E_0 = 1{,}1$ V spezifiziert wird. Praktisch ist dieser Bereich für Elektronenröhren von nur geringer Bedeutung, da die in der Röhre umgesetzte Leistung die maximale Verlustleistung zumeist übersteigt und die Röhre mehr oder weniger zügig zerstört wird. Die Ursache hierfür ist, dass die kinetische Energie der Elektronen auf der Anode in Wärme umgesetzt wird.

Mit den bisherigen Ausführungen haben wir kennengelernt, dass man für die Röhrendiode drei Arbeitsbereiche unterscheidet, die mit unterschiedlichen Theorien und zufolge dessen mit unterschiedlichen Gl. 5.1, 5.3 und 5.7 beschrieben werden. Um die prinzipielle Problematik des Modellierens einer Röhrendiode darzulegen, notieren wir den Röhrenstrom mit den drei Gleichungen über alle Bereiche

$$I_a = \begin{cases} I_0 e^{\frac{U_a}{E\,T}}, U_a \leq 0\,, \\ K^* U_a^{3/2}, 0 < U_a < U_S\,, \\ I_S, U_a \geq U_S\,. \end{cases}$$

Im Folgenden fragen wir nicht nach den Bereichen selbst, sondern nach den Übergängen zwischen den Bereichen, den Übergangsbereichen. Die Schranke zwischen Anlauf- und Raumladungsbereich ist die Röhrenspannung $U_a = 0$. An dieser Stelle würde man mit dem Anlaufstromgesetz (5.1) den Wert $I_a = I_0$ und mit dem Raumladungsgesetz (5.3) den Wert $I_a = 0$ erhalten. Es liegt hier also eine Diskrepanz oder eine Unstetigkeitsstelle vor. Die Schranke zwischen Raumladungs- und Sättigungsbereich ist die Sättigungsspannung (5.6), die im starken Maße von der Kathodentemperatur, entsprechend dem Heizstrom, abhängt. Wir sind nicht in der Lage, für diese Sättigungsspannung einen plausiblen Wert anzugeben, es sei denn, wir gewinnen einen durch Messung. Und selbst wenn wir es könnten, hätten wir es auch in diesem Fall mit einer Unstetigkeitsstelle zu tun. Modelle mit Unstetigkeitsstellen können in einem Simulationsprogramm wie SPICE, das differenzierbare Kennlinien verlangt, den Simulationserfolg in Frage stellen. Auf der anderen Seite können wir davon ausgehen, dass die mit Strom- und Spannungsmessung ausgemessene reale Röhrendiode keine Unstetigkeitsstellen in ihrer Kennlinie aufzeigen wird, worin wir erkennen, dass das Verhalten der Röhre von der Theorie nicht vollständig und beliebig genau beschrieben wird. Konkret bedeutet dies, dass man entweder stetige Ergänzungen in den Übergangsbereichen auf der Grundlage verfeinerter Theorien und alternativ mit mathematischen Näherungen vornimmt, oder aber die Gültigkeitsbereiche der Modelle einschränkt und bei der Simulation darauf achtet, diese Gültigkeitsbereiche nicht zu verlassen. Es ist bereits ausgeführt worden, dass der technisch bedeutende Arbeitsbereich der Raumladungsbereich ist. Mit diesem Argument werden die Röhrenmodelle sich auch auf diesen Bereich beschränken. Es liegt dann im Verantwortungsbereich des Anwenders, die Gültigkeitsbeschränkungen der Röhrenmodelle zu beachten.

5.1.2 Eigenschaften der Verstärkerröhren

Die Verstärkerröhren sind Elektronenröhren mit weiteren elektronendurchlässigen Elektroden, den Gittern, die räumlich zwischen Kathode und Anode angeordnet sind[3] und den Stromfluß zwischen Anode und Kathode, bis auf die Laufzeit nahezu trägheitslos, beeinflussen bzw. steuern können. Verstärkung heißt, dass mit der Gitterspannung beispielsweise der Röhrenanodenstrom gesteuert wird und an einem Arbeitswiderstand oder einer Arbeitsimpedanz eine gegenüber der Steuerspannung verstärkte Nutzspannung gewonnen wird. Zur Verwendung in NF-Verstärkern kommen *Trioden*, Röhren mit einem Gitter, dem Steuergitter oder kurz g, *Tetroden*, Röhren mit einem weiteren Gitter, dem Schirmgitter oder kurz g_2, und *Pentoden*, Röhren mit noch einem weiteren Gitter, dem Bremsgitter oder kurz g_3. Das Steuergitter der Tetroden und Pentoden werden wir mit g_1 bezeichnen.

Wenn wir von Schirmgitterröhren sprechen, unterscheiden wir nicht zwischen Tetroden und Pentoden. Für den NF-Bereich werden Tetroden nicht verwendet. Im englischen Sprachgebrauch kennt man die *Beam-Power-Tetrode* als NF-Leistungsröhre. Tatsächlich hat die Beam-Power-Tetrode eine Strahlbündelungselektrode zwischen Schirmgitter und Anode, eine Anordnung, wie sie auch mit dem Bremsgitter der Pentode gegeben ist. Bei der Beam-Power-Tetrode ist diese Elektrode intern elektrisch mit der Kathode verbunden, so dass nach außen hin vier Elektroden beschaltet werden können und man daher diese Verstärkerröhre als Tetrode einreiht. Unter einer Pentode sollte man eigentlich eine Röhre verstehen, bei der alle fünf Elektroden von außen zugänglich sind. Theoretisch könnte man eine Pentode zusätzlich zum Steuergitter auch über das Bremsgitter steuern. Praktisch wird das Bremsgitter bei NF-Schaltungen mit der Kathode elektrisch verbunden, so dass sich letztlich die Pentode als verbesserte Tetrode zeigt, verbessert durch die Wirkung des Bremsgitters. Bei manchen Leistungspentoden ist das Bremsgitter bereits intern mit der Kathode elektrisch verbunden.

Der Ausgangspunkt zur Entwicklung von SPICE-Verstärkerröhrenmodellen ist das Raumladungsgesetz (5.3), das für Röhrendioden den elektrostatischen Raumladungsstrom in Abhängigkeit von der elektrischen Spannung zwischen Anode und Kathode beschreibt. Dieser Ausgangspunkt ist naheliegend, da wir Verstärkerröhren im Raumladungsbereich betreiben.

Eigenschaften der Trioden Für die analytische Beschreibung der wesentlichen elektrostatischen Eigenschaften im Raumladungsbereich von Trioden, den einfachsten Verstärkerröhren, ersetzt man hinsichtlich des Kathodenstroms die Röhre durch eine Röhre ohne Gitter (eine Diode), deren Anode an der Stelle des Gitters angeordnet ist. Die Spannung an dieser Ersatzanode ist die *Steuerspannung*, die Barkhausen in der Form

$$U_{st} = U_g + DU_a \qquad (5.8)$$

---

[3] Man kennt auch Außengitterröhren, die aber nicht Gegenstand des Buches sind.

angibt, worin U_g die Spannung zwischen Gitter und Kathode, U_a die Spannung zwischen Anode und Kathode und D den *elektrostatischen Durchgriff* bezeichnen. Ausgehend von dieser Steuerspannung einer Ersatzdiode berechnet man den Kathodenstrom, wie den der Diode, nach dem Raumladungsgesetz mit (5.3)

$$I_k = K^* U_{st}^{3/2} = K^* \left(U_g + D U_a \right)^{3/2} . \tag{5.9}$$

Dies gilt unterhalb des Sättigungsbereichs und oberhalb des Anlaufbereichs mit

$$0 < I_k < I_S \quad \text{und} \quad 0 < U_{st} < U_S \, ,$$

wie wir die Verstärkerröhren auch betreiben werden. In dieser Gleichung gibt der Durchgriff an, wieviel schwächer die Anodenspannung als die Gitterspannung den Kathodenstrom zu beeinflussen vermag. Bei einer idealen Triode würde der Kathodenstrom alleine von der Gitterspannung beeinflußt werden. Da der Kathodenstrom nach (5.9) auch von der Anodenspannung abhängig ist, gibt D an, wie groß dieser unerwünschte[4] Einfluß im Vergleich zu dem des Gitters ist. Der Kathodenstrom wird auf Gitter- und Anodenstrom aufgeteilt. Wenn wir die Röhre leistungslos steuern wollen, dann entsprechen Anoden- und Kathodenstrom einander und es muß $U_g < -1\,\text{V}$ sein. Eine positive Steuerspannung wird erzielt, wenn $D U_a > -U_g$ ist. So hat man auch eine untere Grenze für die Anodenspannung.

Die leistungs- bzw. stromlose Steuerung der Triode sollte noch ein wenig genauer spezifiziert werden. Ausgehend von der Anlaufstromgleichung der Diode 5.2 bei Berücksichtigung der Kontaktspannung berechnen wir die Anodenspannung, die nötig ist, um einen Anodenstrom von $I_a = 0{,}1\,\mu\text{A}$ fließen zu lassen mit

$$U_a = E_k + E_t \ln \left(\frac{I_a}{I_S} \right) .$$

Bei Barkhausen [Bar64] finden wir ein Zahlenbeispiel mit $E_k = 0{,}5\,\text{V}$, $E_t = 0{,}1\,\text{V}$ und $I_S = 1\,\text{A}$. Mit diesen Angaben erhalten wir eine Spannung $U_a = -1{,}1\,\text{V}$. Die Berechnung gilt in guter Näherung auch für das Steuergitter einer Triode. Der Gitterstrom setzt also nicht „schlagartig" bei $U_g = 0\,\text{V}$ ein, sondern beträgt bereits $I_g = 0{,}1\,\mu\text{A}$ bei $U_g = -1{,}1\,\text{V}$. Auch wenn dieser Strom klein ist, so muß er dennoch von der Quelle, z. B. einer Verstärkerröhre, aufgebracht werden. Das hat zur Folge, dass bei Wechselspannungen positive und negative Signalanteile nicht gleich verarbeitet werden, was als nichtlineare Gitterstromverzerrungen betrachtet werden muß, die zur Röhrennichtlinearität hinzukommen. In der Konsequenz heißt dies, dass diese Verzerrungen vermieden werden können, wenn man den Arbeitsbereich der Röhre soweit einschränkt, dass die

---

[4] Eine ideale Triode würde nach $I_k = K^* U_g$ arbeiten. Die reale Triode zeigt zum einen einen nichtlinearen Zusammenhang zwischen Strom und Spannung und zum anderen eine unerwünschte Wirkung der Anodenspannung auf den Kathodenstrom.

Gitterspannung nicht größer als $-1,1$ V werden kann. Für manche Röhren geben die Datenblätter die Gitterspannungen an, die zu einem Gitterstrom von meist $I_g = 0,3\,\mu$A führen. Für andere Röhren wird nicht eine explizite, sondern eine implizite Angabe gemacht. Im Datenblatt zur Triode ECC82 finden wir Angaben für Verstärkerschaltungen, die sich auf Ausgangsspannungen beziehen, für deren Erzielung ein Steuergitterstrom von $0,3\,\mu$A nötig ist.

Eigenschaften der Mehrgitterröhren Bei der Beschreibung der Mehrgitterröhren folgen wir der Darstellung bei Spangenberg [Spa48], die, ebenfalls vom Phänomen der Raumladungen ausgehend, bei Verwendung der elektrostatischen Röhrenparameter die *Raumladungsströme*[5] I_R ableitet. Mehrgitterröhren, genauer Schirmgitterröhren, wurden entwickelt, um die Anode elektrisch besser von der Kathode „isolieren" zu können, d. h. den unerwünschten Einfluß der Anodenspannung auf den Raumladungsstrom zu verringern.

Spangenberg [Spa48] führt bei der Betrachtung der Tetrode aus, dass wenn der Raumladungsstrom, dieser Strom entspricht dem durch die Raumladungen begrenztem Kathodenstrom (begrenzter Emissionsstrom der Kathode) ermittelt werden soll, der Haupteinfluß von Steuer- und Schirmgitter ausgeht und nicht von der Anode. Anders ausgedrückt, kann man dem Schirmgitter der Tetrode die Funktion der Anode bei der Triode zuordnen. Der Raumladungsstrom wird mit

$$I_R = K^* \left(U_{g1} + \frac{U_{g2}}{\mu_{g2g1}} + \frac{U_a}{\mu_{ag1}} \right)^x \tag{5.10}$$

berechnet, worin

- U_{g1} die Steuergitterspannung als Potentialdifferenz zwischen Steuergitter und Kathode,
- U_{g2} die Schirmgitterspannung als Potentialdifferenz zwischen Schirmgitter und Kathode,
- $\mu_{g2g1} = -\frac{\partial U_{g2}}{\partial U_{g1}}$ der Schirmgitterverstärkungsfaktor, bezogen auf das Steuergitter, unter der Bedingung $I_a = $ const.,
- $\mu_{ag1} = -\frac{\partial U_a}{\partial U_{g1}}$ der bereits bei der Triode verwendete Anodenverstärkungsfaktor, bezogen auf das Steuergitter, unter der Bedingung $I_a = $ const.
- x eine Konstante nahe 3/2 und
- K^* die Raumladungskonstante, englisch *Perveance*, ist.

Für Mehrgitterröhren definieren wir die Verstärkungsfaktoren symbolisch mit

$$\mu_{mn} = -\frac{\partial U_m}{\partial U_n}.$$

---

[5] Wir verwenden den Begriff Raumladungsstrom, da dieser Begriff auch in der Literatur zur SPICE-Modellierung von Verstärkerröhren verwendet wird.

Der Raumladungsstrom ist der durch die Raumladungswolke begrenzte Kathodenelektronenstrom, der bei der Tetrode auf Schirmgitter- und Anodenstrom I_{g2} und I_a aufgeteilt wird, soweit diese Elektroden im Raumladungsbereich genügend hohe positive Spannungen U_{g2} und U_a gegenüber der Kathode aufweisen. Die beiden elektrostatischen Verstärkungsfaktoren sind unterschiedlich groß, es gilt $\mu_{ag1} > \mu_{g2g1}$, was zum Ausdruck bringt, dass der Strom weniger von der Anode, sondern vielmehr vom Schirmgitter beeinflusst wird. Bei der Erklärung der Raumladungsphänomene würde man μ_{ag1} ermitteln, indem man eine Ersatztriode formuliert, bei der das Tetrodensteuergitter die Funktion der Kathode und das Schirmgitter die Funktion des Steuergitters übernimmt.

Wir erkennen, dass die Anodenspannung nur einen geringen Einfluß auf den Röhrenstrom hat. Die $(I_a, U_a)_{U_g}$-Kennlinien der Tetroden zeigen ab einer bestimmten Anodenspannung einen nahezu horizontalen Verlauf für eine feste positive Schirmgitterspannung. Interessanterweise ähneln diese Kennlinien den entsprechenden Kennlinien von Transistoren.

Der Kathodenstrom wird für $I_{g1} = 0$ auf den Schirmgitter- und den Anodenstrom mit

$$I_R = I_k = I_a + I_{g2}$$

aufgeteilt. Das Aufteilungsverhältnis wird von der Anoden- und der Schirmgitterspannung beeinflußt. Bei negativer Anodenspannung gilt zum Beispiel $I_a = 0$ und somit $I_k = I_{g2}$.

Wir müssen uns nun die Frage stellen, nach welcher Gesetzmäßigkeit diese Stromaufteilung erfolgt. Leider ist dies keine ganz einfache Fragestellung. Wir nähern uns zunächst einer Antwort, indem wir aus der Theorie der Triode auf die Stromverteilungsformel von Tank, die wir bei Barkhausen [Bar65] finden, verweisen. Diese Stromverteilungsformel bezieht sich auf den Gitterstrom von Trioden im Falle positiver Gitterspannung. Ausgehend vom Bedeckungsverhältnis B, das dem Verhältnis der von den Gitterdrähten abgedeckten Fläche zur Fläche der Gitterzwischenräume entspricht, lautet die Stromverteilungsformel für eine zylindrische Elektrodenanordnung

$$\frac{I_g}{I_a} = B^* \sqrt{\frac{U_g}{U_a}}, \quad B^* = \frac{B}{\sqrt{0{,}63}} \ .$$

Bei Barkhausen [Bar65] finden wir auch ein Zahlenbeispiel. Für den Triodenteil der Röhre EABC80 finden wir den Wert $B^* = 1{,}3$. Für die Schirmgitterröhre könnte man in vergleichender Weise argumentieren und das Schirmgitter bei positiver Schirmgitterspannung dem Triodengitter bei positiver Gitterspannung funktionell gleichsetzen. Auf der Grundlage dieser Argumentation würde eine Stromverteilungsformel

$$\frac{I_{g2}}{I_a} = B^* \sqrt{\frac{U_{g2}}{U_a}} \tag{5.11}$$

lauten. Die Formel setzt voraus, dass die weiteren Röhrengitter stromlos betrieben werden. Bei Spangenberg [Spa48] finden wir eine ganz ähnliche Formel für Pentoden. Sie lautet dort

$$\frac{I_a}{I_{g2}} = D_S \left(\frac{U_a}{U_{g2}}\right)^{m_S} . \tag{5.12}$$

Spangenberg gibt ein Beispiel an. Für die Röhre 6J7 hat sich $m_S = 1/5$ als günstig herausgestellt. Im weiteren findet man in dieser Literaturstelle eine auf die Elektrodengeometrie bezogene Ableitung des Faktors D_S für diese Röhre. Es ist geschickt, die Potenz m_S als freien Parameter zu betrachten und anhand der Röhrendaten zusammen mit dem reziproken Bedeckungsfaktor D_S zu schätzen.

Die Pentode unterscheidet sich von der Tetrode durch ein weiteres Gitter, das Bremsgitter G_3, das zwischen Schirmgitter und Anode angebracht ist. Der Raumladungsstrom wird dann analog zu (5.10) mit

$$I_R = K^* \left(U_{g1} + \frac{U_{g2}}{\mu_{g2g1}} + \frac{U_{g3}}{\mu_{g3g1}} + \frac{U_a}{\mu_{ag1}}\right)^x \tag{5.13}$$

berechnet, worin

- U_{g3} die Bremsgitterspannung als Potentialdifferenz zwischen Bremsgitter und Kathode ist und
- $\mu_{g3g1} = -\frac{\partial U_{g3}}{\partial U_{g1}}$ der Bremsgitterverstärkungsfaktor, bezogen auf das Steuergitter, unter der Bedingung $I_a = $ const. ist und
- U_{g1}, U_{g2}, K^*, μ_{g2g1}, μ_{ag1} sowie x bereits bei der Beschreibung der Tetrode definiert wurden.

Falls $U_{g3} = 0$ gilt und somit das Bremsgitter auf dem Kathodenpotential liegt, vereinfacht sich der Pentodenausdruck (5.13) zum Tetrodenausdruck (5.10).

Elektronen, die von der Kathode emittiert werden, bezeichnet man als *Primärelektronen*. Die auf das Schirmgitter und auf die Anode aufprallenden Primärelektronen setzen auf diesen Elektroden unerwünschte Elektronen, die sog. *Sekundärelektronen*, frei. Um eine Sekundärelektronen-Barriere zwischen Schirmgitter und Anode aufzubauen, fügt man zwischen diesen beiden Elektroden eine weitere, das Bremsgitter, ein und wandelt so die Tetrode in eine Pentode. Die Bremsgitterspannung muß negativer sein als Schirmgitter- und Anodenspannung. Unter diesem Aspekt ist die Pentode eine verbesserte Tetrode. Wenn die Bremsgitterspannung höher oder gleich der Kathodenspannung ist, werden die Primärelektronen auf dem Weg zur Anode nicht behindert. Beide Bedingungen werden erfüllt, wenn das Bremsgitter direkt mit der Kathode verbunden ist. Diese Verbindung ist bei vielen Pentoden bereits intern ausgeführt.

Der Raumladungsstrom wird wie bei der Tetrode zunächst auf Anoden- und Schirmgitterstrom aufgeteilt. Falls das Bremsgitter positives Potential gegenüber der Kathode hat, übernimmt es ebenfalls einen Teil des Raumladungsstroms. Meist werden wir die Pentoden mit $U_{g3} = 0$ und somit ohne Bremsgitterstrom betreiben. Manchmal aber betreibt man die Pentoden als Trioden und verbindet Schirm- und Bremsgitter mit der Anode. Dann würde aber ein Bremsgitterstrom fließen.

Die bei Dioden und Trioden vorgenommene Betrachtung zum Anodenstrom nach (5.2) trifft natürlich auch für den Steuergitterstrom der Tetroden und Pentoden zu. Für manche Röhren finden wir in den Datenblättern spezifische Angaben. Im Telefunken-Datenbuch [Tel67] ist für die Leistungspentode PL81 angegeben, dass bei $U_g = -1,3\,\mathrm{V}$ ein Gitterstrom $I_g = 0,3\,\mu\mathrm{A}$ fließt. Für die NF-Endröhre EL84 ist angegeben, dass im Eintakt-A-Betrieb als Leistungsverstärker zur Erzielung einer Sprechleistung von $P = 6\,\mathrm{W}$ bis zu einem Gitterstrom von $I_g = 0,3\,\mu\mathrm{A}$ ausgesteuert werden muß. So kommen zu den in diesem Fall schon erheblichen nichtlinearen Röhrenverzerrungen auch noch die Gitterstromverzerrungen im Zusammenhang mit der ansteuernden Schaltung hinzu.

Differentielle Kennwerte von Verstärkerröhren　Bei vielen Anwendungen von Verstärkerröhren sind die zu verarbeitenden Signale kleine Spannungs- und Stromschwankungen um Ruhewerte im Arbeitspunkt AP herum. Im Falle von Audioverstärkern sind die kleinen Schwankungen Wechselgrößen. Die Schaltungsanalyse fußt dann auf differentiellen Kennwerten der Röhre, die, an den Ruhewerten berechnet, die Schwankungen um die Ruhewerte herum erfassen. Wenn diese Schwankungen endliche Werte annehmen, werden sie bei dieser Berechnung linearisiert.

Bei Trioden verwendet man die differentiellen Kennwerte

$$\frac{\partial I_a}{\partial U_g}\bigg|_{U_a = \text{const.}} = S,\ \text{Steilheit},\ [S] = \frac{\mathrm{mA}}{\mathrm{V}}\,,$$

$$\frac{\partial U_a}{\partial I_a}\bigg|_{U_g = \text{const.}} = R_i,\ \text{Innenwiderstand},\ [R_i] = (\mathrm{k})\Omega\,,$$

$$-\frac{\partial U_g}{\partial U_a}\bigg|_{I_a = \text{const.}} = D,\ \text{Durchgriff},\ \mu = \frac{1}{D},\ \text{Verstärkungsfaktor.}$$

Der Differentialquotient *Steilheit S* gibt an, wie groß die Anodenstromänderung in Abhängigkeit der Steuergitterspannungsänderung ist, wenn die Anodenspannung unverändert bleibt. Mit Steilheit ist die Steigung einer Tangente gemeint, die an eine Kennlinie im $(I_a, U_a)_{U_g}$-Kennlinienfeld angelegt wird, in dem die Kennlinien für konstante Gitterspannungen eingetragen sind. Wenn man, wie in Abb. 5.1 die Steilheit aus dem $(I_a, U_a)_{U_g}$-Kennlinienfeld gewinnt, stellt sie nicht mehr die Steigung einer Kennlinie dar, sondern muß bzgl. einer senkrechten Linie, einer Linie mit konstanter Anodenspannung, abgelesen werden. Praktische Werte der Steilheit für Trioden liegen zwischen 0,1 mA/V und 10 mA/V.

Der Differentialquotient *Innenwiderstand R_i* gibt an, welche Anodenspannungsänderung nötig ist, um bei gleichbleibender Gitterspannung eine bestimmte Änderung des Anodenstromss zu erreichen. Abgelesen wird der Innenwiderstand aus dem $(I_a, U_a)_{U_g}$-Kennlinienfeld, so wie es in der Abb. 5.2 gezeigt wird. Man verwendet die Tangente an

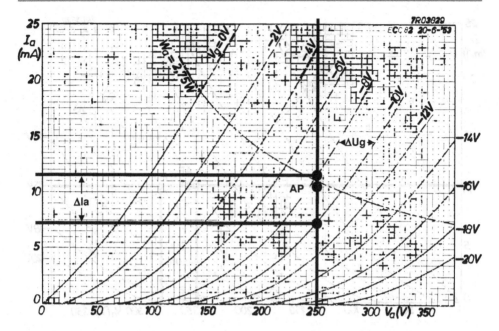

Abb. 5.1 Auslesen der Steilheit aus dem $(I_a, U_a)_{Ug}$-Kennlinienfeld, [ECC82]

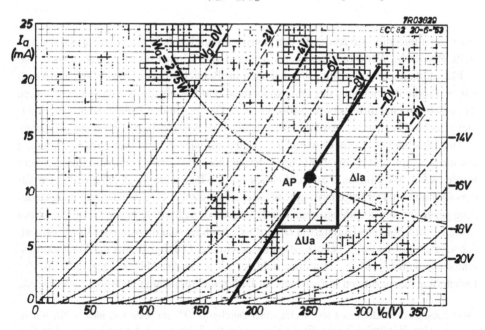

Abb. 5.2 Auslesen des Innenwiderstands aus dem $(I_a, U_a)_{Ug}$-Kennlinienfeld, [ECC82]

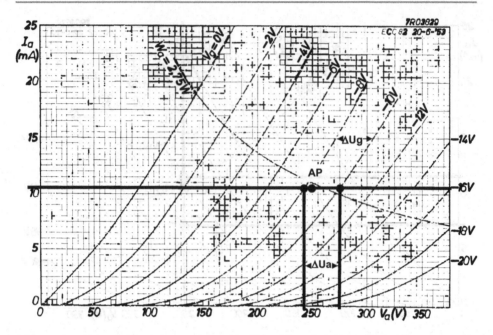

Abb. 5.3 Auslesen der Verstärkung aus dem $(I_a, U_a)_{U_g}$-Kennlinienfeld, [ECC82]

einer Kennlinie, die eine Kurve für den Betrieb mit gleichbleibender Gitterspannung darstellt. Praktische Werte für den Innenwiderstand von Trioden liegen zwischen $1\,\text{k}\Omega$ und $50\,\text{k}\Omega$ und können bei Leistungstrioden auch im Bereich weniger $100\,\Omega$ liegen. An sich müsste für die Bezeichnung des Innenwiderstands ein Kleinbuchstabe verwendet werden, da es sich um eine differentielle Größe handelt. Da aber in den Röhrendatenblättern zumeist der Großbuchstabe verwendet wird, würde eine Abweichung hiervon nur verwirren.

Der Differentialquotient *Durchgriff*[6] D gibt an, wieviel Anodenspannungsänderung mit einer bestimmten Gitterspannungsänderung bei konstantem Kathodenstrom erreicht werden kann. Wir können dies im Hinblick auf die Bezeichnung „Durchgriff" auch anders formulieren. Der Durchgriff gibt an, wieviel schwächer eine Anodenspannungsänderung gegenüber einer Gitterspannungsänderung auf den gleichbleibenden Kathodenstrom „durchgreift". Statt des Durchgriffs D wird weit häufiger sein oft benutzter Reziprokwert, der Verstärkungsfaktor μ, benutzt. Abgelesen wird der Durchgriff oder der Verstärkungsfaktor aus dem $(I_a/U_a)_{U_g}$-Kennlinienfeld, so wie es in der Abb. 5.3 gezeigt wird. Zur Erläuterung des negativen Vorzeichens im Differentialquotienten dient die nachstehende

---

[6] Barkhausen verwendet einen sog. technischen Durchgriff D^* um reale von idealen Röhren zu unterscheiden. Wir finden in [Bar65] die Theorie der Inselbildung, mit der für hohe negative Gitterspannungen Abschattungseffekte des Steuergitters beschrieben werden, die den Kathodenstrom zusätzlich verringern. Aus unserer Perspektive ist lediglich die Diskrepanz interessant, da wir die Röhrenmodelle auf der Daten-Grundlage gemessener Daten erstellen. Im weiteren definiert Barkhausen $\mu = -1/D^*$, was aber von den häufiger angegebenen positiven Quotienten abweicht.

Betrachtung. In den Triodengleichungen für Steuerspannung 5.8 und Kathodenstrom 5.9 erkennt man, dass der Kathodenstrom[7] nicht davon abhängig ist, wie groß Gitter- und Anodenspannung im einzelnen sind, sondern er ist abhängig vom Zusammenwirken beider Spannungen in der Steuerspannung. So gesehen ließe sich der Kathodenstrom unter der Bedingung

$$U_g + DU_a = \text{const.}$$

auch bei sich ausgleichend ändernder Gitter- und Anodenspannung konstant halten. Um den Durchgriff D oder den Verstärkungsfaktor μ aus dem $(I_a/U_a)_{U_g}$-Kennlinienfeld abzulesen, bewegt man sich entlang einer waagrechten Linie, einer Linie mit konstantem Anodenstrom, was dann einer konstanten Steuerspannung entspricht. Ändert sich die Gitterspannung U_g um einen Wert ΔU_g, so bleibt die Steuerspannung unverändert, sofern

$$U_g + DU_a = U_g + \Delta U_g + D(U_a + \Delta U_a)$$

gilt, d. h. eine Änderung ΔU_g der Gitterspannung durch eine davon hervorgerufenen Änderung ΔU_a der Anodenspannung aufgehoben wird. Wir lesen also

$$DU_a = \Delta U_g + D(U_a + \Delta U_a) \quad \text{bzw.}$$
$$-D\Delta U_a = \Delta U_g \quad \text{oder}$$
$$D = -\frac{\Delta U_g}{\Delta U_a} \quad \text{u. d. B.} \quad I_a = \text{const.}$$

und erhalten so einen Durchgriff mit negativem Vorzeichen.

Der Verstärkungsfaktor μ wird als Leerlaufverstärkungsfaktor interpretiert. Er gibt für den Betrieb der Triode als Verstärkerröhre in der Kathodenbassisschaltung die Verstärkung im Leerlauf, d. h. ohne Last an. Diese Verstärkung ist die Maximalverstärkung. Eine Verstärkung mit Belastung durch den Arbeitswiderstand ist dann stets kleiner als μ. Praktische Werte für den Verstärkungsfaktor von Trioden liegen zwischen 2,5 und 200.

Die drei Kenngrößen hängen in unterschiedlicher Weise vom Arbeitspunkt ab. Die bekannte *Barkhausengleichung*[8] gibt den Zusammenhang zwischen diesen differentiellen Kennwerten mit

$$SDR_i = 1 \quad \text{oder} \quad SR_i = \mu \tag{5.14}$$

an. Man erkennt diesen Zusammenhang, wenn man das totale Differential für den Anodenstrom formuliert und die Abhängigkeiten dieses Stroms von Anoden- und Gitterspannung

---

[7] Wir gehen von leistungsloser Steuerung aus, d. h. Gleichheit von Anoden- und Kathodenstrom.
[8] Bei Barkhausen entspricht der Verstärkungsfaktor dem negativen Reziprokwert des technischen Durchgriffs. Wir ziehen die geläufigere positive Form vor.

berücksichtigt. Wir lesen

$$dI_a = \frac{\partial I_a}{\partial U_g} dU_g + \frac{\partial I_a}{\partial U_a} dU_a$$

oder

$$dI_a = S\,dU_g + \frac{1}{R_i} dU_a\,.$$

Wenn nun die Anodenstromänderung dI_a zu Null angenommen wird, gilt

$$SR_i = -\frac{dU_a}{dU_g} = \mu \quad \text{u. d. B.} \quad I_a = \text{const..}$$

Die differentiellen Kennwerte sind wegen der Röhrennichtlinearität abhängig vom Anodenstrom. Der Verstärkungsfaktor μ wird im wesentlichen von der Röhrengeometrie bestimmt und ist daher vergleichsweise konstant über den Röhrenarbeitsbereich. Eine Röhre mit im weiten Arbeitsbereich konstantem μ wird als *lineare Röhre* bezeichnet. Im Gegensatz dazu zeigt die *nichtlineare Röhre* ein nicht konstantes μ. Für solche Röhren findet man oft in den Datenblättern Diagramme, die die differentiellen Kennwerte mit dem Parameter Anodenspannung über den Anodenstrom abbilden. Wenn die Röhre sich tatsächlich genau so verhielte, wie es die mathematische Beschreibung im Raumladungsbereich angibt, und außer der Kathode nur die Anode, nicht aber das Gitter Strom führt, dann bliebe der Verstärkungsfaktor konstant. So aber wird er kleiner, wenn man sich dem Anlaufgebiet nähert, also im Bereich kleiner Anodenspannungen und Anodenströme. Wegen der Barkhausengleichung 5.14 muß der Zuwachs an Steilheit mit wachsendem Anodenstrom durch eine entsprechende Abnahme des Innenwiderstands ausgeglichen werden. Es lässt sich zeigen, dass diese Abhängigkeit der Kenngrößen vom Anodenstrom im Raumladungsbereich einem Exponenten von 1/3 folgt. Hierzu gewinnen wir Steilheit und Innenwiderstand durch Differentiation der Gl. 5.9 und Ersetzung von D durch $1/\mu$. Für die Steilheit erhalten wir im Raumladungsbereich

$$S = \frac{\partial I_a}{\partial U_g} = \frac{\partial}{\partial U_g} K^* \left(U_g + \frac{U_a}{\mu} \right)^{3/2} = K^* \frac{3}{2} \sqrt{U_g + \frac{U_a}{\mu}}$$

$$= \frac{3}{2} \left(K^* \right)^{2/3} I_a^{1/3} \quad \text{u. d. B.} \quad U_a = \text{const.} \tag{5.15}$$

und für den Innenwiderstand nach Auflösen von (5.9) nach U_a

$$R_i = \frac{\partial U_a}{\partial I_a} = \frac{\partial}{\partial I_a} \left(\frac{\mu}{\left(K^* \right)^{2/3}} I_a^{2/3} - \mu U_g \right) \tag{5.16}$$

$$= \frac{2}{3} \mu \left(K^* \right)^{-2/3} I_a^{-1/3} \quad \text{u. d. B.} \quad U_g = \text{const.} \tag{5.17}$$

Tab. 5.1 Arbeitspunkte ECC81

	A$_1$	A$_2$	A$_3$	A$_4$
U_a in V	100	170	200	250
U_g in V	−1,0	−1,0	−1,0	−2,0
I_a in mA	3,0	8,5	11,5	10,0
S in mA/V	3,75	5,9	6,7	5,5
μ	62	66	70	60
R_i in kΩ	16,5	11	10,5	11

oder alternativ mit (5.14)

$$R_i = \frac{\mu}{S} = \frac{2}{3}\frac{\mu}{K^*}\frac{1}{\sqrt{U_g + \dfrac{U_a}{\mu}}}\,.$$

Wie zu erwarten, erkennen wir die Proportionalitäten (wir betrachten μ und K^* als konstante Faktoren)

$$S \sim I_a^{1/3} \quad \text{und} \quad R_i \sim I_a^{-1/3}\,. \tag{5.18}$$

Die beiden Ausdrücke erlauben es uns, ausgehend von einem im Datenblatt für einen bestimmten Anodenstrom I_a spezifizierten Satz von differentiellen Kennwerten, die Kennwerte für einen geänderten Anodenstrom unter der Annahme eines konstanten Wertes für μ zu berechnen. Wenn wir ferner berücksichtigen, dass die Raumladungskonstante K^* im Bereich $10^{-3}..10^{-2}$ A/V$^{3/2}$ liegt, kann die Steilheit einen Wertebereich in Abhängigkeit vom Anodenstrom von

$$S = 1,5..15\sqrt{\frac{U_g + \dfrac{U_a}{\mu}}{V}\frac{\text{mA}}{V}} = 1,5..7\sqrt[3]{\frac{I_a}{\text{mA}}}\frac{\text{mA}}{V}$$

aufweisen.

An dieser Stelle müssen wir aber auch auf den Umstand aufmerksam machen, dass sich nicht alle Trioden „normgerecht" verhalten. Wir wollen dies am Beispiel der Triode ECC81, genauer gesagt am Beispiel eines der beiden Triodensysteme in der Doppeltriode ECC81, verdeutlichen, die aus Sicht dieses Buches besonders repräsentativ für nicht „normgerechtes" Verhalten ist. Im Datenblatt zu dieser Röhre finden wir die Angaben zu vier Arbeitspunkten A$_1$ bis A$_4$ in der Tab. 5.1.

Zuerst erkennen wir, dass der Verstärkungsfaktor μ zwischen 60 und 70 liegt, obwohl der Verstärkungsfaktor eigentlich nur von der Elektrodengeometrie abhängen sollte. Dieser weite Bereich ist umso kritischer, da alle vier Arbeitspunkte im Raumladungsbereich liegen, also weder besonders kleinen Anodenströmen noch besonders kleinen Anodenspannungen entsprechen und auch nicht so groß sind, dass sie im Sättigungsbereich liegen. Mit den Angaben in der Tab. 5.1 sollen im Folgenden die Raumladungskonstanten einerseits mit (5.15)

$$K_S^* = \left(\frac{2}{3}S\right)^{3/2} I_a^{-1/2}$$

und andererseits mit (5.9)

$$K_\mu^* = \frac{I_k}{(U_g + DU_a)^{3/2}} = \frac{I_a}{(U_g + \frac{1}{\mu}U_a)^{3/2}} \quad \text{u. d. B.} \quad I_g = 0$$

berechnet werden. Wir erhalten für die vier Arbeitspunkte A_1 bis A_4 so die acht unterschiedlichen Werte

- A_1: $K_S^* = 2{,}28 \cdot 10^{-3}$, $K_\mu^* = 6{,}25 \cdot 10^{-3}$,
- A_2: $K_S^* = 2{,}68 \cdot 10^{-3}$, $K_\mu^* = 4{,}30 \cdot 10^{-3}$,
- A_3: $K_S^* = 2{,}78 \cdot 10^{-3}$, $K_\mu^* = 4{,}54 \cdot 10^{-3}$,
- A_4: $K_S^* = 2{,}22 \cdot 10^{-3}$, $K_\mu^* = 3{,}14 \cdot 10^{-3}$.

Man erkennt vor allem, dass die Berechnungen keine nutzbaren Ergebnisse erzielen. Bei der Berechnung der Werte K_S^* weichen die Ergebnisse um ungefähr 20 % und bei der Berechnung der Werte K_μ^* sogar um ungefähr 100 % untereinander ab. Die Modellierung solcher Röhren ist besonders schwierig, insbesondere dann, wenn mit einem Modell ein weiter Einsatzbereich erfasst werden soll. Wir werden später sehen, dass es in solchen Fällen eine gute Idee sein kann, ein Modell dem Arbeitspunkt in der Schaltung anzupassen, es also zu individualisieren. Es ist aber anzumerken, dass die Röhre exemplarisch nichtlinear ist. So zeigt die Abb. 5.4 die Abhängigkeiten der Verstärkungsfaktoren für die Röhren ECC81, ECC82 und ECC83 vom Anodenstrom. Bei der ECC83 ist der Verstärkungsfaktor schon weitestgehend konstant, daher sprechen wir von einer *linearen Röhre*. Wir werden also bei NF-Verstärkern die Röhren ECC82 und ECC83 der Röhre ECC81 vorziehen.

Für die Schirmgitterröhren sind die differentiellen Kennwerte etwas schwieriger zu definieren. Die Kennwerte S und R_i der Schirmgitterröhren können wie bei der Triode aus den Kennlinienfeldern ermittelt werden. Sie lauten für die Steilheit der Schirmgitterröhren

$$S = \frac{\partial I_a}{\partial U_{g1}} \quad \text{u. d. B.} \; U_a = \text{const.}, \quad U_{g2} = \text{const.}, \quad U_{g3} = \text{const.},$$

und für den Innenwiderstand

$$R_i = \frac{\partial U_a}{\partial I_a} \quad \text{u. d. B.} \; U_{g1} = \text{const.}, \quad U_{g2} = \text{const.}, \quad U_{g3} = \text{const.},$$

und entsprechen so den Parametern der Triode, wenn man von den Bedingungen an die Schirm- und Bremsgitterspannung absieht. Der Durchgriff D bzw. der Verstärkungsfaktor μ kann bei den Schirmgitterröhren nicht so einfach wie bei der Triode betrachtet

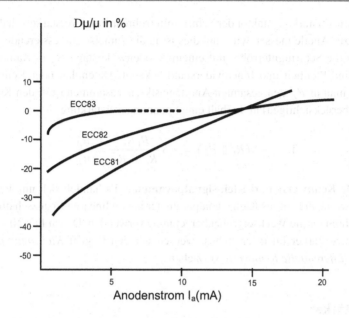

Abb. 5.4 Verstärkungsfaktoren für die Röhren ECC81, ECC82 und ECC83

werden, da die Steuerspannung auch von der Schirmgitterspannung abhängt (bei der Pentode ist das Bremsgitter meist mit der Kathode verbunden, d. h. $U_{g3} = 0$). Bei der Schirmgitterröhre ist der elektrostatische Durchgriff der Anode so klein (die Kennlinien im $(I_a, U_a)_{U_{g1}}$-Kennlinienfeld verlaufen bei genügend hoher Anodenspannung nahezu horizontal), dass durch die Kehrwertbildung ein unsinniger Verstärkungswert berechnet werden würde. Man betrachtet also Innenwiderstand und Steilheit als unabhängige Größen und würde einen formalen Verstärkungsfaktor des Steuergitters mit der Barkhausengleichung 5.14 a posteriori aus den (durch Messung) bekannten Größen S und R_i berechnen. Aus diesem Grund finden wir in den Röhrendatenblättern keine Angaben zu μ. Vielmehr finden wir Angaben zur sog. inneren Verstärkung μ_{g2g1}, den Verstärkungsfaktor als Schirmgitterspannungsänderung über Steuergitterspannungsänderung in der Form

$$\mu_{g2g1} = -\frac{\partial U_{g2}}{\partial U_{g1}} \text{ u. d. B. } I_{g2} = \text{const.}, \quad U_a = \text{const.} \tag{5.19}$$

Wir merken an dieser Stelle an, dass man diesen Verstärkungsfaktor messtechnisch so erfasst, dass man die Schirmgitterröhre als Triode betreibt (Schirmgitter und Anode sind miteinander verbunden) und den Triodenverstärkungsfaktor μ misst. Die beiden Größen, die man zum einen durch Messung entsprechend (5.19) und zum anderen durch die technisch einfacher durchzuführende Messung im Triodenbetrieb erhält, weichen nur wenig voneinander ab, wie wir später bei den Simulationen im Abschn. 5.6.3 sehen werden.

Wenn man den Verstärkungsfaktor der Schirmgitterröhre in einer Verstärkerschaltung vom Steuergitter zur Anode messen will, und dies ist ja die zumeist interessierende Größe, so betreibt man die Schirmgitterröhre mit einem Anodenwiderstand R_a in Kathodenbasisschaltung. Sind Steilheit und Innenwiderstand bekannt (Datenblatt oder Kennlinienfelder), so faßt man in R_L den gesamten Anodenlastkreis zusammen (ggf. den Koppelkondensator mitberücksichtigen) und erhält eine Spannungsverstärkung

$$ V = -S(R_i \parallel R_L) = -S\frac{R_i R_L}{R_i + R_L} = \frac{u_A}{u_E} \,. $$

Differentielle Kennwerte und Kleinsignalparameter Es handelt sich um die differentiellen Kennwerte, die wir als Kleinsignalparameter in den linearen Ersatzschaltungen der Verstärkerröhren für die Wechselgrößenberechnung verwenden. Da wir hier NF- und nicht Gleichgrößenverstärker im Blick haben, werden wir den Begriff *Kleinsignalparameter* dem Begriff *differentielle Kennwerte* vorziehen.

5.2 Verstärker

Die für Verstärkerröhren zuvor angenommene stromlose Steuerung trifft nicht für Wechselgrößen zu und auch nicht für die mit Verstärkerröhren aufgebauten Verstärkerstufen, da zum einen die Verstärkerröhre selbst Elektrodenkapazitäten hat und zum anderen mit einem „Gleichstrompfad" des Steuergitters zur Spannungsversorgung betrieben werden muß, so wie jeder Transistorverstärker auch. Unser Ziel ist es, lineare Wechselstromersatzschaltungen für die Verstärkerröhren und die mit ihnen aufgebauten Verstärkerstufen anzugeben, die es uns erlauben, mit geringem Aufwand Verstärkersysteme berechnen und dimensionieren zu können. In diesem Abschnitt hat das vorliegende Buch den Charakter eines Buches zu den *Grundlagen der Berechnung von NF-Röhrenverstärkern*. An einer Grundschaltung zeigen wir, wie man mit grundlegenden Berechnungstechniken der allgemeinen Elektrotechnik alle interessierenden Kennwerte von NF-Verstärkern berechnet. Hierzu haben wir drei Abschnitte

- Berechnung der Eingangskapazität einer Verstärkerstufe,
- Berechnung der Verstärkereigenschaften und
- Berechnung der Kopplung zwischen zwei Verstärkerstufen

vorgesehen. Um hierhin zu gelangen, untersuchen wir zunächst die wirksamen Kapazitäten am Steuergitter, die aus den Elektrodenkapazitäten gebildet werden, geben Ersatzschaltungen für Verstärkerröhren und Verstärkerstufen an und schließlich definieren wir Kopplungsvierpole, mit denen ideale Verstärkerstufen gekoppelt werden, um Verstärkersysteme berechnen zu können.

Tab. 5.2 Bezeichnungen der Elektrodenkapazitäten

Elektrodenkapazitäten von Trioden				Elektrodenkapazitäten von Pentoden			
Unsere Bez.	Telefunken	Philips	JJ-Electronics	Unsere Bez.	Telefunken	Philips	JJ-Electronics
C_{gk}	C_e	C_g	$C_{g/k}$	C_{g1k}	C_e	C_g	$C_{g/k}$
C_{ga}	$C_{a/g}$	C_{ag}	$C_{g/a}$	C_{g1a}	$C_{a/g1}$	C_{ag1}	$C_{g/a}$
C_{ak}	$C_{a/k}$	C_a	C_a	C_{ak}	C_a	C_a	C_a
				C_{g1g2}	$C_{g1/g2}$	C_{g1g2}	–

5.2.1 Verstärkerröhrenkapazitäten

Jede Verstärkerröhre weist zwischen ihren Elektroden Kapazitäten auf, die in den Datenblättern spezifiziert sind. Für eine Triode haben wir drei solcher Kapazitäten:

- Kapazität zwischen Gitter und Kathode C_{gk},
- Kapazität zwischen Gitter und Anode C_{ga},
- Kapazität zwischen Anode und Kathode C_{ak}.

Bei den Pentoden kommen weitere Kapazitäten wegen des Schirmgitters hinzu, wie z. B. C_{g1g2}, die Kapazität zwischen Steuer- und Schirmgitter. Diese Kapazitäten werden nur für wenige Pentoden spezifiziert. Schließlich weist auch der Heizfaden gegenüber der Kathode eine Kapazität auf, was aber ebenfalls nur für wenige Röhren spezifiziert ist. Diese zuletzt genannten Kapazitäten sind für NF-Verstärker von recht geringer Bedeutung. Hierfür wollen wir zwei Argumente anführen. Das Schirmgitter wird zumeist an einer festen Gleichspannung betrieben und für Wechselgrößen mit einem Kondensator „auf Masse gelegt". Die Schirmgitterkapazität C_{g1g2} wirkt dann mit dem Faktor 1 bezogen auf das Steuergitter.

Die Kapazität zwischen Kathode und Heizfaden ist für NF-Verstärker nur von geringer Bedeutung. Zwar können Heizwechselströme kapazitiv in die Kathode eingekoppelt werden und über diese Kapazität auch Signalwechselströme fließen, doch wir werden sehen, dass im NF-Bereich bei Trioden, die in Schaltungen mit hoher Spannungsverstärkung betrieben werden, die Kapazizät C_{ga} die wichtigste Kapazität ist. Auch bedenken wir, dass in modernen Röhrenverstärkerschaltungen eine Gleichspannungsheizung in der Vorstufe Standard sein sollte.

In den Datenblättern der Hersteller finden wir für die Röhrenkapazitäten auch davon abweichende Bezeichnungen. Die Tab. 5.2 enthält hierfür Beispiele.

5.2.2 Lineare Ersatzschaltungen für Verstärkerröhren und -Schaltungen

Wechselspannungsverstärker werden mit linearen Ersatzschaltungen der Röhren berechnet, deren Parameter die differentiellen Kennwerte aus 5.1.2 sind. Man geht davon aus,

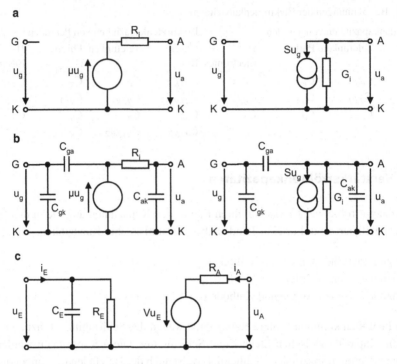

Abb. 5.5 Lineare Ersatzschaltungen für Röhren und Verstärker

dass es sich um so kleine Wechselgrößen handelt, die die Verwendung differentieller
Kennwerte rechtfertigen. Für eine Verstärkerröhre kann man zwei duale Ersatzschaltungen
angeben, die in Abb. 5.5a ohne und in Abb. 5.5b mit den Elektrodenkapazitäten dargestellt
sind. Verstärkerschaltungen werden wir auf der Grundlage dieser linearen Ersatzschaltungen analysieren. Dies ist auch die Methode, die von SPICE bei der Wechselgrößenanalyse,
der .AC-Analyse, angewendet wird. Eine ausführliche Darstellung der Ersatzschaltungen
finden wir bei Pettit [Pet61] und Reich [Rei44].

Wenn nach nichtlinearen Verzerrungen oder dem Großsignalverhalten gefragt wird,
müssen wir eine Analyse auf der Grundlage der nichtlinearen Röhrengleichungen 5.9,
5.10 und 5.13 durchführen, was SPICE mit der Transientenanalyse, der .TRAN-Analyse,
leistet. Die Nichtlinearitäten werden beispielsweise mit Klirrkoeffizienten spezifiziert.

In diesem Abschnitt beschränken wir uns auf die Kleinsignalanalyse. Die Ersatzschaltungen für die Röhren in Abb. 5.5a,b gelten für Trioden wie auch für Mehrgitterröhren,
solange bei Mehrgitterröhren Schirm- und Bremsgitter nicht mit Wechselsignalen, sondern mit Gleichspannungen betrieben werden bzw. das Bremsgitter in üblicher Weise mit
der Kathode elektrisch verbunden ist. Dies ist bei den meisten NF-Verstärkerschaltungen
mit Mehrgitterröhren auch der Fall. Eine wichtige Ausnahme hiervon ist die *Ultralinearschaltung*, bei der die Schirmgitter für eine Gegenkopplung genutzt werden. Diese
Schaltung wird im Abschn. 6.6 besprochen.

Die Abb. 5.5c zeigt die lineare Ersatzschaltung einer Röhrenspannungsverstärkerstufe für RC-gekoppelte Verstärkerstufen. Eine Verstärkerstufe ist entweder mit einer oder mit mehreren Verstärkerröhren aufgebaut. Die Komponenten und Bezeichnungen der Ersatzschaltung sind:

- R_E, Ohmscher Eingangswiderstand,
- C_E, Eingangskapazität,
- Z_E, aus der Parallelanordnung von R_E und C_E gebildete Eingangsimpedanz,
- u_E, u_A, Ein- und Ausgangswechselspannung,
- i_E, i_A, Ein- und Ausgangswechselstrom,
- $u_A = V u_E$, Spannung der gesteuerten Spannungsquelle, Leerlaufspannung der Verstärkerstufe, V bezeichnet die Spannungsverstärkung,
- R_A, Ausgangswiderstand der Verstärkerstufe.

Diese Ersatzschaltung berücksichtigt (noch) nicht weitere Impedanzen in einer Schaltung. Diese fasst man, falls sie im uns interessierenden NF-Bereich überhaupt von Interesse sind, in einer frequenzabhängigen komplexwertigen Verstärkung $V(\omega)$ zusammen.

Der Ohmsche Eingangswiderstand R_E wird, wenn wir die Röhre ohne Gitterstrom betreiben, durch die Beschaltung der Röhre festgelegt. Die Eingangskapazität C_E repräsentiert einen Ersatzkondensator, der die wirksamen Röhrenelektrodenkapazitäten zusammenfasst. Wir gehen davon aus, dass die Röhre am Steuergitter angesteuert wird und die Verstärkereingangsspannung u_E am Steuergitter anliegt. Am Steuergitter sind die beiden Röhrenkapazitäten C_{gk} zwischen Steuergitter und Kathode und C_{ga} zwischen Steuergitter und Anode wirksam. Wir vergleichen die Ersatzkapazität C_E mit den Röhrenkapazitäten über den Wechselstrom i_E

$$i_E = C_E \frac{du_E}{dt} = C_{gk} \frac{du_g}{dt} + C_{ga} \frac{du_{ga}}{dt}$$

mit $u_{ga} = u_g - u_a$. Zur Berechnung ist es notwendig, die beiden Spannungen u_g und u_{ga} in Abhängigkeit von der Eingangsspannung u_E auszudrücken, beispielsweise in der Form

$$u_g = \rho u_E \quad \text{und} \quad u_{ga} = \sigma u_E \tag{5.20}$$

mit zwei reellwertigen Faktoren ρ und σ. Wir erhalten die gewünschte Eingangskapazität C_E dann mit dem Vergleich

$$C_E = \rho C_{gk} + \sigma C_{ga}. \tag{5.21}$$

Ein ausführliches Rechenbeispiel findet man im nächsten Abschnitt und weitere Rechenbeispiele an mehreren Stellen im Kap. 6. Bei Pentoden kommt noch die Kapazität C_{g1g2} hinzu, wobei das Schirmgitter wechselspannungsmäßig meist auf Masse liegt. Siehe hierzu den vorigen Abschn. 5.2.1.

Die Messung der Verstärkerstufeneingangsimpedanz Z_E mit SPICE für die Ersatz-schaltung in Abb. 5.5c erfolgt beispielsweise mit einem Sinusgenerator mit der Span-nung u, der Kreisfrequenz $\omega = 2\pi f$ und einem Messwiderstand R. In vielen Fällen wird man die Generatorspannung über einen Kondensator einspeisen müssen, was, wegen der folgenden Quotientenbildung, ohne Auswirkungen bleibt, solange man die Genera-torspannung hinter dem Kondensator abgreift bzw. den Kondensator als Bestandteil des Generators ansieht. Man wählt für f und R glatte Werte, z. B.

$$f = 1\,\text{kHz} \quad \text{und} \quad R = 1\,\text{k}\Omega \,.$$

Der Wert der Generatorspannung ist uninteressant. Das Verhältnis von Generatorspan-nung u und Verstärkerstufeneingangsspannung u_E lautet

$$\frac{u}{u_E} = \frac{R + Z_E}{Z_E} = \frac{R + R_E}{R_E} + j\omega R C_E \,.$$

Den komplexwertigen Quotienten errechnet SPICE in einer .AC-Analyse in der Form

$$\frac{u}{u_E} = a + jb \,.$$

Wir erhalten zwei Gleichungen, eine für den Realteil

$$\frac{R + R_E}{R_E} = a \quad \text{mit} \quad R_E = \frac{R}{a - 1}$$

und eine für den Imaginärteil

$$\omega R C_E = b \quad \text{mit} \quad C_E = \frac{b}{\omega R}$$

sowie in zugeschnittener Form für die o. g. glatten Werte

$$\frac{R_E}{\text{k}\Omega} = \frac{1}{a - 1} \,,$$
$$\frac{C_E}{\text{pF}} = 1{,}59155 \cdot 10^5 b \,.$$

Der Ausgangswiderstand R_A ist eine differentielle Größe und wird für eine Verstärker-schaltung bei Vernachlässigung der Kapazität C_{ak} mit

$$R_A = \frac{u_A}{i_A} \quad \text{an der Stelle} \quad u_E = 0$$

berechnet und gemessen. Die SPICE-Messschaltung wird ebenfalls mit einem Sinus-Generator aufgebaut, der am Verstärkerausgang angeschlossen wird. Meist benötigen wir noch einen Koppelkondensator, um die Generatorspannung gleichstromfrei einzuspeisen. Wie im Falle der Messung der Eingangsimpedanz werden wir diesen Kondensator als Bestandteil des Generators ansehen. Der Verstärkereingang wird kurzgeschlossen. Für die Messung des Ausgangswiderstands wählen wir die Generatorfrequenz zu $f = 1\,\text{kHz}$ und lassen den Quotienten durch SPICE berechnen. Selbstverständlich können wir so auch einen frequenzabhängigen Ausgangswiderstand Z_A erfassen.

5.2.3 Verstärkergrundschaltungen mit einer Verstärkerröhre

Eine Triode hat drei Elektroden. Daher sind drei Grundschaltungen möglich, nämlich

- Kathodenbasisschaltung,
- Anodenbasisschaltung und
- Gitterbasisschaltung.

Die Gitterbasisschaltung ist im Bereich der NF-Verstärker weniger interessant und wird in diesem Abschnitt nicht betrachtet. Lediglich als Bestandteil eines Kaskodenverstärkers wird sie angewendet und dient dazu, die wirksame Eingangskapazität einer Verstärkerstufe klein zu halten, die die Last für die vorangehende Schaltung ist.

In diesem Abschnitt wollen wir die Kenndaten von zwei Kathodenbasisschaltungen, einmal ohne und einmal mit Stromgegenkopplung, sowie die Kenndaten von Anodenbasisschaltungen in drei gebräuchlichen Varianten angeben. Für vier der fünf im Folgenden angegebenen Schaltungen werden wir nur die Kenndaten angeben, wie sie in der Literatur zu finden sind. Eine Schaltung, die Kathodenbasisschaltung mit Stromgegenkopplung wird vollständig berechnet, damit der Leser die hierfür nötigen Rechenschritte nachvollziehen kann. Für diese Rechnung werden lediglich Knoten- und Maschengleichungen benötigt.

Kathodenbasisschaltungen Die erste Verstärkerschaltung ist die *Kathodenbasisschaltung ohne Stromgegenkopplung* in Abb. 5.6. Die Kathodenbasisschaltungen sind invertierende Verstärkerschaltungen. Die Schaltung verwendet die automatische Gittervorspan-

Abb. 5.6 Kathodenbasisschaltung ohne Stromgegenkopplung

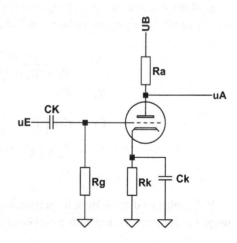

Abb. 5.7 Kathodenbasisschaltung mit Stromgegenkopplung

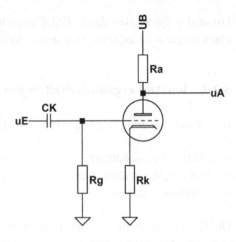

nungserzeugung mit einem Kathodenwiderstand R_k, der für Wechselspannungen mit dem Kondensator hoher Kapazität C_k kurzgeschlossen wird. Die Schaltung enthält noch einen Arbeitswiderstand R_a sowie einen Gitterableitwiderstand R_g und einen eingangsseitigen Kopplungskondensator C_K. Wir gehen hier und bei den noch folgenden vier Beispielen davon aus, dass der Kopplungskondensator eine so große Kapazität aufweist, dass er für die Berechnung zunächst vernachlässigt werden kann. Die Schaltung hat die Kennwerte

$$V = \frac{-\mu R_a}{R_i + R_a} = -S\,(R_a \parallel R_i)\ , \tag{5.22}$$

$$R_E = R_g\ , \tag{5.23}$$

$$C_E = C_{gk} + (1 - V)\,C_{ga}\ , \tag{5.24}$$

$$R_A = R_a \parallel R_i\ . \tag{5.25}$$

Die zweite Verstärkerschaltung in Abb. 5.7 unterscheidet sich von der ersten durch den Wegfall des Kathodenüberbrückungskondensators C_k. Man erhält so eine *Kathodenbasisschaltung mit Stromgegenkopplung*. Die Schaltung hat die Kennwerte

$$V = \frac{-\mu R_a}{R_i + R_a + (1 + \mu)R_k}\ , \tag{5.26}$$

$$R_E = R_g\ , \tag{5.27}$$

$$C_E = C_{gk}\left(1 + V\,\frac{R_k}{R_a}\right) + (1 - V)\,C_{ga}\ , \tag{5.28}$$

$$R_A = R_a \parallel (R_i + (1 + \mu)R_k)\ . \tag{5.29}$$

Wir wollen an diesem Beispiel zeigen, wie man auf der Grundlage zweier Ersatzschaltungen in der Abb. 5.8 mit einfachen Gleichungen die Schaltung berechnet.

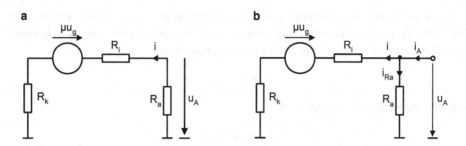

Abb. 5.8 Ersatzschaltbilder für die Kathodenbasisschaltung mit Stromgegenkopplung

Berechnung der Kathodenbasisschaltung mit Stromgegenkopplung *Zur Berechnung der Verstärkung V verwenden wir die lineare Ersatzschaltung in Abb. 5.8a. Zu deren Analyse werden wir drei Gleichungen, die Maschengleichung*

$$-u_A + i(R_i + R_k) - \mu u_g = 0 \,, \tag{5.30}$$

die Steuergleichung

$$u_g = u_E - iR_k \tag{5.31}$$

und die Stromgleichung

$$i = -\frac{u_A}{R_a} \tag{5.32}$$

heranziehen. Die Verbindung der drei Gleichungen ergibt

$$
\begin{aligned}
0 &= -u_A - u_A(\frac{R_i + R_k}{R_a}) - \mu\,(u_E - iR_k) \\
&= -u_A \left(1 + \frac{R_i + R_k}{R_a}\right) - \mu u_E - \mu u_A \frac{R_k}{R_a} \\
&= -u_A \left(1 + \frac{R_i + (1 + \mu)R_k}{R_a}\right) - \mu u_E \,.
\end{aligned}
$$

Wir erhalten schließlich den gewünschten Ausdruck für die Verstärkung

$$V = \frac{u_A}{u_E} = \frac{-\mu R_a}{R_a + R_i + (1 + \mu)R_k} \,. \tag{5.33}$$

Die Stromgegenkopplung[9] bewirkt gegenüber (5.22) eine Verstärkungsreduktion.

---

[9] Wir hätten auch, wie es in vielen Literaturstellen der Ansatz ist, über die Gegenkopplung argumentieren können. Allgemein gilt, daß die geschlossene Verstärkung einer rückgekoppelten Schaltung

Zur Berechnung des Ausgangswiderstands verwenden wir die Ersatzschaltung in Abb. 5.8b. Aus dieser Ersatzschaltung gewinnen wir vier Gleichungen, eine Maschengleichung 5.30, eine Steuergleichung 5.31, eine Knotengleichung

$$i_A = i + i_{R_a}$$

und eine Ausgangsspannungsgleichung

$$u_A = i_{R_a} R_a .$$

Steuergleichung und Maschengleichung ergeben

$$0 = -u_A + i(R_i + R_k) - \mu(u_E - iR_k)$$
$$= -u_A + i(R_i + (1 + \mu)R_k) - \mu u_E . \tag{5.34}$$

Die Verbindung von Knoten- und Ausgangsspannungsgleichung ergibt

$$i = i_A - i_{R_a} = i_A - \frac{u_A}{R_a} .$$

Einsetzen in die Maschengleichung (5.34) führt zu

$$0 = -u_A + \left(i_A - \frac{u_A}{R_a}\right)(R_i + (1 + \mu)R_k) - \mu u_E$$
$$= -u_A \left(1 + \frac{R_i + (1 + \mu)R_k}{R_a}\right) + i_A(R_i + (1 + \mu)R_k) - \mu u_E .$$

in der Form

$$V' = \frac{V}{1 - kV}$$

berechnet wird, worin V die Vorwärtsverstärkung und kV die Schleifenverstärkung ist. Meist verwendet man das Verhältnis von rückgekoppelter zur nicht rückgekoppelten Verstärkung

$$\frac{V'}{V} = \frac{1}{1 - \alpha V} .$$

In der Schaltung entsprechen Rückkopplungsfaktor und nicht rückgekoppelte Verstärkung

$$k = \frac{R_k}{R_a} \quad \text{und} \quad V = \frac{-\mu R_a}{R_a + R_i + R_k} .$$

Für das Verhältnis erhalten wir

$$\frac{V'}{V} = \frac{1}{1 - \dfrac{R_k}{R_a} \dfrac{-\mu R_a}{R_a + R_i + R_k}}$$

und somit für die rückgekoppelte Verstärkung

$$V' = \frac{-\mu R_a}{R_a + R_i + (1 + \mu)R_k} .$$

Abb. 5.9 Modifizierte Kathodenbasisschaltung mit
Stromgegenkopplung

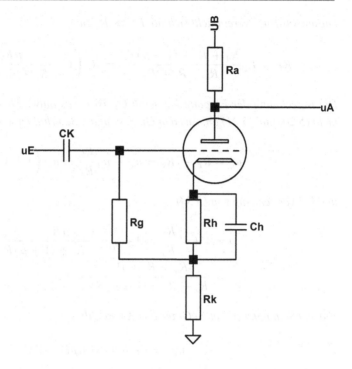

Für die Berechnung des Ausgangswiderstands ist

$$u_E = 0$$

zu setzen und man erhält

$$R_A = \frac{u_A}{i_A} = \frac{R_a \left(R_i + (1 + \mu) R_k \right)}{R_a + \left(R_i + (1 + \mu) R_k \right)} = R_a \parallel \left(R_i + (1 + \mu) R_k \right) . \qquad (5.35)$$

Gegenüber (5.25) ist der Ausgangswiderstand der Kathodenbasisschaltung vergrößert.
    *Zuletzt wollen wir die Eingangsimpedanz berechnen. Für den Eingangswiderstand R_E
erhalten wir den Wert*

$$R_E = R_g ,$$

*der leicht aus der Schaltung abgelesen werden kann. Falls der Gitterableitwiderstand wie
in Abb. 5.9 für Wechselgrößen nicht an der Schaltungsmasse, sondern an der Kathode
angeschlossen wird, vergrößert sich der Eingangswiderstand zu*

$$R_E = R_g \frac{R_a + R_i + (1 + \mu) R_k}{R_a + R_i + R_k} + \frac{R_k \left(R_a + R_i \right)}{R_a + R_i + R_k} . \qquad (5.36)$$

Dieser Ausdruck vereinfacht sich für $R_g \gg R_k$ *zu*

$$R_E \approx R_g \frac{R_a + R_i + (1 + \mu)R_k}{R_a + R_i + R_k} = R_g \left(1 + \frac{\mu R_k}{R_a + R_i + R_k} \right) . \tag{5.37}$$

Die Berechnung der Eingangskapazität C_E *ist etwas aufwändiger. Wir wenden die Formeln (5.20) und (5.21) an. Aus den Gl. 5.31 und 5.32 erhalten wir für die Gitterspannung*

$$u_g = u_E - iR_k = u_E + u_A \frac{R_k}{R_a} = u_E \left(1 + V \frac{R_k}{R_a} \right)$$

und bei Verwendung von (5.33)

$$\rho = 1 + V \frac{R_k}{R_a} = 1 - \frac{\mu R_a}{R_a + R_i + (1 + \mu)R_k} \frac{R_k}{R_a}$$

$$= \frac{R_a + R_i + R_k}{R_a + R_i + (1 + \mu)R_k} < 1 .$$

Für die Spannung zwischen Gitter und Anode gilt

$$u_{ga} = u_E - u_A = u_E(1 - V)$$

oder

$$\sigma = 1 - V = 1 + \frac{\mu R_a}{R_a + R_i + (1 + \mu)R_k} = \frac{R_i + (1 + \mu)(R_a + R_k)}{R_a + R_i + (1 + \mu)R_k} > 1 .$$

Wir erhalten schließlich für die Eingangskapazität

$$C_E = \left(1 + V \frac{R_k}{R_a} \right) C_{gk} + (1 - V) C_{ga} \tag{5.38}$$

Wir erkennen, dass der dominante Anteil $(1 - V)C_{ga}$ *ist. Diese Multiplikation mit der Spannungsverstärkung wird als Millereffekt bezeichnet. Die so vergrößerte Kapazität heißt Millerkapazität. Dieser Ausdruck für die Eingangskapazität ist universell, er lässt sich auf alle fünf Grundschaltungen in diesem Abschnitt anwenden, wenn er entsprechend spezialisiert wird, d. h. nicht benötigte Widerstände entfernt werden.*

Anodenbasisschaltungen Die folgenden drei Schaltungen sind Anodenbasisschaltungen oder sog. *Kathodenfolger*. Kathodenfolger sind nichtinvertierende Verstärkerschaltungen. Der Kathodenfolger ist eine Schaltung mit einer Spannungsverstärkung kleiner als eins und wird wegen seines geringen Ausgangswiderstands beispielsweise als Leitungstreiberverstärker oder als Ansteuerverstärker für Verstärkerstufen mit hoher Eingangskapazität verwendet.

Abb. 5.10 Erste Anodenbasisschaltung

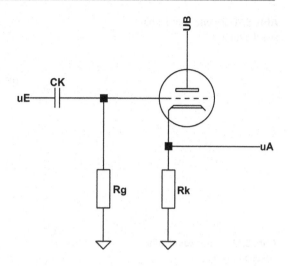

Die erste Anodenbasisschaltung in Abb. 5.10 weist zunächst einen an Masse angeschlossenen Gitterableitwiderstand R_g auf. Das Ausgangssignal wird an der Kathode
abgegriffen. Die Kennwerte sind

$$V = \frac{\mu R_k}{(\mu + 1)R_k + R_i} < 1 \,, \tag{5.39}$$

$$R_E = R_g \,, \tag{5.40}$$

$$C_E = \left(\frac{R_i + R_k}{R_i + (1 + \mu)R_k} \right) C_{gk} + C_{ga} \,, \tag{5.41}$$

$$R_A = \frac{R_k R_i}{(\mu + 1)R_k + R_i} = \frac{1}{\dfrac{1}{R_k} + \dfrac{\mu + 1}{R_i}} = R_k \parallel \frac{R_i}{\mu + 1} \,. \tag{5.42}$$

Die zweite Anodenbasisschaltung in Abb. 5.11 hat einen aufgeteilten Kathodenwiderstand. Der Gitterableitwiderstand ist am aufgeteilten Kathodenwiderstand angeschlossen,
was zur Vergrößerung des Eingangswiderstands führt. Die Kennwerte sind

$$V = \frac{\mu (R_1 + R_2)}{(\mu + 1)(R_1 + R_2) + R_i} < 1 \,, \tag{5.43}$$

$$R_E = \frac{R_g}{1 - V \dfrac{R_1}{R_1 + R_2}} \,, \tag{5.44}$$

$$C_E = \left(\frac{R_i + R_1 + R_2}{R_i + (1 + \mu)(R_1 + R_2)} \right) C_{gk} + C_{ga} \,, \tag{5.45}$$

$$R_A = \frac{1}{S + \dfrac{1}{R_1 + R_2} + \dfrac{1}{R_i}} = (R_1 + R_2) \parallel \frac{R_i}{\mu + 1} \,. \tag{5.46}$$

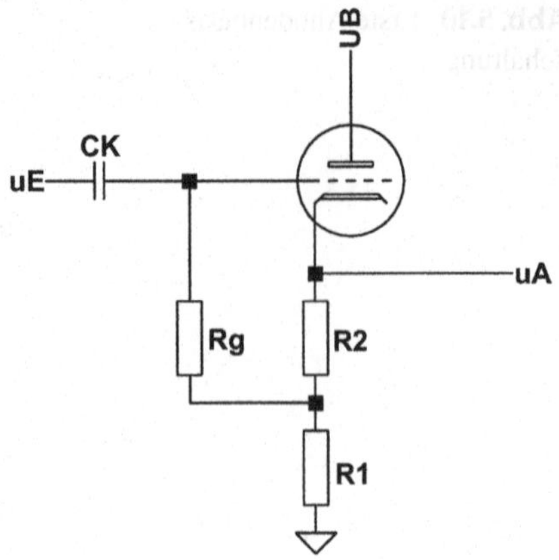

Abb. 5.11 Zweite Anodenbasisschaltung

Abb. 5.12 Dritte Anodenbasisschaltung

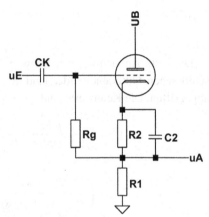

Die Verstärkung entspricht der Verstärkung (5.39), wobei lediglich R_k durch $R_1 + R_2$ ersetzt wurde. Der Eingangswiderstand ist gegenüber (5.23) vergrößert. Um dies zu erkennen, muß man bedenken, dass $V < 1$ ist.

Die dritte Anodenbasisschaltung in Abb. 5.12 hat ebenfalls einen aufgeteilten Kathodenwiderstand, wobei aber der Anteil R_2 mit einem Kondensator überbrückt ist. Für diesen Kondensator wählt man einen Elektrolytkondensator, der bei der Schaltungsberechnung als Wechselgrößenkurzschluss angesehen wird. Die Kennwerte sind

$$V = \frac{\mu R_1}{(\mu + 1)R_1 + R_i} < 1 , \tag{5.47}$$

$$R_E = \frac{R_g}{1 - V} = R_g \frac{(\mu + 1)R_1 + R_i}{R_1 + R_i} , \tag{5.48}$$

$$C_E = \left(\frac{R_i + R_1}{R_i + (1 + \mu)R_1} \right) C_{gk} + C_{ga} , \tag{5.49}$$

$$R_A = \frac{R_1 R_i}{(\mu + 1)R_1 + R_i} = R_1 \parallel \frac{R_i}{\mu + 1} . \tag{5.50}$$

Die Kennwerte lassen sich als Sonderfälle der Kennwerte der beiden vorher angegebenen Anodenbasisschaltungen verstehen.

5.2.4 Dimensionierung einer Verstärkerstufe

Wir diskutieren in diesem Abschnitt am Beispiel der Kathodenbasisschaltung ohne Stromgegenkopplung in Abb. 5.7 die Abhängigkeit der Spannungsverstärkung von der Beschaltung der Röhre und vom Röhrenruhestrom I_{a0}. Hierzu gehen wir von einer sog. linearen Triode aus, d. h. einer Triode, bei der der Verstärkungsfaktor μ als unabhängig vom Röhrenstrom angesehen werden kann. Wir beziehen uns auf das Verhältnis von Anodenwiderstand R_a zum Röhreninnenwiderstand R_i mit

$$R_a = \alpha R_i \,,$$

wobei bei Trioden meist $\alpha > 1$ gewählt wird. Die Spannungsverstärkung (5.22) ist abhängig vom Verstärkungsfaktor μ, vom Anodenwiderstand R_a sowie vom Innenwiderstand R_i und somit auch vom Röhrenruhestrom I_{a0}. Wir können die Spannungsverstärkung V in Abhängigkeit von α ausdrücken

$$V = -\mu \frac{\alpha}{1 + \alpha} \,. \tag{5.51}$$

In der ersten Betrachtung fragen wir nach der Abhängigkeit der Verstärkung von R_a bei unverändertem Röhrenruhestrom und somit unverändertem Innenwiderstand, indem wir nach α differenzieren

$$\frac{\partial V}{\partial \alpha} = -\mu \frac{1}{(1 + \alpha)^2} \,.$$

Wir erkennen, dass V zwar gewünscht linear von μ abhängt, die Größe des Anodenwiderstands R_a aber einen wesentlich geringeren Einfluß hat, vor allem bei großen Werten von α. Um den Ruhestrom aufrechtzuerhalten[10], muß mit R_a auch die Betriebsspannung erhöht werden, was unökonomisch ist, da der Effekt auf die Verstärkung im Vergleich gering ist.

In der zweiten Betrachtung fragen wir nach der Abhängigkeit der Verstärkung V vom Röhrenruhestrom $\widetilde{I}_{a0}$ bei unveränderlichem Anodenwiderstand R_a. Ausgehend von einem Bezugsstrom I_{a0} und von einem entsprechendem Innenwiderstand R_{i0} aus den Datenblattangaben zur Triode gilt mit (5.18) der Zusammenhang

$$R_i = R_{i0} \left(\frac{I_{a0}}{\widetilde{I}_{a0}} \right)^{1/3} \,.$$

---

[10] Ein Ruhestrom wird nicht alleine unter Berücksichtigung eines notwendigen Ausgangsstroms gewählt, sondern auch unter dem Aspekt, die Röhre in einem günstigen Arbeitsbereich zu betreiben, also im sog. *linearen Teil der Kennlinie*.

Somit ist auch α von I_a abhängig

$$\alpha = \frac{R_a}{R_{i0}} \left(\frac{\widetilde{I}_{a0}}{I_{a0}} \right)^{1/3}$$

und die Verstärkung V (5.51) ebenfalls

$$V = \frac{-\mu}{1 + \frac{R_{i0}I_{a0}^{1/3}}{R_a} \widetilde{I}_{a0}^{-1/3}} = \frac{-\mu}{1 + \psi \widetilde{I}_{a0}^{-1/3}} \tag{5.52}$$

mit dem Faktor

$$\psi = \frac{R_{i0}I_{a0}^{1/3}}{R_a} .$$

Nun können wir ebenfalls einen Differentialquotienten berechnen

$$\frac{\partial V}{\partial \widetilde{I}_{a0}} = -\frac{1}{3}\mu\psi \frac{I_{a0}^{-4/3}}{\left(1 + \psi I_{a0}^{-1/3}\right)^2} . \tag{5.53}$$

Wir erkennen in (5.52), dass die Verstärkung zwar mit wachsendem Strom $\widetilde{I}_{a0}$ ebenfalls wächst, aber in (5.53) sehen wir, dass dieses Anwachsen mit wachsendem Strom $\widetilde{I}_{a0}$ sehr zügig abnimmt. Auch dieser Weg der Verstärkungsvergrößerung ist unökonomisch, zumal die maximale Verlustleistung der Röhre beachtet werden muß.

Im Ergebnis sehen wir, dass eine hohe Spannungsverstärkung mit der Wahl der Röhre, d.h. einem großen Verstärkungsfaktor μ zu erzielen ist, was aber den Nachteil mit sich bringt, abhängig von den toleranzbehafteten Röhrenkennwerten zu sein. Besser ist es sicher, Verstärker zu kaskadieren, d.h. Einzelverstärkungen zu multiplizieren, und eine gewünschte Verstärkung mit einer Gegenkopplung einzustellen, womit dann auch größere Unabhängigkeit von den Röhrenkennwerten erreicht wird.

5.2.5 Kopplung zwischen zwei Verstärkerstufen

Für die Beschreibung der RC-Kopplung zwischen zwei Verstärkerstufen ist es am geschicktesten, die Verstärkerstufen als ideale Verstärkerstufen anzusehen, d.h. $R_A = 0$, $R_E = \infty$ und $C_E = 0$ anzusetzen. Die realen Widerstände und Kapazitäten fassen wir im Kopplungsnetzwerk zusammen. Das Netzwerk in Abb. 5.13 stellt das Kopplungsnetzwerk zwischen zwei Verstärkerstufen dar. In dieser Abbildung ist R_{A1} der Ausgangswiderstand der ersten Verstärkerstufe, C_K der Koppelkondensator, R_{E2} der Eingangswiderstand der zweiten Stufe und C_{E2} die wirksame Eingangskapazität der zweiten Stufe, die. Das

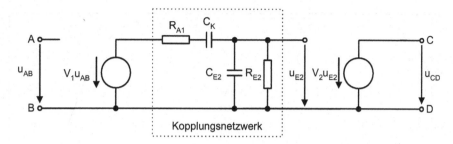

Abb. 5.13 Kopplungsnetzwerk zwischen zwei Verstärkerstufen

Kopplungsnetzwerk lässt sich mit zwei Impedanzen berechnen, mit der Impedanz einer Reihenschaltung von R_{A1} und C_K mit

$$Z_R(\omega) = \frac{1 + j\omega R_{A1} C_K}{j\omega C_K}$$

und mit der Impedanz einer Parallelschaltung von R_{E2} und C_{E2} mit

$$Z_P(\omega) = \frac{R_{E2}}{1 + j\omega R_{E2} C_{E2}} .$$

Die interessierende Übertragungsfunktion lautet

$$
\begin{aligned}
H(\omega) &= \frac{Z_P(\omega)}{Z_R(\omega) + Z_P(\omega)} \\
&= \frac{\dfrac{R_{E2}}{1 + j\omega R_{E2} C_{E2}}}{\dfrac{1 + j\omega R_{A1} C_K}{j\omega C_K} + \dfrac{R_{E2}}{1 + j\omega R_{E2} C_{E2}}} \\
&= \frac{j\omega R_{E2} C_K}{1 + j\omega \left(R_{A1} C_K + R_{E2} C_{E2} + R_{E2} C_K \right) - \omega^2 R_{A1} R_{E2} C_K C_{E2}} .
\end{aligned}
$$

Wir erkennen eine Hochpasscharakteristik, die vom Koppelkondensator C_K und dem Eingangswiderstand R_{E2} gebildet wird. Die Grenzfrequenz sollte dann möglichst tief liegen, d. h. unterhalb der unteren Audiobandbreitengrenze. Im weiteren liegt eine Tiefpasscharakteristik vor, die im Audioband zunächst den Hochpassanteil ausgleicht und für höhere Frequenzen zu einer Abnahme von $|H(\omega)|$ führt. Diese Abnahme sollte oberhalb der oberen Audiobandbreitengrenze einsetzen und wird von der Eingangskapazität bestimmt. Mit der Übertragungsfunktion $H(\omega)$ können wir mit Fouriertransformation die Spannung $U_{CD}(\omega)$ zwischen den Klemmen C und D in Abhängigkeit der Spannung $U_{AB}(\omega)$ zwischen den Klemmen A und B in der Form

$$U_{CD}(\omega) = V_1 H(\omega) V_2 U_{AB}(\omega)$$

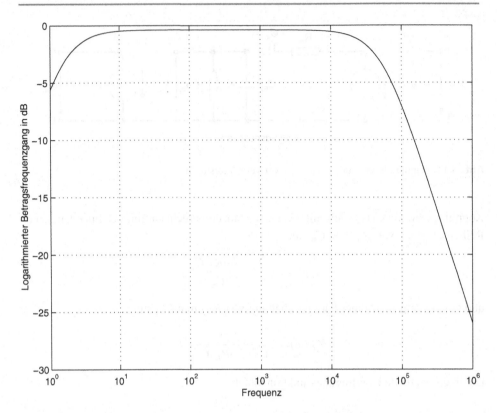

Abb. 5.14 Logarithmierter Betragsfrequenzgang des Kopplungsnetzwerks

berechnen.

Ein Zahlenbeispiel soll die Größenordnungen verdeutlichen. Wir gehen von zwei nicht gegengekoppelten Kathodenbasisverstärkerstufen aus, die zwei NF-Trioden vom Typ ECC83 mit $R_i = 80\,\text{k}\Omega$ verwenden. Der Arbeitswiderstand des ersten Verstärkers sei $R_a = 100\,\text{k}\Omega$. Für den Koppelkondensator setzen wir $C_K = 100\,\text{nF}$ an und der Gitterableitwiderstand in der zweiten Stufe betrage $R_g = 1\,\text{M}\Omega = R_{E2}$. Die Triode hat die Elektrodenkapazitäten $C_{gk} = 1,6\,\text{pF}$ und $C_{ga} = 1,7\,\text{pF}$. Wenn wir in der zweiten Stufe eine Spannungsverstärkung von $V = -40$ annehmen, beträgt die wirksame Eingangskapazität dieser Stufe mit (5.24)

$$C_E = C_{gk} + (1 - V)C_{ga} = 1,6\,\text{pF} + 41 \times 1,7\,\text{pF} = 71,3\,\text{pF} .$$

Den Ausgangs- oder Quellwiderstand berechnen wir mit (5.25) zu

$$R_A = R_i \parallel R_a = 80\,\text{k}\Omega \parallel 100\,\text{k}\Omega = 44,4\,\text{k}\Omega .$$

Die Grenzfrequenzen betragen 1,7 Hz und 48 kHz und liegen somit zwar außerhalb des Hörfrequenzbereichs und dennoch innerhalb der Bandbreite eines NF-Verstärkers. Das

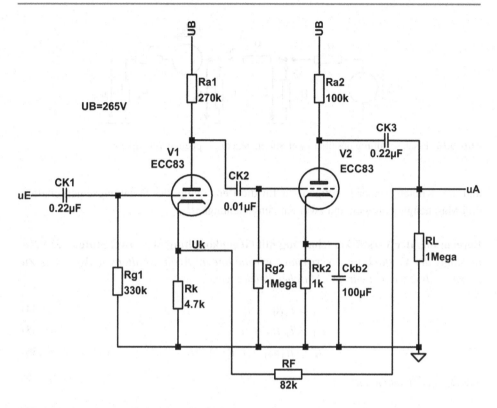

Abb. 5.15 Schaltbild des über zwei Stufen gegengekoppelten Verstärkers

Maximum des logarithmierten Betragsfrequenzgangs

$$M(\omega) = 20 \log_{10} |H(\omega)|$$

beträgt $-0{,}4\,$dB. Die Abb. 5.14 zeigt den logarithmierten Betragsfrequenzgang für das Kopplungsnetzwerk als Ergebnis einer SPICE-.AC-Analyse.

5.2.6   Rechenbeispiele: Verstärker mit Gegenkopplung über zwei Stufen

Eine häufig verwendete Verstärkerkonfiguration ist die Kaskadierung zweier Kathodenbasisschaltungen in Verbindung mit einer Gegenkopplung über zwei Stufen. Wir wollen zum Abschluss unserer Betrachtungen an Verstärkern die Spannungsverstärkung einer solchen Verstärkerkonfiguration als nützliches Rechenbeispiel berechnen. Die Abb. 5.15 zeigt die Schaltung und die Abb. 5.16 die lineare Wechselgrößenersatzschaltung, für die die Koppelkondensatoren C_{K1} bis C_{K3} und den Kondensator C_{kb2} als Wechselgrößenkurzschlüsse betrachtet werden. Das Netzwerk der Wechselgrößenersatzschaltung enthält fünf Zweige

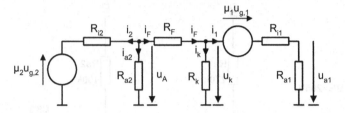

Abb. 5.16 Ersatzschaltung des über zwei Stufen gegengekoppelten Verstärkers

und drei Knoten. Daher benötigen wir für die Berechnung der Schaltungseigenschaften drei Maschengleichungen und zwei Knotengleichungen[11].

Berechnung der Verstärkerschaltung mit Gegenkopplung über zwei Stufen *Zur Berechnung der Verstärkung V verwenden wir die lineare Ersatzschaltung in Abb. 5.16. Zu deren Analyse werden wir drei Maschengleichungen*

$$u_A = i_2 R_{i2} - \mu_2 u_{g2} \,, \tag{5.54}$$

$$u_A = i_F R_F + u_k \,, \tag{5.55}$$

$$u_k = \mu_1 u_{g1} + i_1 R_{i1} + u_{a1} \,, \tag{5.56}$$

zwei Knotengleichungen

$$i_F = i_2 + i_{a2} \,, \tag{5.57}$$

$$i_F = i_1 + i_k \,, \tag{5.58}$$

zwei Steuergleichungen

$$u_{g1} = u_E - u_k \,, \tag{5.59}$$

$$u_{g2} = u_{a1} \,, \tag{5.60}$$

und zwei Stromgleichungen

$$i_1 = \frac{u_{a1}}{R_{a1}} \,, \tag{5.61}$$

$$i_{a2} = \frac{u_A}{R_{a2}} \,, \tag{5.62}$$

heranziehen.

---

[11] Wollte man alleine die Ersatzschaltung berechnen, könnte man die Dreiecksschaltung, bestehend aus R_{a2}, R_F und R_k, in eine Sternschaltung transformieren und die in Reihe geschalteten Widerstände zusammenfassen. Das resultierende Netzwerk enthielte dann nur noch drei Zweige mit zwei Knoten und ließe sich deutlich einfacher berechnen. Die interessierenden Spannungen sind anschließend aus den Netzwerkspannungen durch Überlagerung zu gewinnen.

Zunächst modifizieren wir die Maschengleichungen 5.54 und 5.56 unter Verwendung von (5.59, 5.60) und (5.61). Wir erhalten

$$u_A = i_2 R_{i2} - \mu_2 i_1 R_{a1} \tag{5.63}$$

und

$$
\begin{aligned}
u_k &= \mu_1 \left(u_E - u_k \right) + i_1 R_{i1} + i_1 R_{a1} \\
&= u_E \frac{\mu_1}{1 + \mu_1} + i_1 \frac{R_{i1} + R_{a1}}{1 + \mu_1} \, .
\end{aligned} \tag{5.64}
$$

Mit der Knotengleichung 5.58 in der Form

$$i_F = i_1 + \frac{u_k}{R_k}$$

modifizieren wir die Maschengleichung 5.55 und erhalten

$$u_A = R_F \left(i_1 + \frac{u_k}{R_k} \right) + u_k$$

oder

$$u_k = u_A \frac{R_k}{R_F + R_k} - i_1 \frac{R_F R_k}{R_F + R_k} \, . \tag{5.65}$$

Wir fassen die beiden Knotengleichungen 5.57 und 5.58 zusammen und lösen nach i_2 auf

$$i_2 = \frac{u_k}{R_k} + i_1 - \frac{u_A}{R_{a2}} \, .$$

Einsetzen in (5.63) führt zu

$$u_A = R_{i2} \left(\frac{u_k}{R_k} + i_1 - \frac{u_A}{R_{a2}} \right) - \mu_2 i_1 R_{a1}$$

oder

$$u_A \left(1 + \frac{R_{i2}}{R_{a2}} \right) = u_k \frac{R_{i2}}{R_k} + i_1 \left(R_{i2} - \mu_2 R_{a1} \right) \, . \tag{5.66}$$

Nun können wir mit (5.64) die Kathodenspannung u_k in (5.66) und (5.65) eliminieren und erhalten zum einen

$$
\begin{aligned}
u_A \left(1 + \frac{R_{i2}}{R_{a2}} \right) &= \frac{R_{i2}}{R_k} \left(u_E \frac{\mu_1}{1 + \mu_1} + i_1 \frac{R_{i1} + R_{a1}}{1 + \mu_1} \right) + i_1 \left(R_{i2} - \mu_2 R_{a1} \right) \\
&= u_E \frac{R_{i2}}{R_k} \frac{\mu_1}{1 + \mu_1} + i_1 \left(\frac{R_{i2}}{R_k} \frac{R_{i1} + R_{a1}}{1 + \mu_1} + R_{i2} - \mu_2 R_{a1} \right) \\
&= \alpha u_E + \beta i_1 \tag{5.67}
\end{aligned}
$$

mit

$$\alpha = \frac{R_{i2}}{R_k}\frac{\mu_1}{1+\mu_1} \quad \text{und} \quad \beta = \frac{R_{i2}}{R_k}\frac{R_{i1}+R_{a1}}{1+\mu_1} + R_{i2} - \mu_2 R_{a1}$$

sowie zum anderen

$$u_E\frac{\mu_1}{1+\mu_1} + i_1\frac{R_{i1}+R_{a1}}{1+\mu_1} = u_A\frac{R_k}{R_F+R_k} - i_1\frac{R_F R_k}{R_F+R_k} \qquad (5.68)$$

Aus (5.67) und (5.68) muß der Strom i_1 entfernt werden, wozu die Gl. 5.68 dient

$$i_1\left(\frac{R_{i1}+R_{a1}}{1+\mu_1} + \frac{R_F R_k}{R_F+R_k}\right) = u_A\frac{R_k}{R_F+R_k} - u_E\frac{\mu_1}{1+\mu_1}$$

oder

$$\gamma i_1 = u_A\frac{R_k}{R_F+R_k} - u_E\frac{\mu_1}{1+\mu_1} \qquad (5.69)$$

mit

$$\gamma = \frac{R_{i1}+R_{a1}}{1+\mu_1} + \frac{R_F R_k}{R_F+R_k} \ .$$

Wir setzen (5.69) in (5.67) ein

$$u_A\left(1 + \frac{R_{i2}}{R_{a2}}\right) = \alpha u_E + \frac{\beta}{\gamma}\left(u_A\frac{R_k}{R_F+R_k} - u_E\frac{\mu_1}{1+\mu_1}\right) \ .$$

Wir können nun die Spannungsverstärkung berechnen

$$V = \frac{u_A}{u_E} = \frac{\alpha - \dfrac{\beta}{\gamma}\dfrac{\mu_1}{1+\mu_1}}{1 + \dfrac{R_{i2}}{R_{a2}} - \dfrac{\beta}{\gamma}\dfrac{R_k}{R_F+R_k}} \ .$$

Auch wenn die Ersatzschaltung lediglich vier Widerstände und zwei Spannungsquellen enthält, ist der Aufwand an Berechnung doch erheblich. Elektroniker, die mit Operationsverstärkern arbeiten, werden überrascht sein, wie aufwändig es ist, eine gegengekoppelte Röhrenschaltung für eine vorgegebene Spannungsverstärkung zu berechnen und auszulegen. Zur Veranschaulichung haben wir die Spannungsverstärkung in Abhängigkeit von R_F im Intervall [20 kΩ, 1 MΩ] berechnet und in der Abb. 5.17 dargestellt. Man erkennt, dass der Zusammenhang beider Größen recht linear ist. Für die in Abb. 5.15 angegebene Dimensionierung erhalten wir den Wert $V = 18{,}2$ bei $R_F = 82$ kΩ, den wir in Abb. 5.17 markiert haben. Für eine schnellere Berechnung können wir unter den Annahmen $\mu_1 \gg 1$, $\mu_2 \gg 1$ und $R_F > R_k$ die Hilfsgrößen vereinfachen

$$\alpha \approx \frac{R_{i2}}{R_k}, \beta \approx -\mu_2 R_{a1} \quad \text{und} \quad \gamma \approx \frac{R_{i1}+R_{a1}}{\mu_1} + \frac{R_F R_k}{R_F+R_k} \ .$$

Für die mit den vereinfachten Hilfsgrößen berechnete Verstärkung erhielten wir dann ebenfalls den Wert $V = 18{,}2$ mit einem relativen Fehler von weniger als 0,1 %.

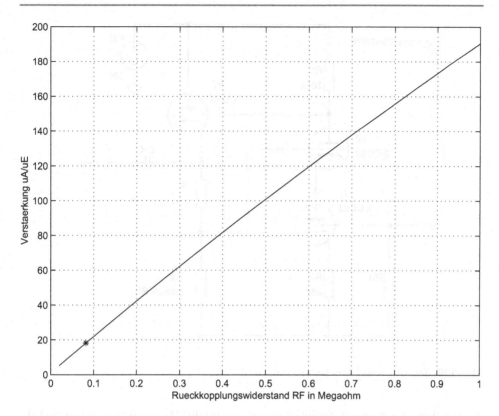

Abb. 5.17 Verstärkung über R_F des über zwei Stufen gegengekoppelten Verstärkers

Das zweite Beispiel ist eine moderne Schaltung in Abb. 5.18 mit drei Trioden von Johnson [Joh87], die 1987 als spezielle Kaskodenschaltung patentiert worden ist. In der Patentschrift [Joh87] lesen wir:

> „A stabilized Cascode Amplifier Circuit wherein the grid or gate control of the second stage of the cascaded input is provided by feedback of a portion of the output signal voltage... This results in a simpler circuit structure having fewer power supply components and a surprising increase in performance. Distortion is reduced to 50 % or less of that of conventional cascode amplifier circuits. The circuit has lower noise, wider bandwidth and greater gain and phase stability than existing cascode amplifier circuits. "

Die Argumentation bezieht sich auf eine Kaskodenschaltung, die mit einem Impedanzwandler (Anodenbasisschaltung) ergänzt wird. Wenn wir in Abb. 5.18 das Steuergitter der Röhre V2 auf eine Gleichspannung legen, erkennen wir die gewöhnliche Kaskodenschaltung mit Impedanzwandler. Die gewöhnliche Kaskodenschaltung werden wir im Abschn. 6.3.1 ausführlich analysieren. Der Patentinhaber Johnson gründete den Verstärker-Hersteller Audio Research Corporation, Annapolis Lane North / Plymouth, Minnesota,

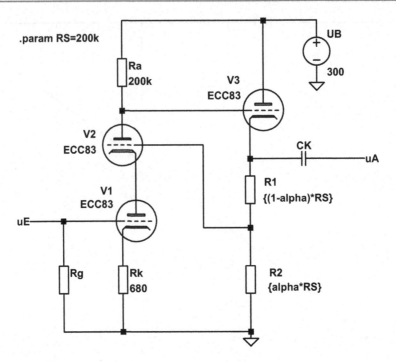

Abb. 5.18 Spezielle Kaskodenschaltung von Johnson

der besonders hochwertige Audiokomponenten herstellt. Die spezielle Kaskodenschaltung wird in einigen der Verstärker von Audio Research verwendet. In den Verstärkern setzt der Hersteller hierfür auch Hybridschaltungen, d. h. Kombinationen von Trioden und Feldeffekttransistoren, ein.

Berechnung der speziellen Kaskodenschaltung von Johnson *Zur Berechnung der Verstärkung V verwenden wir die lineare Ersatzschaltung in Abb. 5.19. Auch wenn drei Trioden benutzt werden, ist die Berechnung nicht aufwändig, da die dritte Triode* V3 *nur über das Gitter an die Trioden* V1 *und* V2 *angekoppelt ist. Aus diesem Grund können wir zwei separate Ersatzschaltungen angegen, die über die Steuergleichung der Triode* V3 *miteinander verknüpft werden. Zur Analyse benötigen wir nur zwei Maschengleichungen*

$$i(R_a + R_{i1} + R_{i2} + R_k) - \mu_1 u_{g,1} - \mu_2 u_{g,2} = 0 \,, \tag{5.70}$$

$$i_3(R_{i3} + R_1 + R_2) + \mu_3 u_{g,3} = 0 \,, \tag{5.71}$$

drei Steuergleichungen

$$u_{g,1} = u_E - u_k \,, \tag{5.72}$$

$$u_{g,2} = u_2 - u_{a1} \,, \tag{5.73}$$

$$u_{g,3} = u_a - u_A \tag{5.74}$$

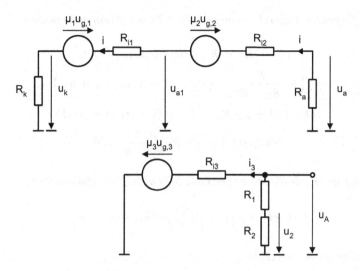

Abb. 5.19 Ersatzschaltung der Kaskodenschaltung von Johnson

und fünf Hilfsgleichungen zur Elimination einiger im Zielausdruck nicht benötigter Spannungen und Ströme

$$i_3 = \frac{-u_A}{R_1 + R_2}, u_2 = u_A \frac{R_2}{R_1 + R_2},$$
$$u_a = -iR_a, u_k = iR_k, u_{a1} = i(R_{i1} + R_k) - \mu_1 u_{g,1}.\qquad(5.75)$$

Die Verwendung der Hilfsgleichungen in den Maschen- und Steuergleichungen 5.71, 5.72, 5.73, 5.74 führt zu den Gleichungen

$$\mu_3 u_{g,3} = \frac{u_A}{R_1 + R_2}(R_{i3} + R_1 + R_2),\qquad(5.76)$$

$$u_{g,1} = u_E - iR_k,\qquad(5.77)$$

$$\begin{aligned}u_{g,2} &= u_A \frac{R_2}{R_1 + R_2} - i(R_{i1} + R_k) + \mu_1 u_{g,1}\\ &= u_A \frac{R_2}{R_1 + R_2} - i(R_{i1} + R_k) + \mu_1(u_E - u_k)\\ &= u_A \frac{R_2}{R_1 + R_2} - i(R_{i1} + (1 + \mu_1)R_k) + \mu_1 u_E,\qquad(5.78)\end{aligned}$$

$$u_{g,3} = -iR_a - u_A.\qquad(5.79)$$

Wir setzen die beiden Steuergleichungen 5.77, 5.78 in 5.70 ein und erhalten

$$i(R_a + R_{i1} + R_{i2} + R_k) - \mu_1(u_E - iR_k)$$

$$-\mu_2\left(u_A \frac{R_2}{R_1 + R_2} - i(R_{i1} + (1 + \mu_1)R_k) + \mu_1 u_E\right) =$$

$$i(R_a + (1 + \mu_2)R_{i1} + R_{i2} + (1 + \mu_1)(1 + \mu_2)R_k)$$

$$-u_E \mu_2(1 + \mu_1) - u_A \frac{\mu_2 R_2}{R_1 + R_2} = 0 . \tag{5.80}$$

Anschließend setzen wir die Steuergleichung 5.79 in 5.76 ein und erhalten

$$\mu_3(-iR_a - u_A) = \frac{u_A}{R_1 + R_2}(R_{i3} + R_1 + R_2) ,$$

oder nach dem Strom i aufgelöst

$$i = -u_A \frac{(1 + \mu_3)(R_1 + R_2) + R_{i3}}{\mu_3 R_a (R_1 + R_2)} . \tag{5.81}$$

Um zu handlicheren Ausdrücken zu gelangen, führen wir zwei Abkürzungen

$$R_x = (1 + \mu_3)(R_1 + R_2) + R_{i3} \quad \text{und}$$

$$R_y = R_a + (1 + \mu_2)R_{i1} + R_{i2} + (1 + \mu_1)(1 + \mu_2)R_k$$

ein und verbinden die beiden Maschengleichungen 5.80 und 5.81 und erhalten

$$-u_A \frac{R_x R_y + \mu_2 \mu_3 R_2 R_a}{\mu_3 R_a (R_1 + R_2)} = u_E \mu_2(1 + \mu_1)$$

und daraus schließlich den gewünschten Ausdruck für die Spannungsverstärkung

$$V = \frac{-\mu_2(1 + \mu_1)\mu_3 R_a (R_1 + R_2)}{R_x R_y + \mu_2 \mu_3 R_2 R_a} . \tag{5.82}$$

Um die Eigenschaften dieser Schaltung darzustellen, führen wir den Faktor

$$\alpha = \frac{R_2}{R_1 + R_2} = \frac{u_2}{u_A} \quad \text{mit} \quad 0 \le \alpha \le 1$$

ein, der den Anteil der rückgeführten Spannung u_2 an der Ausgangsspannung u_A angibt. In der Patentschrift lesen wir, dass dieser Faktor vorzugsweise aus dem Intervall $1/6 \le \alpha \le 1/4$ gewählt werden sollte. Wir haben die Schaltung in Abb. 5.18 so dimensioniert, dass durch die Röhren V1 und V2 ein Ruhestrom von ungefähr 0,5 mA und durch die Röhre V3 ein Ruhestrom von ungefähr 1 mA fließt. Um die Schaltung alleine in Abhängigkeit

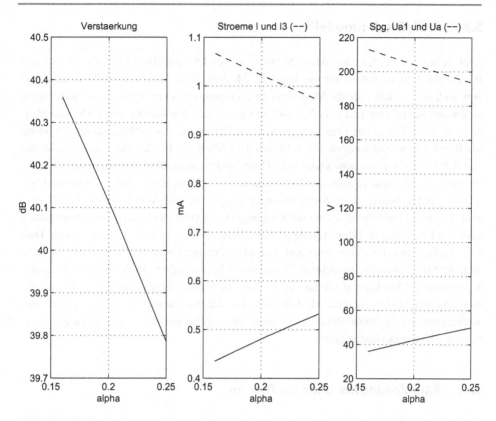

Abb. 5.20 Eigenschaften der speziellen Kaskodenschaltung von Johnson in Abhängigkeit des Parameters α

des Parameters α auszuwerten, haben wir die Summe der beiden Widerstände $R_1 + R_2$ konstant gelassen bzw.

$$R_S = R_1 + R_2 = 200\,\text{k}\Omega \quad \text{und} \quad \alpha = \frac{R_2}{R_S}$$

festgelegt. In der Abb. 5.20 sehen wir im Bild (a) die logarithmierte Verstärkung, die nur wenig Änderung über den Parameter erfährt, im Bild (b) die Ströme in den beiden Röhrenzweigen sowie im Bild (c) die Spannungen an den Anoden der Röhren V1 und V2.

Für die gewählte Dimensionierung erkennen wir, dass die Anodenspannung der Röhre V1 sehr niedrig ist bzw. die Röhren mit sehr unterschiedlichen Spannungen zwischen Anoden und Kathoden betrieben werden. Wenn der Parameter α größer gewählt wird, lässt sich unter diesem Aspekt die Schaltung besser „austarieren". So liegt die Anodenspannung der Röhre V1 zwischen 68 V und 86 V, falls $0,4 \le \alpha \le 0,6$ gewählt wird. Für den Beispielswert $\alpha = 0,5$ beträgt die Anodenspannung 78 V und die logarithmierte Verstärkung nimmt den Wert 38,1 dB an.

5.3 SPICE-Triodenmodelle

Grob gesagt, es werden zwei Arten Modelle verwendet, zum einen Modelle, die auf den Röhrengleichungen fußen, wir werden diese Modelle *Raumladungsmodelle* nennen, und zum anderen Modelle, die die Modellierung als mathematisches Approximationsproblem sehen und zur Lösung heuristische Ansätze verwenden. Wir werden diese Modelle *Heuristische Modelle* nennen. Diese Kategorisierung deutet an, dass die Raumladungsmodelle die Raumladungsgleichungen 5.9, 5.10 und 5.13 lösen. Im Effekt heißt das, dass sie mit den Röhrendaten, gemessene Daten oder Datenblattangaben, direkt parametrisiert werden können, was es sogar erlaubt, die Röhrenmodelle bzgl. gegebener Arbeitspunkte ad hoc anzugeben. Die heuristischen Modelle hingegen versuchen die Kennlinien des $(I_a, U_a)_{U_g}$-Kennlinienfelds zu nähern, indem sie mit geeigneten approximierenden Ansatzfunktionen und dem Lösen von nichtlinearen Approximationsproblemen parametrisiert werden. Dies ist natürlich ein erheblicher Aufwand. Die Modelle aber haben den Vorteil, dass sie für weitere Arbeitsbereiche brauchbare Näherungen liefern, als es die Raumladungsmodelle vermögen. Man kann pauschal sagen, dass die Raumladungsmodelle *lokale* und die heuristischen Modelle *globale* Modelle sind. Triodenmodelle dienen der Berechnung des Kathodenstroms in Abhängigkeit von Gitter- und Anodenspannung und enthalten im weiteren die Elektrodenkapazitäten.

5.3.1 Raumladungsmodelle für Trioden

Wir stellen das Raumladungsmodell der Triode von Leach [Lea95] vor, das für den Raumladungsstrom definiert ist, für den wir die im Modell verwendete Beziehung bei Spangenberg [Spa48] finden. Das Leachmodell verwendet eine modifizierte Raumladungsstrombeziehung in Abhängigkeit von einer Spannung $U_L = \mu U_g + U_a$

$$I_R = \begin{cases} K(\mu U_g + U_a)^{3/2}, & \mu U_g + U_a \geq 0, \\ 0, & \mu U_g + U_a < 0. \end{cases} \tag{5.83}$$

Das Modell hat eine Fehlerstelle bei verschwindender Spannung U_L, der Stelle des Übergangs vom Anlaufbereich in den Raumladungsbereich. Um das Übergangsverhalten der realen Röhre nachzubilden, müsste das exponentielle Verhalten im Anlaufbereich (5.1) modelliert werden und stetig in das Verhalten im vom Modell erfassten Raumladungsbereich übergehen.

Beim Vergleich von (5.83) mit der Barkhausengleichung 5.9 für den Kathodenstrom und Verwendung von Steuerspannung U_{st} und Durchgriff D mit

$$I_k = K^* U_{st}^{3/2} = K^* (U_g + D^* U_a)^{3/2}$$

erkennt man Gleichwertigkeit unter den Voraussetzungen $\mu U_g + U_a \geq 0$ und $I_k = I_R$ mit

$$I_k = I_R = K\mu^{3/2}(U_g + \frac{U_a}{\mu})^{3/2}$$

$$= K\mu^{3/2}(U_g + DU_a)^{3/2}$$

und den Zusammenhängen

$$D = \frac{1}{\mu}, \; U_L = \mu U_g + U_a = \mu U_{st} \quad \text{und} \quad K^* = K\mu^{3/2}. \tag{5.84}$$

Leach hat die Umsetzung der Raumladungsstrombeziehung (5.83) in ein SPICE-Modell mit den beiden Parametern K=K und mu= μ in der SPICE-Teilschaltung in der Form

```
.SUBCKT <Triodenname> A G K
E1 2 0 VALUE={V(A,K)+<mu>*V(G,K)}
R1 2 0 1.0K
Ga A K VALUE={<K>*(PWR(V(2),1.5)+PWRS(V(2),1.5))/2}
Cgk  G  K   <Cgk>
Cga  G  A   <Cga>
Cak  A  K   <Cak>
Rgk  G  1   <Rgk>
D1   1  K   DM
.MODEL DM D
.ENDS
```

in seiner Veröffentlichung [Lea95] angegeben. Die Zeile

```
E1 2 0 VALUE={V(A,K)+<mu>   *V(G,K)}
```

enthält die mit dem Verstärkungsfaktor μ multiplizierte Spannung U_L (5.84). Das Element E ist bei SPICE eine spannungsgesteuerte Spannungsquelle, deren Steuerspannung durch eine mathematische Funktion beschrieben wird. Der Widerstand R1 ist nur nötig, damit SPICE einen geschlossenen Stromkreis für die spannungsgesteuerte Spannungsquelle sieht. Um dieses Modell verstehen zu können, betrachten wir zunächst die SPICE-Vorschrift

```
(PWR(V(2),1.5)+PWRS(V(2),1.5))/2,
```

die der Berechnung

$$\frac{1}{2}(|V(2)|^{3/2} + \text{sign}(V(2))\,|V(2)|^{3/2}) = \begin{cases} V(2)^{3/2}, V(2) > 0 \\ 0, V(2) \leq 0 \end{cases}$$

entspricht. Die SPICE-Komponente Ga ist eine spannungsgesteuerte Stromquelle zwischen Anode und Kathode. Die Steuerspannung wird durch eine mathematische Funktion beschrieben und so wird die spannungsgesteuerte Stromquelle in diesem Fall von der mit μ multiplizierten Spannung U_L in (5.83) gesteuert. Der Innenwiderstand der Stromquelle, besser gesagt der Innenleitwert, ist, wie wir wissen, nicht konstant, sondern hängt implizit von Gitter- und Anodenspannung ab. Die drei Kapazitäten Cgk, Cga und Cak repräsentieren die Elektrodenkapazitäten, für die wir in den spitzen Klammern die Bezeichnungen eingesetzt haben, die im Abschn. 5.2.1 eingeführt wurden. Mit den drei Zeilen Rgk G 1 <**Rgk**>, D1 1 K DM, .MODEL DM D wird der Gitterstrom für positive Gitterspannungen modelliert, indem ein Widerstand Rgk für den Stromfluß und eine Diode D für die Stromflußrichtung verwendet werden. Die weiteren röhrenspezifischen Angaben sind in die mit den spitzen Klammern angedeuteten Platzhalter einzutragen.

Für die Bestimmung der Modellparameter K und μ benötigt man im einfachsten Fall die vollständigen[12] Angaben zu einem Arbeitspunkt. Wir finden für die Triode ECC83 im Datenblatt die typischen Kenndaten $U_a = 250\,\text{V}$, $U_g = -2{,}0\,\text{V}$, $I_a = 1{,}2\,\text{mA}$, $S = 1{,}6\,\text{mA/V}$, $\mu = 100 = \text{MU}$ und $R_i = 62{,}5\,\text{k}\Omega$. Mit diesen Angaben berechnen wir den Parameter K zu

$$K = \frac{I_a}{\left(\mu U_g + U_a\right)^{3/2}} = \frac{1{,}2\,\text{mA}}{(50\,\text{V})^{3/2}} = 3{,}3941 \cdot 10^{-6}\frac{\text{A}}{\text{V}^{3/2}} = K\,.$$

Da wir Anoden- und Kathodenstrom gleichgesetzt haben, haben wir einen verschwindenden Gitterstrom unterstellt.

Für die Bestimmung der Modellparameter K und MU im Falle von Arbeitspunkten mit unterschiedlichen Anodenströmen benötigt man zwei Röhrenarbeitspunkte, wenn man nicht ein Ausgleichsproblem für mehr als zwei Arbeitspunkte lösen möchte. Mit einfachen algebraischen Umformungen erhält man für die beiden Arbeitspunkte

$$A_1\colon (I_{a1}, U_{a1}, U_{g,1}) \quad \text{und} \quad A_2\colon (I_{a2}, U_{a2}, U_{g,2})$$

die beiden Gleichungen[13]

$$\mu = \frac{U_{a2} - \alpha U_{a1}}{\alpha U_{g,1} - U_{g,2}}, \quad \alpha = \left(\frac{I_{a2}}{I_{a1}}\right)^{2/3},$$

und

$$K = \frac{I_{a1}}{\left(\mu U_{g,1} + U_{a1}\right)^{3/2}} \quad \text{oder} \quad K = \frac{I_{a2}}{\left(\mu U_{g,2} + U_{a2}\right)^{3/2}},$$

---

[12] Unter „vollständigen Angaben" verstehen wir die Angaben eines Arbeitspunktes zusammen mit wenigstens zwei der differentiellen Kennwerte S, μ und R_i.

[13] Zur Gewinnung der ersten Gleichung gehen wir davon aus, daß beide Arbeitspunkte zu denselben Parametern K und μ führen.

was i. d. R. zu unterschiedlichen Ergebnissen führt. Beachte, dass für $I_{a2} = I_{a1}$ der Verstärkungsfaktor zum Differenzenquotienten $\mu = -\Delta U_a / \Delta U_g$ unter der Bedingung $I_a =$ const. wird. Im Datenblatt der ECC83 sind u. a. die beiden Arbeitspunkte

$$A_1: (2{,}2\,\mathrm{mA}, 200\,\mathrm{V}, -1\,\mathrm{V})$$

$$A_2: (2{,}2\,\mathrm{mA}, 255\,\mathrm{V}, -1{,}5\,\mathrm{V})$$

angegeben, für die man auf diese Weise

$$\mu = 110 = \mathsf{mu} \quad \text{und} \quad K = 2{,}5767 \cdot 10^{-6} \frac{\mathrm{A}}{\mathrm{V}^{3/2}} = \mathsf{K}$$

erhält. Die beiden Parameter weichen erheblich von den beiden zuvor berechneten Parametern ab. Wir können so aber zeigen, dass man bei entsprechender Wahl der Arbeitspunkte erheblich differierende Werte für die Modellparameter erhält, auch wenn die Röhre ECC83 eine lineare Triode ist. Wie bereits erwähnt, könnten wir, bei Pentoden werden wir so vorgehen, auch ein Ausgleichsproblem für mehr als zwei Arbeitspunkte lösen. Doch in unseren Augen ist es sinnvoller, zwei Arbeitspunkte zu wählen, die in der Nähe des (vermuteteten) Schaltungsarbeitspunktes liegen. Es sei denn, ein naher Arbeitspunkt mit vollständig angegebenen Daten steht zur Verfügung.

Die noch fehlenden Kapazitätswerte finden wir in den Datenblättern. Für die Doppeltriode ECC83 sind diese Werte in beiden Triodensystemen gleich und wir lesen in [ECC83] für die gesuchten Kapazitäten die Werte $C_{gk} = 1{,}6\,\mathrm{pF}$, $C_{ak} = 0{,}33\,\mathrm{pF}$ und $C_{ga} = 1{,}7\,\mathrm{pF}$ ab.

5.3.2 Heuristische Triodenmodelle

Es wurden mehrere heuristische Triodenmodelle vorgeschlagen, von denen wir im Folgenden drei Typen angeben und näher untersuchen wollen. Gemeinsam ist den heuristischen Triodenmodellen, dass sie über mehr als zwei Parameter verfügen und die Parameter am besten mit dem Lösen von Ausgleichsproblemen gewonnen werden, in die möglichst viele Arbeitspunkte eingehen. Die Lösung eines solchen Ausgleichsproblems mit Hilfe eines kleinen Matlab-Programms werden wir exemplarisch an einem heuristischen Modell zeigen und für die anderen heuristischen Modelle soweit skizzieren, dass der Leser, wenn ihm nur genügend Röhrendaten zur Verfügung stehen, die Parameterberechnung leicht durchführen kann.

Das erste Modell, vorgeschlagen von Koren [Kor03], verwendet die beiden Gleichungen

$$U_1 = \frac{U_a}{k_p} \log\left(1 + \exp\left(k_p\left(\frac{1}{\mu} + \frac{U_g}{\sqrt{k_{vb} + U_a^2}}\right)\right)\right) \quad \text{und} \tag{5.85}$$

$$I_a = \frac{U_1^x}{k_{g1}}\left(1 + \mathrm{sign}(U_1)\right). \tag{5.86}$$

Das Modell verwendet die fünf Parameter k_p, μ, k_{vb}, k_{g1} und x. Koren interpretiert diese Parameter nicht mehr physikalisch, sondern als Anpassungsparameter der Modellkennlinienfelder an die Datenblattkennlinienfelder der Röhren. Bei diesem Modell ist die Herangehensweise sicher nicht leicht einsichtig. Zunächst betrachten wir (5.85). Wir sehen, dass die Funktion[14]

$$f(x) = \log(1 + \exp(x))$$

in (5.85) nie negative Werte annehmen kann, d. h. die Spannung U_1 wird nur für negative Anodenspannungen U_a negativ. Im Ausdruck (5.86) erhalten wir einen Anodenstrom $I_a = 0$ für $U_1 \leq 0$. Falls $U_a^2 \gg k_{vb}$ ist, können wir (5.85) zu

$$U_1 \approx \frac{U_a}{k_p} \log \left(1 + \exp \left(k_p \left(\frac{1}{\mu} + \frac{U_g}{U_a} \right) \right) \right)$$

vereinfachen. Falls im weiteren das Argument der Exponentialfunktion so groß wird, dass $\exp(..) \gg 1$ anzunehmen ist, vereinfacht sich der Ausdruck für U_1 weiter zu

$$U_1 \approx \frac{U_a}{k_p} \left(k_p \left(\frac{1}{\mu} + \frac{U_g}{U_a} \right) \right) = \frac{U_a}{\mu} + U_g$$

und entspricht dann mit $\mu = 1/D$ dem Ausdruck (5.8).

Zunächst hatte Koren die Parameter „durch Ausprobieren" bestimmt. Später veröffentlichte er Matlab-Code zu ihrer optimierungsgestützen Berechnung. Problematisch ist, dass Koren in seinem Optimierungsproblem zur Suche nach optimalen Parametern die sign-Funktion in der Zielfunktion stehen hat, d. h. eine nichtdifferenzierbare Funktion als Bestandteil eines Optimierungsproblems, dessen Lösungsverfahren auf differenzierbaren Funktionen beruhen. Lässt man die mathematischen Feinheiten außen vor, so ist z. B. auch die sign-Funktion nur unvollständig definiert, erhält man mit den Koren-Modellen, wie wir später sehen werden, gute Ergebnisse. Aus dieser Perspektive formuliert man das Optimierungsproblem zur Gewinnung der Parameter ohne die sign-Funktion und akzeptiert dann diese Formulierung, da sie die uns interessierenden Arbeitsbereiche umfaßt. Für ein

---

[14] Die abschnittsweise definierte Funktion

$$g(x) = \begin{cases} 0, x \leq 0, \\ x, x > 0, \end{cases}$$

kann in Näherung durch die glatte Parameter-Funktion

$$f_c(x) = \frac{1}{C} \log \left(1 + e^{Cx} \right)$$

in simulatorgeeigneter Form ersetzt werden. Mit dem Parameter C läßt sich die Näherung beeinflussen [Dem11].

Optimierungsproblem formulieren wir für M Arbeitspunkte A_1 bis A_M ein quadratisches Fehlermaß in fünf reellen Veränderlichen

$$E(\mu, x, k_p, k_{vb}, k_{g1}) =$$

$$\sum_{m=1}^{M} \left(I_{am} - \frac{2}{k_{g1}} \left(\frac{U_{am}}{k_p} \log \left(1 + \exp \left(k_p \left(\frac{1}{\mu} + \frac{U_{g,m}}{\sqrt{k_{vb} + U_{am}^2}} \right) \right) \right) \right)^x \right)^2.$$

Die einwandfreie Formulierung als Optimierungsproblem verlangt die Hinzunahme von sog. Vorzeichenbedingungen (single sided box constraints) an die Parameter k_p, k_{vb} und k_{g1} in der Form

$$k_p + \varepsilon \geq 0, k_{vb} + \varepsilon \geq 0, k_{g1} + \varepsilon \geq 0,$$

mit denen wir für ein kleines ε sicherstellen, dass diese Parameter echt größer als Null sind. Dann kann auch die sign-Funktion entfallen. Zur Lösung des Optimierungsproblems bietet sich die MATLAB-Routine

```
X=CONSTR('FUN',X0,OPTIONS,VLB,VUB)
```
mit `X=[mu,x,kp,kvb,kg1]` und `'FUN'=E(X)`

an, für die im Vektor `VLB` (vector of lower bounds) an den Positionen 3, 4 und 5 der angesprochenen Parameter jeweils die Zahl ε eingetragen wird. An den beiden ersten Positionen lassen sich Nullen eintragen. Das Optimierungsproblem ist nichtlinear, leider nicht konvex nichtlinear wie das später für die Parameter der Raumladungspentoden vorgestellte Problem (5.95). Im einzelnen heißt dies, dass eine Startlösung `X0` vorzusehen ist und, dass von der Qualität der Startlösung die Konvergenzgeschwindigkeit, die numerische Kondition und auch das erreichte lokale Minimum abhängen. Bei Koren finden wir ein SPICE-Modell mit einer SPICE-Teilschaltung in der Form

```
.SUBCKT <Triodenname> A G K
E1 7 0 VALUE=
+{V(A,K)/<kp>*LOG(1+EXP(<kp>*(1/<mu>+V(G,K)/...
SQRT(<kvb>+V(A,K)*V(A,K)))))}
RE1 7 0 1G
G1 A K VALUE={(PWR(V(7),<x>)+PWRS(V(7),<x>))/<kg1>}
RCP A K 1G ; TO AVOID FLOATING NODES IN MU-FOLLOWER
Cgk  G  K  <Cgk>
Cga  G  A  <Cga>
Cak  A  K  <Cak>
D3 5 K DX ; FOR GRID CURRENT
R1 G 5 {<RGI>} ; FOR GRID CURRENT
.MODEL DX D(IS=1N RS=1 CJO=10PF TT=1N)
.ENDS
```

Strukturell ist diese .Subckt-Anweisungsgruppe dieselbe, wie die des Raumladungsmodells. Auch hier wird eine Spannungsquelle E definiert, die dann die Steuerspannung der gesteuerten Stromquelle G1 erzeugt. In diesem Code finden wir noch zwei weitere, für den Normalbetrieb nicht wesentliche Komponenten, nämlich einen Anteil für Gitterstrom im Falle positiver Gitterspannungen mit Verwendung einer Halbleiterdiode und eines Gitterstromwiderstands R1 sowie einen zur gesteuerten Stromquelle parallel geschalteten Widerstand RE1, der bei μ-Folgern das SPICE-Problem „floating nodes" verhindern soll.

Es wurden auf der Grundlage der Koren-Gleichungen von Konar [Kon98] neue Parametersätze vorgeschlagen, die ebenfalls auf der Lösung von Optimierungsproblemen beruhten. In den folgenden Modelltests werden die Konar-Modelle auch getestet.

Mit der Veröffentlichung [Ryd95] hat Rydel ein heuristisches Triodenmodell vorgeschlagen. Die Modellgleichungen für Anoden- und Steuergitterstrom lauten

$$I_a = K \left(1 + \frac{U_g}{k_b} \right) \left(U_g + \frac{U_a + k_c}{\mu} \right)^{3/2} \text{ und} \qquad (5.87)$$

$$I_g = \begin{cases} \alpha U_g^{3/2}, U_g \geq 0, \\ \frac{\beta}{k_d - U_g}, U_g < 0. \end{cases} \qquad (5.88)$$

Das Modell enthält sieben Parameter, K, k_b, k_c, k_d, μ, α und β und es ist lediglich sicherzustellen, dass die Parameter k_b und μ nicht zu Null werden können, was voraussichtlich mit einer entsprechenden positivwertigen Startlösung sichergestellt werden kann. Für ein Anodenstrom-Optimierungsproblem mit (5.87) formulieren wir wieder ein quadratisches Fehlermaß

$$E(K, k_b, k_c, \mu) = \sum_{m=1}^{M} \left(I_{am} - K \left(1 + \frac{U_{g,m}}{k_b} \right) \left(U_{g,m} + \frac{U_{am} + k_c}{\mu} \right)^{3/2} \right)^2$$

und verwenden z. B. die MATLAB-Routine `leastsq` zur Lösung nichtlinearer unrestringierter Least-Squares-Probleme. Die Matlab-Routine sollte in der Form

```
X=LEASTSQ('FUN',X0,OPTIONS)
```
mit X=[K,kb,kc,mu] und 'FUN'=E(X)

angewendet werden, wobei ein guter Startvektor X0 hilft, schnell zu einem Ziel zu gelangen und die beiden Bedingungen an die Positivität o. g. Parameter zu erfüllen. Die MATLAB-Routine `leastsq` löst Probleme des Typs

$$\text{Minimiere } \sum_{m=1}^{M} f_m^2(x) \text{ über } x \in \mathbb{R}^N, \qquad (5.89)$$

worin MATLAB in einem Vektor

$$f = (f_1(x), f_2(x), \ldots, f_M(x))^T$$

die Funktionswerte an der Stelle x als Komponenten erwartet. Wir wollen hierfür ein Beispiel unter Verwendung von elf aus dem Datenblatt abgelesenen Arbeitspunkten angeben. Mit der Matlab-Funktion

```
function f=ecc82_rydel(X);
% Arbeitspunkte der ECC82
Ua=[250,250,250,200,200,200,170,170,170,100,100];
Ug=[-17.5,-11.5,-2.5,-13.5,-4,-1,-7.5,-4.5,-0.5,-6,-0.5];
Ia=1e-3*[0.5,5,29,0.5,14.5,25,3.5,8.5,21.5,1,10];
M=length(Ua);
% Problemvariablen und Roehrenparameter
K=X(1); kb=X(2); kc=X(3); mu=X(4);
for k=1:M,
  f(k)=Ia(k)-K*(1+Ug(k)/kb)*(Ug(k)+(Ua(k)+kc)/mu)^(3/2);
end;
```

haben wir die M Funktionsteile erstellt, die von der LEASTSQ-Routine quadriert und summiert werden. Ausgehend von den willkürlich gewählten Startwerten $K = 0{,}01, k_b = 10, k_c = 10$ und $\mu = 10$ erhalten wir mit der Matlab-Befehlsfolge

```
» X0=[0.01,10,10,10];
» X=leastsq('ecc82_rydel',X0)
X =
     5.3850e-004 2.3497e+001 7.2337e+000 1.4453e+001
»
```

die Lösungsparameter $K = 5{,}385 \cdot 10^{-4}$, $k_b = 23{,}497$, $k_c = 7{,}2337$ und $\mu = 14{,}453$. Es ist an dieser Stelle noch einmal zu wiederholen, dass die Lösung sowohl von der Wahl der Arbeitspunkte als auch von der Wahl der Startlösung abhängig ist.

Die drei weiteren Parameter α, β und k_d in (5.88) dienen der Modellierung des Gitterstroms und sollen hier nicht weiter diskutiert werden, da wir zum einen Audioverstärkerröhren nicht mit Gitterstrom betreiben und zum anderen der Ausdruck nicht sehr naheliegend erscheint. Wir meinen, dass man besser die Stromverteilungsformel von Tank (5.11) verwenden sollte.

Eine SPICE-Teilschaltung ist nachstehend angegeben, mit der wir den Fall positiver Gitterspannung nicht berücksichtigen.

```
.SUBCKT <Triodenbezeichnung> A G K
GA A K VALUE={<K>*(1+V(G,K)/<kb>)
+                  *PWR(V(G,K)+((V(A,K)+<kc>)/<mu>),1.5)}
Cgk  G  K  <Cgk>
Cga  G  A  <Cga>
Cak  A  K  <Cak>
.ENDS
```

Eine Modifikation des Triodenmodells für „hochnichtlineare" Trioden, wie z. B. die im Audiobereich beliebte russische Röhre 6C33 wurde von Rydel in der Form

$$
I_a = K \left(1 + \frac{U_g}{k_b - \frac{U_g}{k_e}} \right) \left(U_g + \frac{U_a + k_c}{\mu} \right)^{3/2}
$$

angegeben, wofür ein weiterer Parameter, der Parameter k_e, verwendet wurde.

Ein weiterer Typ von heuristischem Modell wurde von Duncan vorgeschlagen, der über seine Internet-Präsenz auch Modelle zahlreicher Trioden zur Verfügung stellt. Leider ist das Modell z. Zt. nicht dokumentiert, gleichwohl sind einige Röhrenmodelle verfügbar. Daher erfolgt hier keine weitere Diskussion. In den Tests der Röhrenmodelle werden Duncan-Modelle dennoch wegen ihrer Verfügbarkeit ebenfalls berücksichtigt.

Von einem mathematischen Standpunkt aus gesehen, sollte man zur Gewinnung der Parameter der heuristischen Modelle nicht die Minimierung eines quadratischen Fehlermaßes vornehmen, sondern stattdessen Minimaxprobleme lösen. Ein solches Problem lautet für das Rydel-Modell in den Variablen K, k_b, k_c und μ

$$
\text{Minimiere } \max_{m=1,\dots,M} \left| I_{am} - K \left(1 + \frac{U_{g,m}}{k_b} \right) \left(U_{g,m} + \frac{U_{am} + k_c}{\mu} \right)^{3/2} \right|
$$

und kann mit einer Standardmodifikation mit Matlab-Routinen gelöst werden. Wir verfolgen diesen Weg nicht weiter, da wir beim Test der Modelle mit den bekannten Modellen sehr befriedigende Ergebnisse erzielt haben. Mit dem Minimaxproblem stellt man aber sicher, dass alle Arbeitspunkte als gleich wichtig angesehen werden und nicht z. B. diejenigen mit kleinen Anodenspannungswerten unterrepräsentiert werden.

5.4 Test der Triodenmodelle

Die Herstellerangaben zu den NF-Verstärkerröhren sind oft sehr umfangreich und enthalten

- in Diagrammen die Röhrenkennlinien, aus denen Arbeitspunkte und, mit einfachen konstruktiven Methoden, die differentiellen Kennwerte für die gewünschten Arbeitspunkte ausgelesen werden können,

- Auflistungen typischer Betriebswerte wie die differentiellen Kennwerte bzw. Kleinsignalparameter in einem oder mehreren Arbeitspunkten,
- Schaltungsvorschläge mit Angaben zu Betriebswerten, zur Schaltungsperipherie und zu den Schaltungseigenschaften und
- Röhrengrenzwerte, die für Simulationen aber ohne unmittelbare Bedeutung sind.

Die nächstliegenden Tests von Simulatormodellen sollten sich an diesen Angaben, genauer gesagt an der Überprüfung der Modellwerte an den Datenblattwerten, orientieren. Wir schlagen vier Tests vor und wenden diese auf die häufig verwendete Triode ECC82 an. Diese Triode wird sehr häufig in Audioverstärkern eingesetzt und ist, wie wir aus Abschn. 5.1.2 wissen, eine recht lineare Röhre. Man benutzt sie beispielsweise bei Treiberverstärkern, mit denen hohe Ausgangsspannungen erzielt werden müssen. Die Tests werden ausführlich dokumentiert und erlauben dem Leser auf die beschriebene Weise, seine eigenen Modelle auf „Herz und Nieren" zu testen.

Der erste Test ist der *Kennlinienfeldertest*, mit dem wir die im Datenblatt angegebenen Kennlinienfelder „simulieren". Für den zweiten Test, den *Arbeitspunktetest*, haben wir aus dem Datenblatt 11 repräsentative Arbeitspunkte A_1 bis A_{11} aus dem $(I_a, U_g)_{U_a}$-Kennlinienfeld herausgesucht, die in Abb. 5.21 markiert sind. Wir haben diese Punkte so gewählt, dass zum einen kleine, mittlere und große Strom- und Spannungswerte berücksichtigt werden und zum anderen die Punkte auf dem Gitterraster liegen, damit die Zahlenwerte leicht abgelesen werden können. Für den dritten Test, den *Differentielle-Kennwerte-Test*, haben wir drei Messschaltungen zur Messung der Kleinsignalparameter μ, R_i und S simuliert, wobei wir den im Datenblatt angegebenen Arbeitspunkt verwendet haben. Schließlich haben wir mit dem vierten Test, dem *Schaltungstest*, zwei der im Datenblatt spezifizierten Verstärkerschaltungen simuliert und die Angaben mit den Simulationsresultaten verglichen.

Die Triodenmodelle sind das Raumladungsmodell *C82.1*, das angepasste Raumladungsmodell *C82.2*, sowie vier heuristische Modelle, die Modelle *C82.3* von Koren, *C82.4* von Koren mit Parametern von Konar, *C82.5* von Rydel und *C82.6* von Duncan.

5.4.1 Test 1: Kennlinienfeldertest, Triode ECC82

Die Abb. 5.22 zeigt das $(I_a, U_a)_{U_g}$-Kennlinienfeld im Datenblatt von Philips [ECC82]. Die Abb 5.23 zeigt im gleichen Achsenmaßstab die Kennlinien der fünf Triodenmodelle *C82.1* und *C82.3* bis *C82.6* unter den gleichen Bedingungen wie im Datenblatt, einschließlich der $P = 2,75\,\text{W}$ Verlustleistungskurve. Die Anodenspannung wurde von $0\,\text{V}$ bis $375\,\text{V}$ verändert und die Gitterspannung als Parameter mit den Werten $0\,\text{V} : -2\,\text{V} : -20\,\text{V}$ gewählt. Wir erkennen im wichtigsten Bereich, dem Bereich mit zulässiger Anodenverlustleistung und ausreichend negativer Gitterspannung eine hohe Übereinstimmung zwischen den Kurven der unterschiedlichen Modelle.

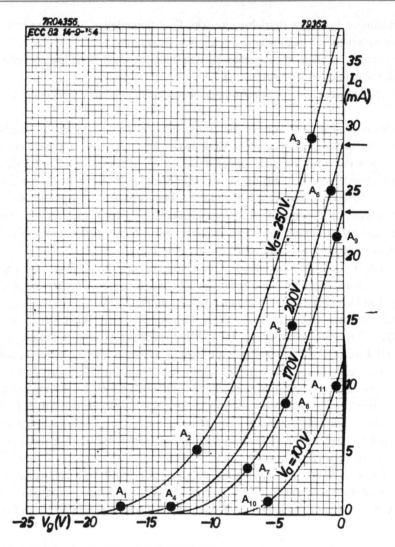

Abb. 5.21   Arbeitspunkte der Triode ECC82 [ECC82]

5.4.2   Test 2: Arbeitspunktetest, Triode ECC82

Die in Abb. 5.21 markierten Arbeitspunkte sind in Tab. 5.3 angegeben. Nach dem Test der Modelle wurden die Soll- und Ist-Anodenströme miteinander verglichen. Die relativen Abweichungen in Prozentwerten listet die Tab. 5.4 auf. Um besser erkennen zu können, in welchen Bereichen die großen Abweichungen liegen, wurden die Spalten mit geringen Anodenströmen mit Fettschrift markiert.

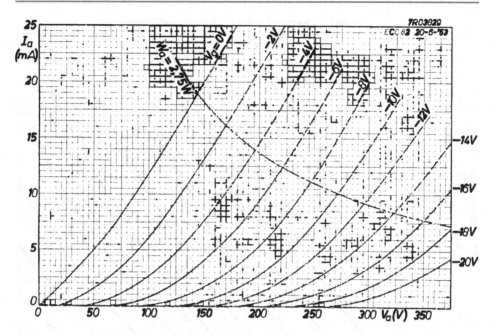

Abb. 5.22 $(I_a, U_a)_{U_g}$-Kennlinienfeld, ECC82 [ECC82]

Tab. 5.3 Arbeitspunkte ECC82

	A$_1$	A$_2$	A$_3$	A$_4$	A$_5$	A$_6$	A$_7$	A$_8$	A$_9$	A$_{10}$	A$_{11}$
U_a/V	**250**	250	250	**200**	200	200	**170**	170	170	**100**	100
U_g/V	**17,5**	−11,5	−2,5	**−13,5**	−4	−1	**−7,5**	−4,5	−0,5	**−6**	−0,5
I_a/mA	**0,5**	5	29	**0,5**	14,5	25	**3,5**	8,5	21,5	**1,0**	10,0

Tab. 5.4 Ergebnisse des Arbeitspunktetests ECC82

	A$_1$	A$_2$	A$_3$	A$_4$	A$_5$	A$_6$	A$_7$	A$_8$	A$_9$	A$_{10}$	A$_{11}$
C82.1	**100**	45,4	−9,56	**100**	−7,23	−6,61	**41,3**	−5,20	−3,24	**100**	5,77
C82.3	**0,53**	8,77	−5,66	**2,20**	−8,73	−7,47	**8,03**	−11,9	−7,48	**55,9**	−9,29
C82.4	**−51,6**	−8,86	3,56	**−47,4**	−6,05	2,43	**−11,0**	−15,3	2,11	**32,7**	−3,97
C82.5	**100**	−6,76	4,26	**86,7**	−2,12	5,82	**−14,8**	−11,4	7,90	**37,0**	9,39
C82.6	**30,6**	−63,6	−11,3	**80,0**	−20,8	−7,71	**−33,3**	−29,9	−5,07	**86,4**	−1,97

Wir erkennen, dass die Modelle vor allem nahe dem Anlaufgebiet, dem Gebiet der kleinen Anodenströme, erhebliche Abweichungen zeigen. Wollte man auch in diesem Bereich bessere Übereinstimmung mit den Datenblattangaben erzielen, müsste ein Modell eine Fallunterscheidung zusammen mit stetigen Übergängen und wenigstens zwei Sätze von approximierenden Funktionen enthalten. Da dieser Bereich aber nicht bevorzugt genutzt wird, sieht der Autor diese Diskrepanz zwar als erheblich, nicht aber als bedeutend an.

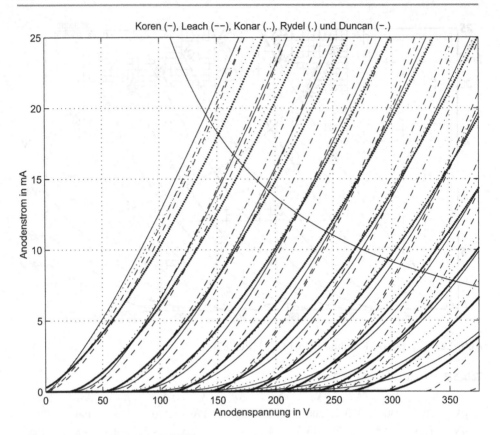

Koren (−), Leach (−−), Konar (..), Rydel (.) und Duncan (−.)

Abb. 5.23 Kennlinienfeldtest ECC82

5.4.3   Test 3: Differentielle-Kennwerte-Test, Triode ECC82

Mit dem Differentielle-Kennwerte-Test überprüfen wir die Kennwerte μ, S und R_i, die man mit den SPICE-Modellen erhält. Die dazu nötigen Testschaltungen, die durch Approximationen mit Hilfe von Differenzenquotienten die Bestimmung der Kennwerte ermöglichen, werden durch die Definitionen der Parameter nahegelegt. Aus dem Datenblatt [ECC82] der Triode entnehmen wir die typischen Werte $U_a = 250\,\text{V}$, $U_g = -8,5\,\text{V}$, $I_a = 10,5\,\text{mA}$, $S = 2,2\,\text{mA/V}$, $\mu = 17$ und $R_i = 7,7\,\text{k}\Omega$. Um Differenzen besser darstellen zu können, nehmen wir für die SPICE-Simulationen jeweils zwei Röhren und betreiben sie für die Messung von μ und S mit geringfügig unterschiedlichen Gitterspannungen

$$U_{g,1} = U_g, \quad U_{g,2} = U_g + \Delta U \ .$$

Durch Variation der Gitterspannung U_g in der Umgebung des typischen Werts können wir darüber hinaus auch die Abhängigkeit der differentiellen Kennwerte vom Arbeitspunkt

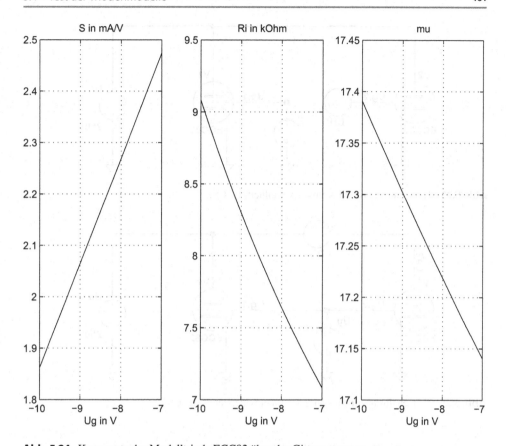

Abb. 5.24 Kennwerte der Modelltriode ECC82 über der Gitterspannung

studieren. Hierzu wurde die Spannung im Bereich

$$7V \leq U_g \leq 10V$$

variiert. Die für das Modell *C82.3* gewonnenen Kennwert-Kurven sind in der Abb. 5.24 dargestellt. Für die Messung von R_i ist die Gitterspannung für die beiden Röhren gleich groß, dafür aber unterscheiden sich die Anodenspannungen mit

$$U_{a1} = U_a, \quad U_{a2} = U_a + \Delta U \; .$$

Wir haben in beiden Fällen für die Simulation die Spannungsdifferenz zu $\Delta U = 0{,}1\,V$ gewählt. Die Testschaltung zur Messung der Steilheit gemäß

$$S \approx \frac{I_{a2} - I_{a1}}{U_{g,2} - U_{g,1}} = \frac{I_{a2} - I_{a1}}{\Delta U} \quad \text{für} \quad U_{a1} = U_{a2} = U_a = 250\,V$$

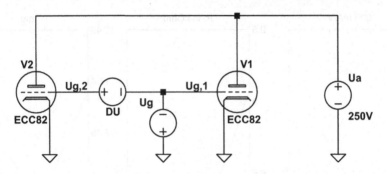

Abb. 5.25 Testschaltung zur Messung der Steilheit, ECC82

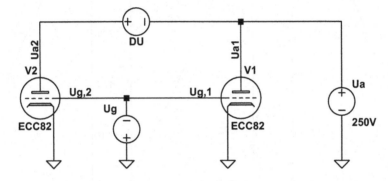

Abb. 5.26 Testschaltung zur Messung des Innenwiderstands, ECC82

zeigt Abb. 5.25. Die Testschaltung zur Messung des Innenwiderstands

$$R_i \approx \frac{U_{a2} - U_{a1}}{I_{a2} - I_{a1}} = \frac{\Delta U}{I_{a2} - I_{a1}} \quad \text{für} \quad U_{g,1} = U_{g,2} = U_g = -8,5\,\text{V}$$

zeigt Abb. 5.26. Die Testschaltung zur Messung des Verstärkungsfaktors

$$\mu \approx \frac{U_{a2} - U_{a1}}{U_{g,2} - U_{g,1}} = \frac{U_{a2} - U_{a1}}{\Delta U} \quad \text{für} \quad I_{a1} = I_{a2} = 10,5\,\text{mA}$$

zeigt Abb. 5.27.

Für die Durchführung des Tests wurden die sechs SPICE-Röhrenmodelle *C82.1* bis *C82.6* berücksichtigt, wobei das Modell *C82.1* ein angepasstes Raumladungsmodell ist. Für dieses Modell wurde $\mu = 17,0$ angesetzt und die Röhrenkonstante K zu

$$K = \frac{I_a}{\left(\mu U_g + U_a\right)^{3/2}} = \frac{10,5\,\text{mA}}{(17 * (-8,5\,\text{V}) + 250\text{V})^{3/2}} = 9,6897 \cdot 10^{-6}$$

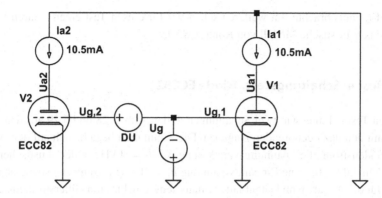

Abb. 5.27 Testschaltung zur Messung des Verstärkungsfaktors, ECC82

Tab. 5.5 Ergebnisse des Differentielle-Kennwerte-Tests ECC82

	S in mA/V	μ	R_i in kΩ
C82.1	2,888	18,28	6,3
C82.2	2,528 (2,5)	17,0 (17,0)	6,697 (6,7)
C82.3	2,462	17,98	7,247
C82.4	2,241	17.19	7,66
C82.5	2,167	17,26	7,96
C82.6	2,396	n. v.	5,784
Datenblatt	2,2	17,0	7,7

berechnet. Rechnerisch erhalten wir mit (5.15), (5.84) und (5.14) dann für Steilheit und Innenwiderstand

$$S = \frac{3}{2}\left(K^*\right)^{2/3} I_a^{1/3} = \frac{3}{2} K^{2/3}\mu I_a^{1/3} = 2{,}5\frac{\mathrm{mA}}{\mathrm{V}}$$

und

$$R_i = \frac{\mu}{S} = 6{,}7\,\mathrm{k}\Omega\;.$$

Die Ergebnisse des Tests, abgelesen für den Nominalwert $U_g = -8{,}5\,$V, sind in der Tab. 5.5 aufgeführt. Der Test des Verstärkungsfaktors μ mit dem Duncan-Modell war wegen numerischer Schwierigkeiten mit LtSpice nicht möglich (singuläre Matrix). Deswegen ist an entsprechender Stelle n. v. (nicht verfügbar) angegeben.

Wir beachten die geringen Abweichungen der Simulationswerte S und R_i beim angepassten Modell *C82.2* von den zuvor berechneten, die wir in der Tab. 5.5 in der zweiten Zeile zum Vergleich in Klammern angegeben haben. Im Kontrast dazu aber weichen die Datenblattangaben erheblich von den Rechenwerten und den simulierten Werten für *C82.2* ab. Das ist ein Indiz für die Röhrennichtlinearität oder Stromabhängigkeit des Verstärkungsfaktors μ. Bei diesem Test erkennt man, dass unter den beiden Raumladungsmodellen *C82.1* und *C82.2* das angepasste Raumladungsmodell *C82.2* ein deutlich

besseres Ergebnis brachte. Im weiteren sehen wir für diesen Test einen „klaren Sieger",
nämlich das heuristische Modell von Konar *C82.4*.

5.4.4 Test 4: Schaltungstest, Triode ECC82

Für diesen Test nehmen wir zwei Schaltungen in den Abb. 5.28 und 5.29 aus den Datenblättern mit den dazu gehörenden Angaben. Die Simulation bezieht sich auf den Arbeits-
punkt-Anodenstrom, die Spannungsverstärkung bei $f = 1\,\mathrm{kHz}$ in der akustischen Mitte
und den Klirrfaktor für eine Eingangsspannung $\hat{u}_e = 1\,\mathrm{V}$ (Spitzenwert) sowie den Klirrfaktoren für die Angaben im Datenblatt (Vollaussteuerung bis zum Gitterstromeinsatz) mit

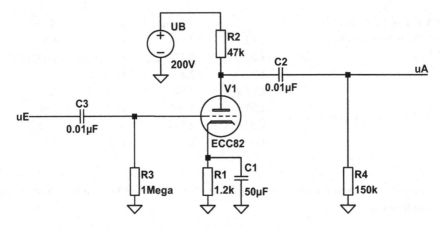

Abb. 5.28 Datenblattschaltung 1, ECC82, Philips [ECC82]

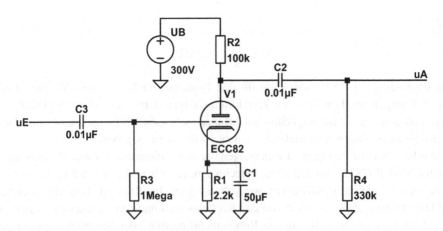

Abb. 5.29 Datenblattschaltung 2, ECC82, Philips [ECC82]

Tab. 5.6 Ergebnisse des 1. Schaltungstests, ECC82

Schaltung 1	I_a in mA	V	$d_{tot}, \widehat{u}_e = 1\,V$	$d_{tot}, \widehat{u}_e = 4{,}14\,V$
C82.1	2,34	14,0	0,32 %	1,47 %
C82.3	2,43	13,5	1,94 %	8,05 %
C82.4	2,48	12,8	1,62 %	6,54 %
C82.5	2,48	11,7	0,42 %	5,87 %
C82.6	2,45	12,4	0,8 %	1,83 %
Datenblatt	2,4	13,5	k. E.	6,3 %

Tab. 5.7 Ergebnisse des 2. Schaltungstests, ECC82

Schaltung 2	I_a in mA	V	$d_{tot}, \widehat{u}_e = 1\,V$	$d_{tot}, \widehat{u}_e = 4{,}14\,V$
C82.1	1,89	15,8	0,11 %	0,5 %
C82.3	1,94	14,1	1,39 %	5,67 %
C82.4	1,98	13,6	1,29 %	4,87 %
C82.5	1,99	13,4	0,18 %	0,77 %
C82.6	1,97	13,5	0,68 %	2,82 %
Datenblatt	1,97	14,0	k. E.	6,0 %

$\widehat{u}_e = 2{,}72\,V$ für die erste und $\widehat{u}_e = 4{,}14\,V$ für die zweite Schaltung. Die Ergebnisse des Tests sind in den Tabellen 5.6 und 5.7 aufgeführt.

Wir erkennen durchaus für die meisten Angaben eine hohe Übereinstimmung zwischen den Datenblattangaben und den simulierten Werten. Doch beim genaueren Hinsehen erkennen wir an manchen Stellen Ausreißer. Diese sehen wir vor allem in den beiden Klirrfaktorspalten der beiden Tabellen. Da aber kein Modell systematisch hohe Abweichungen verursacht, können wir die Modelle nicht gegeneinander positionieren.

5.5 SPICE-Pentodenmodelle

Die Pentodenmodelle, die wir im Folgenden für die Simulation mit SPICE vorstellen werden, unterscheiden sich von Tetrodenmodellen insofern nicht, dass nach außen nur vier von fünf Elektroden zugänglich sind. Der Einfluß des Bremsgitters wird nicht in dem Sinne modelliert, dass das Bremsgitter als eine prinzipiell auch zur Steuerung der Röhre geeignete Elektrode genutzt werden kann. Die Pentode wird also als verbesserte Tetrode aufgefaßt, bei der der *Tetrodenknick* in den $(I_a, U_a)_{U_{g1}}$-Kennlinien für kleine Spannungen und Ströme entfällt. So gesehen, müßte ein Tetrodenmodell mit Aufwand eben diesen Knick (Sekundärelektronenknick) modellieren. Da im NF-Bereich aber keine Tetroden verwendet werden, sind hierfür auch keine Modelle im Gebrauch.

Wie bei den Triodenmodellen werden auch für Pentoden zwei Arten Modelle verwendet, zum einen Modelle, die auf den Röhrengleichungen fußen, wir werden auch diese Modelle *Raumladungsmodelle* nennen, und zum anderen Modelle, die die Modellierung als mathematisches Approximationsproblem ansehen, und zur Lösung heuristische

Ansätze verwenden. Wir werden diese Modelle ebenfalls *Heuristische Modelle* nennen. Pentodenmodelle dienen der Berechnung von Anoden- und Schirmgitterstrom in Abhängigkeit von Gitter-, Schirmgitter- und Anodenspannung. Auch für Pentoden werden die Elektrodenkapazitäten berücksichtigt.

5.5.1 Raumladungsmodelle von Pentoden

In seinem Aufsatz [Lea95] hat Leach ein Raumladungsmodell von Pentoden beschrieben, das auf die *Raumladungsstrom*-Gleichung 5.10 der Tetroden zurückzuführen ist. In diesem Modell wird das Bremsgitter nicht berücksichtigt. Es wird vielmehr unterstellt, dass es mit der Kathode verbunden ist. Diese Verbindung wird bei vielen Pentoden intern vorgenommen, vor allem bei NF-Leistungspentoden. In seiner Veröffentlichung [Lea95] gibt Leach die die Pentode beschreibenden Gleichungen in der gegenüber (5.10) modifizierten Form

$$I_R = \begin{cases} K \left(\mu_c U_{g1} + \mu_{g2} U_{g2} + U_a \right)^{3/2}, \ \mu_c U_{g1} + \mu_{g2} U_{g2} + U_a > 0 \\ 0, \mu_c U_{g1} + \mu_{g2} U_{g2} + U_a \leq 0 \end{cases} \tag{5.90}$$

für den Raumladungsstrom I_R an, der dem durch die Raumladungen begrenztem Kathodenstrom entspricht. Die Verbindung zur Gl. 5.10 lautet für positive Spannungen in beiden Klammerausdrücken

$$K \left(\mu_c U_{g1} + \mu_{g2} U_{g2} + U_a \right)^{3/2} = K^* \left(U_{g1} + \frac{U_{g2}}{\mu_{g2g1}} + \frac{U_a}{\mu_{ag1}} \right)^x .$$

Für $x = 3/2$ erhalten wir die Beziehungen

$$K^* = K \mu_c^{3/2}, \mu_{g2g1} = \frac{\mu_c}{\mu_{g2}} \quad \text{und} \quad \mu_{ag1} = \mu_c . \tag{5.91}$$

Anoden- und Schirmgitterstrom stehen bei Leach über

$$I_a = \alpha I_R, I_{g2} = (1 - \alpha) I_R \quad \text{bzw.} \quad I_a + I_{g2} = I_R \tag{5.92}$$

miteinander in Beziehung. So einfach die lineare Beziehung zwischen Schirmgitter- und Anodenstrom auch ist, so müssen wir dennoch bedenken, dass dieser Ansatz problematisch ist, da der steile Kennlinienverlauf für geringe Anodenspannungen nicht modelliert wird.

Leach hat die Umsetzung der Raumstrombeziehung in ein SPICE-Modell mit der SPICE-Teilschaltung und den Parametern mug2 $= \mu_{g2}$, muc $= \mu_C$, K $= K$ und alpha $= \alpha$ in der Form

```
SUBCKT <Pentodenbezeichnung> A G2 G1 K
Esp 2 0 VALUE={V(A,K)+<mug2>*V(G2,K)+<muc>*V(G1,K)}
E1 3 2 VALUE={<K>*(PWR(V(2),1.5)+PWRS(V(2),1.5))/2}
E2 3 4 VALUE={<K>*PWR(<mug2>*V(G2,K),1.5)*V(A,K)/ <VK>}
E3 5 4 VALUE={(1-V(4,2)/ABS(V(4,2)+0.001))/2}
R1 5 0 1.0K
Gk G2 K VALUE={V(3,2)}
Ga A G2 VALUE={<alpha> *(V(3,4)*(1-V(5,4))+V(3,2)*V(5,4))}
Cg1k    G1   K    <C_g1k>
Cg1g2   G1   G2   <C_g1g2>
Cg1a    G1   A    <C_g1a>
Cak     A    K    <C_ak>
Rg1k    G1   1    <Rg1k>
D1      1    K    DM
.MODEL DM D
.ENDS
```

angegeben. Das Modell ist, wie es zu erwarten ist, aufwändiger als das Modell der Triode. Es werden nunmehr zwei gesteuerte Stromquellen verwendet, die Stromquelle Gk zwischen Schirmgitter und Kathode und die Stromquelle Ga zwischen Schirmgitter und Anode. Im SPICE-Programm findet man mit der Spannung VK einen weiteren Parameter. Diese Spannung ist die Kniespannung der Pentode, also die Spannung, bei der der steile in den flachen Teil der $(I_a, U_a)_{U_{g1}}$-Kennlinien übergeht. Mit den Anweisungen zur Definition für E2 und E3 realisiert Leach den steilen Kennlinienverlauf für geringe Anodenspannungen, die Spannungen unterhalb der Knickspannung, durch lineare Verläufe. Aus diesem Grund sehen die Leach-Kennlinien „merkwürdig" aus, wie es Abb. 5.30 zeigt. Wir können dieses Problem auf einfache Weise umgehen, indem wir die Stromverteilungsformeln (5.11) und (5.12) verwenden. Mit den drei Zeilen Rg1k G1 1 <Rg1k>, D1 1 K DM, .MODEL DM D wird, wie beim Trioden-Raumladungsmodell, der Steuergitterstrom für positive Steuergitterspannungen modelliert, indem ein Widerstand Rg1k für den Stromfluß und eine Diode D für die Stromflußrichtung verwendet werden.

Bestimmung der Parameter von Pentoden-Raumladungsmodellen Wir können die Raumladungsmodell-Parameter der Pentoden wie die der Trioden direkt bestimmen oder, für viele Arbeitspunkte, durch Lösen eines Ausgleichsproblems. Wir werden im Folgenden beide Wege am Beispiel der Leistungspentode EL34 vorstellen.

Der einfachste Weg zu einer genäherten, dennoch aber brauchbaren Lösung ist es, aus dem Datenblatt einen typischen, aber vollständig definierten, Arbeitspunkt zu entnehmen. Ein solcher Arbeitspunkt aus dem Datenblatt [EL34] der Pentode EL34 ist $U_a = 250\,\mathrm{V}$, $U_{g2} = 265\,\mathrm{V}$, $U_{g1} = -13{,}5\,\mathrm{V}$, $I_a = 100\,\mathrm{mA}$, $I_{g2} = 14{,}9\,\mathrm{mA}$, $S = 11\,\mathrm{mA/V}$, $\mu_{g2g1} =$

11 und $R_i = 15\,k\Omega$. Wir nähern die Modell-Verstärkungsfaktoren durch die spezifizierten differentiellen Kennwerte. Wir erhalten mit (5.10), (5.14), (5.19), (5.90) und (5.91) die Parameter

$$\mu_c = \mu_{ag1} = SRi = 11\frac{mA}{V}15\frac{kV}{A} = 165 \quad \text{und}$$

$$\mu_{g2} = \mu_{ag2} = \frac{\mu_c}{\mu_{g2g1}} = \frac{165}{11} = 15\,.$$

Mit diesen Angaben können wir den Parameter K berechnen und erhalten für $I_R = I_a + I_{g2}$ die Gleichung

$$K = \frac{I_a + I_{g2}}{\left(\mu_c U_{g1} + \mu_{g2} U_{g2} + U_a\right)^{3/2}} = \frac{114{,}9\,mA}{(1997{,}5\,V)^{3/2}} = 1{,}287 \cdot 10^{-6}\frac{A}{V^{3/2}}\,.$$

Den noch fehlenden Parameter α für das Leach-Raumladungsmodell (5.92) berechnen wir aus den Angaben für Anoden- und Schirmgitterstrom zu

$$\alpha = \frac{I_a}{I_a + I_{g2}} = 0{,}8703\,.$$

Somit lautet der Parametersatz

$$\mu_c = 165, \quad \mu_{g2} = 15, \quad K = 1{,}287 \cdot 10^{-6}\frac{A}{V^{3/2}} \quad \text{und} \quad \alpha = 0{,}8703\,.$$

Den Parameter VK lesen wir aus dem Kennlinienfeld ab. Die noch fehlenden Kapazitätswerte finden wir in den Datenblättern. Für die Leistungspentode EL34 lesen wir im Philips-Datenblatt [EL34] $C_{gk} = 15{,}2\,pF$, $C_{ak} = 8{,}4\,pF$ und $C_{ga} = 1{,}1\,pF$ ab. Für die Kapazität zwischen Steuer- und Schirmgitter finden wir im Datenbuch leider keine Angabe. Man kann dann den Wert Null eintragen oder einen sehr kleinen Wert schätzen.

Wir erhalten ein besseres Modell, indem wir, wie es im vorherigen Abschnitt angesprochen wurde, eine der bekannten Stromverteilungsformeln benutzen. Die Stromverteilungsformel von Tank (5.11), wir sehen das Schirmgitter als das stromführende Gitter an, hat den Parameter

$$B^* = \frac{I_{g2}}{I_a}\sqrt{\frac{U_a}{U_{g2}}} = \frac{14{,}9}{100}\sqrt{\frac{250}{265}} = 0{,}1447\,.$$

Mit diesem Ansatz erhalten wir für Anoden- und Schirmgitterstrom die Modellgleichungen

$$I_a = I_R\frac{1}{1 + B^*\sqrt{\frac{U_{g2}}{U_a}}} \quad \text{und} \quad I_{g2} = I_R - I_a\,.$$

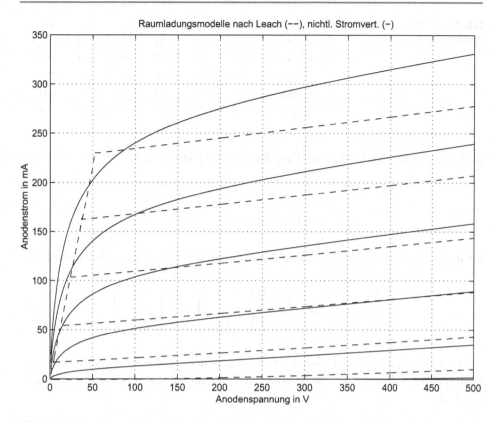

Abb. 5.30 $(I_a, U_a)_{U_{g1}}$-Kennlinienfelder für Pentoden-Raumladungsmodelle

Die Abb. 5.30 zeigt die so gewonnene Kennlinienschar im Vergleich mit den Kennlinien des Raumladungsmodells von Leach.

Nun ist es aber so, dass dieser Arbeitspunkt sehr weit von den Arbeitspunkten entfernt ist, mit denen man beispielsweise die EL34 in Gegentaktverstärkerschaltungen betreibt. Daher ist es sinnvoll zu diskutieren, wie man die Modellparameter findet, wenn mehrere nicht vollständig (ohne Angaben zu den differentiellen Kennwerten) erklärte Arbeitspunkte (auch aus den Kennlinienfeldern abzulesende), beispielsweise in der Umgebung des interessierenden Arbeitspunktes, herangezogen werden.

Hierfür lassen sich zunächst aus dem Datenblatt [EL34] die Angaben zu sechs Arbeitspunkten A_1 bis A_6 ablesen, die in der Tab. 5.8 gelistet sind.

Ausgehend von den Gleichungen

$$I_R = K \left(\mu_c U_{g1} + \mu_{g2} U_{g2} + U_a \right)^{3/2} ,$$
$$I_a = \alpha I_R ,$$
$$I_{g2} = (1 - \alpha) I_R ,$$

Tab. 5.8 6 Arbeitspunkte der Pentode EL34

	A_1	A_2	A_3	A_4	A_5	A_6
U_g/V	−38	−32	−36	−39	−14,5	−13,5
U_a/V	420	370	495	795	250	250
U_{g2}/V	420,6	370,6	397	398	245	265
I_a/mA	30	35	30	25	70	100
I_{g2}/ma	4,4	4,7	4	3	10	14,9

modifizieren wir zunächst die Gleichung für den Raumladungsstrom

$$K^{2/3}\mu_c U_{g1} + K^{2/3}\mu_{g2}U_{g2} + K^{2/3}U_a - I_R^{2/3} = 0\,,$$

$$\mu_c U_{g1} + \mu_{g2}U_{g2} - \frac{1}{K^{2/3}}I_R^{2/3} = -U_a\,.$$

Für drei Arbeitspunkte können wir ein lineares bestimmtes Gleichungssystem in der Form

$$\begin{pmatrix} U_{g1,1} & U_{g2,1} & I_{R1}^{2/3} \\ U_{g1,2} & U_{g2,2} & I_{R2}^{2/3} \\ U_{g1,3} & U_{g2,3} & I_{R3}^{2/3} \end{pmatrix} \begin{pmatrix} \mu_c \\ \mu_{g2} \\ \frac{1}{K^{2/3}} \end{pmatrix} = - \begin{pmatrix} U_{a1} \\ U_{a2} \\ U_{a3} \end{pmatrix} \tag{5.93}$$

angeben und lösen. Unter der Voraussetzung, dass Steuer- und Bremsgitterstrom vernachlässigbar sind, berechnen wir den Raumladungsstrom für die Stromverteilung nach Leach (5.92) zu

$$I_R = I_a + I_{g2}\,.$$

Den vierten Parameter α erhalten wir, unabhängig von der Berechnung der Parameter μ_c, μ_{g2} und K, arbeitspunktweise aus

$$\alpha = \frac{I_a}{I_R} = \frac{I_R - I_{g2}}{I_R}$$

und können die so gewonnenen Werte beispielsweise über die drei Arbeitspunkte arithmetisch mitteln.

Da die im Datenblatt angegebenen Arbeitspunkte recht weit auseinanderliegen, wollen wir im Folgenden die Parameterberechnung nach (5.93) für neun unterschiedliche Gruppen mit jeweils drei von sechs Arbeitspunkten durchführen. Diese Vorgehensweise soll einen Eindruck davon vermitteln, wie weit auf diese Weise berechnete Parametersätze auseinanderliegen können. Die Ergebnisse werden in der Tab. 5.9 aufgelistet. In der Spalte „Permutationen" sind die Indices der ausgewählten Arbeitspunkte angegeben, für die die entsprechenden Zeilenwerte berechnet wurden.

Offensichtlich sind die Wertebereiche recht groß. Aus diesem Umstand könnte man zwei Konsequenzen ziehen. Zum einen ließen sich, und das wäre der zuverlässigste Weg,

Tab. 5.9 Arbeitspunktepermutationen EL34

Permutationen		μ_C	μ_{g2}	K	α
1	4,5,6	42,6	2,25	$8{,}10 \cdot 10^{-6}$	0,88
2	6,1,4	156,7	14,6	$4{,}36 \cdot 10^{-7}$	0,88
3	3,4,6	132,5	12,0	$5{,}87 \cdot 10^{-7}$	0,88
4	1,2,3	263,7	26,2	$1{,}18 \cdot 10^{-7}$	0,88
5	2,3,5	149,7	13,9	$3{,}93 \cdot 10^{-7}$	0,88
6	1,3,4	201,1	21,0	$9{,}80 \cdot 10^{-8}$	0,88
7	1,3,5	301,0	29,3	$1{,}33 \cdot 10^{-7}$	0,88
8	3,4,5	138,6	12,8	$4{,}43 \cdot 10^{-7}$	0,88
9	1,4,5	161,6	15,3	$3{,}37 \cdot 10^{-7}$	0,88

drei Arbeitspunkte in der nahen Umgebung des (vermuteten) Betriebsarbeitspunktes wählen, oder aber Mittelwerte berechnen, wofür es sinnvoll ist, die Ergebnisse der Permutationen 1, 4 und 7 als Ausreißer anzusehen und für die Mittelwertberechnung auszuschließen. So erhielten wir die auf diese Weise bereinigten Mittelwerte

$$\mu_c = 156{,}7, \quad \mu_{g2} = 14{,}94, \quad K = 3{,}824 \cdot 10^{-7} \quad \text{und} \quad \alpha = 0{,}88 \,.$$

Die zweite Möglichkeit ist das Lösen eines Ausgleichsproblems, entweder für die vier Parameter mit einem Problem oder mit zwei Problemen, das erste, wie im o. g. Fall für die Parameter μ_c, μ_{g2} und K, und das zweite für den Parameter α. Man kann sich gut vorstellen, dass der zweite Vorschlag der günstigere ist. Als Fehlermaß für das Ausgleichsproblem bietet sich das einfachste an, nämlich das zu minimierende quadratische Fehlermaß, das wir in der Form

$$E\left(K, \mu_c, \mu_{g2}\right) = \sum_{m=1}^{M} \left(I_{Rm} - K \left(\mu_c U_{g1,m} + \mu_{g2} U_{g2,m} + U_{am}\right)^{3/2}\right)^2, \ M = 6 \,,$$

angeben. Mit einem solchen Fehlermaß und in der angegebenen Weise müssen die Parameter der heuristischen Modelle bestimmt werden. Das Problem lässt sich beispielsweise mit der Matlab-Routine `leastsq` lösen. Die Problemstellung lässt sich im konkreten Fall allerdings noch einmal vereinfachen, indem man die lineare Formulierung (5.93) wählt, diese aber nicht mit drei, sondern mit mehr als drei, hier mit sechs Gleichungen als überbestimmtes Gleichungssystem formuliert. Wir bezeichnen die Matrix des überbestimmten Gleichungssystems mit A und den Vektor der rechten Seite mit b. Im Vektor x sind unsere drei Parameter μ_c, μ_{g2} und $K^{-2/3}$, die Komponenten. Für ein überbestimmtes Gleichungssystem vom Rang 3 mit dem Fehlervektor e

$$Ax = b + e$$

erhalten wir die Kleinster-quadratischer-Fehler-Lösung mit der Pseudoinversen

$$x^* = \begin{pmatrix} \mu_c \\ \mu_{g2} \\ \frac{1}{K^{2/3}} \end{pmatrix} = A^{\#} b = \left(A^T A\right)^{-1} A^T b \,. \tag{5.94}$$

Somit lösen wir das Problem

$$\text{Minimiere } e^T e = \|e\|_2^2 = (Ax - b)^T (Ax - b) . \tag{5.95}$$

Das Problem hat die Lösung

$$\mu_c = 124{,}3, \quad \mu_{g2} = 11{,}24, \quad K = 6{,}06 \cdot 10^{-7} \quad \text{und} \quad \alpha = 0{,}88 .$$

Die Lektüre des Abschn. 5.1.1 zeigt einen Weg zur Verfeinerung der Aufteilung des Raumstroms auf Anoden- und Schirmgitterstrom auf. Hierzu gehen wir vom Ausdruck (5.12) aus, der hier für eine bessere Lesbarkeit noch einmal wiedergegeben wird

$$\frac{I_a}{I_{g2}} = D_S \left(\frac{U_a}{U_{g2}} \right)^{m_S} . \tag{5.96}$$

Um die beiden Parameter D_S und m_S zu berechnen bzw. zu schätzen, transformieren wir den Ausdruck (5.96) unter der Voraussetzung ausschließlich positiver Größen mit der Logarithmusfunktion und erhalten

$$\log \left(\frac{I_a}{I_{g2}} \right) = \log \left(D_S \left(\frac{U_a}{U_{g2}} \right)^{m_S} \right)$$

$$= \log(D_S) + m_S \log \left(\frac{U_a}{U_{g2}} \right) .$$

Dieser Ausdruck ist linear in den Variablen $\log(D_S)$ und m_S. Für M Arbeitspunkte, $m = 1, \ldots, M$, können wir ein überbestimmtes Gleichungssystem in der Form

$$\begin{pmatrix} 1 & \log(U_{a1}/U_{g2,1}) \\ 1 & \log(U_{a2}/U_{g2,2}) \\ \vdots & \vdots \\ 1 & \log(U_{aM}/U_{g2,M}) \end{pmatrix} \begin{pmatrix} \log(D_S) \\ m_S \end{pmatrix} = \begin{pmatrix} \log(I_{a1}/I_{g2,1}) \\ \log(I_{a2}/I_{g2,2}) \\ \vdots \\ \log(I_{aM}/I_{g2,M}) \end{pmatrix}$$

aufstellen und mit der Pseudoinversen der nicht quadratischen Matrix lösen. Wir erhalten für die $M = 6$ Arbeitspunkte A$_1$ bis A$_6$ aus der Tab. 5.8 die Lösung

$$D_S = e^{\log(D_S)} = 7{,}4309 \quad \text{und} \quad m_S = 0{,}1616 \approx \frac{1}{6} .$$

Das Pentodenraumladungsmodell ist dann für die Stromverteilung von Schirmgitter- und Anodenstrom im Falle des stromlosen Steuergitters in der Form

$$I_a = I_R \frac{D_S \left(\dfrac{U_a}{U_{g2}} \right)^{m_S}}{1 + D_S \left(\dfrac{U_a}{U_{g2}} \right)^{m_S}} ,$$

$$I_{g2} = I_R - I_a ,$$

zu ändern. Diese Herangehensweise ist hinsichtlich der Schätzung des Parameters m_S nicht unproblematisch. Ein kleines numerisches Experiment gibt uns Aufschluss. Wir wählen von den 6 Arbeitspunkten in mehreren Ziehungen jeweils vier aus und erhalten die Parameterwertebereiche

$$D_S: 6{,}928\dots 7{,}6 \quad \text{und} \quad m_S: \text{-}0{,}2\dots 1{,}3$$

und anschließend in mehreren Ziehungen jeweils fünf aus, wofür wir die engeren Parameterwertebereiche

$$D_S: 7{,}07\dots 7{,}65 \quad \text{und} \quad m_S: 0{,}09\dots 0{,}25,$$

erhalten. Bei der großen Spannweite für den Parameter m_S empfiehlt es sich, entweder viele Arbeitspunkte heranzuziehen, ein anderes Schätzkriterium zu verwenden, einige Parameterwerte auszuprobieren oder aber die Stromverteilungsformel von Tank (5.11) zu verwenden.

5.5.2 Heuristische Pentodenmodelle

In der Arbeit von Koren [Kor03] finden wir auch ein heuristisches Pentodenmodell, das strukturell dem heuristischen Triodenmodell im Abschn. 5.3.2 ähnelt. Zur Beschreibung des Pentodenverhaltens gibt Koren drei Gleichungen an

$$U_1 = \frac{U_{g2}}{k_p} \log\left(1 + \exp\left(k_p\left(\frac{1}{\mu} + \frac{U_{g1}}{U_{g2}}\right)\right)\right), \tag{5.97}$$

$$I_a = \frac{U_1^x}{k_{g1}}\left(1 + \text{sign}(U_1)\right)\arctan\left(\frac{U_a}{k_{VB}}\right), \tag{5.98}$$

$$I_{g2} = \frac{1}{k_{g2}}\left(U_g + \frac{U_{g2}}{\mu}\right)^{3/2} \quad \text{u. d. B.} \quad U_g + \frac{U_{g2}}{\mu} \geq 0. \tag{5.99}$$

Auch hier haben wir kritische Stellen, nun aber schon zwei, nämlich $I_a = 0$, falls $U_1 \leq 0$ ist und $I_{g2} = 0$, falls $U_g + \frac{U_{g2}}{\mu} \leq 0$ ist. Das Modell hat nun sechs Parameter $\mu, x, k_p, k_{g1}, k_{g2}$ und k_{VB}, wobei der Parameter k_{g2} nur für den Schirmgitterstrom benötigt wird. Bemerkenswert an diesem Modell ist, dass der Anodenstrom mit einer Arcustangensfunktion von der Anodenspannung abhängig ist.

Bevor wir nun die Fehlermaße für die Optimierungsprobleme zur Gewinnung der Parameter angeben, müssen wir zunächst die kritischen Stellen im Blick haben. Für die kritische Stelle im Ausdruck für den Anodenstrom I_a gilt das bereits im Abschn. 5.3.2 zum Triodenmodell von Koren gesagte. Die Spannung U_1 kann nur negativ werden, falls U_{g2} oder k_p negative Werte annehmen. Die Stromgleichung lässt sich dann auch ohne die

Signum-Funktion angeben, indem wir eine zusätzliche Bedingung in der Form

$$I_a = \frac{2U_1^x}{k_{g1}} \arctan\left(\frac{U_a}{k_{vb}}\right) \quad \text{u. d. B.} \quad k_p > 0$$

verwenden. Für U_{g2} werden wir aus den Datenblättern natürlich nur positive Werte auslesen. Das quadratische Fehlermaß für die Parameter der Anodenstromgleichung lautet dann

$$E(\mu, x, k_p, k_{vb}, k_{g1}) =$$

$$\sum_{m=1}^{M} \left(I_{am} - \frac{2}{k_{g1}} \left(\frac{U_{g2,m}}{k_p} \log\left(1 + \exp\left(k_p\left(\frac{1}{\mu} + \frac{U_{g1,m}}{U_{g2,m}}\right)\right)\right) \right)^x \arctan\left(\frac{U_{am}}{k_{vb}}\right) \right)^2 .$$

Zur Problemlösung lässt sich die Matlab-Routine `constr(.)` benutzen, die wir so anwenden, wie wir dies im Abschn. 5.3.2 für das heuristische Triodenmodell angegeben haben.

Die Suche nach einem Wert für den Parameter kg_2 ist dann deutlich einfacher. Mit der Lösung des Optimierungsproblems steht uns ein Parameterwert für μ zur Verfügung. Mit diesem Wert stellen wir die Gleichung

$$k_{g2} = \frac{\left(U_{g1} + \frac{U_{g2}}{\mu}\right)^{3/2}}{I_{g2}}$$

auf, wobei wir kg_2 beispielsweise mit arithmetischem Mitteln über die zur Verfügung stehenden Arbeitspunkte in der Form

$$k_{g2} = \frac{1}{M} \sum_{m=1}^{M} \frac{\left(U_{g1,m} + \frac{U_{g2,m}}{\mu}\right)^{3/2}}{I_{g2,m}}$$

berechnen.

Bei Koren finden wir ein SPICE-Modell mit der SPICE-Teilschaltung in der Form

```
.SUBCKT <Pentodenname> A G2 G1 K
RE1 7 0 1G ;
E1 7 0 VALUE=
+{V(G2,K)/<kp>*LOG(1+EXP((1/<mu>+V(G1,K)/V(G2,K))*<kp>))}
G1 1 3 VALUE=
+{(PWR(V(7),EX)+PWRS(V(7),<X>))/<kg1>*ATAN(V(A,K)/<kvb>)}
G2 4 3 VALUE={(EXP(<x>*(LOG((V(G2,K)/<mu>)+V(G1,K)))))/<kg2>}
```

```
RCP 1 3 1G ;
Cg1k    G1   K    <C_g1k>
Cg1g2   G1   G2   <C_g1g2>
Cg1a    G1   A    <C_g1a>
Cak     A    K    <C_ak>
R1 G 5 1K ; FOR GRID CURRENT
D3 5 K DX ; FOR GRID CURRENT
.MODEL DX D(IS=1N RS=1 CJO=10PF TT=1N)
.ENDS
```

In diesem Code finden wir zwei für den „Normalbetrieb" nicht wesentliche Komponenten, nämlich einen Anteil für den Steuergitterstrom im Falle positiver Steuergitterspannungen und zwei zu den gesteuerten Stromquellen parallel geschalteten Widerstände RE1 und RCP. Im weiteren ist auf die Erläuterungen zum Triodenmodell von Koren im Abschn. 5.3.2 zu verweisen.

Ein weiteres heuristisches Pentodenmodell ist von Rydel [Ryd95] vorgeschlagen worden. Zur Beschreibung des Pentodenverhaltens gibt Rydel zwei Gleichungen an

$$I_a = K_a \left(U_{g1} + \frac{U_{g2}}{\mu_{12}} \frac{U_a - k_3 U_{g1}}{U_a + \frac{U_{g2}}{k_1}} + \frac{U_a}{\mu \left(1 - \frac{U_{g1}}{k_2}\right)} \right)^{3/2} \quad \text{und} \quad (5.100)$$

$$I_{g2} = K_{g2} \left(\frac{U_a + k_5}{U_a + k_6} \right)^3 \left(U_g + \frac{U_{g2}}{k_4} \right)^{3/2}. \quad (5.101)$$

Das Modell verfügt über zehn Parameter, von denen die sechs Parameter K_a, k_1, k_2, k_3, μ und μ_{12} den Anodenstrom und die vier Parameter K_{g2}, k_4, k_5 und k_6 den Schirmgitterstrom festlegen. Zur Vervollständigung sollte natürlich auch sichergestellt sein, dass stets $U_{g1}/k_2 \neq 1$ gewährleistet ist. Zur Bestimmung der Parameter sind zwei unabhängige nichtlineare Optimierungsprobleme zu lösen, wofür zwei Fehlermaße zu formulieren sind

$$E_{I_A}(K_a, k_1, k_2, k_3, \mu, \mu_{12}) =$$

$$\sum_{m=1}^{M} \left(I_{am} - K_a \left(U_{g1,m} + \frac{U_{g2,m}}{\mu_{12}} \frac{U_{am} - k_3 U_{g1,m}}{U_{am} + \frac{U_{g2,m}}{k_1}} + \frac{U_{am}}{\mu \left(1 - \frac{U_{g1,m}}{k_2}\right)} \right)^{3/2} \right)^2,$$

$$E_{I_{G2}}(K_{g2}, k_4, k_5, k_6) = \sum_{m=1}^{M} \left(I_{g2,m} - K_{g2} \left(\frac{U_{am} + k_5}{U_{am} + k_6} \right)^3 \left(U_{g1,m} + \frac{U_{g2,m}}{k_4} \right)^{3/2} \right)^2.$$

Eine SPICE-Teilschaltung ist nachstehend angegeben.

```
.SUBCKT <Pentodenname> A G2 G1 K
E1 7 0 VALUE={(V(G2,K)/<mu12>)*(V(A,K)-<k3>*V(G1,K))/
+(V(G2,K)/<k1>+V(A,K))}
E2 8 0 VALUE={V(A,K)/(<mu>*(1-(V(G1,K)/<k2>)))}
E3 9 0 VALUE={pwr((V(A,K)+<k5>)/(V(A,K)+<k6>),3)}
E4 10 0 VALUE={pwr(V(G1,K)+V(G2,K)/<k4>,1.5)}
R1 7 0 1G
R2 8 0 1G
R3 9 0 1G
R4 10 0 1G
GA A K VALUE={<Ka>*pwr(V(G1,K)+V(7)+V(8),1.5)}
GG2 G2 K VALUE={<Kg2>*V(9)*V(10)}
Cg1k    G1   K    <C_{g1k}>
Cg1g2   G1   G2   <C_{g1g2}>
Cg1a    G1   A    <C_{g1a}>
Cak     A    K    <C_{ak}>
.ends
```

5.6   Test der Pentodenmodelle

Der Test der Pentodenmodelle wird an der Leistungspentode EL34 durchgeführt, die sehr häufig in Audioverstärkern eingesetzt wird. Der erste Test ist der *Kennlinienfeldertest*, mit dem wir die im Datenblatt [EL34] angegebenen Kennlinienfelder simulieren. Für den zweiten Test, den *Arbeitspunktetest*, haben wir aus dem Datenblatt 12 repräsentative Arbeitspunkte aus dem $(I_a, U_{g1})_{U_a}$-Kennlinienfeld und aus dem $(I_{g2}, U_{g1})_{U_{g2}}$-Kennlinienfeld herausgesucht, die, überlagert dargestellt, in Abb. 5.31 markiert sind. Wir haben diese Punkte so gewählt, dass zum einen kleine, mittlere und auch große Strom- und Spannungswerte berücksichtigt werden und zum anderen die Punkte auf dem Gitterraster liegen, damit die Zahlenwerte leicht abgelesen werden können. Für den dritten Test, den *Differentielle-Kennwerte-Test*, haben wir vier Messschaltungen zur Messung von μ_{g2g1}, R_i und S simuliert, wobei wir einen im Datenblatt angegebenen Arbeitspunkt verwendet haben. Mit dem vierten Test, den *Schaltungstest* haben wir eine im Datenblatt [EL34] spezifizierte Verstärkerschaltung simuliert, wobei wir im Besonderen die Klirrfaktoren der Modelle getestet haben. Alle Modellbeschreibungen und geeignete Modellparameter können über das Internet bezogen werden und werden im Anhang aufgeführt.

Für die folgenden Tests haben wir vier Pentodenmodelle angewendet, das Raumladungsmodell *L34.1* sowie drei heuristische Modelle, die Modelle *L34.2* von Koren, *L34.3* von Rydel und *L34.4* von Duncan.

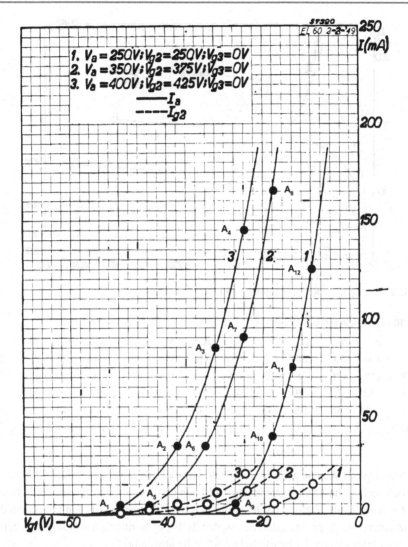

Abb. 5.31 12 Arbeitspunkte der Pentode EL34

5.6.1 Test 1: Kennlinienfeldertest, Pentode EL34

Die Abb. 5.32 zeigt das $(I_a, U_a)_{U_{g1}}$-Kennlinienfeld im Datenblatt von Philips [EL34]. Die Abb. 5.33 zeigt im gleichen Achsenmaßstab die Kennlinien der Pentodenmodelle unter den gleichen Bedingungen wie im Datenblatt einschließlich der $P = 25$ W Verlustleistungskurve. Die Anodenspannung wurde von 0 V bis 500 V verändert, die Schirmgitterspannung auf 250 V gesetzt und die Steuergitterspannung als Parameter mit den Werten 0 V: −5 V: −25 V gewählt. Wir erkennen im wichtigsten Bereich, dem Bereich mit zuläs-

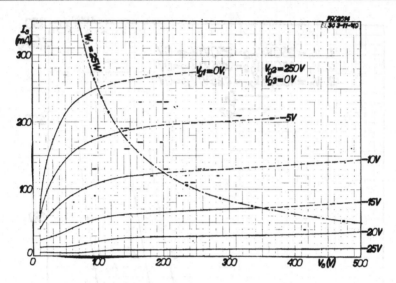

Abb. 5.32 $(I_a, U_a)_{U_{g1}}$-Kennlinienfeld der EL34

Tab. 5.10 12 Arbeitspunkte, EL34

	A$_1$	A$_2$	A$_3$	A$_4$	A$_5$	A$_6$	A$_7$	A$_8$	A$_9$	A$_{10}$	A$_{11}$	A$_{12}$
U_a/V	400	400	400	400	350	350	350	350	250	250	250	250
U_{g2}/V	425	425	425	425	375	375	375	375	250	250	250	250
U_{g1}/V	−50	−38	−30	−24	−44	−32	−24	−18	−27	−18	−14	−10
I_a/mA	5	35	85	145	5	35	90	165	5	40	75	125
I_{g2}/mA	0,5	5	11	20	1	5	12	20	1	5	9	15

siger Anodenverlustleistung $P_a \leq 25$ W und ausreichend negativer Steuergitterspannung eine noch recht hohe Übereinstimmung zwischen den Kurven der unterschiedlichen Modelle. Besonders auffällig sind die Kurven des Raumladungsmodells von Leach, bei denen die unzureichende Approximation des steilen Teils der Kennlinien auffällig von den besseren Approximationen der heuristischen Modelle abweicht.

5.6.2   Test 2: Arbeitspunktetest, Pentode EL34

Wie beim Triodentest für die ECC82 im Abschn. 5.3.2 haben wir aus den Kennlinienfeldern in Abb. 5.31 der Pentode EL34 12 repräsentative Arbeitspunkte A$_1$ bis A$_{12}$ abgelesen und in der Tab. 5.10 aufgelistet, die sowohl die Röhre in weiten Betriebsbereichen berücksichtigen als auch leicht abzulesen sind.

Nach dem Test der Modelle wurden die Soll- und Ist-Anodenströme verglichen. Die relativen Abweichungen in % listet die Tab. 5.11 auf. Um besser erkennen zu können, in

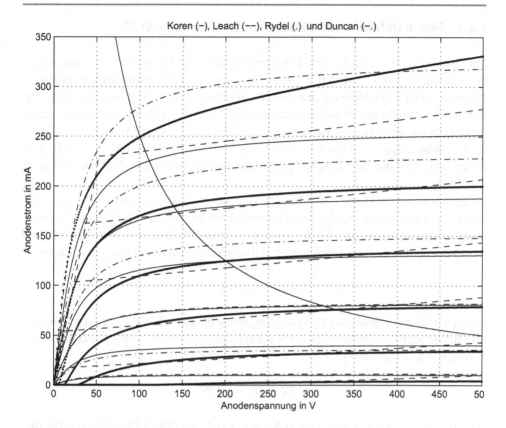

Abb. 5.33 Kennlinienfeldtest EL34

Tab. 5.11 Ergebnisse des Arbeitspunktetests, EL34

	A_1	A_2	A_3	A_4	A_5	A_6	A_7	A_8	A_9	A_{10}	A_{11}	A_{12}
L34.1	**100**	76,8	58,8	57,2	**100**	69,9	56,9	59,6	**100**	63,1	61,9	63,9
L34.2	**−32,2**	−24,1	−30,3	−29,5	**−13,6**	−30,8	−34,4	−23,3	**−26,3**	−24,3	−21,3	−14,9
L34.3	**100**	10,5	−25,5	−24,4	**100**	−6,33	−28,3	−15,6	**100**	−14,3	−11,1	−2,19
L34.4	**100**	−52,1	−50,2	−35,3	**100**	−59,0	−45,1	−20,8	**52,2**	33,8	−16,8	−1,4

welchen Bereichen die großen Abweichungen liegen, wurden die Spalten mit geringen Anodenströmen mit Fettschrift markiert.

Wir erkennen, dass die Modelle vor allem nahe dem Anlaufgebiet, dem Gebiet der kleinen Anodenströme, erhebliche Abweichungen zeigen. Für die Pentoden-Modelle ist die Stromverteilung zwischen Anoden- und Schirmgitterstrom eine weitere Fehlerquelle, die bei den Triodenmodellen nicht vorhanden ist, aber bei den Pentodenmodellen eine Ursache für die vergleichsweise großen Abweichungen ist.

5.6.3 Test 3: Differentielle-Kennwerte-Test, Pentode EL34

Mit dem Differentielle-Kennwerte-Test überprüfen wir die Parameter S, R_i und μ_{g2g1}, die man mit den SPICE-Modellen erhält. Die dazu nötigen Testschaltungen, die durch Approximationen mit Differenzenquotienten die Parameter ergeben, werden durch die Definitionen der Parameter nahegelegt. Aus dem Datenblatt [EL34] der Pentode EL34 entnehmen wir die typischen Kenndaten $U_a = 250\,\text{V}$, $U_{g2} = 265\,\text{V}$, $U_{g1} = -13,5\,\text{V}$, $I_a = 100\,\text{mA}$, $I_{g2} = 14,9\,\text{mA}$, $S = 11\,\text{mA/V}$, $\mu_{g2g1} = 11$ und $R_i = 15\,\text{k}\Omega$. Ein Arbeitspunkttest mit diesem Arbeitspunkt erbrachte die in der Tab. 5.12 eingetragenen Ergebnisse.

Hier erkennen wir bereits, dass bei den Pentodenmodellen die Stromverteilung zwischen Schirmgitter- und Anodenstrom problematisch ist. Wie für den Test der Triodenmodelle nehmen wir für die SPICE-Simulationen ebenfalls jeweils zwei Röhren und betreiben sie für die Messung von S mit geringfügig unterschiedlichen Gitterspannungen

$$U_{g1,1} = U_g, \quad U_{g1,2} = U_g + \Delta U\ .$$

Durch Variation der Spannung U_g in der Umgebung des typischen Werts können wir darüber hinaus auch die Abhängigkeit der Kleinsignalparameter vom Arbeitspunkt studieren. Hierzu wurde die Spannung im Bereich

$$-15\text{V} \le U_g \le -12\text{V}$$

variiert. Die so gewonnenen Kennwert-Kurven sind in der Abb. 5.34 dargestellt. Für die Messung von R_i sind die Gitterspannungen für die beiden Röhren gleich groß, dafür aber unterscheiden sich die Anodenspannungen

$$U_{a1} = U_a, \quad U_{a2} = U_a + \Delta U\ .$$

Wir haben in beiden Fällen für die Simulation die Spannungsdifferenz zu $\Delta U = 0,1\,\text{V}$ gewählt. Die Testschaltung zur Messung der Steilheit gemäß

$$S \approx \frac{I_{a2} - I_{a1}}{\Delta U} \quad \text{für} \quad U_{a1} = U_{a2} = U_a = 250\text{V}$$

Tab. 5.12 1. Ergebnisse des Kennwertetests, EL34

	I_a in mA	I_{g2} in mA
L34.1	95,2	5
L34.2	115	5,7
L34.3	108	15,0
L34.4	104	3,9
Datenblatt	100	14,9

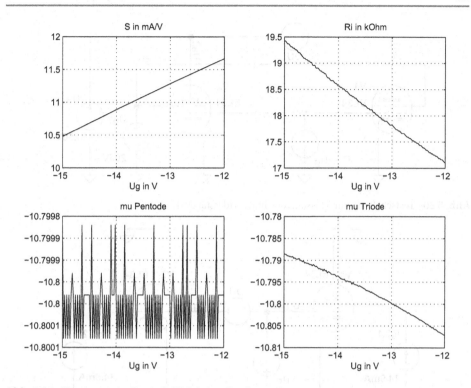

Abb. 5.34 Kennwerte der Pentode EL34 über der Steuergitterspannung

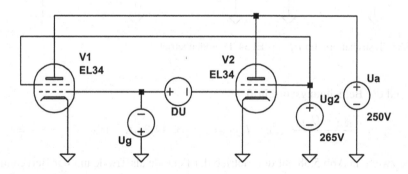

Abb. 5.35 Testschaltung zur Messung der Steilheit, EL34

zeigt Abb. 5.35. Die Testschaltung zur Messung des Innenwiderstands

$$R_i \approx \frac{\Delta U}{I_{a2} - I_{a1}} \quad \text{für} \quad U_{g1,1} = U_{g1,2} = U_{g1} = -13,5\,\text{V}$$

zeigt Abb. 5.36. Für die Messung des Verstärkungsfaktors haben wir zwei Testschaltungen verwendet. Die erste Testschaltung in Abb 5.37 bezieht sich auf die Definition (5.19) und

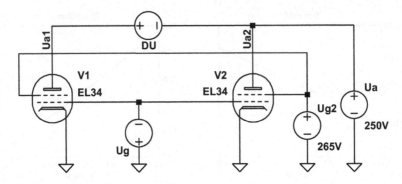

Abb. 5.36 Testschaltung zur Messung des Innenwiderstands, EL34

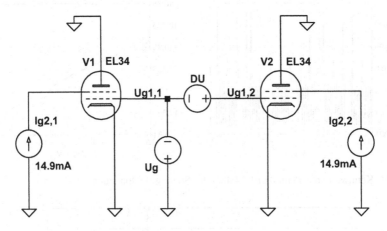

Abb. 5.37 Testschaltung für μ_{g2g1}, EL34, Pentodenbetrieb

beruht auf der Berechnungsvorschrift

$$\mu_{g2g1} \approx \frac{U_{g2,2} - U_{g2,1}}{\Delta U} \quad \text{für} \quad I_{g2,1} = I_{g2,2} = 14,9\text{mA} \quad \text{und} \quad I_{a1} = I_{a2} = 0$$

und die zweite in Abb 5.38 auf den Betrieb der Pentode als Triode mit der Berechnungs-vorschrift

$$\mu_{g2g1} \approx \frac{U_{g2,2} - U_{g2,1}}{\Delta U} \quad \text{für} \quad I_{a1} + I_{g2,1} = I_{a2} + I_{g2,2} = 114,9\,\text{mA}.$$

Die Testergebnisse werden in der Tab. 5.13 zusammengefasst.

Wir erkennen, dass die Steilheit S und der innere Verstärkungsfaktor μ_{g2g1} mit Ausnahme vom Modell $L34.3$ mit ungefähr 10 %-Genauigkeit simuliert werden. Es ist dabei unerheblich, welche der beiden Messmethoden für μ_{g2g1} verwendet werden. Die Simulation des Innenwiderstands R_i bringt hingegen nur wenig zufriedenstellende Werte, vor allem mit den beiden Modellen $L34.2$ und $L34.3$.

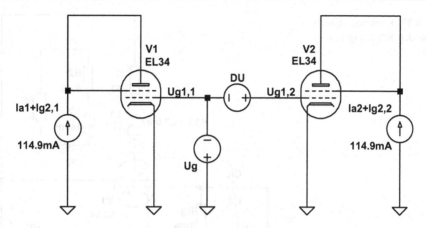

Abb. 5.38 Testschaltung fuer μ_{g2g1}, EL34, Triodenbetrieb

Tab. 5.13 2. Ergebnisse des Kennwertetests, EL34

	S in mA/V	R_i in kΩ	μ_{g2g1} (Pentode)	μ_{g2g1} (Triode)
L34.1	10,1	13,2	Fehler	9,5
L34.2	12,9	33,8	11	10,2
L34.3	9,9	37,4	8,8	8,8
L34.4	11,0	18,2	10,8	10,8
Datenblatt	11,0	15,0	11,0	11,0

5.6.4 Test 4: Schaltungstest, Pentode EL34

Für den Schaltungstest haben wir die Datenblattangaben [EL34] für einen Eintakt-A-Verstärker nach Abb. 5.39 gewählt, der als Leistungsverstärker zur Ansteuerung eines Lautsprechers dienen kann. Für die Simulation benötigen wir einen Übertrager, der den Wechselgrößen-Anodenwiderstand $R_a = 2\,\mathrm{k}\Omega$ der Röhre zur Verfügung stellt. Für einen kommerziellen Übertrager findet man die Daten

- Primärinduktivität $L_1 = 12\,\mathrm{H}$,
- Ohmscher Wicklungswiderstand primär $R_1 = 230\,\Omega$ und
- Ohmscher Wicklungswiderstand sekundär $R_2 = 0,48\,\Omega$.

Das quadrierte Widerstandsübersetzungsverhältnis für einen Standardlastwiderstand von $R_L = 8\,\Omega$ beträgt $\ddot{u}^2 = R_a/R_L = 2000/8 = 250$. Für die Spice-Simulation benötigen wir als Angabe den Wert der Sekundärinduktivität, den wir mit

$$L_2 = \frac{L_1}{\ddot{u}^2} = \frac{12\,\mathrm{H}}{250} = 0,48\,\mathrm{H}$$

erhalten. Eine ausführliche Darstellung der SPICE-Simulation von Übertragern ist im Abschn. 6.7 zu finden. Für den Schaltungstest haben wir die vier Pentodenmodelle *L34.1* bis

Abb. 5.39 Leistungsverstärker für den Schaltungstest EL34

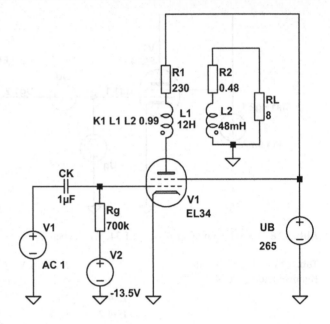

Tab. 5.14 1. Ergebnisse des Schaltungstests, EL34

	I_a in mA	I_{g2} in mA
L34.1	114	5,7
L34.2	94,7	5,0
L34.3	108	15,2
L34.4	104	3,9
Datenblatt	100	14,9

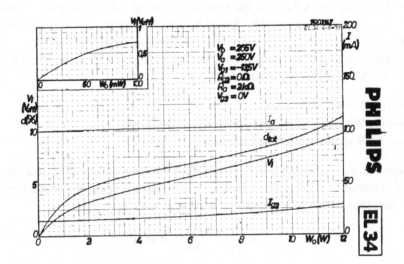

Abb. 5.40 Klirrfaktor über der Aussteuerung, EL34, Datenblatt Philips [EL34]

Tab. 5.15   2. Ergebnisse des Schaltungstests, EL34

Datenblatt	*L34.1*	*L34.2*	*L34.3*	*L34.4*
0,5 V	0,5 %	0,43 %	2,12 %	0,92 %	0,78 %
1 V	1,6 %	0,87 %	2,35 %	1,15 %	0,84 %
1,5 V	2,2 %	1,31 %	2,57 %	1,76 %	1,41 %
2 V	3,0 %	1,75 %	2,57 %	2,41 %	1,84 %
2,5 V	3,5 %	2,18 %	3,40 %	3,08 %	2,35 %
3 V	4,2 %	2,63 %	4,12 %	3,79 %	2,92 %
3,5 V	5,0 %	3,06 %	5,33 %	4,54 %	3,52 %
4 V	5,5 %	3,52 %	6,19 %	5,29 %	4,17 %
4,5 V	6,0 %	3,99 %	7,55 %	6,08 %	4,91 %
5 V	6,4 %	4,46 %	8,72 %	6,90 %	5,67 %
5,5 V	6,8 %	4,93 %	9,88 %	7,73 %	6,56 %
6 V	7,2 %	5,36 %	10,84 %	8,57 %	7,46 %
6,5 V	7,5 %	5,34 %	12,02 %	9,44 %	8,35 %
7 V	8,1 %	5,74 %	12,98 %	10,30 %	9,25 %
7,5 V	8,6 %	6,68 %	13,85 %	11,10 %	10,15 %
8 V	9,2 %	7,92 %	14,74 %	11,92 %	11,04 %
8,5 V	9,8 %	9,30 %	15,43 %	12,67 %	11,88 %

L34.4 verwendet und im Arbeitspunkt die Anoden- und die Schirmgitterströme I_a und I_{g2} gemessen. Die Werte sind in der Tab. 5.14 eingetragen.

Für das Wechselgrößen-Verhalten finden wir im Datenblatt [EL34] ein Diagramm Abb. 5.40, das u. a. die Abhängigkeit des Klirrfaktors von der Aussteuerung zeigt. Die Tab. 5.15 enthält für einige Eingangsspannungen die aus dem Diagramm abgelesenen Werte sowie die mit Simulationen gewonnenen Werte der Röhrenmodelle in diesem Test.

Die Abb. 5.41 zeigt die Tabellendaten als Graphik. Man erkennt gut, dass die heuristischen Modelle zu pessimistisch sind, dennoch aber in allen Fällen Übereinstimmungen erzielt werden, die das simulierte Klirrfaktormessen als brauchbare Methode zeigen. Wir müssen im weiteren sehen, dass die bereits mehrfach angesprochene Problematik des Modellierens der Stromverteilung zwischen Schirmgitter- und Anodenstrom für eine Klirrfaktorsimulation keine große Rolle spielt.

5.7 Auswertung der Tests der Verstärkerröhrenmodelle in 5.4 und 5.6

Die Tests in diesem Kapitel in den Abschn. 5.4 und 5.6 zielen auf die Beantwortung der Frage ab: Wie gut repräsentieren die verwendeten SPICE-Röhrenmodelle die Datenblattangaben? Bevor wir nun die Tests auswerten, sollten wir uns informieren, welche Parameterstreuungen bei realen Verstärkerröhren zu erwarten sind. Bei Valley [Val48] finden wir einen Auszug aus *The Joint Army-Navy Specification, JAN 1-A, for Electron Tubes*:

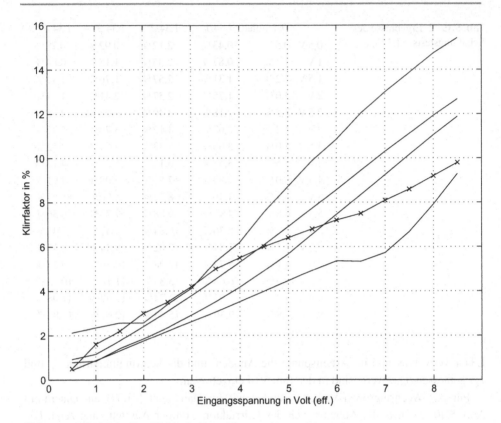

Abb. 5.41 Klirrfaktor-Test EL34, die Datenblattangaben markiert

- Triode 6J6, Testbedingungen $U_a = 100\,\text{V} - R_k I_a$, $R_k = 50\,\Omega$, Gitter an Masse
  - Anodenstrom zwischen 5,5 mA und 12,5 mA
  - Steilheit zwischen 4 mA/V und 7,3 mA/V, Mittelwert 5,65 mA/V
  - Steuergitterspannungsdifferenz (Anodenstromdifferenz über mittlerer Steilheit abzüglich Kathodenspannungsdifferenz) 1,6 V
- Pentode 6SJ7, Testbedingungen $U_a = 250\,\text{V}$, $U_{g2} = 100\,\text{V}$, $U_{g1} = -3\,\text{V}$
  - Anodenstrom zwischen 2 mA und 4 mA
  - Steilheit zwischen 1,325 mA/V und 1,975 mA/V, Mittelwert 1,65 mA/V
  - Steuergitterspannungsdifferenz (Anodenstromdifferenz über mittlerer Steilheit) 1,21 V

Wir erkennen, dass Röhren durchaus erhebliche Kennwertestreuungen in Bereichen einiger 10 % unterliegen. Die Kennwertestreuungen hängen natürlich von den Fertigungstoleranzen ab und somit auch von der Sorgfalt und dem Können des Herstellers. Man muß auch sehen, dass die Röhrenfertigungstechnik in den letzten Jahrzehnten sicher nicht in dem Maße Fortschritte erzielt hat, wie dies für die Fertigungstechnik von Halbleitern zutrifft. Im weiteren ist zu bedenken, dass Röhren mit einer engen Parameter-Toleranz von beispielsweise einem Prozent nicht notwendigerweise zu besseren NF-Verstärkern führen. Bestenfalls ließen sich unter Umständen Abgleichelemente einsparen.

Die SPICE-Modelle, wenn ihre Kennwerte nicht aus Messungen an individuellen Röhren, sondern aus Datenblättern gewonnen werden, beziehen sich auf mittlere Angaben, die zudem approximiert werden. Das heißt, man arbeitet mit zweierlei Näherungen und muß in Betracht ziehen, dass die Eigenschaften einer simulierten Schaltung von denen einer realen Schaltung abweichen werden. Wir werden am Ende erkennen, dass die SPICE-Modelle, gemessen an den Datenblattangaben, „besser" als die realen Röhren sind. Allerdings hat der Autor mit in den letzten Jahren gekauften Markenröhren aus aktueller Produktion die Erfahrung gewonnen, dass mit weit geringeren Toleranzen zu rechnen ist, als es die historischen Angaben nahelegen. Im weiteren ist es ja gerade das Können des Entwerfers einer Schaltung, ihre Funktionsweise auch nach einem Röhrentausch sicherzustellen, ohne dass eine besonders gut passende Röhre durch Messungen aus einem großen Los hätte ausgesucht werden müssen.

Die wichtige Frage ist es, ob eine Abweichung kritisch ist. Es ist eine grundsätzliche Frage, nämlich die Frage nach dem, was eine Simulation ausdrücken soll. Es ist Unfug, durch Simulation einen Gleichgrößen-Arbeitspunkt auf 6 Dezimalstellen zu erfassen. Eine solche Information ist völlig belanglos. Wenn man davon ausgehen muß, dass z. B. beim direkt gekoppelten Verstärker Schaltungseigenschaften vom Gleichgrößen-Arbeitspunkt unzulässig beeinflusst werden können, ist doch stets ein Abgleichelement notwendig. Hingegen sind Frequenzgänge, Klirrfaktoren, Stabilität bei gegengekoppelten Schaltungen und vieles mehr nur im geringen Maße von den Röhrenparametern abhängig. Daher sind Simulationsergebnisse bei NF-Verstärkern in diesen Fällen plausibel.

Zunächst sollen an dieser Stelle noch einige wenige Aussagen zur Modellierung selbst angeführt werden:

- Die Röhrenmodelle unserer Tests sind für den Betrieb im Raumladungsbereich vorgesehen, vorzugsweise mit stromloser Steuerung, auch wenn einige Modelle mit unterschiedlichen Methoden Steuergitterströme simulieren, wie es z. B. mit einem ohmschen Widerstand und einer Halbleiterdiode geschieht. Bei Trioden wird der Anodenstrom in Abhängigkeit von der Steuerspannung, d. h. abhängig von Gitter- und Anodenspannung, modelliert. Bei Pentoden wird der Kathodenstrom in Abhängigkeit von der Steuerspannung, d. h. abhängig von Gitter-, Schirmgitter- und Anodenspannung modelliert. Zusätzlich sind die Elektrodenkapazitäten Modellbestandteile. Bislang ist kein Röhrenmodell bekannt, das das Röhrenrauschen ebenfalls simuliert.

- Ausgangsbasis aller Röhrenmodelle sind Datenblattangaben, die in Form von Kennlinien oder aufgelisteten Arbeitspunkten zur Verfügung stehen. Insbesondere für NF-Röhren sind diese Datenblattangaben oft sehr ausführlich.

- Die Gewinnung der Modellparameter von Raumladungsmodellen ist ein mathematisch simples Problem, das unter geeigneten Voraussetzungen über eine eindeutige Lösung verfügt. Wenn nicht nur die notwendige Mindestzahl an Arbeitspunkten verwendet wird, kann man mit einer Auswahl von vielen Arbeitspunkten die Modellparameter beeinflussen. Da dies möglich ist, erkennen wir, dass auch bei der Röhre Theorie und Praxis voneinander abweichen. Ein weiterer Vorteil der Raumladungsmodelle ist es, dass sie leichter auf einen gewünschten Arbeitspunkt hin parametrisiert werden können.

• Die Gewinnung der Modellparameter von heuristischen Modellen ist ein mathematisch anspruchsvolleres Problem, denn man benötigt hierzu Verfahren der nichtlinearen mathematischen Optimierung, wie es auch im Beispiel in den vorangegangenen Abschnitten gezeigt wurde. Die Anwendung der Optimierung setzt voraus, dass man (deutlich) mehr Arbeitspunkte verwendet, als unbekannte Parameter zu schätzen sind. Die Lösungen der Schätzprobleme entsprechen leider nicht wie bei den Raumladungsmodellen globalen Minima. Das bedeutet, dass man dem jeweiligen Lösungsverfahren eine „gute" Startlösung anbieten muß, wobei „gut" gleichbedeutend mit „in der Nähe liegend" ist. Das Beschaffen einer solchen Startlösung ist kein triviales Problem, da oft die Modellparameter nicht über korrespondierende Röhrenkennwerte verfügen und so ihre zu erwartenden Größenordnungen nicht auf einfache Weise vorhergesagt werden können.

Mit den folgenden Aussagen soll die Auswertung der Testergebnisse vorgenommen werden.

• Die ausgewählten Triodenmodelle wurden mit vier Tests untersucht. Der Kennlinientest im Abschn. 5.4.1 zeigt recht geringe Abweichungen der Modellkennlinien von den Datenblattkennlinien. Besonders hohe Übereinstimmung ist bei den heuristischen Modellen zu erkennen. Mit dem Arbeitspunktetest im Abschn. 5.4.2 zeigt sich für die getestete, vergleichsweise lineare Röhre ECC82 Übereinstimmung mit den Datenblattangaben in einem Bereich besser als 10 %, sofern der Anodenstrom nicht zu klein ist, d. h. weit genug entfernt vom Anlaufgebiet ist. Der Differentielle-Kennwerte-Test im Abschn. 5.4.3 ergibt für den gewählten günstigen Arbeitspunkt sehr hohe Übereinstimmung mit den Datenblattangaben sowohl für das Raumladungsmodell als auch für die heuristischen Modelle. Mit dem Schaltungstest im Abschn. 5.4.4 erkennen wir, dass nicht alle heuristischen Modelle für Anodenruhestrom, Spannungsverstärkung und Klirrfaktor hohe Übereinstimmung mit den Datenblattangaben zeigen. Das Raumladungsmodell *C82.1* und die heuristischen Modelle *C82.5* und *C82.6* zeigen nämlich erhebliche Abweichungen. Zusammenfassend kann man sagen, dass die heuristischen Triodenmodelle dem allgemeinen Raumladungsmodell überlegen sind. Das Raumladungsmodell lässt sich dennoch durch Anpassung verbessern, was aber heißt, dass für jede Simulation zunächst ein angepasstes Raumladungsmodell parametrisiert werden muß. Allerdings ist diese Parametrisierung auch eine wenig zeitaufwändige und recht einfache Aufgabe. Die oben angeführten guten Übereinstimmungen bedeuten, dass die Modelle deutlich mehr Übereinstimmung mit den Datenblattangaben zeigen, als dies von realen Trioden erwartet werden kann.

- Die ausgewählten Pentodenmodelle wurden ebenfalls mit vier Tests untersucht. Der Kennlinientest im Abschn. 5.6.1 zeigt erheblich größere Abweichungen der Modellkennlinien von den Datenblattkennlinien, als es bei den Triodenmodellen der Fall gewesen ist. Im Besonderen ist der Bereich kleiner Anodenströme kritisch. Hier ist zu bedenken, dass im Bereich kleiner Anodenspannungen bei fester hoher Schirmgitterspannung die mit steigenden Anodenspannungen steigenden Anodenströme dann sinkende Schirmgitterströme zur Folge haben. Eine ungünstige Modellierung der Stromaufteilung des Kathodenstroms auf Schirmgittter- und Anodenstrom macht sich dann hier besonders ausgeprägt negativ bemerkbar. Der Arbeitspunktetest im Abschn. 5.6.2 lässt ähnliche Aussagen zu wie der entsprechende Triodentest. Allerdings sind die Abweichungen von den Datenblattangaben nun ungefähr dreimal größer. Im Besonderen fällt auf, dass das Raumladungsmodell deutlich schlechter als die heuristischen Modelle abschneidet, indem es noch einmal doppelt soviel Abweichung zeigt. Beim Differentielle-Kennwerte-Test im Abschn. 5.6.3 liefern alle Modelle sehr gute Ergebnisse mit Ausnahme der Innenwiderstandssimulation. Hier bedenken wir aber, dass der Innenwiderstand der Pentode eine Rechengröße ist, wenn Steilheit und Spannungsverstärkung gemessen worden sind. Eines der Testergebnisse dieses Abschnitts ist es, dass das Raumladungsmodell den heuristischen Modellen hier nicht unterlegen ist, zumal es auch noch den Innenwiderstand gut modelliert. Beim Schaltungstest erkennen wir zum einen, dass das größte Modellierungsproblem die Stromaufteilung des Kathodenstroms auf Schirmgitter- und Anodenstrom ist. Auf der anderen Seite erkennen wir höchst befriedigende Ergebnisse beim ausführlichen Klirrfaktortest in Abhängigkeit von der Aussteuerung. Hier sehen wir, dass das Raumladungsmodell die Klirrfaktorwerte unterschätzt und die heuristischen Modelle die Klirrfaktorwerte überschätzen. Vor allem aber sehen wir, dass die Abhängigkeit des Klirrfaktors von der Aussteuerung plausibel simuliert wird.

Zusammenfassend kann man sagen, dass wie bei den Triodenmodellen die heuristischen Pentodenmodelle dem allgemeinen Raumladungsmodell überlegen sind, wobei diese Überlegenheit bei den Pentoden deutlicher ist. Bei den Gleichgrößen ist die Diskrepanz zwischen Simulation und Datenblattangaben deutlich größer als bei den Triodenmodellen. Besonders gut ausgefallen ist der Klirrfaktortest, der im Besonderen zeigt, dass man mit einer SPICE-Simulation die Tendenzen der Verstärkereigenschaften testen sollte, wenn Schaltungsparameter geändert werden. Die Entwickler von Verstärkern kennen diese Aufgabe, wenn sie beispielsweise lokale und globale Gegenkopplungen bei Verwendung eines Klirranalysators dimensionieren oder abgleichen.

Zusätzlich zu den Auswertungen der Modelltests, getrennt nach Trioden- und Pentodenmodellen, können wir auch noch einige grundsätzliche Aussagen formulieren.

- Röhrenmodelle von sog. nichtlinearen Trioden, wie z. B. ECC81 und die Doppeltriode E88CC aus dem 6. Kapitel, führen zu deutlich ungünstigeren Simulationsresultaten als

Modelle linearer Trioden. Das muß nicht von Nachteil sein, da man im Audioverstärkerbau eine lineare Röhre einer nichtlinearen ohnehin vorziehen würde. Es sei denn, dass wegen besonderer Anforderungen an die Betriebsspannungs- und Betriebsstromsbereiche oder bei Notwendigkeiten besonders hoher Steilheit oder eines besonders niedrigen Innenwiderstands, z. B. für eine übertragerlose Endstufe, nur nichtlineare Röhren in Frage kommen. Solche Röhren sind beispielsweise Röhren, die für geregelte Spannungsversorgungen entwickelt worden sind.

- Über das Internet kann man kostenfrei an mehreren Stellen Raumladungs- und heuristische Modelle für zahlreiche in NF-Verstärkern gebräuchliche Röhren beziehen. Nach Meinung des Autors sollte man Modellparameter nur dann selbst schätzen, wenn man angepasste Raumladungsmodelle benötigt oder Modelle für eine spezielle Röhre nicht zu finden sind. Die Modelltests haben in der Summe so überzeugende Ergebnisse gezeigt, dass nichts gegen die Verwendung der Modelle aus dem Internet spricht.

- Auch wenn die Autoren, die heuristische Modelle entwickelt und vorgestellt haben, versichern, dass jeweils die eigenen Modelle die besten sind, konnten wir eine prinzipielle Überlegenheit eines heuristischen Modells über die anderen nicht erkennen.

- Auch wenn heuristische Modelle recht wenig mit der Theorie der Verstärkerröhren begründet sind, ermöglichen sie, wie es unsere Tests gezeigt haben, in der Regel plausiblere Simulationsergebnisse als die besser begründeten Raumladungsmodelle. Eine schlussfolgerung ist, dass man, wenn universelle, d. h. arbeitspunktunabhängige Röhrenmodelle benötigt werden, die heuristischen Modelle den Raumladungsmodellen vorziehen sollte.

Spice-Simulationen von Röhrenschaltungen in Beispielen

6

Das sechste Kapitel enthält nun die Simulationen von Röhrenschaltungen mit erweiterten Grundschaltungen und Systemen. Das Kapitel ist in acht Abschnitte unterteilt, in denen nicht nur Simulationen durchgeführt, sondern auch fundamentale Fragen der Schaltungstechnik diskutiert werden. Die acht Abschnitte umreissen die acht Themenbereiche:

- Frequenzgangsanalyse eines Entzerrerverstärkers unter Berücksichtigung von Toleranzen der Bauelemente im Entzerrernetzwerk,
- Diskussion, Berechnung und Vergleich von fünf Phaseninverterschaltungen zur Ansteuerung von Gegentaktverstärkern,
- Sechs moderne Grundschaltungen mit jeweils zwei Trioden, die Vorteile der einfachen Eintriodengrundschaltungen im Abschn. 5.3.2 vereinigen können und das Potential haben, in modernen und klirrarmen Röhrenverstärkern verwendet zu werden,
- Differenzverstärker und Konstantstromsenken mit Trioden,
- Messen der Standardmaße für nichtlineare Verzerrungen, d. h. Klirr- und Differenztonfaktoren sowie Maße für dynamische Intermodulationsverzerrungen,
- Modellieren von Übertragern und Simulieren des Einflusses der Position der Schirmgitteranzapfung in Ultralinearverstärkern auf den Klirrfaktor und die Leistungsabgabe,
- Anodenfolger als Grundschaltung, von der ausgehend eine kurze Diskussion von Konzeptschaltungen erfolgt,
- Audiofilter mit Röhren, die am Beispiel einer Aktivlautsprecherfrequenzweiche angewendet werden.

Ein Röhrenverstärker wird mit einer oder mehreren Grundschaltungen aufgebaut, die, wenn es mehrere sind, entweder direkt- oder aber RC-gekoppelt (Wechselspannungskopplung) werden. Die Grundschaltungen in diesem Buch enthalten eine, zwei oder vier Trioden, letztere nur im Ausblick, und werden als Verstärker spezifiziert, die über Ein- und Ausgangs*klemmen* E und A verfügen. Die Verstärker sind Wechselspannungsverstärker und werden mit den resistiven Anteilen an der Eingangsimpedanz R_E, den kapazitiven

© Springer Fachmedien Wiesbaden 2015
A. Potchinkov, *Simulation von Röhrenverstärkern mit SPICE*,
DOI 10.1007/978-3-8348-2112-6_6

Anteilen C_E an der Eingangsimpedanz, Leerlaufspannungsverstärkungen $V = u_A/u_E$, in manchen Fällen mit den Spannungsverstärkungen unter Berücksichtigung der RC-Anpassungsnetzwerke zu den Folgestufen $V = u_{0(1,2)}/u_E$ und den Ausgangswiderständen $R_A = u_A/i_A$ spezifiziert. Wenn eine der vorgestellten Schaltungen mehr als eine Röhre enthält, wird die Röhre, an der das Eingangssignal anliegt, mit V1 bezeichnet.

Die Grundschaltungen werden mit linearen Kleinsignalersatzschaltungen unter Verwendung der Röhrenkleinsignalparameter μ, S und R_i berechnet. Wenn Schaltungen mit zwei Trioden aufgebaut sind, und das sind, bis auf eine, alle in diesem Kapitel berechneten Schaltungen, nehmen wir für beide Trioden die Kleinsignalparameter mit denselben Werten an. Diese Annahme kann bei der Verwendung von Doppeltrioden akzeptiert werden. Falls, und hierfür wird es nur selten eine Notwendigkeit geben, Trioden mit unterschiedlichen Parameterwerten berücksichtigt werden sollen, ist die Berechnung wegen der ausführlich angegebenen Rechenschritte nicht weiter schwierig. Nun könnte man sich darauf beschränken, lediglich die Ergebnisse anzugeben oder mit mehr oder weniger statthaften Vereinfachungen, Abschätzungen und Annahmen hinsichtlich der Funktionsweise Ergebnisse zu schätzen. Dies birgt die Gefahr zur Verschätzung in sich und verstellt oft den Blick auf Details, die über die Übertragungseigenschaften entscheiden. Ein Beispiel hierfür ist die in den letzten Jahren in Mode gekommene SRPP-Schaltung. Nicht nur, dass sie ohne technisches Argument für ihre Auswahl eingesetzt wird, sie wird auch ungünstig dimensioniert, da offensichtlich die Wirkungsweise nicht in allen Fällen ausreichend genau verstanden worden ist. Wir gehen einen anderen Weg, der auf den ersten Blick vielleicht als umständlich erscheint. Wir rechnen die Grundschaltungen anhand der Kleinsignalersatzschaltungen vollständig durch. Das ist weniger aufwändig als bei Transistorgrundschaltungen, da wir bei den Röhren keine Steuerströme berücksichtigen müssen. Diese müssen dann aus den beschreibenden Gleichungen auch nicht *herausgerechnet* werden.

Die Kleinsignalersatzschaltung der Verstärkerröhre im Abschn. 5.2.2 enthält nur eine gesteuerte Spannungsquelle mit der Urspannung μu_g und einen Innenwiderstand R_i. Die Anzahl der Spannungsquellen in einer Kleinsignalersatzschaltung entspricht dann der Anzahl der verwendeten Verstärkerröhren. Hinzu kommen einige wenige passive Bauelemente, in diesem Buch lediglich Ohmsche Widerstände und Kondensatoren. Zur Berechnung der Schaltungen benötigt man nichts weiter als Maschen-, Knoten- und Stromgleichungen. Diese Gleichungen werden ergänzt um Gleichungen für die Gitter-Kathodenspannungen u_g der Röhren. Diese Gleichungen werden wir als Steuergleichungen bezeichnen. Im weiteren benötigt man nur einfachste Gleichungsumformungen zur Berechnung der Verstärkerkenngrößen. Ab und an aber lohnt es sich, die Gleichungen zu interpretieren, um Hinweise zur Auslegung der Schaltung abzuleiten. In diesem sechsten Buchkapitel werden wir auf diese Weise 16 Grundschaltungen durchrechnen:

- Symmetrierverstärker, Phaseninverterschaltungen
  - Katodyne-Schaltung, Abschn. 6.2.1,
  - Paraphase-Schaltung, Abschn. 6.2.2,

- Floating-Paraphase-Schaltung, Abschn. 6.2.3,
- See-Saw-Schaltung, Abschn. 6.2.4,
- Cathode-Coupled-Schaltung, Abschn. 6.2.5,
- Verbundschaltungen
  - Kaskodenschaltung, Abschn. 6.3.1,
  - SRPP-Schaltung, Abschn. 6.3.2,
  - μ-Follower-Schaltung, Abschn. 6.3.3,
  - White-Cathode-Follower-Schaltung, Abschn. 6.3.4,
  - Anodenbasisschaltung mit aktiver Last, Abschn. 6.3.5,
  - Treiberverstärker für hohe Ausgangsspannungen, Abschn. 6.3.6,
- Triodendifferenzverstärker und Triodenkonstantstromsenken, Abschn. 6.4,
- Anodenfolgergrundschaltung, Abschn. 6.7,
- Sallen&Key-Filter mit einer Verstärkerröhre und, in modifizierter Form, mit zwei Verstärkerröhren, Abschn. 6.8.

Um den Leser besser durch den Text zu führen, d. h. die Funktionsbeschreibungen der Schaltungen nicht hinter den Berechnungen zu verstecken, haben wir die Berechnungen segmentiert in

- Ansatz,
- Berechnung und
- Ergebnisse.

Die Segmente haben wir in der Darstellung voneinander abgegrenzt. Der *Ansatz* enthält die Kleinsignalersatzschaltung und die Zusammenstellung der zu ihrer Berechnung nötigen Gleichungen. Die *Berechnung* enthält die Umformungen der Gleichungen und die *Ergebnisse* schließlich das, was ihr Name besagt. Die durch Berechnung gewonnenen Ergebnisse werden mit denen verglichen, die mit SPICE-Simulationen gewonnen wurden, die für jeweils mehrere Röhrenmodelle durchgeführt wurden. Auf diesem Weg, dem Weg der einheitlichen Berechnungsmethoden und -schritte, hoffen wir, dem Leser einerseits zeigen zu können, dass die Berechnung von Röhrenschaltungen nicht kompliziert ist, und andererseits soll er ermuntert werden, es auch einmal selbst nachzuvollziehen. Dann wird er schnell in der Lage sein, es künftig bei anderen Schaltungen selbst zu tun. Das *Strickmuster* ist immer gleich und schnell zu verstehen. Wenn man sich nicht darauf beschränkt, die von anderen entworfenen Schaltungen aufzubauen, sondern selbst Schaltungen entwickeln möchte oder Schaltungen auf andere Röhren umstellen muß, dann kommt man nicht drumherum, selbst zu (be-)rechnen. Auch zeigt der Blick in zahlreiche Schaltungen, wie sie im Internet kursieren, dass nicht immer Profis am Werk sind und, dass das Mitteilungsbedürfnis oft größer als das Können ist.

Die Abschn. 6.1, 6.5 und 6.6 beziehen sich auf Audioverstärkerschaltungen, die mehr oder weniger strengen Anforderungen an lineare und nichtlineare Verzerrungen zu genügen haben. Auch hier nutzen wir SPICE, um Verzerrungen zu messen oder die Auswirkungen von Bauelementetoleranzen auf lineare Verzerrungen einer Entzerrerschaltung mit Hilfe von Simulation quantifizieren zu können.

6.1 Frequenzgänge und Frequenzgangabweichungen bei Entzerrerverstärkern

Die Schaltung in Abb. 6.1 ist ein Phono-RIAA-Entzerrerverstärker, wie er im Model 7c des amerikanischen Herstellers Marantz eingesetzt wurde. Die Schaltung ist mit drei Trioden mit hohem Verstärkungsfaktor μ aufgebaut. Die drei Trioden werden in drei RC-gekoppelten Verstärkerstufen eingesetzt. Die beiden ersten Verstärkerstufen sind Spannungsverstärkerstufen in Kathodenbasisschaltung, die dritte Stufe, die Ausgangsstufe, ist ein Impedanzwandler in Anodenbasisschaltung. Der Verstärker hat zwei Rückkopplungspfade. Zwischen Ausgang des Impedanzwandlers, dem Verstärkerausgang, und einem Rückkopplungssummenpunkt, der über einen $220\,\mu$F-Kondensator C_2 mit der Kathode der ersten Triode verbunden ist, dient ein RC-Rückkopplungsnetzwerk mit den Bauelementen R_7, R_9, R_{10}, C_3 und C_7 als Entzerrernetzwerk in einer globalen Gegenkopplung. Eine weitere Rückkopplung mit dem Kondensator C_5 verbindet die Anode der zweiten Triode mit dem Rückkopplungssummenpunkt als lokale Gegenkopplung. Der Einfluss dieses Kondensators ist sehr gering und macht sich erst außerhalb des Hörfrequenzbereichs bemerkbar. Mit einer .AC-Analyse erhält man die Verstärkungswerte in der Tab. 6.1.

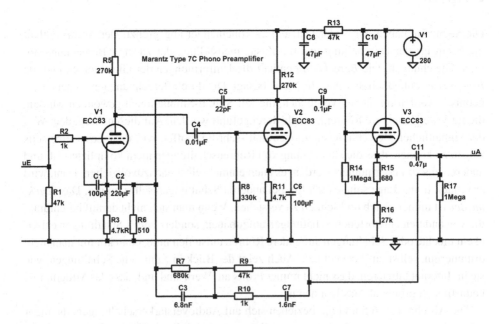

Abb. 6.1 Schaltung des RIAA-Phono-Entzerrerverstärkers

Tab. 6.1 Verstärkungswerte des RIAA-Phonoentzerrers	Frequenz	20 Hz	40 Hz	1 kHz	20 kHz
	Verstärkung	54,4 dB	56,95 dB	41,3 dB	22,05 dB

6.1.1 Vorverzerrung des Verstärkereingangssignals

Die Qualität des Entzerrerverstärkers wird vor allem durch die Abweichung seines Betragsfrequenzgangs vom Soll-RIAA-Entzerrer-Betragsfrequenzgang bestimmt. Um diese Abweichung leichter erfassen zu können, wird der Verstärker über ein inverses RIAA-Netzwerk, das wir im Folgenden als *Invers-RIAA-Filter* bezeichnen werden, mit einem vorverzerrten Signal gemäß der genormten *Schneidkennlinie* gespeist. So muß sich idealerweise ein konstanter Betragsfrequenzgang im Ergebnis ergeben. Für diesen Test hat man bei SPICE zwei Möglichkeiten zur Realisierung des inversen Filters.

Verwendung eines passiven Invers-RIAA-Filters In der Literatur findet man Vorschläge für solche Filter. Für diesen Abschnitt wurde ein Vorschlag von Baxandall [Bax81] aufgegriffen. Abbildung 6.2 zeigt die Schaltung des Invers-RIAA-Filters. Das gewählte Filter hat bei $f = 1\,\text{kHz}$ eine Einfügedämpfung von 72,4 dB, was für die Festlegung der Ausgangsspannung des Sinusgenerators berücksichtigt werden muß.

Verwendung der Laplace-Systemfunktion des Invers-RIAA-Filters Kennt man die Laplace-Systemfunktion des Invers-RIAA-Filters, die bei einem linearen System eine rationale Funktion in s ist, so kann man bei SPICE beispielsweise das Übertragungsverhalten einer spannungsgesteuerten Spannungsquelle (Kennbuchstabe E) mit dieser Laplace-Systemfunktion definieren. Die Steuerspannung ist dann die Systemeingangsspannung

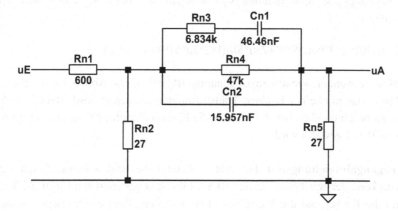

Abb. 6.2 Passives RC-Invers-RIAA-Filter

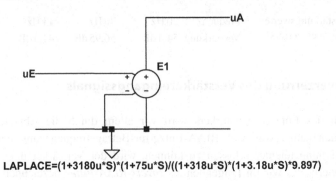

LAPLACE=(1+3180u*S)*(1+75u*S)/((1+318u*S)*(1+3.18u*S)*9.897)

Abb. 6.3 Invers-RIAA-Filter, Laplacetransformierte

und die Quellenspannung ist die Systemausgangsspannung (Faltung des Steuersignals mit der Laplace-Rücktransformierten der Systemfunktion). SPICE ist in der Lage, diese Quelle im Zeitbereich mit der Transientenanalyse und im Frequenzbereich mit der .AC-Analyse zu rechnen, was diese Methode so universell macht wie die zuvor vorgestellte Verwendung eines Zeitbereichsfilters. In der Praxis wird es für uns leichter sein, die Laplace-Transformierten solcher Standardfilter zu beschaffen, als fertig dimensionierte Filterschaltungen.

Die Laplace-Systemfunktion des Invers-RIAA-Filters lautet

$$H(s) = c \frac{(1 + \tau_1 s)(1 + \tau_3 s)}{(1 + \tau_2 s)(1 + \tau_4 s)} \, ,$$

mit den Zeitkonstanten $\tau_1 = 3180 \, \mu s$, $\tau_2 = 318 \, \mu s$, $\tau_3 = 75 \, \mu s$ und $\tau_4 = 3{,}18 \, \mu s$. Die Zeitkonstante τ_4 ist nicht Bestandteil der Spezifikation, sondern wurde vielmehr bei einigen Schallplatten-Schneidemaschinen verwendet. Der Faktor c kann dazu benutzt werden, die Systemfunktion zu normieren, z. B. mit $|H(s = j 2\pi 1000)| = 1$.

Die spannungsgesteuerte Spannungsquelle erhält dann bei LtSpice den Wert (Steuercharakteristik)

LAPLACE=0.101*(1+3180u*S)*(1+75u*S)/((1+318u*S)*(1+3.18u*S))

und wird so verwendet, wie das zuvor genannte RC-Filter. Die Abb. 6.3 zeigt das Invers-RIAA-Filter, das mit seiner Laplace-Transformierten festgelegt wird. Bei dieser Simulation ist zu beachten, dass bei $f = 1 \, \text{kHz}$ die Einfügedämpfung 0 dB beträgt, wenn der Faktor $c = 0{,}101$ gewählt wird.

Frequenzgangabweichungstest Die Abb. 6.4 zeigt die beiden Betragsfrequenzgänge des Verstärkers, der mit beiden Invers-RIAA-Filtern angesteuert wird. Für die Darstellung sind die Kurven auf die Werte bei 1 kHz normiert. Zum einen erkennt man, dass im Bereich 20 Hz bis 20 kHz der Entzerrerverstärker die Entzerrerkennlinie mit einer Abweichung von −0,8 dB..+0,3 dB erfüllt. Im weiteren erkennt man die Wirkung der

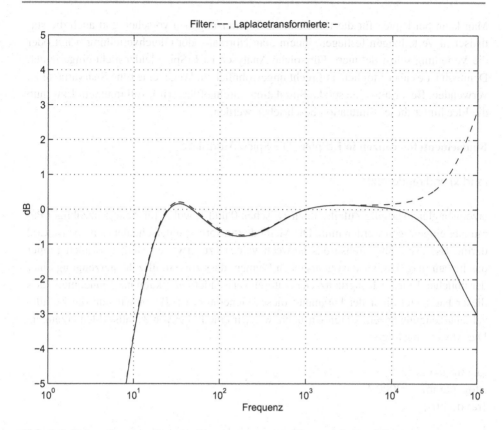

Abb. 6.4 Betragsfrequenzgänge des Phonoentzerrerverstärkers mit beiden Filtern

zusätzlichen Zeitkonstanten τ_4 als Bestandteil der Laplacetransformierten, die für den (erwünschten) Höhenabfall für Frequenzen oberhalb des Audiobereichs sorgt.

6.1.2 Simulation von Bauelementetoleranzen

Mit einer zweiten Analyse soll getestet werden, wie groß der Betragsfrequenzgangsfehler werden kann, wenn die Bauelemente des Entzerrer-Rückkopplungs-Netzwerks Toleranzen aufweisen. Für solche Tests, vor allem Sensitivitätstest und Worst-Case-Analysen, sind viele SPICE-Implementierungen eingerichtet. So kennt z. B. Pspice [Alh94] die Anweisungen

.WCASE, Worst-Case-Analyse und
.MC, Monte-Carlo-Analyse.

Man kann bei Pspice für die Bauelemente Toleranzangaben vorsehen und auch die statistischen Verteilungen festlegen, indem man Normal- oder Gleichverteilung wählt oder die Verteilung selbst definiert. Für solche Analysen ist LtSpice leider nicht eingerichtet. Dennoch ist es aber möglich, auf recht ungewöhnlichem Wege, eine rohe Sparvariante zu verwenden. Bevor nun eine solche Simulation durchgeführt wird, soll in einem Einschub die Idee hinter dieser Simulation beschrieben werden.

Bauelementetoleranzen in LtSpice Die Spice-Ausdrücke

rand(x) und random(x)

erzeugen gleichverteilte Zufallszahlen zwischen 0 und 1, wobei für x ein ganzzahliger Parameter eingetragen werden muß. Die Methode random(x) unterscheidet sich von rand(x) darin, dass „smoothly transitions between values" zu erwarten sind, was auch immer das heißen mag. Da wir davon ausgehen können, dass zur Zufallszahlenerzeugung einer der üblichen Lineare-Kongruenz-Generatoren verwendet wird, kann man annehmen, dass dieser Parameter einer der Parameter dieses Generators ist. Bevor wir nun die Zufallszahlenerzeugung testen, klären wir noch, wie wir eine Folge von Zufallszahlen erzeugen. Die Anweisungsfolge

.param r=1
.step param r 1 1000 1
{random(r)}

erzeugt eine Folge von 1000 „Zufallszahlen" zwischen 0 und 1.

Angenommen, ein Widerstand R hat einen Nominalwert R_0 und eine Toleranz von 5 % oder $p = 0,05$. Vereinfachend gehen wir davon aus, dass der Widerstandswert zwischen

$$R_0(1 - p) \leq R \leq R_0(1 + p)$$

liegt. Im weiteren ignorieren wir eine anzunehmende Normalverteilung und die übliche Toleranzbetrachtung über den Standardfehler. Mit der LtSpice-Anweisung

{R0*(1-p+2*p*random(r))}

erzeugen wir Zufalls-Widerstandswerte mit einer Toleranz von $100\,p$. Sollen mehrere Bauelemente Toleranzen aufweisen, so benötigen wir entsprechend viele „unabhängige" Zufallszahlen, die wir erzeugen, indem unterschiedliche random-Parameter benutzt werden. Dies geschieht im einfachsten Fall so, dass man für jeden random-Parameter einen (vielleicht primzahligen) Faktor vor dem gemeinsamen Laufparameter vorsieht.

Zur Überprüfung dieser Methode dient ein Experiment mit LtSpice, dessen Schaltung einschließlich der für die Simulation notwendigen SPICE-Anweisungen die Abb 6.5 zeigt.

Abb. 6.5 LtSpice Zufallsexperiment

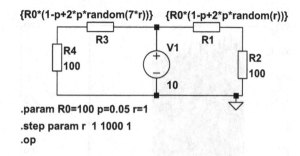

.param R0=100 p=0.05 r=1
.step param r 1 1000 1
.op

Tab. 6.2 Toleranzen des RIAA-Phonoentzerrers

Frequenz	Toleranzintervall
10 Hz	0,36 dB
100 Hz	1,5 dB
1 kHz	1,2 dB
10 kHz	1,8 dB
100 kHz	1,0 dB

Eine Spannungsquelle mit $U = 10$ V speist zwei Spannungsteiler, bei denen die Widerstände $R_2 = R_4 = 100\,\Omega$ unveränderlich sind und die beiden Widerstände R_1 und R_3 ebenfalls $100\,\Omega$ Widerstände sind, die aber 5 %-Toleranzen aufweisen. Es lässt sich leicht nachrechnen, dass für die Spannungen über den Widerständen R_2 und R_4 gilt

$$4,878\,\text{V} \le U_{R2}, U_{R4} \le 5,1282\,\text{V} .$$

Die Ergebnisse für 100.000 Simulationen wurden als ASCII-Datei exportiert und mit MATLAB ausgewertet. Die Abb. 6.6 zeigt die beiden Histogramme der Spannungswerte, in denen man die Gleichverteilung recht gut erkennen kann. Zum Test der Annahmen über die Unabhängigkeit der beiden Zufallszahlengeneratoren haben wir die Mittelwerte der Spannungswertfolgen entfernt und beide Autokorrelierten sowie die Kreuzkorrelierte berechnet. Wir erhalten für die Maximalwerte beider Autokorrelierten 519,4 und 520,8. Der Maximalwert der Kreuzkorrelierten beträgt 4,8. Die Kreuzkorrelierte ist ebenfalls in Abb. 6.6 abgebildet. Mit diesen Testergebnissen nehmen wir an, dass die Vorgehensweise durchaus zweckmäßig ist, sprich plausible Ergebnisse erzielen kann.

Mit dieser einfachen Technik zur Erzeugung zufälliger Bauelemente wurde der Phonoverstärker in Abb. 6.1 erneut bei Verwendung des Zeitbereichs-Invers-RIAA-Filters in Abb. 6.2 getestet. Die Widerstände R_7, R_9, und R_{10} wiesen im Test eine Toleranz von 5 % ($p = 0,05$) und die Kondensatoren, C_6 und C_7 eine Toleranz von 10 % ($p = 0,1$) auf. Mit 1000 AC-Analysen erkennen wir in der Auswertung des Experiments die in der Tab. 6.2 für einige Frequenzen angegebenen Toleranzintervalle.

Mit einem solchen Test vor einer Fertigung lassen sich die Toleranzen der gefertigten Geräte abschätzen und im Datenblatt spezifizieren.

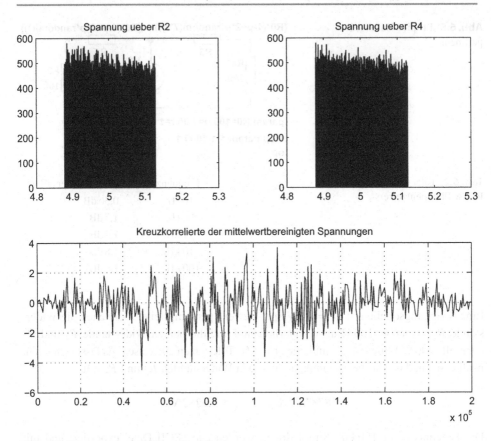

Abb. 6.6 Histogramme und Kreuzkorrelierte

6.2   Phaseninverterschaltungen

Phaseninverterschaltungen werden in Gegentaktverstärkern benötigt. Gegentaktverstärker sind mit zwei Verstärkerzügen aufgebaute Verstärker für symmetrische Signalverarbeitung, bei denen, wenn es sich um Endverstärker handelt, zumeist ein Ausgangsübertrager die Differenzbildung der beiden Verstärkerausgangsspannungen in seiner geteilten Primärwicklung vornimmt und mit seiner Sekundärwicklung das für den Lautsprecher benötigte asymmetrische Signal zur Verfügung stellt. Da die meisten Röhrenleistungsverstärker, wenn es sich nicht um professionelle Audiotechnik, d. h. Tonstudiotechnik, handelt, über eine asymmetrische massebezogene Eingangsschnittstelle verfügen, muß das symmetrische Signal zur Ansteuerung des Gegentaktverstärkers aus diesem Eingangssignal bzw. einem bereits vorverstärkten asymmetrischen Signal gewonnen werden. Hierzu dienen die Phaseninverterschaltungen. Diese Signalkonverter mit einem Eingangs- und zwei

Ausgangssignalen lassen sich entweder passiv mit einem Übertrager oder aktiv mit Verstärkerröhren aufbauen.

Das entscheidende Eignungsmerkmal einer Phaseninverterschaltung ist die Signalsymmetrie, was in erläuternden Worten heißt, dass die beiden Ausgangssignale dieselben Beträge und eine umgekehrte Phasenlage für alle (Audio-)Frequenzen aufzuweisen haben. Diese Forderung lässt sich technisch nur mit Einschränkungen erfüllen. Aus diesem Grund stehen dem Entwickler von Röhrenverstärkern mehrere bereits bekannte und vielfach erprobte Schaltungskonzepte zur Verfügung, die sich darin unterscheiden, dass sie mit oder ohne Abgleichelemente aufgebaut werden, sich zu unterschiedlichen Graden selbst balancieren oder mehr oder weniger kostengünstig sind. Von den hierfür gebräuchlichen Schaltungskonzepten werden in diesem Abschnitt fünf rechnerisch und mit Hilfe von SPICE analysiert. Ziel der Analyse ist die Untersuchung der Signalsymmetrie, d. h. der Frequenzgangssymmetrie und der Vergleich der Schaltungen.

Wir müssen die gebräuchlichen englischen Bezeichnungen verwenden, da für einige der Schaltungen keine einheitlichen deutschsprachigen Bezeichnungen in der Literatur gebräuchlich sind. Die Literaturstellen [Cro57] und [Har58] enthalten übersichtsartige Darstellungen der Phaseninverterschaltungen. Die fünf Schaltungen sind, für einige davon sind mehrere Bezeichnungen im Gebrauch,

- Katodyne-Schaltung, Concertina-Schaltung, Phase-Splitter-Schaltung,
- Paraphase-Schaltung,
- Floating-Paraphase-Schaltung,
- See-Saw-Schaltung, Anode-Follower-Schaltung,
- Cathode-Coupled-Schaltung, Long-Tailed-Pair-Schaltung.

Die Schaltungen sind mit NF-Trioden vom Typ ECC83 aufgebaut, die für Schaltungen mit hoher Spannungsverstärkung und nicht zu hoher Ausgangsspannung geeignet sind. Man verwendet sie vorzugsweise für die Ansteuerung von Pentodenleistungsverstärkern mit geringen benötigten Gitterspannungen. Die Schaltungen sind bis auf eine mit je zwei Triodensystemen aufgebaut. Damit wir später die Schaltungen vergleichen können, wurden alle Schaltungen für dieselbe Versorgungsspannung und denselben Anodenstrom ausgelegt. Gleichwohl unterscheiden sie sich aber aus konzeptionellen Gründen hinsichtlich der erzielbaren Maximalausgangsspannung für einen vorgegebenen Klirrfaktor. Im einzelnen verwenden wir die Versorgungsspannung $U_B = 250\,\text{V}$ und den Anodenstrom $I_a = 0{,}5\,\text{mA}$. Die Röhre hat dann für eine Anodenspannung von $U_a = 150\,\text{V}$ die Kennwerte $\mu = 100$, $R_i = 80\,\text{k}\Omega$ und $S = 1{,}25\,\text{mA/V}$ und benötigt eine Gittergleichspannung $U_g = -1{,}5\,\text{V}$[1]. In den Abbildungen sind die Schaltungen so gezeichnet, dass die Klemmenspannung u_{01} die gegenüber der Eingangsspannung u_E invertierte Spannung ist und die Klemmenspannung u_{02} die gegenüber der Eingangsspannung u_E phasengleiche

---

[1] Man muß hier berücksichtigen, daß bei einer solch geringen Gittergleichspannung bei bereits kleinen Wechselspannungen mit Spitzenwerten um die 0,5 V schon Gitterströme fließen, wie wir es im Abschn. 5.1.2 gesehen haben. Die Gitterströme verursachen nichtlineare Verzerrungen.

Spannung ist. Zur vergleichenden Analyse der Schaltungen definieren wir einen Verstärkungssymmetriefaktor

$$\xi = \left|\frac{V_2}{V_1}\right| = \left|\frac{u_{02}/u_E}{u_{01}/u_E}\right| = \left|\frac{u_{02}}{u_{01}}\right| \text{ und relativ } \xi_R = (1 - \xi) \times 100\,\% \,.$$

In den fünf Abschn. 6.2.1 bis 6.2.5 stellen wir die Phaseninverterschaltungen vor und berechnen sie. Den Rechenergebnissen werden die Simulationsergebnisse, die mit den Modellen *C83.1*, *C83.2* und *C83.3* gewonnen wurden, gegenübergestellt. Der Abschn. 6.2.6 enthält einen Vergleich der Schaltungen auf der Grundlage von SPICE-Simulationen bei Verwendung des heuristischen Modells von Koren *C83.2*.

6.2.1 Berechnung der Katodyne-Schaltung

Ein Grundkonzept einer Phaseninverterschaltung ist der *Phase-Splitter* in Abb. 6.7a. Aus einem massefreien asymmetrischen Signal u wird ein massebezogenes symmetrisches Signal erzeugt. Das symmetrische Signal liegt an den Klemmen A, M und B an und hat die Eigenschaften

$$u_{01} = -u_{02}, \varphi_A - \varphi_M = \varphi_A = \varphi_M - \varphi_B = -\varphi_B, \varphi: \text{Potential},$$

$$R_{A,M} = R \parallel (R + R_i), R_{B,M} = R \parallel (R + R_i)\,,$$

$$u_{AB} = u\frac{2R}{R + R_i}, u_{01} = u\frac{R}{R + R_i}, u_{02} = -u\frac{R}{R + R_i}\,.$$

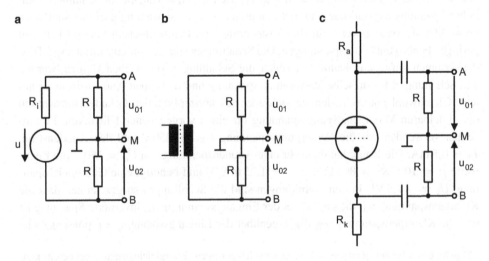

Abb. 6.7 Phaseninvertergrundschaltungen

$R_{A,M}$ und $R_{B,M}$ sind die inneren Widerstände zwischen den Klemmen A und B und der Schaltungsmasse M. Wir erkennen, dass drei Bedingungen für die Symmetrie erfüllt sein müssen:

- Spannungsbetragsgleichheit $|u_{01}| = |u_{02}|$,
- Phaseninversbedingung, angegeben als Vorzeichenbedingung, $u_{01} = -u_{02}$,
- Widerstandsgleichheit $R_{A,M} = R_{B,M}$.

Die einfachste Schaltungstechnik zum Aufbau eines solchen Signalkonverters ist die Verwendung eines NF-Übertragers. Mit dem Übertrager in Abb. 6.7b können wir aus dem massebezogenen asymmetrischen Signal ein massebezogenes symmetrisches Signal erzeugen. Mit dem Übertrager lässt sich auch eine Spannungsverstärkung erreichen, falls die Sekundärwindungszahl des Übertragers größer ist als die Primärwindungszahl und die am Übertrager sekundärseitig angeschlossene Lastimpedanz nicht zu gering ist. Bei Verwendung eines hochwertigen Studiotechnik-Übertragers und untereinander engtolerierten Widerständen R lassen sich auf diese Weise die qualitativ höchstwertigen Schaltungen aufbauen. Übertrager sind aber teuer und verzerren nichtlinear, wenn hohe Spannungen verarbeitet werden müssen oder, wenn Signale an der unteren und auch an der oberen Frequenz-Grenze des Übertragungsbereichs verarbeitet werden. Im Abschn. 6.4 werden wir eine Verstärkerstufe diskutieren, die einen solchen Übertrager als Eingangs- und nicht als Zwischenübertrager verwendet.

Zur Vermeidung des Übertragers wird häufig auf eine aktive Technik ausgewichen und die Spannungsquelle mit Innenwiderstand in Abb. 6.7a durch eine Röhrenschaltung ersetzt. Die „folgerichtige" Schaltung ist die Katodyne-Schaltung, wie sie in der Abb. 6.7c gezeigt wird. Eine in dieser Technik aufgebaute Phaseninverterschaltung zeigt die Abb. 6.8. Im Folgenden werden wir die Katodyne-Schaltung berechnen.

Ansatz 6.2.1-V *Zur Berechnung der beiden Verstärkerausgangsspannungen verwenden wir die Ersatzschaltung in Abb. 6.9. Die Wechselspannungs-Kleinsignalanalyse erfolgt mit zwei Gleichungen, einer Maschengleichung für die beiden Ausgangsspannungen u_{01} und u_{02} sowie einer Steuergleichung für die Triodengitterspannung u_g mit*

$$0 = -u_{02} - R_i i + \mu u_g + u_{01} \,, \tag{6.1}$$

$$u_g = u_E - u_{02} \,, \tag{6.2}$$

worin wir die Wechselspannung über dem Bias-Widerstand R_B wegen des geringen Impedanzbetrags des Überbrückungskondensators C_B zu Null gesetzt haben.

Rechnung 6.2.1-V *Zur Berechnung der Verstärkungsfaktoren berücksichtigen wir, dass beide Lastkreise gleich sind und setzen*

$$Z_L = R_a \parallel (R_{g1} + Z_{C_{K1}}) = R_k \parallel (R_{g2} + Z_{C_{K2}}) \,.$$

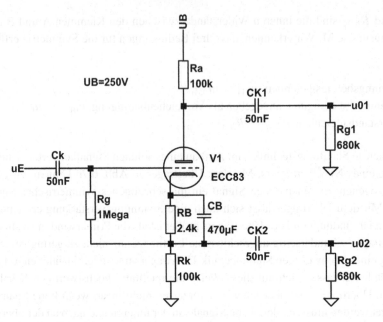

Abb. 6.8 Katodyne-Phaseninverterschaltung

Im weiteren benötigen wir die Zusammenhänge zwischen dem Röhrenstrom und den beiden Ausgangsspannungen mit

$$i = -\frac{u_{01}}{Z_L} = \frac{u_{02}}{Z_L} \quad \text{bzw.} \quad u_{01} = -u_{02} .\qquad(6.3)$$

Wir können die beiden Gl. 6.1 und 6.2 zusammenfassen und erhalten für die Spannung u_{01}

$$0 = u_{01} + u_{01}\frac{R_i}{Z_L} + \mu u_E + \mu u_{01} + u_{01}$$

$$= u_{01}\left(\frac{R_i}{Z_L} + 2 + \mu\right) + \mu u_E .\qquad(6.4)$$

Abb. 6.9 Ersatzschaltung
der Katodyneschaltung, Spannungsverstärkung

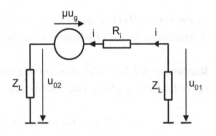

Ergebnis 6.2.1-V *Die Spannungsverstärkungen lauten mit (6.3) und (6.4)*

$$V_1 = \frac{u_{01}}{u_E} = \frac{-\mu Z_L}{R_i + (2 + \mu)Z_L} = -\frac{u_{02}}{u_E} = -V_2 \,. \tag{6.5}$$

Wir sehen sofort, dass

$$\left| \frac{u_{01}}{u_E} \right| < 1 \tag{6.6}$$

und

$$\xi = \left| \frac{V_2}{V_1} \right| = 1 \quad \text{oder} \quad \xi_R = 0\,\% $$

gilt. Die Schaltung stellt für beide Lastkreise Spannungen mit denselben Beträgen zur Verfügung, aber ohne die Gesamtspannung $u_G = u_{01} - u_{02}$ *gegenüber der Eingangsspannung* u_E *zu verstärken. Genauer gesagt, wird diese Gesamtspannung sogar kleiner als die Eingangsspannung sein.*

Die Symmetrie setzt aber voraus, dass kein Wechselstrom vom Gitteranschluss zum Knoten mit den Bauelementen R_g, R_B, C_B, R_k fließt, was aber nicht zu vermeiden ist, da R_g nicht beliebig groß gewählt werden kann und die Röhrenkapazität zwischen Gitter und Kathode bei hohen Frequenzen nicht zu vernachlässigen ist. Zu bedenken ist, dass in der angegebenen Schaltung das Verhältnis $R_g/R_k = 10$ recht klein ist.

Ein weiterer Nachteil der Schaltung ist, dass sich für die anoden- und kathodenseitigen Ausgänge unterschiedliche Ausgangswiderstände ergeben. Diese Ausgangswiderstände wollen wir im Folgenden berechnen. Hierzu lassen wir die Last mit den Koppelkondensatoren C_{K1} und C_{K2} und den Gitterableitwiderständen für die nächste Stufe R_{g1} und R_{g2} entfallen.

Ansatz 6.2.1-R02 *Für die Berechnung des kathodenseitigen Ausgangswiderstands*

$$R_{02} = \frac{u_{02}}{i_{02}} \quad \text{an der Stelle} \quad u_E = 0$$

mit der rechten Ersatzschaltung in Abb. 6.10 stellen wir eine Maschengleichung

$$u_{02} = \mu u_g + i_2(R_i + R_a) \,, \tag{6.7}$$

eine Steuergleichung, in der die Bedingung $u_E = 0$ *berücksichtigt ist,*

$$u_g = -u_{02} \tag{6.8}$$

und eine Knotengleichung

$$i_{02} = i_1 + i_2 \tag{6.9}$$

auf.

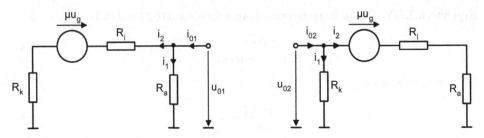

Abb. 6.10 Ersatzschaltungen der Katodyneschaltung, Ausgangswiderstände

Rechnung 6.2.1-R02 *Zunächst modifizieren wir die Knotengleichung 6.9*

$$i_2 = i_{02} - i_1 = i_{02} - \frac{u_{02}}{R_k}$$

und anschließend die Maschengleichung 6.7

$$u_{02} = -\mu u_{02} + i_2(R_i + R_a)$$

$$= -\mu u_{02} + \left(i_{02} - \frac{u_{02}}{R_k}\right)(R_i + R_a) .$$

Wir erhalten

$$u_{02}\left(1 + \mu + \frac{R_i + R_a}{R_k}\right) = i_{02}(R_i + R_a) . \tag{6.10}$$

Ergebnis 6.2.1-R02 *Aus (6.10) folgt für den gesuchten Ausgangswiderstand*

$$R_{02} = \frac{u_{02}}{i_{02}} = \frac{R_k(R_i + R_a)}{(1 + \mu)R_k + R_i + R_a} = R_k \parallel \frac{R_i + R_a}{1 + \mu} \tag{6.11}$$

oder, in Näherung für einen großen Verstärkungsfaktor μ,

$$R_{02} \approx \frac{R_i + R_a}{1 + \mu} .$$

Ansatz 6.2.1-R01 *Für die Berechnung des anodenseitigen Ausgangswiderstands*

$$R_{01} = \frac{u_{01}}{i_{01}} \quad \text{an der Stelle} \quad u_E = 0$$

mit der linken Ersatzschaltung in Abb. 6.10 stellen wir eine Maschengleichung

$$u_{01} = -\mu u_g + i_2(R_i + R_k) , \tag{6.12}$$

eine Steuergleichung, in der die Bedingung $u_E = 0$ berücksichtigt ist,

$$u_g = -i_2 R_k \tag{6.13}$$

und eine Knotengleichung

$$i_{01} = i_1 + i_2 \tag{6.14}$$

auf.

Rechnung 6.2.1-R01 *Einsetzen der Steuer- 6.13 in die Maschengleichung 6.12 ergibt*

$$u_{01} = i_2(R_i + (1 + \mu)R_k) \,.$$

Die Verwendung der Knotengleichung 6.14 in der Form

$$i_2 = i_{01} - \frac{u_{01}}{R_a}$$

führt zu

$$u_{01} = \left(i_{01} - \frac{u_{01}}{R_a}\right)(R_i + (1 + \mu)R_k)$$

und

$$u_{01}\left(1 + \frac{R_i + (1 + \mu)R_k}{R_a}\right) = i_{01}(R_i + (1 + \mu)R_k) \,. \tag{6.15}$$

Ergebnis 6.2.1-R01 *Der gesuchte Ausgangswiderstand R_{01} lautet mit (6.15)*

$$R_{01} = \frac{u_{01}}{i_{01}} = \cfrac{1}{\cfrac{1}{R_i + (1 + \mu)R_k} + \cfrac{1}{R_a}} \tag{6.16}$$

und entspricht der Parallelschaltung

$$R_{01} = R_a \parallel (R_i + (1 + \mu)R_k)$$

bzw.

$$R_{01} \approx R_a$$

für einen großen Verstärkungsfaktor μ. Wir sehen sofort, dass R_{01} in (6.16) deutlich größer ist als R_{02} in (6.11). Auch an dieser Stelle zeigt die Schaltung Unsymmetrien, vor allem für hohe Frequenzen, bei denen die kapazitive Last der mit der Katodyne-Schaltung angesteuerten Verstärkerstufe nicht mehr vernachlässigbar ist. Aus diesem Grund werden in einigen Verstärkern der Katodyne-Schaltung Impedanzwandler (Anodenbasisschaltungen) nachgeschaltet.

Tab. 6.3 Rechen- und Simulationsergebnisse 6.2.1

Größe	Formel	Berechnung	C83.1	C83.2	C83.3	Einheit
V_{01}	(6.5)	−0,972	−0,969	−0,968	−0,970	V/V
V_{02}	(6.5)	0,972	0,971	0,970	0,973	V/V
R_{01}	(6.16)	100	98,9	98,8	99,0	kΩ
R_{02}	(6.11)	1,75	1,78	1,76	1,66	kΩ
R_E	(5.36)	35,3	33	33	33	MΩ
C_E	(5.28)	3,2	3,39	4,99	3,37	pF

Eingangsimpedanz 6.2.1 *Der ohmsche Anteil R_E an der Eingangsimpedanz wird mit (5.36) und der kapazitive Anteil C_E mit (5.28) berechnet.*

Die hohe Übereinstimmung zwischen Rechnung und Simulation mit den Resultaten in Tab. 6.3 ist auf die Stromgegenkopplung der Schaltung über R_k zurückzuführen. Die Vorteile der Katodyneschaltung sind die hohe Ausgangssymmetrie und der Aufbau ohne Abgleichelemente. Nachteilig sind die geringe Spannungsverstärkung (Spannungsabschwächung) und das hohe Kathodenruhepotential, das u. U. den Anschluss der Heizspannungsversorgung erschweren kann.

Wir wollen den Abschnitt über die Katodyne-Phaseninverterschaltung noch um eine wenig bekannte Schaltung ergänzen, die Kappler-Phaseninverterschaltung in Abb. 6.11,

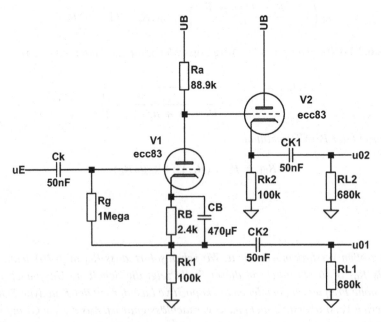

Abb. 6.11 Schaltung des Kappler-Phaseninverters

die, abgeleitet aus der Katodyne-Phaseninverterschaltung, das Problem der unterschiedlichen Ausgangswiderstände mit Hilfe einer zweiten Röhre umgeht. Die Wirkungsweise der Schaltung ist schnell erklärt. Die Röhre V1 bildet eine Katodyne-Phaseninverterschaltung, die anodenseitig um einen Impedanzwandler V2 ergänzt wird. Auf diese Weise stehen zwei Ausgangsspannungen mit denselben Ausgangswiderständen zur Verfügung. Für die Dimensionierung der Schaltung muss nur noch der Anodenwiderstand R_a für die Röhre V1 berechnet werden. Hierfür können wir auf bereits bekannte Ergebnisse zurückgreifen. Mit den Ergebnissen (5.26) und (5.39) können wir ohne weitere Rechnung die Spannungsverstärkungen

$$\frac{u_a}{u_E} = \frac{-\mu R_a}{R_i + R_a + (1 + \mu) R_{k1}} ,$$

$$\frac{u_{02}}{u_a} = \frac{-\mu R_{k2}}{R_i + (1 + \mu) R_{k2}} ,$$

$$\frac{u_{01}}{u_E} = \frac{\mu R_{k1}}{R_i + R_a + (1 + \mu) R_{k1}}$$

für den Betrieb ohne Last angeben. In diesen Ausdrücken bezeichnet u_a die Wechselspannung an der Anode von V1. Wenn wir zum einen berücksichtigen, dass die beiden Kathoden bei Vernachlässigung der Kopplungskondensatorenimpedanz die Widerstände

$$R_L = R_{k1} \parallel R_{L1} = R_{k2} \parallel R_{L2} = 87{,}2 \, \text{k}\Omega$$

„sehen" und zum anderen sich mit dem Ansatz

$$\frac{u_{01}}{u_E} = -\frac{u_{02}}{u_E}$$

die Dimensionierungsvorschrift

$$\mu R_a \frac{R_{k2}}{R_{k1}} = R_i + (1 + \mu) R_{k2}$$

ergibt, können wir den benötigten Anodenwiderstand zu

$$R_a = \frac{R_i + (1 + \mu) R_L}{\mu} \approx 88{,}9 \, \text{k}\Omega$$

berechnen. Die niedrigen Ausgangswiderstände der Kappler-Phaseninverterschaltung lassen sie besonders gut für die Ansteuerung von Verstärkerstufen mit großen Eingangskapazitäten verwenden. Große Eingangskapazitäten ergeben sich vor allem dann, wenn man Endröhren mit geringer Leistung parallelschaltet, um so hohe Ausgangsleistungen mit preisgünstigen Röhren zu erzielen. Wir finden häufig Schaltungen, in denen bis zu fünf Endröhren parallelgeschaltet wurden und so NF-Leistungen von mehreren hundert Watt mit gewöhnlichen Leistungspentoden erzielt wurden.

6.2.2 Berechnung der Paraphase-Schaltung

Eine Paraphase-Schaltung zeigt die Abb. 6.12. Es handelt sich um zwei invertierende Verstärker, wobei der Verstärker mit der Triode V2, die zweite Verstärkerstufe, von einem Teil des Ausgangssignals des Verstärkers mit der Triode V1, die erste Verstärkerstufe, gespeist wird. So erhält man die gewünschte Phasenbeziehung. Der gemeinsame Widerstand R_k ermöglicht eine Selbst-Balance der Ausgangssignale u_{01} und u_{02}. Der mit R_1 und R_2 gebildete Spannungsteiler dient der Ansteuerung von V2 so, dass V2 die phaseninverse Gitterspannung von V1 erhält. Hier erkennt man auch bereits das Problem des Aufbaus eines solchen Verstärkers. Das Verhältnis R_1 zu R_2 hängt von den individuellen Röhrendaten, dem Innenwiderstand R_i und der Spannungsverstärkung μ sowie von der kapazitiven Last der mit dieser Phaseninverterschaltung angesteuerten Endröhre ab. Die zweite Verstärkerstufe ist so belastet wie die erste Stufe, um die Widerstandssymmetrie nicht zu stören. Die Widerstände R_1 und R_2 stellen für die nachfolgenden Stufen Gleichspannungspfade dar. So werden keine weiteren Gitterableitwiderstände benötigt. Wenn man eine solche Stufe aufbaut, wird man statt Festwiderstände Trimmwiderstände verwenden müssen.

Ansatz 6.2.2-V *Für die Kleinsignalanalyse auf der Grundlage der Ersatzschaltung in Abb. 6.13 stellen wir mit den Triodenströmen i_1 und i_2 zwei Maschengleichungen*

$$-u_{01} + i_1 R_i - \mu u_{g,1} + u_k = 0\,, \tag{6.17}$$

$$-u_{02} + i_2 R_i - \mu u_{g,2} + u_k = 0\,, \tag{6.18}$$

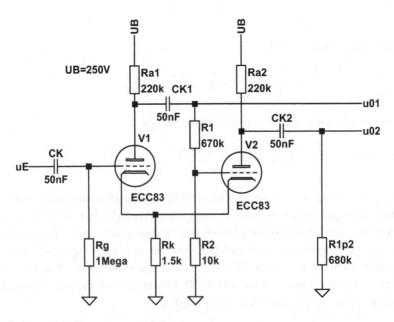

Abb. 6.12 Paraphase-Phaseninverterschaltung

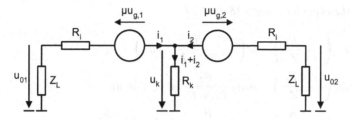

Abb. 6.13 Paraphase-Ersatzschaltung

zwei Steuergleichungen

$$u_{g,1} = u_E - u_k \,, \tag{6.19}$$

$$u_{g,2} = u_{01}\frac{R_2}{R_1 + R_2} - u_k \,, \tag{6.20}$$

und eine Gleichung für die gemeinsame Kathodenspannung

$$u_k = (i_1 + i_2)R_k = \frac{-R_k}{Z_L}(u_{01} + u_{02}) \tag{6.21}$$

auf. Mit Z_L werden die den beiden Systemen gleichen Lastimpedanzen

$$Z_L = R_{a1} \parallel \left(Z_{C_{K1}} + R_1 + R_2\right) = R_{a2} \parallel \left(Z_{C_{K2}} + R_{1p2}\right) \tag{6.22}$$

bezeichnet. Für die Ströme i_1 und i_2 gilt

$$i_1 = -u_{01}/Z_L \quad und \quad i_2 = -u_{02}/Z_L \,. \tag{6.23}$$

Die Spannung u_k ist die Spannung über dem gemeinsamen Kathodenwiderstand R_k.

Rechnung 6.2.2-V *Mit (6.22, 6.23) und Verwendung der beiden Gl. 6.19, 6.20 für die Gitterspannungen formen wir die beiden Maschengleichungen 6.17, 6.18 um und erhalten für die Maschengleichung 6.17 mit 6.21*

$$0 = -u_{01} + i_1 R_i - \mu u_E + (1 + \mu)u_k$$

$$= -u_{01}\left(1 + \frac{R_i}{Z_L}\right) - \mu u_E + (1 + \mu)\frac{-R_k}{Z_L}(u_{01} + u_{02})$$

$$= -u_{01}\left(1 + \frac{R_i}{Z_L} + \frac{(1 + \mu)R_k}{Z_L}\right) - \mu u_E - (1 + \mu)\frac{R_k}{Z_L}u_{02} \tag{6.24}$$

und für die Maschengleichung 6.18 mit 6.21

$$0 = -u_{02}\left(1 + \frac{R_i}{Z_L}\right) - \mu\left(u_{01}\frac{R_2}{R_1 + R_2} - u_k\right) + u_k$$

$$= -u_{02}\left(1 + \frac{R_i}{Z_L}\right) - \mu u_{01}\frac{R_2}{R_1 + R_2} + (1 + \mu)u_k$$

$$= -u_{02}\left(1 + \frac{R_i}{Z_L}\right) - \mu u_{01}\frac{R_2}{R_1 + R_2} + (1 + \mu)\frac{-R_k}{Z_L}(u_{01} + u_{02})$$

$$= -u_{02}\left(1 + \frac{R_i}{Z_L} + \frac{(1 + \mu)R_k}{Z_L}\right) - u_{01}\left(\frac{\mu R_2}{R_1 + R_2} + \frac{(1 + \mu)R_k}{Z_L}\right). \qquad (6.25)$$

Die umgeformte Gl. 6.25 stellt u_{01} und u_{02} ins Verhältnis zueinander

$$\frac{u_{02}}{u_{01}} = -\frac{\dfrac{\mu R_2}{R_1 + R_2} + \dfrac{(1 + \mu)R_k}{Z_L}}{1 + \dfrac{R_i}{Z_L} + \dfrac{(1 + \mu)R_k}{Z_L}}.$$

Wir erhalten die gewünschte Betragsgleichheit beider Spannungen, falls

$$\frac{\mu R_2}{R_1 + R_2} = 1 + \frac{R_i}{Z_L}$$

gilt, oder

$$R_2 = R_1\frac{1 + \frac{R_i}{Z_L}}{\mu - 1 - \frac{R_i}{Z_L}} \qquad (6.26)$$

gewählt wird. Wir unterstellen im Folgenden, dass das Widerstandsverhältnis entspre-chend (6.26) eingestellt wurde, was im konkreten Fall nur möglich ist, wenn der Einfluß des Koppelkondensators vernachlässigt wird, d. h. $Z_L \approx R_L = R_a \parallel (R_1 + R_2)$ gesetzt wird. Dann können wir (6.24) anpassen und erhalten für $u_{02} = -u_{01}$

$$0 = -u_{01}\left(1 + \frac{R_i}{R_L} + \frac{(1 + \mu)R_k}{R_L}\right) - \mu u_E + (1 + \mu)\frac{R_k}{R_L}u_{01}$$

$$= -u_{01}\left(1 + \frac{R_i}{R_L}\right) - \mu u_E. \qquad (6.27)$$

Ergebnis 6.2.2-V *Die Spannungverstärkungen sind aus (6.27) zu gewinnen*

$$V_1 = \frac{u_{01}}{u_E} = \frac{-\mu R_L}{R_i + R_L} = -\frac{u_{02}}{u_E} = -V_2. \qquad (6.28)$$

Wir erkennen in diesem Ausdruck die Spannungsverstärkung der nicht gegengekoppelten Kathodenverstärkerstufe (5.39).

Tab. 6.4 Rechen- und Simulationsergebnisse 6.2.2

Größe	Formel	Berechnung	C83.1	C83.2	C83.3	Einheit
V_{01}	(6.28)	−69,2	−66,4	−62,92	−70,8	V/V
V_{02}	(6.28)	69,2	66,3	61,28	72,8	V/V
R_E	(5.23)	1	1	1	1	MΩ
C_E	(5.41)	113,2	116,4	162,7	123,2	pF

Dimensionierung der Schaltung 6.2.2 *Für die Dimensionierung der Schaltung und die Berechnung des die Verstärkung V_1 ausgleichenden Spannungsteilers R_1 und R_2 benötigen wir die Spannungsverstärkung, die wir mit (6.28) zu $V_1 = -69{,}2$ berechnen. Es muß nun gelten $R_1 + R_2 = 680\,\text{k}\Omega$ und mit (6.26) $R_2 = 0{,}0148\,R_1$. Wir haben die gerundeten Werte*

$$R_1 = 670\,\text{k}\Omega \quad \text{und} \quad R_2 = 10\,\text{k}\Omega$$

gewählt. Wir hätten auch einfacher argumentieren können und erhielten

$$\frac{R_2}{R_1 + R_2} = -\frac{u_E}{u_{01}} = -\frac{1}{V_1} = 0{,}0147 \;.$$

Für eine korrekt dimensionierte Schaltung, wie schwierig dies auch immer technisch zu erreichen ist, gilt

$$\xi = \left| \frac{V_2}{V_1} \right| = 1 \quad \text{oder} \quad \xi_R = 0\,\% \;.$$

Eingangsimpedanz 6.2.2 *Strukturell können wir den Verstärker als Differenzverstärker betrachten. Wenn die Schaltung symmetrisch arbeitet, verschwindet die Wechselspannung an den verbundenen Kathoden. Wir haben es mit einer virtuellen Masse zu tun. Die Eingangskapazität wird wie bei der gewöhnlichen Kathodenbasisschaltung ohne Stromgegenkopplung berechnet. Falls der Betrieb unsymmetrisch ist, würde der C_{gk}-Anteil an C_E entsprechend etwas kleiner oder größer als 1 ausfallen, je nachdem, ob die durch die Unsymmetrie erzeugte Kathodenspannung der Eingangsröhre in Phase oder in Gegenphase mit u_E ist. Der ohmsche Anteil R_E an der Eingangsimpedanz entspricht mit (5.23) dem Gitterableitwiderstand und der kapazitive Anteil C_E wird mit (5.41) und (6.28) zu $C_E = 113{,}92\,\text{pF}$ berechnet.*

Die Resultate von Rechnung und Simulation sind in der Tab. 6.4 eingetragen. Für dieses Beispiel können wir keinen Ausgangswiderstand der Schaltung berechnen, da diese bereits belastet ist. Statt dessen berechnen wir einen Übertragungsfaktor, der den Ausgangswiderstand der unbelasteten Schaltung mit der Last verbindet und angibt, wie groß die Ausgangsspannung unter Last gegenüber der Leerlaufspannung ohne Last ist. Der

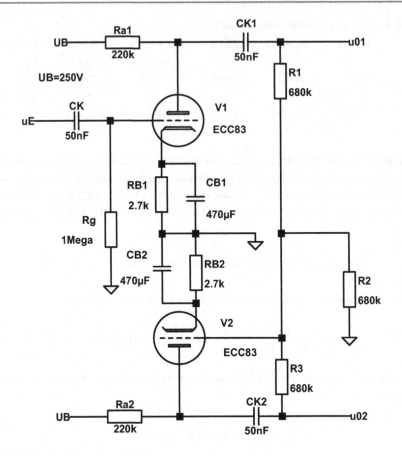

Abb. 6.14 Floating-Paraphase-Schaltung

Ausgangswiderstand ohne Last wird mit (5.25) berechnet und ergibt

$$R_A^* = 220\,\text{k}\Omega \,\|\, 80\,\text{k}\Omega = 58{,}7\,\text{k}\Omega \,.$$

Der Übertragungsfaktor mit Last beträgt dann

$$t_F = \frac{R_1 + R_2}{R_1 + R_2 + R_A^*} = 0{,}92 \,.$$

6.2.3   Berechnung der Floating-Paraphase-Schaltung

Eine Phaseninverterschaltung, die als Floating-Paraphase-Schaltung ausgeführt ist, zeigt
die Abb. 6.14. Die Schaltung ist ebenfalls selbst-balancierend. Im ideal ausgeglichenen

Fall hebt sich der Strom in R_2 weg, da die Ströme in R_1 und R_3 entgegengerichtet fließen und den gleichen Betrag haben. Die Gitterspannung der Röhre V2 ist dann Null und die Schaltung würde nicht funktionieren. Der Betrieb der Schaltung erfolgt also unsymmetrisch, denn die Gitterspannung der Röhre V2 muß der negativen Gitterspannung der Röhre V1 entsprechen. Daher entspricht die Spannung über R_2 der Anodenspannung der Röhre V1, dividiert durch die Spannungsverstärkung. Der Wert ist entsprechend klein. Wenn über R_2 nur die genannte kleine Wechselspannung abfällt, fällt der größere $(V-1)$-fache Anteil dieser Spannung über R_1 ab. Daher ist der effektive Lastwiderstand, den beide Röhren sehen R_1 bzw. R_3 und ein jeweils vernachlässigbarer Anteil an R_2. Genauer gesagt, ist der Lastwiderstand der ersten Röhre $R_{L1} = R_1 + R_2/V$ und für die zweite Röhre $R_{L1} = R_3 - R_2/V$ bei als klein angesehener Impedanz der Koppelkondensatoren.

Ansatz 6.2.3-V *Die Analyse der Schaltung ist recht einfach, da die Kathoden der beiden Trioden nicht miteinander verbunden sind. Für sich genommen handelt es sich bei beiden Röhren um nicht gegengekoppelte Kathodenbasisverstärker mit den Spannungsverstärkungen entsprechend (5.39). Wir berechnen*

$$V_1 = V_{V1} = \frac{u_{01}}{u_{g,1}} = \frac{u_{01}}{u_E} = \frac{-\mu Z_{L1}}{R_i + Z_{L1}} \quad \text{und} \tag{6.29}$$

$$V_{V2} = \frac{u_{02}}{u_{g,2}} = \frac{-\mu Z_{L2}}{R_i + Z_{L2}}.$$

V_{V1} und V_{V2} bezeichnen die Spannungsverstärkungen der Röhren V1 und V2. Die Ausgangswiderstände berechnen wir mit (5.25). Die Gitterspannung der Triode V2 erhalten wir mit dem Überlagerungsverfahren zu

$$u_{g,2} = u_{01} \frac{R_3 \parallel R_2}{R_1 + R_3 \parallel R_2} + u_{02} \frac{R_1 \parallel R_2}{R_3 + R_1 \parallel R_2}. \tag{6.30}$$

Rechnung 6.2.3-V *Wir führen praktikable Vereinfachungen ein*

$$Z_{L1} = Z_{L2} \quad \text{und} \quad R_1 = R_2 = R_3 \tag{6.31}$$

und erhalten für (6.30)

$$u_{g,2} = u_{01} \frac{1}{3} + u_{02} \frac{1}{3}.$$

Wegen der Lastimpedanzengleichheit gilt $V_{V1} = V_{V2} = V_1$ und somit

$$u_{g,2} = V_1 u_E \frac{1}{3} + V_1 u_{g,2} \frac{1}{3}$$

und

$$u_{g,2} \left(1 - \frac{V_1}{3} \right) = u_E \frac{V_1}{3}.$$

Tab. 6.5 Rechen- und Simulationsergebnisse 6.2.3

Größe	Formel	Berechnung	C83.1	C83.2	C83.3	Einheit
V_{01}	(6.29)	−67,5	−65,2	−63,6	−69,3	V/V
V_{02}	(6.32)	64,6	62,3	60,7	66,4	V/V
R_E	(5.23)	1	1	1	1	MΩ
C_E	(5.41)	111,2	114,3	165,2	120,8	pF

Ergebnis 6.2.3-V *Nun können wir das gesuchte Verstärkungsverhältnis angeben und erhalten*

$$V_2 = \frac{u_{02}}{u_E} = \frac{V_1^2}{3\left(1 - \frac{V_1}{3}\right)} = \frac{V_1^2}{3 - V_1} \, . \tag{6.32}$$

Die Verstärkungen V_1 und V_2 sind nicht gleich, vielmehr liegt eine Verstärkungsunsymmetrie mit

$$\xi = \left|\frac{V_2}{V_1}\right| = \left|\frac{V_1}{3 - V_1}\right|$$

vor.

Eingangsimpedanz 6.2.3 *Die Berechnung der Eingangsimpedanz entspricht der Berechnung im Abschn. 6.2.2. Der ohmsche Anteil R_E an der Eingangsimpedanz entspricht mit (5.23) dem Gitterableitwiderstand und der kapazitive Anteil C_E wird mit (5.41) und (6.29) zu $C_E = 111,2\,\text{pF}$ berechnet.*

Die Resultate von Rechnung und Simulation sind in der Tab. 6.5 eingetragen[2]. Beide Verstärkungen stehen im Mißverhältnis mit

$$\xi = \left|\frac{V_2}{V_1}\right| = \left|\frac{64,6}{-67,5}\right| = 0,957 \quad \text{oder} \quad \xi_R = 4,3\,\% \, .$$

Um perfekte Symmetrie zu erhalten, wobei wir bedenken sollten, dass reale Doppel-Trioden auch keine exakt übereinstimmenden Kennwerte haben, könnten wir die Widerstände R_1, R_2 und R_3 anpassen, denn es gilt nach [Lan53]

$$\frac{u_{01}}{u_{02}} \approx \frac{R_1}{R_3} + \frac{1}{V_2}\left(1 + \frac{R_1}{R_3} + \frac{R_1}{R_2}\right) \, .$$

Die Ausgangswiderstände dieser Schaltung entsprechen im idealen (in der Praxis abgeglichenen) Fall, d. h. die Schaltung arbeitet im o. g. Sinne unsymmetrisch, den Aus-

---

[2] Annahme einer nur kleinen Unsymmetrie, was $u_{R2} = 0$ zur Folge hat.

gangswiderständen der nicht gegengekoppelten (wegen der verschwindenden Kathoden-wechselspannung) Kathodenbasisschaltung (5.25). Die Zahlenwerte der Ausgangswi-derstände und des Übertragungsfaktors entsprechen denen der Paraphase-Schaltung im Abschn. 6.2.2.

6.2.4   Berechnung der See-Saw-Schaltung

Die Abb. 6.15 zeigt eine Phaseninverterstufe vom Typ See-Saw. Die Schaltung, ein-schließlich ihrer Dimensionierung, stammt aus dem Philips-Datenblatt zur Röhre ECC83 [ECC83]. Das Philips-Datenblatt enthält Angaben für die Summe der Anodenströme $I_{tot} = I_{a1} + I_{a2} = 1,08$ mA (0,95 mA, Modell $C83.2$) und für die Spannungsverstär-kung $V = 58$ (60, Modell $C83.2$). Für eine Effektivausgangsspannung von 35 V ist ein Klirrfaktor von 5,5 % (6,48 % und 6,22 % für die Spannungen u_{01} und u_{02}, Modell $C83.2$) ausgewiesen.

Die See-Saw-Schaltung ist am einfachsten zu verstehen, wenn man das Gitter der zwei-ten Röhre V2 zunächst auf Masse legt. Dann erkennen wir einen gewöhnlichen Differenz-verstärker[3] mit einseitiger Ansteuerung. Wenn die Schaltung ideal arbeitet, verschwindet die Spannung am Summenpunkt der beiden Widerstände R_x und R_y, wir bezeichnen die-

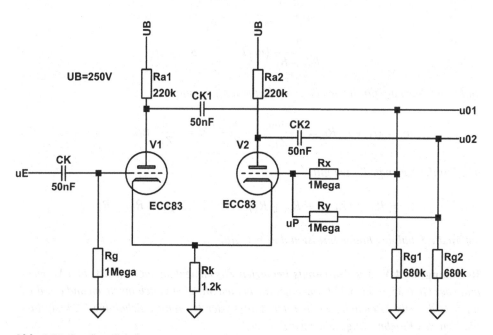

Abb. 6.15   See-Saw-Schaltung

---

[3] Differenzverstärker mit Trioden sind Gegenstand des Abschn. 6.4

se Spannung als u_p, vorausgesetzt, dass R_x und R_y richtig gewählt wurden. In diesem Fall liegt das Gitter der Röhre V2 auf virtueller Masse und wir sehen nach wie vor nur einen einseitig angesteuerten Differenzverstärker. Falls die Schaltung nicht ideal symmetrisch arbeitet, wird u_p von Null verschieden sein und über diesen Pfad wird die Balance des Verstärkers eingestellt. Da u_p aus den Anodenspannungen abgeleitet wird, ist die Bezeichnung *Anode-Follower-Schaltung* verständlich.

Ansatz 6.2.4-V *Die Analyse der See-Saw-Schaltung ist im Kleinsignalersatzschaltbild vergleichsweise einfach durchzuführen und verwendet die Ansätze und die Ersatzschaltung in Abb. 6.13 aus der Analyse der Paraphase-Schaltung. Wir stellen erneut zwei Maschengleichungen*

$$-u_{01} + i_1 R_i - \mu u_{g,1} + u_k = 0 \,, \tag{6.33}$$

$$-u_{02} + i_2 R_i - \mu u_{g,2} + u_k = 0 \,, \tag{6.34}$$

zwei Steuergleichungen

$$u_{g,1} = u_E - u_k \,, \tag{6.35}$$

$$u_{g,2} = u_p - u_k$$

$$= u_{01} \frac{R_y}{R_x + R_y} + u_{02} \frac{R_x}{R_x + R_y} - u_k$$

$$= \frac{1}{R_x + R_y} \left(u_{01} R_y + u_{02} R_x \right) - u_k \,, \tag{6.36}$$

und eine Gleichung für die gemeinsame Kathodenspannung

$$u_k = (i_1 + i_2) R_k = \left(\frac{-u_{01}}{Z_L} + \frac{-u_{02}}{Z_L} \right) R = \frac{-R_k}{Z_L} (u_{01} + u_{02}) \tag{6.37}$$

auf. Für die Lastimpedanzen gilt

$$Z_L = R_{a1} \parallel \left(Z_{CK1} + R_{g1} \parallel R_x \right) = R_{a2} \parallel \left(Z_{CK2} + R_{g2} \parallel R_y \right) \,,$$

sofern die Schaltung balanciert ist und $u_P = 0$ gilt.

Rechnung 6.2.4-V *Mit den bereits benutzten Zusammenhängen in (6.23) und Verwendung der Gl. 6.35, 6.36, 6.37 formen wir die beiden Maschengleichungen um und erhalten für 6.33 dieselbe Gleichung wie bei der Analyse der Paraphase-Schaltung 6.24, so dass hier nur das Ergebnis angegeben wird*

$$0 = -u_{01} \left(1 + \frac{R_i}{Z_L} + \frac{(1 + \mu) R_k}{Z_L} \right) - \mu u_e - (1 + \mu) \frac{R_k}{Z_L} u_{02} \,. \tag{6.38}$$

Die Maschengleichung 6.34 lautet nach den Umformungen

$$
\begin{aligned}
0 &= -u_{02}\left(1 + \frac{R_i}{Z_L}\right) - \mu\left(\frac{u_{01}R_y + u_{02}R_x}{R_x + R_y} - u_k\right) + u_k \\
&= -u_{02}\left(1 + \frac{R_i}{Z_L}\right) - \mu\frac{u_{01}R_y}{R_x + R_y} - \mu\frac{u_{02}R_x}{R_x + R_y} + u_k(1 + \mu) \\
&= -u_{02}\left(1 + \frac{R_i}{Z_L} + \mu\frac{R_x}{R_x + R_y} + \frac{(1 + \mu)R_k}{Z_L}\right) \\
&\quad - u_{01}\left(\mu\frac{R_y}{R_x + R_y} + \frac{(1 + \mu)R_k}{Z_L}\right).
\end{aligned}
\tag{6.39}
$$

In der Maschengleichung 6.39 erkennen wir eine Unsymmetrie für die beiden Ausgangsspannungen. Wir definieren zunächst einen Verstärkungsunsymmetriefaktor ξ für das Verhältnis der beiden Ausgangsspannungen, damit wir die Verstärkung der Röhre V1 aus (6.38) berechnen können. Dann berechnen wir das Verhältnis zwischen R_x und R_y, damit beide Ausgänge symmetrisch arbeiten können. Mit dem Verstärkungsunsymmetriefaktor

$$
\xi = \left|\frac{u_{02}}{u_{01}}\right| = \left|\frac{\mu\dfrac{R_y}{R_x + R_y} + \dfrac{(1 + \mu)R_k}{Z_L}}{1 + \dfrac{R_i}{Z_L} + \mu\dfrac{R_x}{R_x + R_y} + \dfrac{(1 + \mu)R_k}{Z_L}}\right|
\tag{6.40}
$$

und dem Zusammenhang $u_{02} = -\xi u_{01}$ erhalten wir in (6.38)

$$
\begin{aligned}
0 &= -u_{01}\left(1 + \frac{R_i}{Z_L} + \frac{(1 + \mu)R_k}{Z_L}\right) - \mu u_E - (1 + \mu)\frac{R_k}{Z_L}(-\xi u_{01}) \\
&= -u_{01}\left(\frac{Z_L + R_i + (1 + \mu)R_k - \xi(1 + \mu)R_k}{Z_L}\right) - \mu u_E \\
&= -u_{01}\left(\frac{Z_L + R_i + (1 + \mu)(1 - \xi)R_k}{Z_L}\right) - \mu u_E.
\end{aligned}
\tag{6.41}
$$

Ergebnis 6.2.4-V *Die Verstärkung V_1 wird aus (6.41) gewonnen*

$$
V_1 = \frac{u_{01}}{u_E} = \frac{-\mu Z_L}{Z_L + R_i + (1 + \mu)(1 - \xi)R_k},
\tag{6.42}
$$

was dem bekannten Ausdruck für den gegengekoppelten Kathodenbasisverstärker entspricht. Die Verstärkung V_2 gewinnen wir über den Verstärkungsunsymmetriefaktor (6.40)

$$
V_2 = -\xi V_1.
\tag{6.43}
$$

Eingangsimpedanz 6.2.4 *Die Berechnung der Eingangsimpedanz entspricht der Berechnung im Abschn. 6.2.2. Der ohmsche Anteil R_E an der Eingangsimpedanz entspricht*

Tab. 6.6 Rechen- und Simulationsergebnisse 6.2.4

Größe	Formel	Berechnung	C83.1	C83.2	C83.3	Einheit
V_{01}	(6.42)	−62,98	−61,4	−61,1	−66,2	V/V
V_{02}	(6.43)	61,04	59,6	59,2	64,3	V/V
R_E	(5.23)	1	1	1	1	MΩ
C_E	(5.41)	104,0	107,9	158,5	115,9	pF

mit (5.23) dem Gitterableitwiderstand und der kapazitive Anteil C_E wird mit (5.41) und (6.42) zu $C_E = 104{,}0\,\text{pF}$ berechnet

Ausgehend vom Audruck (6.40) erkennen wir Ausgangsspannungssymmetrie, falls

$$\mu \frac{R_y}{R_x + R_y} = 1 + \frac{R_i}{Z_L} + \mu \frac{R_x}{R_x + R_y}$$

entspricht. Nach einfachen Umformungen erhalten wir

$$\frac{R_y}{R_x} = \frac{\mu + \alpha}{\mu - \alpha} \quad \text{mit} \quad \alpha = 1 + \frac{R_i}{Z_L} . \tag{6.44}$$

Die Gleichung ist nur zu lösen, wenn wir die Koppelkondensatorenimpedanz vernachlässigen und mit einem reellwertigen Lastwiderstand R_L rechnen. In den Lastwiderstand gehen aber auch die beiden Widerstände R_x und R_y ein. Wenn wir Gleichheit von R_x und R_y annehmen und davon ausgehen, dass die Unsymmetrie gering ist, folgt $u_p = 0$. Das Gitter der Röhre V2 liegt also auf virtueller Masse und wir können den interessierenden Lastwiderstand mit

$$R_L \approx R_a \parallel R_g \parallel R_x = 220\,\text{k}\Omega \parallel 680\,\text{k}\Omega \parallel 1\,\text{M}\Omega = 142{,}5\,\text{k}\Omega \tag{6.45}$$

abschätzen. Wir erhalten dann mit (6.40) einen Verstärkungsunsymmetriefaktor

$$\xi = \frac{\dfrac{\mu}{2} + \dfrac{(1 + \mu)R_k}{R_L}}{1 + \dfrac{R_i}{R_L} + \dfrac{\mu}{2} + \dfrac{(1 + \mu)R_k}{R_L}} = 0{,}9692 .$$

Schließlich geben wir noch den relativen Verstärkungsunsymmetriefaktor an

$$\xi_R = 3{,}08\% .$$

Die Resultate von Rechnung und Simulation sind in der Tab. 6.6 eingetragen. Und nun zuletzt berechnen wir, wie R_x und R_y zu wählen sind, wenn die Symmetrie verbessert werden soll. Es gilt für die Triode ECC83 mit $\mu = 100$ und (6.44)

$$\frac{R_y}{R_x} = \frac{100 + \alpha}{100 - \alpha} = 1{,}0317 \quad \text{mit} \quad \alpha = 1 + \frac{R_i}{R_L} = 1{,}5614 .$$

Man könnte $R_x = 1\,\mathrm{M\Omega}$ wählen und R_y aus zwei in Reihe geschalteten Widerständen mit $1\,\mathrm{M\Omega}$ und ungefähr $30\,\mathrm{k\Omega}$ zusammensetzen.

Die Ausgangswiderstände dieser Schaltung entsprechen im idealen (in der Praxis abgeglichenen) Fall den Ausgangswiderständen der nicht gegengekoppelten (wegen der verschwindenden Kathodenwechselspannung) Kathodenbasisschaltung (5.25).

6.2.5 Berechnung der Cathode-Coupled-Schaltung

Die Abb. 6.16 zeigt eine Phaseninverterstufe vom Typ Cathode-Coupled. Die Schaltung, einschließlich ihrer Dimensionierung, stammt aus dem Philips-Datenblatt zur Röhre ECC83 [ECC83]. Das Philips-Datenblatt enthält Angaben für die Summe der Anodenströme $I_{tot} = I_{a1} + I_{a2} = 1\,\mathrm{mA}$ (0,97 mA, Modell *C83.2*) und für die Spannungsverstärkung $V = 25$ (26,7, Modell *C83.2*). Für eine Effektivausgangsspannung von 20 V ist ein Klirrfaktor von 1,8 % (1,66 % und 1,68 % für die Spannungen u_{01} und u_{02}, Modell *C83.2*) ausgewiesen.

Die Cathode-Coupled-Schaltung ist ein Differenzverstärker, der in Näherung einseitig angesteuert wird. Wegen des hohen Kathodengleichpotentials wird eingangsseitig eine Gleichspannung von 65 V an den Gittern der beiden Trioden benötigt. Der Widerstand R_g sorgt dafür, dass diese Gleichspannung auch am Gitter der Triode V2 anliegt. Technisch wird man einen direkt angekoppelten Vorverstärker mit einer Triode oder einer Pentode vorschalten und dort das Anodenruhepotential auf 65 V einstellen. Hierfür geeignete Röh-

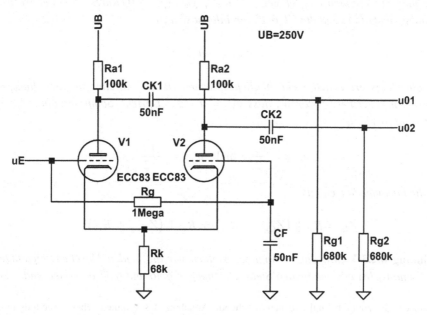

Abb. 6.16 Cathode-Coupled-Schaltung

ren, d. h. geeignet für eine niedrige Anodenspannung, sind die Doppeltriode ECC808 oder die Pentode EF86.

Der Kondensator C_F stellt einen Wechselspannungspfad nach Masse her und könnte, wenn er eine deutlich größere Kapazität aufwiese, auch für kleine Frequenzen als Wechselspannungskurzschluss betrachtet werden. Die Schaltung ist ebenfalls selbst-balancierend, wobei der Grad der Balance mit μ und R_k wächst.

Ansatz 6.2.5-V *Die Cathode-Coupled-Schaltung wird genau wie die Paraphase- oder die See-Saw-Schaltung mit der Ersatzschaltung in Abb. 6.13 analysiert. Wir gehen von den beiden Maschengleichungen 6.17 und 6.18 und den Gleichungen für die Gitter- und Kathodenspannungen*

$$u_{g,1} = u_E - u_k \,, \tag{6.46}$$

$$u_{g,2} = \gamma u_E - u_k \,, \tag{6.47}$$

$$u_k = (i_1 + i_2) R_k = \frac{-R_k}{Z_L} (u_{01} + u_{02}) \,, \tag{6.48}$$

aus. Der frequenzabhängige Faktor γ in (6.47) wird mit dem Widerstand R_g und dem Kondensator C_F zu

$$\gamma = \frac{1}{1 + j\omega R_g C_F} \tag{6.49}$$

berechnet. Für Frequenzen groß gegen $1/R_g C_F$ geht $|\gamma| \to 0$ (Kurzschluss der Wechselspannung am Gitter) und die Gl. 6.47 vereinfacht sich zu

$$u_{g,2} = -u_k \,.$$

Ein, allerdings prinzipiell nicht mögliches, symmetrisches Arbeiten der Schaltung mit $|u_{01}| = |u_{02}|$ setzt dann voraus, dass $u_k = u_E/2$ entspricht. Somit vereinfachen sich (6.46) und (6.47) zu

$$u_{g,1} = \frac{u_E}{2} \quad \text{und} \quad u_{g,2} = -\frac{u_E}{2} \,.$$

Für die Lastimpedanzen gilt

$$Z_L = R_{a1} \parallel (Z_{CK1} + R_{g1}) = R_{a2} \parallel (Z_{CK2} + R_{g2}) \,.$$

Rechnung 6.2.5-V *Mit diesen Angaben können wir die beiden Maschengleichungen[4] (6.17) und (6.18) mit den beiden Steuergleichungen 6.46 und 6.47 anpassen und erhal-*

---

[4] Wenn wir die zuvor formulierte vereinfachende Annahme des symmetrischen Arbeitens in die Berechnungen der Verstärkungen einbeziehen, gelangen wir für $|u_{01}| = |u_{02}|$ zu widersprüchlichen

ten mit 6.49

$$0 = -u_{01} \left(1 + \frac{R_i}{Z_L} + \frac{(1+\mu)R_k}{Z_L} \right) - \mu u_E - (1+\mu)\frac{R_k}{Z_L}u_{02} \,,$$

$$0 = -u_{02} \left(1 + \frac{R_i}{Z_L} + \frac{(1+\mu)R_k}{Z_L} \right) - \mu\gamma u_E - (1+\mu)\frac{R_k}{Z_L}u_{01}.$$

Wir führen zwei weitere Abkürzungen ein

$$\alpha = 1 + \frac{R_i}{Z_L} + \frac{(1+\mu)R_k}{Z_L} \quad \text{und} \quad \beta = (1+\mu)\frac{R_k}{Z_L} \,.$$

Die beiden Maschengleichungen lauten somit

$$0 = -\alpha u_{01} - \mu u_E - \beta u_{02} \,, \tag{6.50}$$

$$0 = -\alpha u_{02} - \mu\gamma u_E - \beta u_{01} \,. \tag{6.51}$$

Auflösen der zweiten Maschengleichung 6.51 nach u_{02} ergibt

$$u_{02} = -\frac{\mu\gamma}{\alpha}u_E - \frac{\beta}{\alpha}u_{01} \,,$$

was eingesetzt in die erste Maschengleichung 6.50 zu

$$0 = -\alpha u_{01} - \mu u_E - \beta \left(-\frac{\mu\gamma}{\alpha}u_E - \frac{\beta}{\alpha}u_{01} \right)$$

$$= \left(-\alpha + \frac{\beta^2}{\alpha} \right) u_{01} - \left(1 - \frac{\beta\gamma}{\alpha} \right) \mu u_E \tag{6.52}$$

führt.

Ergebnis 6.2.5-V *Wir können mit (6.52) sofort die Verstärkung der Röhre* V1 *angeben und erhalten*

$$V_1 = \frac{u_{01}}{u_E} = \frac{\mu(\alpha - \beta\gamma)}{-\alpha^2 + \beta^2} \,. \tag{6.53}$$

Aussagen:

$$\frac{u_E}{2}(1-\mu) = u_{01} \left(1 + \frac{R_i}{Z_L} \right) \,,$$

$$\frac{u_E}{2}(1+\mu) = u_{02} \left(1 + \frac{R_i}{Z_L} \right) \,.$$

Wir erkennen, dass Symmetrie prinzipiell nicht möglich ist und allenfalls mit einem großen Wert für μ verbessert werden kann. Daher gehen wir davon aus, dass u_k nur ungefähr der halben Eingangsspannung u_E entspricht.

In entsprechender Weise können wir aus (6.50)

$$u_{01} = -\frac{\mu}{\alpha} u_E - \frac{\beta}{\alpha} u_{02}$$

gewinnen und dieses Ergebnis in (6.51) einsetzen

$$0 = -\alpha u_{02} - \mu \gamma u_E - \beta \left(-\frac{\mu \gamma}{\alpha} u_e - \frac{\beta}{\alpha} u_{02} \right)$$

$$= \left(-\alpha + \frac{\beta^2}{\alpha} \right) u_{01} - \left(\gamma - \frac{\beta}{\alpha} \right) \mu u_E \,.$$

Umstellen liefert den noch fehlenden Ausdruck für die Verstärkung der Röhre V2

$$V_2 = \frac{u_{02}}{u_E} = \frac{\mu(\alpha\gamma - \beta)}{-\alpha^2 + \beta^2} \,. \tag{6.54}$$

Wir erhalten schließlich ein Unsymmetrieverhältnis

$$\xi = \left| \frac{V_2}{V_1} \right| = \left| \frac{\alpha\gamma - \beta}{\alpha - \beta\gamma} \right| \,,$$

das für $\alpha = \beta$ *den idealen Wert* $\xi = 1$ *annimmt, was allerdings nicht möglich ist. Für Frequenzen groß gegen* $1/R_g C_F$ *geht* $|\gamma| \to 0$ *und das Unsymmetrieverhältnis vereinfacht sich zu*

$$\xi = \left| \frac{(1 + \mu) R_k}{Z_L + R_i + (1 + \mu) R_k} \right| \,.$$

Förderlich für die guten Eigenschaften der Schaltung sind demnach nicht nur ein großer Wert für μ, *sondern ebenfalls ein großer Wert für* R_k.

Eingangsimpedanz 6.2.5 *Die Berechnung der Eingangsimpedanz entspricht der Berechnung im Abschn. 6.2.2. Der ohmsche Anteil* R_E *an der Eingangsimpedanz entspricht mit (5.23) dem Gitterableitwiderstand und der kapazitive Anteil* C_E *wird mit (5.41) und (6.29) zu* $C_E = 111,2\,\text{pF}$ *berechnet.*

Wenn wir die Eigenschaften der Schaltung in Abb. 6.16 berechnen wollen, vernachlässigen wir die Impedanzen $Z_{C_{K1}}$ und $Z_{C_{K2}}$ der beiden Koppelkondensatoren und ersetzen Z_{L1} und Z_{L2} durch R_{L1} und R_{L2}. Im weiteren unterstellen wir zunächst, dass beide Lastwiderstände gleich groß sind, auch wenn man in der Schaltungspraxis beide Anodenwiderstände unterschiedlich groß ausführt, damit die Unsymmetrie klein ausfällt. Wir setzen also

$$R_L = R_{L1} = R_{L2} = 100\,\text{k}\Omega \parallel 680\,\text{k}\Omega = 88\,\text{k}\Omega \,.$$

Da der Kondensator C_F vergleichsweise klein ist, soll er für die Berechnung der Verstärkungen zunächst berücksichtigt werden. Wir setzen die Frequenz des Sinussignals auf

Tab. 6.7 Rechen- und Simulationsergebnisse 6.2.5

Größe	Formel	Berechnung	C83.1	C83.2	C83.3	Einheit
V_{01}	(6.53)	$-26,51$	$-25,6$	$-26,8$	$-26,9$	V/V
V_{02}	(6.54)	$25,88$	$25,0$	$26,1$	$26,3$	V/V
R_E	(5.23)	1	1	1	1	MΩ
C_E	(5.41)	$45,0$	$46,5$	$71,9$	$49,24$	pF

$f = 1\,\text{kHz}$ und erhalten

$$\gamma = 1,0132 \cdot 10^{-5} - j3,1831 \cdot 10^{-3}, \ |\gamma| = 3,2 \cdot 10^{-3}\,.$$

Die Verstärkungen ergeben sich dann zu

$$\frac{u_{01}}{u_E} = V_1 = -26,51 - j0,0824$$

$$\frac{u_{02}}{u_E} = V_2 = 25,88 - j0,0844\,.$$

Wir erhalten schließlich ein Unsymmetrieverhältnis für die Verstärkungsbeträge

$$\xi = \frac{|V_2|}{|V_1|} = 0,976 \text{ und } \xi_R = 2,4\,\%\,,$$

was man mit unterschiedlichen Anodenwiderständen ausgleichen kann. Die Ausgangswiderstände dieser Schaltung entsprechen im idealen (in der Praxis abgeglichenen) Fall den Ausgangswiderständen der nicht gegengekoppelten Kathodenbasisschaltung (5.25). In Zahlen erhalten wir

$$R_A = \frac{u_{01,02}}{i_A} = R_{a1,a2} \parallel R_i = 100\,\text{k}\Omega \parallel 80\,\text{k}\Omega = 44,4\,\text{k}\Omega\,.$$

Der Übertragungsfaktor mit Last beträgt dann

$$t_F = \frac{R_1 + R_2}{R_1 + R_2 + R_A} = 0,94\,.$$

Die Resultate von Rechnung und Simulation sind in der Tab. 6.7 eingetragen.

6.2.6 Vergleich der Phaseninverterschaltungen mit SPICE-Simulationen

In den vorangegangenen Abschnitten haben wir für die fünf ausgewählten Phaseninverterschaltungen die Verstärker-Kennwerte bei Berücksichtigung der für die Folgestufen notwendigen Gitterableitwiderstände berechnet. Um weiterreichende Grundlagen für einen aussagekräftigen Vergleich der Schaltungen zu erhalten, können wir mit SPICE-Simulationen die linearen und die nichtlinearen Verzerrungen für drei praxisnahe Anwendungsfälle erfassen.

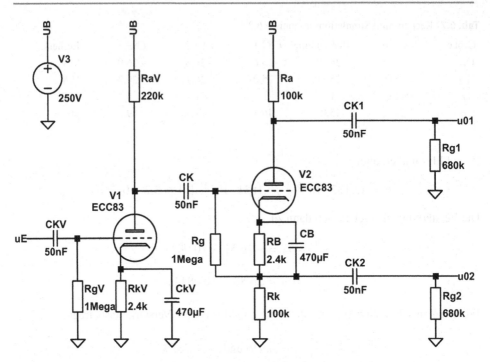

Abb. 6.17 Katodyneschaltung mit Spannungsverstärkerstufe

Wenn im Folgenden von Katodyne-Schaltung die Rede ist, ist die Ausführung mit vorgeschaltetem Spannungsverstärker nach Abb. 6.17 gemeint. Nur in dieser Form sind die Schaltungen hinsichtlich des Schaltungsaufwands mit der Anzahl der Trioden, und hinsichtlich der gewünschten Spannungsverstärkung miteinander vergleichbar. Die Paraphase-Schaltung simulieren wir trotz ihrer geringen technischen Bedeutung aus speziellen Gründen, die Anlass für eine grundsätzliche Betrachtung am Ende des Abschnitts geben. Für eine jede der Phaseninverterschaltungen zeigt eine Abbildung, die Abb. 6.18 bis 6.22, für jeweils beide Verstärkerzweige die Betragsfrequenzgänge, die Ortskurven sowie die relativen Unsymmetrieverhältnisse über der Frequenz. Damit beide Ortskurven in einem Bild besser miteinander verglichen werden können, wurde eine mit -1 multipliziert. Zusätzlich haben wir für die Frequenzen 10^k Hz, $k = 0, \ldots, 6$, Markierungen hinzugefügt. Für die Simulationen der nichtlinearen Verzerrungen gehen wir davon aus, dass die Phaseninverterschaltungen zur Ansteuerung von Pentodengegentaktleistungsendstufen in Kathodenbasisschaltung verwendet werden, also Leistungsendstufen, die eine, im Vergleich zu im Hinblick auf die erzielbare Ausgangsleistung entsprechenden Triodenstufen, geringe Ansteuerspannung benötigen. Wir gehen von drei weit verbreiteten Leistungspentoden aus, die unterschiedliche Spannungen zur Vollaussteuerung benötigen, die wir als Effektivspannungen $U_S = U_{01} = U_{02}$ ansehen, d. h. nicht als Differenzspannung von doppelter Höhe, sondern als die von beiden Ausgängen der Phaseninverterschaltungen jeweils zu erzeugenden Ausgangsspannungen:

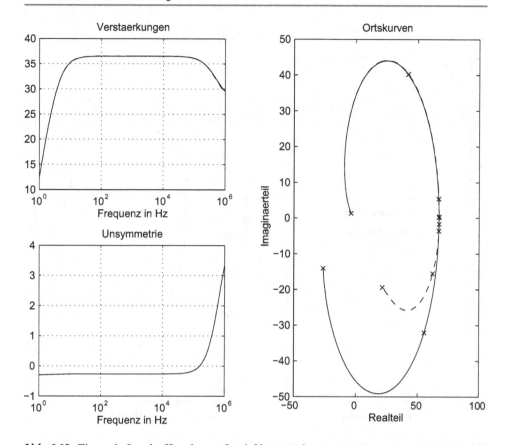

Abb. 6.18 Eigenschaften der Katodynestufe mit Vorverstärker

- *10 V-Simulation*, Ansteuerung von EL84 mit $U_S = 10\,$V, maximaler Gitterableitwiderstand $R_g = 1\,\mathrm{M\Omega}$ bei Vorspannungserzeugung mit Kathodenwiderstand, Ausgangsleistung $P_A = 17\,$W im Gegentakt-AB-Betrieb,
- *20 V-Simulation*, Ansteuerung von EL34 mit $U_S = 20\,$V, maximaler Gitterableitwiderstand $R_g = 700\,\mathrm{k\Omega}$ im Gegentakt-AB-Betrieb, Ausgangsleistung $P_A = 35\,$W im Gegentakt-AB-Betrieb,
- *40 V-Simulation*, Ansteuerung von KT88 mit $U_S = 40\,$V, maximaler Gitterableitwiderstand $R_g = 470\,\mathrm{k\Omega}$ bei auf 35 W beschränkter gemeinsamer Verlustleistung von Anode und Schirmgitter, Ausgangsleistung $P_A = 50\,$W im Gegentakt-AB-Betrieb.

Die Phaseninverterschaltungen wurden mit Lastwiderständen $R_{g1} = R_{g2} = 680\,\mathrm{k\Omega}$ und dem Röhrenmodell *C83.2* simuliert. Mit den 680 kΩ-Lastwiderständen könnte man nicht den Verstärker mit den Endröhren vom Typ KT88 aufbauen. Wenn in der 40 V-Simulation die Last 470 kΩ und nicht 680 kΩ beträgt, geht durch diese geänderte Anpassung ungefähr 1 V Steuerspannung verloren. Wir haben keine Kapazitäten der Endröhren berück-

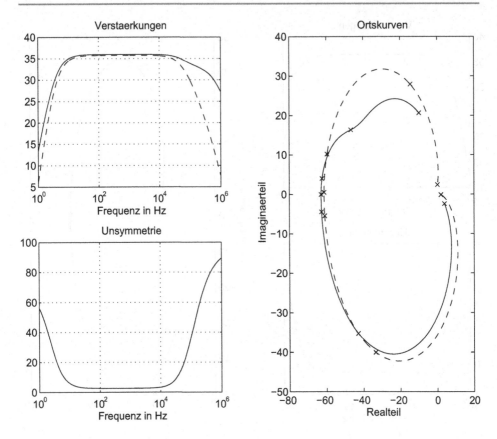

Abb. 6.19   Eigenschaften der Paraphase-Schaltung

Tab. 6.8   Klirrfaktoren der Phaseninv erterschaltungssimulationen

	10 V-Simulation		20 V-Simulation		40 V-Simulation	
	u_{01}	u_{02}	u_{01}	u_{02}	u_{01}	u_{02}
Katodyne	1,2 %	1,2 %	2,4 %	2,4 %	14,3 %	12,3 %
Paraphase	1,2 %	0,2 %	2,4 %	0,6 %	5,2 %	2,8 %
Fl. Paraphase	1,8 %	1,8 %	3,7 %	3,5 %	7,7 %	7,2 %
See-Saw	1,9 %	1,8 %	3,8 %	3,7 %	7,9 %	7,5 %
Cathode-Coupled	0,4 %	0,4 %	1,9 %	1,9 %	n. v.	n. v.

sichtig, da diese bei einer Messfrequenz von $f = 1\,\text{kHz}$ und einer Kapazität von ca. 50 pF einen Impedanzbetrag von ca. 3 MΩ aufweisen, der in Verbindung mit den 680 kΩ-Gitterableitwiderständen zu einem Spannungsverlust von ca. 1 V führt und keinen Einfluß auf den Klirrfaktor hat. Die Tab. 6.8 enthält die Klirrfaktoren, getrennt für beide Phaseninverterschaltungs-Ausgangsspanungen u_{01} und u_{02}.

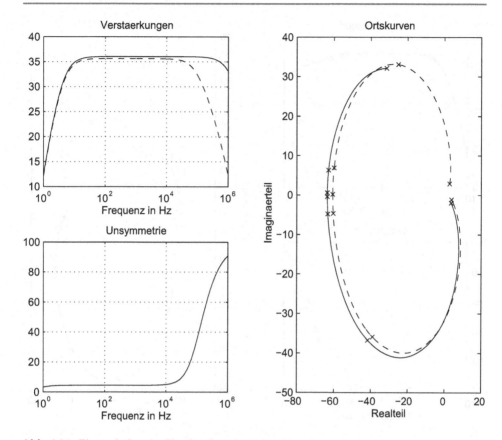

Abb. 6.20 Eigenschaften der Floating-Paraphase-Schaltung

Mit den jetzt vorhandenen Daten lassen sich die Schaltungen im Vergleich diskutieren:

- Bis auf die Cathode-Coupled-Schaltung sind alle Phaseninverterschaltungen zur Ansteuerung der drei Leistungspentoden prinzipiell geeignet. Mit der Cathode-Coupled-Schaltung ist die Röhre KT88 nicht anzusteuern. Die Ursache hierfür ist der recht große Spannungsabfall von ca. 66 V über dem gemeinsamen Kathodenwiderstand R_k, der den Aussteuerbereich entsprechend einschränkt.
- Die Paraphase-Schaltung ist technisch nicht praktikabel, da die Dimensionierung im zu starken Maße von den Röhreneigenschaften abhängt. Man müsste die Schaltung mit Trimmwiderständen realisieren und wenigstens nach einem Röhrentausch neu einstellen.
- Bei den beiden Paraphase-Schaltungen unterscheiden sich die Klirrfaktoren für die beiden Ausgänge. Das hängt damit zusammen, dass die jeweils zweite Röhre ein von der ersten Röhre vorverzerrtes und abgeschwächtes Signal erhält.

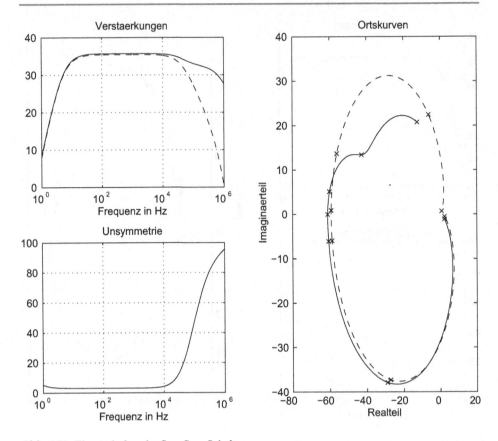

Abb. 6.21 Eigenschaften der See–Saw-Schaltung

- Bei der *10 V-Simulation* und der *20 V-Simulation* sind mit der Cathode-Coupled-Schaltung zwar die geringsten Klirrfaktoren zu erzielen, dafür hat man aber auch nur weniger als die Hälfte an Spannungsverstärkung gegenüber den anderen Schaltungen.
- Die Katodyneschaltung benötigt kein Abgleichelement und weist trotz der hoch unterschiedlichen Ausgangswiderstände die beste Symmetrie auf. Allerdings lässt sich die Schaltung wegen sehr großer nichtlinearer Verzerrungen bei der *40 V-Simulation* nicht zur Ansteuerung der Röhre KT88 verwenden.
- Von den vier technisch gut realisierbaren Schaltungen kann man sagen, dass zwei, die Katodyne- und die Cathode-Coupled-Schaltung am besten zur Ansteuerung der Röhren EL84 und EL34 geeignet sind und zwei, die Floating-Paraphase- und die See-Saw-Schaltung am besten zur Ansteuerung der Röhre KT88 geeignet sind. Diese pauschale Aussage lässt sich weiter differenzieren, wenn wir auch noch die linearen Verzerrungen berücksichtigen. Die Cathode-Coupled-Schaltung hat den kleinsten Klirrfaktor und die geringste Frequenzabhängigkeit in den Ortskurven, benötigt aber ein Abgleichelement und hat nur eine recht geringe Spannungsverstärkung. Die Katodyne-Schaltung

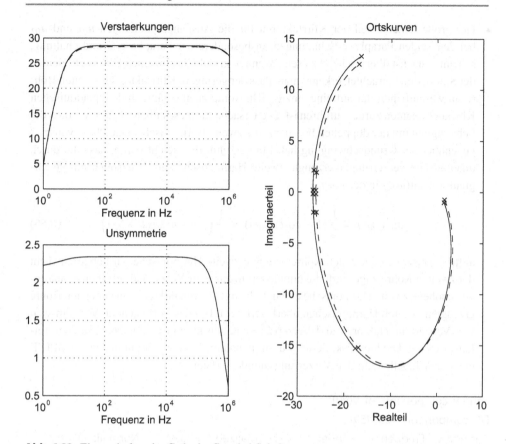

Abb. 6.22 Eigenschaften der Cathode–Coupled-Schaltung

zeigt zwar einen höheren Klirrfaktor, lässt sich aber ohne Abgleichelement aufbauen. Sie ist unter Kostengesichtspunkten die günstigste Schaltung. Floating-Paraphase- und die See-Saw-Schaltung weisen bei der Ansteuerung der Röhre KT88 ungefähr die gleichen Klirrfaktoren auf. Hinsichtlich ihrer Symmetrieeigenschaften sind beide Schaltungen vergleichbar, man sollte sie beide mit einem Abgleichelement ausführen. Hinsichtlich des Schaltungsaufwands ist die See-Saw-Schaltung günstiger, da die beiden Kathodenkondensatoren entfallen. Auch in diesem Fall ist also ein wirtschaftliches Argument anzugeben. Bei Briggs [Bri52] finden wir ein naheliegendes Argument gegen die Floating-Paraphase-Schaltung. Sie ist nämlich nicht notwendig stabil wegen des Rückkopplungspfades von Anode zum Gitter der Röhre V2. Das nochmalige Betrachten der angeführten Argumente lässt die Schlüsse zu, zur Ansteuerung der Röhren EL84 und EL34 die Katodyne-Schaltung und zur Ansteuerung der Röhre KT88 die See-Saw-Schaltung zu bevorzugen.

• Der große Unterschied der Klirrfaktoren für die Ausgangsspannungen u_{01} und u_{02} bei den beiden Paraphase-Schaltungen, insbesondere der Paraphase-Grundschaltung, scheint zunächst überraschend zu sein. Wenn man sich die einzelnen Klirrkoeffizienten der Simulation betrachtet, erkennt man, dass der geringere Klirrfaktor der zweiten Röhre im wesentlichen nur auf eine einzige Klirrkomponente, nämlich den quadratischen Klirrkoeffizienten zurückzuführen ist. Die Ursache für dieses Phänomen ist es, dass die Schwingung mit der doppelten Frequenz, die zweite Harmonische, eine Phase von $\pi/2$ gegenüber der Grundschwingung hat. Man erkennt dies leicht daran, dass die durch quadratische Verzerrungen erzeugte zweite Harmonische zum Nutzsignal mit der Signalform $\sin(\omega_0 t)$ in der Form

$$\sin^2(\omega_0 t) = \frac{1}{2}\left(1 - \cos(2\omega_0 t)\right) = \frac{1}{2}\left(1 - \sin(2\omega_0 t + \frac{\pi}{2})\right) \tag{6.55}$$

auftritt. Diese von der ersten Röhre erzeugte zweite Harmonische wird abgeschwächt der zweiten Röhre zugeführt, die hinwiederum aus dem Nutzsignal selbst eine phasenverschobene zweite Harmonische erzeugt, die mit der verstärkten, von der ersten Röhre erzeugten zweiten Harmonischen überlagert wird. Bei den vorliegenden Verhältnissen von Verstärkungsfaktoren und Verzerrungsanteilen kommt es zur beobachteten Teilauslöschung. Die hier diskutierten Zusammenhänge können wir gut in den von SPICE erzeugten Tabellen mit den Verzerrungsanteilen erkennen.

Fourier components of V(v01)

DC component:-0.0587597

Harmonic Number	Frequency [Hz]	Fourier Component	Normalized Component	Phase [degree]	Normalized Phase [deg]
1	1.000e+03	1.568e+01	1.000e+00	−179.96°	0.00°
2	2.000e+03	1.845e-01	1.176e-02	90.42°	270.39°
3	3.000e+03	1.469e-02	9.364e-04	178.18°	358.15°
...	...	...	...	...	...

Total Harmonic Distortion: 1.180042 %

Fourier components of V(v02)

DC component:-0.09785

Harmonic Number	Frequency [Hz]	Fourier Component	Normalized Component	Phase [degree]	Normalized Phase [deg]
1	1.000e+03	1.525e+01	1.000e+00	−0.46°	0.00°
2	2.000e+03	7.665e-03	5.026e-04	60.77°	−60.31°
3	3.000e+03	2.391e-02	1.568e-03	−3.18°	−2.72°
...	...	...	...	...	...

Total Harmonic Distortion: 0.164652 %

Für diese Klirrfaktorreduzierung durch die zweite Röhre lässt sich auch ein rechnerisches Argument leicht finden. Wir gehen von zwei identischen invertierenden Verstärkern aus, die in Reihe geschaltet sind. Der zweite Verstärker wird vom ersten Verstärker mit dem durch den Verstärkungsfaktor geteilten Signal gespeist. Beide Verstärker verzerren quadratisch nichtlinear. Sie werden durch das Verhalten

$$y(t) = -\left(vx(t) + a_2x^2(t)\right)$$

beschrieben. Es bezeichnen v den Verstärkungsfaktor des linear verarbeiteten Eingangssignals $x(t)$, a_2 den Anteil an quadratischen Verzerrungen und $y(t)$ das Verstärkerausgangssignal. Der erste Verstärker erhält das Eingangssignal

$$x_1(t) = \sin(\omega_0 t)$$

und erzeugt daraus nach (6.55) das nichtlinear verzerrte Ausgangssignal

$$y_1(t) = -v\sin(\omega_0 t) + \frac{a_2}{2}\cos(2\omega_0 t) + DC$$

mit einer Gleichspannungskomponente DC, die im weiteren keine Bedeutung hat. Das abgeschwächte Signal $y_1(t)$ ist Eingangssignal des zweiten Verstärkers

$$x_2(t) = -\sin(\omega_0 t) + \frac{a_2}{2v}\cos(2\omega_0 t)\,.$$

Dieser erzeugt ein Ausgangssignal

$$
\begin{aligned}
y_2(t) &= v\sin(\omega_0 t) - \frac{a_2}{2}\cos(2\omega_0 t) \\
&\quad - a_2\left(-\sin(\omega_0 t) + \frac{a_2}{2v}\cos(2\omega_0 t)\right)^2 + DC \\
&= v\sin(\omega_0 t) - \frac{a_2}{2}\cos(2\omega_0 t) \\
&\quad - a_2\left(\sin^2(\omega_0 t) - \frac{a_2}{v}\sin(\omega_0 t)\cos(2\omega_0 t) + \left(\frac{a_2}{2v}\right)^2\cos^2(2\omega_0 t)\right) + DC \\
&= v\sin(\omega_0 t) - \frac{a_2}{2}\cos(2\omega_0 t) \\
&\quad - a_2\left(\frac{1}{2}(1 - \cos(2\omega_0 t)) - \frac{a_2}{v}\sin(\omega_0 t)\cos(2\omega_0 t) + \left(\frac{a_2}{2v}\right)^2\cos^2(2\omega_0 t)\right) + DC\,.
\end{aligned}
$$

Dieses Signal können wir in fünf Anteile zerlegen

$$
\begin{aligned}
y_2(t) &= v^*\sin(\omega_0 t) \\
&\quad - \frac{a_2}{2}\cos(2\omega_0 t) + \frac{a_2}{2}\cos(2\omega_0 t) \\
&\quad + S_3(t) \\
&\quad + S_4(t) \\
&\quad + DC\,,
\end{aligned}
$$

worin $S_3(t)$ eine Schwingung mit dreifacher Frequenz (Intermodulationssignal bzgl. des aus zwei Schwingungen bestehenden Eingangssignals mit der Frequenz $\omega = 2\omega_0 + \omega_0 = 3\omega_0$), $S_4(t)$ eine Schwingung mit vierfacher Frequenz (quadratisches Klirrsignal zur Eingangssignalkomponente $\frac{a_2}{2v}\cos(2\omega_0 t)$) und v^* der geringfügig geänderte Verstärkungsfaktor des Linearanteils ist (die Änderung ergibt sich durch Auftreten eines Intermodulationssignals mit der Frequenz $\omega = 2\omega_0 - \omega_0 = \omega_0$). Im Besonderen erkennen wir im Ausgangssignal $y_2(t)$, dass der quadratische Klirranteil vollständig verschwindet.

6.3   Moderne Doppeltriodenschaltungen für Audioverstärker

Mit der Wiederentdeckung der Röhrenverstärker wurden vielfach Schaltungskonzepte mit Doppeltrioden als Grundschaltungen verwendet, die zum Teil zwar schon früher bekannt waren, bei NF-Verstärkern aber nur selten eingesetzt wurden und zum Teil neu entwickelt worden sind. Diese Doppeltriodenschaltungen können die Einfachtriodengrundschaltungen, Kathoden- und Anodenbasisschaltungen aus dem Abschn. 5.3.2, ersetzen. Darüber hinaus wird versucht, Vorteile der unterschiedlichen Einröhrengrundschaltungen zu verbinden. Solche Vorteile sind niedrige Eingangskapazitäten durch Vermeidung des Millereffekts, Zusammenbringen von Spannungsverstärkung der Kathodenbasisschaltung mit dem niedrigen Ausgangswiderstand der Anodenbasisschaltung und weitere. In diesem Abschnitt wollen wir sechs solcher Doppeltriodenschaltungen vorstellen, berechnen und mit SPICE simulieren:

- Kaskodenschaltung,
- SRPP-Verstärker,
- μ-Follower,
- White-Cathode-Follower,
- Kathodenbasisschaltung mit aktiver Last,
- Treiberverstärker für hohe Ausgangsspannungen.

Die ersten fünf Grundschaltungen werden, wie die Google-Suche schnell zeigt, an zahlreichen Stellen verwendet. Bis auf die SRPP-Schaltung werden sie z. B. in besonders guter Darstellung bei Jones [Jon95] vorgestellt. Aus diesem Buch haben wir auch die dimensionierten Schaltungen entnommen, um sie nun zu berechnen und hinsichtlich der bei Jones angegebenen Gleichspannungen im Arbeitspunkt mit den entsprechenden SPICE-Simulationen zu vergleichen. Von den beiden weiteren Schaltungen haben wir die SRPP-Schaltung der Zeitschrift Elektor [Gul87] entnommen. Der Treiberverstärker für hohe Ausgangsspannungen ist Teil eines Patents von Reifflin [Rei99] und noch nicht in der Literatur bekannt.

Die Schaltungen in diesem Abschnitt werden entweder mit Doppeltrioden vom Typ ECC83 oder mit speziellen Doppeltrioden vom Typ E88CC bestückt. Die Trioden E88CC sind speziell für Kaskodenschaltungen entworfen worden, enthalten einen Schirm zwi-

Abb. 6.23 Röhrenkennwerte
der Triode E88CC

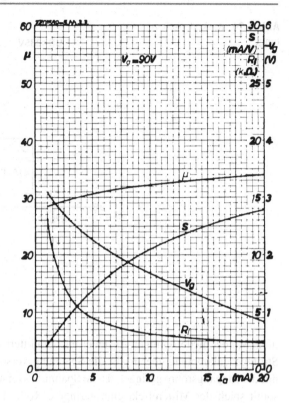

schen den beiden Triodensystemen und wurden mit geringen Fertigungstoleranzen hergestellt.

Für die Doppeltriode E88CC haben wir anhand der Abb. 6.23 ein angepasstes Raum-
ladungsmodell *C88.1* parametrisiert. Wir lesen aus der Abbildung ab: $I_a = 2\,\text{mA}$, $U_a = 90\,\text{V}$, $\mu = 29$, $S = 3{,}5\,\text{mA/V}$, $R_i = 8{,}5\,\text{k}\Omega$, $U_g = -2{,}82\,\text{V}$ und berechnen den Modellparameter K mit

$$K = \frac{2\text{mA}}{(-29 \times 2{,}82\,\text{V} + 90\,\text{V})^{3/2}} = 8{,}486 \cdot 10^{-5}\,\frac{\text{A}}{\text{V}^{3/2}}.$$

Am Ende des Abschnitts wollen wir noch kurz zeigen, wie sich je zwei dieser ersten
fünf Grundschaltungen zu direkt gekoppelten Viertriodenschaltungen verbinden lassen.
Nach Meinung des Autors ist dies die interessanteste Anwendung dieser Grundschaltungen.

6.3.1 Kaskodenschaltung

Schaltungstechnisch gesehen ist die Kaskodenschaltung in Abb. 6.24 eine Reihenschaltung zweier Verstärker oder die Kombination von Kathodenbasis- und Gitterbasisschal-

Abb. 6.24 Kaskodenschaltung

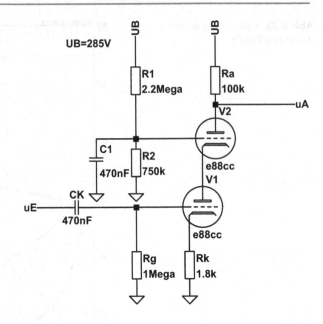

tung. Mit der niederohmigen Ansteuerung der Gitterbasisschaltung in Verbindung mit der Stromgegenkopplung über R_k ist die Spannungsverstärkung der Kathodenbasisschaltung mit der Eingangsröhre geringer als die Spannungsverstärkung der Kaskodenschaltung und somit spielt der Millereffekt eine geringere Rolle. Da die Kathodenbasisschaltung die von der Eingangsspannung angesteuerte Röhre ist, ist die kapazitive Last für eine Quelle entsprechend gering. Wenn wir die Berechnung des Beispiels im Abschn. 5.1.2 betrachten, erkennen wir, dass der Millereffekt auch im NF-Bereich eine Rolle spielt. Falls man Trioden und nicht Pentoden verwenden will, kann man mit der Kaskodenschaltung die geringen Eingangs-Kapazitäten der Pentode trotz einer Spannungsverstärkung erreichen. Im Besonderen spielt die Eingangskapazität bei Phono-Eingangsverstärkern eine große Rolle, da zur Verstärkerkapazität noch die Kapazität der Leitung zwischen Plattenspieler und Verstärker hinzukommt, die dann beide zusammen für manche Tonabnehmersysteme zu große Werte annehmen (unerwünschte Tiefpassfilterung).

Die Beispielsschaltung stammt aus Jones [Jon95] und verwendet die Doppeltriode E88CC. Die Analyse der Schaltung erfolgt mit und ohne kondensator-überbrückten Kathodenwiderstand.

Ansatz 6.3.1-V *Die Kleinsignalersatzschaltung der Kaskodenschaltung zur Berechnung der Verstärkung zeigt die Abb. 6.25a. Zur Analyse benötigen wir zwei Maschengleichungen*

$$u_A = i(2R_i + R_k) - \mu u_{g,1} - \mu u_{g,2}, \tag{6.56}$$

$$u_1 = i(R_i + R_k) - \mu u_{g,1} \tag{6.57}$$

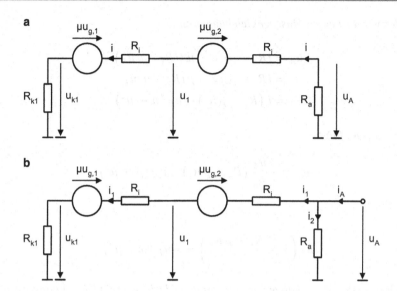

Abb. 6.25 Ersatzschaltung der Kaskodenschaltung

und zwei Steuergleichungen

$$u_{g,1} = u_E - i R_k \, , \tag{6.58}$$

$$u_{g,2} = -u_1 \, . \tag{6.59}$$

Die Spannung u_1 entspricht der Spannung an der Anode der Eingangsröhre.

Rechnung 6.3.1-V *Zunächst setzen wir die Steuergleichungen 6.58 und 6.59 in 6.56 ein*

$$u_A = i \, (2R_i + R_k) - \mu \, (u_E - i R_k) - \mu \, (-u_1)$$
$$= i \, (2R_i + (1 + \mu) R_k) - \mu u_E + \mu u_1$$

und anschließend in (6.57)

$$u_1 = i \, (R_i + R_k) - \mu \, (u_E - i R_k)$$
$$= i \, (R_i + (1 + \mu) R_k) - \mu u_E \, . \tag{6.60}$$

Mit den beiden Abkürzungen

$$R_x = 2R_i + (1 + \mu) R_k \quad \text{und} \quad R_y = R_i + (1 + \mu) R_k \tag{6.61}$$

verbinden wir die beiden Maschengleichungen zu

$$u_A = iR_x - \mu u_E + \mu \left(iR_y - \mu u_E \right)$$
$$= iR_x - \mu u_E + \mu iR_y - \mu^2 u_E$$
$$= i \left(R_x + \mu R_y \right) - u_E \left(\mu + \mu^2 \right) .$$

Mit $i = -u_A/R_a$ *folgt*

$$u_A = -\frac{u_A}{R_a} \left(R_x + \mu R_y \right) - u_E \left(\mu + \mu^2 \right)$$

bzw.

$$u_A \left(1 + \frac{R_x + \mu R_y}{R_a} \right) = -u_E \left(\mu + \mu^2 \right) . \tag{6.62}$$

Ergebnis 6.3.1-V *Wir erhalten mit (6.62) und (6.61) die gesuchte Spannungsverstärkung zu*

$$V = \frac{u_A}{u_E} = \frac{-\left(\mu + \mu^2 \right) R_a}{R_a + (2 + \mu) R_i + (1 + \mu)^2 R_k} \tag{6.63}$$

und für $R_k = 0$

$$V = \frac{u_A}{u_E} = \frac{-\left(\mu + \mu^2 \right) R_a}{R_a + (2 + \mu) R_i} . \tag{6.64}$$

Zu beachten ist, dass dieser Ausdruck für $R_a \to \infty$ *gegen das* $(1 + \mu)$*-fache der Verstärkung (5.22) einer Kathodenbasisschaltung geht, worin wir die Reihenschaltung zweier Verstärker erkennen. Wir können die Kaskodenschaltung auch als Kathodenbasisschaltung mit einer Triode betrachten, die die veränderten Röhrenkennwerte*

$$\mu_K = \mu (\mu + 1) , S_K = S \frac{\mu + 1}{\mu + 2} \quad \text{und} \quad R_{i,K} = R_i (\mu + 2)$$

aufweist.

Ansatz 6.3.1-RA *Die Kleinsignalersatzschaltung der Kaskodenschaltung zur Berechnung des Ausgangswiderstands zeigt die Abb. 6.25(b). Zur Analyse benötigen wir zwei Maschengleichungen*

$$u_A = i_1 (2R_i + R_k) - \mu u_{g,1} - \mu u_{g,2} , \tag{6.65}$$
$$u_1 = i_1 (R_i + R_k) - \mu u_{g,1} , \tag{6.66}$$

zwei Steuergleichungen

$$u_{g,1} = -i_1 R_k \,, \tag{6.67}$$

$$u_{g,2} = -u_1 \tag{6.68}$$

und eine Knotengleichung

$$i_A = i_1 + i_2 \,. \tag{6.69}$$

Rechnung 6.3.1-RA   *Die Verbindung der Maschengleichungen 6.65 und 6.66 mit den Steuergleichungen 6.67 und 6.68 ergibt mit (6.61)*

$$
\begin{aligned}
u_A &= i_1(2R_i + R_k) - \mu\,(-i_1 R_k) - \mu\,(-u_1) \\
&= i_1(2R_i + (1+\mu)R_k) + \mu u_1 \\
&= i_1 R_x + \mu u_1
\end{aligned}
$$

und

$$
\begin{aligned}
u_1 &= i_1(R_i + R_k) - \mu\,(-i_1 R_k) \\
&= i_1(R_i + (1+\mu)R_k) \\
&= i_1 R_y \,.
\end{aligned}
$$

Die Verbindung beider Maschengleichungen ergibt

$$u_A = i_1 R_x + \mu i_1 R_y = i_1 \left(R_x + \mu R_y \right) \,.$$

Mit der Knotengleichung 6.69 für $i_2 = u_A / R_a$ in der Form

$$i_1 = i_A - \frac{u_A}{R_a}$$

erhalten wir die Gleichung

$$u_A = \left(i_A - \frac{u_A}{R_a} \right) \left(R_x + \mu R_y \right)$$

und nach Umstellen der Terme

$$u_A \left(1 + \frac{R_x + \mu R_y}{R_a} \right) = i_A \left(R_x + \mu R_y \right) \,. \tag{6.70}$$

Ergebnis 6.3.1-RA *Nun können wir den gesuchten Ausgangswiderstand mit (6.70) und (6.61) in der Form*

$$R_A = \frac{u_A}{i_A} = \frac{R_x + \mu R_y}{1 + \dfrac{R_x + \mu R_y}{R_a}}$$

$$= \frac{1}{\dfrac{1}{R_a} + \dfrac{1}{R_x + \mu R_y}}$$

angeben, was der Parallelschaltung von

$$R_A = R_a \parallel (R_x + \mu R_y) \approx R_a \tag{6.71}$$

entspricht. Für $R_k = 0$ erhalten wir

$$R_A^* = R_a \parallel (2 + \mu) R_i . \tag{6.72}$$

Eingangsimpedanz-6.3.1 *Der ohmsche Anteil R_E an der Eingangsimpedanz der Kaskodenschaltung entspricht dem Gitterableitwiderstand*

$$R_E = R_g . \tag{6.73}$$

Zur Berechnung des kapazitiven Anteils C_E benötigen wir einen Ausdruck für die Anoden-Gitter-Spannung der Eingangsröhre. Wir erhalten aus (6.60), (6.63) und der Stromgleichung $i = -u_A/R_a$ für die Anodenspannung

$$u_1 = -u_A \frac{R_i + (1 + \mu) R_k}{R_a} - \mu u_E$$

$$= u_E \left(-V \frac{R_i + (1 + \mu) R_k}{R_a} - \mu \right)$$

und

$$V_1 = \frac{u_1}{u_E} = \frac{\mu (1 + \mu) R_a}{R_a + R_i + (1 + \mu)(R_i + (1 + \mu) R_k)} \frac{R_i + (1 + \mu) R_k}{R_a} - \mu$$

$$= \frac{\mu}{1 + \dfrac{R_a + R_i}{(1 + \mu)(R_i + (1 + \mu) R_k)}} - \mu . \tag{6.74}$$

Für $R_k = 0$ erhalten wir

$$V_1^* = -\mu \frac{R_a + R_i}{R_a + (2 + \mu) R_i} \tag{6.75}$$

Tab. 6.9 Rechen- und Simulationsergebnisse 6.3.1

Größe	Formel	Berechnung	C88.1	C88.2	C88.3	Einheit
V	(6.63)	$-43{,}86$	$-47{,}8$	$-47{,}8$	$-44{,}9$	V/V
V^*	(6.64)	$-239{,}3$	$-437{,}9$	$-422{,}0$	$-269{,}0$	V/V
R_A	(6.71)	$94{,}96$	$94{,}5$	$95{,}7$	$95{,}7$	$k\Omega$
R_A^*	(6.72)	$72{,}49$	$49{,}7$	$62{,}4$	$74{,}3$	$k\Omega$
R_E	(6.73)	1	1	1	1	$M\Omega$
C_E	(6.78)	$4{,}32$	$4{,}16$	$3{,}92$	$5{,}25$	pF
C_E^*	(6.79)	$16{,}82$	$25{,}79$	$22{,}9$	$23{,}14$	pF
V_1	(6.74)	$-1{,}59$	$-1{,}65$	$-1{,}48$	$-1{,}53$	V/V
V_1^*	(6.75)	$-8{,}66$	$-15{,}1$	$-13{,}0$	$-9{,}17$	V/V

Wegen $(1 + \mu)(R_i + R_k(1 + \mu)) \gg R_a + R_i$ *nimmt diese Verstärkung bei Röhren mit großem* μ *recht kleine Werte an, die dann zu einer kleinen Eingangskapazität führen. Die Gitter-Anoden-Spannung der Eingangsröhre beträgt*

$$u_{ga} = u_E - V_1 u_E = u_E (1 - V_1) \ . \tag{6.76}$$

Um den Kapazitätsanteil an C_{gk} *zu berechnen, benötigen wir den Zusammenhang zwischen Kathoden- und Eingangsspannung für die Eingangsröhre. Mit der Stromgleichung* $i = -u_A/R_a$ *in der Form* $i R_k = -u_A R_k/R_a$ *und (6.63) erhalten wir die angepasste Steuergleichung 6.58*

$$u_{g,1} = u_E + u_A R_k/R_a = u_E \left(1 + V \frac{R_k}{R_a} \right) \ . \tag{6.77}$$

Nun können wir die Eingangskapazität mit (6.77) und (6.76) in der Form

$$C_E = C_{gk} \left(1 + V \frac{R_k}{R_a} \right) + C_{ga} (1 - V_1) \tag{6.78}$$

berechnen. Für $R_k = 0$ *erhalten wir*

$$C_E^* = C_{gk} + C_{ga} \left(1 - V_1^* \right) \ . \tag{6.79}$$

Die Resultate von Rechnung und Simulation sind in der Tab. 6.9 eingetragen.

6.3.2 SRPP-Verstärker

Der SRPP-Verstärker geht auf ein Patent aus dem Jahr 1943 von Arztz [Art43] zurück, in dem er als *series balanced amplifier* bezeichnet wird. Wir zitieren an dieser Stelle aus der Patentschrift:

Abb. 6.26 SRPP-Verstärker

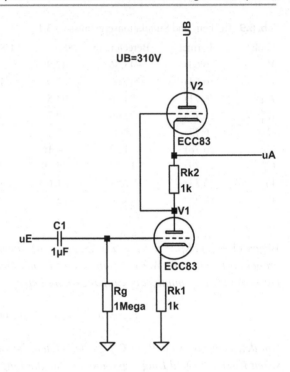

„This invention relates to direct and alternating current amplifiers and particularly to a balanced amplifier which is insensitive to variations in the power supply. Direct current amplifiers are usually responsive to changes in the voltage of the power supply. These changes alter the gain of the amplifier and disturb its zero setting. In both A.-C. and D.-C. amplifiers, requiring a high degree of stability, it is customary to provide a regulated power supply. Such regulated power supplies are complicated, expensive and fall short of the desired goal."

Die Patentschrift bezieht sich demnach auf einen Verstärker, dessen Eigenschaften nur wenig von Schwankungen der Betriebsspannung abhängig sind. Heutzutage ist es ein technisch eher unbedeutendes Problem, mit Transistoren hochqualitative und preisgünstige Spannungsversorgungen auch für Spannungen von mehreren hundert Volt für NF-Verstärker aufzubauen.

Wenn ein SRPP-Verstärker soviel Popularität beim Aufbau von Audioverstärkern erlangt hat, muß es dafür wohl andere Gründe geben. Die Abkürzung SRPP wird in manchen Veröffentlichungen auch mit *Shunt Regulated Push-Pull* übersetzt. In diesem Begriff deutet sich an, dass man die Schaltung bei geeigneter Dimensionierung als einen Gegentaktverstärker interpretieren kann, bei dem eine der beiden Trioden vom Serienstrom über einen Widerstand gesteuert wird. Wenn wir beide Röhren nach Auftrennen der Verbindung zum Gitter von V1 mit einem entsprechenden symmetrischen Signal (Gegentaktsignal) speisen, dann müssten wir dieselbe Ausgangsspannung erhalten. Der Vorteil einer Gegentaktschaltung ist bei idealer Spannungssymmetrie der Wegfall der geradzahligen Verzerrungskomponenten bzw. Klirrkoeffizienten. Das ist das Hauptargument für die Ver-

Abb. 6.27 Ersatzschaltung des SRPP-Verstärkers

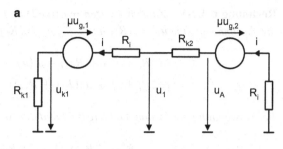

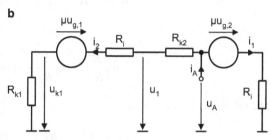

wendung der Schaltung als klirrarmer Spannungsverstärker. Die Schaltung in Abb. 6.26 stammt aus der Zeitschrift Elektor [Gul87], wo die Schaltung mit einem von einem Kondensator überbrückten Kathodenwiderstand Rk1 betrieben wird. Wir werden am schluss des Abschnitts sehen, dass die Verwendung des Kathodenkondensators kaum vorteilhaft ist. Die Beispielsschaltung verwendet die Doppeltriode ECC83 mit $\mu = 100$ und $R_i = 66 \, \text{k}\Omega$.

Wegen der häufigen Benutzung in zahlreichen veröffentlichten Verstärkerschaltungen und der Flut von Google-Einträgen beim Eintrag des Kürzels SRPP kann man von einem Mode-Verstärker sprechen. Gleichwohl ist die Analyse recht aufwändig, wie es im Folgenden zu sehen ist.

Ansatz 6.3.2-V *Die Kleinsignalersatzschaltung des SRPP-Verstärkers zur Berechnung der Verstärkung zeigt die Abb. 6.27a. Wir benötigen hierfür zwei Maschengleichungen*

$$0 = i \left(2R_i + R_{k1} + R_{k2}\right) - \mu u_{g,1} - \mu u_{g,2} \, , \tag{6.80}$$

$$u_1 = i \left(R_i + R_{k1}\right) - \mu u_{g,1} \, , \tag{6.81}$$

zwei Steuergleichungen

$$u_{g,1} = u_E - u_{k1} \, , \tag{6.82}$$

$$u_{g,2} = u_1 - u_A \tag{6.83}$$

und eine Stromgleichung

$$i = \frac{u_A - u_1}{R_{k2}} \, . \tag{6.84}$$

Rechnung 6.3.2-V *Zunächst setzen wir (6.82) und (6.83) in (6.80) ein und verwenden die Zusammenhänge $u_{k1} = iR_{k1}$ und $u_A - u_1 = iR_{k2}$ aus (6.84)*

$$0 = i\,(2R_i + R_{k1} + R_{k2}) - \mu\,(u_E - u_{k1}) - \mu\,(u_1 - u_A)$$
$$= i\,(2R_i + (1 + \mu)(R_{k1} + R_{k2})) - \mu u_E\,. \qquad (6.85)$$

Bei Verwendung der Stromgleichung 6.84 und der Abkürzung

$$R^* = 2R_i + (1 + \mu)(R_{k1} + R_{k2}) \qquad (6.86)$$

erhalten wir

$$u_A \frac{R^*}{R_{k2}} - u_1 \frac{R^*}{R_{k2}} - \mu u_E = 0\,. \qquad (6.87)$$

Die Gl. 6.81

$$u_1 = i\,(R_i + R_{k1}) - \mu\,(u_E - u_{k1})$$
$$= i\,(R_i + (1 + \mu)R_{k1}) - \mu u_E$$
$$= \frac{u_A - u_1}{R_{k2}} R_x - \mu u_E\,,$$

mit der Abkürzung

$$R_x = R_i + (1 + \mu)R_{k1}\,. \qquad (6.88)$$

führt nach Umstellen zu

$$u_1 = u_A \frac{R_x}{R_x + R_{k2}} - \mu u_E \frac{R_{k2}}{R_x + R_{k2}}\,. \qquad (6.89)$$

Der Widerstand R_x entspricht dem Innenwiderstand einer Triodenkonstantstromquelle. Nun eliminieren wir die Spannung u_1 in (6.87) und erhalten

$$u_A \frac{R^*}{R_{k2}} - \left(u_A \frac{R_x}{R_x + R_{k2}} - \mu u_E \frac{R_{k2}}{R_x + R_{k2}}\right) \frac{R^*}{R_{k2}} - \mu u_E = 0$$
$$u_A \frac{R^*}{R_x + R_{k2}} + u_E \left(\frac{\mu R^*}{R_x + R_{k2}} - \mu\right) = 0\,.$$

Ergebnis 6.3.2-V *Die gesuchte Spannungsverstärkung lautet mit (6.86) und (6.88)*

$$V = \frac{u_A}{u_E} = \frac{-\dfrac{\mu R^*}{R_x + R_{k2}} + \mu}{\dfrac{R^*}{R_x + R_{k2}}} = -\mu + \mu \frac{R_x + R_{k2}}{R^*}\,. \qquad (6.90)$$

Da $R_x + R_{k2} < R^*$ gilt, gilt ebenfalls $|V| < \mu$. Falls die beiden Kathodenwiderstände gleich groß sind mit $R_{k1} = R_{k2} = R_k$, gilt

$$V = -\mu + \mu \frac{1}{2} \frac{R_i + (2+\mu)R_k}{R_i + (1+\mu)R_k} \approx \frac{-\mu}{2} \,,$$

wenn $2 + \mu \approx 1 + \mu$ ist, also eine Röhre mit hoher Spanungsverstärkung wie die ECC83 gewählt wird. Falls R_{k1} mit einem Kondensator gebrückt ist, vergrößert sich die Spannungsverstärkung zu

$$V^* = -\mu + \mu \frac{R_i + R_{k2}}{2R_i + (1+\mu)R_{k2}} \,. \tag{6.91}$$

Ansatz 6.3.2-RA *Die Kleinsignalersatzschaltung des SRPP-Verstärkers zur Berechnung des Ausgangswiderstands zeigt die Abb. 6.27b. Hierfür benötigen wir zwei Maschengleichungen*

$$u_A = i_2 (R_i + R_{k1} + R_{k2}) - \mu u_{g,1} \,, \tag{6.92}$$

$$u_A = \mu u_{g,2} + i_1 R_i \,, \tag{6.93}$$

zwei Steuergleichungen

$$u_{g,1} = -i_2 R_{k1} \,, \tag{6.94}$$

$$u_{g,2} = u_1 - u_A = -i_2 R_{k2} \tag{6.95}$$

und eine Knotengleichung

$$i_A = i_1 + i_2 \,. \tag{6.96}$$

Rechnung 6.3.2-RA *Wir setzen die beiden Steuergleichungen 6.94 und 6.95 in Gl. 6.92 ein*

$$\begin{aligned}
u_A &= i_2 (R_i + R_{k1} + R_{k2}) - \mu(-i_2 R_{k1}) \\
&= i_2 (R_i + R_{k2} + (1+\mu)R_{k1}) \\
&= i_2 R_y
\end{aligned} \tag{6.97}$$

mit

$$R_y = R_i + R_{k2} + (1+\mu)R_{k1} \,. \tag{6.98}$$

und anschließend in (6.93) ein und benutzen die Stromgleichung 6.84

$$\begin{aligned}
u_A &= i_1 R_i - \mu i_2 R_{k2} \\
&= (i_A - i_2)R_i - \mu i_2 R_{k2} \\
&= i_A R_i - i_2 (R_i + \mu R_{k2}) \,.
\end{aligned}$$

Die Verwendung von (6.97) und (6.98) führt zu

$$u_A = i_A R_i - \frac{u_A}{R_y} (R_i + \mu R_{k2})$$

und

$$u_A \left(1 + \frac{R_i + \mu R_{k2}}{R_y} \right) = i_A R_i \ .$$

Ergebnis 6.3.2-RA *Der gesuchte Ausgangswiderstand beträgt*

$$R_A = \frac{u_A}{i_A} = \frac{R_i R_y}{R_y + R_i + \mu R_{k2}} = R_i \frac{R_i + (1 + \mu) R_{k1} + R_{k2}}{2 R_i + (1 + \mu)(R_{k1} + R_{k2})} \ . \tag{6.99}$$

Falls R_{k1} mit einem Kondensator gebrückt ist, verkleinert sich der Ausgangswiderstand zu

$$R_A^* = \frac{u_A}{i_A} = \frac{R_i (R_i + R_{k2})}{2 R_i + (1 + \mu) R_{k2}} \ . \tag{6.100}$$

Eingangsimpedanz 6.3.2 *Der ohmsche Anteil R_E an der Eingangsimpedanz der SRPP-Schaltung entspricht dem Gitterableitwiderstand*

$$R_E = R_g \ . \tag{6.101}$$

Zur Berechnung des kapazitiven Anteils C_E benötigen wir zunächst einen Ausdruck für die Anoden-Gitter-Spannung der Eingangsröhre. Wir lesen im Schaltplan Abb. 6.26 und in der Ersatzschaltung in Abb. 6.27 den Zusammenhang

$$u_{ga} = u_E - u_1$$

ab. Wir verwenden die Gl. 6.89 und erhalten mit (6.90)

$$\begin{aligned}
u_{ga} &= u_E - u_A \frac{R_x}{R_x + R_{k2}} + \mu u_E \frac{R_{k2}}{R_x + R_{k2}} \\
&= u_E \left(1 - \frac{V R_x}{R_x + R_{k2}} + \frac{\mu R_{k2}}{R_x + R_{k2}} \right) \\
&= u_E \frac{(1 - V) R_x + (1 + \mu) R_{k2}}{R_x + R_{k2}} \ .
\end{aligned}$$

Wir verwenden (6.90), (6.88) und (6.86) und erhalten mit $R_{k1} = R_{k2}$ die Näherung

$$V = -\mu + \mu \frac{R_x + R_{k2}}{R^*} \approx -\frac{\mu}{2} \ ,$$

Tab. 6.10 Rechen- und Simulationsergebnisse 6.3.2

Größe	Formel	Berechnung	C83.1	C83.2	C83.3	Einheit
V	(6.90)	−49,7	−47,3	−43,7	−49,5	V/V
V^*	(6.91)	−71,25	−82,4	−72,9	−78,9	V/V
R_A	(6.99)	33,2	29,9	24,3	29,3	kΩ
R_A^*	(6.100)	19	16,6	12,4	15,5	kΩ
R_E	(6.101)	1	1	1	1	MΩ
C_E	(6.104)	84,2	83,8	113,6	80,13	pF

was zu

$$u_{ga} \approx u_E \frac{\left(1 + \frac{\mu}{2}\right) R_x + (1 + \mu) R_{k2}}{R_x + R_{k2}}$$

$$= u_E \left(\left(1 + \frac{\mu}{2}\right) + \frac{\mu}{2} \frac{R_{k2}}{R_x + R_{k2}} \right) \tag{6.102}$$

führt. Im weiteren benötigen wir die Gitter-Kathoden-Spannung aus (6.82) und wenden (6.85) in der Form $i = \mu u_E / R^*$ *an. Wir erhalten*

$$u_g = u_E - \mu u_E / R^* = u_E \left(1 - \mu \frac{R_{k1}}{R^*}\right). \tag{6.103}$$

Nun können wir die Eingangskapazität mit (6.103) und (6.102) in der Form

$$C_E = C_{gk} \left(1 - \mu \frac{R_{k1}}{R^*}\right) + C_{ga} \left(\left(1 + \frac{\mu}{2}\right) + \frac{\mu}{2} \frac{R_{k2}}{R_x + R_{k2}} \right) \tag{6.104}$$

berechnen. Falls R_{k1} *mit einem Kondensator gebrückt ist, vergrößert sich die Eingangskapazität wegen einer größeren Spannungsverstärkung zu*

$$C_E^* = C_{gk} + C_{ga} \left(\left(1 + \frac{\mu}{2}\right) + \frac{\mu}{2} \frac{R_{k2}}{R_i + R_{k2}} \right), \tag{6.105}$$

was sich in der gegebenen Schaltung nur wenig vom Wert ohne Kathodenkondensator unterscheidet.

Die Resultate von Rechnung und Simulation sind in der Tab. 6.10 eingetragen. Wir wollen die Betrachtung des SRPP-Verstärkers als Gegentaktverstärker aufnehmen und den SRPP-Verstärker unter diesem Aspekt analysieren. Die Symmetriebedingung lautet

$$u_{g,1} = -u_{g,2}. \tag{6.106}$$

Wenn wir diese Bedingung in (6.80) einsetzen, gibt es nur die triviale und unbrauchbare Lösung $i = 0$. Das bedeutet, wenn überhaupt ein Gegentaktbetrieb möglich ist, dann nur bei einer angeschlossenen Last, d. h. einem Ausgangsstrom $i_A \neq 0$. Wir unterstellen, dass durch die obere Röhre V2 der Strom i_2 und durch die untere Röhre V1 der Strom i_1 fließen, jeweils in der Richtung Anode zu Kathode. Die Maschengleichung 6.80

Tab. 6.11 Belasteter SRPP-Verstaerker

Lastwiderstand	Verstärkung	Klirrfaktor
$R_L = 60\,\mathrm{k\Omega}$	31,5	0,43 %
$R_L = 80\,\mathrm{k\Omega}$	33,8	0,43 %
$R_L = 100\,\mathrm{k\Omega}$	35,5	0,42 %
$R_L = 200\,\mathrm{k\Omega}$	39,9	0,39 %
$R_L = 300\,\mathrm{k\Omega}$	41,8	0,35 %

lautet dann mit 6.106

$$i_2 R_i + (i_2 - i_A)(R_i + R_{k1} + R_{k2}) = 0$$

bzw.

$$\frac{i_A}{i_2} = \frac{2R_i + R_{k1} + R_{k2}}{R_i + R_{k1} + R_{k2}} \quad \text{und} \quad , i_A > i_2 \, ,$$

was im Widerspruch zum Ansatz steht[5]. Offensichtlich ist dieser ideale Betriebsfall nicht möglich und man sollte sich schon die Frage stellen, welches technische Argument hat die Entwickler dazu bewogen, einen solchen NF-Verstärker aufzubauen und diesen auch noch aus einer stabilisierten Spannungsversorgung zu speisen.

Die Überbrückung des Kathodenwiderstands sorgt dafür, dass beide Trioden wechselspannungsmäßig nicht symmetrisch arbeiten und verursacht in der Simulation einen erheblich vergrößerten Klirrfaktor (SPICE-Simulation, mit Kondensator $k_{ges} = 0,06\,\%$, ohne Kondensator $k_{ges} = 0,0007\,\%$ bei $\widehat{u}_E = 0,1\,\mathrm{V}$, $f = 1\,\mathrm{kHz}$).

Wir finden bei Broskie [Bro02] eine Argumentation, die die SRPP-Schaltung als einen Gegentakt-A-Verstärker ansieht, was bedeutet, dass der Ruhestrom der Hälfte des gewünschten Maximalausgangsstroms entsprechen muß. Unter dieser Annahme argumentiert Broskie, dass die Kathodenwiderstände $R_{k1} = R_{k2}$ mit dem Ziel geringer Verzerrungen im Beisein eines Lastwiderstands R_L zu

$$R_{k1} = R_{k2} = \frac{R_i + 2R_L}{\mu - 1}$$

gewählt werden sollten, was für einen Lastwiderstand in der Applikation $R_L = 60\,\mathrm{k\Omega}$ die Werte $R_{k1} = R_{k2} = 4,6\,\mathrm{k\Omega}$ ergibt. Der so eingestellte Anodenstrom beträgt $I_{a1} = 480\,\mu\mathrm{A}$. Die Tab. 6.11 enthält für fünf Werte des Lastwiderstands die Angaben der Verstärkungen und der Klirrfaktoren für $f = 1\,\mathrm{kHz}$ und $\widehat{u}_E = 1\,\mathrm{V}$ beim Betrieb mit Stromgegenkopplung.

Das Experiment kann die Argumentation nicht unterstützen. Ganz im Gegenteil erkennt man, dass der größer werdende Lastwiderstand zu einem kleiner werdenden Klirrfaktor führt. In der Summe lässt sich sagen, dass die Dimensionierung der SRPP-Schaltung überdurchschnittlich kompliziert ist und vor allem unter Berücksichtigung der an ihr angeschlossenen Last durchgeführt werden muß.

---

[5] Gegentaktschaltungen dieser Art lassen sich mit einem NPN- und einem PNP-Transistor aufbauen. Im Lastkreis werden dann die beiden Emitterströme addiert.

6.3.3 μ-Follower

Der μ-Follower in der Schaltung in Abb. 6.28 mit einer Dimensionierung aus dem Buch von [Jon95] ist eine Kathodenbasisschaltung mit einer aktiven Last in Form einer Anodenbasisschaltung. Die Ansteuerung der beiden Trioden erfolgt gegenphasig. Die Schaltung bringt hohe Spannungsverstärkung (Leerlaufverstärkung einer Röhre) und den geringen Ausgangswiderstand einer Anodenbasisschaltung mit sich. Die Gleichspannungen der Röhrenelektroden und der Röhrenstrom der Schaltung bei Jones sind $U_{k2} = 2,5\,\mathrm{V}$ (2,2 V, Modell $C88.2$), $U_{a2} = 80\,\mathrm{V}$ (87,2 V, Modell $C88.2$), $U_{k1} = 206,5\,\mathrm{V}$ (200 V, Modell $C88.2$), $I_{a2} = 2\,\mathrm{mA}$ (1,8 mA, Modell $C88.2$).

Ansatz 6.3.3-V *Die Kleinsignalersatzschaltung des μ-Followers zur Berechnung der Verstärkung zeigt die Abb. 6.29a. Wir benötigen zwei Maschengleichungen*

$$0 = i\left(2R_i + R_{k1} + R_{k2} + R_a\right) - \mu u_{g,1} - \mu u_{g,2}\,, \qquad (6.107)$$

$$u_1 = i\left(R_i + R_{k1} + R_a\right) - \mu u_{g,1}\,, \qquad (6.108)$$

zwei Steuergleichungen

$$u_{g,1} = u_E - u_{k1} = u_E - iR_{k1}\,, \qquad (6.109)$$

$$u_{g,2} = \alpha u_1 + \beta u_2 - u_A \qquad (6.110)$$

Abb. 6.28 μ-Follower

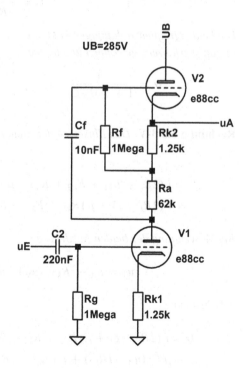

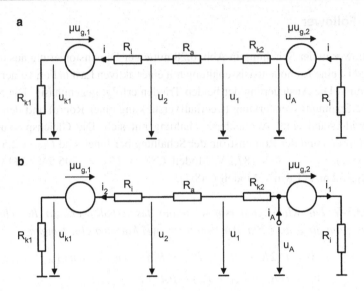

Abb. 6.29 Ersatzschaltung des μ-Followers

und eine Stromgleichung

$$i = \frac{u_A - u_1}{R_{k2}} \,. \tag{6.111}$$

Die beiden frequenzabhängigen Faktoren α und β werden durch Anwendung des Überlagerungsverfahrens gewonnen und lauten

$$\alpha = \frac{1}{1 + j\omega R_f C_f}, \beta = \frac{j\omega R_f C_f}{1 + j\omega R_f C_f} \quad \text{mit} \quad \alpha + \beta = 1 \,.$$

Rechnung 6.3.3-V *Das Einsetzen der Steuergleichungen 6.109 und 6.110 in 6.107 führt zu*

$$0 = i\,(2R_i + R_{k1} + R_{k2} + R_a) - \mu\,(u_E - iR_{k1}) - \mu\,(\alpha u_1 + \beta u_2 - u_A)$$
$$= i\,(2R_i + (1 + \mu)R_{k1} + R_{k2} + R_a) - \mu u_E - \mu\,(\alpha u_1 + \beta u_2 - u_A) \,.$$

Bei Verwendung der beiden Ausdrücke

$$u_1 = u_A - iR_{k2} \quad \text{und} \quad u_2 = u_A - i\,(R_a + R_{k2}) \tag{6.112}$$

erhalten wir

$$0 = i\,(2R_i + (1 + \mu)R_{k1} + R_{k2} + R_a) - \mu u_E$$
$$- \mu\,(\alpha\,(u_A - iR_{k2}) + \beta\,(u_A - i\,(R_a + R_{k2})) - u_A)$$

$$= i\,(2R_i + (1 + \mu)R_{k1} + (1 + \alpha\mu + \beta\mu)R_{k2} + (1 + \beta\mu)R_a)$$
$$- \mu u_E - (-\mu + \alpha\mu + \beta\mu)u_A$$
$$= i\,(2R_i + (1 + \mu)R_{k1} + (1 + \mu)R_{k2} + (1 + \beta\mu)R_a) - \mu u_E \qquad (6.113)$$
$$= iR^* - \mu u_E$$

mit

$$R^* = 2R_i + (1 + \mu)(R_{k1} + R_{k2}) + (1 + \beta\mu)R_a\,. \qquad (6.114)$$

Die weitere Bearbeitung verwendet die Stromgleichung 6.111 und wir erhalten

$$0 = \frac{u_A - u_1}{R_{k2}}R^* - \mu u_E$$
$$= u_A\frac{R^*}{R_{k2}} - u_1\frac{R^*}{R_{k2}} - \mu u_E\,. \qquad (6.115)$$

Die Maschengleichung 6.108 entspricht der Maschengleichung 6.89, unterschiedlich sind nur die Werte für den Widerstand R_x. Wir erhalten daher

$$u_1 = u_A\frac{R_x}{R_x + R_{k2}} - \mu u_E\frac{R_{k2}}{R_x + R_{k2}}$$

mit

$$R_x = R_i + (1 + \mu)R_{k1} + R_a\,.$$

Die Beziehung für u_1 setzen wir in (6.115) ein und erhalten

$$0 = u_A\frac{R^*}{R_{k2}} - \left(u_A\frac{R_x}{R_x + R_{k2}} - \mu u_E\frac{R_{k2}}{R_x + R_{k2}}\right)\frac{R^*}{R_{k2}} - \mu u_E$$
$$= u_A\left(\frac{R^*}{R_{k2}} - \frac{R^*}{R_{k2}}\frac{R_x}{R_x + R_{k2}}\right) + u_E\left(\frac{\mu R^*}{R_x + R_{k2}} - \mu\right)\,. \qquad (6.116)$$

Ergebnis 6.3.3-V *Mit (6.116) können wir sofort die gesuchte Spannungsverstärkung angeben*

$$V = \frac{u_A}{u_E} = -\frac{\dfrac{\mu R^*}{R_x + R_{k2}} - \mu}{\dfrac{R^*}{R_{k2}} - \dfrac{R^*}{R_{k2}}\dfrac{R_x}{R_x + R_{k2}}}$$
$$= \mu\frac{1 - \dfrac{R^*}{R_x + R_{k2}}}{\dfrac{R^*}{R_{k2}}\left(1 - \dfrac{R_x}{R_x + R_{k2}}\right)}$$
$$= \mu\frac{R_{k2}}{R^*}\frac{R_x + R_{k2} - R^*}{R_{k2}}$$
$$= \mu\frac{1}{R^*}\left(R_x + R_{k2} - R^*\right)\,. \qquad (6.117)$$

Für $R^* \gg R_x + R_{k2}$ *geht die Verstärkung in*

$$V \approx -\mu$$

über und die Bezeichnung μ-*Follower wird über die Spannungsverstärkung begründet.*

Ansatz 6.3.3-RA *Die Kleinsignalersatzschaltung des* μ-*Followers zur Berechnung des Ausgangswiderstands zeigt die Abb. 6.29b. Zur Analyse benötigen wir zwei Maschengleichungen*

$$u_A = i_2\,(R_i + R_{k1} + R_{k2} + R_a) - \mu u_{g,1}\,, \qquad (6.118)$$

$$u_A = i_1 R_i + \mu u_{g,2}\,, \qquad (6.119)$$

zwei Steuergleichungen

$$u_{g,1} = -i_2 R_{k1}\,, \qquad (6.120)$$

$$u_{g,2} = \alpha u_1 + \beta u_2 - u_A \qquad (6.121)$$

und eine Knotengleichung

$$i_A = i_1 + i_2\,. \qquad (6.122)$$

Rechnung 6.3.3-RA *Die Verwendung der Steuergleichung 6.120 in 6.118 ergibt*

$$\begin{aligned}
u_A &= i_2\,(R_i + R_{k1} + R_{k2} + R_a) + \mu i_2 R_{k1} \\
&= i_2(R_i + (1+\mu)R_{k1} + R_{k2} + R_a) \\
&= i_2 R_z
\end{aligned}$$

mit der Abkürzung

$$R_z = R_i + (1+\mu)R_{k1} + R_{k2} + R_a\,. \qquad (6.123)$$

Wir erhalten aus (6.112), (6.121), (6.119) und (6.122)

$$\begin{aligned}
u_A &= i_1 R_i + \mu\,(\alpha u_1 + \beta u_2 - u_A) \\
&= i_1 R_i - \mu i_2\,(\alpha R_{k1} + \beta R_{k2} + \beta R_a) \\
&= (i_A - i_2)\,R_i - \mu i_2 R_y
\end{aligned}$$

mit der Abkürzung

$$R_y = \alpha R_{k1} + \beta R_{k2} + \beta R_a\,. \qquad (6.124)$$

Für große Frequenzen geht $R_y \rightarrow R_{k2} + R_a$. *Wir erhalten im weiteren*

$$u_A = i_A R_i - i_2 \left(R_i + \mu R_y \right) .$$

Wir verwenden

$$i_2 = \frac{u_A}{R_z}$$

und erhalten

$$u_A = i_A R_i - \frac{u_A}{R_z} \left(R_i + \mu R_y \right) . \tag{6.125}$$

Ergebnis 6.3.3-RA   *Der gesuchte Ausgangswiderstand lautet mit (6.125), (6.124) und (6.123)*

$$R_A = \frac{R_i R_z}{R_z + R_i + \mu R_y} = \frac{R_i \left(R_i + (1+\mu) R_{k1} + R_{k2} + R_a \right)}{2 R_i + (1+\mu) \left(R_{k1} + R_{k2} + R_a \right)} . \tag{6.126}$$

Der resultierende niedrige Wert erklärt den zweiten Teil der Bezeichnung μ-Follower. Die Schaltung ist offensichtlich ein Kathodenfolger mit hoher Spannungsverstärkung.

Eingangsimpedanz 6.3.3   *Der ohmsche Anteil R_E an der Eingangsimpedanz des μ-Followers entspricht dem Gitterableitwiderstand*

$$R_E = R_g . \tag{6.127}$$

Zur Berechnung des kapazitiven Anteils C_E benötigen wir zunächst einen Ausdruck für die Anoden-Gitter-Spannung der Eingangsröhre. Wir lesen im Schaltplan Abb. 6.28 und in der Ersatzschaltung in Abb. 6.29 den Zusammenhang

$$u_{ga} = u_E - u_2$$

ab. Bei Verwendung von (6.112) und (6.109) erhalten wir

$$\begin{aligned} u_{ga} &= u_E - i (R_i + R_{k1}) + \mu u_{g,1} \\ &= u_E (1+\mu) - i (R_i + (1+\mu) R_{k1}) . \end{aligned}$$

Wir erhalten aus (6.113) einen Ausdruck für den Röhrenstrom $i = \mu u_E / R^*$ und schließlich mit (6.114)

$$\begin{aligned} u_{ga} &= u_E (1+\mu) - \frac{\mu u_E}{R^*} (R_i + (1+\mu) R_{k1}) \\ &= u_E \left(1 + \mu - \mu \frac{R_i + (1+\mu) R_{k1}}{R^*} \right) . \end{aligned} \tag{6.128}$$

Tab. 6.12 Rechen- und Simulationsergebnisse 6.3.3

Größe	Formel	Berechnung	C88.1	C88.2	C88.3	Einheit
V	(6.117)	−27,4	−27,4	−31,3	−31,2	V/V
R_A	(6.126)	544	150,4	205,7	364,3	Ω
R_E	(6.127)	1	1	1	1	MΩ
C_E	(6.130)	50,1	44,3	49,8	54,9	pF

Im weiteren benötigen wir die Gitter-Kathoden-Spannung u_g aus (6.109) und (6.113)

$$u_g = u_E - \frac{\mu u_E}{R^*} R_{k1} = u_E \left(1 - \mu \frac{R_{k1}}{R^*} \right) . \tag{6.129}$$

Nun können wir die Eingangskapazität mit (6.129) und (6.128) in der Form

$$C_E = C_{gk} \left(1 - \mu \frac{R_{k1}}{R^*} \right) + C_{ga} \left(1 + \mu - \mu \frac{R_i + (1 + \mu) R_{k1}}{R^*} \right) \tag{6.130}$$

berechnen. Falls R_a deutlich größer ist als R_{k1} oder R_{k2} ist, können wir die Eingangskapazität mit

$$C_E \approx C_{gk} + C_{ga} (1 + \mu)$$

nähern.

Die Rechen- und Simulationsergebnisse in Tab. 6.12 wurden unter den Voraussetzungen $R_{k1} = R_{k2} = 1{,}25\,\text{k}\Omega$, $\alpha = 0$ und $\beta = 1$ (hinreichend große Frequenzen mit $\omega R_f C_f \gg 1$) erzielt.

In der Literatur wird die μ-Follower-Schaltung als Kathodenbasisschaltung mit Konstantstromquelle als Lastwiderstand bezeichnet. Wir wollen nun die Konstantstromquelle, bestehend aus V2, R_f, C_f, R_{k2} und R_a, berechnen. Der (differentielle) Ausgangswiderstand dieser Konstantstromquelle lässt sich mit den beiden leicht in der Abb. 6.28 abzuleitenden Gleichungen

$$u_{AC} = i_{AC} (R_{k2} + R_a + R_i) + \mu u_{g,1} \quad \text{und}$$
$$u_{g,2} = i_{AC} (R_{k2} + (1 - \alpha) R_a)$$

berechnen. Die Spannung u_{AC} ist die Ausgangsspannung der Konstantstromquelle und i_{AC} ihr Strom, wobei die Quelle ohne Last berechnet wird. Man erhält für hinreichend große Frequenzen mit $\omega R_f C_f \gg 1$

$$R = \frac{u_{AC}}{i_{AC}} = (1 + \mu) (R_{k2} + R_a) + R_i .$$

Dieser hohe Ausgangswiderstand rechtfertigt die Annahme.

Eine weitere Fragestellung ist es, ob man nicht nur von gegenphasiger Ansteuerung, sondern auch von Gegentaktansteuerung sprechen kann. Hierzu gehen wir von den beiden Steuergleichungen 6.109 und 6.110 aus und berechnen das Verhältnis

$$\frac{u_{g,1} + u_{g,2}}{u_{g,1}} = \frac{u_E - iR_{k1} - iR_{k2} - iR_a}{u_E - iR_{k1}}.$$

Mit $R_a \gg R_{k1}, R_{k2}$ und $u_E \gg iR_{k1}, iR_{k2}$ erhalten wir die Abschätzung

$$\frac{u_{g,1} + u_{g,2}}{u_{g,1}} \approx 1 - \frac{iR_a}{u_E} \approx 0.$$

Die Simulation mit SPICE ergibt einen Wert von

$$\frac{u_{g,1} + u_{g,2}}{u_{g,1}} \approx 0{,}03,$$

was die Annahme eines Gegentaktbetriebs unterstützt.

6.3.4 White-Cathode-Follower

Der White-Cathode-Follower in Abb. 6.30 wurde ursprünglich, wegen seines extrem niedrigen Ausgangswiderstands als Endstufe in übertragerlosen Leistungsverstärkern eingesetzt. Die Schaltung kann aber auch vorteilhaft in Zwischenverstärkerstufen eingesetzt werden, wofür es zwei gute Gründe gibt. Ein guter Grund ist das hohe Gleichspannungspotential des Verstärkereingangs, wenn der Koppelkondensator entfernt wird. Das erlaubt es, einen Spannungsverstärker wie eine Kathodenbasisschaltung, eine Kaskodenschaltung oder einen μ-Follower direkt gekoppelt vorzuschalten. Hierzu gibt es Beispiele in der Literatur, von denen wir zwei im Abschn. 6.3.8 vorstellen werden. Eine solche Kombination zweier Grundschaltungen ergibt einen Spannungsverstärker mit sehr niedrigem Ausgangswiderstand, wie er z. B. als Leitungstreiber in einem Vor- oder einem Steuerverstärker genutzt werden kann. Die hohe Kapazität der geschirmten Leitung zum Endverstärker spielt dann wegen des niedrigen Ausgangswiderstands nur eine kleine Rolle. Dieser niedrige Ausgangswiderstand ist der zweite gewichtige Grund für die Benutzung eines White-Cathode-Followers, denn der Ausgangswiderstand ist sogar niedriger als der einer vergleichbaren Anodenbasisschaltung. Die Ansteuerung der beiden Trioden erfolgt gegenphasig.

Die Beispielsschaltung stammt von Jones [Jon95] und verwendet die Doppeltriode E88CC. Im Gegensatz zur Schaltung in diesem Buch ist der Kathodenwiderstand bei Jones mit einem Kondensator gebrückt. Dieser Kondensator hat nur einen geringen Einfluß auf die Spannungsverstärkung, wohl aber auf den Ausgangswiderstand, wie wir es später sehen werden.

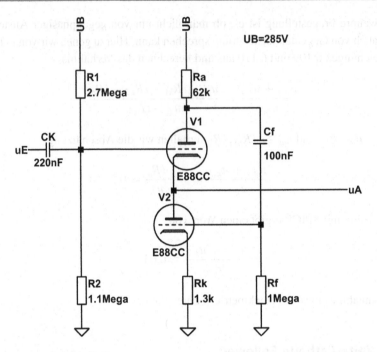

Abb. 6.30 White-Cathode-Follower

Ansatz 6.3.4-V *Die Kleinsignalersatzschaltung des White-Cathode-Followers zur Be-rechnung der Verstärkung zeigt die Abb. 6.31a. Wir benötigen zwei Maschengleichungen*

$$0 = i(R_a + 2R_i + R_k) - \mu u_{g,1} - \mu u_{g,2} \,, \tag{6.131}$$

$$u_1 = u_A + iR_i - \mu u_{g,1} \,, \tag{6.132}$$

zwei Steuergleichungen

$$u_{g,2} = \alpha u_1 - iR_k, \alpha = \frac{j\omega R_f C_f}{1 + j\omega R_f C_f} \,, \tag{6.133}$$

$$u_{g,1} = u_E - u_A \tag{6.134}$$

und eine Stromgleichung

$$i = -\frac{u_1}{R_a} \,. \tag{6.135}$$

Rechnung 6.3.4-V *Das Einsetzen der Steuergleichungen 6.133 und 6.134 in 6.131 führt bei Verwendung von 6.135 zu*

$$0 = i(R_a + 2R_i + R_k) - \mu(\alpha u_1 - iR_k) - \mu(u_E - u_A)$$

$$= -u_1 \frac{R_a + 2R_i + (1 + \mu)R_k}{R_a} - u_1 \mu\alpha - \mu(u_E - u_A)$$

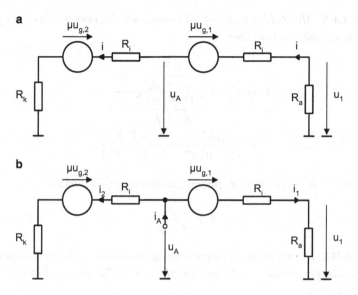

Abb. 6.31 Ersatzschaltung des White-Cathode-Followers

$$= -u_1 \frac{(1 + \mu\alpha)R_a + 2R_i + (1 + \mu)R_k}{R_a} - \mu(u_E - u_A)$$

$$= -u_1 \frac{R^*}{R_a} - \mu(u_E - u_a)$$

mit der Abkürzung für den frequenzabhängigen Widerstand

$$R^* = (1 + \mu\alpha)R_a + 2R_i + (1 + \mu)R_k \tag{6.136}$$

und analog für (6.132)

$$u_1 = u_A + iR_i - \mu(u_E - u_A)$$

$$= u_A - \frac{u_1}{R_a}R_i - \mu(u_E - u_A)$$

$$= \frac{u_A(1 + \mu) - \mu u_E}{1 + \frac{R_i}{R_a}}$$

$$= u_A(1 + \mu)\frac{R_a}{R_i + R_a} - u_E \frac{\mu R_a}{R_i + R_a} . \tag{6.137}$$

Wir verbinden beide Maschengleichungen und erhalten

$$0 = -\left(u_A(1 + \mu)\frac{R_a}{R_i + R_a} - u_E \frac{\mu R_a}{R_i + R_a}\right)\frac{R^*}{R_a} - \mu(u_E - u_A)$$

$$= u_A\left(\frac{-(1 + \mu)R^*}{R_i + R_a} + \mu\right) + u_E\left(\frac{\mu R^*}{R_i + R_a} - \mu\right) . \tag{6.138}$$

Ergebnis 6.3.4-V *Mit (6.138) und (6.136) können wir die gesuchte Spannungsverstärkung sofort bestimmen und erhalten*

$$V = \frac{u_A}{u_E} = \frac{\dfrac{\mu R^*}{R_i + R_a} - \mu}{\dfrac{-(1 + \mu) R^*}{R_i + R_a} + \mu}$$

$$= \frac{\mu R^* - \mu (R_i + R_a)}{(1 + \mu) R^* - \mu (R_i + R_a)} . \tag{6.139}$$

Falls $R_i + R_a \ll R^*$ *ergibt sich die frequenzunabhängige Verstärkung*

$$V \approx \frac{\mu}{1 + \mu} . \tag{6.140}$$

Ansatz 6.3.4-RA *Die Kleinsignalersatzschaltung des White-Cathode-Followers zur Berechnung des Ausgangswiderstands zeigt die Abb. 6.31b. Zur Analyse benötigen wir zwei Maschengleichungen*

$$u_A = i_1(R_i + R_a) + \mu u_{g,1} , \tag{6.141}$$

$$u_A = i_2(R_i + R_k) - \mu u_{g,2} , \tag{6.142}$$

zwei Steuergleichungen

$$u_{g,2} = \alpha u_1 - i_2 R_k , \tag{6.143}$$

$$u_{g,1} = -u_A \tag{6.144}$$

und eine Knotengleichung

$$i_A = i_1 + i_2 . \tag{6.145}$$

Rechnung 6.3.4-RA *Das Einsetzen der beiden Steuergleichungen 6.143 und 6.144 in 6.141 ergibt bei Verwendung der Knotengleichung 6.145*

$$u_A = i_1(R_i + R_a) - \mu u_A \tag{6.146}$$

und in (6.142) bei weiterer Verwendung der Knotengleichung 6.145 und des Zusammenhangs $u_1 = i_1 R_a$

$$
\begin{aligned}
u_A &= i_2(R_i + R_k) - \mu \left(\alpha u_1 - i_2 R_k \right) \\
&= i_2(R_i + (1 + \mu) R_k) - \alpha \mu u_1 \\
&= (i_A - i_1) \left(R_i + (1 + \mu) R_k \right) - \alpha \mu u_1 \\
&= i_A(R_i + (1 + \mu) R_k) - i_1(R_i + (1 + \mu) R_k + \alpha \mu R_a) .
\end{aligned}
\tag{6.147}
$$

Aus (6.146) gewinnen wir

$$i_1 = \frac{(1+\mu)u_A}{R_i + R_a},$$

das in (6.147) eingesetzt zu

$$u_A = i_A(R_i + (1+\mu)R_k) - \frac{(1+\mu)u_A}{R_i + R_a}(R_i + (1+\mu)R_k + \alpha\mu R_a)$$

bzw.

$$u_A\left(1 + \frac{(1+\mu)(R_i + (1+\mu)R_k + \alpha\mu R_a)}{R_i + R_a}\right) = i_A(R_i + (1+\mu)R_k) \qquad (6.148)$$

führt.

Ergebnis 6.3.4-RA *Wir können mit (6.148) und (6.133) den gesuchten Ausgangswiderstand sofort angeben*

$$R_A = \frac{(R_i + (1+\mu)R_k)\,(R_i + R_a)}{R_i + R_a + (1+\mu)(R_i + (1+\mu)R_k + \alpha\mu R_a)}. \qquad (6.149)$$

Diesen Ausdruck können wir für hinreichend große Frequenzen $\omega RC \gg 1$ mit $\alpha = 1$ zu

$$R_A = \frac{(R_i + (1+\mu)R_k)\,(R_i + R_a)}{(2+\mu)R_i + (1+\mu+\mu^2)R_a + (1+\mu)^2 R_k}$$

zusammenfassen. Wir wollen an dieser Stelle auf den Kathodenkondensator parallel zu R_k zu sprechen kommen, der bei Jones vorgesehen ist. Dieser Kondensator hat einen erheblichen Einfluß auf den Ausgangswiderstand. Mit $R_k = 0$ erhalten wir aus (6.149)

$$R_A^* = \frac{R_i\,(R_i + R_a)}{R_i + R_a + (1+\mu)(R_i + \alpha\mu R_a)} = \frac{R_i}{1 + \dfrac{(1+\mu)(R_i + \mu R_a)}{R_i + R_a}} \quad \text{für} \quad \alpha = 1.$$

$$(6.150)$$

Eingangsimpedanz 6.3.4 *Der ohmsche Anteil R_E an der Eingangsimpedanz des White-Cathode-Followers entspricht der Parallelschaltung von R_1 und R_2*

$$R_E = R_1 \parallel R_2. \qquad (6.151)$$

Zur Berechnung des kapazitiven Anteils C_E benötigen wir zunächst einen Ausdruck für die Anoden-Gitter-Spannung der Eingangsröhre. Wir lesen im Schaltplan Abb. 6.30 und in der Ersatzschaltung in Abb. 6.31a für die Eingangsröhre V1 den Zusammenhang

$$u_{ga} = u_E - u_1$$

Tab. 6.13 Rechen- und Simulationsergebnisse 6.3.4

Größe	Formel	Berechnung	C88.1	C88.2	C88.3	Einheit
V	(6.139)	0,97	0,97	0,97	0,97	V/V
R_A	(6.149)	61,5	50,0	44,9	51,5	Ω
R_A^*	(6.150)	11,7	3,31	3,91	7,34	Ω
R_E	(6.151)	781,2	781,3	781,3	781,3	kΩ
C_E	(6.154)	1,71	1,54	1,56	1,70	pF

ab. Mit (6.137) erhalten wir für den Anteil u_1

$$u_1 = u_A(1 + \mu)\frac{R_a}{R_i + R_a} - u_E\frac{\mu R_a}{R_i + R_a}$$
$$= V u_E(1 + \mu)\frac{R_a}{R_i + R_a} - u_E\frac{\mu R_a}{R_i + R_a} .$$

Wir verwenden die oben gewonnene Abschätzung (6.140), was zu

$$u_1 \approx \frac{\mu(1 + \mu)}{1 + \mu}u_E\frac{R_a}{R_i + R_a} - u_E\frac{\mu R_a}{R_i + R_a} = 0 \qquad (6.152)$$

führt. Wir können daher $u_{ga} \approx u_E$ annehmen. Im weiteren benötigen wir die Gitter-Kathoden-Spannung u_g aus (6.133) und (6.140)

$$u_g = u_E - V u_E \approx u_E\left(1 - \frac{\mu}{1 + \mu}\right) = u_E\left(\frac{1}{1 + \mu}\right) . \qquad (6.153)$$

Nun können wir die Eingangskapazität mit (6.153) und (6.152) in der Form

$$C_E = C_{gk}\left(\frac{1}{1 + \mu}\right) + C_{ga} \qquad (6.154)$$

berechnen.

Die Rechen- und Simulationsergebnisse in Tab. 6.13 wurden unter der Voraussetzung hinreichend großer Frequenz $\omega RC \gg 1$ mit $\alpha = 1$ erzielt. Bemerkenswert sind die außerordentlich kleinen Werte für den (differentiellen) Ausgangswiderstand bei kapazitiv kurzgeschlossenen Kathodenwiderstand. Nun darf man allerdings nicht denken, man könnte einen Lautsprecher direkt betreiben. Die Schaltung ist nur in der Lage wenige Milliampere abzugeben, was dann auch nur zu wenigen Milliwatt Leistung führt.

Bei Broskie [Bro99] finden wir eine Herleitung, die für den White-Cathode-Follower einen optimalen Widerstand

$$R_a = \frac{R_i}{\mu}$$

angibt. Mit diesem Anodenwiderstand ergibt sich ein einfacherer Ausdruck für den Ausgangswiderstand in (6.149)

$$R_A = \frac{(R_i + R_k(1 + \mu))R_i(1 + \mu)}{R_i(1 + 3\mu + 2\mu^2) + R_k\mu(1 + \mu)^2}.$$

Wenn wir dieser Herleitung folgen, ist der White-Cathode-Follower bei Jones nach anderen Gesichtspunkten dimensioniert, der Anodenwiderstand dürfte nicht $R_a = 62\,\text{k}\Omega$ betragen, sondern $R_a = R_i/\mu = 310\,\Omega$. Mit dieser Dimensionierung erhielten wir einen nun größeren Ausgangswiderstand von $R_A = 259{,}93\,\Omega$. Broskie begründet diese Dimensionierung mit der Erzielung eines verbesserten Gegentaktbetriebs. Wenigstens bei dieser Schaltung ergibt die Simulation mit dem Vergleich der beiden Röhrengitterspannungen, dass eher bei der Jones-Dimensionierung Gegentaktbetrieb erzielt wird und nicht mit der Broskie-Dimensionierung. Für eine Eingangswechselspannung mit dem Spitzenwert $\widehat{u}_E = 1\,\text{V}$ ergeben sich bei der Jones-Dimensionierung für die Spitzenwerte $\widehat{u}_{g,1} = \widehat{u}_{g,2} = 0{,}06\,\text{V}$ und bei der Broskie-Dimensionierung $\widehat{u}_{g,1} = 0{,}07\,\text{V}$ und $\widehat{u}_{g,2} = 0{,}055\,\text{V}$. Beide Argumente sprechen für die Jones-Dimensionierung.

Auch für diese Schaltung soll die Gegentaktansteuerung überprüft werden. Die Simulation mit SPICE ergibt einen Wert von

$$\frac{\widehat{u}_{g,1} + \widehat{u}_{g,2}}{\widehat{u}_{g,1}} \approx 0{,}033\,,$$

was die Annahme eines Gegentaktbetriebs unterstützt.

6.3.5 Anodenbasisschaltung mit aktiver Last

Wenn wir die Eigenschaften der Anodenbasisgrundschaltung (5.39, 5.40, 5.42) betrachten, erkennen wir, dass für $R_k \to \infty$ die Spannungs-Verstärkung $V \to \mu/(\mu + 1)$ geht, also unabhängig vom Innenwiderstand R_i der Röhre wird. Der Gegenkopplungsgrad steigt und somit werden die nichtlinearen Verzerrungen reduziert. Ein illustrativer Gedanke ist es, den Verstärkungsfaktor als unabhängig vom Anodenstrom anzunehmen. Der Innenwiderstand ist nach (5.18) vom Anodenstrom abhängig und kann so als Verzerrungsquelle interpretiert werden. Wenn diese Quelle in ihrem Effekt ausgeschaltet ist, sind die nichtlinearen Verzerrungen entsprechend gering. Wir sollten aber an dieser Stelle schon darauf hinweisen, dass dieser positive Effekt nicht sehr signifikant ist. Am deutlichsten wird er noch ausgeprägt sein, wenn eine Röhre mit großem Innenwiderstand wie die ECC83 verwendet wird und eine passive Vergrößerung des Kathodenwiderstands durch eine nicht beliebig groß zu wählende Versorgungsspannung eingeschränkt wird. Dann kann es lohnend sein, statt des passiven Widerstands R_k den großen differentiellen Innenwiderstand einer Konstantstromsenke zu nutzen, wie er in (6.212) berechnet wird. Eine solche Schaltung zeigt Abb. 6.32, deren Dimensionierung aus Jones [Jon95] entnommen wurde. Die

Abb. 6.32 Anodenbasisschaltung mit aktiver Last

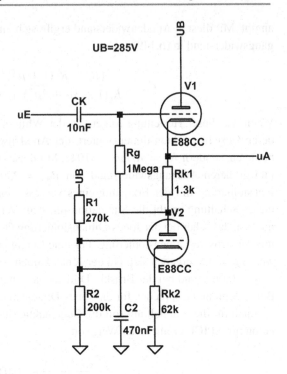

Ansteuerung der beiden Trioden erfolgt gegenphasig. Die Gleichspannungen der Röhrenelektroden und der Röhrenstrom der Schaltung bei Jones sind $U_{k2} = 124\,\text{V}$ (122,8 V,
Modell $C83.2$), $U_{g2} = 121,5\,\text{V}$ (121,3 V, Modell $C83.2$), $U_{a2} = 204\,\text{V}$ (185,4 V, Modell
$C83.2$), $U_{k1} = 206,5\,\text{V}$ (188 V, Modell $C83.2$), $I_{a2} = 2\,\text{mA}$ (1,98 mA, Modell $C83.2$).

Ansatz 6.3.5-V *Das Kleinsignalersatzschaltung der Anodenbasisschaltung mit aktiver
Last zur Berechnung der Verstärkung zeigt die Abb. 6.33a. Wir benötigen zwei Maschengleichungen*

$$u_A = i(R_i + R_{k1} + R_{k2}) - \mu u_{g,2} \,, \tag{6.155}$$
$$u_A = -iR_i + \mu u_{g,1} \tag{6.156}$$

und zwei Steuergleichungen

$$u_{g,2} = -iR_{k2} \,, \tag{6.157}$$
$$u_{g,1} = u_E - u_A \,. \tag{6.158}$$

Rechnung 6.3.5-V *Das Einsetzen der Steuergleichungen 6.157 und 6.158 in 6.155 ergibt*

$$\begin{aligned} u_A &= i(R_i + R_{k1} + R_{k2}) + i\mu R_{k2} \\ &= i(R_i + (1 + \mu)R_{k2} + R_{k1}) = iR^* \end{aligned} \tag{6.159}$$

Abb. 6.33 Ersatzschaltung der Anodenbasisschaltung mit aktiver Last

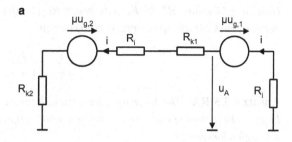

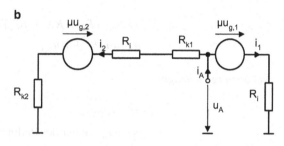

mit

$$R^* = R_i + (1 + \mu)R_{k2} + R_{k1} \tag{6.160}$$

und für (6.156)

$$u_A = -iR_i + \mu(u_E - u_A)$$

oder

$$u_A(1 + \mu) = -iR_i + \mu u_E \,. \tag{6.161}$$

Der Widerstand R^*, es handelt sich in Wirklichkeit um einen differentiellen Widerstand, ist der Widerstand, den die Eingangsröhre als Kathodenwiderstand sieht. Die Verbindung von (6.159) und (6.161) ergibt

$$u_A\left(1 + \mu + \frac{R_i}{R^*}\right) = \mu u_E \,. \tag{6.162}$$

Ergebnis 6.3.5-V *Im Ergebnis erhalten wir mit (6.162) und (6.160) die Spannungsverstärkung (vgl. mit (5.39))*

$$V = \frac{u_A}{u_E} = \frac{\mu}{1 + \mu + \dfrac{R_i}{R^*}} \,. \tag{6.163}$$

Unter der Annahme $R^* \gg R_i$, was wegen $R_{k2}(1 + \mu) \gg R_i$ statthaft ist, vereinfacht sich der Ausdruck für die Spannungsverstärkung zu

$$V = \frac{u_A}{u_E} \approx \frac{\mu}{1 + \mu} \,. \tag{6.164}$$

Ansatz 6.3.5-RA *Die Kleinsignalersatzschaltung der Anodenbasisschaltung mit aktiver Last zur Berechnung des Ausgangswiderstands zeigt Abb. 6.33b. Wir benötigen zwei Maschengleichungen*

$$u_A = i_2(R_i + R_{k1} + R_{k2}) - \mu u_{g,2} \,, \tag{6.165}$$

$$u_A = i_1 R_i + \mu u_{g,1} \,, \tag{6.166}$$

zwei Steuergleichungen

$$u_{g,2} = -i_2 R_{k2} \,, \tag{6.167}$$

$$u_{g,1} = -u_A \quad \text{unter der Bedingung} \quad u_E = 0 \tag{6.168}$$

und die Knotengleichung

$$i_A = i_1 + i_2 \,. \tag{6.169}$$

Rechnung 6.3.5-RA *Das Einsetzen der Steuergleichung 6.167 in (6.165) und Vergleich mit (6.159) ergibt für (6.160)*

$$u_A = i_2 R^* \tag{6.170}$$

und Einsetzen von (6.168) in (6.166)

$$u_A = i_1 R_i - \mu u_A$$

oder

$$(1 + \mu)u_A = i_1 R_i$$

und in Verbindung mit (6.169)

$$i_2 = i_A - \frac{(1 + \mu)u_A}{R_i} \,. \tag{6.171}$$

Die Verbindung von (6.170) und (6.171) ergibt

$$u_A \left(1 + (1 + \mu)\frac{R^*}{R_i} \right) = R^* i_A \,.$$

Ergebnis 6.3.5-RA *Der Ausgangswiderstand entspricht dann (vgl. mit (5.42))*

$$R_A = \frac{u_A}{i_A} = \frac{1}{\dfrac{1}{R^*} + \dfrac{1+\mu}{R_i}} = R^* \parallel \frac{R_i}{1+\mu} \approx \frac{R_i}{1+\mu} \, . \tag{6.172}$$

Eingangsimpedanz 6.3.5 *Der ohmsche Anteil R_E an der Eingangsimpedanz der Anodenbasisschaltung mit aktiver Last lässt sich mit dem Ausdruck (5.48) berechnen und ergibt mit (6.160)*

$$R_E = R_g \frac{R_i + (1+\mu)R^*}{R_i + R^*} \approx \mu R_g \, , \tag{6.173}$$

wobei wir R_{k1} vernachlässigt haben bzw. $R^* - R_{k1} \approx R^*$ gesetzt haben. Zur Berechnung des kapazitiven Anteils C_E benötigen wir zunächst einen Ausdruck für die Anoden-Gitter-Spannung der Eingangsröhre. Da die Anode wechselstrommäßig auf Masse liegt, gilt

$$u_{ga} = u_E \, . \tag{6.174}$$

Im weiteren benötigen wir die Gitter-Kathoden-Spannung u_g aus (6.157) und (6.164)

$$u_g = u_E - V u_E \approx u_E \left(1 - \frac{\mu}{1+\mu}\right) = u_E \left(\frac{1}{1+\mu}\right) \, . \tag{6.175}$$

Nun können wir die Eingangskapazität mit (6.175) und (6.174) in der Form

$$C_E = C_{gk} \left(\frac{1}{1+\mu}\right) + C_{ga} \tag{6.176}$$

berechnen.

Die Resultate von Rechnung und Simulation sind in der Tab. 6.14 eingetragen. Auch für diese Schaltung soll die Gegentaktansteuerung überprüft werden. Die Simulation mit SPICE ergibt einen Wert von

$$\frac{u_{g,1} + u_{g,2}}{u_{g,1}} \approx 0{,}033 \, ,$$

Tab. 6.14 Rechen- und Simulationsergebnisse 6.3.5	Größe	Formel	Berechnung	C88.1	C88.2	C88.3	Einheit
	V	(6.163)	0,97	0,97	0,97	0,97	V/V
	R_A	(6.172)	300	91,4	114,3	203,8	Ω
	R_E	(6.173)	29	33	33	33	MΩ
	C_E	(6.176)	1,71	1,51	1,50	1,65	pF

was die Annahme eines Gegentaktbetriebs unterstützt. Die Analyse des Gegentaktbetriebs wollen wir an dieser Stelle kurz rechnerisch durchführen. Wir verwenden die Gl. 6.161 und lösen nach dem Röhrenstrom auf

$$i = \frac{\mu u_E - (1 + \mu)u_A}{R_i} \, .$$

Die Verwendung in der Steuergleichung 6.157 ergibt

$$u_{g,2} = -R_{k2} \frac{\mu u_E - (1 + \mu)u_A}{R_i} \, ,$$

was wir bei großem μ zu

$$u_{g,2} \approx -(u_E - u_A) R_{k2} \frac{\mu}{R_i}$$

abschätzen. Wir vergleichen diesen Ausdruck mit (6.158) und erhalten demnach Gegentaktbetrieb, sofern

$$R_{k2} = \frac{R_i}{\mu}$$

gilt.

6.3.6 Treiberverstärker für hohe Ausgangsspannungen

In den letzten Jahren ist es verbreitet in Mode gekommen, Röhrenleistungsverstärker alleine mit Trioden aufzubauen und dann auch mit speziellen Leistungstrioden in der Endstufe zu bestücken. Hier ist die russische Röhre 6C33 zu nennen, eine Röhre, die ursprünglich als Längsröhrenregler in Spannungsversorgungen vorgesehen war. Eine solche Triode hat den Nachteil eines sehr kleinen Verstärkungsfaktors, der zwischen 2 und 3 liegt. Das hat zur Folge, dass der Treiberverstärker eine sehr hohe Steuerwechselspannung zur Verfügung stellen muß. Im Triodenverstärker des Autors handelt es sich um Effektivspannungen von ca. 80 V, die mit gewöhnlichen NF-Vorstufentrioden nicht ohne weiteres zu erzielen sind. Zu früheren Zeiten hat man in den Fällen hoher notwendiger Steuerspannungen Übertrager, sog. Zwischenübertrager, benutzt, die aber wegen der hohen Spannung relativ groß und vor allem aber sehr teuer sind.

In einem Patent von 1999 [Rei99] wurde ein Triodenleistungsverstärker beschrieben, der eine interessante Treiberstufe enthält. Die Stufe an sich ist so einfach, dass die Frage berechtigt ist, warum eine solche Stufe nicht schon weit früher vorgeschlagen worden ist. Eine Beispielsschaltung zeigt die Abb. 6.34.

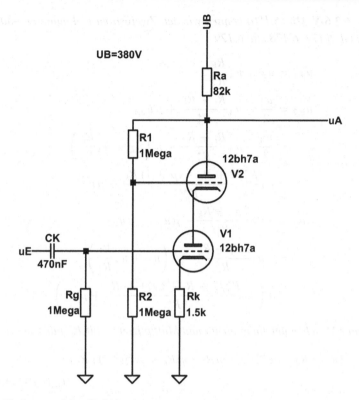

Abb. 6.34 Treiberverstärker für hohe Ausgangsspannungen

Ansatz 6.3.6-V *Die Kleinsignalersatzschaltung des Treiberverstärkers für hohe Ausgangsspannungen zur Berechnung der Verstärkung zeigt Abb. 6.35a. Der Arbeitswiderstand muß die Spannungsteilerbelastung mit* $R_a^* = R_a \parallel (R_1 + R_2)$ *berücksichtigen. Wir benötigen eine Maschengleichung*

$$u_A = (2R_i + R_k)\,i - \mu u_{g,1} - \mu u_{g,2}\,, \tag{6.177}$$

zwei Steuergleichungen

$$u_{g,1} = u_E - R_k i\,, \tag{6.178}$$

$$u_{g,2} = \frac{u_A}{2} - (R_i + R_k)\,i + \mu u_{g,1} \tag{6.179}$$

und eine Stromgleichung

$$i = -u_A/R_a^*\,. \tag{6.180}$$

Rechnung 6.3.6-V *Mit (6.180) können wir den Zweigstrom i eliminieren und erhalten für die drei Gl. 6.177, 6.178 und 6.179*

$$u_{g,1} = u_E + u_A \frac{R_k}{R_a^*},$$

$$u_{g,2} = \frac{u_A}{2} - u_A \frac{R_i + R_k}{R_a^*} + \mu u_{g,1}$$

$$= \frac{u_A}{2} - u_A \frac{R_i + R_k}{R_a^*} + \mu \left(u_E + u_A \frac{R_k}{R_a^*} \right)$$

$$= u_A \frac{R_a^*/2 + R_i + (\mu + 1) R_k}{R_a^*} + \mu u_E,$$

$$u_A = -u_A \frac{2R_i + R_k}{R_a^*} - \mu u_{g,1} - \mu u_{g,2},$$

$$= -u_A \frac{2R_i + R_k}{R_a^*} - \mu \left(u_E + u_A \frac{R_k}{R_a^*} \right)$$

$$- \mu \left(u_A \frac{R_a^*/2 + R_i + (\mu + 1) R_k}{R_a^*} + \mu u_E \right)$$

Umstellen der Maschengleichung für u_A und Multiplizieren mit R_a^* führt zu

$$u_A \left(R_a^* + 2R_i + R_k + \mu R_a^*/2 + \mu R_i + \mu R_k + \mu (\mu + 1) R_k \right) = \qquad (6.181)$$
$$u_E \left(-\mu(1 + \mu) R_a^* \right)$$

Ergebnis 6.3.6-V *Mit (6.181) können wir sofort die Spannungsverstärkung berechnen. Es gilt*

$$V = \frac{u_A}{u_E} = \frac{-\mu(1 + \mu) R_a^*}{(1 + \frac{\mu}{2})R_a^* + (2 + \mu)R_i + (1 + \mu)^2 R_k}. \qquad (6.182)$$

Ansatz 6.3.6-RA *Die Kleinsignalersatzschaltung des Treiberverstärkers für hohe Ausgangsspannungen zur Berechnung des Ausgangswiderstands zeigt die Abb. 6.35b. Zur Analyse benötigen wir eine Maschengleichung*

$$u_A = i_2(2R_i + R_k) - \mu u_{g,1} - \mu u_{g,2}, \qquad (6.183)$$

zwei Steuergleichungen

$$u_{g,1} = -i_2 R_k, \qquad (6.184)$$

$$u_{g,2} = \frac{u_A}{2} - (R_i + R_k)i_2 + \mu u_{g,1}$$

$$= \frac{u_A}{2} - (R_i + R_k)i_2 + \mu (-i_2 R_k)$$

$$= \frac{u_A}{2} - (R_i + (1 + \mu)R_k)i_2 \qquad (6.185)$$

Abb. 6.35 Ersatzschaltung des Treiberverstärkers für hohe Ausgangsspannungen

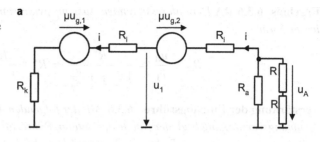

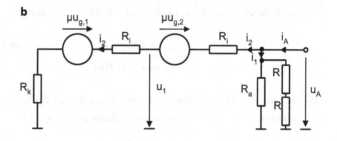

und eine Knotengleichung

$$i_A = i_1 + i_2 .$$ (6.186)

Rechnung 6.3.6-RA *Das Einsetzen der Steuergleichungen 6.184 und 6.185 in (6.183) ergibt*

$$u_A = i_2(2R_i + R_k) - \mu(-i_2 R_k) - \mu\left(\frac{u_A}{2} - (R_i + (1+\mu)R_k)i_2\right)$$
$$= i_2((2+\mu)R_i + (1+\mu)^2 R_k) - \mu\frac{u_A}{2}$$

und schließlich

$$u_A\left(1 + \frac{\mu}{2}\right) = i_2 R^*, R^* = (2+\mu)R_i + (1+\mu)^2 R_k .$$ (6.187)

Mit der Knotengleichung 6.186 in der Form

$$i_2 = i_A - i_1 = i_A - \frac{u_A}{R_a^*}$$

erhält man mit Einsetzen in (6.187) die Gleichung

$$u_A\left(1 + \frac{\mu}{2}\right) = \left(i_A - \frac{u_A}{R_a^*}\right)R^* .$$ (6.188)

Ergebnis 6.3.6-RA *Den interessierenden Ausgangswiderstand erhalten wir aus (6.188) in der Form*

$$R_A = \frac{u_A}{i_A} = \frac{R^*}{1 + \frac{\mu}{2} + \frac{R^*}{R_a^*}} = R_a^* \parallel \frac{R^*}{1 + \frac{\mu}{2}} . \tag{6.189}$$

Verstärkung der Eingangsröhre, 6.3.6 *Mit der folgenden Analyse fragen wir nach der Spannungsverstärkung bzgl. der Anode der unteren Röhre, die laut Patentschrift ungefähr halb so groß sein soll, wie die Spannungsverstärkung bzgl. der Anode der oberen Röhre. Für diese Berechnung benötigen wir die beiden Gleichungen*

$$u_{k2} = (R_i + R_K)\, i - \mu u_{g,1} \quad \text{und}$$
$$u_{g,1} = u_E - R_K i .$$

Wir stellen eine Abhängigkeit zur oben berechneten Spannungsverstärkung $V = u_a/u_e$ her und eliminieren den Strom mit dem Zusammenhang $i = -u_a/R_a^*$ und erhalten

$$u_{k2} = -u_A \frac{R_i + R_K}{R_a^*} - \mu \left(u_E + u_a \frac{R_k}{R_a^*} \right)$$
$$= -u_A \frac{R_i + (1 + \mu) R_K}{R_a^*} - \mu u_E .$$

Um Spannungsverstärkungen zu erhalten, dividieren wir durch die Eingangsspannung

$$V^* = \frac{u_{k2}}{u_E} = -\frac{u_A}{u_E} \frac{R_i + (1 + \mu) R_K}{R_a^*} - \mu$$
$$- V \frac{R_i + (1 + \mu) R_K}{R_a^*} - \mu . \tag{6.190}$$

Eingangsimpedanz 6.3.6 *Der ohmsche Anteil R_E an der Eingangsimpedanz der Treiberschaltung entspricht dem Gitterableitwiderstand*

$$R_E = R_g . \tag{6.191}$$

Zur Berechnung des kapazitiven Anteils C_E benötigen wir zunächst einen Ausdruck für die Anoden-Gitter-Spannung (Spannungsverstärkung) der Eingangsröhre. Wir lesen im Schaltplan Abb. 6.34 und in der Ersatzschaltung in Abb. 6.35a den Zusammenhang

$$u_{ga} = u_E - u_{k2}$$

ab. Mit (6.190) erhalten wir

$$u_{ga} = u_E - V^* u_E = u_E \left(1 - V^* \right) . \tag{6.192}$$

Tab. 6.15 Rechen- und Simulationsergebnisse 6.3.6

Größe	Formel	Berechnung	BH7.1	BH7.2	Einheit
V	(6.182)	−16,83	−17,6	−17,8	V/V
V^*	(6.190)	−9,01	−9,4	−9,5	V/V
R_A	(6.189)	36,3	34,9	37,0	kΩ
R_E	(6.191)	1	1	1	MΩ
C_E	(6.194)	28,2	29,1	29,3	pF

*Im weiteren benötigen wir die Gitter-Kathoden-Spannung u_{gk} aus (6.178), (6.180) und
(6.182)*

$$u_{gk} = u_E - u_{k1} = u_E + u_A \frac{R_k}{R_a^*} = u_E \left(1 + V \frac{R_k}{R_a^*} \right) \qquad (6.193)$$

Nun können wir die Eingangskapazität mit (6.193) und (6.192) in der Form

$$C_E = C_{gk} \left(1 + V \frac{R_k}{R_a^*} \right) + \left(1 - V^* \right) C_{ga} \qquad (6.194)$$

berechnen.

Den Innenwiderstand der Röhre müssen wir noch berechnen. Für die Röhre 12BH7A
hat man die Datenblattangabe

$$I_a^* = 11{,}5\,\text{mA}, \ \mu^* = 16{,}5 \quad \text{und} \quad R_i^* = 5{,}3\,\text{k}\Omega \ .$$

Mit (5.18) können wir nun den Innenwiderstand beim Betriebsanodenstrom $I_a = 2{,}5\,\text{mA}$
in der Form

$$R_i = R_i^* \left(\frac{I_a^*}{I_a} \right)^{1/3} = 5{,}3\,\text{k}\Omega \left(\frac{11{,}5\,\text{mA}}{2{,}5\,\text{mA}} \right)^{1/3} = 8{,}814\,\text{k}\Omega$$

berechnen. Die Abhängigkeit der Spannungsverstärkung vom Anodenstrom vernachlässigen wir und setzen $\mu = \mu^*$. Das Datenblatt enthält auch keine Angaben zur Stromabhängigkeit der Kennwerte, man müsste sie mit finiten Differenzenquotienten aus den
Kennlinien ablesen.

Die Resultate von Rechnung und Simulation sind in der Tab. 6.15 eingetragen.

6.3.7 Diskussion und Kombinationen der Doppeltriodenschaltungen

Wir beginnen diesen Abschnitt mit einigen Aussagen zur Verwendung und dem Vergleich
der Doppeltriodenschaltungen untereinander und dem Vergleich mit den Anoden- und Ka-
thodenbasisgrundschaltungen. Zunächst geben wir eine grobe Klassifizierung an, nämlich

die Aufteilung in Schaltungen mit und ohne Spannungsverstärkung. Diese beiden Klassen ergänzen wir um die entsprechenden Grundschaltungen aus dem Abschn. 5.3.2.

- Schaltungen mit Spannungsverstärkung
  - Kaskodenschaltung
  - SRPP-Schaltung
  - μ-Follower-Schaltung
  - Treiberverstärker für hohe Ausgangsspannungen

Vergleich mit Kathodenbasisschaltung mit und ohne Stromgegenkopplung aus 5.3.2

- Schaltungen ohne Spannungsverstärkung
  - White-Cathode-Follower
  - Anodenbasisschaltung mit aktiver Last

Vergleich mit Anodenbasisschaltung, Kathodenfolger aus 5.3.2

Diskussion der Schaltungen mit Spannungsverstärkung Auf den ersten Blick müssten wir vier der Doppeltriodenschaltungen mit der Kathodenbasisschaltung vergleichen. Dies ist nicht sinnvoll, da die Kaskodenschaltung und der Treiberverstärker für hohe Ausgangsspannungen keine Schaltungen für allgemeine Anwendungen sind, sondern spezielle Schaltungen, für deren Verwendung es eindeutige technische Argumente gibt. Die Kaskodenschaltung hat den Vorteil der geringen Eingangskapazität und sollte daher als Eingangsverstärker für Sensoren verwendet werden, die nur beschränkt kapazitiv belastet werden können und einen Verstärker mit hoher Spannungsverstärkung benötigen. Die Kaskodenschaltung kann daher nicht mit einer Trioden-Kathodenbasisschaltung, sondern nur mit einer Pentoden-Kathodenbasisschaltung verglichen werden, die ebenfalls eine geringe Eingangskapazität aufweist, dafür aber eine ungünstigere Rauschzahl verspricht. Im Hinblick auf Audioverstärker ist die Verwendung einer Kaskodenschaltung als Eingangsverstärker für ein magnetisches Tonabnehmersystem wie ein Moving-Magnet-System günstig, da für dessen Anschluss sich die Kapazität der Anschlussleitung und die Kapazität des Eingangsverstärkers zur (oft zu großen) Lastkapazität für den Sensor ergänzen. Dieser Umstand wird dadurch verstärkt, da diese Eingangsstufe aus Gründen des höheren Rauschabstands mit hoher Spannungsverstärkung, d. h. mit einer Röhre von großem μ ausgelegt werden muß, die wegen des Millereffekts eine gewöhnliche Kathodenbasisschaltung oft ausschließt. Der Treiberverstärker für hohe Ausgangsspannungen ist ein Spezialverstärker zur Ansteuerung von speziellen Endverstärkerstufen, die eine große Wechselspannung zu ihrer Aussteuerung benötigen. Solche Endverstärker sind z. B. Triodenverstärker, PPP-Verstärker oder Verstärker, bei denen das Signal an der Kathode abgegriffen wird, also Verstärker, die mit Anodenbasisschaltungen aufgebaut sind.

Ein mögliche Gegenüberstellung bezieht sich also auf die Kathodenbasisschaltung auf der einen Seite und SRPP-Schaltung sowie μ-Follower-Schaltung auf der anderen Seite. Die Frage ist, wann man eine der beiden Doppeltriodenschaltungen der

Kathodenbasisschaltung vorziehen sollte. Einige hierfür geeignete Argumente haben wir in den Abschn. 6.3.2 und 6.3.3 schon angeführt. Wir wollen ein weiteres Argument dazunehmen. Wenn wir den SRPP-Verstärker betreiben, so wirken beide gleich groß gewählten Kathodenwiderstände bei Vergrößerung positiv sowohl im Hinblick auf die Spannungsverstärkung als auch auf den Ausgangswiderstand, was durchaus bemerkenswert ist. Allerdings kann man diesen Effekt nur in Grenzen nutzen, da ein Anwachsen der Kathodenwiderstände den Aussteuerbereich einschränkt bzw. den Anodenstrom soweit reduziert, dass der Verstärker unbrauchbar wird. Bei der Kathodenbasisschaltung mit Stromgegenkopplung hingegen wird der Ausgangswiderstand größer mit größer werdendem Kathodenwiderstand.

In der Literatur wird angeführt, dass die beiden Doppeltriodenschaltungen geringe nichtlineare Verzerrungen zeigen. Dieses Argument sollte aber etwas vorsichtiger angeführt werden. Wenn man bedenkt, dass die Doppeltriodenschaltungen jeweils zwei Trioden benötigen, könnte man auch bei gleichem Aufwand an Röhren zwei Kathodenbasisschaltungen nacheinander anordnen, die dann im Produkt eine höhere Spannungsverstärkung aufwiesen als die Doppeltriodenschaltungen. Denn wir können mit Gegenkopplung, wie es im Abschn. 5.2.6 beschrieben wird, diese Verstärkung auf die vergleichbare Größe reduzieren und erhielten eine Verminderung der nichtlinearen Verzerrungen um näherungsweise eben diesen Reduktionsfaktor. Im weiteren bedenken wir, dass der ideale Gegentaktbetrieb, der als Argument für geringe nichtlineare Verzerrungen dient, technisch nicht so ideal zu erreichen ist.

Die μ-Follower-Schaltung weist eine hohe Spannungsverstärkung, die fast der Leerlaufverstärkung einer Triode entspricht, und einen geringen Ausgangswiderstand auf, der ungefähr dem Ausgangswiderstand einer Anodenbasisschaltung entspricht. Sie ist in beiderlei Hinsicht günstiger als die SRPP-Schaltung. Wenn wir zum Ersatz eine Kathoden- und eine Anodenbasisgrundschaltung kombinierten, wäre die hohe Spannungsverstärkung nicht zu erreichen. Allein dieses Argument lässt die μ-Follower-Schaltung als nützliche Grundschaltung erscheinen. Eine solche Aussage lässt sich nicht ohne weiteres auf die SRPP-Schaltung übertragen. Aus diesem Grund fällt es dem Autor schwer, die SRPP-Schaltung für Anwendungen als nützlich zu erachten, die nicht schon in der Patentschrift von 1943 angeführt werden und diesen Verstärker als Verstärker begründen, der unempfindlich gegenüber Schwankungen der Versorgungsspannung ist, ein Problem, das bei modernen Audio-Verstärkern wegen transistorstabilisierter Versorgungsspannungen keine Rolle mehr spielen muß.

Diskussion der Schaltungen ohne Spannungsverstärkung In der zweiten Gruppe vergleichen wir die Anodenbasisgrundschaltung mit den beiden Kathodenfolger-Doppeltriodenschaltungen. Der Kathodenfolger mit aktiver Last basiert darauf, dass ein großer Kathodenwiderstand nützlich beim Aufbau eines Kathodenfolgers ist. Das trifft im wesentlichen für die Spannungsverstärkung zu, die so näher an den Wert 1 gelangt. Allerdings ist dieser Effekt nicht so eindrucksvoll, dass man zwei Trioden in einer Doppeltriodenschaltung verwenden sollte. Kurz gesagt: Die Schaltung ist von geringer technischer Bedeutung. Anders verhält es sich beim White-Cathode-Follower, der in zweierlei Hinsicht bemerkenswert ist:

- Die Schaltung kann als Stromquelle und als Stromsenke betrieben werden.
- Der Ausgangswiderstand ist exzeptionell niedrig, was z. B. für den Betrieb eines passiven Filters, z. B. ein Klangregelnetzwerk, sinnvoll ist.

Diese Vorteile sind so deutlich, dass die White-Cathode-Follower-Schaltung eine sinnvolle Alternative zur Anodenbasisschaltung ist.

Diskussion der Schaltungs-Balance Die zweite Klassifikation der 6 Doppeltriodenschaltungen bezieht sich auf die Ansteuerung der beiden Trioden. Wir unterscheiden

- Gleichphasige Ansteuerung mit
  - Kaskodenschaltung und
  - Treiberverstärker für hohe Ausgangsspannungen sowie
- Gegenphasige Ansteuerung mit
  - SRPP-Schaltung,
  - μ-Follower-Schaltung,
  - White-Cathode-Follower und
  - Anodenbasisschaltung mit aktiver Last.

Bis auf die Kaskodenschaltung kann man davon ausgehen, dass eine Ansteuerung der beiden Röhren mit Gitterspannungen von gleichen Beträgen für die Eigenschaften der Schaltung günstig sind. Beim Gleichtakt-Treiberverstärker für hohe Ausgangsspannungen bedeutet dies, dass beide Röhren zu gleichen Anteilen zum Gesamtsignal beitragen. Bei den vier gegenphasig angesteuerten Schaltungen lässt sich vermuten, dass die Amplitudengleichheit sich günstig auf die nichtlinearen Signalverzerrungen auswirkt, eine Vermutung, die auch in der Literatur [Bro02] diskutiert wird. Um für die sechs dimensionierten Doppeltriodenschaltungen Aussagen unter diesem Gesichtspunkt treffen zu können, haben wir die Schaltungen mit einer .AC-Analyse simuliert und in Bildern die Beträge jeweils beider Gitterspannungen für eine Eingangsspannung mit einer Amplitude von 1 V über der Frequenz dargestellt. Eine geringe Betragsdifferenz beider Gitterspannungen soll, mit Ausnahme der Kaskodenschaltung, als Qualitätsmerkmal angesehen werden. Die folgende Diskussion sieht die SRPP-Schaltung als Ausnahme an, da diese interessanterweise das ungünstigste Verhalten zeigt. Abbildung 6.36 zeigt im Diagramm a die Gitterspannungsbeträge der Kaskodenschaltung und in b die des Treiberverstärkers für hohe Ausgangsspannungen. Letzterer zeigt bis zu einer Frequenz von ca. 20 kHz recht geringe Unterschiede. Für hohe Frequenzen wachsen die Unterschiede, was bedeutet, dass eine von beiden Röhren einen deutlich größeren Anteil an der Gesamtausgangsspannung hat als die andere. Die in der Patentschrift angegebene Spannungsgleichheit trifft für die vorgestellte Schaltung für hohe Frequenzen also nicht mehr zu. In der Abb. 6.37 zeigt das

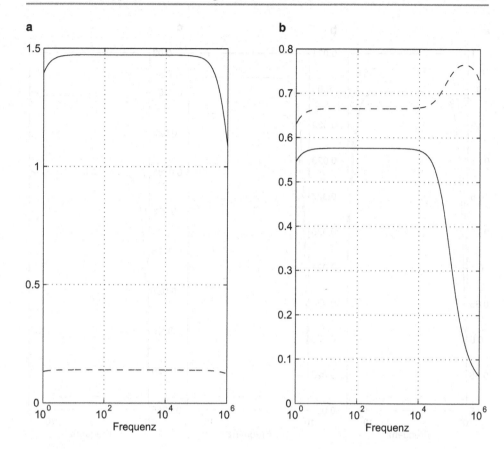

Abb. 6.36 Gitterspannungsbeträge von **a** Kaskodenschaltung und **b** Treiberverstärker für hohe Ausgangsspannungen

Diagramm a die Beträge der Gitterspannungen der μ-Follower-Schaltung. In b sehen wir den White-Cathode-Follower und in c die Anodenbasisschaltung mit aktiver Last. Man erkennt die beiden Kathodenfolgerschaltungen bereits an den geringen Spannungswerten. Offensichtlich ist, dass alle drei Schaltungen gut balanciert sind und diese Balance auch nicht von der Frequenz abhängig ist. Auch wenn die Dimensionierungen aus dem Buch von Jones [Jon95] gut durchdacht sind, ist davon auszugehen, dass auch eine geänderte Dimensionierung die gute Balance nicht signifikant stören wird. Abbildung 6.38 zeigt die Beträge der beiden Gitterspannungen für den SRPP-Verstärker unter drei unterschiedlichen Dimensionierungen und Betriebsbedingungen

- (a) $R_{k1} = R_{k2} = 680\,\Omega$, Leerlauf, $I_a = 1{,}35\,\text{mA}$,
- (b) $R_{k1} = R_{k2} = 1\,\text{k}\Omega$, Leerlauf, $I_a = 1{,}08\,\text{mA}$,
- (c) $R_{k1} = R_{k2} = 3{,}3\,\text{k}\Omega$, Last $R_L = 100\,\text{k}\Omega$, $I_{a1} = 1{,}55\,\text{mA}$, $I_{a2} = 0{,}36\,\text{mA}$.

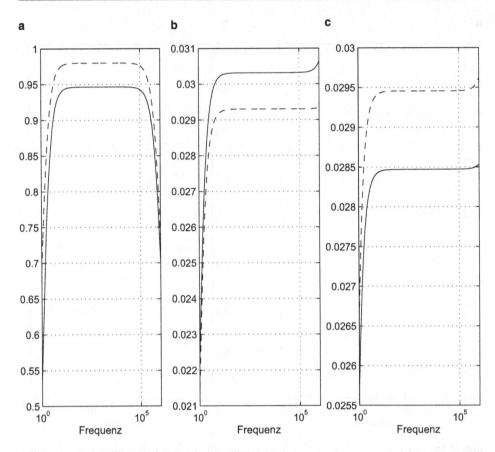

Abb. 6.37 Gitterspannungsbeträge von **a** μ-Follower-Schaltung, **b** White-Cathode-Follower und **c** Anodenbasisschaltung mit aktiver Last

Man sieht, dass in den beiden ersten Fällen der Unterschied der Gitterspannungsbeträge erheblich ist und man nicht von guter Balance sprechen kann. Ein Vergrößern der Kathodenwiderstände brächte zwar bessere Balance, dafür wäre die Schaltung wegen zu geringen Anodenstroms nicht mehr brauchbar. Im dritten Fall konnte mit großen Kathodenwiderständen und einem Lastwiderstand schon eine recht gute Balance erzielt werden. Wie bereits ausgeführt, ist eine gewisse Balance bei definierter Last, vor allem mit nur einer Last, möglich. Dies setzt aber voraus, dass die SRPP-Schaltung als Teil eines unveränderlichen Systems eingesetzt und sorgfältig im Hinblick auf die angeschlossene Last ausgelegt wird. Man sollte also eine SRPP-Schaltung nicht als Ausgangsverstärkerstufe in einem Steuerverstärker einsetzen, der für kleine wie auch für große Lastwiderstände auszulegen ist. In einem solchen Fall ist sicher die μ-Follower-Schaltung die bessere Wahl.

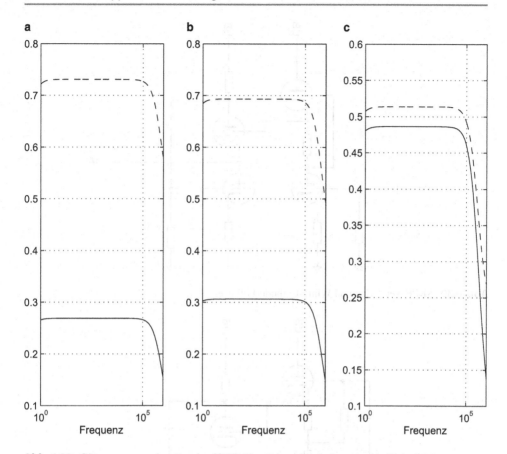

Abb. 6.38 Gitterspannungsbeträge des SRPP-Verstärkers für drei unterschiedliche Lasten

6.3.8 Kombinationen von Doppeltriodenschaltungen

Nach Meinung des Autors ist die Kombination von Doppeltriodenschaltungen eine besonders interessante Anwendung. Die ersten fünf Doppeltriodenschaltungen, bei denen jeweils zwei Trioden in Reihe geschaltet sind, haben die Eigenschaft, dass Ein- und Ausgänge sich mit niedrigen und hohen Ruhepotentialen zeigen. Dieser Umstand erlaubt die direkte Kopplung von zweien dieser Grundschaltungen zu einem Vier-Triodenverstärker. Ohne die so entstehenden Schaltungen zu dimensionieren, zu berechnen und zu simulieren, geben wir hierfür vier Beispiele:

- SRPP-Verstärker und White-Cathode-Follower in Abb. 6.39,
- μ-Follower und White-Cathode-Follower in Abb. 6.40,
- SRPP und Anodenbasisschaltung mit aktiver Last in Abb. 6.41,

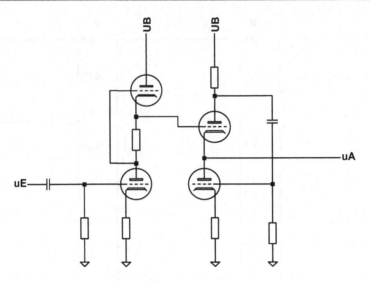

Abb. 6.39   SRPP-Verstärker und White-Cathode-Follower

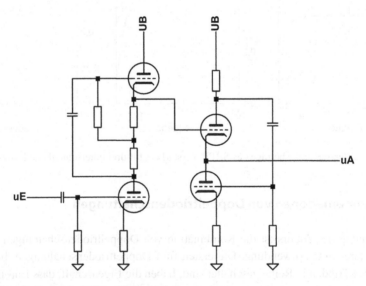

Abb. 6.40 μ-Follower und White-Cathode-Follower

- SRPP und modifizierte Anodenbasisschaltung im *Aikido-Verstärker* nach Broskie in Abb. 6.42.

Mit diesen Beispielen wollen wir den Leser darauf hinweisen, dass man auch heute noch Röhrenverstärker nach neuen Konzepten entwickeln kann und ein Simulationsprogramm wie SPICE eine wertvolle Hilfe bei der Dimensionierung und der Ermittlung der Signal-

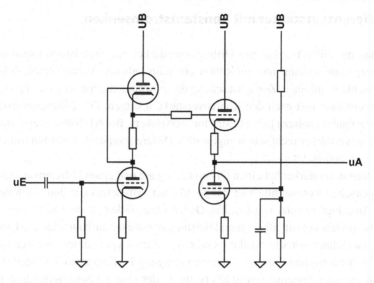

Abb. 6.41 SRPP und Anodenbasisschaltung mit aktiver Last

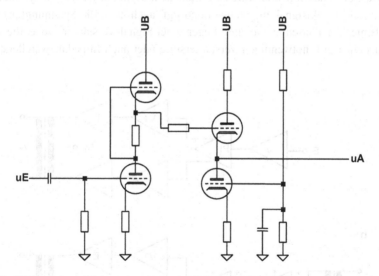

Abb. 6.42 SRPP und modifizierte Anodenbasisschaltung im *Aikido-Verstärker* nach Broskie

verarbeitungseigenschaften ist. Auch in der späteren Entwicklungsphase der Feinabstimmung mit einem Probeaufbau lässt sich SPICE interaktiv einsetzen und weiterhin ein leistungsfähiges Werkzeug sein.

6.4 Differenzverstärker mit Konstantstromsenken

So wie man mit NPN-Transistoren Differenzverstärker mit Transistorkonstantstromsenken aufbauen kann, so kann man mit Röhren ebenfalls Differenzverstärker mit Röhrenkonstantstromsenken aufbauen. Zunächst scheint diese Argumentation widersinnig zu sein, da Transistorverstärker erst nach den Röhrenverstärkern kamen. Der Differenzverstärker ist zentraler Bestandteil nahezu jeden Operationsverstärkers. Bei NF-Röhrenverstärkern wurden Differenzverstärker recht selten angewandt. Differenzverstärker wurden früher u. a. in Oszilloskopen eingesetzt.

Der Differenzverstärker hat einen Differenzeingang und einen Differenzausgang[6]. Mit dieser Eigenschaft können alle vier Möglichkeiten symmetrischer und asymmetrischer Ein- und Ausgänge benutzt werden. Ein Differenzverstärker ist eine Schaltung, mit der sich u. a. besonders vorteilhaft Gegentaktleistungsverstärker aufbauen lassen. Um dies zu erläutern, betrachten wir die Struktur eines typischen Gegentaktleistungsverstärkers in Abb. 6.43a. Vom asymmetrischen Spannungseingang E (Eingangsschnittstelle) gelangt das Signal zu einer Spannungsverstärkerstufe V, der eine Phaseninverterstufe PI folgt. Die Aufgabe der Phaseninverterstufe ist es, aus dem asymmetrischen ein symmetrisches Signal oder Gegentaktsignal zu erzeugen und ggf. auch noch die Spannung(en) zu verstärken. Hinter der Phaseninverterstufe liegen zwei Signal-Verstärker-Wege, die im Bild jeweils aus einer ggf. notwendigen Verstärkerstufe oder auch Impedanzwandlerstufe V+

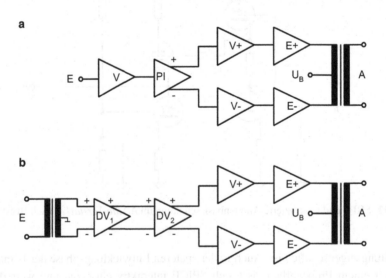

Abb. 6.43 Gegentaktleistungsverstärker ohne und mit Differenzverstärkerstufe

---

[6] Mit dieser Definition schließen wir zunächst die Ausführungen aus, die entweder am Eingang oder aber am Ausgang ein asymmetrisches Signal zuführen oder abgreifen. Somit schließen wir die betreffenden Phaseninverterschaltungen aus dem Abschn. 6.2 aus.

und V- und den Endstufenröhren-Verstärkern E+ und E- bestehen. Das für den Betrieb des Lautsprechers gewünschte asymmetrische Signal an der Ausgangsschnittstelle A wird mit dem Ausgangsübertrager durch Subtraktion und Herabtransformation des Gegentaktsignals gewonnen. Ein solcher, so oder ähnlich häufig aufgebauter Verstärker, hat mit der Phaseninverterstufe eine Schwachstelle und mit der asymmetrischen Eingangsschnittstelle eine qualitativ unzureichende Signaleinkopplung. Eine erdfreie symmetrische Eingangsschnittstelle, realisiert mit einem Eingangsübertrager, verspricht höchstmögliche Störsignalunterdrückung beim kritischen Vorgang der Signaleinspeisung in ein i. d. R. mit einem Schutzleiter versehenen Verstärker und sichert hohe Gleichtaktunterdrückung sowie nur durch die Isolationseigenschaften des Übertragers begrenzte Maximalgleichtakteingangsspannungen zu. So verhindert man den Aufbau störender Brummschleifen, die sich (nahezu zwangsläufig) durch die Zusammenschaltung mehrerer schutzleitergeerdeter Audiogeräte ergeben. Die angesprochene Schwachstelle dieses Verstärkers in der Phaseninverterschaltung ist die inhärente Schaltungsunsymmetrie bei den hierfür gebräuchlichen Röhrenschaltungen, von denen wir einige im Abschn. 6.2 vorgestellt und analysiert haben.

Die Vorteile der Übertragerkopplung zwischen Audiosystemen, seien sie analoge oder digitale Systeme, mit Röhren oder mit Halbleitern aufgebaut, werden im professionellen Bereich ausschließlich genutzt. Kann eine asymmetrische Verbindungstechnik wegen „kurzer" Verbindungsleitungen im Heimbereich oft noch toleriert werden, so ist sie im professionellen Bereich nicht akzeptierbar. Wenn nun ohnehin ein Eingangsübertrager, und hiermit ist ein hochwertiger Audioübertrager mit magnetischer Schirmung gemeint, vorhanden ist, dann kann er auch die Aufgabe des Phaseninverters ausführen. So ist eine Signalsymmetrie erreichbar, die mit Röhrenverstärkerstufen nicht möglich ist. Der Verstärker wird dann vollständig mit zwei Verstärkerwegen, also symmetrisch, aufgebaut. Hierfür bieten sich in den Vorstufen Differenzverstärker an, die, wenn sie mit Konstantstromsenken realisiert werden, besonders einfach einzustellen sind, da ihre Arbeitspunkte von den Stromsenken festgelegt werden. Weitere Vorteile sind die verbesserte Verstärkungslinearität durch den Gegentaktbetrieb und die gute Unterdrückung von Betriebsspannungsschwankungen. Die Abb. 6.43b zeigt eine solche Verstärkerstruktur unter Verwendung zweier Differenzverstärker DV1 und DV2, die mit symmetrischem Eingangs- und symmetrischem Ausgangssignal betrieben werden. Die Schaltung der beiden Differenzverstärker, die in diesem Abschnitt analysiert wird, entsteht aus zwei direkt gekoppelten Differenzverstärkern mit Triodenkonstantstromsenken. Im Blockbild 6.43 sind noch die beiden Verstärkerstufen V+ und V- vorgesehen, mit denen die hohen Pegel erzeugt werden können, die man benötigt, falls für die Verstärker E+ und E- Leistungstrioden verwendet werden. Eine hierfür besonders geeignete Schaltung ist im Abschn. 6.3.6 vorgestellt worden.

Die Abb. 6.44 zeigt die Schaltung der beiden Differenzverstärker. Mit zwei Doppeltrioden des Typs ECC82 werden die Differenzverstärker und mit einer Doppeltriode des Types ECC81 die beiden hierfür notwendigen Konstantstromsenken aufgebaut. Der erste Differenzverstärker besteht aus den Trioden V1 und V2 und nutzt die mit V5 aufgebaute Konstantstromsenke. Der zweite Differenzverstärker besteht aus den Trioden V3 und V4 und nutzt die mit V6 aufgebaute Konstantstromsenke. Die Widerstände R_{k1} bis R_{k4}

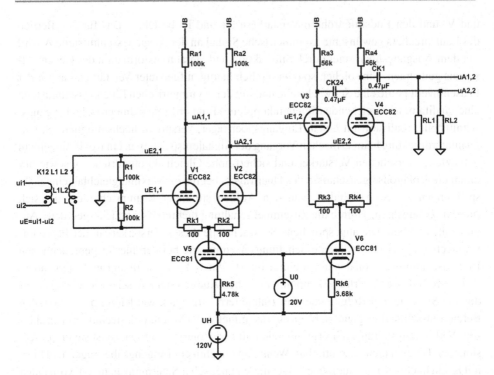

Abb. 6.44 Differenzverstärkerschaltung

an den Kathoden der Trioden V1 bis V4 ermöglichen lokale Gegenkopplungen sowie Gegenkopplungen über mehrere Verstärkerstufen. Die Bauelemente sind so dimensioniert, dass der erste Differenzverstärker einen Strom von 4,36 mA (4,34 mA, Modelle *C81.1* und *C82.2*), d. h. 2,18 mA pro Triode, und der zweite Differenzverstärker einen Strom von 6,18 mA (6,03 mA, Modelle *C81.1* und *C82.2*), d. h. 3,09 mA pro Triode benötigt. Die Anodenruhepotentiale der Differenzverstärker betragen ca. 100 V für den ersten und ca. 200 V für den zweiten Verstärker. Die Versorgungsspannung der Schaltung beträgt $U_B = 360$ V. Für die beiden Konstantstromsenken wird eine Hilfsspannung von $U_H = -120$ V benötigt, die auch für die Gittervorspannungserzeugung der Endröhren benutzt werden kann. Die beiden Gitter der Konstantstromsenken liegen auf einem Potential, das $U_0 = 20$ V höher ist, als das Potential der Hilfsspannung[7]. Beim Aufbau einer direktgekoppelten Schaltung mit Hilfsspannung ist, falls alle Röhren aus einer gemeinsamen Spannungsquelle beheizt werden, zu beachten, dass die in den Datenblättern angegebenen Maximalwerte für die Spannungsdifferenzen zwischen Kathoden und Heizfäden der Röhren nicht überschritten werden (ECC81: 100 V, ECC82: 200 V).

---

[7] Die Vorspannung von 20 V wird im Verstärker des Autors aus der Hilfsspannung mit temperaturkompensierten Zenerdioden gewonnen. Die Hilfsspannung wird auch für die Gittervorspannung der Endstufentrioden vom Typ 6C33B benutzt, die eine Gittervorspanung von ca. −100 V benötigen.

Abb. 6.45 Ersatzschaltung des Differenzverstärkers

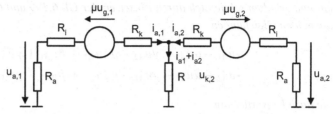

Wir wollen im Folgenden mit linearen Kleinsignalersatzschaltungen die wichtigen Größen Differenzverstärkung V_D, Gleichtaktverstärkung V_G, Gleichtaktunterdrückung CMRR und Ausgangswiderstand R_A berechnen. Die Ersatzschaltung und die folgenden Berechnungen sind für beide Differenzverstärker geeignet, indem für den ersten Differenzverstärker die Entsprechungen $\mu = \mu_1 = \mu_2$, $R_i = R_{i1} = R_{i2}$, $R_a = R_{a1} = R_{a2}$ sowie $R_k = R_{k1} = R_{k2}$ und für den zweiten Differenzverstärker die Entsprechungen $\mu = \mu_3 = \mu_4$, $R_i = R_{i3} = R_{i4}$, $R_a = R_{a3} = R_{a4}$ und $R_k = R_{k3} = R_{k4}$ berücksichtigt werden.

Ansatz 6.4-VD *Wir stellen ausgehend von der Kleinsignalersatzschaltung in Abb. 6.45 zwei Maschengleichungen und zwei Steuergleichungen auf*

$$u_{A1} = i_1 R_i - \mu u_{g,1} + i_1 R_k + (i_1 + i_2)R$$
$$= i_1 (R_i + R_k + R) + i_2 R - \mu u_{g,1}\,, \tag{6.195}$$

$$u_{A2} = i_2 R_i - \mu u_{g,2} + i_2 R_k + (i_1 + i_2)R$$
$$= i_2 (R_i + R_k + R) + i_1 R - \mu u_{g,2}\,, \tag{6.196}$$

$$u_{g,1} = u_{E1} - R_k i_1 - (i_1 + i_2)R\,, \tag{6.197}$$

$$u_{g,2} = u_{E2} - R_k i_2 - (i_1 + i_2)R\,. \tag{6.198}$$

Rechnung 6.4-VD *Mit den beiden Zusammenhängen $i_1 = -u_{A1}/R_a$ und $i_2 = -u_{A2}/R_a$ können wir in den Gl. 6.195, 6.196, 6.197, 6.198 die Ströme eliminieren und erhalten*

$$0 = -u_{A1} - u_{A1}\frac{R_i + R_k + R}{R_a} - u_{A2}\frac{R}{R_a} - \mu u_{g,1}\,, \tag{6.199}$$

$$0 = -u_{A2} - u_{A2}\frac{R_i + R_k + R}{R_a} - u_{A1}\frac{R}{R_a} - \mu u_{g,2}\,, \tag{6.200}$$

$$u_{g,1} = u_{E1} + u_{A1}\frac{R_k + R}{R_a} + u_{A2}\frac{R}{R_a}\,, \tag{6.201}$$

$$u_{g,2} = u_{E2} + u_{A2}\frac{R_k + R}{R_a} + u_{A1}\frac{R}{R_a}\,. \tag{6.202}$$

Wir führen die Abkürzungen

$$\alpha = \frac{R_i + R_k + R}{R_a}, \beta = \frac{R_k + R}{R_a} \quad \text{und} \quad \gamma = \frac{R}{R_a}$$

*ein und erhalten schließlich durch Einsetzen der Gl. 6.199 und 6.200 in 6.201 und 6.202
die beiden Gleichungen*

$$-u_{A1} - \alpha u_{A1} - \gamma u_{A2} - \mu\,(u_{E1} + \beta u_{A1} + \gamma u_{A2}) = 0\,,$$

$$-u_{A2} - \alpha u_{A2} - \gamma u_{A1} - \mu\,(u_{E2} + \beta u_{A2} + \gamma u_{A1}) = 0\,,$$

die nach Umsortierung

$$-u_{A1}(1 + \alpha + \mu\beta) - u_{A2}(\gamma + \mu\gamma) - \mu u_{E1} = 0\,, \tag{6.203}$$

$$-u_{A2}(1 + \alpha + \mu\beta) - u_{A1}(\gamma + \mu\gamma) - \mu u_{E2} = 0 \tag{6.204}$$

lauten. Die Differenz beider Gl. 6.203 und 6.204 führt zum interessierenden Ergebnis

$$\frac{u_{A1} - u_{A2}}{u_{E1} - u_{E2}} = \frac{\dfrac{\mu}{1 + \alpha + \mu\beta}}{\dfrac{1 + \alpha + \mu\beta - \gamma - \mu\gamma}{1 + \alpha + \mu\beta}}$$

$$= \frac{\mu}{1 + \alpha + \mu\beta - \gamma - \mu\gamma}\,. \tag{6.205}$$

*Der Ausdruck (6.205) gibt das Verhältnis von Differenzausgangsspannung zu Diffe-
renzeingangsspannung an. Da der Differenzverstärker mit einer Konstantstromsenke mit
großem Innenwiderstand R betrieben wird, können wir*

$$R \gg R_k$$

ansetzen oder

$$\alpha = \frac{R_i + R}{R_a} \quad \text{und} \quad \beta = \gamma \tag{6.206}$$

verwenden.

Ergebnis 6.4-VD *Wir erhalten dann in guter Näherung mit (6.205) und (6.206) für die
Differenzverstärkung*

$$V_D \approx \frac{\mu}{1 + \alpha - \gamma} = \mu\,\frac{R_a}{R_i + R_a}\,. \tag{6.207}$$

*Wir hätten auch einfacher argumentieren können. Beim idealen Differenzverstärker gilt
für die Stromsumme $i_1 + i_2 = 0$, was bedeutet, dass über R keine Wechselspannung abfällt
oder, gleichbedeutend, dass R durch einen Kurzschluss ersetzt werden kann. Damit lassen sich die beiden Röhrenteilersatzschaltungen trennen und man sieht zwei gewöhnliche
Kathodenbasisschaltungen mit Stromgegenkopplung über R_k. Die Spannungsverstärkung
lässt sich in diesem Fall mit (5.26) berechnen und entspricht bei kleinem R_k dem Ausdruck (6.207). Diese Argumentation haben wir für einige Phaseninverterschaltungen im
Abschn. 6.2 bereits kennengelernt.*

Ansatz 6.4-VG   *Für die Berechnung der Gleichtaktverstärkung können wir vereinfachende Annahmen nutzen. Wenn die Anodenpotentiale beider Röhren gleich sind, dann können die Anoden verbunden werden. Beide Eingangsspannungen des Verstärkers sind gleich und wir notieren*

$$u_{E1} = u_{E2} = u_E, u_{g,1} = u_{g,2} = u_g, u_{A1} = u_{A2} = u_A, i_{a1} = i_{a2} = i .$$

Man kann nun eine Maschengleichung für die Ausgangsspannung und eine Gleichung für die Gitterspannung aufstellen

$$u_A = -R_a i = i(2R + R_i + R_k) - \mu u_g ,$$
$$u_g = u_E - i(2R + R_k) .$$

Rechnung 6.4-VG   *Mit $i = -u_A/R_a$ lässt sich der Strom eliminieren und man erhält*

$$u_A = -u_A \frac{2R + R_i + R_k}{R_a} - \mu u_g ,$$
$$u_g = u_E + u_A \frac{2R + R_k}{R_a} .$$

Zusammenfassen beider Gleichungen ergibt die Gleichung

$$u_A \left(1 + \frac{2R + R_i + R_k}{R_a} \right) = -\mu \left(u_E + u_A \frac{2R + R_k}{R_a} \right)$$

oder

$$u_A \frac{R_a + 2R(1 + \mu) + R_i + R_k(1 + \mu)}{R_a} = -\mu u_E . \tag{6.208}$$

Ergebnis 6.4-VG   *Wir erhalten die Gleichtaktverstärkung V_G aus (6.208)*

$$V_G = \frac{u_A}{u_E} = \frac{-\mu R_a}{R_a + 2R(1 + \mu) + R_i + R_k(1 + \mu)} . \tag{6.209}$$

Wir gehen ebenfalls davon aus, dass

$$R \gg R_k \quad \text{und} \quad 2R(1 + \mu) \gg R_a$$

gilt, womit wir die gute Näherung an die Gleichtaktverstärkung

$$V_G = \frac{u_A}{u_E} \approx -\frac{\mu R_a}{2R(1 + \mu)} \tag{6.210}$$

erhalten.

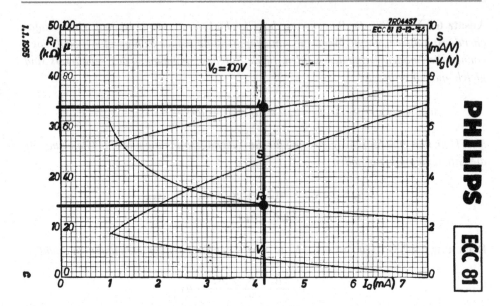

Abb. 6.46 Kennwerte der Triode ECC81 bei $U_a = 100\,\mathrm{V}$

Ergebnis 6.4-CMRR *Die Gleichtaktunterdrückung erhält man aus dem logarithmierten Verhältnis von Gleichtakt- zu Differenzverstärkung in (6.209) und (6.207), wobei nur $R \gg R_k$ als Näherung in den Ausdruck eingeht*

$$\mathrm{CMRR} = 20\log_{10}\left|\frac{V_G}{V_D}\right| = 20\log_{10}\left(\frac{R_i + R_a}{R_a + 2(1+\mu)R + R_i}\right). \qquad (6.211)$$

Im weiteren können wir $2(1+\mu)R \gg R_i + R_a$ bei Verwendung einer Konstantstromsenke annehmen und die Gleichtaktunterdrückung in der Form

$$\mathrm{CMRR} \approx 20\log_{10}\left(\frac{R_i + R_a}{2(1+\mu)R}\right) = 20\log_{10}\left(\frac{R_i + R_a}{2(1+\mu)}\right) - 20\log_{10}(R)$$
$$= \mathrm{CMRR}_0 - 20\log_{10}(R)$$

ausdrücken, worin wir deutlich die Abhängigkeit von R erkennen.

Um den vollständigen Differenzverstärker berechnen zu können, benötigen wir den differentiellen Innenwiderstand einer Trioden-Konstantstromsenke, den wir als gemeinsamen Kathodenwiderstand R auffassen. Die lineare Ersatzschaltung enthält nur wenige Komponenten. Wir bezeichnen mit U_0 die Gittergleichspannung zur Einstellung des Arbeitspunkts. Der differentielle Innenwiderstand einer Konstantstromsenke wird mit

$$R_K = \frac{\partial}{\partial I_a} \left(I_a(R_i + R_k) - \mu u_g \right)$$

$$= \frac{\partial}{\partial I_a} \left(I_a(R_i + R_k) - \mu U_0 + \mu I_a R_k \right)$$

$$= R_i + (1 + \mu)R_k \,. \tag{6.212}$$

berechnet. Wir erkennen, dass man mit dem Ziel, einen großen Innenwiderstand zu erreichen, sowohl eine Röhre mit einem großen Kennwert μ wählen sollte, als auch eine möglichst große Vorspannung U_0, damit die Kathodenwiderstände R_{k5} und R_{k6} möglichst groß werden. Wir können nun die Verstärkungen berechnen. Zunächst berechnen wir die differentiellen Innenwiderstände der Konstantstromsenken.

Die Triode ECC81 ist eine verhältnismäßig „nichtlineare" Triode, was bedeutet, dass auch der Verstärkungsfaktor μ eine deutliche Abhängigkeit von Anodenstrom und Anodenspannung zeigt. Um die gesuchten differentiellen Widerstände zu berechnen, sollte man nicht wie bei der ECC82 ein vom Anodenstrom unabhängiges μ annehmen und den Innenwiderstand R_i der Röhre mit der Formel (5.18) berechnen, sondern die im Datenblatt vorhandenen Kurven für die Abhängigkeiten der Röhrenkennwerte von Anodenspannung und Anodenstrom verwenden. Die erste Konstantstromsenke mit der Triode V5 hat eine Anodenspannung von ungefähr 100 V und wir können aus den Kurven in Abb. 6.46 die Kennwerte

$$R_{i5} = 14\,\mathrm{k\Omega} \quad \text{und} \quad \mu_5 = 68 \,(U_{a5} = 100\,\mathrm{V}, I_{a5} = 4{,}36\,\mathrm{mA})$$

ablesen. Mit (6.212) erhalten wir einen Wert von $R_{K5} = 344\,\mathrm{k\Omega}$. Die zweite Konstantstromsenke mit der Triode V6 hat eine Anodenspannung von ungefähr 200 V und wir können aus den Kurven in Abb. 6.47 die Kennwerte

$$R_{i6} = 13\,\mathrm{k\Omega} \quad \text{und} \quad \mu_6 = 62 \,(U_{a6} = 200\,\mathrm{V}, I_{a6} = 6{,}18\,\mathrm{mA})$$

ablesen. Mit (6.212) erhalten wir einen Wert von $R_{K6} = 240\,\mathrm{k\Omega}$. Anschließend berechnen wir die Innenwiderstände der Differenzverstärkerröhren. Für die Triode ECC82 lesen wir aus dem Arbeitsblatt den typischen Arbeitspunkt $U_a = 250\,\mathrm{V}$, $U_g = -8{,}5\,\mathrm{V}$, $I_a^* = 10{,}5\,\mathrm{mA}$, $S^* = 2{,}2\,\mathrm{mA/V}$, $\mu^* = 17$ und $R_i^* = 7{,}7\,\mathrm{k\Omega}$ ab und berechnen für den ersten Differenzverstärker, gebildet aus den Trioden V1 und V2, mit (5.18) einen Innenwiderstand von $R_{i1} = R_{i2} = R_i^* \left(I_a^*/I_a \right)^{1/3} = 13\,\mathrm{k\Omega}$ bei $I_a = I_{a1} = I_{a2} = 2{,}18\,\mathrm{mA}$ und für den zweiten, gebildet aus den Trioden V3 und V4, $R_{i3} = R_{i4} = 11{,}6\,\mathrm{k\Omega}$ bei $I_a = I_{a3} = I_{a4} = 3{,}09\,\mathrm{mA}$.

Die Resultate von Rechnung und Simulation sind in der Tab. 6.16 eingetragen. Die Wirkung der Konstantstromsenken erkennt am besten daran, indem man die fiktiven Hilfsspannungen berechnet, die nötig wären, um die mit den Konstantstromsenken erreichten

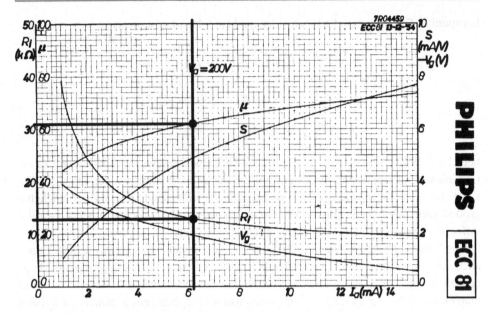

Abb. 6.47 Kennwerte der Triode ECC81 bei $U_a = 200\,\mathrm{V}$

Tab. 6.16 Rechen- und Simulationsergebnisse 6.4

Größe	Formel	Berechnung	C82.1	C82.3	C82.4	Einheit
V_{D1}	(6.207)	15,2	16,3	15,3	15,0	V/V
V_{D2}	(6.207)	14,1	15,2	15,2	14,3	V/V
$V_{D1}V_{D2}$	(6.207)	214,3	247,8	232,6	214,5	V/V
V_{G1}	(6.210)	0,14	0,162	0,162	0,161	V/V
V_{G2}	(6.210)	0,11	0,123	0,123	0,122	V/V
$V_{G1}V_{G2}$	(6.210)	0,0154	0,02	0,02	0,02	V/V
CMRR_1	(6.211)	40,7	40,1	39,5	39,4	dB
CMRR_2	(6.211)	42,2	41,8	41,8	41,4	dB
CMRR	(6.211)	82,9	81,9	81,3	80,8	dB

(differentiellen) Innenwiderstände durch Festwertwiderstände zu erreichen. Für den ersten Differenzverstärker fielen über einem Festwertwiderstand die Spannung

$$U_{H1} = R_{K5} \times 2 \times 2,18\,\mathrm{mA} = 344\,\mathrm{k\Omega} \times 2 \times 2,18\,\mathrm{mA} = 1,5\,\mathrm{kV}$$

und für den zweiten Differenzverstärker die Spannung

$$U_{H2} = R_{K6} \times 2 \times 3,09\,\mathrm{mA} = 240\,\mathrm{k\Omega} \times 2 \times 3,09\,\mathrm{mA} = 1,48\,\mathrm{kV}$$

ab. Entsprechend groß wären dann die Hilfsspannungen auszulegen. Bei Berücksichtigung der tatsächlichen Hilfsspannung von $U_H = 120\,\mathrm{V}$ erkennt man, dass ungefähr ein

Faktor von 12 an Verbesserung durch die aktive Stromsenke erreicht wird. Auf der einen Seite ließe sich ein noch höherer Faktor erreichen, wenn man statt der Trioden Pentoden verwenden würde, wie z. B. die NF-Pentode EF86. Auf der anderen Seite aber müssen wir sehen, dass die Pentoden nicht als Doppelpentode in einem Gehäuse erhältlich sind und erheblich höhere Kosten verursachen.

Wir kommen darauf zurück, dass wir einen Differenzverstärker ein- und ausgangsseitig symmetrisch und asymmetrisch betreiben können. Um in diesen Fällen die Spannungsverstärkungen berechnen zu können, geben wir an dieser Stelle die Spannungsverstärkungen für die Einzelausgänge an, die bei Valley [Val48] nachgelesen werden können. Es lauten

$$V_{12} = \frac{u_{A2}}{u_{E1}} = V_{21} = \frac{u_{A1}}{u_{E2}} = \frac{\mu R_a}{(R_a + R_i)\left(2 + \frac{R_a + R_i}{(\mu+1)R_k}\right)}$$

und

$$V_{11} = \frac{u_{A1}}{u_{E1}} = V_{22} = \frac{u_{A2}}{u_{E2}} = -V_{12}\left(1 + \frac{R_a + R_i}{(\mu+1)R_k}\right).$$

Mit diesen Ausdrücken lässt sich z. B. die Verstärkung für ein asymmetrisches Eingangs- und ein symmetrisches Ausgangssignal (vgl. Cathode-Coupled-Phaseninverterschaltung), Eingangssignal u_{E1},

$$V = V_{12} - V_{11} = \frac{u_{A2} - u_{A1}}{u_{E1}},$$

oder für ein asymmetrisches Ausgangssignal u_{A1} bei symmetrischem Eingangssignal

$$V = \frac{1}{\frac{1}{V_{11}} - \frac{1}{V_{21}}} = \frac{u_{A1}}{u_{E1} - u_{E2}}.$$

berechnen.

6.5 Simulierte Messung von nichtlinearen Verzerrungen

Systeme der Audiosignalverarbeitung verzerren. Sie verzerren linear, man spricht in diesem Fall von Frequenzgangsverzerrungen, und sie verzerren nichtlinear, indem das verzerrende System zu den harmonischen Nutzsignalen harmonische Störsignale, die sogenannten Oberschwingungen, hinzufügt. Aus diesem Grund werden diese nichtlinearen Verzerrungen im englischen Sprachgebrauch als *harmonic distortions* bezeichnet. Lineare Verzerrungen oder Abweichungen von einem Sollfrequenzgang werden mit der SPICE .AC-Analyse gemessen. Ein Beispiel hierzu ist im Abschn. 6.1 beschrieben worden, worin der Betragsfrequenzgangsfehler eines RIAA-Phono-Entzerrerverstärkers gemessen wurde. Zum Messen[8] von nichtlinearen Verzerrungen[9] sind drei Verfahren gebräuchlich:

- Die Messung der *Klirrkoeffizienten* und des *Klirrfaktors* erfolgt mit einem sinusförmigen Testsignal, dem Eintonsignal. Der Effektivwert aller Oberschwingungen des verarbeiteten Testsignals, des nichtlinear verzerrten Systemausgangssignals, ist dann im Verhältnis zum Effektivwert des Nutzsignals das Maß für die nichtlinearen Verzerrungen. Anzuwenden ist diese Messung im unteren Frequenzbereich, da die zu berücksichtigenden Oberschwingungen im Nutzfrequenzbereich liegen sollten. Für die Praxis bedeutet dies, dass man Klirrfaktormessungen nur bis zu einer Testsignalfrequenz von $f_S = 5$ kHz ausführt. Bei Röhrenverstärkern mit Übertragern ist im Besonderen die Klirrfaktormessung bei niedrigen Frequenzen wichtig, da in diesem Frequenzbereich die Übertrager größere nichtlineare Verzerrungen zeigen. Im professionellen Bereich nimmt man dann eine untere Testsignalfrequenz von $f_S = 40$ Hz.

- Die Messung der *Differenztonfaktoren* erfolgt mit einem Messsignal, dem Zweitonsignal, das der Summe zweier Sinusschwingungen mit relativ zu den Schwingungsfrequenzen f_{S1} und f_{S2} schmalem Frequenzunterschied $df = f_{S2} - f_{S1}$ entspricht. Für die Verzerrungsanalyse fragt man weniger nach den Oberschwingungen, sondern vielmehr in der Praxis nach den Differenztönen zweiter und dritter Ordnung, die in allgemeinerer Bezeichnung Intermodulationssignale sind. Der Differenzton zweiter Ordnung hat die Frequenz df, die man recht klein wählen kann. Normgerecht wählt man diese zu $df = 80\,Hz$. Eine Differenztonmessung für den oberen Frequenzbereich kann dann für eine Bezugsfrequenz $f_m = 15$ kHz die beiden Testsignalfrequenzen $f_{S1} = f_m - df/2 = 14.960$ Hz und $f_{S2} = f_m + df/2 = 15.040$ Hz benutzen. So misst man den Verstärker im oberen Audiofrequenzbereich und hat ein Störsignal, den Differenzton zweiter Ordnung im unteren Frequenzbereich, das mit einer einfachen Tiefpassfilterung separiert werden kann.

- Die Messung der *dynamischen Intermodulationsfaktoren* wurde erst nach der Zeit der Röhrenverstärker vorgeschlagen, als Transistorverstärker zur Verfügung standen, die zwar wegen „starker" Gegenkopplungen beliebig kleine Klirrfaktoren aufwiesen, ihre Benutzer aber dennoch oft nicht zufrieden stellen konnten. Zur Messung wird eine bandbegrenzte Rechteckschwingung mit einer höherfrequenten Sinusschwingung überlagert, die unterschiedliche Frequenzen und unterschiedliche Amplituden haben. Für die Bandbegrenzung verwendet man ein Tiefpassfilter erster Ordnung mit einer Grenzfrequenz von entweder 30 kHz oder 100 kHz. Mit dieser Messung will man den

---

[8] Unter Messen versteht man zunächst einen Vorgang, der an einem realen System ausgeführt wird. Hier bezeichnet Messen die Simulation des Meßvergangs mit SPICE.

[9] Wir betrachten die regulären nichtlinearen Verzerrungen (Amplitudenverzerrungen), die auf nichtlineare, aber differenzierbare, Kennlinien schwach-nichtlinearer Bauelemente wie Röhren, Transistoren und auch Übertrager, zurückzuführen sind. Ein schwach-nichtlineares System ist ein System, das lineare Signalverarbeitung realisieren soll, aber auch ungewünschtes nichtlineares Verhalten aufweist.

Verstärker gezielt, vor allem in der ersten Verstärkerstufe, übersteuern und gewissermaßen aus der Reserve locken. Die entstehenden Verzerrungssignale im Hörfrequenzbereich, es handelt sich wie bei der Differenztonmessung um Intermodulationssignale, werden gemessen und spezifiziert.

Wegen der verwendeten periodischen Testsignale, die sich aus harmonischen Signalen zusammensetzen, das gilt auch für die bandbegrenzte Rechteckschwingung in der Messung der dynamischen Intermodulationsfaktoren, sind die Verzerrungssignale am besten im Frequenzbereich zu erfassen. Um Zeitbereichssignale in den Frequenzbereich zu transformieren, verwendet man Fouriertransformationen, die auch in zwei Varianten in den PC-SPICE-Simulatoren enthalten sind. Da die Anwendung der SPICE-Fouriertransformation bei Nichtbeachtung einiger Details zu sehr unbefriedigenden Ergebnissen führt, ist es zweckmäßig, zunächst die besagten Details herauszuarbeiten.

6.5.1 Fouriertransformationen für periodische Signale

Die Zeitbereichssignale, die Ergebnis einer Transientenanalyse sind, liegen bei SPICE als **nicht** äquidistant abgetastete Signale vor und stellen eine Näherung an die physikalische Wirklichkeit dar, in der die Signale als zeitkontinuierliche Signale vorliegen. Für die in diesem Abschnitt interessierenden periodischen Signale kennen wir zwei Fouriertransformationen. Die Fourierreihenentwicklung ist eine Frequenzbereichstransformation für

periodische zeitkontinuierliche

Signale. Die FFT ist ein numerisch aufwandsgünstiges Rechenschema zur Berechnung der diskreten Fouriertransformation DFT, die eine Frequenzbereichstransformation für

periodische zeitdiskrete äquidistant abgetastete

Signale ist.

Fourierreihenentwicklung Das reellwertige periodische Signal $x(t) = x(t + mT_G)$, $m \in \mathbb{Z}$, ist periodisch mit der Periodendauer T_G, die einer Grundkreisfrequenz von $\omega_G = 2\pi f_G = \frac{2\pi}{T_G}$ entspricht. Für die Fourierreihenentwicklung wählen wir zunächst die reelle Form mit einem Phasenwinkel

$$x(t) = \frac{a_0}{2} + \sum_{n=1}^{\infty} c_n \cos\left(n\omega_G t - \varphi_n\right) , \qquad (6.213)$$

die Form, die auch SPICE verwendet. Wir sind vor allem an den Schwingungsamplituden c_n interessiert, zu deren Berechnung bestimmte Integrale zu lösen sind. Zunächst geben wir die Grundform der Fourierreihenentwicklung mit geraden und ungeraden Ansatzfunktionen an

$$x(t) = \frac{a_0}{2} + \sum_{n=1}^{\infty} a_n \cos\left(n\omega_G t\right) + \sum_{n=1}^{\infty} b_n \sin\left(n\omega_G t\right) . \qquad (6.214)$$

Die Reihenkoeffizienten erhält man mit

$$a_0 = \frac{2}{T_G} \int\limits_0^{T_G} x(t)dt \,,$$

$$a_n = \frac{2}{T_G} \int\limits_0^{T_G} x(t) \cos(n\omega_G t)\, dt, n = 1, 2, \ldots, \infty \,,$$

$$b_n = \frac{2}{T_G} \int\limits_0^{T_G} x(t) \sin(n\omega_G t)\, dt, n = 1, 2, \ldots, \infty \,.$$

Die interessierenden Koeffizienten in (6.213) erhält man mit

$$c_n = \sqrt{a_n^2 + b_n^2}, \varphi_n = \begin{cases} \arctan\left(\frac{b_n}{a_n}\right), a_n \geq 0 \,, \\ \arctan\left(\frac{b_n}{a_n}\right) + \pi, a_n < 0 \,, \end{cases}, n = 1, 2, \ldots, \infty \,.$$

Nach einer SPICE-Analyse liegen die Signale zeitdiskret mit nicht äquidistanter Abtastung vor. Daher können die Integrale nur näherungsweise berechnet werden. Sei in einer Periodendauer der zeitlich geordnete Abtastwertesatz (t_m, x_m), $t_{m+1} > t_m$, $m = 0, \ldots, M - 1$, $t_{M-1} - t_0 \leq T_G$, in dem Sinne vorhanden, dass die Periode (möglichst) vollständig abgedeckt ist[10] , lassen sich die Integrale für $n = 1, 2, \ldots, \infty$ beispielsweise in der Form (wir unterstellen, dass nicht unbedingt $t_0 = 0$ und $t_{M-1} = T_G$ gelten)

$$a_n = \frac{2}{T_G} \int\limits_0^{T_G} x(t) \cos(n\omega_G t)\, dt \approx \frac{2}{T_G} \sum_{m=0}^{M-2} \int\limits_{t_m}^{t_{m+1}} x(t) \cos(n\omega_G t)\, dt = \frac{2}{T_G} \sum_{m=0}^{M-2} I_m$$

berechnen. Man erhält eine Näherung nullter Ordnung an die Integrale I_m in der Form

$$I_m \approx x_m (t_{m+1} - t_m) \cos(n\omega_G t_m) \tag{6.215}$$

und eine genauere Näherung erster Ordnung (Trapezregel, Sehnentrapezregel) in der Form

$$I_m \approx \frac{1}{2} (x_m \cos(n\omega_G t_m) + x_{m+1} \cos(n\omega_G t_{m+1})) (t_{m+1} - t_m) \,. \tag{6.216}$$

Man erkennt sofort, dass der Näherungsfehler von der Anzahl M der Stützpunkte t_m abhängt und die Verdichtung der Stützpunkte einen kleineren Fehler erwarten lässt.

---

[10] Hierunter verstehen wir, daß viele Abtastwerte über möglichst den gesamten Zeitabschnitt der ausgewählten Periode vorhanden sind.

Diskrete Fouriertransformation Die DFT bildet einen Vektor mit N durch äquidistante Abtastung gewonnenen Werten des Zeitbereichssignals $x(n), n = 0, 1, \ldots, N-1$, in einen Vektor mit N äquidistant abgetasteten Werten des Spektrums $X(k), k = 0, 1, \ldots, N - 1$, ab. Sowohl das Zeit- als auch das Frequenzbereichssignal sind periodisch mit $x(n) = x(n + mN)$ und $X(k) = X(k + mN), m \in \mathbb{Z}$. Für die meisten FFT-Implementierungen, dies ist auch bei LtSpice der Fall, muß $N = 2^p$ gelten, p ganzzahlig. Die Rechenvorschrift lautet (sie ist nur im Fall äquidistanter Abtastung gültig, da andernfalls die komplexen Vektoren mit den Ansatzfunktionen zueinander nicht orthogonal sind)

$$X(k) = \sum_{n=0}^{N-1} x(n)e^{-j\frac{2\pi nk}{N}}, k = 0, 1, \ldots, N - 1 .$$

Die Verwendung einer FFT unter SPICE verlangt zunächst die Umabtastung des Datensatzes in einem Zeitabschnitt auf N äquidistante Zeitbereichsabtastwerte, was durch Interpolation geschieht. So wird bereits an dieser Stelle ein systematischen Fehler eingeführt. Die Methodik, mit der LtSpice den Zeitausschnitt wählt und wie die Interpolation erfolgt, diese sollte idealerweise eine bandbegrenzte Interpolation mit der sinc-Funktion sein, ist nicht so genau dokumentiert, dass sie hier diskutiert werden könnte. Darüber hinaus verlangt die FFT kohärente Abtastung, d. h. alle N zu analysierenden Schwingungen müssen ideal in das Zeitfenster passen, also mit einer ganzen Zahl von Perioden. Wenn die Abtastung nicht kohärent erfolgt, und davon können wir i. d. R. ausgehen, tritt als weiterer systematischer Fehler eine Spektralverschmierung (frequency leakage) auf, die sich nur mit der Anwendung sog. Datenfenster mildern lässt, dies allerdings auf Kosten der spektralen Auflösung, ein Umstand, der z. B. bei der Differenztonmessung von Bedeutung ist.

6.5.2 DFT-basierte Fouriertransformation mit SPICE

Wie bereits erwähnt, mißt man mit SPICE in den drei Fällen der Messung nichtlinearer Verzerrungen die Amplituden der wegen der nichtlinearen Verzerrungen entstandenen sinusförmigen Verzerrungssignale auf der Grundlage der DFT, die sich dem Anwender so zeigt, als wäre sie eine Fourierreihenentwicklung. Nur, das ist sie leider nicht. Die Messung wird im Frequenzbereich durchgeführt, wofür SPICE die Anweisung

.FOUR <fG> [Nharmonics] [Nperiods] <data trace1> <data trace2>

zur Verfügung stellt. Die Anweisung, die einer Transientenanalyse folgt, berechnet näherungsweise die Fourierreihenkoeffizienten von Spannungs- und Stromzeitverläufen, wofür wenigstens die Grundfrequenz f_G spezifiziert sein muß.

Die Anweisung ist prinzipiell für die auf Simulation beruhende Messung der o. g. Verzerrungsmaße geeignet. Problematisch bei SPICE ist die Art und Weise, wie die

Fouriertransformation ausgeführt wird. Da ein zeitkontinuierliches periodisches Signal unser angenommenes Signal ist, wäre die Fourierreihenentwicklung die geeignete Transformation. SPICE hingegen benutzt die DFT. Hierfür legt SPICE zunächst den zu transformierenden Zeitausschnitt fest, indem rechtsbündig ein Signalsegment der Länge $T_G = 1/f_G$ gewählt wird. Das Signal in diesem Zeitabschnitt wird mittels linearer Interpolation auf ein für die Anwendung der DFT geeignetes zeitdiskretes Signal mit äquidistanter Abtastung umgesetzt. Die Vorgehensweise birgt drei systematische Fehler in sich:

- **Interpolationsfehler** Angenommen, wir haben ein nichtlinear verzerrtes Signal mit einer Grundschwingungsamplitude von 1 V bei einem quadratischen Klirrfaktor von 0,01 %. Das heißt, wir analysieren zwei Schwingungen, eine mit der Amplitude 1 V und eine, die Oberschwingung, mit der Amplitude 100 μV. Diese großen Amplitudenunterschiede sind typisch für Audioverstärkerschaltungen. Man kann sich leicht vorstellen, dass die Oberschwingung im Interpolationsfehlersignal[11] verschwindet, wenn das Zeitraster nicht dicht genug (sehr dicht!) gewählt wird.

- **Leakage** Leakage kann bei nichtkohärenter Abtastung zwar nicht vermieden, wohl aber gemildert werden. Man erreicht diese Milderung zum einen dadurch, dass man das Signal sehr dicht abtastet und zum anderen durch die Verwendung eines Datenfensters, mit dem die Abtastwerte des Signalausschnitts gewichtet werden.

- **Aliasing** Die DFT ist für zeitdiskrete Signale definiert, die wir für die Simulation mit SPICE als abgetastete zeitkontinuierliche Signale begreifen müssen. Für diese muß das sog. Abtasttheorem, die Grundlage unserer heutigen digitalen Audiosignalverarbeitung, erfüllt sein, d. h. das abzutastende zeitkontinuierliche Signal muß auf die halbe Abtastfrequenz bandbegrenzt sein. Das ist mit der SPICE Transientenanalyse nicht zu erfüllen und somit läuft man Gefahr, Aliasingartefakte zu erhalten. Wir wollen ein Zahlenbeispiel geben. Mit der .FOUR-Analyse wurde eine Frequenz fG=1 kHz gewählt, was einer Periodendauer und somit einer Signalausschnittsdauer von $T_G = 1$ ms entspricht. Angenommen, SPICE benutzt ein Interpolationszeitraster mit N Punkten, was einem Abtastzeitintervall von $T_A = T_G/N$ entspricht bzw. einer Abtastfrequenz von $f_A = N f_G$. Falls Signalanteile mit $f > f_A/2$ vorliegen, hat man es mit Aliasing zu tun. Zu bedenken ist, dass sich das Aliasing auf die interpolierten Signale bezieht, also die durch Interpolation verzerrten Signale, die noch mit dem „Rechenfehlerrauschen" von SPICE überlagert sind. Das mag übertrieben klingen, aber zum einen bedenken wir das o. g. Zahlenbeispiel und zum anderen werden wir im Verlauf des Abschnitts erkennen, wie unakzeptabel groß die Fehler tatsächlich sind. Ein weiteres Problem ist es, dass z. B. keine Intermodulationsprodukte gemessen werden können, deren Frequenzen oberhalb der halben Abtastfrequenz liegen.

---

[11] Das Interpolationsfehlersignal ist das Differenzsignal zwischen gedachtem zeitkontinuierlichen Signal und interpoliertem Signal, einem Signal, das aus Geradenzügen zusammengesetzt ist.

Neben der .FOUR-Analyse enthält LtSpice eine FFT-Analyse des Signals im gesamten Zeitabschnitt der Transientenanalyse. Der Anwender kann die Punkteanzahl für die Interpolation wählen, diese Anzahl ist eine ganzzahlige Potenz von 2, und er kann ein Datenfenster wählen. Da wir aber an einigen wenigen Zahlenwerten interessiert sind, das heißt Klirr- und Intermodulationskoeffizienten, erfreuen wir uns an den hübschen Bildern der FFT-Analyse, benutzen aber die .FOUR-Analyse oder eine externe Fourierreihenentwicklung.

Die vorangegangene Argumentation hat aufgezeigt, dass die Dichte der Abtastzeitpunkte in der Transientenanalyse der wichtige Einstellparameter ist, mit dem das Erzielen zufriedenstellender Ergebnisse ermöglicht wird. Im zweiten Kapitel wurde darauf hingewiesen, dass eine der Stärken von SPICE die zeitadaptiven Integrationsverfahren sind. Wenn SPICE die Zeitpunkte adaptiert, kann dies nicht vom Nutzer vorgenommen werden. Wir können SPICE aber eine Vorgabe an den maximalen Zeitschritt stellen und somit wenigstens eine Mindestdichte sicherstellen. Hierzu dient der Parameter

maximum timestep

als Parameter der .TRAN-Analyse. Allerdings wächst mit einem kleinen Parameterwert dann auch die Rechenzeit. Wir finden bei Kundert [Kun95] den Hinweis, den Parameter kleiner als

$$T_K = T/(10 \times K) \tag{6.217}$$

zu wählen, worin K der größte Index der Harmonischen ist, nach denen wir analysieren und T bezeichnet die Periodendauer der Grundfrequenz.

Um ein Fazit zu geben, sollte in dieser Anwendung die Fourierreihenentwicklung gegenüber der DFT bevorzugt werden. Bevor nun aber Schaltungen untersucht werden, müssen wir zunächst die Qualität, d. h. die spektrale Reinheit der SPICE-Signalquellen untersuchen. Diese Untersuchung wird auch die nötigen Hinweise für die Praxis liefern, die wir für die erfolgreiche Durchführung von Fourierreihenanalysen verwenden werden.

Wahl der Grundfrequenz fG in der .FOUR-Analyse Für die Wahl der Grundfrequenz fG in der .FOUR-Analyse ist eine einfache Regel einzuhalten. Sie wird als größte gemeinsame Teilerfrequenz (oder ein ganzzahliger Teiler davon) aller interessierender Signalanteile wie Grundschwingungen, Harmonische und Intermodulationssignale festgelegt. Für die Klirrfaktormessung ist die Grundfrequenz fG die Frequenz f_S des Testsignals.

Die Differenztonmessung benutzt zwei Sinussignale mit den Frequenzen f_{S1} und f_{S2}, wobei wir $f_{S2} > f_{S1}$ unterstellen. Alle durch reguläre[12] nichtlineare Verzerrungen entstehenden Störsignale setzen sich aus Sinussignalen zusammen, die Frequenzen

$$f_I = \alpha f_{S1} + \beta f_{S2}, \alpha, \beta \in \mathbb{Z}, \tag{6.218}$$

---

[12] *Reguläre* nichtlineare Verzerrungen entstehen, wenn das Bauelement eine nichtlineare differenzierbare Kennlinie aufweist, was in unserem Fall, der Betrachtung von Röhren, gewährleistet ist.

haben. Wir unterscheiden die nachstehenden Fälle:

- $\alpha = 1$, $\beta = 0$: Frequenz des ersten Sinussignals
- $\alpha = 0$, $\beta = 1$: Frequenz des zweiten Sinussignals
- $\alpha = 0$, $\beta > 1$: Frequenzen der Oberschwingungen des ersten Sinussignals
- $\alpha > 1$, $\beta = 0$: Frequenzen der Oberschwingungen des zweiten Sinussignals
- Alle weiteren Fälle sind die Frequenzen der Intermodulationssignale oder Differenztöne mit der Ordnung $O = |\alpha| + |\beta|$.

Besonders geschickt ist es, die Signalfrequenzen f_{S1} und f_{S2} als ganzzahlige Vielfache der Differenzfrequenz

$$df = f_{S2} - f_{S1} \tag{6.219}$$

mit

$$f_{S1} = k_1 df \quad \text{und} \quad f_{S2} = k_2 df, k_1 \quad \text{und} \quad k_2 \text{ teilerfremd,} \tag{6.220}$$

zu wählen. In diesem Fall gilt für (6.218)

$$f_I = \alpha k_1 df + \beta k_2 df = df (\alpha k_1 + \beta k_2) . \tag{6.221}$$

Der Ausdruck (6.221) besagt, dass alle interessierenden Frequenzen f_I ganzzahlige Vielfache der Differenzfrequenz (6.219) sind. Man wählt die Grundfrequenz fG zu df und erhält mit der Fourieranalyse, bei Beachtung der Bandbegrenzung, die interessierenden Verzerrungssignalamplituden.

Für die Messung der dynamischen Intermodulationsfaktoren muß man die größte gemeinsame Teilerfrequenz berechnen.

Fourierreihenentwicklung außerhalb von SPICE Wenn man eine Fourierreihenanalyse, die weder Aliasing noch Leakage kennt, durchführen möchte, kann man die dafür notwendigen Daten als ASCII-Dateien exportieren. Wird LtSpice verwendet, so findet man im Waveform-Viewer unter dem Menüpunkt FILE den Unterpunkt EXPORT, mit dem es möglich ist, die Zeitwerte neben den dazugehörenden Spannungs- bzw. Stromwerten in Tabellenform zu exportieren. In dieser Form können die Daten von MATLAB eingelesen werden und anschließend lässt sich die Fourierreihenanalyse nach (6.215) oder (6.216) durchführen. Diese Technik ist dann interessant, wenn nur wenige Fourierkoeffizienten benötigt werden.

6.5.3 Testsignale der Messverfahren für nichtlineare Verzerrungen

Testsignal der Klirrfaktormessung Das Testsignal ist eine Sinusschwingung, die mit der SPICE-Anweisung

Tab. 6.17 Klirramplituden und maximum-timestep-Wert

Maximum-timestep	c_1	c_2	c_3	d_{tot} in %
–	1,0	$1,61 \cdot 10^{-3}$	$2,72 \cdot 10^{-2}$	2,814
1 μs	1,0	$1,84 \cdot 10^{-4}$	$4,71 \cdot 10^{-3}$	0,843
100 ns	1,0	$7,56 \cdot 10^{-5}$	$1,18 \cdot 10^{-3}$	0,136
10 ns	1,0	$4,42 \cdot 10^{-9}$	$8,21 \cdot 10^{-9}$	0,000004
1 ns	1,0	$3,92 \cdot 10^{-10}$	$1,96 \cdot 10^{-10}$	0,0

sin vo va fG td df phase

definiert wird. Die Parameter sind die Offsetspannung vo, die wir zu Null setzen, die Amplitude va (Spitzenwert) der Schwingung und die Frequenz fG der Schwingung sowie drei weitere Parameter, Verzögerungszeit, Dämpfungsfaktor und Phase, die wir in dieser Anwendung nicht benötigen. Eine Sinusschwingung mit 1 V Spitzenwert und einer Frequenz $f_S = $ fG $= 1$ kHz wird mit

sin 0 1V 1kHz

erzeugt. Es ist ein naheliegender Gedanke, die Fourieranalyse von SPICE sogleich an der Signalquelle zu testen. Idealerweise dürften keine Oberschwingungen mit den Amplituden $c_2, c_3, \ldots$, zu erfassen sein oder sie sollten wenigstens im Rahmen der Rechengenauigkeit unterdrückt sein, was in ungefähr dem Anteil 10^{-15} entspricht. In der Realität werden diese Werte nicht erzielt. Die Tab. 6.17 zeigt für verschiedene maximum-timestep-Werte die Amplituden der Grundschwingung c_1 und der zweiten sowie der dritten Harmonischen c_2 und c_3 sowie den Klirrfaktor, der über 9 Harmonische berechnet wird.

In der Tab. 6.17 erkennt man, dass für einen maximum-timestep-Wert von 10 ns eine spektrale Reinheit erreicht wird, die mehr als genug ist. Allerdings wächst mit diesen kleinen Werten auch die Rechenzeit. Für viele Anwendungen dürfte dann auch ein Wert von 100 ns ausreichen. Ein Wert von 1 ns ist sicher nicht mehr sinnvoll, da der Gewinn an Signalqualität, bezogen auf die zu erwartenden Werte der Verzerrungen unserer simulierter Röhrenverstärker, den Zuwachs an Rechenzeit nicht mehr rechtfertigt.

Die Kundert-Formel (6.217) würde eine obere Grenze für den maximum-timestep-Wert von

$$T_K = \frac{1 \text{s}}{1000 \times 10 \times 9} \approx 10 \, \mu\text{s}$$

nahelegen. Für das gewählte Beispiel ist dieser Wert entschieden zu groß.

Im weiteren merken wir an, dass der maximum-timestep-Wert von 10 ns einer Frequenz von 100 MHz entspricht, so dass wir uns über Aliasing keine Gedanken zu machen brauchen.

Testsignal der Differenztonmessung Für die Differenztonmessung benötigen wir einen sog. Zweitongenerator, den wir durch Reihenschaltung zweier Spannungsquellen mit sinusförmigen Signalen erhalten. Für die nun folgende Untersuchung zur spektralen Reinheit benutzen wir zwei der standardisierten Testfrequenzen [Din01]

$$f_{S1} = 960\,\text{Hz}, \; f_{S2} = 1040\,\text{Hz} \quad \text{und} \quad df = f_{S2} - f_{S1} = 80\,\text{Hz}\,.$$

Hier gilt $f_{S1} = 12\,df$ und $f_{S2} = 13\,df$ oder $k_1 = 12$ und $k_2 = 13$ in (6.220). Die spektrale Reinheit wird für die wichtigsten Intermodulationssignale getestet, nämlich den Differenzton zweiter Ordnung, $\alpha = -1$ und $\beta = 1$ in (6.218), mit der Frequenz

$$f_{d2} = f_{S2} - f_{S1} = 80\,\text{Hz} \quad \text{mit dem Index} \quad d2 = k_2 - k_1 = 1$$

und den beiden Differenztönen dritter Ordnung, $\alpha = 2$ und $\beta = -1$ sowie $\alpha = -1$ und $\beta = 2$ in (6.218) mit den Frequenzen

$$f_{d3.1} = 2f_{S1} - f_{S2} = 880\,\text{Hz} \quad \text{mit dem Index} \quad d3.1 = 2k_1 - k_2 = 11 \quad \text{und}$$
$$f_{d3.2} = 2f_{S2} - f_{S1} = 1120\,\text{Hz} \quad \text{mit dem Index} \quad d3.2 = 2k_2 - k_1 = 14\,.$$

Die Grundfrequenz für die Fourierreihenentwicklung beträgt

$$\text{fG} = f_{S2} - f_{S1} = 80\,\text{Hz}.$$

Für die interessierenden Töne gilt dann mit der Berechnung nach (6.221)

$$f_{S1} = 960\,\text{Hz} = 12f_G\,,$$
$$f_{S2} = 1040\,\text{Hz} = 13f_G\,,$$
$$f_{d2} = 80\,\text{Hz} = 1f_G\,,$$
$$f_{d3.1} = 880\,\text{Hz} = 11f_G\,,$$
$$f_{d3.2} = 1120\,\text{Hz} = 14f_G\,.$$

Die SPICE Fourieranalyse erstreckt sich dann über 14 Harmonische und wird mit der Anweisung

.FOUR 80Hz 14 <v...>

aufgerufen. Die Tab. 6.18 zeigt für verschiedene maximum-timestep-Werte die Amplituden der Grundschwingungen c_{12} und c_{13} und die der Differenztöne zweiter c_1 sowie dritter Ordnung c_{11} und c_{14}. Die Auswertung erbringt quantitativ vergleichbare Werte wie die Klirrfaktormessung. Für einen maximum-timestep-Wert von $10\,\text{ns}$ ist das Signal von hervorragender Qualität.

Tab. 6.18 Differenzton-Testsignalverzerrungen

Max.-timest.	$c_1 = c_{d2}$	$c_{11} = c_{d3.1}$	c_{12}	c_{13}	$c_{14} = c_{d3.2}$
–	$8{,}15 \cdot 10^{-4}$	$6{,}43 \cdot 10^{-3}$	$9{,}84 \cdot 10^{-1}$	$9{,}82 \cdot 10^{-1}$	$5{,}46 \cdot 10^{-3}$
$1\,\mu s$	$2{,}22 \cdot 10^{-4}$	$1{,}36 \cdot 10^{-3}$	$9{,}99 \cdot 10^{-1}$	$9{,}98 \cdot 10^{-1}$	$1{,}76 \cdot 10^{-3}$
$100\,ns$	$2{,}16 \cdot 10^{-5}$	$1{,}77 \cdot 10^{-4}$	$9{,}99 \cdot 10^{-1}$	$9{,}98 \cdot 10^{-1}$	$3{,}77 \cdot 10^{-4}$
$10\,ns$	$2{,}81 \cdot 10^{-10}$	$8{,}37 \cdot 10^{-10}$	$1{,}00$	$1{,}00$	$1{,}57 \cdot 10^{-9}$
$1\,ns$	$3{,}49 \cdot 10^{-10}$	$1{,}30 \cdot 10^{-10}$	$1{,}00$	$1{,}00$	$3{,}04 \cdot 10^{-11}$

Die Kundert-Formel (6.217) würde eine obere Grenze für den maximum-timestep-Wert von

$$T_K = \frac{1s}{80 \times 10 \times 14} \approx 90\,\mu s$$

nahelegen. Für das gewählte Beispiel ist dieser Wert entschieden zu groß.

Testsignal der Messung der dynamischen Intermodulationsfaktoren Für eine norm-gerechte Messung [Din01] der dynamischen Intermodulationsfaktoren addiert man zwei Schwingungen mit unterschiedlichen Amplituden, eine

Rechteckschwingung mit $f_Q = 3150\,\text{Hz}$ und der Amplitude $a_Q = 1$

und eine

Sinusschwingung mit $f_S = 15\,\text{kHz}$ und der Amplitude $a_S = 0{,}25$.

Die größte gemeinsame Teilerfrequenz ist $\text{fG} = 150\,\text{Hz}$ mit $f_Q = 21 \times \text{fG}$ und $f_S = 100 \times \text{fG}$.

Zur Erzeugung der Rechteckschwingung stellt SPICE die PULSE-Anweisung mit den Parametern

pulse V1 V2 Tdelay Trise Tfall Ton Tperiod Ncycles.

zur Verfügung. Die Periodendauer der $3150\,\text{Hz}$-Schwingung beträgt Tperiod $= 317{,}46\,\mu s$. Die Hälfte davon, die On-Zeit, beträgt Ton $= 158{,}73\,\mu s$. Mit den beiden Spannungswerten V1 $= -1\,\text{V}$ und V2 $= 1\,\text{V}$ sowie den Anstiegs- und Abfallzeiten Trise und Tfall von jeweils 0,1 ns erzeugen wir die gewünschte Schwingung mit der Anweisung

pulse -1V 1V 0 0.1ns 0.1ns 158.73us 317.46us,

wobei keine Angabe zur Anzahl der Perioden erfolgt.

Tab. 6.19 Frequenzmultiplikatoren im Intermodulationsverzerrungstest

Schwingungsfrequenzen	Frequenzmultiplikatoren	Amplituden
Testsignalfrequenzen		
$f_Q = 3150\,\mathrm{Hz}$	21	c_{21}
$f_S = 15\,\mathrm{kHz}$	100	c_{100}
Oberschwingungen der Rechteckschwingung		
$3f_Q = 9450\,\mathrm{Hz}$	63	c_{63}
$5f_Q = 15.750\,\mathrm{Hz}$	105	c_{105}
$7f_Q = 22.050\,\mathrm{Hz}$	147	c_{147}
Intermodulationsprodukte		
$5f_Q - f_S = 750\,\mathrm{Hz}$	5	c_5
$f_S - 4f_Q = 2400\,\mathrm{Hz}$	16	c_{16}
$6f_Q - f_S = 3900\,\mathrm{Hz}$	26	c_{26}
$f_S - 3f_Q = 5500\,\mathrm{Hz}$	37	c_{37}
$7f_Q - f_S = 7050\,\mathrm{Hz}$	47	c_{47}
$f_S - 2f_Q = 8700\,\mathrm{Hz}$	58	c_{58}
$8f_Q - f_S = 10.200\,\mathrm{Hz}$	68	c_{68}
$f_S - f_Q = 11.850\,\mathrm{Hz}$	79	c_{79}
$9f_Q - f_S = 13.350\,\mathrm{Hz}$	89	c_{89}
$10f_Q - f_S = 16.500\,\mathrm{Hz}$	110	c_{110}
$11f_Q - f_S = 19.650\,\mathrm{Hz}$	131	c_{131}

Die Fourierreihenentwicklung einer solchen symmetrischen Rechteckschwingung mit der Amplitude a und der Frequenz $\omega_G = 2\pi/T_G$ lautet

$$x(t) = \frac{4a}{\pi}\left(\sin(\omega_G t) + \frac{1}{3}\sin(3\omega_G t) + \frac{1}{5}\sin(5\omega_G t) + \dots\right)$$

$$= \frac{4a}{\pi}\sum_{k=1}^{\infty}\frac{\sin((2k-1)\omega_G t)}{2k-1}.$$

Die Koeffizienten mit geradzahligen Indices verschwinden und die Koeffizienten mit ungeradzahligen Indices haben eine $1/f$-Hüllkurve. Die Fourierreihenentwicklung mit SPICE gibt mit $c_1 = 1{,}0$, $c_3 = 0{,}333 = 1/3$, $c_5 = 0{,}2 = 1/5$, $c_7 = 0{,}1429 = 1/7$ usw. die Amplituden der Teilschwingungen korrekt an. Die Amplituden für die geradzahligen Indices liegen im Bereich $5{,}6 \cdot 10^{-7}$, unabhängig vom gewählten maximum-timestep. So zeigt das Rechtecksignal eine spektrale Reinheit im Bereich von 120 dB, was für die TIM-Messung mit SPICE völlig ausreichend ist.

Die Liste in Tab. 6.19 enthält die interessierenden Schwingungsanteile im Hörfrequenzbereich und ihre Frequenzmultiplikatoren für fG = 150 Hz, wie sie in der Norm vorgeschlagen werden. Die beiden Anteile bei den Frequenzen $f = 10f_Q - f_S$ und $f = 11f_Q - f_S$ sind in der Norm nicht spezifiziert, auch wenn sie in den Hörfrequenzbereich fallen. Die .FOUR-Anweisung muß 147 Harmonische umfassen, um alle interessierenden Intermodulationsverzerrungen zu enthalten. Da nur 10 von 147 Harmonischen benötigt werden, ist es sinnvoll, die Berechnung nur für eben diese Harmonischen außerhalb von SPICE vorzunehmen, wo dann auch eine vorteilhafte Fourierreihenentwicklung gerechnet werden kann.

Die Kundert-Formel (6.217) würde eine obere Grenze für den maximum-timestep-Wert von

$$T_K = \frac{1\,\mathrm{s}}{150 \times 10 \times 147} \approx 4,5\,\mu\mathrm{s}$$

nahelegen. Auch für dieses gewählte Beispiel ist dieser Wert entschieden zu groß.

6.5.4 Simulationen der Messungen von nichtlinearen Verzerrungen

Als Testschaltung für die Simulationen mit dem Triodenmodell *C83.2* wurde die Hochpegelverstärkerstufe eines klassischen Röhrenvorverstärkers, des Verstärkers Typ 7c des amerikanischen Herstellers Marantz gewählt. Der Schaltplan der Stufe ist in Abb. 6.48 dargestellt. Man erkennt einen dreistufigen Aufbau unter Verwendung von NF-Trioden mit hohem Leerlaufverstärkungsfaktor μ. Die ersten beiden Stufen sind Spannungsverstärkerstufen in Kathodenbasisschaltung mit RC-Kopplung und einer Gegenkopplung mit R_6 von der Anode der zweiten Stufe via C_4 und R_6 zur Kathode der ersten Stufe an R_4. Die dritte Stufe ist eine RC-angekoppelte Impedanzwandlerstufe in Anodenbasisschaltung. Die

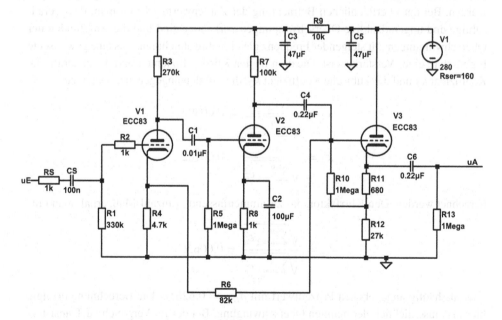

Abb. 6.48 Hochpegelverstärkerstufe Marantz Typ 7C

Tab. 6.20 Klirrfaktortest

Schwingungsfrequenz	Relative Amplituden c
$f_1 = 1\,\text{kHz}$	$c_1 = 1{,}0$
$f_2 = 2\,\text{kHz}$	$c_2/c_1 = 5{,}92 \cdot 10^{-3}$
$f_3 = 3\,\text{kHz}$	$c_3/c_1 = 1{,}82 \cdot 10^{-3}$
$f_4 = 4\,\text{kHz}$	$c_4/c_1 = 7{,}49 \cdot 10^{-4}$
$f_5 = 5\,\text{kHz}$	$c_5/c_1 = 3{,}62 \cdot 10^{-4}$
$f_6 = 6\,\text{kHz}$	$c_6/c_1 = 1{,}90 \cdot 10^{-4}$
$f_7 = 7\,\text{kHz}$	$c_7/c_1 = 1{,}06 \cdot 10^{-4}$
$f_8 = 8\,\text{kHz}$	$c_8/c_1 = 6{,}25 \cdot 10^{-5}$
$f_9 = 9\,\text{kHz}$	$c_9/c_1 = 3{,}84 \cdot 10^{-5}$

Schaltung hat einen offenen Verstärkungsfaktor (der Gegenkopplungswiderstand R_6 wurde entfernt) von 1450 bei $f = 1\,\text{kHz}$ und einen geschlossenen von 16,9 bei $f = 1\,\text{kHz}$. Dies entspricht einem Gegenkopplungsmaß von ca. 38,6 dB. Der differentielle Ausgangswiderstand bei $f = 1\,\text{kHz}$ beträgt ungefähr 1,2 kΩ. Die Verzerrungsmessungen wurden mit einem maximum timestepvon 10 ns ausgeführt, wie es sich in den vorangegangenen Abschnitten als vorteilhaft herausgestellt hat.

Klirrfaktortest Für den Klirrfaktortest wurde eine Eintonquelle mit fG $= f_1 = 1\,\text{kHz}$ und einer Amplitude von 0,3 V zur Erzeugung des Testsignals verwendet. Die Ergebnisse der Messung für die Grundschwingung und die ersten 9 Oberschwingungen werden in der Tab. 6.20 aufgeführt, wobei die Amplitudenwerte auf die Grundschwingung bezogen wurden. Bei der oberflächlichen Betrachtung der Zahlenwerte erkennt man, dass geradzahlige und ungeradzahlige Oberschwingungen vorhanden sind und die Amplituden der Oberschwingungen mit steigender Frequenz gleichmäßig abnehmen, was eine gewünschte Eigenschaft eines Verstärkers ist. Die dominanten Klirrkoeffizienten sind der quadratische Koeffizient k_2 und der kubische Koeffizient k_3, die mit den angegebenen Daten zu

$$k_2 = \frac{c_2}{\sqrt{\sum_{n=1}^{9} c_n^2}} = 0{,}00592$$

$$k_3 = \frac{c_3}{\sqrt{\sum_{n=1}^{9} c_n^2}} = 0{,}00182$$

berechnet werden. Den Klirrfaktor, das zusammenfassende Einzahl-Maß, erhält man mit

$$k_g = \frac{\sqrt{\sum_{n=2}^{9} c_n^2}}{\sqrt{\sum_{n=1}^{9} c_n^2}} = 0{,}00626$$

oder als häufig angegebenen Prozentwert mit $d_{tot} = 0{,}626\,\%$. Die Berechnung erfolgte hier bis einschließlich der neunten Oberschwingung. Bei der im Vergleich zu Transistorverstärkern erheblichen Höhe des Wertes für den Klirrfaktor muß man berücksichtigen,

dass der Verstärker recht weit ausgesteuert ist. Ein an den Vorverstärker angeschlossener
Endverstärker wird zumeist mit geringeren Spannungen auszusteuern sein, was dann auch
zu einem deutlich kleineren Klirrfaktor führt.

Um die Anwendung der Fourieranalyse außerhalb von SPICE zu demonstrieren, haben
wir die Daten der Transientenanalyse nach MATLAB exportiert. Die SPICE-Anweisung

.tran 0 50ms 40ms 0.01uS,

veranlasst, die Daten erst ab einer bestimmten Zeit, hier 40 ms, zu speichern. So erreichen
wir zum einen, dass ein Einschwingvorgang abgewartet werden kann und zum anderen,
dass die exportierten Daten mit der Zeit Null beginnen, was das MATLAB-Fourieranaly-
se-Programm vereinfacht. Mit diesem Programm haben wir die relativen Amplituden der
zweiten und der dritten Oberschwingung zur Amplitude der Grundschwingung berechnet,
wobei die Integration mit einer Näherung erster Ordnung (6.216) ausgeführt wurde.

```
load c:\ltispice\work\klirrfaktor_marantz.txt;
t=klirrfaktor_marantz(:,1); v=klirrfaktor_marantz(:,2);
T=1e-3; % Periodendauer T=1ms
M=max(find(t<=T)); % Zeitschritte in [0,T)
w1=2*pi*1000; w2=2*w1; w3=3*w1;
A1=0; A2=0; A3=0; B1=0; B2=0; B3=0;
for m=1:M-1,
  dt=t(m+1)-t(m);
  A1=A1+0.5*(v(m)*cos(w1*t(m))+v(m+1)*cos(w1*t(m+1)))*dt;
  A2=A2+0.5*(v(m)*cos(w2*t(m))+v(m+1)*cos(w2*t(m+1)))*dt;
  A3=A3+0.5*(v(m)*cos(w3*t(m))+v(m+1)*cos(w3*t(m+1)))*dt;
  B1=B1+0.5*(v(m)*sin(w1*t(m))+v(m+1)*sin(w1*t(m+1)))*dt;
  B2=B2+0.5*(v(m)*sin(w2*t(m))+v(m+1)*sin(w2*t(m+1)))*dt;
  B3=B3+0.5*(v(m)*sin(w3*t(m))+v(m+1)*sin(w3*t(m+1)))*dt;
end;
c1=(2/T)*sqrt(A1^2+B1^2); c2=(2/T)*sqrt(A2^2+B2^2);
c3=(2/T)*sqrt(A3^2+B3^2);
```

Das MATLAB-Programm benutzt die ersten $M = 334$ Abtastwerte, die innerhalb eines
Intervalls [0,1 ms) liegen. Wir erhalten die Ergebnisse

$$c_2/c_1 = 5{,}9232 \cdot 10^{-3} \quad \text{und} \quad c_3/c_1 = 1{,}8195 \cdot 10^{-3} \,,$$

was in hoher Übereinstimmung mit den Werten liegt, die von LtSpice berechnet wurden.

Tab. 6.21 Differenztonfaktortest

Schwingungsfrequenzen	Relative Amplituden
$f_{d2} = 80\,\text{Hz}$	$c_1/c_{12} = 5{,}21 \cdot 10^{-3}$
$f_{d3.1} = 880\,\text{Hz}$	$c_{11}/c_{12} = 1{,}17 \cdot 10^{-3}$
$f_{S1} = 960\,\text{Hz}$	$c_{12}/c_{12} = 1{,}0$
$f_{S2} = 1040\,\text{Hz}$	$c_{13}/c_{12} = 1{,}0$
$f_{d3.2} = 1120\,\text{Hz}$	$c_{14}/c_{12} = 1{,}17 \cdot 10^{-3}$

Differenztonfaktortest Für den Differenztonfaktortest wurde eine Zweitonquelle mit $f_{S1} = 960\,\text{Hz}$ und $f_{S2} = 1040\,\text{Hz}$ mit den jeweils gleichen Amplituden von $0{,}15\,\text{V}$ zur Erzeugung des Testsignals verwendet. Die Aussteuerung wurde ebenfalls so gewählt, dass der Spitzenwert des Ausgangssignals $5\,\text{V}$ beträgt. Da der Crestfaktor des Zweitonsignals höher ist als der des Eintonsignals, liegt die effektive Aussteuerung bei gleichen Spitzenwerten um $\sqrt{2}$ niedriger. Die Ergebnisse für die Testsignalamplituden und die Amplituden der Differenztöne zweiter und dritter Ordnung sind in der Tab. 6.21 aufgelistet, wobei die Werte auf die Testsignalamplituden normiert sind. Mit den Angaben aus der Tabelle lassen sich die Differenztonfaktoren berechnen. Es gilt

$$d_2 = \frac{c_{d2}}{c_{S1} + c_{S2}} = \frac{c_1}{c_{12} + c_{13}} = 0{,}002605$$

für den Faktor zweiter Ordnung und

$$d_3 = \frac{c_{d3.1} + c_{d3.2}}{c_{S1} + c_{S2}} = \frac{c_{11} + c_{14}}{c_{12} + c_{13}} = 0{,}00117$$

für den Differenztonfaktor dritter Ordnung. Auch hier erkennen wir, wie bei der vorangegangenen Klirrfaktormessung, dass die Differenztonfaktoren mit steigender Ordnungszahl abnehmen.

Dynamischer Intermodulationsfaktortest Für den dynamischen Intermodulationsfaktortest wurde eine $3{,}15\,\text{kHz}$ Rechteckschwingung mit der Amplitude $0{,}24\,\text{V}$ und eine $15\,\text{kHz}$ Sinusschwingung mit der Amplitude $0{,}06\,\text{V}$ verwendet. Die Amplituden der Verzerrungssignale sind in der Tab. 6.22 aufgelistet, wobei die Werte auf die Amplitude der Grundschwingung der Rechteckschwingung bezogen wurden. Man erkennt gut in der Tab. 6.22, dass die stärkste Verzerrungskomponente bei der Differenzfrequenz $f_s - f_q$ liegt. Der Intermodulationsfaktor liegt in der Größenordnung der Klirr- und Differenztonfaktoren. Wenn hier eine Deutung versucht werden kann, dann ließe sich anführen, dass diese Nähe auf den geringen Gegenkopplungsfaktor zurückzuführen ist.

Für den dynamischen Intermodulationsfaktortest kann ebenfalls ein Einzahl-Maß berechnet werden. Der Intermodulationsfaktor wird nach

$$I_M = 100 \frac{\sqrt{\sum_{m=1}^{11} c_{Im}^2}}{c_{100}} \text{ in Prozent}$$

Tab. 6.22 Intermodulations-faktortest

Schwingungsfrequenzen	Relative Amplituden
$5f_q - f_s = 750\,\text{Hz}$	$c_5/c_{21} = 4{,}44 \cdot 10^{-3}$
$f_s - 4f_q = 2400\,\text{Hz}$	$c_{16}/c_{21} = 2{,}92 \cdot 10^{-4}$
$6f_q - f_s = 3900\,\text{Hz}$	$c_{26}/c_{21} = 3{,}15 \cdot 10^{-4}$
$f_s - 3f_q = 5500\,\text{Hz}$	$c_{37}/c_{21} = 7{,}37 \cdot 10^{-3}$
$7f_q - f_s = 7050\,\text{Hz}$	$c_{47}/c_{21} = 3{,}15 \cdot 10^{-3}$
$f_s - 2f_q = 8700\,\text{Hz}$	$c_{58}/c_{21} = 3{,}40 \cdot 10^{-4}$
$8f_q - f_s = 10.200\,\text{Hz}$	$c_{68}/c_{21} = 2{,}99 \cdot 10^{-4}$
$f_s - f_q = 11.850\,\text{Hz}$	$c_{79}/c_{21} = 2{,}21 \cdot 10^{-2}$
$9f_q - f_s = 13.350\,\text{Hz}$	$c_{89}/c_{21} = 2{,}42 \cdot 10^{-3}$
$10f_q - f_s = 16.500\,\text{Hz}$	$c_{110}/c_{21} = 2{,}37 \cdot 10^{-3}$
$11f_q - f_s = 19.650\,\text{Hz}$	$c_{131}/c_{21} = 1{,}99 \cdot 10^{-3}$

berechnet, worin die c_{Im} die Amplituden der in der Tab. 6.22 gelisteten Verzerrungssignale mit den Amplituden $c_{I1} = c_5$, $c_{I2} = c_{16}$, $c_{I3} = c_{26}$, ..., $c_{I11} = c_{131}$, sind und c_{100} die Amplitude der Sinusschwingung ist.

Die Auswertung der Daten mit einem MATLAB-Programm ist in diesem Fall besonders günstig, da man nur an 10 Amplituden interessiert ist, die .FOUR-Analyse aber 147 Amplituden berechnen muß, um unter diesen Amplituden auch alle, einschließlich der Testsignalanteile, zu enthalten, die man für die Analyse benötigt.

6.6 Modellieren von Röhrenverstärkern mit Übertragern

Für die nächste Simulation benötigen wir Übertrager, genauer gesagt Ausgangsübertrager in Röhrenleistungsverstärkern. SPICE enthält kein Übertrager- bzw. Transformatormodell, sondern lediglich eine Anweisung zum Koppeln von Induktivitäten, die für die Übertragermodellierung genutzt wird. Auf den ersten Blick muß man bei SPICE-Simulationen ein wenig umdenken, da man Übersetzungsverhältnisse indirekt durch Induktivitätsverhältnisse ausdrückt. Wir werden die Vorgehensweise am Beispiel des Modellierens mit linearen Ersatzschaltungen auf der Grundlage gekoppelter Induktivitäten vorstellen, indem wir, ausgehend vom idealen Übertrager, die Berücksichtigung von Streuinduktivitäten, ohmschen Wicklungswiderständen (Kupferverluste), Wicklungskapazitäten und schließlich die Modellierungen von Wicklungen mit Anzapfungen diskutieren.

Die Modellierung von Nichtlinearitäten der Übertrager, die ihre Ursachen in den elektromagnetischen Eigenschaften der verwendeten Kernmaterialien haben, sind nicht Gegenstand dieses Buches. Für kommerzielle SPICE-Versionen kann man Zusatzpakete kaufen, die das Thema elektromagnetische Komponenten in ausführlicher Form vertiefen und Softwarelösungen enthalten. Solche Informationen haben wir im Kap. 3 angegeben.

Der einfache ideale Übertrager hat eine Primär- und eine Sekundärwicklung, die mit den Indices 1 und 2 gekennzeichnet sind. Mit N_1 und N_2 geben wir die jeweiligen Windungszahlen an. Mit einem solchen Übertrager als Ausgangsübertrager lässt sich ein Eintaktverstärker aufbauen, wie er bereits im Abschn. 5.6.4 vorgestellt wurde. Die Übertragungseigenschaften werden durch das Übersetzungsverhältnis

$$\ddot{u} = \frac{N_1}{N_2}$$

festgelegt. Für das SPICE-Modell benötigen wir entweder eine Angabe zur Primärinduktivität L_1 oder eine Angabe zur Sekundärinduktivität L_2. Wenn L_1 bekannt ist, sei es durch eine Angabe des Übertragerherstellers oder durch Messung oder aber wenigstens durch die bekannte Angabe eines ähnlichen Übertragers, kann man die Sekundärinduktivität mit

$$L_2 = \frac{L_1}{\ddot{u}^2}$$

berechnen. Die Spice-Anweisung (K-Anweisung, siehe Abschn. 2.1.3)

K12 L1 L2 1.0

koppelt die beiden Induktivitäten magnetisch mit einem idealen Kopplungsfaktor von $k = 1{,}0$. Jede K-Anweisung hat einen Index, der Index in diesem Fall ist 12. Darüber hinaus verursacht diese Anweisung bei LtSpice das Markieren der „Wicklungsanfänge" im Schaltplan mit dem hierfür üblichen Punkt-Symbol. Der Kopplungsfaktor k in der K-Anweisung muß im Bereich

$$0 < k \leq 1{,}0$$

liegen.

Für die Modellierung von Streu- und Hauptinduktivitäten haben wir bei der Verwendung von SPICE zwei Möglichkeiten.

- Wir setzen den Kopplungsfaktor auf einen Wert kleiner als 1,0 oder
- wir fügen Streuinduktivitäten dem idealen Übertrager hinzu, ohne eine K-Anweisung zur Kopplung der Streuinduktivitäten zu verwenden.

Zur Darstellung der Vorgehensweise führen wir zunächst die primäre Wicklungsinduktivität L_1 ein und setzen diese anteilig aus Haupt- und Streuinduktivität

$$L_1 = L_{1h} + L_{1\sigma}$$

zusammen. Es gilt der Zusammenhang für den Kopplungsfaktor k

$$k = \sqrt{\frac{L_{1h}}{L_{1h} + L_{1\sigma}}} \; .$$

Damit kann man entweder Beziehungen zwischen Gesamt- und Streuinduktivität sowie Gesamt- und Hauptinduktivität mit

$$L_{1\sigma} = L_1(1 - k^2) \quad \text{und} \quad L_{1h} = L_1 - L_{1\sigma} = L_1 k^2 \tag{6.222}$$

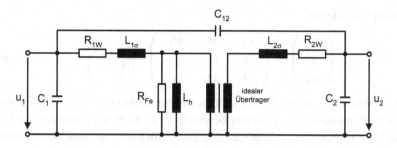

Abb. 6.49 Ersatzschaltung eines Transformators

oder für die Beziehung zwischen Streu- und Hauptinduktivität mit

$$L_{1\sigma} = L_{1h}\left(\frac{1}{k^2} - k^2\right)$$

angeben. Ein SPICE-Übertrager mit $L_1 = 1\,\mathrm{H}$, $L_2 = 10\,\mathrm{H}$ und der K-Anweisung

K12 L1 L2 0.9

hat dann mit (6.222) die Anteile

$$L_{1h} = L_1 k^2 = 0{,}81\,\mathrm{H}$$
$$L_{1\sigma} = L_1(1 - k^2) = 0{,}19\,\mathrm{H}$$
$$L_{2h} = L_2 k^2 = 8{,}1\,\mathrm{H}$$
$$L_{2\sigma} = L_2(1 - k^2) = 1{,}9\,\mathrm{H}\,.$$

Am Übersetzungsverhältnis ändert sich natürlich nichts, da weiterhin gilt

$$\frac{L_1}{L_2} = \frac{L_{1h}}{L_{2h}} = \frac{L_{1\sigma}}{L_{2\sigma}} = \ddot{u}^2 = 0{,}1\,.$$

Alternativ hätten wir auch einen idealen Transformator mit den beiden Hauptinduktivitäten und einem Kopplungsfaktor von $k = 1{,}0$ erstellen können, bei dem die Streuinduktivitäten als weitere Komponenten eingefügt werden, ohne in die K-Anweisung einzugehen. Das brächte den Vorteil mit sich, die Verhältnisse der Teilinduktivitäten primär- und sekundärseitig unabhängig wählen zu können.

Wicklungswiderstände und Wicklungskapazitäten können die lineare SPICE-Ersatzschaltung komplettieren, wobei man sich an eine der üblichen Transformatorersatzschaltungen hält, wie eine im Abb. 6.49 zu sehen ist.

Um den weiteren Abschnitten folgen zu können, ist es hilfreich, die Kopplung von Induktivitäten detaillierter zu betrachten. Wir betrachten zunächst drei gekoppelte Induktivitäten L_1, L_2 und L_3 sowie die Wechselgrößen u_n und i_n für $n = 1, 2, 3$. Das elektrische Wechselgrößenverhalten wird durch ein System von linearen Differentialgleichungen erster Ordnung beschrieben

$$\begin{pmatrix} u_1 \\ u_2 \\ u_3 \end{pmatrix} = \begin{pmatrix} L_1 & M_{12} & M_{13} \\ M_{21} & L_2 & M_{23} \\ M_{31} & M_{32} & L_3 \end{pmatrix} \frac{d}{dt} \begin{pmatrix} i_1 \\ i_2 \\ i_3 \end{pmatrix}. \tag{6.223}$$

Die Induktivitäten M_{ij} in der Matrix sind die Gegeninduktivitäten, die die gegenseitige magnetische Beeinflussung der Spulen beschreiben. Je nach Wicklungssinn und Wicklungsanschluss können diese *Gegeninduktivitäten* positive oder negative Werte annehmen. Wir können bei unseren Übertragern *Reziprozität* und *Passivität* voraussetzen, d. h., es gilt

$$M_{ij} = M_{ji} \quad \text{und} \quad M_{ij} = k_{ij} \sqrt{L_i L_j}.$$

Für den idealen Fall, dass alle Kopplungsfaktoren $k_{ij} = 1$ sind, können wir das Differentialgleichungssystem 6.223 in der Form

$$\begin{pmatrix} u_1 \\ u_2 \\ u_3 \end{pmatrix} = \begin{pmatrix} L_1 & \sqrt{L_1 L_2} & \sqrt{L_1 L_3} \\ \sqrt{L_1 L_2} & L_2 & \sqrt{L_2 L_3} \\ \sqrt{L_1 L_3} & \sqrt{L_2 L_3} & L_3 \end{pmatrix} \frac{d}{dt} \begin{pmatrix} i_1 \\ i_2 \\ i_3 \end{pmatrix}$$

schreiben und erkennen die Symmetrie der Matrix. Die SPICE-Anweisungen für diese Schaltung lauten für den Fall $k_{ij} = 1$

K123 L1 L2 L3 1.0

und für den Fall unterschiedlicher Kopplungsfaktoren

K12 L1 L2 <k12>
K13 L1 L3 <k13>
K23 L2 L3 <k23>

Nun ist der Weg zum Ausgangsübertrager mit Anzapfungen nicht mehr weit. Vom Übertragerhersteller erhalten wir am repräsentativen Beispiel eines Ultralinear-Übertragers für einen Pentodenverstärker eine Angabe zur Gesamtinduktivität[13] der Primärwicklung und eine Prozent-Angabe für den Schirmgitterabgriff. Für die SPICE-Simulation benötigen wir aber die Teilinduktivitäten bzgl. der Anzapfungen. Wir gehen vom einfachsten Fall aus und betrachten eine Wicklung mit einer Anzapfung. Die Gesamtwicklung hat die Induktivität L_g und die Windungszahl N_g. Die beiden Teilwicklungen haben die Teilinduktivitäten L_a und L_b sowie die Teilwindungszahlen N_a und N_b mit $N_a + N_b = N_g$. Für einen Kopplungsfaktor von $k_{ab} = 1{,}0$ gilt

$$\begin{aligned} L_g &= L_a + L_b + 2M_{ab} \\ &= L_a + L_b + 2\sqrt{L_a L_b}. \end{aligned}$$

---

[13] Wir bedenken, daß bei einem Eisenkern die Induktivität aussteuerungsabhängig ist. Eine dies berücksichtigende Simulation müsste die nichtlinearen Verhältnisse ebenfalls simulieren.

Um nun die Windungszahlen zu verwenden, benutzen wir den magnetischen Leitwert Λ. Es gilt

$$L_a = \Lambda N_a^2, L_b = \Lambda N_b^2 \quad \text{und} \quad M_{ab} = \Lambda N_a N_b$$

bzw.

$$\begin{aligned} L_a + L_b + 2M_{ab} &= \Lambda \left(N_a^2 + N_b^2 + 2N_a N_b \right) \\ &= \Lambda \left(N_a + N_b \right)^2 \\ &= \Lambda N_g^2 \\ &= L_g \, . \end{aligned}$$

Zweckmäßigerweise führen wir für jede Teilwicklung Übersetzungsfaktoren

$$r_m = \frac{N_m}{N_g} \quad \text{mit} \quad \sum_m r_m = 1 \tag{6.224}$$

ein und können dann die Teilinduktivitäten sofort mit

$$L_m = r_m^2 L_g \tag{6.225}$$

berechnen. Um den o. g. Ultralinearübertrager zu modellieren, benötigen wir eine Primärwicklung mit fünf Abgriffen in der Reihenfolge erste Anode $A1$, erstes Schirmgitter $S1$, Versorgungsspannung V, zweites Schirmgitter $S2$ und zweite Anode $A2$. Wir führen eine Prozentangabe p ein, die sich auf den Wicklungsanteil zwischen Schirmgitter- und Versorgungsspannungsanschluss bezieht. Zwischen Anoden- und Schirmgitteranschluss befindet sich dann der prozentuale Anteil $100\text{-}p$. Ausgehend von einer Gesamtwicklungsinduktivität L_g setzt sich der Übertrager aus den Teilinduktivitäten

$$L_{A1S1} = \left(\frac{100 - p}{200} \right)^2 L_g \, , \tag{6.226}$$

$$L_{S1V} = \left(\frac{p}{200} \right)^2 L_g \, , \tag{6.227}$$

$$L_{VS2} = \left(\frac{p}{200} \right)^2 L_g \quad \text{und} \tag{6.228}$$

$$L_{S2A2} = \left(\frac{100 - p}{200} \right)^2 L_g \tag{6.229}$$

zusammen. Typisch sind bei diesen Übertragern die Werte $p = 20\,\%$ (hohe Leistungsabgabe) und $p = 40\,\%..43\,\%$ (geringe nichtlineare Verzerrungen). Selbstverständlich können wir auch in diesem Fall Streuinduktivitäten, Wicklungswiderstände und Wicklungskapazitäten berücksichtigen. Insbesondere zu Stabilitätsranduntersuchungen an Röhrenverstärkern müssen wir diese Eigenschaften simulieren.

6.6.1 Spice Simulation eines Ultra-Linear-Verstärkers

Anfang der 50er Jahre im zwanzigsten Jahrhundert standen Trioden, Beam-Power-Tetroden und Pentoden als Leistungsröhren für Leistungsverstärker zur Verfügung. Mit Trioden konnten auf der einen Seite nur vergleichsweise geringe Ausgangsleistungen bei darüber hinaus auch noch geringem Wirkungsgrad erzielt werden. Diese geringen Ausgangsleitungen mussten zudem auch noch mit hohen Steuerspannungen erreicht werden, was hohe Anforderungen an den Treiberverstärker stellt. Auf der anderen Seite zeigen Triodenverstärker relativ geringe nichtlineare Verzerrungen. Mit Beam-Power-Tetroden und Pentoden konnten erheblich höhere Leistungen erzielt werden, für die auch nur relativ geringe Steuerspannungen nötig waren. Dafür aber sind die nichtlinearen Verzerrungen größer. Da der wichtigste Unterschied zwischen den Röhrentypen das Schirmgitter ist, konnte mit der Ultralinear-Schaltungstechnik mit Hilfe des Ausgangsübertragers, anschaulich betrachtet, eine neue Röhre geschaffen werden, die Vorteile beider Endröhrentypen, Röhren mit und ohne Schirmgitter, vereinigt und einen Kompromiss zwischen Leistung und geringen nichtlinearen Verzerrungen bietet. Bei Ferguson [Fer55] finden wir zum Thema Ultralinearverstärker zwei Tab. 6.23 und 6.24, die für die Endröhren EL84 und EL34 in Gegentaktultralinearschaltungen Zahlen zu Leistungen und nichtlinearen Verzerrungen enthalten. Beide Tabellen sollen an dieser Stelle zitiert werden.

Die Klirrfaktorangaben beziehen sich auf nicht gegengekoppelte Verstärker. Mit Gegenkopplung lassen sich deutlich geringere Werte erzielen. Erstaunlich ist es, dass bei der EL84 und der Leistung 5 W der Triodenklirrfaktor höher ist, als der Ultralinearklirrfaktor. Bedenkt man aber, dass die Triode zur Erzielung der Leistung weiter, d. h. mit höherer Spannung, ausgesteuert werden muß als die Ultralinear-Röhre, so findet man

Tab. 6.23 Ultralinearschaltung, EL84

2 Röhren EL84	Betriebseinstellung				Klirrfaktor in % bei der Leistung		
	U_a	U_{g2}	R_k	R_{aa}	5 W	10 W	15 W
Triodenschaltung	300 V	–	$1 \times 150\,\Omega$	$10\,k\Omega$	1,0	–	–
Ultralinear $p = 20\,\%$	300 V	300 V	$2 \times 270\,\Omega$	$6,6\,k\Omega$	0,8	1,0	1,5
Ultralinear $p = 43\,\%$	300 V	300 V	$2 \times 270\,\Omega$	$8\,k\Omega$	0,7	0,9	–
Pentodenschaltung	300 V	300 V	$2 \times 270\,\Omega$	$8\,k\Omega$	1,5	2,0	2,0

Tab. 6.24 Ultralinearschaltung, EL34

2 Röhren EL34	Betriebseinstellung					Klirrfaktor in % bei der Leistung			
	U_a	$U_{B,g2}$	R_k	R_{aa}	R_{g2}	10 W	14 W	20 W	30 W
Triodenschaltung	400 V	–	$2 \times 470\,\Omega$	$10\,k\Omega$	–		0,5	0,7	–	–
Ultralinear $p = 43\,\%$	400 V	400 V	$2 \times 470\,\Omega$	$6,6\,k\Omega$	$2 \times 1\,k\Omega$	0,6	0,7	0,8	1,0
Pentodenschaltung	375 V	375 V	$1 \times 130\,\Omega$	$3,4\,k\Omega$	$1 \times 470\,\Omega$	1,5	1,9	2,5	3,8

hierin eine Erklärung. In der Konsequenz bedeutet dies, dass alle Aussagen eine weitere Dimension, nämlich die zur Erzielung vergleichbarer Leistungen notwendigen Aussteuerungen bzw. Steuerspannungen benötigen. Kurz gesagt: Am Ende sind die Verhältnisse doch etwas komplizierter. In der Tab. 6.23 zu der Röhre EL84 kann man herauslesen, dass $p = 43\,\%$ weniger Leistung als $p = 20\,\%$ bringt, dafür sind aber die nichtlinearen Verzerrungen ausgeprägter.

Eine interessante Veröffentlichung zu diesem Thema erschien 1951 von Hafler und Keroes [Haf51], die für einen speziellen Ultralinearverstärker mit sehr aufwändig gefertigtem Übertrager 1952 ein Patent erteilt bekommen hatten. Einige der Argumente in dieser Veröffentlichung wollen wir im Folgenden wiedergeben. Beim Ultralinearverstärker hat die Ausgangsübertrager-Primärwicklung einen Anschluss für das Schirmgitter im Eintaktbetrieb, oder die Schirmgitter im Gegentaktbetrieb, zwischen den jeweiligen Anodenanschlüssen und dem Versorgungsspannungsanschluss. Das Schirmgitter der Röhre wird also von einer Teilwicklung der Primärwicklung bedient oder belastet, je nach Standpunkt, sprich Gleichspannungsversorgung und Wechselspannungsverarbeitung. Bei den Röhren, bei denen die Schirmgitterhöchstspannung deutlich kleiner ist als die gebräuchlichen Anodendenspannungen, muss dann für die Schirmgitterlast eine separate Wicklung vorgesehen werden, an der die Schirmgittergleichspannung angeschlossen wird. Die Eigenschaften des Ultralinearverstärkers hängen davon ab, wie die Primärwicklung partitioniert ist. Bei $p = 0$ liegt das Schirmgitter an der Versorgungsspannung und man hat reinen Beam-Power-Tetroden oder Pentodenbetrieb. Der Fall $p = 100\,\%$, Anode und Schirmgitter sind dann miteinander verbunden, entspricht dem reinen Triodenbetrieb. Nun ist es interessanterweise so, dass in Abhängigkeit von p der Wechsel von Leistungsausbeute und Verzerrungen nicht linear verläuft. Dieser Umstand ermöglicht einen besonders günstigen Kompromissbetrieb. Hafler und Keroen führen hierzu aus, dass experimentell die Abhängigkeit der Verstärkereigenschaften von p zu zeigen ist und die Wahl des günstigsten Wertes für p kritisch ist. Im einzelnen führen sie am Beispiel eines Gegentaktverstärkers mit zwei 6L6 Beam-Power-Tetroden aus, dass beim Übergang von $p = 0$ zu $p = 100\,\%$

- der Röhreninnenwiderstand steil abnimmt und nach einer bestimmten Prozentzahl weitestgehend konstant auf niedrigem Niveau verbleibt,
- die Ausgangsleistung, die bei hoher Aussteuerung noch mit moderaten nichtlinearen Verzerrungen erzielbar ist, sinkt bis zu einem gewissen Punkt recht geringfügig und im weiteren Verlauf ausgeprägt deutlich ab,
- die Intermodulationsverzerrungen bei großer Aussteuerung zeigen ein Minimum in Abhängigkeit von p und
- die Intermodulationsverzerrungen bei geringer Aussteuerung nehmen zwar ab, aber ab einem gewissen Wert für p fällt die Abnahmerate gering aus.

Sie führen aus, dass es vorteilhaft ist, den Wert für p beim Knick des Innenwiderstandsverlaufs zu wählen, was im Hinblick auf die Impedanz einen Anteil von 18,5 % oder,

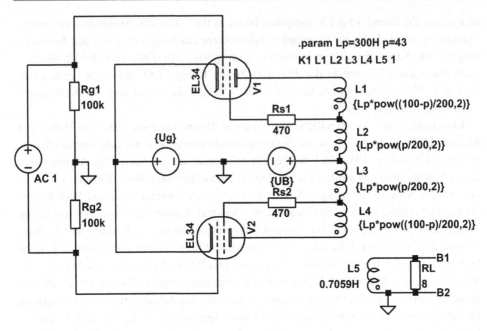

Abb. 6.50 Schaltbild der Ultralinearverstärkersimulation

gleichwertig, im Hinblick auf die Windungszahl einem von $p = 43\%$ entspricht[14]. Heute wird der p-Wert zumeist auf die Windungszahl und nicht auf die Impedanz bezogen.

Es ist anzunehmen, dass das beschriebene Experiment nicht allzu häufig durchgeführt worden ist, da es sowohl zeitaufwändig als auch mit hohen Kosten verbunden ist. Man muß bedenken, dass beim verschachtelt gewickelten Ausgangsübertrager nur schwerlich verschiedene Experimentieranzapfungen zu realisieren sind. Aus diesem Grund sind die Ausgangsübertrager auch heute noch entsprechend den früheren Erfahrungswerten gewickelt und haben meist eine $p = 43\%$ Anzapfung. Der Autor hat vor einiger Zeit zwei Gegentaktleistungsverstärker mit den Pentoden EL34 aufgebaut, von denen einer mit der Sprech-Leistung $P = 25\,\text{W}$ die oben erwähnten Acro-Sound-Ausgangsübertrager vom Typ TO300 von Hafler und Keroen [Haf51] mit $p = 43\%$ einsetzt und der andere mit der Sprech-Leistung $P = 35\,\text{W}$ zwei ältere Radio-Rim-Gegentakt-Ultralinearübertrager (Rim Imperator) mit $p = 20\%$, der Wert, der für höhere Leistung bei Inkaufnahme höherer nichtlinearer Verzerrungen bekannt ist, einsetzt.

Die Variation von p ist in einer SPICE-Simulation in Abb. 6.50 ein kostengünstiges und wenig zeitaufwändiges Unterfangen, nicht mehr als eine spontan durchgeführte Samstagnachmittagsbeschäftigung. Wir haben ein Experiment mit einem EL34-Gegentaktverstärker so gestaltet, dass wir für vorgegebene Maximalklirrfaktoren die erzielbare Maximalleistung in Abhängigkeit von p ermittelt haben. Doch zunächst soll die Modellierung

---

[14] $\sqrt{0{,}185} = 0{,}43$

des Gegentaktausgangsübertragers diskutiert werden. Für einen geeigneten Standardüber-trager wurde im Internet auf der Homepage eines Übertragerherstellers die Primärwick-lungsinduktivität mit $L_1 = 300\,\mathrm{H}$ angegeben, was in unseren Formeln der Gesamtinduk-tivität L_g entspricht mit $L_g = 300\,\mathrm{H}$. Mit den Gl. 6.226, 6.227, 6.228, 6.229 gilt für die Teilinduktivitäten

$$L_{A1S1} = \left(\frac{100-p}{200}\right)^2 \times 300\,\mathrm{H},$$

$$L_{S1V} = \left(\frac{p}{200}\right)^2 \times 300\,\mathrm{H},$$

$$L_{VS2} = \left(\frac{p}{200}\right)^2 \times 300\,\mathrm{H},$$

$$L_{S2A2} = \left(\frac{100-p}{200}\right)^2 \times 300\,\mathrm{H},$$

und beispielhaft für $p = 40\,\%$

$$L_{A1S1} = 27\,\mathrm{H},$$

$$L_{S1V} = 12\,\mathrm{H},$$

$$L_{VS2} = 12\,\mathrm{H},$$

$$L_{S2A2} = 27\,\mathrm{H}.$$

Bei einem Primärwiderstand von $R_{aa} = 3,4\,\mathrm{k\Omega}$ und einem sekundärseitigen Lastwider-stand von $R_L = 8\,\Omega$ ergibt sich ein quadriertes Übersetzungsverhältnis von

$$\ddot{u}^2 = \frac{3,4\,\mathrm{k\Omega}}{8\,\Omega} = 425\,.$$

Mit diesem Wert kann die Sekundärinduktivität zu

$$L_2 = \frac{L_1}{425} = \frac{L_g}{425} = 0,7059\,\mathrm{H}$$

dimensioniert werden.

Für die Maximalklirrfaktoren $d_{tot} = 0,5\,\%$, $d_{tot} = 1\,\%$, $d_{tot} = 5\,\%$ und $d_{tot} = 10\,\%$ (ohne Gegenkopplung!) wurden jeweils mehrere p-Werte getestet und die erzielten Se-kundärströme notiert. Es handelt sich also jeweils um den Fall der Vollaussteuerung bis zu einer vorgegebenen Klirrgrenze. Die Abb. 6.51 zeigt die vier Kurven, von oben nach unten in der Reihenfolge sinkender Maximalklirrfaktoren. Man erkennt deutlich, dass bei höheren zulässigen nichtlinearen Verzerrungen kleine und bei niedrigen zulässigen nicht-linearen Verzerrungen große p-Werte günstiger sind.

Zwei mögliche Ergebnisse dieser Betrachtung sind, dass man für eine Endröhre und einem geplanten Verhältnis von Ausgangsleistung zu tolerierten nichtlinearen Verzerrun-gen den p-Wert festlegt oder dem experimentierfreudigem Röhrenverstärkerbesitzer mit

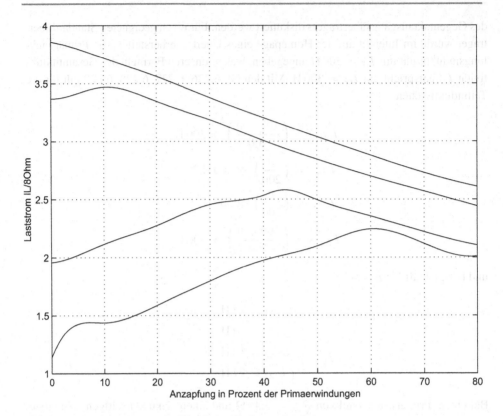

Abb. 6.51 Klirrfaktorkurven der Ultralinearschaltungssimulation

entsprechenden Anzapfungen einige wenige p-Werte, wie z. B. $p = 20\,\%$, $p = 43\,\%$ und $p = 60\,\%$ zur Verfügung stellt.

6.7 Der Anodenfolger als Grundschaltung

In diesem Abschnitt betrachten und analysieren wir eine Grundschaltung, die zwar Teilschaltung vieler Röhrenverstärker ist, dennoch aber nur selten in der Literatur als ausgewiesene Grundschaltung zu finden ist. Es ist der *Anodenfolger* (*anode follower*, *plate follower*), der mit einer Triode nach Abb. 6.52 als Prinzipschaltung aufgebaut wird. Einer der Gründe für die geringe Bekanntheit ist der nun notwendige Eingangsstrom zur Ansteuerung der Grundschaltung, was auf den ersten Blick in Gegenüberstellung zur stromlosen Ansteuerung von Verstärkerröhren als nicht erstrebenswert angesehen wird. Wir sehen den Anodenfolger aber nicht nur wegen seiner bekannten Anwendungen als interessant an, sondern wir werden diese Grundschaltung auch als „Konzeptverstärker"

Abb. 6.52 Anodenfolger mit
Triode, einfache Prinzipschaltung

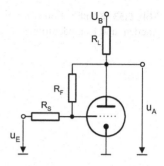

diskutieren und so in der Argumentation einen Brückenschlag zu Operationsverstärkerschaltungen vornehmen.

Wir erkennen sofort, dass es sich um eine Verstärkerstufe mit Rückkopplung handelt.
Die Verstärkung V' ist die Verstärkung dieses Anodenfolgers (mit Rückkopplung). Nach
Entfernung von R_S und R_F geben wir zum Vergleich mit V_{0K} die Verstärkung der so aus
dem Anodenfolger hervorgegangenen gewöhnlichen Kathodenbasisstufe[15] an.

Mit dem Anodenfolger sind die Klangsteller vieler Röhrenverstärker aufgebaut und
wir finden ihn auch in Filterschaltungen. Bei diesen Anwendungen werden zumeist RC-
Glieder in die Rückkopplung eingefügt.

Zwei in diesem Zusammenhang wichtige Literaturstellen sind die Aufsätze von Boegli [Boe60] und Baxandall [Bax52], auf die wir im weiteren noch mehrfach eingehen
werden.

Wir erkennen den Anodenfolger als Kathodenbasisschaltung, die um die beiden Widerstände R_S und R_F ergänzt worden ist, wobei das „S" für *serial* und das „F" für *feedback* stehen. Diese Widerstände können (und müssen zur Abtrennung von Gleichanteilen)
manchmal auch als Impedanzen ausgeführt werden. Um die Bezeichnung „Anodenfolger"
besser zu verstehen, muß man den weit bekannteren „Kathodenfolger" nach Abb. 5.10

Tab. 6.25 Vergleich von Anoden-und Kathodenfolger

Anodenfolger	Kathodenfolger
Invertierender Verstärker	Nicht invertierender Verstärker
Gegengekoppelte Schaltung	Gegengekoppelte Schaltung
Ausgangssignal wird an der Anode abgegriffen	Ausgangssignal wird an der Kathode abgegriffen
Eingangsstrom „folgt" dem Anodenstrom	Eingangsspannung „folgt" der Kathoden-spannung
Spannungsverstärkung $\lvert V'\rvert < \lvert V_{0K}\rvert$	Spannungsverstärkung $V' < 1$
Spannungs-Strom-Gegenkopplung	Spannungs-Spannungs-Gegenkopplung
Stromsteuerung	Spannungssteuerung

[15] Diese Verstärkung entspricht nicht der Verstärkung des Anodenfolgers unter Wegfall der Rückkopplung, wie wir es im Kap. 8 sehen werden.

Abb. 6.53 Kombination von
Anoden- und Kathodenfolger

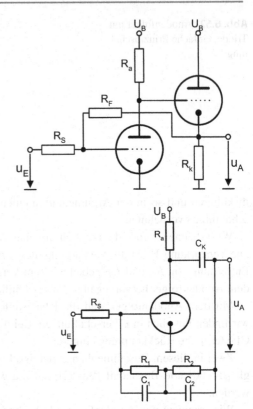

Abb. 6.54 Phono-Entzerrverstärker mit Anodenfolger

zum Vergleich heranziehen. Die Tab. 6.25 zeigt auf, dass Anoden- und Kathodenfolger in mancher Hinsicht komplementäre Schaltungen sind, die sich nach Boegli [Boe60] auch gut miteinander, wie in der Abb. 6.53, kombinieren lassen, wenn eine Anodenfolgerschaltung um einen niederohmigen Ausgang ergänzt werden soll.

Bevor wir diese Schaltung nun aber rechnerisch und anschließend dann auch mit SPICE analysieren, stellen wir zwei typische Anwendungen [Boe60] mit Prinzipschaltungen vor. Es sind dies in Abb. 6.54 ein RIAA-Schneidkennlinienentzerrverstärker (Phono-Ent-

Abb. 6.55 Baxandall-
Klangregelung mit Anoden-
folger

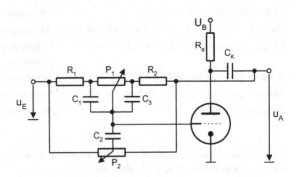

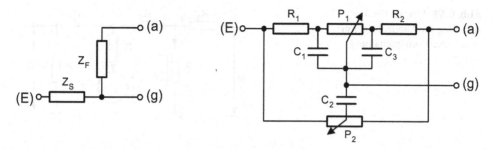

Abb. 6.56 Z_F und Z_S bei der Baxandall-Klangregelung

zerrverstärker oder RIAA-Entzerrverstärker) und in Abb. 6.55 eine *Klangregelung* nach Baxandall [Bax52]. Beide Schaltungen dürften einigen Lesern wohlvertraut sein, auch wenn sie bislang den Begriff Anodenfolger noch nicht kennengelernt haben. Da beide Schaltungen mit nur jeweils einer Verstärkerröhre auskommen, sind sie als „effektiv" im Sinne von wirtschaftlich zu bezeichnen. In der ersten Schaltung sehen wir sofort, dass das Rückkopplungs-Netzwerk eine Impedanz mit $Z_F = R_1 \| C_1 + R_2 \| C_2$ ist. Das zweite Netzwerk ist etwas schwieriger zu überblicken. Wir betrachten die beiden Netzwerke in Abb. 6.56 und können davon ausgehen, dass wir nach „mühseliger" Rechnung mit Impedanzberechnungen an korrespondierenden Klemmenpaaren beide Netzwerke miteinander vergleichen können. Hierfür haben wir die Bezeichnungen (E) mit Eingangsklemmen, (a) mit Anodenklemmen und (g) mit Gitterklemmen gewählt. An dieser Stelle könnten wir innehalten und die Raffinesse der Baxandall-Schaltung würdigen.

6.7.1   Berechnung und Simulation von Anodenfolgerschaltungen

Für die rechnerische Analyse mit der Berechnung der (Spannungs-)Verstärkung V' gehen wir im Folgenden von einer weiter gefaßten Prinzipschaltung nach [Boe60] in Abb. 6.57 aus. In Abb. 6.58 ist die dazugehörende lineare Ersatzschaltung dargestellt, die der folgenden Berechnung zugrundeliegt.

Abb. 6.57 Anodenfolger mit
Triode, erweiterte Prinzipschaltung

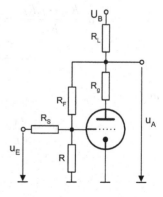

Abb. 6.58 Lineare Ersatzschaltung für Anodenfolger in
erweiterter Prinzipschaltung

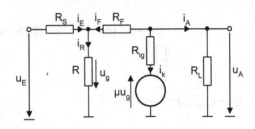

Ansatz 6.7-V *Die Analyse des Anodenfolgers ist im Kleinsignalersatzschaltbild ver-*
gleichsweise einfach durchzuführen. Wir stellen zwei Knotengleichungen

$$i_R = i_F + i_E \quad \text{oder} \quad i_E = \frac{u_g}{R} - i_F$$

$$i_k + i_F + i_A = 0 \quad \text{oder} \quad i_F = -i_k - i_A = -i_k - \frac{u_A}{R_L}$$

und drei Maschengleichungen auf

$$-u_E + i_E R_S + u_g = 0$$
$$-u_g - i_F R_F + i_k R_{ig} - \mu u_g = 0$$
$$\mu u_g - i_k R_{ig} + u_A = 0 \, .$$

Wir setzen beide Knotengleichungen in die ersten beiden Maschengleichungen ein und
stellen die dritte um.

$$-u_E + u_g \left(\frac{R_S}{R} + 1 \right) + i_k R_S + u_A \frac{R_S}{R_L} = 0$$

$$-u_g (1 + \mu) + i_k \left(R_{ig} + R_F \right) + u_A \frac{R_F}{R_L} = 0$$

$$i_k = u_g \frac{\mu}{R_{ig}} + u_A \frac{1}{R_{ig}} \, .$$

Weiteres Zusammenfassen führt schließlich zu den beiden Gleichungen

$$u_g \frac{R_{ig} - \mu R_F}{R_{ig}} = u_A \frac{R_F R_{ig} + R_L R_{ig} + R_L R_F}{R_L R_{ig}} \quad \text{bzw.}$$

$$u_g = \alpha u_A \quad \text{mit} \quad \alpha = \frac{R_F R_{ig} + R_L R_{ig} + R_L R_F}{R_L R_{ig} - \mu R_L R_F}$$

und

$$V' = \frac{u_A}{u_E} = \frac{1}{\alpha \left(\dfrac{R_S}{R} + 1 + \dfrac{\mu R_S}{R_{ig}} \right) + \dfrac{R_S}{R_L} + \dfrac{R_S}{R_{ig}}} \, .$$

Abb. 6.59 Lineare Ersatz-schaltung für die Berechnung des Innenwiderstands des An-odenfolgers

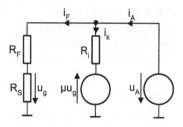

Die Rechenergebnisse sind nicht leicht zu interpretieren und zeigen vielmehr, wie unübersichtlich Rechenergebnisse auch einfachster Schaltungen mit Rückkopplung sein können. Daher, um Licht ins Dunkel zu bringen, werden wir im Folgenden betriebstechnisch sinnvolle Bedingungen an die Schaltungselemente stellen und mit einer besser interpretierbaren Herangehensweise die für die Schaltungsauslegung benötigten nützlichen Faustformeln erhalten:

1. Der Gitterableitwiderstand R ist mit $R \gg R_S \parallel R_F$ sehr groß und trägt so nur wenig zu einer Eingangssignalabschwächung bei.
2. Der Rückkopplungswiderstand R_F ist mit $R_F \gg R_{ig} \parallel R_L$ sehr groß zu wählen (vernachlässigbare Nebenlast an der Anode).
3. Das Verhältnis $\frac{R_F}{R_S}$ soll deutlich kleiner als $|V_{0K}|$ sein (V_{0K} ist die nichtgegengekoppelte Verstärkung mit $R_F = \infty$ und $R_S = 0$).

Zum Schluss dieses Absatzes berechnen wir noch den Ausgangswiderstand und den Eingangswiderstand des Anodenfolgers. Für die Berechnung des Ausgangswiderstands dient die lineare Ersatzschaltung in Abb. 6.59, bei der wir den Widerstand R_g haben entfallen lassen.

Ansatz 6.7-Ri *Für die Berechnung des Ausgangswiderstands der Anodenfolgerstufe lassen wir zunächst den Anodenwiderstand weg und berechnen den Innenwiderstand R_i' der Triode an der Anode entsprechend der Ersatzschaltung. Die Knotengleichung lautet*

$$i_A = i_k + i_F$$

mit den beiden Strömen

$$i_k = \frac{u_A + \mu u_g}{R_i} = \frac{u_A}{R_i} + u_A \frac{\mu R_S}{R_S + R_F}$$

und

$$i_F = u_A \frac{1}{R_S + R_F} .$$

Abb. 6.60 Lineare Ersatzschaltung für die Berechnung
des Eingangswiderstands des
Anodenfolgers

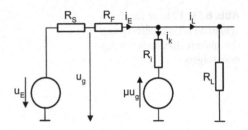

Wir haben für die Berechnung von i_k den Zusammenhang

$$u_g = u_A \frac{R_S}{R_S + R_F}$$

genutzt. Einsetzen der beiden Ströme in die Knotengleichung ergibt

$$i_A = u_A \left(\frac{1}{R_S + R_F} + \frac{1}{R_i} + \frac{\mu R_S}{R_S + R_F} \right)$$
$$= u_A \frac{R_i + R_F + (1 + \mu) R_S}{R_i (R_S + R_F)}$$

mit dem Ergebnis

$$R_i' = R_i \frac{R_S + R_F}{R_i + R_F + (1 + \mu) R_S} < R_i . \tag{6.230}$$

*Die Gegenkopplung verringert den Innenwiderstand, wie wir es von einer Spannungsge-
genkopplung auch erwarten können. Nun können wir bei Hinzunahme von R_L mit*

$$R_A' = R_i' \parallel R_L$$

auch den Ausgangswiderstand der Verstärkerstufe berechnen.

Für die Berechnung des Eingangswiderstands dient die lineare Ersatzschaltung in
Abb. 6.60.

Ansatz 6.7-RE *Für die Berechnung des Eingangswiderstands der Anodenfolgerstufe
stellen wir zwei Maschengleichungen und eine Knotengleichung auf*

$$-u_E + i_E R_S + u_g = 0$$
$$-u_g + i_E R_F + i_k R_i - \mu u_g = 0$$
$$i_E = i_k + i_L = i_k \left(1 + \frac{R_i}{R_L} \right) - \frac{\mu u_g}{R_L} .$$

Aus der zweiten Maschengleichung gewinnen wir

$$i_k = \frac{(\mu + 1)\, u_g}{R_i} - i_E \frac{R_F}{R_i}\,,$$

was wir in die Knotengleichung einsetzen

$$i_E \left(R_i R_L + R_F \left(R_i + R_L\right)\right) = u_g \left(R_i + R_L \left(\mu + 1\right)\right)\,.$$

Einsetzen in die erste Maschengleichung führt schließlich zu

$$R_E = \frac{u_E}{i_E} = R_S + \frac{R_i R_L + R_F \left(R_i + R_L\right)}{R_i + R_L \left(\mu + 1\right)}\,. \tag{6.231}$$

Praktische Näherungsausdrücke erhalten wir für $R_i = 0$ mit

$$R_E \approx R_S + \frac{R_F}{(\mu + 1)}$$

und für sehr großes μ

$$R_E \approx R_S\,,$$

was der Annahme der „virtuellen Masse" entspricht.

6.7.2 Der Anodenfolger als „Konzeptverstärker"

Wenn wir davon ausgehen, dass der Anodenfolger durch Hinzufügen von zwei Widerständen/Impedanzen aus der Kathodenbasisschaltung hervorgeht und bereits in der historischen Literatur das Konzept der „virtuellen Masse" (virtual earth) zu seiner Beschreibung genutzt wurde, ist es naheliegend, im Anodenfolger einen *Konzeptverstärker* zu sehen und den Brückenschlag zum Operationsverstärker in der invertierenden Grundschaltung vorzunehmen. Der Brückenschlag dient dann der Feststellung von Parallelen und Unterschieden mit dem Ziel, weiterführende Einsichten zu gewinnen. Für die folgende anschauliche Betrachtung gehen wir von einer Operationsverstärker-Schaltung nach Abb. 6.61 aus, die auch dem mit Röhrenverstärkerschaltungen nur wenig vertrauten Leser durchaus bekannt sein dürfte. Diese Schaltung entspricht der *invertierenden Grundschaltung.* Beim idealen Operationsverstärker mit $V_0 = \infty$, $R_E = \infty$ und $R_i = 0$ berechnen wir die Spannungsverstärkung der rückgekoppelten Schaltung zu

$$V'_{\text{soll}} = \frac{u_A}{u_E} = -\frac{R_F}{R_S} \tag{6.232}$$

Abb. 6.61 Operationsverstärker in invertierender
Grundschaltung

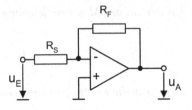

und erkennen die alleinige Abhängigkeit des Verstärkungswertes vom Verhältnis beider
Widerstandswerte. Wenn wir im weiteren berücksichtigen, dass V_0 allenfalls endlich groß
ist, finden wir in (nahezu) jeder Elementardarstellung der Elektronik, siehe z. B. [Tie10],
den Ausdruck

$$V'_{\text{ist}} = \frac{1}{\dfrac{1}{V_0} - \dfrac{R_S}{R_F}} \tag{6.233}$$

für die rückgekoppelte Verstärkung, die für $V_0 \rightarrow \infty$ gegen (6.232) geht. Wir benötigen
diesen Ausdruck, da wir gleich den Operationsverstärker durch eine Kathodenbasisschaltung mit einer Verstärkerröhre ersetzen werden, deren Spannungsverstärkung „eher niedrig" im Vergleich zu derjenigen eines technischen Operationsverstärkers ausfällt. Zuvor
soll aber noch der relative Verstärkungsfehler aufgrund endlicher Werte für die nichtge-
gengekoppelte Verstärkung V_0 berechnet werden. Mit den Ausdrücken (6.232) und (6.233)
erhalten wir

$$E_{RV'} = \frac{V'_{\text{soll}} - V'_{\text{ist}}}{V'_{\text{soll}}} = \frac{R_F}{R_F - R_S V_0} = \frac{V'_{\text{soll}}}{V'_{\text{soll}} - V_0} \cdot \tag{6.234}$$

Dieser Fehler ist ein systematischer Fehler und weist darauf hin, dass V'_{soll} klein gegen
V_0 gewählt werden sollte, zumal V_0 im starken Maße von den Exemplareigenschaften der
verwendeten Verstärkerelemente abhängig ist. In der Abb. 6.52 ist die zu analysierende
Schaltung dargestellt. Wenn R_F und R_S „abgespalten" werden[16], sehen wir eine nichtge-
gengekoppelte Kathodenbasisschaltung mit der bekannten Spannungsverstärkung

$$V_0 = \frac{-\mu R_L}{R_i + R_L} \cdot$$

Das Hinzufügen der beiden Widerstände und der Vergleich mit der Operationsverstärker-
schaltung im Abb. 6.61 führen zum „handlichen" Ausdruck

$$V' = \frac{1}{\dfrac{1}{\dfrac{-\mu R_L}{R_i + R_L}} - \dfrac{R_S}{R_F}} = \frac{-\mu R_L R_F}{R_F (R_i + R_L) + \mu R_L R_S} \cdot$$

---

[16] Dieses Abspalten setzt voraus, daß $R_F > R_a$ zutrifft. Ansonsten müssten wir statt R_a die Parallelschaltung $R_a \parallel (R_S + R_F)$ verwenden.

Wir sehen, dass die Verstärkung mit Rückkopplung nicht größer sein kann als die Verstärkung ohne Rückkopplung und, dass wegen der endlichen Verstärkung V_{0K} eine mit wachsender Verstärkung V' wachsende Abweichung von der Wunschverstärkung $V'_{\text{soll}} = -\frac{R_F}{R_S}$ auftritt, so wie es in der Herleitung zuvor herausgestellt wurde. Um dies zu demonstrieren, nutzen wir drei SPICE-Simulationen mit der Triode ECC83 und der Pentode EF86. Allerdings ist die Dimensionierung praxisgerechter Schaltungen eines Anodenfolgers mit geringen Abweichungen zwischen Soll- und Ist-Verstärkung etwas problematisch.

- Um den systematischen Verstärkungsfehler möglichst gering zu halten, müssen Verstärkerröhren mit großen μ-Werten verwendet werden, was einen großen Innenwiderstand und einen ebenfalls großen Arbeitswiderstand zur Folge hat. Der große Arbeitswiderstand verlangt zur Reduktion der Anodenlast (Verstärkungsverlust) einen besonders großen Wert für den Widerstand R_F.
- Wir wissen, dass wir keine großen Verstärkungswerte bei Verwendung nur einer Verstärkerröhre erwarten können. So wird der Serienwiderstand R_S ebenfalls recht groß werden. Wenn am Gitter kaum Wechselspannung auftritt (virtuelle Masse), dann entspricht der Eingangswiderstand der Schaltung dem Serienwiderstand R_S, der alleine schon deswegen nicht klein ausfallen sollte[17]. Der Gitterableitwiderstand der Verstärkerröhre führt zu einem Spannungsabfall (Gitterkapazitäten nicht vergessen!) im Eingangskreis. Für eine Triode ECC83 sollte der Gitterableitwiderstand nicht größer als 2 MΩ und für eine Pentode EF86 nicht größer als 3 MΩ bei Anodenverlustleitungen oberhalb 200 mW und 10 MΩ bei Anodenverlustleitungen unterhalb 200 mW betragen. Wünschenswerte große Widerstandswerte im Bereich von üblicherweise 10 MΩ und darüber (sogar bis 22 MΩ laut den Datenblattangaben, Widerstandsrauschen nicht vergessen!) sind möglich, falls die Gittervorspannung nicht mit einem Kathodenwiderstand, sondern mit Hilfe des Anlaufstroms (Kathode auf Masse) erzeugt wird[18].

In einem (durchaus kritikfähigen) Kompromiss haben wir für die drei Simulationen sehr große Gitterableitwiderstände verwendet und dennoch die Arbeitspunkte mit Hilfe von Kathodenwiderständen eingestellt. Auch wenn diese „Betriebsart" vom Hersteller verneint wird, so ist sie doch der Simulation geschuldet. Wir können so ansonsten vernachlässigbare Sekundäreffekte, die die erzielte Spannungsverstärkung V'_{ist} durchaus beeinflussen, nicht aus der Simulation heraushalten. Mit drei Simulationen

---

[17] Denn wir erfahren so, gewissermaßen durch die Hintertür, „stromgesteuerte" Röhrenverstärkerstufen.

[18] Diese Technik, auch wenn sie gar nicht so selten in Industrieschaltungen eingesetzt wurde, weist aber einige Nachteile auf. Es ist nur noch eine geringe Aussteuerung möglich (Gitterstrom bei positiven Gitterspannungen), die Eigenschaften der Schaltung hängen stark von den Exemplarstreuungen der Verstärkerröhren ab, und schließlich ist dieser Betrieb in der Simulation mit unseren doch recht einfachen SPICE-Röhrenmodellen auch nicht möglich.

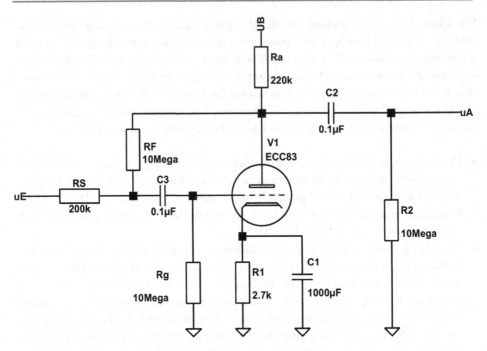

Abb. 6.62 Anodenfolger mit Triode für SPICE-Simulation

- Anodenfolger mit einer Triode ECC83,
- Anodenfolger mit einer Pentode EF86 und
- Anodenfolger mit zwei Trioden ECC83 in Kaskodenschaltung

wurden für $R_F = 10\,\text{M}\Omega$ über R_S Sollverstärkungen im Bereich $V'_{\text{soll}} = -1.. -50$ eingestellt. Die Schaltungen sind in Abb. 6.62, Abb. 6.63 und Abb. 6.64 dargestellt. Mit einer Anweisung

.step dec param Rsval 200k 10Mega 10

wurde der Serienwiderstand R_S variiert ($R_S = 10\,\text{M}\Omega \rightarrow V'_{\text{soll}} = -1$ und $R_S = 200\,\text{k}\Omega \rightarrow V'_{\text{soll}} = -50$). Die Spannungsverstärkungen wurden bei $f_0 = 1\,\text{kHz}$ mit der Anweisung

.ac list 1e3

gemessen.

Die Tab. 6.26 faßt die wichtigsten Ergebnisse der drei SPICE-Simulationen zusammen. Die Abb. 6.65 zeigt die Kurvenschar der Spannungsverstärkung über den Serienwiderstand R_S für die drei Anodenfolger-Simulationen. Es ist an dieser Stelle auch darauf

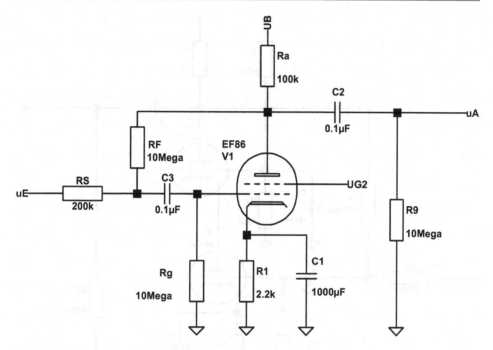

Abb. 6.63 Anodenfolger mit Pentode für SPICE-Simulation

Tab. 6.26 Simulationswerte der drei Anodenfolgerschaltungen

	ECC83	EF86	2 × ECC83
Betriebsspannung U_B	250 V	400 V	550 V
Schirmgitterspannung U_{g2}	–	200 V	–
Kathodenstrom I_k	500 μA	2,2 mA	560 μA
Anodenspannung $U_{a(1)}$	141 V	203 V	115 V
Anodenspannung U_{a2}	–	–	227 V
Offene Verstärkung V_{OK}	−70,2	−112,8	−815
V'_{ist} für $\frac{R_F}{R_S} = 1$	−0,95	−0,97	−0,99
V'_{ist} für $\frac{R_F}{R_S} = 50$	−28,6	−34,2	−46,8

hinzuweisen, dass sowohl Boegli als auch Baxandall den Anodenfolger in diesem Kontext gesehen haben und auch den Summenknoten am Eingang (Verbindung zwischen R_F und R_S) als *virtual ground* bezeichnet haben, eine Bezeichnung, die den Anwendern der Operationsverstärker vertraut ist und dann doch viel älter ist, als man vermutet[19] hätte. In Abb. 6.65 sind die drei Verläufe von V'_{ist} über R_S dargestellt. Wir erkennen, dass eine Anodenfolgerschaltung durchaus funktionieren kann, sofern die Zielverstärkung V'_{soll} gering

---

[19] Wir unterstellen, daß die wenigsten Leser mit historischen Analogrechenschaltungen vertraut sind.

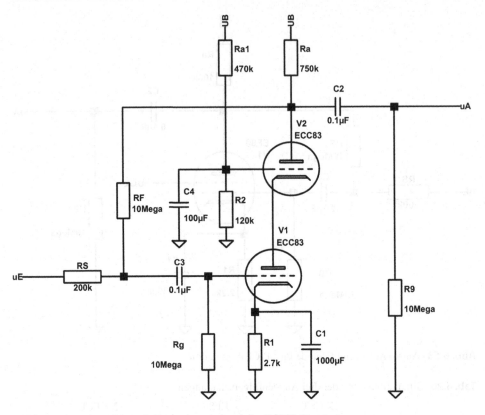

Abb. 6.64   Anodenfolger mit Kaskodenschaltung für SPICE-Simulation

genug ist. Wie es zu erwarten war, sind die Verstärkungsfehler bei der Kaskodenschaltung am geringsten, was auf den erheblich höheren Wert für V_{0K} zurückzuführen ist. Auf der anderen Seite ist die sehr hohe Betriebsspannung der Schaltung nicht zu vernachlässigen.

Mit einer weiteren Simulation haben wir ein Beispiel für die in Audiogeräten häufig zu sehende Anwendung des Anodenfolgers, eine Klangregelung nach Baxandall, gewählt. Die Schaltung in Abb. 6.66 stammt vom Radio-RIM[20] Verstärker *Ultralinear Mischpult Verstärker Gigant S* [Fre13]. Die Originalschaltung von Baxandall [Bax52] verwendet zwei Potentiometer, von denen eines eine sogenannte Mittenanzapfung hat (Anzapfung in der Mitte der Schleifbahn). Solche Potentiometer sind – und waren es auch schon in der Vergangenheit – nur schwer zu beschaffen. Die Schaltung von Radio-RIM kommt ohne spezielle Bauelemente aus. Die SPICE-Simulation dient der Ermittlung der Betragsfrequenzgangs-Kurvenschar, die man erhält, wenn man die beiden Potentiometer mit linearer

---

[20] Radio-RIM war bis 1991 gewissermaßen eine deutsche Institution im Bereich Bausätze und Bauelemente der Elektronik. Diese leider nicht mehr existierende Firma wird ihren ehemaligen Kunden in bester Erinnerung bleiben.

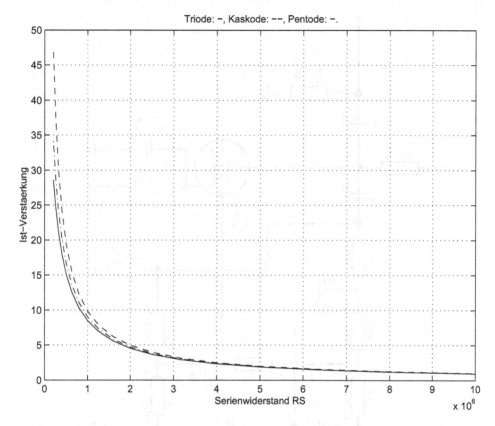

Abb. 6.65 Verstärkung über R_S für die drei Anodenfolgerschaltungen

Charakteristik in linearen Schritten verändert (Tiefen absenken und anheben, Höhen absenken und anheben bzw. *bass cut* and *boost, treble cut* and *boost*). Die erste Röhre ist nur ein Anpassungsverstärker. Der Kondensator C_4 ist in der Baxandall-Schaltung nicht vorhanden und verstärkt die Wirkung des Höhenstellers. Besonders zu beachten ist der DC-Pfad für das Gitter der Anodenfolgerröhre, der über R_6 und beide Potentiometer nach Masse geht.

Die Möglichkeit, die Verstärkung eines Verstärkers alleine mit zwei Widerständen einzustellen, die zudem ohne Schwierigkeiten auch sehr eng toleriert beschafft werden können, kommt den Idealvorstellungen eines Schaltungsentwicklers doch recht nahe. Da eine technische Umsetzung eine große Verstärkung ohne Gegenkopplung, einen hohen Innenwiderstand und eine ausreichend hohe Bandbreite voraussetzen, hat man in der professionellen Elektronik, und hier vor allem in der Rechentechnik, bereits 1952 Operationsverstärker mit Röhren hergestellt. Das Philbrick-Modell K2-W, 1952 von der Firma George A. Philbrick Researches Inc. (GAP/R) entwickelt, war der erste kommerzielle Operationsverstärker zu einem Preis von gut 20 US-Dollar. Den Aufbau als steckba-

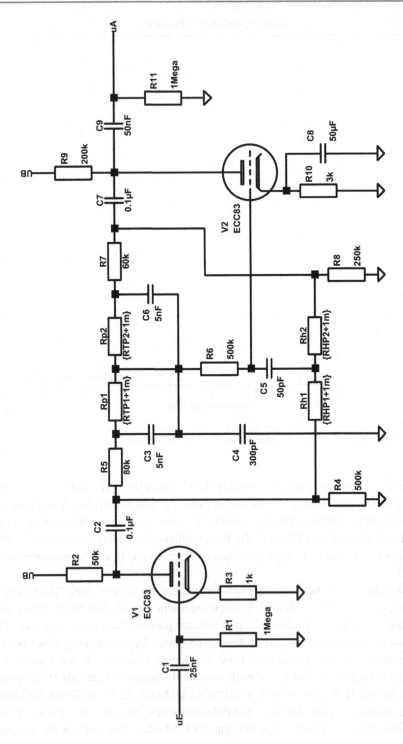

Abb. 6.66 Klangregelschaltung RIM Gigant s

Abb. 6.67 Philbrick-Modell
K2-W, de.wikipedia.org/Wiki/
Operationsverstärker

re Einheit zeigt Abb. 6.67. Verwendet wurden zwei Doppeltrioden ECC83 (12AX7) in der Schaltung nach Abb. 6.68, mit denen eine Verstärkung V_0 ohne Gegenkopplung von 15.000 erreicht wurde. Ein Kompromiß zwischen unserem einfachen Anodenfolger und dem Philbrick-OP in invertierender Konfiguration ist ein Anodenfolger mit einer Kaskodenstufe, wie wir es in den Simulationen ausgeführt haben.

6.8 Aktivlautsprecher-Frequenzweichen mit Röhren

Um Frequenzweichen für Aktivlautsprecher aufzubauen, verwendet man Tief- und Hochpassfilter mit *Potenz-* oder *Butterworthcharakteristik*, die aus Filtern ersten oder zweiten Grades, den Filtergrundsystemen, zusammengesetzt werden. Zur Erzielung eines höheren Filtergrades als zwei können Filtergrundsysteme auch kaskadiert verwendet werden [Bor88].

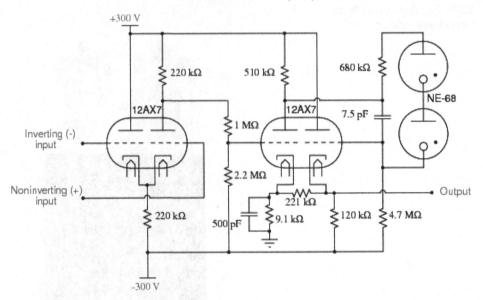

Abb. 6.68 Schaltung des Operationsverstärkers K2W, sub.allaboutcircuits/images/03235.png

Für eine Zweiwege-Frequenzweiche werden ein Tief- und ein Hochpassfilter benötigt. Für Weichen mit drei oder mit mehr als drei Wegen benötigt man im weiteren ein oder mehrere Bandpassfilter. Man bevorzugt Filter mit *Butterworthcharakteristik*, da sich, je nach Technik, in der Summe der Filter glatte Betrags- oder Leistungsfrequenzgänge erreichen lassen, indem man die Übernahmefrequenzen auf die Grenzfrequenzen oder die (−6 dB)-Frequenzen der Filter setzt [Bor88].

Wenn moderne integrierte Operationsverstärker, die in dieser Anwendung (NF-Filter) nahezu ideale Verstärkerelemente sind, verwendet werden, stehen dem Entwickler einige unterschiedliche Filtertopologien zur Verfügung, die ohne besondere Schwierigkeiten auch mit Spannungsverstärkungen größer als eins betrieben werden können. Die hohe Leerlaufverstärkung der Operationsverstärker erlaubt es, mit einfach auszulegenden Gegenkopplungen Sollverstärkungen in höchster Genauigkeit und nahezu verschwindende differentielle Innenwiderstände der Verstärker sicherzustellen. Sollen hingegen Verstärkerröhren verwendet werden und zudem auch die Kosten der Weiche noch vergleichsweise niedrig ausfallen, kommt in erster Linie die *Sallen&Key-Topologie* [Sal55] mit *Einheitsverstärkern* (Verstärker mit einer Spannungsverstärkung von 1) in Frage, zu deren Umsetzung wir zwei Schaltungen kennen. Für unsere Zwecke charakterisieren wir diese Filtertopologie:

- Topologie für Tief- und Hochpassfilter der Ordnung zwei,

- Topologie mit Einfachmitkopplung, die lokal gegengekoppelte Verstärker verlangt. Die Grundverstärkung der Filter wird nicht von der Einfachmitkopplung, sondern von der lokalen Gegenkopplung festgelegt.
- *Voltage Controlled Voltage Source Filter* (*VCVS Filter*). Die Steuerspannung der Spannungsquelle wird aus zwei Spannungsanteilen überlagert, die aus Ein- und Ausgangsspannung durch Spannungsteilung gewonnen werden.
- Verwendung von Einheitsverstärkern, die mit Verstärkerröhren i. a. als Anodenbasisstufen (Kathodenfolger) ausgeführt werden und daher auch nur wenige Verstärkerröhren benötigen,
- unter den Filtertopologien zeigt diese Topologie die geringste Empfindlichkeit gegenüber Bauelementetoleranzen, was mit einer Einschränkung auf kleine Filtergüten erkauft wird.

Andere, anspruchsvollere Lösungen scheitern an der im Vergleich zu Operationsverstärkern geringen Spannungsverstärkung von Verstärkerröhren, die sich nur mit einem erheblich erweiterten Schaltungsaufwand in den Griff bekommen lässt[21]. Aus diesem Grund beschränken wir uns auch auf diese Sallen&Key-Topologie und legen uns auch auf die Butterworthcharakteristik fest.

Eine Frequenzweiche wird aus Tief- und Hochpassfilterblöcken vom Grad zwei zusammengesetzt. Mit Tief- und Hochpassfilterblöcken in Reihenanordnung werden die Filter für die Bandpasskanäle aufgebaut. Mit Reihenschaltungen von Tiefpassfilterblöcken und auch mit Reihenschaltungen von Hochpassfilterblöcken lassen sich Filter höherer Ordnung mit entsprechend großen Flankensteilheiten erreichen. Abbildung 6.69 zeigt die prinzipielle Anordnung der Filter in einer Dreiwegefrequenzweiche mit den Trennfrequenzen f_{BM} zwischen Bass- und Mittenkanal und f_{MH} zwischen Mitten- und Höhenkanal.

Wir gehen von den rationalen Systemfunktionen der Tiefpassfilterblöcke mit Butterworthcharakteristik und der Grenzfrequenz $\omega_0 = 2\pi f_0$

$$H_{TP}(s) = \frac{1}{1 + \sqrt{2}\left(\dfrac{s}{\omega_0}\right) + \left(\dfrac{s}{\omega_0}\right)^2} \tag{6.235}$$

und den entsprechenden der Hochpassfilterblöcke, die wir durch Ersetzung $s/\omega_0 \rightarrow \omega_0/s$ aus denen der Tiefpassfilterblöcke gewinnen, mit

$$H_{HP}(s) = \frac{\left(\dfrac{s}{\omega_0}\right)^2}{1 + \sqrt{2}\left(\dfrac{s}{\omega_0}\right) + \left(\dfrac{s}{\omega_0}\right)^2} \tag{6.236}$$

aus.

---

[21] Kaskodenschaltung mit nachgeschalteter Anodenbasisstufe, mehrstufige Verstärker, Pentoden u. s. w.

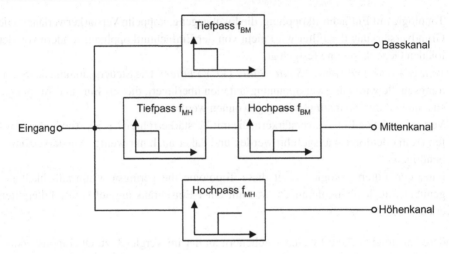

Abb. 6.69 Prinzipbild einer Dreiwegefrequenzweiche

Im Folgenden werden zunächst die Sallen&Key-Filter mit ihren Grundschaltungen und Systemfunktionen eingeführt und ihre Dimensionierungsgleichungen für die Butterworth-Charakteristik entwickelt. Es folgen SPICE-Simulationen mit nichtidealen Einheitsverstärkern. Eine modifizierte Sallen&Key-Topologie wird eingeführt und ebenfalls simuliert. Zum Abschluss des Abschnitts werden wir die Schaltung einer Dreiwege-Lautsprecherfrequenzweiche vorstellen, die um einen Treiberverstärker und eine Verstärkungsfaktorkorrektur ergänzt wird.

6.8.1 Sallen&Key-Filter mit Einheitsverstärkern, Berechnungen und Simulation

In den Berechnungen dieses Abschnitts sind die verwendeten Größen Laplacetransformierte (Großbuchstaben für Spannungen und Ströme). Um den Lesefluss nicht zu behindern, haben wir dann meist die Angabe der Abhängigkeit von der Frequenzvariablen s weggelassen.

Sallen&Key-Topologie Die Abb. 6.70 zeigt die Topologie mit der Einfachmitkopplung über Z_d. Zur Berechnung der Spannung U_S überlagern wir die beiden von U_E und U_A herrührenden Anteile

$$U_A = 0: U_S = U_E \frac{Z_c}{Z_b + Z_c} \frac{Z_d \parallel (Z_b + Z_c)}{Z_a + Z_d \parallel (Z_b + Z_c)},$$

$$U_E = 0: U_S = U_A \frac{Z_c}{Z_b + Z_c} \frac{Z_a \parallel (Z_b + Z_c)}{Z_d + Z_a \parallel (Z_b + Z_c)}$$

und setzen $U_A = U_S$.

Abb. 6.70 Sallen&Key-
Topologie

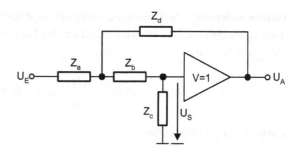

Sallen&Key-Tiefpass- und Hochpassfilter Die Sallen&Key-Filter mit idealen Einheitsverstärkern, wie man sie mit als Impedanzwandlern verschalteten Operationsverstärkern
auch nahezu ideal aufbauen kann, werden in der Abb. 6.71 gezeigt.

Systemfunktion und Güte Für beide Systeme errechnen wir die Systemfunktionen zu

$$\text{Tiefpassfilter } H_{TP}(s) = \frac{1}{1 + s(R_1 C_2 + R_2 C_2) + s^2(R_1 R_2 C_1 C_2)} \quad \text{und} \quad (6.237)$$

$$\text{Hochpassfilter } H_{HP}(s) = \frac{s^2(R_1 R_2 C_1 C_2)}{1 + s(R_1 C_1 + R_1 C_2) + s^2(R_1 R_2 C_1 C_2)}. \quad (6.238)$$

Die kritische Eigenschaft der Sallen&Key-Filter ist ihre geringe Güte. Wir erhalten für
unsere beiden Filter die Filtergüten Q_{TP} und Q_{HP} aus (6.237) und (6.238) zu

$$Q_{TP} = \frac{\sqrt{R_1 R_2 C_1 C_2}}{R_1 C_2 + R_2 C_2} \quad \text{und}$$

$$Q_{HP} = \frac{\sqrt{R_1 R_2 C_1 C_2}}{R_1 C_1 + R_1 C_2}.$$

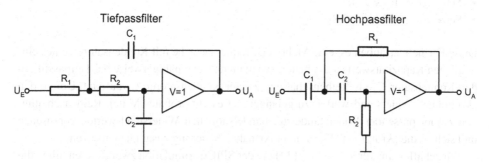

Abb. 6.71 Sallen&Key-Filter mit Einheitsverstärkern

Dimensionierung Die Dimensionierung erfolgt durch Vergleich von (6.235) mit (6.237) und von (6.236) mit (6.238). Man erhält für das Tiefpassfilter so die beiden Dimensionierungsgleichungen

$$R_1 C_2 + R_2 C_2 = \frac{\sqrt{2}}{\omega_0} \quad \text{und} \quad R_1 R_2 C_1 C_2 = \frac{1}{\omega_0^2} \qquad (6.239)$$

sowie für das Hochpassfilter

$$R_1 C_1 + R_1 C_2 = \frac{\sqrt{2}}{\omega_0} \quad \text{und} \quad R_1 R_2 C_1 C_2 = \frac{1}{\omega_0^2} . \qquad (6.240)$$

Da wir für je zwei Widerstands- und Kapazitätswerte nur zwei Dimensionierungsgleichungen haben, können nützliche Vorgaben paarweise an die Bauelementewerte gestellt werden. In der Literatur sind Formeln zur Dimensionierung der Widerstände und Kondensatoren für unsere Zwecke bekannt. Besonders geeignet sind diejenigen Formeln, die es uns erlauben, „glatte" Kapazitätswerte vorzugeben, da „krumme" Kapazitätswerte weit kostenungünstiger sind als „krumme" Widerstandswerte.

Festlegung der Bauelementewerte Die Gl. 6.239 und 6.240 sind auf Butterworth-Filter mit der geringen Güte $Q_{TP} = Q_{HP} = 1/\sqrt{2}$ zugeschnitten. Das Tiefpassfilter wird für eine Grenzfrequenz ω_0 entsprechend den nachstehenden Berechnungen dimensioniert:

- Wähle C_1 und setze $k = \omega_0 C_1$, $[k] = \frac{A}{V}$
- Setze $C_2 = \frac{1}{2} C_1$,
- Setze $R_1 = R_2 = \sqrt{2}/k$.

In ähnlicher Weise wird für das Hochpassfilter vorgegangen:

- Wähle C_1 und setze $k = \omega_0 C_1$, $[k] = \frac{A}{V}$
- Setze $C_2 = C_1$,
- Setze $R_1 = 1/(\sqrt{2}k)$,
- Setze $R_2 = \sqrt{2}/k = 2R_1$.

Diese Formeln erlauben es, eine Mehrwegefrequenzweiche mit Kondensatoren eines einheitlichen Kapazitätswerts aufzubauen, wozu man zweckmäßigerweise bei Tiefpassfiltern den Kondensator C_2 als Reihenschaltung zweier Kondensatoren C_1 aufbaut. Um zu den „krummen" Widerstandswerten zu gelangen, ist es ein probates Mittel, Reihenschaltungen zweier passender Widerstände mit handelsüblichen Widerstandswerten vorzusehen und sich so die „krummen" Werte in praxisnaher Näherung zusammenzusetzen.

Wir schaffen uns für $\omega_0 = 2\pi \times 1$ kHz in der SPICE-Simulation zwei Referenzfilter, die wir später dann mit entsprechenden Röhrenschaltungen, das sind z. B. Anodenbasisschaltungen, vergleichen werden. Die Referenzfilter werden mit idealen Verstärkern aufgebaut,

Abb. 6.72 SPICE Referenz-
Tiefpassfilter

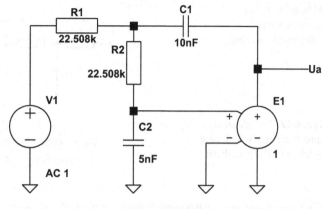

Abb. 6.73 SPICE Referenz-
Hochpassfilter

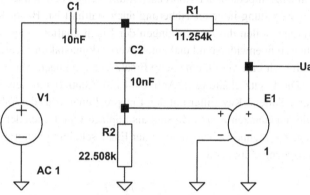

wofür wir in SPICE die spannungsgesteuerte Spannungsquelle benutzen. Mit der zunächst willkürlichen Wahl $C_1 = 10\,\text{nF}$ erhalten wir für das Tiefpassfilter

$$C_1 = 10\,\text{nF}, C_2 = 5\,\text{nF}, R_1 = R_2 = 22{,}508\,\text{k}\Omega$$

und für das Hochpassfilter

$$C_1 = C_2 = 10\,\text{nF}, R_1 = 11{,}254\,\text{k}\Omega, R_2 = 22{,}508\,\text{k}\Omega \ .$$

Die Abb. 6.72 zeigt das Tiefpass- und die Abb. 6.73 das Hochpassfilter, bei denen die idealen Verstärker mit spannungsgesteuerten Spannungsquellen und dem Steuerparameter (Verstärkungsfaktor) mit dem Wert eins simuliert werden.

Berechnung der Sallen&Key-Filter Es ist naheliegend, die Einheitsverstärker durch Trioden in Anodenbasisschaltung zu ersetzen. Dies hat zur Folge, dass der Verstärkungsfaktor $V' < 1$ ist und der Verstärker einen Innenwiderstand $R_i > 0$ aufweist und so das reale Filter vom idealen (deutlich) abweichen wird. In dieser Betrachtung spielt die

Abb. 6.74 Lineare Sallen&Key-Filterersatzschaltung

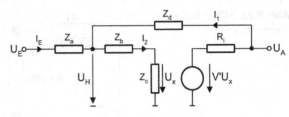

Tab. 6.27 Impedanzentsprechungen von Sallen&Key-Hoch- und Tiefpassfiltern

	Z_a	Z_b	Z_c	Z_d
Tiefpassfilter	R_1	R_2	C_2	C_1
Hochpassfilter	C_1	C_2	R_2	R_1

Eingangsimpedanz der Röhrenschaltung keine bedeutende Rolle, was bei einer Anodenbasisschaltung in erster Näherung auch statthaft ist. Bevor Röhrenschaltungen simuliert werden, sollen die Auswirkungen der Eigenschaften eines realen Verstärkers mit endlichem Innnenwiderstand und einem Verstärkungsfaktor kleiner als eins berechnet werden, wofür wir eine verallgemeinerte Ersatzschaltung nach Abb. 6.74 heranziehen.

Die Ersatzschaltung in Abb. 6.74 repräsentiert mit den vier Impedanzen Z_a bis Z_d beide Sallen&Key-Filter mit den Entsprechungen aus der Tab. 6.27.

Die Impedanzen Z_a bis Z_d sind als Laplace-Funktionen der Frequenzvariablen s anzusehen. Zur rechnerischen Analyse der Ersatzschaltung benötigen wir eine Knoten- und vier Maschengleichungen:

$$I_E = I_2 - I_1$$

$$U_A - U_H = I_1 Z_d \quad \text{oder} \quad I_1 = \frac{U_A - U_H}{Z_d}$$

$$U_E - U_H = I_E Z_a \quad \text{oder} \quad I_E = \frac{U_E - U_H}{Z_a}$$

$$U_A = V' U_X - I_1 R_i = V' I_2 Z_c - I_1 R_i$$

$$U_H = U_X + I_2 Z_b = i_2 (Z_b + Z_c)$$

Nach kurzer Rechnung gewinnen wir aus der Knoten- und den Maschengleichungen die beiden Gleichungen

$$I_2 \left(1 + (Z_b + Z_c) \left(\frac{1}{Z_a} + \frac{1}{Z_d} \right) \right) = \frac{U_A}{Z_d} + \frac{U_E}{Z_a} \tag{6.241}$$

$$I_2 = U_A \frac{R_i + Z_d}{V' Z_c Z_d + R_i (Z_b + Z_c)} \tag{6.242}$$

Nur die zweite Gl. 6.242 ist von den Verstärkereigenschaften V' und R_i abhängig. Für den idealen Verstärker mit $V' = 1$ und $R_i = 0$ ergibt sich in der zweiten Gleichung der

Zusammenhang

$$I_2 = \frac{U_A}{Z_c}.$$

Zur Berücksichtigung der realen Verhältnisse definieren wir eine Laplace-Funktion β für die zweite Gl. 6.242 in der Form

$$I_2 = \beta \frac{U_A}{Z_c} \quad \text{mit} \quad \beta = \frac{R_i + Z_d}{V'Z_d + \frac{R_i}{Z_c}(Z_b + Z_c)} \quad \text{und}$$

$$\beta = 1 \quad \text{für} \quad V' = 1 \quad \text{und} \quad R_i = 0.$$

Im weiteren müssen wir noch die Gl. 6.241 und 6.242 zusammenfassen. Wir gewinnen aus (6.241) zunächst durch Umstellen

$$\frac{U_A}{Z_d} + \frac{U_E}{Z_a} = I_2 \frac{Z_a Z_d + Z_b Z_d + Z_c Z_d + Z_a Z_b + Z_a Z_c}{Z_a Z_d}$$

und anschließend durch Zusammenfassen die gewünschte Systemfunktion

$$H = \frac{U_A}{U_E} = \frac{Z_c Z_d}{\beta \left(Z_a Z_d + Z_b Z_d + Z_c Z_d + Z_a Z_b + Z_a Z_c\right) - Z_a Z_c},$$

was sich für $\beta = 1$ zu

$$H = \frac{Z_c Z_d}{Z_a Z_d + Z_b Z_d + Z_c Z_d + Z_a Z_b} \tag{6.243}$$

vereinfacht[22]. Durch Einsetzen der Werte für Z_a bis Z_d aus Tab. 6.27 erhält man für $\beta = 1$ die beiden Systemfunktionen $H_{TP}(s)$ in (6.237) und $H_{HP}(s)$ in (6.238).

Nun ist es an der Zeit, den Störfaktor β, genauer gesagt, die frequenzabhängige Störfunktion β, zu analysieren. Wir haben für β im Allgemeinen Fall den Ausdruck

$$\beta = \frac{R_i + Z_d}{V'Z_d + \frac{R_i}{Z_c}(Z_b + Z_c)} \tag{6.244}$$

erhalten. In den speziellen Fällen müssen wir bei der Störfunktion zwischen Tief- und Hochpassfilter unterscheiden und erklären hierfür zwei Störfunktionen

$$\beta_{TP}(s) = \frac{R_i + \frac{1}{sC_1}}{V'\frac{1}{sC_1} + sR_i C_2 \left(R_2 + \frac{1}{sC_2}\right)} \quad \text{und} \tag{6.245}$$

$$\beta_{HP}(s) = \frac{R_i + R_1}{V'R_1 + \frac{R_i}{R_2}\left(\frac{1}{sC_2} + R_2\right)}. \tag{6.246}$$

---

[22] Wir wissen, daß H und Z Funktionen von s sind. Aus Gründen besserer Lesbarkeit wird die Abhängigkeit in diesem Abschnitt nicht notiert.

Man erkennt in (6.244), dass $R_i \ll |Z_d|$ und $|Z_b| \ll |Z_c|$ sein sollten. Die beiden Forderungen drücken zwei Entwurfskriterien aus. Die erste Forderung besagt, dass die Beträge der Bauelementeimpedanzen groß gegenüber den Verstärkerinnenwiderständen zu sein haben, um den verfälschenden Einfluss nichtidealer Verstärker geringzuhalten. Diese Verfälschung betrifft alle Eigenschaften eines Filters, Grundverstärkung, Grenzfrequenz und Güte. Die zweite Forderung gilt für jedes beliebige Filter. Für eine genauere Analyse sollten wir zwischen Tief- und Hochpassfiltern unterscheiden. Für das Tiefpassfilter wird die zweite Forderung $|Z_b| \ll |Z_c|$ zu

$$R_2 \ll \frac{1}{\omega C_2} .$$

Mit den oben eingeführten Berechnungsvorschriften für R_2 und C_2,

$$R_2 = \frac{\sqrt{2}}{\omega_0 C_1} \quad \text{und} \quad C_2 = \frac{1}{2} C_1 ,$$

ergibt sich ein wünschenswert kleines Verhältnis

$$\frac{R_2}{|Z_{c2}|} = \frac{1}{\sqrt{2}} \frac{\omega}{\omega_0} .$$

Man sieht dann in (6.245), dass es vorteilhaft ist, die Tiefpassfiltergrenzfrequenz ω_0 möglichst groß zu wählen, was im übrigen für jedes beliebige Tiefpassfilter zutrifft..

Für das Hochpassfilter wird die Forderung $|Z_b| \ll |Z_c|$ zu

$$\frac{1}{\omega C_2} \ll R_2 .$$

Mit den Berechnungsvorschriften für R_2 und C_2,

$$R_2 = \frac{\sqrt{2}}{\omega_0 C_1} \quad \text{und} \quad C_2 = C_1 ,$$

ergibt sich ein wünschenswert kleines Verhältnis

$$\frac{|Z_{c2}|}{R_2} = \sqrt{2} \frac{\omega_0}{\omega} .$$

Man sieht dann in (6.246), dass es vorteilhaft ist, die Hochpassfiltergrenzfrequenz ω_0 möglichst klein zu wählen.

6.8.2 Simulationen der Tief- und Hochpassfilter mit nichtidealen Verstärkern

Nun sind aber die Ausdrücke (6.245) und (6.246) recht unhandlich. Daher ist es sinnvoll, die oben noch angenommenen idealen Verstärker durch Verstärker mit Innenwiderstand $R_i > 0$ und Spannungsverstärkungswerten V' unterhalb von 1 zu simulieren. Die Abb. 6.75 zeigt die hierfür gewählten Schaltungen.

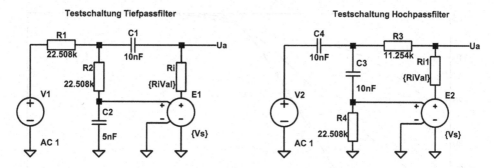

Abb. 6.75 Testschaltungen der beiden Filter mit nichtidealen Verstärkern

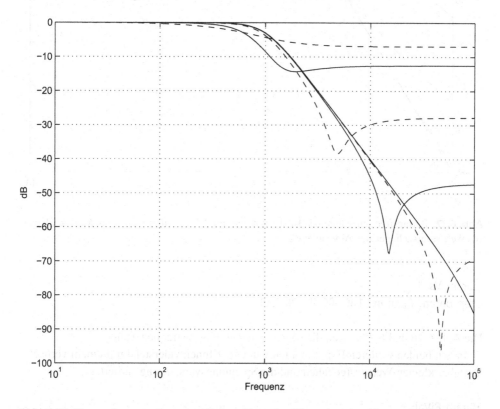

Abb. 6.76 Betragsfrequenzgänge des Tiefpassfilters für $V' = 1$ und variiertem R_i. Ein kleiner R_i-Wert verursacht geringe Abweichungen

Wir haben vier Experimente, paarweise für das Tief- und für das Hochpassfilter, durchgeführt. In den beiden ersten Experimenten wurde die Spannungsverstärkung festgehalten und der Innenwiderstand variiert.

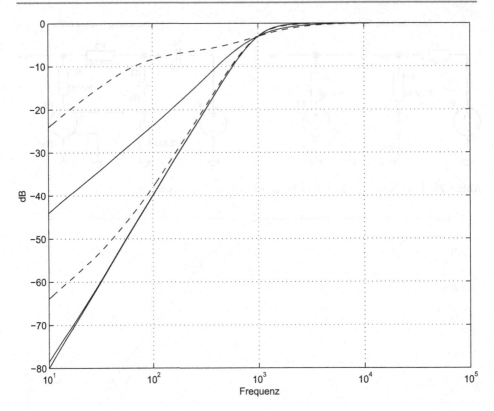

Abb. 6.77 Betragsfrequenzgänge des Hochpassfilters für $V' = 1$ und variiertem R_i. Ein kleiner R_i-Wert verursacht geringe Abweichungen

```
.param Vs=1
.step param RiVal list 1 10 100 1k 10k 100k
```

Die Abb. 6.76 und 6.77 zeigen die so gewonnenen Betragsfrequenzgänge.

In den beiden weiteren Experimenten wurde der Innenwiderstand mit einem vernachlässigbar kleinen Wert festgehalten und die Spannungsverstärkung variiert.

```
.param RiVal=1
.step param Vs list 0.1 0.3 0.5 0.7 0.9 1
```

Die Abb. 6.78 und 6.79 zeigen die so gewonnenen Betragsfrequenzgänge.

Beide Experimente geben uns Hinweise zur Auswahl der später zu verwendenden Verstärkerröhren. In einem weiteren Simulationsexperiment haben wir die Einflüsse der Bauelementewerte untersucht. Mit diesem Experiment werden wir Hinweise zu den Bauelementewerten der Kondensatoren und Widerstände gewinnen. Hierfür wurde $R_i = 1\,\text{k}\Omega$

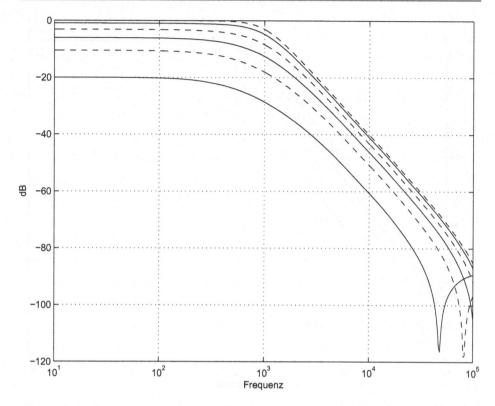

Abb. 6.78 Betragsfrequenzgänge des Tiefpassfilters für $R_i = 1$ und variiertem V'. Ein großer V'-Wert verursacht geringe Abweichungen

und $V' = 0{,}9$ gesetzt und für die passiven Bauelemente ein Skalierungsfaktor s_c so eingeführt, dass mit

$$R := R \times s_c \quad \text{und} \quad C := \frac{C}{s_c}$$

die Bauelementewerte geändert werden können, ohne aber die Filtercharakteristik zu verändern. Dies erfolgt mit den beiden nachstehenden SPICE-Anweisungen.

```
.param Vs=0.9 RiVal=1k
.step param sc list 0.01 0.1 1 10 100
```

Mit den beiden Simulationsschaltungen in Abb. 6.80 wurden die Ergebnisse in Abb. 6.81 erzielt.

In den beiden Bildern haben wir die Fälle $s_c = 1$ durch gestrichelt gezeichnete Kurven hervorgehoben. Die starken Abweichungen für den Sollbetragsfrequenzgang ergeben

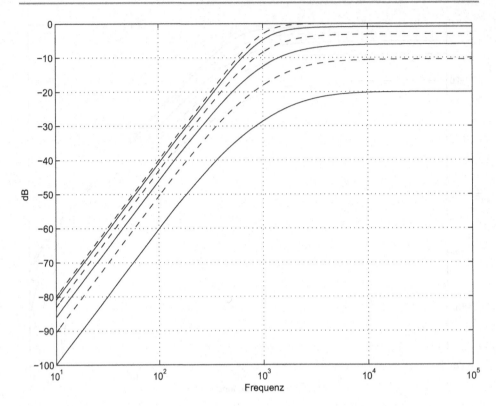

Abb. 6.79 Betragsfrequenzgänge des Hochpassfilters für $R_i = 1$ und variiertem V'. Ein großer V'-Wert verursacht geringe Abweichungen

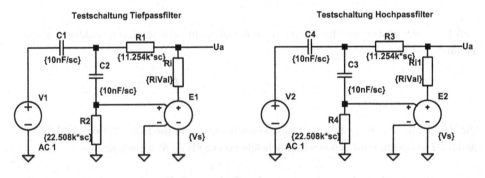

Abb. 6.80 Testschaltungen zur Skalierung der Bauelementewerte

sich für die Skalierungsfaktoren kleiner als $s_c < 1$. Die Schlussfolgerung ist es, die Widerstandswerte möglichst groß und die Kapazitätswerte möglichst klein zu wählen, wobei letzteres sogar der besseren Verfügbarkeit genauer und daher für die Anwendung in Filterschaltungen gut geeigneter Kondensatoren entgegenkommt. Mit dieser Wahl eines nach

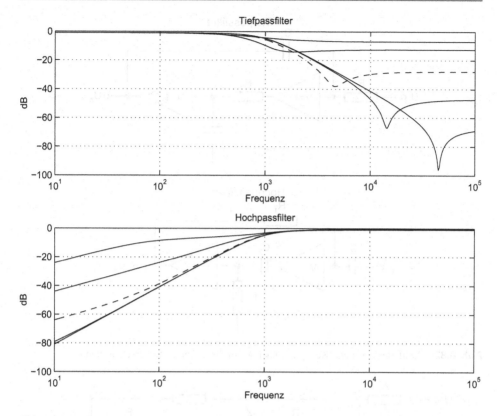

Abb. 6.81 Tief- und Hochpassfilter mit skalierten Bauelementewerten

Möglichkeit großen Skalierungsfaktors s_c gewinnt man weitgehende Unabhängigkeit vom Verstärkerinnenwiderstand. Somit ist der vom Wert eins abweichende Verstärkungsfaktor die wesentliche Einflußgröße für die Abweichungen des realen Filters vom idealen Filter.

6.8.3   Modifizierte Sallen&Key-Filter

Margolis [Mar56] stellte 1956 in einem kurzen Bericht eine modifizierte Sallen&Key-Tiefpassfilter-Topologie mit zwei Einheitsverstärkern vor und führte aus:

In practice these filters are very attractive. They are stable as the cathode followers themselves. They can be included easily in a direct-coupled amplifier. They can be scaled to any desired cutoff frequency simply by dividing the time constants given above by the cutoff frequency (in radians per second) desired, and for the special case of the Butterworth lowpass filter, their design is simpler than that of Sallen and Key.

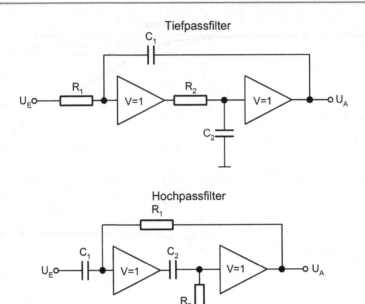

Abb. 6.82 Modifizierte Sallen&Key-Filter nach Margolis, Zweiverstärkerschaltungen

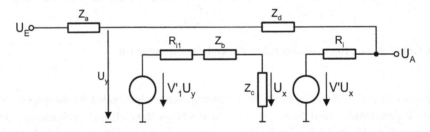

Abb. 6.83 Ersatzschaltung zur Analyse der modifizierten Sallen&Key-Filtertopologie

Die Abb. 6.82 zeigt die Topolgien für Tief- und Hochpassfilter mit idealen Einheits-verstärkern. Wir werden im Folgenden das ursprüngliche Sallen&Key-Filter als *Einver-stärker-Filter* und das modifizierte Filter als *Zweiverstärker-Filter* bezeichnen. In den Zweiverstärker-Filtern werden je ein Einheitsverstärker ergänzt, der zwischen den RC-Gliedern (R_1, C_1) und (R_2, C_2) eingefügt wird und diese „voneinander trennt". Das hat zur Folge, dass in den linearen Anteilen der Nenner der Systemfunktionen nur jeweils ein RC-Produkt und nicht beide auftreten.

Leider diskutierte Margolis die Vorteile der Zweiverstärker-Filter gegenüber den Einverstärker-Filtern nicht, und eine Analyse der Zweiverstärker-Filter für nichtideale Verstärker fehlt ebenfalls. Wir werden im Folgenden zu diesen Punkten Stellung beziehen. Für die Analyse der Ersatzschaltung in Abb. 6.83 gehen wir, wie beim Einverstärker-Filter zuvor, von Verstärkern aus, die mit Verstärkungsfaktoren $V'_{(1)}$ und Innenwiderständen $R_{i(1)}$ spezifiziert sind.

Zur Analyse benötigen wir nur drei Spannungsgleichungen, da keine Stromverzweigung vorhanden ist. Wir gewinnen die Spannungsgleichungen mit der Anwendung des Überlagerungsverfahrens und der Spannungsteilerregel in der Form

$$U_y = U_E \frac{Z_d}{Z_a + Z_d} + U_A \frac{Z_a}{Z_a + Z_d} \, ,$$

$$U_x = V'_1 U_y \frac{Z_c}{R_{i1} + Z_b + Z_c} \, ,$$

$$U_A = V' U_x \frac{Z_a + Z_d}{R_i + Z_a + Z_d} + U_E \frac{R_i}{R_i + Z_a + Z_d} \, .$$

Wir eliminieren zunächst u_y und erhalten

$$U_x = \frac{V'_1 Z_c}{R_{i1} + Z_b + Z_c} \left(U_E \frac{Z_d}{Z_a + Z_d} + U_A \frac{Z_a}{Z_a + Z_d} \right)$$

$$= U_E \beta \frac{Z_d}{Z_a + Z_d} + U_A \beta \frac{Z_a}{Z_a + Z_d}$$

mit der Abkürzung

$$\beta = \frac{V'_1 Z_c}{R_{i1} + Z_b + Z_c} \, ,$$

die den Einfluß des jeweils linken Verstärkers zeigt. Im idealen Fall geht β gegen

$$\beta = \frac{Z_c}{Z_b + Z_c} \quad \text{mit} \quad V'_1 = 1 \quad \text{und} \quad R_{i1} = 0 \, .$$

Wir können nun die Ausgangsgleichung aufstellen

$$U_A = V' \left(U_E \beta \frac{Z_d}{Z_a + Z_d} + U_A \beta \frac{Z_a}{Z_a + Z_d} \right) \frac{Z_a + Z_d}{R_i + Z_a + Z_d} + U_E \frac{R_i}{R_i + Z_a + Z_d}$$

und erhalten die gewünschte Systemfunktion

$$H = \frac{U_A}{U_E} = \frac{V' \beta Z_d}{R_i + Z_a (1 - V' \beta) + Z_d} \, .$$

Im idealen Fall geht H gegen

$$H = \frac{Z_c Z_d}{Z_a Z_b + Z_b Z_d + Z_c Z_d} \quad \text{mit} \quad V'_1 = V' = 1 \quad \text{und} \quad R_{i1} = R_i = 0 \, . \quad (6.247)$$

Im Vergleich zu (6.243) erkennen wir nun im Nenner, dass gewissermaßen eine Entkopplung zwischen Z_a/Z_d und Z_b/Z_c stattgefunden hat, wie es die Schaltung auch vermuten lässt. Wir wollen nun die Dimensionierungsvorschriften für ideale Einheits-Verstärker gewinnen und setzen (6.247) für das Tiefpassfilter mit (6.235) und für das Hochpassfilter mit (6.236) gleich. Wir nutzen hierfür die Bauelementekorrespondenzen der Sallen&Key-Filter aus Tab. 6.27 und erhalten für das Tiefpassfilter

$$H_{TP}(s) = \frac{1}{1 + sR_2C_2 + s^2(R_1R_2C_1C_2)}$$

die beiden Dimensionierungsgleichungen

$$R_1R_2C_1C_2 = \frac{1}{\omega_0^2} \quad \text{und} \quad R_2C_2 = \frac{\sqrt{2}}{\omega_0}.$$

Wir wählen $C_1 = C_2 = C$, den wir beliebig vorgeben können, setzen $k = \omega_0 C$ und erhalten

$$R_2 = \frac{\sqrt{2}}{\omega_0 C} = \frac{\sqrt{2}}{k} \quad \text{und} \quad R_1 = \frac{1}{2}R_2.$$

Analog gehen wir für das Hochpassfilter vor mit

$$H_{HP}(s) = \frac{s^2(R_1R_2C_1C_2)}{1 + sR_1C_1 + s^2(R_1R_2C_1C_2)}.$$

Wir wählen ebenfalls $C_1 = C_2 = C$, den wir ebenfalls beliebig vorgeben können, und setzen $k = \omega_0 C$ und erhalten

$$R_1 = \frac{\sqrt{2}}{\omega_0 C} = \frac{\sqrt{2}}{k} \quad \text{und} \quad R_2 = \frac{1}{2}R_1.$$

Mit der Wahl $C_1 = C_2 = 10\,\text{nF}$ erhalten wir für das Tiefpassfilter

$$C_1 = C_2 = 10\,\text{nF}, \ R_1 = 11{,}254\,\text{k}\Omega, \ R_2 = 22{,}508\,\text{k}\Omega$$

und für das Hochpassfilter

$$C_1 = C_2 = 10\,\text{nF}, \ R_1 = 22{,}508\,\text{k}\Omega, \ R_2 = 11{,}254\,\text{k}\Omega.$$

Wir müssen nun nicht einmal mehr einen Kondensator durch die Reihenschaltung zweier Kondensatoren ersetzen.

6.8.4   Röhrenschaltungen für Einverstärker-Filter zweiten Grades

Wir haben im letzten Abschnitt herausgearbeitet, dass der Innenwiderstand des Einheitsverstärkers möglichst gering und die Stufenverstärkung möglichst nahe bei eins liegen sollte. Gleichzeitig sollte der Bauelementeskalierungsfaktor s_c möglichst groß gewählt werden, wenn die beiden zuvor genannten Forderungen nur unzureichend erfüllt werden können.

Mit SPICE-Simulationen sollen im Folgenden zwei repräsentative Trioden getestet werden, zum einen die im NF-Bereich gerne benutzte Röhre ECC83 und zum anderen die russische Doppeltriode 6N1P, die nicht nur für wenig Kosten zu erhalten ist, sondern auch mittlerweile in einigen kommerziellen Röhrenverstärkern benutzt wird. Die Verstärkerstufe mit der Röhre 6N1P wird auf geringen Innenwiderstand R_i und die Verstärkerstufe mit der Röhre ECC83 auf eine Spannungsverstärkung V' nahe dem Wert eins ausgelegt, d. h. mit der einen Röhre erreichen wir einen geringeren Verstärkungsfehler und mit der anderen einen geringeren Innenwiderstandsfehler. Aus dem Datenblatt der ECC83 entnehmen wir die Angaben

Steilheit $S = 1{,}5\frac{\text{mA}}{\text{V}}$, Spannungsverstärkung $\mu = 100$, Anodenspannung $U_a = 250\,\text{V}$, Anodenstrom $I_a = 1{,}2\,\text{mA}$, Kathodenwiderstand zur Arbeitspunkteinstellung $R_{k1} = 1670\,\Omega$.

Die alleinige Verwendung des Kathodenwiderstands R_{k1} hat einen nur kleinen Aussteuerbereich zur Folge. Wir vergrößern daher den Kathodenwiderstand und teilen ihn auf zwei Widerstände R_{k1} und R_{k2} auf und nutzen für die Arbeitspunkteinstellung nur den Kathodenteilwiderstand R_{k1}. Der aufgeteilte Kathodenwiderstand soll in der Summe R_{k1} und R_{k2} den Wert $12\,\text{k}\Omega$ aufweisen. Der Gitterableitwiderstand wird am Zusammenschluss von R_{k1} und R_{k2} angeschlossen. Mit diesen Angaben schätzen wir den Verstärkerstufeninnenwiderstand und die Spannungsverstärkung einer Anodenbasisschaltung ab zu

$$R_i \approx (R_{k1} + R_{k2}) \parallel \frac{\mu}{S(\mu + 1)} = 588{,}5\,\Omega \quad \text{und}$$

$$V' = \frac{\mu\,(R_{k1} + R_{k2})}{(\mu + 1)\,(R_{k1} + R_{k2}) + \frac{\mu}{S}} = 0{,}942\,.$$

Aus dem Datenblatt der Röhre 6N1P entnehmen wir die Angaben

Steilheit $S = 3{,}5\ldots5{,}5\frac{\text{mA}}{\text{V}}$, Spannungsverstärkung $\mu = 35 \pm 7$, Anodenspannung $U_a = 250\,\text{V}$, Anodenstrom $I_a = 5{,}6..10\,\text{mA}$, Kathodenwiderstand zur Arbeitspunkteinstellung $R_k = 600\,\Omega$.

Mit diesen Angaben schätzen wir den Schaltungsinnenwiderstand und die Spannungsverstärkung für die Rechenwerte $\mu = 35$ und $S = 4{,}5\frac{\text{mA}}{\text{V}}$ einer Anodenbasisschaltung

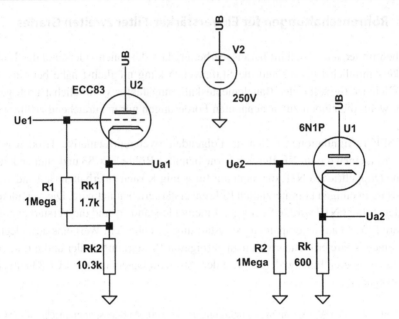

Abb. 6.84 Zwei Anodenbasisschaltungen mit den Trioden ECC83 und 6N1P

ab zu

$$R_i \approx R_k \parallel \frac{\mu}{S(\mu + 1)} = 158{,}8\,\Omega \quad \text{und}$$

$$V' = \frac{\mu R_k}{(\mu + 1)R_k + \frac{\mu}{S}} = 0{,}715\,.$$

Die Abb. 6.84 zeigt die beiden Röhrenstufen.

In unserer Simulation setzten wir den Bauelementeskalierungsfaktor auf $s_c = 20$, womit die Widerstandswerte bei ungefähr 440 kΩ und die Kapazitätswerte bei 500 pF[23] bzw. 250 pF liegen, wofür eng tolerierte Styroflexkondensatoren besonders preiswert auch für ausreichende Spannungsfestigkeit erhältlich sind.

In einer SPICE-Simulation haben wir am Beispiel eines Tiefpassfilters mit $f_0 = 1$ kHz und $s_c = 20$ die beiden Filter-Grundschaltungen in den Abb. 6.85 und Abb. 6.86 getestet. Die Testergebnisse in der Tab. 6.28 sind das maximale Verstärkungsmaß und die Grenzfrequenz. Wir bezeichnen in der Tabelle mit T1 die Einverstärker-Schaltung mit einer Triode und mit T2 die Zweiverstärker-Schaltung mit zwei Trioden.

Für die Triode ECC83 ist der Unterschied zwischen den beiden Grundschaltungen nicht groß und die Grenzfrequenzen sind recht nahe an der Vorgabe von $f_0 = 1$ kHz. Die Röhre

---

[23] In der Praxis werden wir den Faktor s_c so wählen, daß der Normkapazitätswert 470 pF erreicht wird. Die Eingangskapazitäten der Röhren spielen wegen der Einheitsverstärkung nur eine untergeordnete Rolle.

Tab. 6.28 Testergebnisse der beiden Sallen&Key-Filter

	ECC83		6N1P	
Verst.-maß	T1	T2	T1	T2
Max. Verst.-maß	−0,52 dB	−1,03 dB	−2,91 dB	−5,82 dB
Grenzfrequenz	939,8 Hz	938,8 Hz	735 Hz	768 Hz

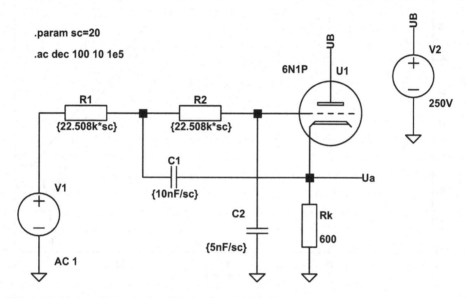

Abb. 6.85 Tiefpassfilter mit einer Triode, $f_0 = 1$ kHz, Einverstärkerschaltung

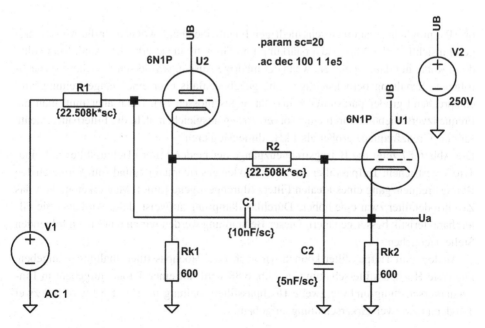

Abb. 6.86 Tiefpassfilter mit zwei Trioden, $f_0 = 1$ kHz

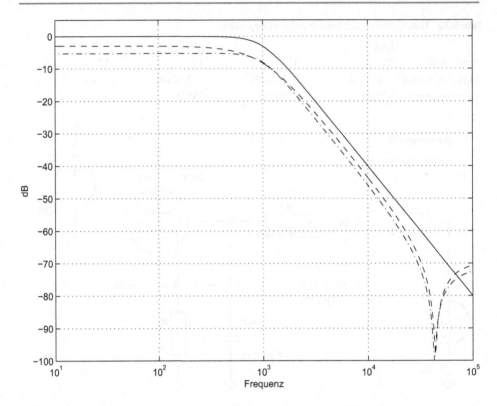

Abb. 6.87 Betragsfrequenzgänge des idealen und der beiden realen Tiefpassfilter

6N1P ermöglicht zwar einen sehr niedrigen Innenwiderstand, wobei aber die Abweichungen hinsichtlich der Maximalverstärkung und Grenzfrequenz erheblich sind. Man sollte diese Röhre nur dann benutzen, wenn der niedrige Ausgangswiderstand wichtig ist (nachfolgende Schaltung berücksichtigen, die gegebenenfalls über eine „lange Leitung" mit entsprechend großer parasitärer Kapazität angeschlossen ist). Dann aber muß man die Frequenzverschiebung durch eine Vorverzerrung ausgleichen, d. h. die Filterbauelemente für eine Grenzfrequenz größer als 1 kHz dimensionieren.

Die Abb. 6.87 zeigt die Betragsfrequenzgänge der beiden Filter (Tiefpassfilter mit einer Triode gestrichelt, Tiefpassfilter mit zwei Trioden gestrichpunktet) und zum Vergleich den Betragsfrequenzgang eines idealen Filters (durchgezogene Linie). Man erkennt, dass das Zweitriodenfilter zwar eine höhere Durchlassdämpfung aufweist, dafür wird aber die Filtercharakteristik besser genähert. Dieser Behauptung werden wir an einer noch folgenden Stelle nachgehen.

Analog zum Tiefpassfilter können wir auch zwei Hochpassfilterschaltungen angeben. Die erste Hochpassfilterschaltung in Abb. 6.88 wird mit einer Triode aufgebaut in Einverstärkerschaltung und die zweite Hochpassfilterschaltung in Abb. 6.89 wird mit zwei Trioden in Zweiverstärkerschaltung aufgebaut.

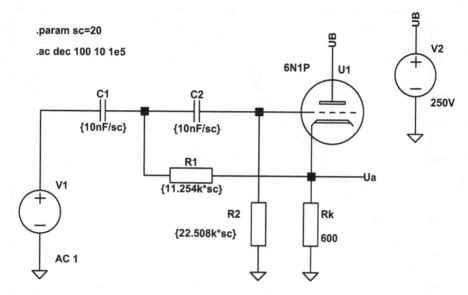

Abb. 6.88 Hochpassfilter mit einer Triode, $f_0 = 1\,\text{kHz}$

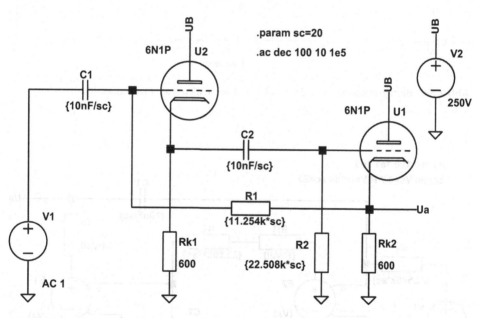

Abb. 6.89 Hochpassfilter mit zwei Trioden, $f_0 = 1\,\text{kHz}$

Die Abb. 6.90 zeigt die Betragsfrequenzgänge der beiden Hochpassfilter (Hochpassfilter mit einer Triode gestrichelt, Hochpassfilter mit zwei Trioden gestrichpunktet) und zum Vergleich den Betragsfrequenzgang eines idealen Filters(durchgezogene Linie). Wie bei

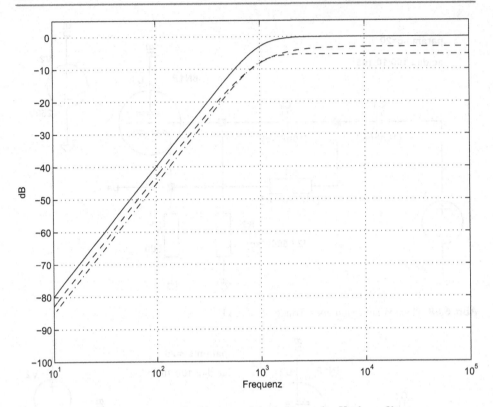

Abb. 6.90 Betragsfrequenzgänge des idealen und der beiden realen Hochpassfilter

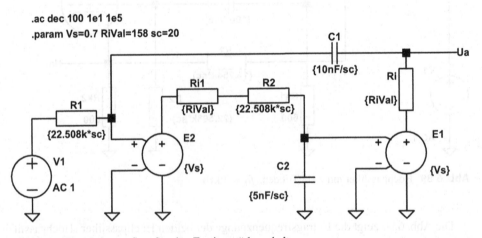

Abb. 6.91 Simulationsaufbau für eine Zweiverstärkerschaltung

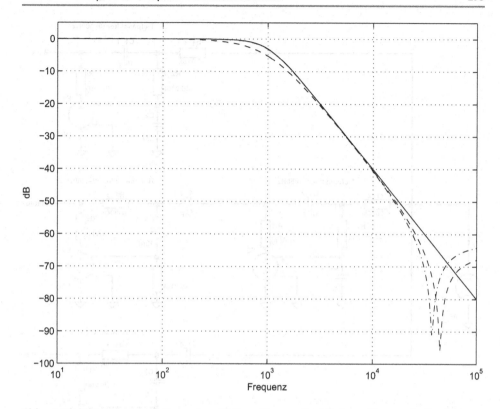

Abb. 6.92 Betragsfrequenzgänge des Tiefpassfilters mit idealer-, Ein- und Zweiverstärkerschaltung

den Tiefpassfiltern erkennt man, dass das Zweitriodenfilter zwar eine höhere Durchlassdämpfung aufweist, dafür wird aber die Filtercharakteristik besser genähert.

Eine wichtige Frage bezieht sich auf die Vorteile der Zwei- gegenüber der Einverstärker-Schaltung. Statt nun noch eine recht aufwendige Berechnung vorzunehmen, soll eine SPICE-Simulation dienen, wofür wir eine allgemeine Zweiverstärker-Schaltung nach Abb. 6.91 getestet haben.

Um einen Vergleich mit der idealen Filterschaltung in Abb. 6.72 und der Einverstärker-Schaltung, links in Abb. 6.80, zu erhalten, wurden die Betragsfrequenzgänge so erfasst,

Tab. 6.29 Filterkomponenten der Dreiwege-Lautsprecherfrequenzweiche

	Tiefpassfilter f_{BM}	Tiefpassfilter f_{MH}	Hochpassfilter f_{BM}	Hochpassfilter f_{MH}
R1	45,016 kΩ	4,5016 kΩ	22,508 kΩ	2,2508 kΩ
R2	45,016 kΩ	4,5016 kΩ	45,016 kΩ	4,5016 kΩ
C1	10 nF	10 nF	10 nF	10 nF
C2	5 nF	5 nF	10 nF	10 nF

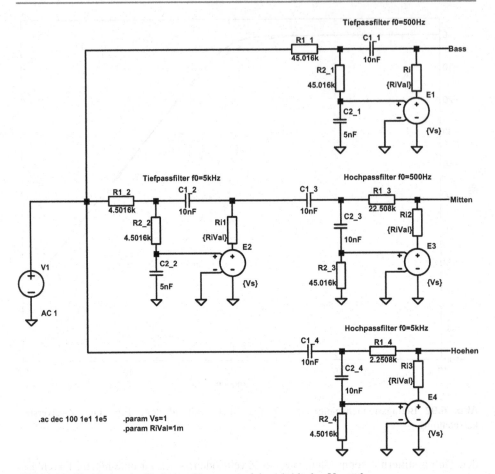

Abb. 6.93 Simulation der Dreiwege-Frequenzweiche mit idealen Verstärkern

dass die unterschiedlichen Grundverstärkungsfaktoren ausgeglichen wurden. Mit den Parameterwerten $s_c = 20$, $R_i = 158\,\Omega$ und $V' = 0{,}7$ wurde die Abb. 6.92 gewonnen.

Der Betragsfrequenzgang der idealen Schaltung wurde mit durchgezogener, der der Einverstärker-Schaltung mit gestrichelter und der der Zweiverstärkerschaltung mit strichpunktierter Kurve gezeichnet. Man erkennt deutlich, dass die Zweiverstärker-Schaltung die Filtercharakteristik besser nachbildet als die Einverstärker-Schaltung, weshalb wir dieser Schaltung trotz des höheren Aufwands und trotz des größeren Verstärkungsverlustes den Vorzug geben, was sich auch mit den Angaben in der Literatur deckt. Dieses Argument ist im Besonderen für Frequenzweichen stichhaltig.

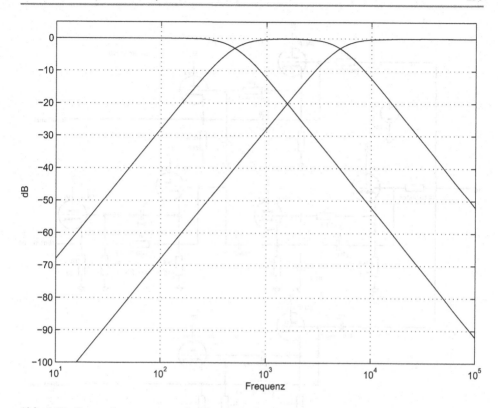

Abb. 6.94 Betragsfrequenzgänge der idealen Dreiwegeweiche

6.8.5 Eine Dreiwege-Lautsprecherfrequenzweiche

In diesem Abschnitt entwickeln wir die Schaltung einer Dreiwege-Lautsprecherfrequenz-weiche mit den Übernahmefrequenzen $f_{BM} = 500\,\text{Hz}$ zwischen Bass- und Mittelton-bereich und $f_{MH} = 5\,\text{kHz}$ zwischen Mittel- und Hochtonbereich. Für die Grunddimen-sionierung der Filter berechnen wir mit den nunmehr bekannten Dimensionierungsvor-schriften für $C_1 = 10\,\text{nF}$ die Grundbauelementewerte für den Skalierungsfaktor $s_c = 1$ in Tab. 6.29. Abb. 6.93 zeigt den Simulationsaufbau mit idealen Verstärkern und die Abb. 6.94 zeigt die Betragsfrequenzgänge der so entstandenen drei idealen Filter.

Zum Aufbau einer Dreiwegefrequenzweiche mit Verstärkerröhren muss zunächst eine der beiden vorgestellten Filterschaltungen gewählt werden. Hier wird die Zweiverstärker-Schaltung mit zwei Verstärkerröhren pro Filter verwendet und in Abb. 6.95 gezeigt.

Bei dieser Weiche macht sich der Verstärkungsverlust der Anodenbasisschaltungen in nicht akzeptabler Weise bemerkbar, zumal im Mittenkanal wegen der Hintereinanderan-ordnung zweier Filter die Verstärkung noch geringer als im Bass- und im Höhenkanal

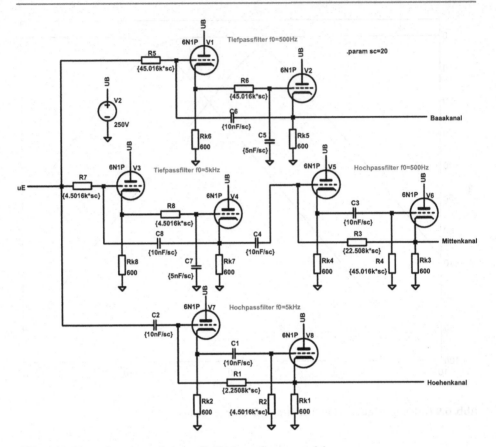

Abb. 6.95 Verstärkerröhrenschaltung für Dreiwegefrequenzweiche

ist. Wir benötigen daher zwei Ergänzungen der Schaltung. Zum einen benutzen wir einen
Treiberverstärker zum Ansteuern der Weiche, der eine Verstärkung höher als eins aufweist, und zum anderen müssen wir am Ausgang jedes Kanals jeweils einen Trimmwi-
derstand vorsehen, mit dem die Verstärkungsunterschiede ausgeglichen werden können.
Hierzu wird man im Beispiel mit je drei Sinussignalen in den jeweiligen Durchlass-
bändern, z. B. die Frequenzen 100 Hz, 1 kHz und 10 kHz, und einem Pegelmesser die
Verstärkungsunterschiede ausgleichen. Die Abb. 6.96 zeigt einen möglichen Treiberverstärker, der mit der Triode 6N1P aufgebaut ist.

Mit einer SPICE-Simulation haben wir die Weichenfrequenzgänge aufgenommen. Die
Abb. 6.97 zeigt die Resultate nach einer Korrektur der Verstärkungsmaße. Für diese Kor-
rektur waren jeweils ungefähr 5,3 dB im Bass- und Höhenkanal und ungefähr 10,6 dB im
Mittenkanal notwendig.

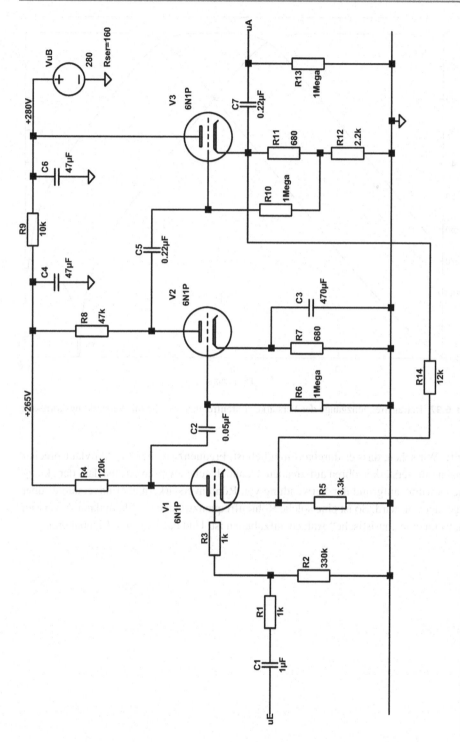

Abb. 6.96 Eine Schaltung für einen Treiberverstärker in der Dreiwegefrequenzweiche

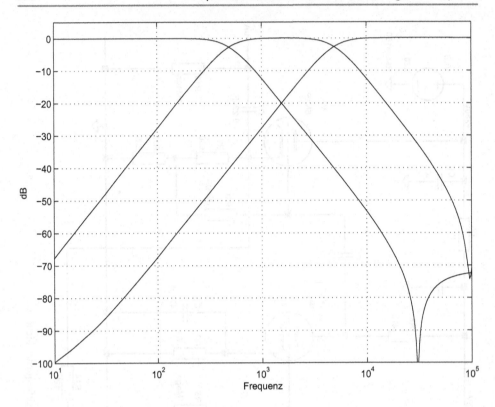

Abb. 6.97 Betragsfrequenzgänge der Verstärkerröhrenfrequenzweiche mit Verstärkungskorrektur

Fazit: Wir sehen, dass es durchaus möglich ist, Frequenzweichen für Aktivlautsprecheranlagen mit Verstärkerröhren aufzubauen. Dennoch gehen wir davon aus, dass der „klangliche Gewinn" aufgrund der Verwendung von Röhrenverstärkern als Endverstärker überzeugender sein wird. So ist eine solche Röhrenfrequenzweiche vor allem dann zu verwenden, wenn eine „puristische" Anlage aufzubauen ist. Und das ist schon Liebhaberei.

SPICE-Simulationstechniken für „Fortgeschrittene" 7

Das siebente Kapitel wird weitere SPICE-Bestandteile vorstellen. So wird der Leser die Messungs-Anweisung .meas(ure) kennenlernen, mit der er selbst Schaltungsanalysen konzipieren kann. Die Funktionsquelle mit ihren vielfältigen Verwendungsmöglichkeiten wird dazu dienen, Zeitbereichssignale zu erzeugen und Filter im Zeitbereich anzuwenden. Auch eine weitere SPICE-Analyse wird vorgestellt, die Rauschanalyse. Das Kapitel enthält so drei Unterkapitel und in diesen werden einige Anwendungen für Röhrenverstärker und Audiotechnik die Simulationen begleiten. Es sind dies Anwendungen in den Bereichen Spannungsversorgung von Röhrenverstärkern, Audiotests sowie Rauschen von Verstärkerröhren und von Röhrenverstärkerstufen.

7.1 Anwenderdefinierte SPICE-Analysen mit der .meas-Anweisung am Beispiel der Spannungsversorgung von Röhrenverstärkern

Wir beabsichtigen, mit diesem Abschnitt mehrere inhaltliche Schwerpunkte aus zwei Bereichen anzusprechen:

- Im inhaltlichen Schwerpunktbereich *Simulation mit* SPICE soll die Anwendung der leistungsfähigen .meas(ure)-Anweisung in Beispielen vorgeführt werden.
- Im inhaltlichen Schwerpunktbereich *Schaltungstechnik* dienen Spannungsversorgungseinheiten von Röhrenverstärkern dazu,
  - typische Schaltungseinheiten von Spannungsversorgungen,
  - RC-Siebung der Spannungsversorgungen von Vorstufen mit der Gegenüberstellung von Einzel- und Kettenstufen und
  - Siebung der Spannungsversorgungen von Endstufen (Leistungsfilterung) mit LC- und elektronischen Siebgliedern mit Hilfe von SPICE-Simulationen vorzustellen, was wir mit einer ausführlichen Diskussion der Notwendigkeit solcher Siebstufen bei hochwertigen Röhrenverstärkern in Klasse AB (AB-Verstärker) substantiieren.

© Springer Fachmedien Wiesbaden 2015
A. Potchinkov, *Simulation von Röhrenverstärkern mit SPICE*,
DOI 10.1007/978-3-8348-2112-6_7

7.1.1 Zur .meas-Anweisung in SPICE

Ein Schwerpunkt des Absatzes ist es aufzuzeigen, welche vielfältigen Berechnungen, beispielsweise von Signaleigenschaften, mit Hilfe der .meas-Anweisung von SPICE vorgenommen werden können. Zunächst sehen wir einen Auszug aus der SPICE-Hilfe-Bibliothek, der einen Überblick zur .meas-Anweisung enthält:

```
.MEASURE -- Evaluate User-Defined Electrical Quantities

   There are two basic different types of .MEASURE statements.
   Those that refer to a point along the abscissa (the independent
   variable plotted along the horizontal axis, i.e., the time axis
   of a .tran analysis) and .MEASURE statements that refer to a
   range over the abscissa. The first version, those that point
   to one point on the abscissa, are used to print a data value
   or expression thereof at a specific point or when a condition
   is met. The following syntax is used:

   Syntax: .MEAS[SURE] [AC|DC|OP|TRAN|TF|NOISE] <name>
   + [<FIND|DERIV|PARAM> <expr>]
   + [WHEN <expr> | AT=<expr>]]
   + [TD=<val1>] [<RISE|FALL|CROSS>=[< count1>|LAST]]

   Note one can optionally state the type of analysis to which
   the .MEAS statement applies. This allows you to use certain
   .MEAS statements only for certain analysis types. The name is
   required to give the result a parameter name that can be used
   in other .MEAS statements. Below are example .MEAS statements
   that refer to a single point along the abscissa:
   ...
   The other type of .MEAS statement refers to a range over the
   abscissa. The following syntax is used:
   Syntax: .MEAS [AC|DC|OP|TRAN|TF|NOISE] <name>
   + [<AVG|MAX|MIN|PP|RMS|INTEG> <expr>]
   + [TRIG <lhs1> [[VAL]=]<rhs1>] [TD=<val1>]
   + [<RISE|FALL|CROSS>=<count1>]
   + [TARG <lhs2> [[VAL]=]<rhs2>] [TD=<val2>]
   + [<RISE|FALL|CROSS>=<count2>]
```

Wir lesen zu Beginn, dass es zwei Arten von .meas-Anweisungen gibt. Eine Art bezieht sich auf einen *Punkt*, d. h. eine Zeit t_0 in einer Transientenanalyse oder eine Frequenz f_0 in einer .AC-Analyse. Man kann beispielsweise ermitteln, zu welchem Zeitpunkt eine Spannung einen Schrankenwert überschreitet oder bei welcher Frequenz ein Filter-Betragsfrequenzgang den korrespondierenden (−3 dB)-Wert erreicht. Die zweite Art bezieht sich auf das Messen bezüglich definierter Intervalle der unabhängigen Variablen (Zeit in der Transientenanalyse und Frequenz in der .AC-Analyse). Man kann so z. B. den Effektivwert eines Stroms oder die Grenzfrequenzen-Bandbreite eines Bandpassfilters abfragen.

Die Interpretation der Syntaxvarianten der .meas-Anweisung der ersten Art ist in Anbetracht ihrer Leistungsfähigkeit recht umfangreich. Mit

.MEAS[SURE] [AC|DC|OP|TRAN|TF|NOISE] <name>

wird die Anweisung an eine der sechs SPICE-Analysen gekoppelt und eine Variable <name> erklärt, die das Ergebnis aufnimmt und auch in möglichen folgenden .meas-Anweisungen genutzt werden kann. Mit den Angaben

+ [<FIND|DERIV|PARAM> <expr>]
+ [WHEN <expr> | AT=<expr>]]
+ [TD=<val1>] [<RISE|FALL|CROSS>=[<count1>|LAST]]

legt man fest, an welcher Stelle oder unter welchen Bedingungen die Messung des Einzelwertes erfolgen soll. Zum Beispiel kann man die Kombination von FIND..AT dazu nutzen, nach einer .AC-Analyse den Übertragungsfaktor bei einer bestimmten Frequenz in der Ergebnisvariablen abzulegen. Wir werden hierfür in den Folgeabschnitten Beispiele bringen, die einige der Möglichkeiten demonstrieren.

Die Interpretation der Syntaxvarianten der .meas-Anweisung der zweiten Art ist ebenfalls recht umfangreich. Mit

.MEAS [AC|DC|OP|TRAN|TF|NOISE] <name>

wird wie bei der ersten Art die Anweisung an eine der sechs SPICE-Analysen gekoppelt und eine Variable <name> erklärt, die das Ergebnis aufnimmt und auch in möglichen folgenden .meas-Anweisungen zur Weiterverarbeitung genutzt werden kann. Mit

+ [<AVG|MAX|MIN|PP|RMS|INTEG><expr>]

wird die *integrale* (AVG, RMS, INTEG) oder *lokale* (MAX, MIN, PP) Messung im Intervall festgelegt. Das Intervall selbst ist entweder mit der Analyse definiert worden, oder es wird mit der .meas-Anweisung selbst definiert, wie wir es im Folgenden sehen werden. Die Schlüsselwörter sind selbsterklärend. So wird z. B. mit RMS der Effektivwert eines Zeitsignals berechnet.

Es liegt an uns, im Falle eines periodischen Signals die Meßdauer zu einem ganzzahligen Vielfachen der Periodendauer festzulegen, was z. B. mit

+ [TRIG <lhs1> [[VAL]=]<rhs1>] [TD=<val1>]
+ [<RISE|FALL|CROSS>=<count1>]
+ [TARG <lhs2> [[VAL]=]<rhs2>] [TD=<val2>]
+ [<RISE|FALL|CROSS>=<count2>]

erfolgen kann, wobei TRIG (Trigger) den Beginn und TARG (Target) das Ende festlegen. Die weiteren Optionen erlauben es, die Intervalle implizit an Bedingungen zu knüpfen, die aus dem Signalverlauf oder dem Funktionsverlauf gewonnen werden. So kann man z. B. mit der ansteigenden Flanke eines Signals ein Intervall beginnen und mit der fallenden Flanke dieses Intervall beenden. Die Flanken können sogar abgezählt werden, um Triggerbedingungen zu setzen (z. B. triggern auf die fünfte fallende Flanke). Auch für diese Art der .meas-Anweisung werden wir in den Folgeabschnitten Beispiele bringen, die einige der Möglichkeiten demonstrieren.

Die Ergebnisvariablen können nach erfolgter LtSpice-Simulation unter `View-Spice Error Log` abgelesen werden.

7.1.2 Spannungsversorgung von Röhrenverstärkern

Die Prinzipschaltung einer Spannungsversorgungseinheit eines Industrie-Röhrenleistungsverstärkers vom Typ Philips AX50 in Abb. 7.1 soll genutzt werden, die typischen Teilsysteme von Spannungsversorgungen vorzustellen und Verbesserungen an relevanten Teilsystemen zu diskutieren, um dann am Ende eine moderne elektronische Lösung als Ersatz und Verbesserung für historische passive Filterschaltungen vorzuschlagen. Abbildung 7.2 zeigt eine Blockstruktur der Spannungsversorgung in Abb. 7.1. Eine solche Spanungsversorgung dient im Verstärker der Versorgung von Endstufe und gegebenenfalls mehreren Vorstufen. Sie enthält i. a. eine oder mehrere der Stufen

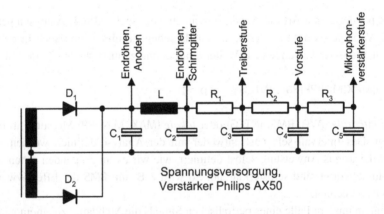

Abb. 7.1 Schaltung der Spannungsversorgung im Verstärker Philips AX50

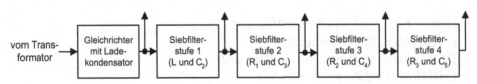

Abb. 7.2 Blockbild der Spannungsversorgung im Verstärker Philips AX50

- Netztransformator und Gleichrichter,
- Ladekondensatorstufe,
- Siebstufe(n) bzw. Filterstufe(n) und eine
- Reservoirstufe bei Filterung auch im Leistungsteil (Endröhren).

Netztransformator, Gleichrichter und Ladekondensatorstufe sind obligat. Sieb- und Reservoirstufen sind optional, haben aber erheblichen Einfluß auf die Qualität des Verstärkers und im Besonderen auf die Unterdrückung von Brummstörungen im Ausgangssignal.

An der AX50-Spannungsversorgung sehen wir, dass der leistungshungrigste Verbraucher, das Anodenpaar der beiden Endröhren, nicht mit einer gefilterten Versorgungsspannung[1] versorgt wird. Hierfür lassen sich im Nachhinein drei Argumente vermuten, von denen das wohl wichtigste die Ersparnis an der Drossel (geringere Drahtstärke und kleinerer Kern) wegen des nun nur geringen Drosselstroms sein dürfte. Die beiden weiteren Argumente werden zum einen wohl die im Vergleich zur Eintakt-Endstufe geringere Empfindlichkeit der Gegentakt-Endstufe gegenüber Wechselanteilen in der Versorgungsspannung sein, die für die nicht im Gegentaktbetrieb ausgelegten Vorstufenschaltungskomponenten weit höher ist. Zum anderen handelt es sich beim AX50-Röhrenleistungsverstärker nicht um einen HiFi-, sondern um einen PA-Verstärker, der geringeren Ansprüchen hinsichtlich des Signal-Brumm-Abstands zu genügen hat und im wesentlichen daher im B-Betrieb gefahren wird. Um den letzten Satz mit seinen Annahmen und Konsequenzen zu verstehen, müssen wir in den später folgenden Abschnitten etwas weiter ausholen und auch einen Vergleich von Transistor- und Röhrenleistungsverstärkern heranziehen.

7.1.3 Gleichrichter und Ladekondensator

Wir beginnen mit der Simulation einer Ladekondensatorspannungsversorgung einer Verstärkerendstufe, um die bereits angesprochenen Brummstörungen nun mit einer SPICE-Simulation zu erfassen und auszuwerten.

Ein Netztransformator erzeugt eine Leerlaufeffektivspannung von $U_{TR} = 320\,\mathrm{V}$ und hat einen zusammengefassten Wicklungs- und Anschlusswiderstand von $R_{\mathrm{ser}} = 20\,\Omega$. Wir erreichen dies mit den SPICE-Instruktionen

```
.param Utr=320, N=150
sine (Utr*sqrt(2),50,0,0,N), Rser=20
```

worin N die Anzahl der Periodendauern zu je 20 ms im Zeitfenster der Transientenanalyse ist. Der Ladekondensator C_L hat eine Kapazität von $220\,\mu\mathrm{F}$ und sollte in einem realen Aufbau eine Spannungsfestigkeit von 500 V aufweisen, denn eine Spannungsfestigkeit von 450 V ist sehr knapp bemessen, auch wenn für diesen Spannungswert die Kondensato-

---

[1] Wir sehen den Ladekondensator nicht als Filterkondensator in einem RC-Filter an, auch wenn über den zusammengefassten Innenwiderstand von Transformator, Gleichrichter und Verdrahtung in Verbindung mit dem Ladekondensator ein Filter aufgebaut wird.

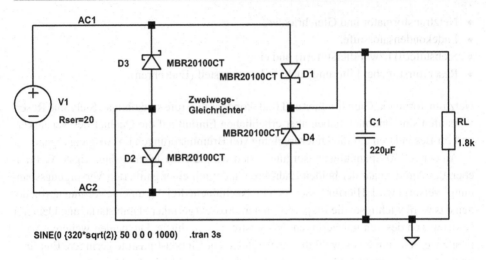

SINE(0 {320*sqrt(2)} 50 0 0 0 1000)   .tran 3s

Abb. 7.3 Ladekondensatorschaltung

ren zu deutlich geringeren Kosten zu haben sind. Mit einem Widerstand R_L wird eine Last durch einen Widerstandswert von 1,8 kΩ nachgebildet. Die Abb. 7.3 zeigt den Simulationsaufbau. Die Transientenanalyse erstreckt sich über eine Dauer von 3 s, entsprechend (N = 150)-mal der Periodendauer. Für die Auswertung nehmen wir den Zeitausschnitt zwischen 2 s und 3 s, was mit

trig at=2s targ at=3s

veranlasst wird. So warten wir den „Einschwingvorgang" ab, denn der Ladekondensator benötigt zunächst eine „Grundladung". Mit der ersten .meas-Anweisung bestimmen wir den Gleichanteil an der Lastspannung durch Mittelwertbildung.

.MEAS tran tmp avg V(n001) trig at=2s targ at=3s

Dieser Gleichanteil wird in der lokalen Variablen tmp abgelegt. Wir benötigen ihn im Folgenden für die Abspaltung des Wechselanteils an der Lastspannung durch Subtraktion. Mit den Folgenden fünf .meas-Anweisungen berechnen wir die chakteristischen Werte der der Nutzgleichspannung überlagerten Wechselstörspannung (Brummstörspannung) mit der zufolge der Zweiwegegleichrichtung halbierten Periodendauer von 10 ms.

.MEAS tran ripple_min min (V(n001)-tmp) trig at=2s targ at=3s
.MEAS tran ripple_rms rms (V(n001)-tmp) trig at=2s targ at=3s
.MEAS tran ripple_max max (V(n001)-tmp) trig at=2s targ at=3s
.MEAS tran MaxVal Param max(abs(ripple_min),abs(ripple_max))
.MEAS tran CrestFaktor Param MaxVal/ripple_rms

Mit den ersten drei .meas-Anweisungen berechnen wir Minimal-, Effektiv- und Maximal-wert der Wechselspannung. Wir können diese Ergebnisse zur Berechnung des Betragsma-ximalwerts und des Spitzenwertfaktors in der vierten und in der fünften .meas-Anweisung nutzen. Die Ergebnisse lauten

```
tmp: AVG(v(n001))=421.602 FROM 2 TO 3
ripple_rms: RMS(v(n001)-tmp)=2.36346 FROM 2 TO 3
ripple_max: MAX(v(n001)-tmp)=3.91469 FROM 2 TO 3
ripple_min: MIN(v(n001)-tmp)=-4.17802 FROM 2 TO 3
maxval: max(abs(ripple_min),abs(ripple_max))=4.17802
crestfaktor: maxval/ripple_rms=1.76776
```

Die Gleichspannung hat einen Wert von 421,6 V. Die Störspannung hat einen Effektivwert von 2,363 V bei einem Spitzenwertfaktor von 1,7678, was höher als der Spitzenwert-faktor von $\sqrt{2}$ einer Sinusspannung ist und in ungefähr dem Spitzenwertfaktor einer Dreieckspannung (oder Sägezahnspannung) von $\sqrt{3}$ entspricht. Die letzten vier .meas-Anweisungen beziehen sich auf den Strom im Transformator mit

```
.MEAS tran curr_rms rms I(V1) trig at=2s targ at=3s
.MEAS tran curr_pp pp I(V1) trig at=2s targ at=3s
.MEAS tran curr_max max I(V1) trig at=2s targ at=3s
```

und auf den Laststrom mit

```
.MEAS tran loadcurr_rms rms I(RL) trig at=2s targ at=3s.
```

Wir haben die nachstehenden Ergebnisse erzielt:

```
curr_rms: RMS(i(v1))=0.496032 FROM 2 TO 3
curr_pp: PP(i(v1))=2.86604 FROM 2 TO 3
curr_max: MAX(i(v1))=1.44342 FROM 2 TO 3
loadcurr_rms: RMS(i(rl))=0.234227 FROM 2 TO 3
```

Demnach hat der Transformatorstrom einen Effektivwert von 0,496 A und einen Spitze-zu-Spitze-Wert von 2,866 A. Der Maximalwert beträgt 1,4434 A. Der Laststrom hat einen Effektivwert von 0,234 A. Die Abb. 7.4 zeigt die Zeitverläufe von Lastspannung (ent-spricht der Kondensatorspannung) und Ladekondensatorstrom. Wir erkennen deutlich, dass die Spitzenwertfaktoren von Transformator- und Diodenstrom deutlich höher sind, als die der Störspannung am Ladekondensator. Insbesondere ist zu berücksichtigen, dass die Gleichrichterdioden für die hohen Spitzenströme ausgelegt werden müssen, was vor allem für Gleichrichter-Röhrendioden kritisch ist. Eine Erhöhung der Kapazität des Lade-kondensators verschärft dieses Problem zusätzlich.

Die Abb. 7.5 zeigt die Zeitverläufe des Transformatorstroms und des Stroms durch die Diode D_1.

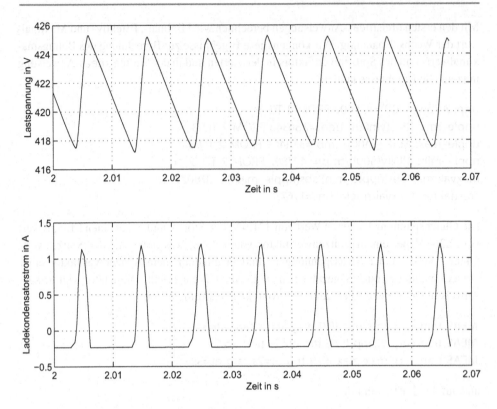

Abb. 7.4 Lastspannung und Ladekondensatorstrom

7.1.3.1 Siebung der Versorgungsspannung von Vorstufen

Am Ladekondensator ist der gewünschten Versorgungsgleichspannung noch eine Wechselspannung (Störspannung) von erheblicher Größe überlagert, die den zeitlichen Vorgängen Laden und Entladen des Ladekondensators folgt und wegen unterschiedlicher Zeitkonstanten, der Ladevorgang hat eine kleinere Zeitkonstante als der Entladevorgang[2], ähnlich wie eine Sägezahnspannung mit gerundeten Spitzen verläuft. Bei der üblichen Zweiwege-Gleichrichtung, wir haben es schon erwähnt, ist die Grundfrequenz dieser Wechselspannung 100 Hz und die verhältnismäßig kräftigen Oberschwingungen sind dem nichtsinusförmigen Spannungsverlauf geschuldet. Diese Wechselspannung ist eine Störspannung und ihre Frequenzen liegen im Nutzband der Audiosignale. In der idealen Gegentaktendstufe wird diese Störspannung, da sie als Gleichtaktspannung auftritt, stark gedämpft, so dass sich ein deutlich vernehmbarer Brumm nicht im Lautsprecher bemerkbar machen muß.

---

[2] Wegen der Diode ist das Netzwerk nichtlinear. Somit sind unterschiedliche Zeitkonstanten möglich. Im einzelnen bedeutet dies, daß über den Transformator geladen und über den Lastwiderstand entladen wird. Diesen Vorgang haben wir bereits im Abschn. 4.2 kennengelernt.

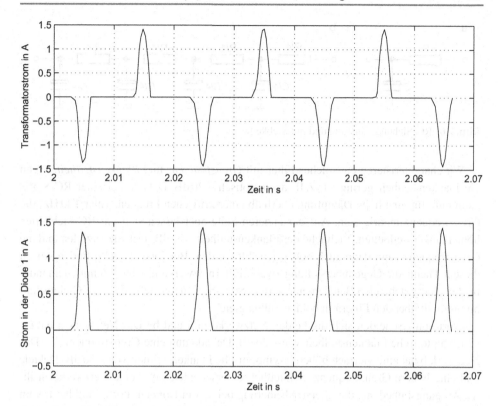

Abb. 7.5 Transformator- und Diodenstrom

Beim Betrieb von Vorstufen in den Röhrenverstärkern, vor allem bei den nicht symmetrisch aufgebauten Stufen, profitieren wir nicht mehr von einer Gleichtaktunterdrückung. Hinzu kommt auch noch das verschärfende Problem der niedrigen Nutzspannungen (Signalspannungen), die sich dann nicht mehr genügend von den Versorgungsstörspannungen abheben. Man ist wegen beider Gründe gezwungen, die Versorgungsspannungen der Vorstufen zu filtern und verwendet hierzu RC-Filter, wenn nicht eine elektronische Spannungsversorgung[3] zum Einsatz gelangen soll. RC-Filter sind möglich, da wegen niedriger Versorgungsströme und nicht notwendigerweise benötigter besonders hoher Versorgungsspannungen vergleichsweise große Widerstandswerte, bis hin zu einigen -zig Kiloohm, in den RC-Filtern verwendet werden können, die zusammen mit Hochkapazitäts-Elektrolytkondensatoren dann auch für große Zeitkonstanten bzw. niedrige Filtergrenzfrequenzen sorgen können, womit das Filter bei den Störspannungen ab der Grundfrequenz von 100 Hz bereits recht viel Dämpfung der Störspannung ermöglicht.

---

[3] Der Leser findet im Internet zahlreiche Bauvorschläge für einfache und aufwendige Spannungsregler für hohe Spannungen mit bipolaren Transistoren oder MOSFETs im Leistungsteil (Längsregler). Man kann Spannungsregler auch mit Röhren und Glimmstabilisatoren aufbauen, was aber aus Sicht des Autors nicht nur aus Kostengründen unvernünftig ist.

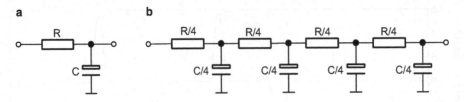

Abb. 7.6 RC-Siebung, einstufig und mit Siebkette

Wir charakterisieren ein solches Filter mit *Grenzfrequenz* und *Flankensteilheit*. Wenn die Flankensteilheit gering ist, z. B. asymptotisch −20 dB/Dekade bei einer RC-Stufe, dann muß für eine hohe Dämpfung oberhalb einer kritischen Frequenz (hier 100 Hz) die Grenzfrequenz niedrig sein. Auf der anderen Seite aber lassen sich mit RC-Siebketten hohe Flankensteilheiten, Vielfache der Flankensteilheit −20 dB/Dekade, erzielen und die Grenzfrequenz kann dann auch höher gewählt werden. Bei Jones [Jon95] finden wir zu diesem Thema die Gegenüberstellung zweier Filternetzwerke in Abb. 7.6 mit zueinander in Beziehung stehenden Bauelementewerten. So wird sichergestellt, dass der Gleichspannungsabfall über den Filtern in beiden Fällen gleich ist.

Worin unterscheiden sich die beiden Netzwerke in a und b? Das Netzwerk a hat eine asymptotische Flankensteilheit von −20 dB/Dekade und eine Grenzfrequenz f_g. Das Netzwerk b hat eine vierfach höhere asymptotische Flankensteilheit von −80 dB/Dekade und eine höhere Grenzfrequenz. Schließlich unterscheiden sich beide Netzwerke in ihrer Ausgangsimpedanz, die in erster Näherung bei a vom Kondensator C und bei b vom Kondensator $C/4$ bestimmt wird, falls R bzw. $R/4$ praxisüblich im Kilo-Ohm-Bereich liegen. Welches der beiden Netzwerke ist für unseren Anwendungszweck nun besser geeignet? Wir sollten an dieser Stelle noch einen wichtigen Aspekt der Auslegung von Versorgungsspannungssystemen ansprechen, nämlich den Innenwiderstand für Wechselgrößen. Der Innenwiderstand für Wechselgrößen nimmt mit fallender Frequenz zu, was zur Folge hat, dass der Arbeitswiderstand einer Vorstufenröhre nicht nur der hierfür vorgesehene ohmsche Widerstand R_a ist, sondern es kommt auch eine Impedanz hinzu, die diesem Innenwiderstand entspricht. Vor allem bei gegengekoppelten Schaltungen können auf diesem Wege niederfrequente Schwingungen als Folge von Niederfrequenzverstärkerinstabilität auftreten, das sogenannte *motor boating*. Auch wenn es nicht zu Niedrigstfrequenzschwingungen kommt, so erfährt man durch diese Impedanz wegen der frequenzabhängigen Vergrößerung des effektiv wirksamen Arbeitswiderstands[4] eine Baßanhebung, die vor allem bei den damaligen Röhrenradios wegen der nach heutigen Maßstäben unzureichenden Basslautsprecher durchaus erwünscht gewesen war und so „zum guten Ton" dazugehörte.

Zurück zum Thema! Jones führt aus, dass das Netzwerk b, die Siebkette, bessere Filtereigenschaften hat und verweist auf einen Aufsatz von 1949, in dem das Thema diskutiert

---

[4] Der Arbeitswiderstand einer Verstärkerröhre umfasst nicht nur die in der Schaltung an der Anode angeschlossenen Widerstände, sondern auch den Innenwiderstand der Stufenspannungsversorgung.

wurde. In diesem Aufsatz befindet sich eine Tabelle, die dem damaligen Ingenieur Anhaltswerte und Faustformeln zur Dimensionierung von Siebketten mitgab. Heute sind wir sicher nicht schlauer, aber wir können Schaltungssimulatoren nutzen, mit deren Hilfe (und der Hilfe einiger Berechnungen) sich Erkenntnisse erlangen lassen, für deren Nutzung man früher den passenden Aufsatz kennen mußte, was in der Vor-Internet-Zeit recht mühebeladen gewesen war. Und nicht zuletzt ist es ein schönes Thema, um die SPICE .meas-Anweisung mit ihren vielen Aufrufvarianten am Beispiel der Transientenanalyse kennenzulernen.

7.1.3.2 Berechnungen an RC-Siebfilterschaltungen

Wir beginnen zunächst mit einer experimentellen Betrachtung eines Versorgungsspannungs-RC-Filters. Wir gehen davon aus, dass der Lastwiderstand R_L groß gegenüber R, dem Filterwiderstand ist. Im weiteren sei R größer als $|Z_i|$, der Innenscheinwiderstand der Ladestufe bei $f = 20\,\text{Hz}$. Die Frequenzgangsfunktion des einfachen RC-Tiefpassfilters lautet

$$H(\omega) = \frac{Z_C(\omega)}{R + Z_C(\omega)} = \frac{\dfrac{1}{j\omega C}}{R + \dfrac{1}{j\omega C}} = \frac{1}{1 + j\omega RC}.$$

Für einen Filterwiderstand $R = 10\,\text{k}\Omega$ ist der Filterkondensator C nun so zu berechnen, dass bei $f_0 = 100\,\text{Hz}$ eine beispielhafte Dämpfung von $80\,\text{dB}$ erreicht wird

$$\frac{1}{|1 + j\,2\pi f_0 RC|} = 10^{-4}.$$

Das Rechnen mit Leistungsgrößen erspart die Verwendung der Quadratwurzelfunktion

$$1 + (2\pi f_0 RC)^2 = 10^8.$$

Mit $(2\pi f_0 RC)^2 \gg 1$ erhält man für den Filterkondensator

$$C = \frac{10^{-2}}{2\pi} = 1590\,\mu\text{F}.$$

Die Grenzfrequenz des so aufgebauten Filters beträgt

$$f_g = \frac{1}{2\pi RC} = 0{,}01\,\text{Hz}.$$

Die Innenimpedanz Z_i am Filterausgang entspricht der Impedanz der Parallelschaltung von R und C mit

$$Z_i = \frac{R}{1 + j\omega RC}.$$

Da aber im Hörfrequenzbereich der Widerstand $|Z_C|$ des Kondensators klein gegen R ist, wird der Innenscheinwiderstand $|Z_i|$ weitestgehend alleine vom Kondensator bestimmt

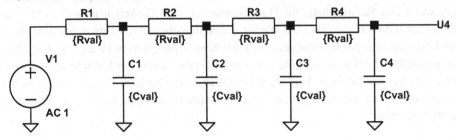

Abb. 7.7 Siebkette mit vier Stufen

und kann zu $|Z_i| \approx |Z_C|$ angesetzt werden. Er hat an der unteren Hörgrenze bei einer Frequenz $f = 20\,\text{Hz}$ den Betrag

$$|Z_i| = 5\,\Omega\,,$$

was einem wünschenswert niedrigen Wert entspricht.

Ein Kondensator mit einer Kapazität von $1590\,\mu\text{F}$ für eine Spannungsfestigkeit von mehreren $100\,\text{V}$ ist groß und teuer. Auch wenn mittlerweile wegen zahlreicher Schaltnetzteile hochspannungsfeste[5] Elektrolytkondensatoren in recht kleinen Bauformen für recht wenig Geld verfügbar sind, wird man einen solch großen Kondensator eher mit der Parallelschaltung von vier Kondensatoren mit einer jeweiligen Kapazität von $470\,\mu\text{F}$ aufbauen.

Wir wollen die vierstufige Siebkette b aus Abb. 7.6 dagegenhalten und wählen die Widerstände zu $R/4 = 2{,}5\,\text{k}\Omega$. Statt aber doch noch vier recht teure Kondensatoren mit einer jeweiligen Kapazität von $470\,\mu\text{F}$ zu verwenden, sollen vier preiswerte Kondensatoren mit einer jeweiligen Kapazität von nur $47\,\mu\text{F}$ verwendet werden. Wir verbilligen das Filter so noch einmal deutlich. Für die Analyse der so aufgebauten Siebkette verwenden wir zuerst eine SPICE-Simulation nach Abb. 7.7. Mit den drei .meas-Anweisungen

```
.MEAS AC Freq3 dB when mag(V(U4))=1/sqrt(2)
.MEAS AC Freq80 dB when mag(V(U4))=1e-4
.MEAS AC Damping100 find abs(V(U4)) at 100
```

berechnen wir die Grenzfrequenz, die Frequenz, bei der $80\,\text{dB}$-Dämpfung erreicht wird und den Dämpfungswert bei $f = 100\,\text{Hz}$. Die Ergebnisse lauten

```
freq3db: mag(v(u4))=1/sqrt(2) AT 0.160501
freq80db: mag(v(u4))=1e-4 AT 13.2298
damping100: abs(v(u4))=(-149.473dB,0°) at 100
```

---

[5] Im Handel werden diese Kondensatoren als HV-Kondensatoren (High Voltage) angeboten. Der Energietechniker hat allerdings erheblich höhere Zahlwerte im Sinn, wenn er von Hochspannung spricht.

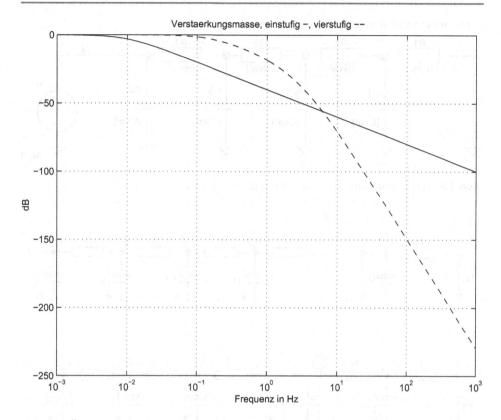

Abb. 7.8 Übertragungsmaße ein- und vierstufige Siebkette

SPICE rechnet den Dämpfungswert gleich in Dezibel aus, wobei hier nicht die Dämpfung, sondern ihr negativer Wert, das Übertragungsmaß berechnet wird. Die Grenzfrequenz liegt deutlich höher als beim einstufigen Siebfilter. Dafür erreichen wir 80 dB Sperrdämpfung bereits bei $f = 13{,}2$ Hz und nicht erst bei $f = 100$ Hz. Bei $f = 100$ Hz werden bereits 149 dB Sperrdämpfung erreicht und so können wir die Überlegenheit der Siebkette zeigen, wobei wir sogar noch deutlich preisgünstigere Kondensatoren verwendet haben. Die Abb. 7.8 zeigt die Übertragungsmaße der ein- und vierstufigen Siebkette. Man erkennt deutlich bei Frequenzen oberhalb 10 Hz den Gewinn durch die vervierfachte Flankensteilheit.

Der Innenscheinwiderstand der Siebkette wird mit einer weiteren SPICE-Simulation in Abb. 7.9 gewonnen. Zur Berechnung des Innenscheinwiderstands bei $f = 20$ Hz dient die .meas-Anweisung

.MEAS AC Zi find pow(10,abs(V(U4)/I(V1))/20) at 20

.param Cval=47µF Rval=2.5k

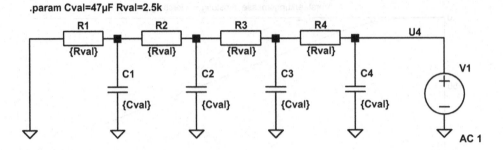

Abb. 7.9 SPICE-Simulation für den Siebketteninnenwiderstand

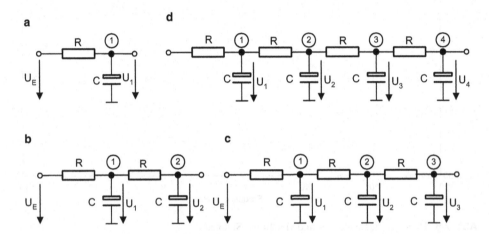

Abb. 7.10 Ein- bis vierstufige Siebkettenfilter

In dieser .meas-Anweisung müssen wir eine Delogarithmierung rechnen, da die Ergebnisausgabe immer in Dezibel erfolgt. Wir erhalten

zi: pow(10,abs(v(u4)/i(v1))/20)=(168.258dB,0°) at 20

einen Wert $|Z_i| = 168{,}3\,\Omega$, der deutlich höher als der Wert des Innenscheinwiderstands des einstufigen Filters ist. Allerdings müssen wir sehen, dass der Wert mit $|Z_i| \approx |Z_{C_4}|$ im wesentlichen von C_4 bestimmt wird und bei einem Kondensator von $470\,\mu$F auch entsprechend kleiner wäre. Dieses Argument spräche dafür, für C_4 statt $47\,\mu$F den höheren Wert von $470\,\mu$F zu wählen.

7.1.3.3 Rechnerische Behandlung der Siebkettenfilter
Wir beginnen mit der Laplace-Transformations-Analyse der Schaltung a in Abb. 7.10, dem einstufigen Siebfilter. Es gelten für die Eingangsimpedanz $Z_{E,1}$ und die Impedanz

$Z_{1,1}$ zwischen Knoten (1) und Null

$$Z_{E,1} = R + \frac{1}{sC} \quad \text{und} \quad Z_{1,1} = \frac{1}{sC} . \tag{7.1}$$

Mit der Spannungsteilerregel können wir die Siebfiltersystemfunktion leicht berechnen

$$H_1(s) = \frac{U_1}{U_E} = \frac{\frac{1}{sC}}{R + \frac{1}{sC}} = \frac{1}{1 + sRC} .$$

Um zur Schaltung b, der zweistufigen Siebfilterkette zu gelangen, schalten wir ein RC-Glied parallel zum Kondensator in a und erhalten für die Impedanz $Z_{1,2}$ zwischen Knoten (1) und Null

$$Z_{1,2} = \frac{\frac{1}{sC}\left(R + \frac{1}{sC}\right)}{\frac{1}{sC} + R + \frac{1}{sC}} .$$

Wir notieren diesen Bruch als Kettenbruch (Division durch $\left(R + \frac{1}{sC}\right)$)

$$Z_{1,2} = \frac{\frac{1}{sC}}{1 + \frac{\frac{1}{sC}}{R + \frac{1}{sC}}} = \frac{1}{sC + \frac{1}{R + \frac{1}{sC}}} . \tag{7.2}$$

Die Eingangsimpedanz Z_E der Schaltung b ist leicht abzulesen

$$Z_{E,2} = R + Z_{1,2} = R + \frac{1}{sC + \frac{1}{R + \frac{1}{sC}}} \tag{7.3}$$

und entspricht dem Wert

$$Z_{E,2} = R + \left(\frac{1}{sC} \parallel \left(R + \frac{1}{sC}\right)\right) . \tag{7.4}$$

Mit der Spannungsteilerregel können wir die Siebfiltersystemfunktion leicht berechnen und erhalten

$$H_2(s) = \frac{U_2}{U_E} = \frac{Z_{1,2}}{Z_{1,2} + Z_{E,2}} .$$

Auch hier ist die Kettenbruchdarstellung günstiger und wir setzen an

$$\frac{U_2}{U_E} = \frac{U_2}{U_1}\frac{U_1}{U_E}$$

oder

$$\frac{U_2}{U_1} = \frac{\dfrac{1}{sC}}{R + \dfrac{1}{sC}}$$

$$\frac{U_1}{U_E} = \frac{Z_{1,2}}{Z_{E,2}} = \frac{\dfrac{1}{sC + \dfrac{1}{R + \dfrac{1}{sC}}}}{R + \dfrac{1}{sC + \dfrac{1}{R + \dfrac{1}{sC}}}}\,.$$

Die Kettenbruchdarstellung wird uns nützlich sein, wenn wir den Übergang zum drei- und vierstufigen Siebkettenfilter vollziehen. Für das zweistufige Filter multiplizieren wir die Kettenbruchdarstellung aus und erhalten

$$H_2(s) = \frac{1}{1 + sRC} \frac{1 + sRC}{(sRC)^2 + 3sRC + 1}$$

$$= \frac{1}{(sRC)^2 + 3sRC + 1}$$

$$= \frac{1}{(s\tau)^2 + 3s\tau + 1} \quad \text{mit} \quad \tau = RC\,.$$

Um von b nach c zu gelangen, hängen wir ein weiteres RC-Glied an und notieren für die Impedanzen $Z_{1,3}$ und $Z_{E,3}$

$$Z_{1,3} = \frac{1}{sC + \dfrac{1}{R + \dfrac{1}{sC + \dfrac{1}{R + \dfrac{1}{sC}}}}} \tag{7.5}$$

und

$$Z_{E,3} = R + Z_{1,3} = R + \frac{1}{sC + \dfrac{1}{R + \dfrac{1}{sC + \dfrac{1}{R + \dfrac{1}{sC}}}}}, \tag{7.6}$$

was dem Wert

$$Z_{E,3} = R + \left(\frac{1}{sC} \parallel \left(R + \frac{1}{sC} \parallel \left(R + \frac{1}{sC} \right) \right) \right)\,. \tag{7.7}$$

entspricht. Beim Blick auf die Gl. 7.4, 7.3, 7.2, 7.7, 7.6 und 7.5 ahnt man, dass man die Fortführung durch Anwendung einfacher Regeln vornehmen kann. Man gelangt von (7.4) zu (7.7), indem im letzten (oder innersten) Klammerausdruck

$$R + \frac{1}{sC}$$

der Anteil

$$\frac{1}{sC}$$

durch

$$\frac{1}{sC} \parallel \left(R + \frac{1}{sC} \right)$$

ersetzt wird und dieser so zu

$$R + \frac{1}{sC} \parallel \left(R + \frac{1}{sC} \right)$$

wird. In vergleichbarer Weise werden so auch die Kettenbrüche fortgeführt. Es war nichts weiter zu tun, als den letzten Ausdruck

$$\frac{1}{R + \dfrac{1}{sC}}$$

in (7.2) durch den Ausdruck

$$\frac{1}{sC + \dfrac{1}{R + \dfrac{1}{sC}}}$$

zu ersetzen. Die weitere Berechnung entspricht derjenigen für das Netzwerk b und wir setzen an

$$\frac{U_3}{U_E} = \frac{U_3}{U_2} \frac{U_2}{U_1} \frac{U_1}{U_E},$$

womit wir die Systemfunktion

$$H_3(s) = \frac{1}{(s\tau)^3 + 5(s\tau)^2 + 6s\tau + 1}$$

erhalten. Analog erfolgt der Übergang von c nach d mit

$$Z_{1,4} = \cfrac{1}{sC + \cfrac{1}{R + \cfrac{1}{sC + \cfrac{1}{R + \cfrac{1}{sC + \cfrac{1}{R + \cfrac{1}{sC}}}}}}} \tag{7.8}$$

und

$$Z_{E,4} = R + \cfrac{1}{sC + \cfrac{1}{R + \cfrac{1}{sC + \cfrac{1}{R + \cfrac{1}{sC + \cfrac{1}{R + \cfrac{1}{sC}}}}}}}$$

oder

$$Z_{E,4} = R + \left(\frac{1}{sC} \parallel \left(R + \left(\frac{1}{sC} \parallel \left(R + \left(\frac{1}{sC} \parallel \left(R + \frac{1}{sC} \right) \right) \right) \right) \right) \right) .$$

Man erhält dann die Systemfunktion

$$H_4(s) = \frac{1}{(s\tau)^4 + 7\,(s\tau)^3 + 15\,(s\tau)^2 + 10 s\tau + 1} .$$

Wir überprüfen mit Zahlenwerten

$$\tau = RC = 0{,}1175 .$$

Bei $f = 100\,\text{Hz}$ gilt

$$s\tau = j\,73{,}83, \quad s = j\omega ,$$

und

$$20 \log_{10} |H_4(s = j\,2\pi 100)| = -149{,}47\,\text{dB},$$

so, wie es auch die SPICE-Analyse ergab. Der Leser ahnt es schon, „man" kennt das Bildungsgesetz für die Koeffizienten der Systemfunktionen $H_k(s)$, $k = 1,2,\ldots,$. Es sind die Koeffizienten des *Morgan-Voyce-Polynoms*. Um nur noch wenige weitere anzugeben, lauten die Koeffizienten für $H_5(s)\{1, 9, 28, 35, 15, 1\}$, für $H_6(s)\{1, 11, 45, 84, 70, 21, 1\}$ und für $H_7(s)\{1, 13, 66, 165, 210, 126, 28, 1\}$ und so weiter. Hier verweisen wir den Leser auf die Fachliteratur [Mor59]. Wir beschäftigen uns nur noch mit der Frage, wie groß die Innenimpedanz der Siebkette mit vier Kettengliedern ist. Hierzu schauen wir in das

Netzwerk von hinten nach vorne und berücksichtigen das Auf-Masse-Legen des ersten Widerstands. Wir erhalten

$$
Z_i = \cfrac{1}{sC + \cfrac{1}{R + \cfrac{1}{sC + \cfrac{1}{sC + \cfrac{1}{R + \cfrac{1}{sC}}}}}} \ . \tag{7.9}
$$

7.1.4 Passive und elektronische Siebstufen in der Spannungsversorgung der Endröhren (Leistungsfilter)

Elektronische Siebfilter werden i. a. für Leistungsstufen in Klasse-B- bzw. Klasse-AB-Leistungsverstärkern nicht verwendet, was im Falle von Transistorleistungsverstärkern vor allem drei Gründe hat:

- Der Innenwiderstand der Spannungsversorgung (bei einer elektronischen Siebstufe handelt es sich um einen differentiellen Innenwiderstand) wird größer, und für transiente (impulsartige) Signale steht gegebenenfalls nur ein Reservoirkondensator zur Verfügung. Dieser Satz wird dann verständlich, wenn man annimmt, dass das elektronische Siebfilter eingesetzt wird, um einen sehr teuren und großen Hochkapazitätsladekondensator mit einer Kapazität von einigen 10 mF zu vermeiden und stattdessen einen erheblich kapazitätsärmeren Ladekondensator einzusetzen. Dieses Argument wird besonders stichhaltig bei Verstärkern mit sehr hoher Ausgangsleistung (Transistorverstärker mit mehr als 100 W Ausgangsleistung an 8 Ω), da dann die Versorgungsspannungen so hoch ausfallen, dass die notwendigen Elektrolytkondensatoren[6] unverhältnismäßig groß und teuer werden. Um an den Ausgangspunkt zurückzukehren, unterstellen wir, dass die Kombination geringkapazitiver Ladekondensatoren mit einem elektronischen Siebfilter in vielen Fällen eine Kostenreduktion gegenüber den Hochkapazitätsladekondensatoren bei gleichbleibenden Effektivwerten der Wechselstöranteile in der Versorgungsspannung erlaubt.
- Transistorleistungsverstärker sind meist AB-Verstärker mit einem im Vergleich zum maximalen Ausgangsstrom nur geringem Ruhestrom (der A-Anteil „reicht" nur bis zu recht geringen Ausgangsleistungen, wir sprechen dann besser von „Quasi-B-Verstärkern"). Da die Effektivwerte der Wechselanteile der Versorgungsspannung proportional zum entnommenen Strom sind, tritt möglicher Brumm erst bei hohen Lautstärken in Erscheinung, bei denen wir ihn auch schon nicht mehr wahrnehmen. Die Siebwirkung ist dann subjektiv und nutzt den Verdeckungseffekt des Gehörs.

---

[6] Ein wichtiger Kosten-Schwellenwert für die Spannungsfestigkeit der Elektrolytkondensatoren ist die Spannung 63 V.

Tab. 7.1 Daten von Gegen-
takt-Endstufen mit der EL34

	Gegentakt AB	Gegentakt B
U_B	375 V	800 V
I_{a0}	2×75 mA	2×25 mA
$I_{a,\text{ausgesteuert}}$	2×95 mA	2×91 mA
$I_{g2,0}$	$2 \times 11{,}5$ mA	2×3 mA
$I_{g2,\text{ausgesteuert}}$	$2 \times 22{,}5$ mA	2×19 mA
N (5 %)	35 W	100 W

- Wegen der im Vergleich zu Röhrenverstärkern geringen Versorgungsspannungen von Transistorleistungsverstärkern werden große Versorgungsströme benötigt, die zu erheblichen Verlusten in einer Siebfilterstufe führen, was ökonomisch kaum vertretbar ist. Kurz gesagt: Kritisch für ein elektronisches Filter ist die Höhe des Stroms und nicht die Höhe der Spannung.

Wohl aber wurden bei Transistor-A-Verstärkern[7] elektronische Siebfilter eingesetzt, wie beim bekannten Verstärker von J. Linsley-Hood [Hoo69], dessen Schaltung im Magazin Wireless World im Jahre 1969 veröffentlicht wurde. Dieses Filter enthält alle später erklärten Komponenten wie Darlington-Transistor und Reservoirkondensator.

Bei HiFi-Röhren-AB-Leistungsverstärkern sind die Verhältnisse anders. Gegentakt-A-Betrieb wird bis zu recht hohen Ausgangsleistungen gefahren[8]. Die Ruheströme sind im Vergleich zum Strom bei nominaler Aussteuerung nicht mehr niedrig. Hierzu soll ein typisches Beispiel gegeben werden. Im Datenblatt zur Endröhre EL34 finden wir u. a. die beiden in der Tab. 7.1 aufgeführten Dimensionierungshinweise.

Man wird im HiFi-Röhrenleistungsverstärker die Gegentakt-AB-Einstellung und beim Gitarrenverstärker die Gegentakt-B-Einstellung verwenden. Der Umstand, dass in beiden Fällen für die Ausgangsleistungsangabe ein Gesamtklirrgrad von 5 % angegeben ist, sollte um eine Erklärung ergänzt werden. Denn hierbei werden die Übernahmeverzerrungen der Gegentakt-B-Einstellung bei niedriger Aussteuerung übersehen, was beim Gitarrenverstärker uninteressant ist (man spielt nur „volle Lautstärke"), beim HiFi-Röhrenleistungsverstärker hingegen aber desaströs ist, da bereits wenige Milliwatt Ausgangsleistung bei vielen Lautsprechern bereits zur sogenannten „Wohnzimmerlautstärke" führen. Gerade diese Übernahmeverzerrungen haben die sehr unangenehme Eigenschaft, unabhängig von der Aussteuerung zu sein. Daher fallen sie bei geringer Aussteuerung und entsprechend hoher Empfindlichkeit des Hörens mit ihren dann großen Klirrgraden besonders lästig

---

[7] A-Betrieb heißt, daß der arithmetische Mittelwert des Endröhren- bzw. Endtransistorenstroms bei Ansteuerung mit Wechselgrößen unabhängig von der Aussteuerung ist.

[8] Der Autor nutzt Röhrenleistungsverstärker mit GU50-Gegentaktendstufen, die bis zu einer Ausgangsleistung von 32 W als A-Verstärker arbeiten und nur im Bereich von 32 W bis 50 W in Richtung B-Betrieb gehen.

ins Gewicht. Insofern wäre es aufschlussreich gewesen, die Klirrgrade auch für geringe Aussteuerung, z. B. bei einer Ausgangsleistung von 50 mW[9] anzugeben.

Bei der Gegentakt-AB-Schaltung beträgt der Anodenruhestrom I_{a0} fast 3/4 des Anodenstroms $I_{a,\text{ausgesteuert}}$ bei Aussteuerung auf 35 W Ausgangsleistung. So wird der Wechselanteil in der Versorgungsspannung auch bei geringster Aussteuerung groß sein. Wir wissen, dass bei einer idealen Gegentaktstufe sich dieser Wechselanteil im Ausgangsübertrager weghebt, was aber Idealität und nicht Realität voraussetzt (gepaarte Endröhren, exakt eingestellte und gleichgroße Ruheströme usw.). Wenn wir dieser Argumentation folgen, dann ist die Verwendung einer Siebstufe auch für den Endstufenstrom im Falle des HiFi-Röhrenleistungsverstärkers nicht nur sinnvoll, sondern auch notwendig. In vielen HiFi-Röhrenleistungsverstärkern finden sich hierzu Siebdrosseln.

Zu den Zeiten des Verstärkerbaus mit Verstärkerröhren, als spannungsfeste Leistungstransistoren noch nicht verfügbar waren, war diese Lösung ohne Alternative[10], zumal Siebdrosseln im Vergleich zu anderen Bauelementen nicht übermäßig teuer waren. Heute ist eine Siebdrossel für Ströme im Bereich von 300 mA unverhältnismäßig teuer, zu groß und zu schwer (heutige Leistungsverstärker haben gegenüber früheren oft beträchtlich höhere maximale Ausgangsleistungen, die von der „transistorverstärkerverwöhnten" Kundschaft und deren Hörgewohnheiten erwartet werden). Einer der Gründe für die Baugröße ist der wegen des überlagerten Drosselgleichstroms notwendige Luftspalt, der den magnetischen Widerstand des Siebdrosselkerns erhöht. Wir wollen stattdessen elektronische Siebstufen vorsehen, die diese Nachteile nicht aufweisen, was vor allem dadurch unterstützt wird, dass wegen der Ströme deutlich unter einem Ampere auch nur recht geringe Verlustleistungen im elektronischen Filter auftreten, die mit sehr klein dimensionierten Kühlkörpern[11] auch leicht in den Griff zu bekommen sind.

Die traditionelle Siebfilterschaltung für Röhrenleistungsverstärker haben wir bereits kennengelernt. Es ist die Siebdrossel-Siebkondensator-Schaltung[12] (LC-Filter). Eine zeit-

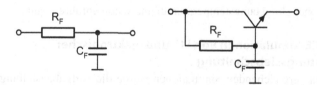

Abb. 7.11 RC-Filter und Prinzipschaltung eines Kapazitätsmultiplizierers

---

[9] Möglicherweise ist dies im konkreten Fall nicht sehr kritisch, da ein Anodenruhestrom von immerhin 25 mA für einen B-Betrieb recht hoch ist. Vermutlich würde man Qualitätsunterschiede eher bei etwas höheren Leistungen von wenigen Watt bemerken.

[10] Wenn man nicht ein elektronisches Filter mit Röhren aufbauen wollte.

[11] In vielen Fällen wird man das metallene Gehäuse oder Chassis des Röhrenverstärkers zum Kühlen des Transistors nutzen können, wobei der Transistor elektrisch sorgfältig isoliert montiert werden muß.

[12] Mit einem LC-Filter läßt sich sogar eine Nullstelle auf 100 Hz legen, um für diesen Hauptanteil besonders viel Dämpfung zu erreichen.

gemäßere Lösung ist mit Hilfe einer einfachen Transistorschaltung in Abb. 7.11 möglich. Im linken Bild sehen wir als Ausgangspunkt eine passive RC-Filterstufe mit der Zeit-konstanten $\tau_F = R_F C_F$, die für eine im interessierenden Frequenzbereich (ab 100 Hz) wirkungsvolle Filterwirkung sehr groß ausfallen muß. Ein großer Wert für R_F verbietet sich wegen des damit verbundenen Spannungsabfalls und der dann damit einhergehenden hohen Verlustleistung im Widerstand. Ein großer Kapazitätswert von C_F ist aus Kosten-gründen ebenfalls keine gute Lösung. Im rechten Teil in Abb. 7.11 ist eine Prinzipschal-tung eines elektronischen Siebfilters mit einem Transistor angegeben. Diese Schaltungs-topologie wird etwas irreführend als *Kapazitätsmultiplizierer (capacitance multiplier)* bezeichnet. Der Innenwiderstand dieses Filters entspricht dem Widerstandswert von R_F dividiert durch die Stromverstärkung des Transistors, wie es in [Ree12] gezeigt wird[13]. Vor allem dann, wenn es sich um einen (bipolaren) Darlingtontransistor handelt, sind recht große Stromverstärkungswerte möglich.

Der Röhrenleistungsverstärker kommt dieser Anwendung einerseits entgegen, da die Versorgungsströme und damit dann in Folge die Verlustleistung im Transistor niedrig sind, und er steht dieser Anwendung andererseits entgegen, da die Versorgungsspannungen hoch sind. Bipolare Transistoren für hohe Spannungen haben nur geringe Stromverstär-kungswerte. Ein prinzipiell geeigneter Kandidat ist der Darlington-Transistor BU931, der als Treibertransistor für Zündspulen entwickelt wurde und mit seiner Stromverstärkung von 300 bis zu Versorgungsspannungen von 400 V verwendbar ist. Eine bessere Alterna-tive ist ein Leistungs-MOSFET, der ohne Schwierigkeiten bis zu Spannungen von 800 V und darüber eingesetzt werden kann. Die MOSFETs weisen aber den Nachteil einer höhe-ren Spannung zwischen Steuer- und Lastelektrode gegenüber der der Bipolartransistoren auf, die die Verlustleistung ansteigen lässt. Aber wir werden im Folgenden sehen, dass in einer praxisnahen Anwendung die Verlustleistung dennoch so niedrig ist, dass sie von der einer handelsüblichen Siebdrossel deutlich übertroffen wird. Kurz gesagt, es reicht auch schon ein kleiner Kühlkörper, zumal das TO220-Transistorgehäuse bis zu 2 W Leistung bei nicht zu hoher Umgebungstemperatur alleine schon abführen kann.

7.1.4.1 SPICE-Simulationen von LC- und elektronischer Leistungssiebschaltung

Für die beiden vergleichenden Simulationen wurde die Aufgabenstellung gewählt, eine Versorgungsspannung von ca. 300 V bei einem Versorgungsstrom von ca. 300 mA, ent-sprechend einer Leistung von 90 W, zur Verfügung zu stellen. Diese Auslegung könnte für einen Verstärker mit ungefähr 45 W Ausgangsleistung geeignet sein, den man wegen der verhältnismäßig geringen Versorgungsspannung mit 3 Paaren der preiswerten Endpentode EL84 aufbauen könnte. Der Wicklungswiderstand R_{WT} des Transformators wurde mit 2 Ω sehr gering angesetzt und ist im weiteren für die Simulationen unerheblich. Die ers-te Schaltung in Abb. 7.12 enthält eine Gleichrichter-Ladekondensator-Stufe mit C_L und

---

[13] Man hätte auch sagen können, daß die verbesserte Filterwirkung auf eine mit der Stromverstär-kung des Transistors multiplizierte Kapazität des Filterkondensators zurückzuführen ist.

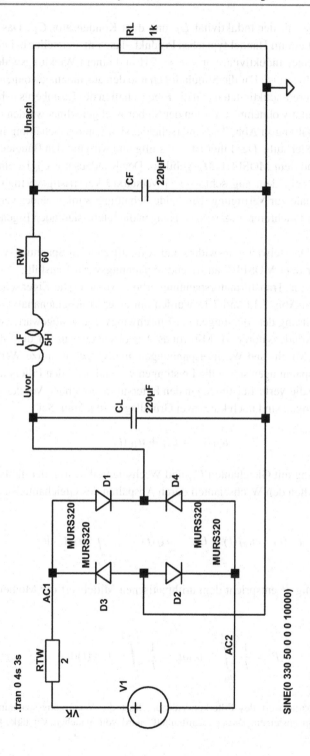

Abb. 7.12 Simulation der LC-Siebung

eine LC-Filterstufe mit der Induktivität L_F und dem Kondensator C_F. Das Vorbild einer Siebdrossel ist ein im Handel typisches Produkt, das vom Hersteller bei einem Strom von 300 mA mit einer Induktivität von $L_F = 5$ H und einem Wicklungswiderstand von $R_W = 60\,\Omega$ spezifiziert ist. Für die Simulationen und den aus ihnen gewonnenen Schlussfolgerungen sind Streuinduktivitäten und die Eigenschaften des Eisenkerns nebensächlich, zumal sie argumentativ ohnehin zu Lasten der Siebdrossel gerechnet werden müssen.

Die zweite Schaltung in Abb. 7.13 unterscheidet sich von der Schaltung in Abb. 7.12 durch eine aktive Siebstufe. Das Filter ist zweistufig und wird mit den Bauelementen R_{F1}, R_{F2}, C_{F1}, C_{F2} und dem MOSFET M_F gebildet. Der Kondensator C_R ist ein Reservoirkondensator und stellt dem angeschlossenen Verstärker kurzfristig verfügbare Energie für transiente Signale zur Verfügung. Um beide Schaltungen miteinander vergleichen zu können, wurden mit mehreren .meas-Anweisungen die interessierenden Eigenschaften erfasst.

Wegen des im Drosselwicklungswiderstand R_W auftretenden Spannungsverlustes, der höher als der über dem MOSFET auftretende Spannungsverlust ausfällt, musste bei der LC-Siebschaltung die Transformatorspannung erhöht werden. Die Eigenschaften beider Schaltungen in den Abb. 7.12 und 7.13 wurden mit einer Transientenanalyse erfaßt, wobei vor der Ausführung der Messungen ein Einschwingvorgang abgewartet werden muß (Ladezeiten der Kondensatoren[14]). Mit .meas-Anweisungen wurden die Gleichanteile, Effektivwerte der Misch- und Wechselspannungen und Spitze-zu-Spitze-Werte der überlagerten Wechselspannungen sowie die Leistungen vor und nach den Filterstufen und aus deren Differenzen die Verlustleistungen in den Filterstufen errechnet. Vor der Anwendung der SPICE-Messungen sind noch kurz zwei Grundlagen zu klären. Sei

$$u_M(t) = U_G + u_W(t)$$

eine Mischspannung mit Gleichanteil U_G und Wechselanteil $u_W(t)$, der die Periodendauer T hat. Wir erhalten den Wechselanteil durch Abspalten des Gleichanteils mit

$$u_W(t) = u_M(t) - U_G = u_M(t) - \frac{1}{T} \int\limits_{t_0}^{t_0+T} u_M(t)\mathrm{d}t .$$

Die Wirkleistung P entspricht dem arithmetischen Mittelwert der Momentanleistung $p(t)$ mit

$$P = \frac{1}{T} \int\limits_{t_0}^{t_0+T} p(t)\mathrm{d}t = \frac{1}{T} \int\limits_{t_0}^{t_0+T} u(t)i(t)\mathrm{d}t .$$

---

[14] Ein großer Kapazitätswert des Filterkondensators lässt die Versorgungsspannung nach dem Einschalten langsam ansteigen. Dieser „Sanftanlauf" wird von manchen Verstärkerbauern gerne gesehen.

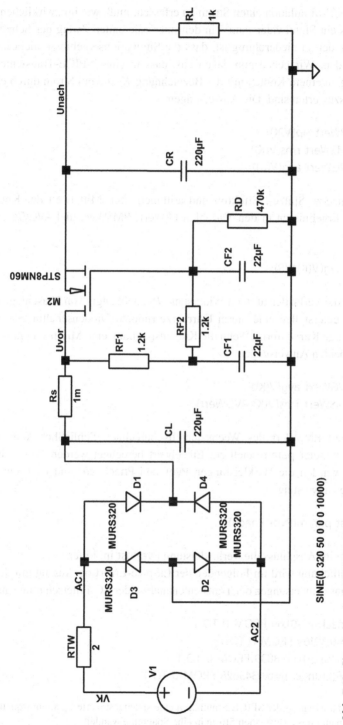

Abb. 7.13 Simulation der MOSFET-Siebschaltung

Um in der SPICE-Simulation einen Strom zu erfassen, muß, wie im „wirklichen Leben", gegebenenfalls ein Shuntwiderstand[15] in den interessierenden Zweig der Schaltung eingefügt werden, der so niederohmig ist, dass die Simulationsergebnisse nicht unzulässig verfälscht werden. Wir gehen nun davon aus, dass in einer SPICE-Transientenanalyse eine Spannung an einem Knoten mit der Bezeichnung K und ein Strom durch einen Widerstand R auszuwerten sind. Die Anweisungen

```
.meas tran PPWert pp(V(K))
.meas tran RMSWert rms(V(K))
.meas tran AVGWert avg(V(K))
```

berechnen Spitze-zu-Spitze-, Effektiv- und arithmetischen Mittelwert der Knotenspannung mit den Ergebnissen in den Variablen PPWert, RMSWert und AVGWert. Mit der Anweisung

```
.meas tran P avg(V(K)*I(R))
```

berechnen wir die Verlustleistung im Widerstand R, unabhängig von Phasenlage und Kurvenform. Wir unterstellen eine durch Klirrverzerrungen (Diodenschaltung) verursachte nichtsinusförmige Kurvenform. Wenn die Knotenspannung eine Mischspannung ist, dann wird mit den beiden Anweisungen

```
.meas tran AVGWert avg(V(K))
.meas tran RMSWert rms(V(K)-AVGWert)
```

der Effektivwert RMSWert des Wechselanteils berechnet. Schließlich kann mit dem Anweisungsparameter param auch ein Einzelwert berechnet werden. Mit zwei .meas-Anweisungen wurden die Wirkleistungen Pvor und Pnach vor und nach einem Filter berechnet. Die Anweisung

```
.meas Pverlust param(Pvor-Pnach)
```

berechnet dann im Anschluss die Verlustleistung Pverlust im Filter.

Zur Verdeutlichung wird im Folgenden der LtSpice-ErrorLog-Auszug mit den Ergebnissen der .meas-Anweisungen der Transientenanalyse der LC-Filterschaltung aufgeführt.

```
urv: RMS(v(unach))=301.69 FROM 0 TO 1
irv: RMS(i(rl))=0.30169 FROM 0 TO 1
ripplevor: PP(v(uvor))=11.8839 FROM 0 TO 1
ripplenach: PP(v(unach))=0.0343628 FROM 0 TO 1
```

---

[15] Alternativ könnte man in der SPICE-Simulation eine stromgesteuerte Spannungsquelle verwenden, die ohne Spannungsverlust einen Strom in eine Spannung wandelt.

Tab. 7.2 Messergebnisse der MOSFET- und der LC-Siebschaltung

	MOSFET	LC
Transformatorspannung	320 Vp	330 Vp
Lastspannung, effektiv	302,2 V	302,2 V
Laststrom, effektiv	0,302 A	0,302 A
Wechselspannung vor Filter		
Spitze-zu-Spitze-Wert	11,8795 Vpp	11,8839 Vpp
Effektivwert	3,525 V	3,516 V
Wechselspannung nach Filter		
Spitze-zu-Spitze-Wert	0,0239 Vpp	0,034 Vpp
Effektivwert	0,00536 V	0.00752 V
Wirkleistungen		
Vor Filter	93,81 W	96,44 W
Nach Filter	91,3 W	91,02 W
Im Filter	2,51 W	5,42 W

avgvor: AVG(v(uvor))=319.786 FROM 0 TO 1
avgnach: AVG(v(unach))=301.69 FROM 0 TO 1
rmsvor: RMS(v(uvor)-avgvor)=3.51574 FROM 0 TO 1
rmsnach: RMS(v(unach)-avgnach)=0.00752265 FROM 0 TO 1
pvor: AVG(-v(uvor)*i(rw))=96.4439 FROM 0 TO 1
pnach: AVG(v(unach)*i(rl))=91.0167 FROM 0 TO 1
plossd: (pvor-pnach)=5.42716

Mit der Tab. 7.2 stellen wir die wichtigsten Messergebnisse zusammen, um im Anschluss die Schaltungsunterschiede mit Stichworten anzugeben.

Mit einem kurzen Vergleich sind deutlich mehrere Vorteile der MOSFET- gegenüber der LC-Schaltung zu erkennen:

- Geringere Verlustleistung im Filter,
- Bessere Unterdrückung der Wechselanteile,
- Geringere Transformatorspannung,
- Geringere Kosten (Siebdrossel ungefähr 40 Euro, MOSFET-Schaltung weniger als 10 Euro),
- Kleinere Baugröße und geringeres Gewicht.

Ein Nachteil der MOSFET-Siebschaltung soll nicht verschwiegen werden. Sie ist nicht kurzschlussfest. Ein „versehentliches Abrutschen" mit dem Tastkopf hat die sofortige Zerstörung des MOSFETs zur Folge. Die Drossel würde kurzzeitigen Überlastungen wohl standhalten und allenfalls würde eine für diesen Überlastungsfall vorgesehene Schmelzsicherung durchbrennen.

Abb. 7.14 Elektronisches
Siebfilter mit einer Triode

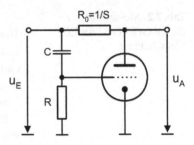

7.1.4.2 Siebfilter mit Röhren

Statt mit Transistoren lassen sich elektronische Siebfilter auch mit Verstärkerröhren auf-
bauen. Ein Prinzipbild zu einem solchen Filter findet man z. B. bei Schubert [Sch64]. Die
Triode in Abb. 7.14 stellt einen „verstärkten" Kondensator dar, der zur Filterung kleiner(!)
Störspannungen geeignet ist. Zur Funktionsweise lesen wir bei Schubert:

> *Die Röhre wirkt wie eine verlustfreie Kapazität der Größe $C_{Röhre} = CSR$. Die Größen*
> *ergeben sich aus der Schaltung in Bild (.). S ist die (statische) Steilheit der Röhre im Ar-*
> *beitspunkt. Diese Schaltung weist große Vorteile auf, Mit ihr werden Größen für $C_{Röhre}$ von*
> *einigen $10.000\,\mu F$ mühelos erreicht – eine Größe also, die bei konzentrierten Kapazitäten für*
> *gebräuchliche Anodenspannungen zu untragbar großen mechanischen Abmessungen führen*
> *würde. Bei der Dimensionierung des „Röhren-Siebkondensators" ist darauf zu achten, dass*
> *die betreffende Röhre in der Schaltung nicht überlastet, d. h. ihre Grenzwerte nicht über-*
> *schritten werden.*

Im Vergleich zur Transistorschaltung in diesem Kapitel erkennt man, dass erstens eine Parallel- statt einer Reihenanordnung gewählt wurde, und zweitens lässt sich diese
Schaltung wegen des vergleichsweise hohen Spannungsverlustes über R_0 und der geringen Aussteuerbarkeit weniger für Leistungsstufen, sondern eher für Vorstufen verwenden,
bei denen passive Siebfilterung vor der aktiven verwendet wird. Eine solche Schaltung
findet man in modifizierter Form beispielsweise im Revox-Vorverstärker S59A.

7.2   Die Funktionsquellen am Beispiel von Audiotests
       in der Transientenanalyse

Die meisten gewöhnlichen Audioschaltungen verarbeiten Ein- zu Ausgangssignalen und
werden ein- oder auch mehrkanalig ausgeführt. Solche Schaltungen werden zum Test
ihrer Eigenschaften mit Testsignalen gespeist und ihre Antwortsignale werden mit spe-
zialisierten Messinstrumenten analysiert [Cab97, Cor10]. Wenn wir Audio-Systeme im
Blick haben wie Verstärker oder Einrichtungen zum Speichern von Signalen, sind die
lineare Signalverarbeitung und der lineare Frequenzgang die Entwurfsziele ihrer Entwickler [Dic97, Web03]. Diese Entwurfsziele werden aber wegen unvermeidlicher linearer
und auch nichtlinearer Verzerrungen nur bis zu einem gewissen Grade auch erreicht. Um

die unvermeidlichen Abweichungen von den Entwurfszielen festzustellen, bedarf es einiger hierfür bekannter Audiotests, die für Verzerrungsmessungen *Stimulus-Antwort-Tests* (engl. *stimulus response test*) sind. Die benötigten Testsignale oder Stimuli, es sind dies vor allem Sinusschwingungen mit einstellbaren Amplituden und Frequenzen, von denen auch mehrere mit unterschiedlichen Frequenzen überlagert werden können (Zweiton- und Multitonsignale), gehören zur SPICE-Grundausstattung für die Analyse im Zeit- wie auch im Frequenzbereich[16].

Nun gibt es aber auch Audiosysteme, die nicht für eine lineare Audiosignalverarbeitung ausgelegt sind wie z. B. Dynamikprozessoren. Hinzu kommen Systeme, die zwar für lineare Signalverarbeitung gedacht sind, aber nicht „ideal" getestet werden können wie z. B. Lautsprecher in geschlossenen Räumen, die zum Direktschall unerwünschte Reflexionsschalle hinzufügen. Für alle diese Systeme benötigt man Testsignale, die nicht zur SPICE-Grundausstattung gehören. In diesem Abschnitt sollen die beiden Themen „spezielle Audiotestsignale" und „THD-Monitor" zur Demonstration der Anwendung der Funktionsquellen[17] und Schalter in SPICE genutzt werden.

7.2.1   Drei einfache Übungen zur Verwendung der Funktionsspannungsquelle

Mit drei einfachen Übungen sollen Definitionsvarianten der Funktionsspannungsquelle vorgestellt werden. Diese Quelle erlaubt es, Spanungsquellen als Signalquellen mit Funktionsbeschreibungen zu definieren. Solche Funktionsbeschreibungen können beispielsweise

- miteinander verknüpfte Knotenspannungen (Übung 7.1),
- Zeitfunktionen (Übung 7.2)
- und in der Ergänzung von Zeitfunktionen auch Laplace-Systemfunktionen zur Erstellung von Filtern (Übung 7.3) enthalten.

Unsere einfachen Beispielsaufgaben sind zwei Verknüpfungen zweier Sinusschwingungen mit unterschiedlichen Amplituden und Frequenzen. Die beiden Sinusschwingungen lauten

$$v_{\sin 1}(t) = a_1 \sin(2\pi f_1 t) \quad \text{mit} \quad a_1 = 1\,\text{V} \quad \text{und} \quad f_1 = 1\,\text{kHz} \quad \text{sowie}$$

$$v_{\sin 2}(t) = a_2 \sin(2\pi f_2 t) \quad \text{mit} \quad a_2 = 0{,}25\,\text{V} \quad \text{und} \quad f_2 = 1{,}3\,\text{kHz}\,.$$

---

[16] Frequenzbereichsanalysen setzen, wie wir es wissen, monofrequente Quellen voraus.

[17] Mit *Funktionsquellen* bezeichnen wir die SPICE-Quellen BV (*behavioral voltage source*) und BI (*behavioral current source*). Bei der Namenswahl denken wir an Funktionsgeneratoren, die um nichtperiodische Signale erweitert werden.

Abb. 7.15 Verknüpfung zweier Sinusschwingungen mit
Funktionsquellen, erste Übung

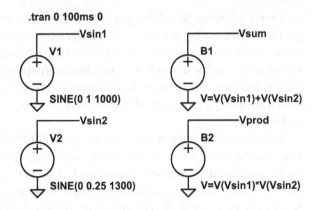

Es sollen die Summen- und die Produktschwingung gemäß

$$v_{\text{sum}}(t) = v_{\sin 1}(t) + v_{\sin 2}(t) \quad \text{und} \quad v_{\text{prod}}(t) = v_{\sin 1}(t) \times v_{\sin 2}(t)$$

erzeugt und im weiteren eine Einschalt-Signalverzögerung eingerichtet werden. Die
Abb. 7.16 zeigt mit zwei Zeitausschnitten die so erzeugten Signale ohne die eingerichtete
Einschalt-Signalverzögerung.

Übung 7.1: Funktionsspannungsquellen als verknüpfte Knotenspannungen
Zunächst definieren wir die beiden Sinusschwingungen Vsin1 und Vsin2 mit gewöhnlichen
Sinusspannungsquellen und bilden mit zwei Funktionsquellen die gewünschten Verknüp-
fungen in Abb. 7.15:

Vsum: V=V(Vsin1)+V(Vsin2)
Vprod: V=V(Vsin1)*V(Vsin2)

Die Abb. 7.16 zeigt zwei Zeitauschnitte der zusammengesetzten Schwingungen.

Übung 7.2: Funktionsspannungsquellen, definiert durch Zeitfunktionen
Wir können alternativ in Abb. 7.17 auch die beiden Funktionsquellen ohne den Umweg
über die beiden Sinusschwingungen direkt definieren:

.param a1=1 a2=0.25 f1=1000 f2=1300
Vsum: V=a1*sin(2*pi*f1*time)+a2*sin(2*pi*f2*time)
Vprod: V=a1*sin(2*pi*f1*time)*a2*sin(2*pi*f2*time)

Hierfür nutzen wir die SPICE-Variable time, die der Zeitvariablen der Transientenanalyse
entspricht.

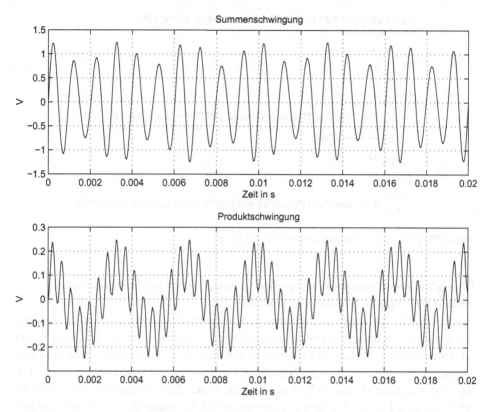

Abb. 7.16 Zeitausschnitte der zusammengesetzten Schwingungen

Abb. 7.17 Funktionsspannungsquellen, zweite Übung

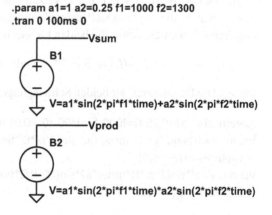

```
.param a1=1 a2=0.25 f1=1000 f2=1300
.tran 0 100ms 0
```

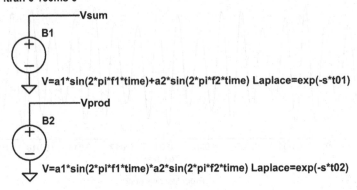

.param a1=1 a2=0.25 f1=1000 f2=1300 t01=0.01 t02=0.015
.tran 0 100ms 0

Abb. 7.18　Behavioral-Spannungsquellen, dritte Übung

Übung 7.3: Funktionsspannungsquellen, definiert durch Zeitfunktionen und ergänzt um Laplace-Transformierten-Filter

In der dritten Übung zeigen wir, dass man zusätzlich das Zeitverhalten mit inversen Laplacetransformierten festlegen kann. Hierzu geht man in zwei Schritten vor. Im ersten Schritt wird der Spannungsverlauf als Funktion der Zeit festgelegt. Im zweiten Schritt wird eine Laplace-Systemfunktion[18] angegeben, die wir uns als ein im S-Bereich definiertes Filter vorstellen können, das im Zeitbereich, d. h. in der Transientenanalyse, angewendet wird (implizite Laplace-Rücktransformation). SPICE berechnet die mit der Systemfunktion korrespondierende Zeitfunktion (Impulsantwort des „Filters") und wendet diese auf das Zeitsignal an.

In unserem Beispiel sollen unter Nutzung des Zeitverschiebungssatzes der Laplacetransformation die beiden Quellensignale um $t_{01} = 10\,\text{ms}$ und $t_{02} = 15\,\text{ms}$ verzögert eingeschaltet werden, wofür die beiden Laplacetransformierten

$$H_1(s) = e^{-st_{01}} \quad \text{und} \quad H_2(s) = e^{-st_{02}}$$

dienen. Die Definitionen der beiden Schwingungen für die Simulation in Abb. 7.18 lauten:

.param a1=1 a2=0.25 f1=1000 f2=1300 t01=0.01 t02=0.015
Vsum: V=a1*sin(2*pi*f1*time)+a2*sin(2*pi*f2*time)
+ Laplace=exp(-s*t01)
Vprod: V=a1*sin(2*pi*f1*time)*a2*sin(2*pi*f2*time)
+ Laplace=exp(-s*t02)

Die Abb. 7.19 zeigt zwei Zeitausschnitte der mit Hilfe von Laplace-Transformierten einschaltverzögerten Schwingungen.

---

[18] SPICE erwartet, daß $H(\infty) = 0$ erfüllt ist.

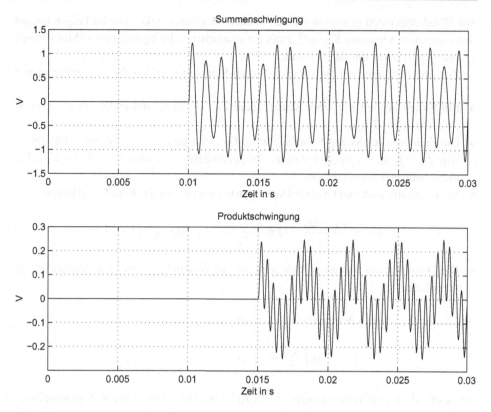

Abb. 7.19 Zeitausschnitte der zusammengesetzten verzögerten Schwingungen

7.2.2   Sweep-Signale

Für *Sweep-Signale* gibt es zahlreiche Anwendungen, die den mit der Frequenz-Modulation definierten Zusammenhang zwischen (Momentan)-Frequenz und Zeit nutzen, der es erlaubt, je nach Anwendung, aus einer Zeit eine Frequenz zu berechnen und umgekehrt. So sind z. B. dem HF-Techniker Sweep-Signale als Testsignale zum Wobbeln bekannt, einer Technik, mit der man beispielsweise die Betragsfrequenzgangskurven von HF-Filtern für ein wählbares Frequenzintervall in einem Test erfassen kann. Auch der Spektrumanalysator nutzt Sweepsignale als Testsignale. Das Sweepsignal wird dann in einer Mischstufe mit dem Signal gemischt, dessen Spektrum man messen möchte. Der Audiotechniker verwendet Sweep-Signale ebenfalls zur Frequenzgangsmessung, wo sie wegen des niedrigen Spitzenwertfaktors besonders gut geeignete Testsignale sind [Bie83]. Besonders elegant lassen sich mit Sweep-Signalen frequenzabhängig nichtlineare Verzerrungen (Klirrkoeffizienten) messen. In beiden Fällen benötigt man Demodulations- und Filterstufen. Eine in der Elektroakustik besonders interessante Anwendung ist die *Time-Delay-Spectrometry*, mit der Lautsprecherfrequenzgänge in geschlossenen Räumen unter Ausblendung von Wandreflexionen gemessen werden können. Wir beschränken uns im Folgenden auf den sogenannten *linearen Sweep*[19], einer harmonischen Schwingung, deren (Momentan-) Frequenz sich linear mit der Zeit ändert.

Zunächst definieren wir das (lineare) Sweep-Signal mit der Angabe einiger Parameter:

- Ein Sweep beginnt mit einer Startfrequenz $\omega_B = 2\pi f_B$ und endet mit einer Stopfrequenz $\omega_S = 2\pi f_S$.
- Die Zeitdauer des Sweep-Signals (Sweep-Dauer) wird mit T_S angegeben. Die Differenz $f_S - f_B$ ist der *frequency span*. Wir gehen davon aus, dass $f_S > f_B$ ist, was aber nicht zwingend notwendig ist.
- Start-, Stopfrequenz und Sweep-Dauer werden mit der Sweep-Rate k_S verknüpft

$$k_S = \frac{\omega_S - \omega_B}{T_S} = 2\pi \frac{f_S - f_B}{T_S} \quad \text{in} \quad \text{Hz/s}, [k_S] = \frac{1}{s^2} \, .$$

- Die Definition des Sweep-Signals wird mit der Amplitude a und dem Startwinkel φ_0 vervollständigt.

Mit diesen Parametern definieren wir das reelle Sweep-Signal zu

$$x(t) = a \sin\left(\frac{k_S}{2}t^2 + \omega_B t + \varphi_0\right) = a \sin\left(\omega(t)\right) \, ,$$

worin die Momentanfrequenz $\omega_M(t) = 2\pi f_M(t)$ mit Differentiation des Arguments $\omega(t)$ der Schwingungsfunktion nach der Zeit

$$\omega_M(t) = \frac{\mathrm{d}}{\mathrm{d}t}\omega(t) = k_S t + \omega_B$$

gewonnen wird. Zum Zeitpunkt $t = 0$ entspricht die Momentanfrequenz mit

$$\omega_M(0) = \omega_B$$

der Startfrequenz ω_B und zum Endzeitpunkt $t = T_S$ mit

$$\omega_M(t_S) = k_S T_S + \omega_B = \frac{\omega_S - \omega_B}{T_S} T_S + \omega_B = \omega_S$$

der Stopfrequenz ω_S, bezogen auf eine Startzeit $t = 0$.

Ein Sweep-Signal mit SPICE wird mit der Funktionsspannungsquelle erzeugt. Wir geben die Parameter

$$f_S = 20\,\text{Hz}, \, f_B = 20\,\text{kHz und } T_S = 1,5\,\text{s}$$

---

[19] Man kennt auch logarithmische Sweeps, bei denen logarithmische Zeitverläufe genutzt werden.

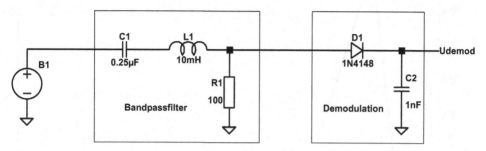

Abb. 7.20 SPICE-Simulation eines einfachen Wobblers

vor und speisen mit dem Sweep-Signal

.param a=1 Ts=1.5 fB=20 fS=2e4 phi0=0
V=a*sin(pi*((fB-fS)/Ts)*pow(time,2)+2*pi*fB*time+phi0)

im SPICE-Experiment ein passives RLC-Filter entsprechend der Abb. 7.20. Mit einer einfachen Demodulation unter Verwendung einer Diode und eines Kondensators gewinnen wir eine Näherung an die Betragsfrequenzgangskurve.

Das RLC-Filter mit den Komponenten C_1, R_1 und L_1 ist ein Bandpassfilter mit der Mittenfrequenz

$$f_m = \frac{1}{2\pi\sqrt{LC}} = 3,18\,\text{kHz}.$$

Es hat die Übertragungsfunktion

$$H(\omega) = \frac{j\omega R_1 C_1}{1 + j\omega R_1 C_1 - \omega^2 L_1 C_1}.$$

Für die gegebenen Sweep-Parameter entspricht die Momentanfrequenz der Mittenfrequenz zum Zeitpunkt $t = t_m$ nach

$$\omega_M(t_m) = 2\pi\frac{f_S - f_B}{T_S}t_m + 2\pi f_B = k_S t_m + 2\pi f_B$$

mit

$$t_m = 0{,}2375\,\text{s}\,.$$

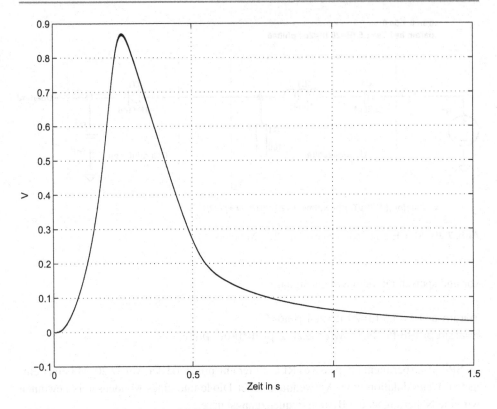

Abb. 7.21 Spannungsverlauf des RLC-Filter Sweep-Messung

Abbildung 7.21 zeigt das demodulierte Signal über der Zeit. Wir können feststellen, dass sowohl der Ort als auch die Höhe des Maximalwerts von unseren erwarteten Werten abweichen, was auf die primitive Demodulation und hier vor allem auf die Durchlassspannung der Diode zurückzuführen ist. In der Praxis der Wobbelmesstechnik setzt man daher Markengeber ein, um Frequenzreferenzmarkierungen zu setzen.

Wir können das Sweep-Signal auch als *frequenzmoduliertes Signal* und seine Anwendung als Testsignal als Vorgang einer *Frequenzmodulation* auffassen. Mit komplexer Demodulation lässt sich die Frequenzgangsmessung erheblich verbessern. Wir gehen vom komplexen (gewonnen durch analytische Ergänzung aus dem reellen Signal) Sweep-Signal

$$c(t) = a \exp\left(j \left(\frac{k_S}{2} t^2 + \omega_B t + \varphi_0 \right) \right)$$
$$= a \exp\left(j \omega(t) \right)$$
$$= a \left(x(t) + j y(t) \right)$$

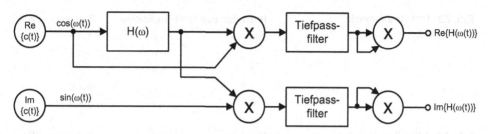

Abb. 7.22 Messung des Frequenzgangs mit Sweep-Signal und reeller Demodulation

aus. Das Bandpassfilterausgangssignal ist beim Testen mit $c(t)$ ein ebenfalls komplexes Signal

$$r(t) = H\left(\omega(t)\right) c(t)\,.$$

Mit komplexer Demodulation erhalten wir

$$\begin{aligned} d(t) &= r(t)c^*(t) \\ &= a^2 H\left(\omega(t)\right) \end{aligned}$$

und damit in skalierter Form den Frequenzgang des Bandpassfilters in der Form eines komplexen Zeitsignals. Für die SPICE-Simulation mit reeller Signalverarbeitung würde man zwei Tests, getrennt nach Real- und Imaginärteil benötigen. Es ist aber möglich auf Kosten eines durch Tiefpassfilterung entfernbaren Störsignals lediglich eine Simulation durchzuführen, wie es in Abb. 7.22 gezeigt wird. Das Störsignal entspricht dem Sweep-Signal mit verdoppelter Frequenz.

7.2.3 Burstsignale

Burstsignale sind Testsignale für das Zeitverhalten oder die Ballistik mit *Ansprech-* und *Abklingzeit* von Audiosystemen wie Dynamikprozessoren (Kompressoren, Limiter, Noise Gates, Expander) und Aussteuerungsmessern (Peak Programme Meter). Ein Burstsignal, genauer ein Sinus-Burstsignal, ist ein geschaltetes Sinussignal, das man in der Regel zur Vermeidung von Sprungstellen in den Nulldurchgängen ein- und ausschaltet. Das Hüll-signal des analytisch ergänzten Burstsignals ist das Rechtecksignal, mit dem die Funktion des Schaltens ausgeführt wird. Ein Burstsignal kann entweder nur einen einmaligen Schaltvorgang enthalten oder aber mehrmalige Schaltvorgänge bis hin zum periodischen Dauersignal mit einem festzulegenden Puls-Pausen-Verhältnis.

Zwischen einem Ein- und dem zeitlich folgenden nächsten Ausschaltvorgang liegt ein *Schwingungspaket*, das eine ganze Anzahl von Schwingungszügen enthält (schalten in

Tab. 7.3 EBU Burstsignale,
normal mode

Burst duration (ms)	Indication	Tolerance (dB)
100	+8	±0,5
10	+6	±0,5
5	+4	±0,75
1,5	−1	±1,0
0,5*	−9	±2,0

Tab. 7.4 EBU-Burstsignale,
slow mode

Burst duration (ms)	Indication	Tolerance (dB)
5000	+8	±0,5
10	−3	±1,0
10**	−7	±0,5

den Nulldurchgängen mit einheitlichen Vorzeichenwechseln). Die Dauer eines Schwingungspakets entspricht dem ganzzahligen Vielfachen einer Periodendauer des geschalteten Sinussignals. Zur Veranschaulichung betrachten wir im Folgenden eine typische Burstsignal-Messvorschrift.

7.2.3.1 Burstsignale zum Test von Aussteuerungsmessern

Zur Definition des dynamischen Verhaltens von *Peak Programme Metern* beschreibt die Tech-Note 3205E der EBU [Ebu79]

Normal mode
When an isolated rectangular burst of sinusoidal voltage at 5 kHz, and of amplitude such that when continuously applied gives an indication of +8 dB, the relation between burst duration and indication shall be in accordance with Tab. 7.3.

  * Since it is necessary for the tone-burst to include a minimum of five cycles, a frequency of at least 10 kHz is required for this measurement.

Slow mode
When an isolated rectangular burst of sinusoidal voltage at 5 kHz, and of amplitude such that when continuously applied gives an indication of +8 dB, the relation between burst duration and indication shall be in accordance with Tab. 7.4.

  **repeated every 100 ms

Integration time
The integration time is defined as the duration of a burst of sinusoidal voltage of 5000 Hz, of amplitude such that if continuously applied gives an indication of +9, which results in an indication of +7. The integration time in normal mode shall be 10 ms.

  Die Spitzenwertanzeige und die Integrationszeitkonstante werden mit Einzelbursts und im dritten Fall, die Slow-Mode-Messung der Spitzenwertanzeige, mit einem periodischen Burstsignal getestet.

Für die Definition eines Burstsignals führen wir einen kausalen Rechteckpuls[20] $R(t)$ mit einer Pulsdauer T_P ein, der am Beginn eines Zeitfensters der Länge T mit $T > T_P$ liegt, und mit

$$R(t) = \begin{cases} 1, 0 < t < T_P \,, \\ 0.5, t = 0 \quad \text{und} \quad t = T_P \,, \\ 0, T_P < t < T \,, \end{cases} \tag{7.10}$$

beschrieben wird. Wir gehen entweder von einer endlichen Anzahl N von Pulsen mit $N \geq 1$ in der Form

$$R_{P,N}(t) = \sum_{n=0}^{N-1} R(t - nT) \tag{7.11}$$

oder von einer unendlichen Anzahl von Pulsen in der Form

$$R_P(t) = \sum_{n=0}^{\infty} R(t - nT)$$

aus. Der Index P weist auf die Periode mit der Periodendauer T hin, wobei im ersten Fall in „Erweiterung" der Definition von Periodizität auch ein endliches Signal zulässig ist.

Der zweite Bestandteil des Burstsignals ist eine Sinusschwingung mit fester Frequenz f_S und Amplitude a_S in der Form

$$s(t) = a_S \sin(2\pi f_S t), t \geq 0 \,.$$

Die Periodendauer der Sinusschwingung beträgt $T_S = 1/f_S$. Wir gehen davon aus, dass ein Schwingungspaket eine ganze Anzahl M von Sinusschwingungszügen enthält, mit der der Puls der Pulsdauer T_P „ausgeführt" wird

$$T_P = M T_S, M \geq 1 \,.$$

Ein Burstsignal mit N Schwingungspaketen ist dann mit Produktbildung zu

$$B_{P,N}(t) = R_{P,N}(t)s(t) \tag{7.12}$$

definiert. Im Spektralbereich führt die Produktbildung des Zeitbereichs zu einer Faltung zweier Spektren, dem diskreten Linienspektrum der Sinusschwingung und dem Spaltfunktionsspektrum vom Typ $\sin(\alpha f)/\alpha f$ der Rechteckpulse.

Die Erzeugung von Sinusburstsignalen mit SPICE ist mit unterschiedlichen Techniken möglich. Wir stellen im Folgenden zwei Fälle in der Tab. 7.5 vor, ein mit $M = 1$ einfaches

---

[20] Die Ergänzungen $R(0) = R(T_P) = 0.5$ an den beiden Sprungstellen sind hilfreich, wenn das Spektrum des Rechteckpulses berechnet werden muß.

Tab. 7.5 Simulationen von Burstsignalen

	$M = 1$	$M = 5$
Zeitfenster T	20 ms	20 ms
Signaldauer NT	20 ms	100 ms
Pulsdauer T_P	10 ms	10 ms
Sinusfrequenz f_S	1 kHz	1 kHz
Sinusperiodendauer T_S	1 ms	1 ms
GesamtAnz. der Schwingungszüge	10	50

und ein mit $M = 5$ fünffaches Schwingungspakete-Burstsignal. Für die Erzeugung des $(M = 1)$-Burstsignals benötigen wir keine besondere Technik, sondern definieren eine Sinusschwingung der Dauer T_P und führen die Transientenanalyse darüber hinaus bis zur Zeit T aus. Zur Erzeugung des $(M = 5)$-Burstsignals stellen wir zwei Techniken vor, eine Technik, die sich an der schaltungstechnischen Herangehensweise orientiert und eine Technik, die die Möglichkeiten der SPICE Funktionsquelle nutzt.

Erste Technik zur Erzeugung eines Burstsignals mit SPICE

Die schaltungstechnische Herangehensweise kombiniert Puls- und Sinusgenerator mit dem Analogschalter und ergibt so eine sehr gute Näherung an das Burstsignal. So können wir bei dieser Gelegenheit den spannungsgesteuerten SPICE-Schalter SW vorstellen:

Syntax: Sxxx n1 n2 nc+ nc- <model> [on,off]

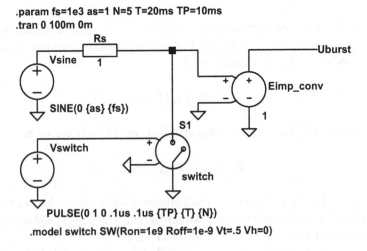

Abb. 7.23 SPICE-Sinusburstgenerator mit SPICE-Schalter

Der SPICE-Schalter verwendet zur Festlegung seiner Eigenschaften ein Modell mit den Parametern

- Ron und Roff, Widerstandswerte im Ein- und Auszustand,
- Vt und Vh, Schaltschwelle und Schalthysterese in Volt und
- weitere Parameter zur Serieninduktivität und Serienspannung, die wir hier nicht benötigen.

Die Abb. 7.23 zeigt den SPICE-Simulationsaufbau.

Die Simulation wird mit zwei Generatoren aufgebaut, einem Sinus- und einem Rechteckgenerator. Der Rechteckgenerator steuert einen Schalter, der als Kurzschlussschalter angewendet wird. Das Schalterausgangssignal ist das gewünschte Burstsignal. Mit einer spannungsgesteuerten Spannungsquelle, die sozusagen als Impedanzwandler betrieben wird, wird sichergestellt, dass der Spitzenwert des Burstsignals lastunabhängig ist, da im gewählten Aufbau ein endlicher Innenwiderstand notwendig ist. Die Abb. 7.24 zeigt das Rechtecksignal zum Betrieb des Schalters und das Burstsignal.

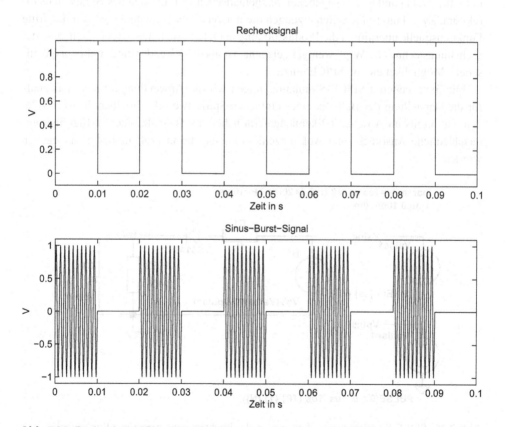

Abb. 7.24 Rechteck- und Sinusburst-Signal

Abb. 7.25 Sinus-Burstsignal-
generator mit Funktionsspannungsquelle

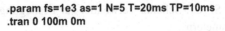

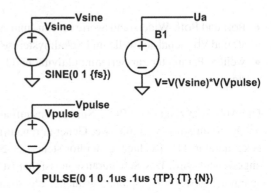

Zweite Technik zur Erzeugung eines Burstsignals mit SPICE

Mit dem zweiten Experiment nutzen wir die Funktionsspannungsquelle und setzen die
in (7.10), (7.11) und (7.12) gegebenen mathematischen Definitionen des Burstsignals direkt um. Zwei Funktionsquellen erzeugen die notwendigen Schwingungen und die dritte
Funktionsquelle übernimmt die Produktbildung in (7.12). Auch hier zeigt es sich, dass der
„schaltungstechnische Weg" weniger „elegant" ist als der Weg, der die „simulatorspezifi-
schen" Möglichkeiten von SPICE nutzt.

Mit einer weiteren SPICE-Simulation zeigen wir die Anwendung eines Burstsignals
für die Darstellung der Ballistik eines einfachen Spitzenwertgleichrichters in Abb. 7.26,
den wir bereits im Abschn. 4.2 kennengelernt haben. Der Gleichrichter verfügt über unterschiedliche Ansprech- und Abklingzeitkonstanten, die in (4.4) und (4.5) angegeben
wurden.

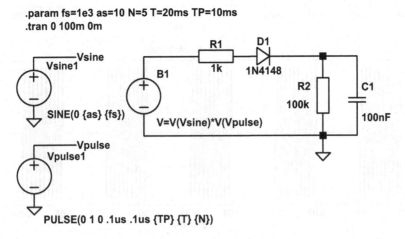

Abb. 7.26 SPICE-Simulation eines Spitzenwertgleichrichters mit einem Sinus-Burstsignal

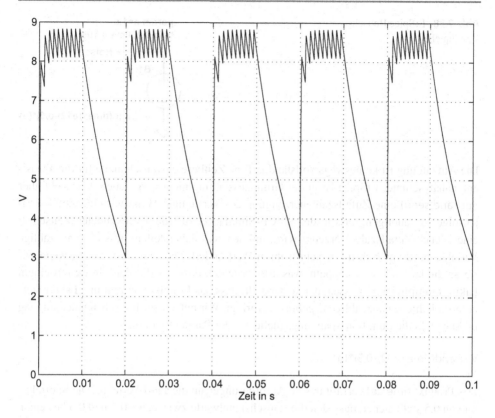

Abb. 7.27 Spitzenwertgleichrichtersignal für den Sinus-Burst-Test

Die Abb. 7.27 zeigt den Zeitverlauf des Spitzenwertgleichrichtersignals entsprechend dem Zeitverlauf der Kondensatorspannung. Man erkennt deutlich die kleine Ansprech- und die im Vergleich dazu größere Abklingzeit. Im weiteren sieht man, dass wegen der zeitlich dicht aufeinanderfolgenden Schwingungspakete und der recht großen Abkling- zeitkonstanten die Kondensatorspannung nur bis auf ungefähr drei Volt abfällt, bevor ein Ansprechvorgang wieder startet.

7.2.4   Rauschsignale

Mit der Nutzung der Funktionsspannungsquelle können wir auch Rauschsignale im Zeit- bereich für die Transientenanalyse mit SPICE erzeugen. Rauschen wird in der Audiotech- nik an vielen Stellen genutzt:

- Raumakustikmessungen mit bandbegrenztem Rauschen,
- Lautsprecherbelastungstests,
- Spektralanalyse,
- Modellierung menschlicher Sprache.

Abb. 7.28 LtSpice Rausch-
signalquelle

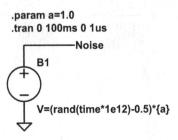

.param a=1.0
.tran 0 100ms 0 1us

B1

V=(rand(time*1e12)-0.5)*{a}

Die Aufzählung ist keineswegs vollständig. Eine Zeitbereichsrauschquelle für die Transientenanalyse unter LtSpice ist in der Grundausstattung nicht vorgesehen. Uns steht aber
mit rand(seed) eine Zufallszahlenerzeugung zur Verfügung. Wenn wir eine Zufallszah-
lenfolge so benötigen, dass in der SPICE-Simulation zu jedem verwendeten Zeitschritt
eine „neue" Zufallszahl[21] erzeugt wird, müssen wir sicherstellen, dass die ganzzahlige
Variable seed von Schritt zu Schritt ihren Wert ändert. Das einfachste ist es, wenn wir
sie an die laufende Zeit koppeln, was aber bedeutet, dass wir die Zeitschritte mit einem
Faktor multiplizieren müssen, der sicherstellt, dass das Produkt von Zeit und Faktor stets
unterschiedliche ganzzahlige Ergebnisse erbringt. Wir nutzen zur Rauschsignalerzeugung
in Abb. 7.28 die Funktionsspannungsquelle mit der Parametrisierung

V=(rand(time*1e12)-0.5)*{a}

Das Produkt time*1e12 erfüllt unsere Anforderungen an die seed-Variable. Die Subtrakti-
on von 0,5 stellt sicher, dass sich die Rauschsignalwerte zwischen $-0,5$ und $0,5$ bewegen.
Mit dem Parameter a können wir die Rauschspitzenwerte festlegen. Im Beispiel liegt das
Rauschen zwischen $-0,5$ und $0,5$, was dem Differenzwert $a = 1$ entspricht.

In der Abb. 7.29 sehen wir ein Histogramm des Rauschens, was uns annehmen lässt,
dass es sich ab der Programmversion IV um Quasi-Gauß-Rauschen handelt, da der Wertebereich beschränkt ist.

Mit dem zweiten Beispiel zur SPICE-Rauschsignalerzeugung soll ein terzbandgefil-
tertes Rauschen[22] in der akustischen Mitte um $f_m = 1$ kHz herum erzeugt werden. Wir
verwenden die bereits vorgestellte Rauschquelle und ergänzen ein Terzbandfilter in der
Form einer Laplace-Systemfunktion, die wir als weitere Definition in die Einstellung der
Funktionsspannungsquelle aufnehmen können. Zum Entwurf des Terzbandfilters gehen
wir von einem normierten Butterworthtiefpassfilter dritten Grades mit der Systemfunktion

$$H_{TP3}(s) = \frac{1}{1 + 2s + 2s^2 + s^3}$$

---

[21] Die meisten Zufallszahlengeneratoren erzeugen Folgen von Zufallszahlen. Die Berechnungsvorschrift, ein Algorithmus, muß bei jedem Aufruf mit unterschiedlichen Zahlen im Argument gestartet
werden.
[22] Terz- und Oktavrauschen zählen zu den wichtigsten Messsignalen der Akustik und der Elektroakustik.

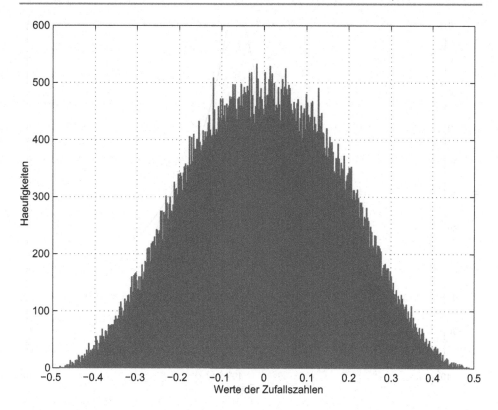

Abb. 7.29 Histogramm der SPICE-Zufallszahlen

aus. Um das Bandpassfilter zu gewinnen, verwendet man eine Tiefpass-Bandpass-Frequenztransformation, die den Filtergrad auf 6 verdoppelt. Hierzu benötigt man zunächst die beiden Grenzfrequenzen f_{gu} und f_{go}, links und rechts von der Mittenfrequenz f_m, wofür man von der Mittenfrequenz $f_m = 1$ kHz ausgeht. Wir berechnen

$$f_{gu} = f_m 2^{-\frac{1}{6}} = 890{,}9\,\text{Hz} \quad \text{und} \quad f_{go} = f_m 2^{\frac{1}{6}} = 1122{,}5\,\text{Hz}\,.$$

Der Filterentwurf erfolgt mit Matlab:

```
fm=1000; fgu=fm*2^(-1/6); fgo=fm*2^(1/6);
[z,p,k]=buttap(3);
[numtp,dentp]=zp2tf(z,p,k);
[num,den]=lp2bp(numtp,dentp,2*pi*fm,2*pi*[fgo-fgu]);
```

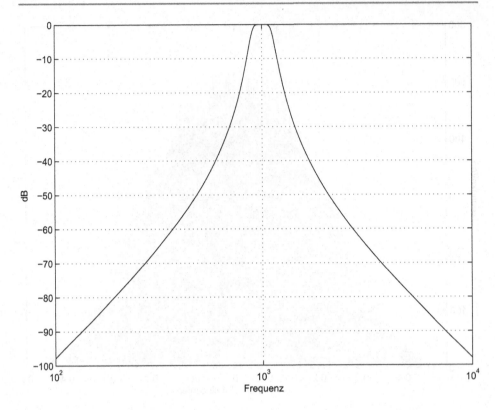

Abb. 7.30 Verstärkungsmaß des 1 kHz-Terzbandpassfilters

Im Ergebnis erhalten wir im Vektor num die sieben Zähler- und im Vektor den die sieben Nennerkoeffizienten für die Darstellung als rationale Laplace-Transformierte mit

$$H(s) = \frac{b_0 + b_1 s + \ldots + b_6 s^6}{a_0 + a_1 s + \ldots + a_6 s^6} \ .$$

Die Abb. 7.30 zeigt das Verstärkungsmaß des Bandpassfilters.

Die Funktionsspannungsquelle wird mit den SPICE-Anweisungen

```
.param a6=1 a5=2.909910627e+3 a4=1.2266904274e+8 a3=2.3283732147e+11
+     a2=4.8427796965e+15 a1=4.535227987e+18 a0=6.1528908388e+22
.param b6=0 b5=3.183231456e-12 b4=4.470348358e-8 b3=3.07998757e+9
+     b2=4.0 b1=1.0752e+004 b0=1.00663296e+8
V=(rand(time*1e12)-0.5)*1.0
+   LAPLACE=(b0+b1*s+b2*s^2+b3*s^3+b4*s^4+b5*s^5+b6*s^6)/
+   (a0+a1*s+a2*s^2+a3*s^3+a4*s^4+a5*s^5+a6*s^6)
```

eingestellt.

7.2.5 (THD+N)-Monitor mit SPICE

Für die Messung von nichtlinearen Verzerrungen an Analog-Audioschaltungen verwendet man meist sogenannte (THD+N)-Analysatoren, wobei THD für *Total Harmonic Distortions* (Klirrverzerrungen) und N für *Noise* steht. *Noise* sind zusammengefasste Ausgangssignalanteile, die nicht durch Oberschwingungen auszudrücken sind, sei es, dass es sich nicht um periodische Signale handelt, oder sei es, dass die Signale zwar periodisch, aber nicht abhängig vom Testsignal, einem Sinussignal, sind. Für die Messungen der Klirr-Verzerrungen stehen die .FOUR-Analyse von SPICE oder, übersichtlicher, die FFT-Analyse im Graphik-Editor zur Verfügung. Wir haben diese Analysen bereits im Abschn. 6.4 kennengelernt.

Ein (THD+N)-Analysator in Abb. 7.31 ist ein in der analogen Audiotechnik nützliches und recht teures Messinstrument, das die Aufgabe hat, aus dem Schaltungsausgangssignal die Grundschwingung, d. h. den linear verarbeiteten Anteil des Eingangssignals am Ausgangssignal, zu entfernen[23]. Übrig bleiben dann Verzerrungssignale oder Verzerrungsartefakte, deren zusammenfassender Summen-Pegel gemessen und mit dem Pegel des Ausgangssignals verglichen wird. Diese Aufgabe des (THD+N)-Analysators wird bei SPICE mit Fouriertransformationen der .FOUR-Analyse erbracht, die neben den Amplituden der Oberschwingungen (zurückrechenbar auf die Klirrkoeffizienten) auch die zusammenfassende Größe, den Klirrfaktor, angibt.

Der (THD+N)-Analysator hat aber noch ein recht interessantes weiteres Ausstattungsmerkmal, nämlich eine Monitorfunktion. An einem Monitor-Anschluss kann man die Verzerrungsartefakte mit einem Oszilloskop beobachten. Hier wird meist sogar eine Ver-

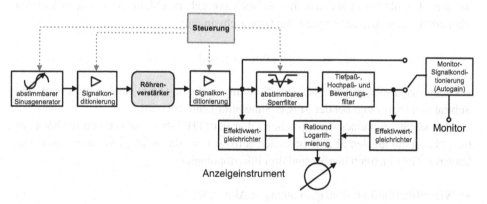

Abb. 7.31 Prinzipbild eines (THD+N)-Analysators

---

[23] Manche (THD+N)-Analysatoren wie z. B. die historischen Hewlett-Packard Analysatoren HP339a und HP8903a enthalten auch einen klirrarmen Sinusgenerator für die Testsignalerzeugung. Die Kombination SG505 und AA5001 von Tektronix nutzt dafür zwei separate Geräte. Neuere Analysatoren werden von Audio Precision oder PrismSound angeboten, um wenige Beispiele anzugeben.

stärkungsautomatik (auto zoom) mitgeliefert, die unabhängig vom Artefaktpegel für eine gute bzw. gleichbleibende Aussteuerung des Oszilloskops sorgt, und es auch noch erlaubt, sich die Artefakte mit einem Ohrhörer oder einem im Analysator eingebauten Lautsprecher anzuhören. Diese Beobachtungsmöglichkeit ist bei der Schaltungsentwicklung sehr wertvoll, da so Hinweise auf Verzerrungsursachen gegeben werden, und mit diesen beispielsweise ein Schaltungsabgleich zielgerichtet vorgenommen werden kann.

Es ist nun naheliegend, eine solche Monitor-Funktion unter SPICE nutzen zu wollen. Dies hat als Teil der Transientenanalyse zu erfolgen, in der die Schaltung mit einem Sinussignal von wählbarer Frequenz ω_0 und von wählbarer Amplitude $\widehat{u}_E$ gespeist wird. Sei

$$u_E(t) = \widehat{u}_E \sin(\omega_0 t)$$

das sinusförmige Eingangssignal, dann erhält man das Ausgangssignal der nichtlinear verzerrenden Schaltung in der Form

$$u_A(t) = \widehat{u}_A \sin(\omega_0 t + \varphi_0) + u_{\text{Resid}}(t) \,,$$

worin zum einen der linear verarbeitete Sinusanteil (Nutzsignal) und zum anderen die Verzerrungsartefakte, zusammengefaßt in $u_{\text{Resid}}(t)$, auftreten. Bei der realen Analogschaltung setzen sich die Verzerrungsartefakte aus zwei Anteilsgruppen zusammen, den Oberschwingungen (harmonische Verzerrungen) und weiteren Störsignalen wie Brumm[24] und Rauschen. In der SPICE-Analyse betrachten wir nur die Harmonischen, also die Klirranteile, da wir in der Simulation i. a. keinen Brumm und auch kein Rauschen hinzufügen werden, obwohl wir es mit den in diesem Buch angegebenen Methoden durchaus könnten. Man erhält diese Artefakte, indem die Grundschwingung

$$\widehat{u}_A \sin(\omega_0 t + \varphi_0)$$

aus dem Ausgangssignal durch (Sperr-)Filterung (bevorzugt beim Analoginstrument) oder Subtraktion (bevorzugt bei der SPICE-Simulation) entfernt wird.

Man könnte nun eines der typischen Filter der (THD+N)-Analysatoren in „hochwertiger" Form mit idealen SPICE-Bauteilen aufbauen und das Analoginstrument sozusagen kopieren. Gebräuchlich hierfür sind drei Filtertopologien:

- Wien-Brückenfilter, Prinzipschaltung in Abb. 7.32,
- Doppel-T-Netzwerk,

---

[24] Brumm ist ein Sammelbegriff für periodische Störsignale, die z. B. ihre Ursachen in unzureichender Siebung der Versorgungsspannungen oder in magnetischen Einkopplungen in die Schaltung selbst haben. Dieser Brumm kann vom Nutzsignal abhängig sein, wenn z. B. Versorgungsspannungsbrumm mit der Aussteuerung ansteigt (zufolge eines dann benötigten angestiegenen Versorgungsstroms).

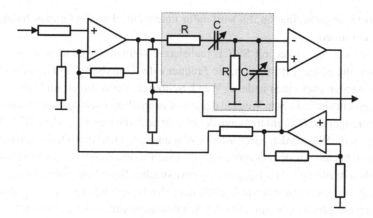

Abb. 7.32 Sperrfilter für einen (THD+N)-Analysator, Wien-Brücken-Topologie

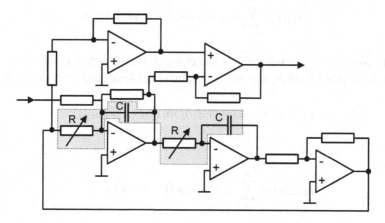

Abb. 7.33 Sperrfilter für einen (THD+N)-Analysator, Zustandsvariablen-Topologie

• Zustandsvariablenfilter, Prinzipschaltung in Abb. 7.33.

In beiden Abbildungen sind die frequenzbestimmenden Komponenten grau hinterlegt. Bei einfachen (THD+N)-Analysatoren sind die darin enthaltenen einstellbaren Komponenten von außen einzustellen (manual tuning). Da man Grob- und Feinsteller einsetzt und auch noch Wirkungsabhängigkeiten auftreten, kann die Feineinstellung zeitaufwendig sein. In vielen hochwertigen (THD+N)-Analysatoren sind aber auch noch Auto-Tuning-Schaltungen (Regelschaltungen) verwirklicht, die selbsttätig für das Sperrfiltern entweder die Frequenz der Grundschwingung ermitteln oder für Subtraktionsschaltungen deren Amplitude und Phasenlage[25]. Eine solche Regelschaltung minimiert die Ausgangsspannung der

---

[25] Bei älteren (THD+N)-Analysatoren ist es notwendig, die Grobeinstellung von Hand vorzunehmen. Die Regelung (Automatik) „vollzieht" dann nur den „letzten kleinen Schritt". Bekannte Analysatoren sind die beiden Hewlett-Packard-Modelle HP333A und HP334A.

Grundschwingungselimination. Es wird dafür unterstellt, dass die Grundschwingung die Artefakte dominiert.

Wenn wir ein Sperrfilter mit SPICE realisieren, können wir es ideal statisch abstimmen, da uns die nötige Information, die Frequenz der Grundschwingung, zur Verfügung steht. Wir werden aber einen anderen Weg beschreiten, der raffiniert und gewissermaßen „SPICE-gerecht" ist[26]. Diesen Weg hat der Autor einem Forenbeitrag [Jcx10] eines Autors mit dem Forennamen JCX entnommen, der hierfür auch die benötigten SPICE-Dateien zur Verfügung stellt. Wir werden zunächst den Weg darstellen und motivieren, um schließlich die LtSpice-Dateien aus dem Forenbeitrag für einen Röhrenverstärker anzuwenden.

Wir gehen davon aus, dass $u_{\text{Resid}}(t)$ ein periodisches Signal mit periodischen Anteilen ist, deren Periodendauern ganzzahligen Teilern der Periodendauer $T_0 = \frac{2\pi}{\omega_0}$ der Grundschwingung entsprechen. Somit kann das Schaltungsausgangssignal $u_A(t)$ mit

$$u_A(t) = \sum_{n=1}^{\infty} a_n \cos(\omega_0 n t) + b_n \sin(\omega_0 n t)$$

in eine Fourierreihe entwickelt werden, wobei wir den Gleichanteil a_0 zunächst vernachlässigen. Es ist offensichtlich, dass mit Aufspaltung in Grund- und Oberschwingungen

$$u_A(t) = a_1 \cos(\omega_0 t) + b_1 \sin(\omega_0 t) + u_{\text{Resid}}(t)$$

zutrifft mit

$$u_{\text{Resid}}(t) = \sum_{n=2}^{\infty} a_n \cos(\omega_0 n t) + b_n \sin(\omega_0 n t) \ .$$

Wir erkennen sofort die beiden Zusammenhänge

$$\widehat{u}_A = \sqrt{a_1^2 + b_1^2} \quad \text{und} \quad \varphi = \arctan\left(\frac{a_1}{b_1}\right) \ .$$

Mit der Kenntnis von $\widehat{u}_A$ und φ können wir den Grundschschwingungsanteil aus dem Ausgangssignal $u_A(t)$ entfernen. Hierfür müssen wir lediglich die beiden Fourierkoeffzienten

$$a_1 = \frac{1}{T_0} \int_{t_A}^{t_A+T_0} u_A(t) \cos(\omega_0 t) \, \mathrm{d}t \qquad (7.13)$$

---

[26] Die Aufgabenstellung ist ein anschauliches Beispiel dafür, die Unterschiede zwischen Laboraufbau und SPICE-Simulation nicht nur zu berücksichtigen, sondern sie vor allem auch zu nutzen. Das Instrumentarium der Simulation erfordert und, vor allem, erlaubt, andere Test- und Analysestrategien als das der Laborausstattung.

und

$$b_1 = \frac{1}{T_0} \int\limits_{t_A}^{t_A + T_0} u_A(t) \sin (\omega_0 t) \, dt \qquad (7.14)$$

berechnen, um schließlich

$$u_{\text{Resid}}(t) = u_A(t) - a_1 \cos (\omega_0 t) - b_1 \sin (\omega_0 t)$$

zu erhalten. In diesen Berechnungen stellt t_A den Beginn des Berechnungszeitfensters der Länge T_0 dar. Wir können diese Aufgabe mit einigen Funktionsspannungsquellen lösen. Zunächst aber definieren wir den gesamten Zeitausschnitt der Transientenanalyse, den wir mit drei konsekutiven Zeitfenstern partitionieren, von denen jedes mit seiner (zeitlichen) Länge einem ganzzahligen[27] Vielfachen von T_0 entspricht:

- **Einschwingvorgang** im Zeitfenster der Länge $t_E = E T_0$ mit Beginn bei $t = 0$,
- **Integrationsvorgang** im Zeitfenster der Länge T_0 für die Berechnung der beiden Fourierkoeffizienten a_1 und b_1 mit $t_A = t_E$ und
- **Monitorvorgang** im Zeitfenster der Länge $R T_0$ für die Darstellung von $u_{\text{Resid}}(t)$.

Das Gesamtzeitfenster hat die Länge $t_G = (E + 1 + R) T_0$. Für die Integration nutzen wir einen speziellen Modus der Funktionsquelle. Die Anweisung B=idt{..} entspricht der Integration nach der Zeit, die wir zwischen t_A und $t_A + T_0$ ausführen werden, wobei der Anfangswert Null beträgt und der Integrand für Zeiten $t > t_A + T_0$ verschwindet, damit die gewünschten Integralwerte a_1 in (7.13) und b_1 in (7.14) für das dritte Zeitfenster konstant bleiben (die Integration wird sozusagen abgebrochen). Wir erreichen dies mit einem einfachen Schaltsignal (ebenfalls mit einer Funktionsspannungsquelle zu gewinnen), das die Definition

$$u_I(t) = \begin{cases} \frac{1}{T_0}, t \in [t_A, t_A + T_0] \, , \\ 0, \quad \text{sonst,} \end{cases}$$

hat. Das Blockbild in Abb. 7.34 zeigt den prinzipiellen Aufbau mit einigen Funktionsspannungsquellen, die die Erzeugung, Additionen, Multiplikationen und Integrationen von Signalen leisten. So kann ein zweites Schaltsignal

$$u_D(t) = \begin{cases} 1, t > t_A + T_0 \, , \\ 0, \quad \text{sonst} \end{cases}$$

---

[27] Diese Bedingung ist nur für den Zeitabschnitt der Intregration notwendig. Für die beiden anderen Zeitabschnitte ist sie aus programmiertechnischen Gründen wenigstens nützlich.

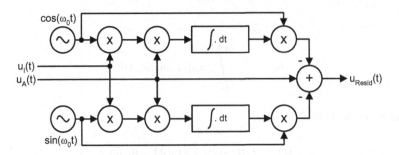

Abb. 7.34 Sperrfilter für die SPICE-Simulation

verwendet werden, um in einer Plot-Anweisung die „ungültigen" Anteile der Spannung $u_{Resid}(t)$, d. h. die Zeitfenster für Einschwing- und Integrationsvorgang, auszublenden. Der zitierte Forenbeitrag enthält hierfür eine gleich anwendbare SPICE-Schaltung, die wir für einen einfachen Röhrenleistungsverstärker angewendet haben. Die Zeitfenster haben die Längen $2T_0$ für den Einschwingvorgang, T_0 für die Berechnung der Fourierkoeffizienten und $2T_0$ für die Darstellung von $u_{Resid}(t)$. Diese Werte lassen sich leicht anpassen. Abbildung 7.35 zeigt die Verstärkerschaltung und die Abbildungen (7.36) und (7.37) das Ausgangssignal $u_A(t)$ sowie das gewünschte Artefakten-Signal $u_{Resid}(t)$ bei zwei Aussteuerungen mit $\hat{u}_E = 0,5\,\text{V}$ und $\hat{u}_E = 0,8\,\text{V}$.

Um einen möglichst „eindrucksvollen" Effekt zu erreichen, haben wir einen Röhrenleistungsverstärker in Abb. 7.35 ohne Gegenkopplung gewählt, wie es z. B. bei Gitarrenverstärkern bevorzugt wird, bei denen nichtlineare Verzerrungen dem künstlerischen Anspruch dienen.

Die Kurvenform- oder Klirrverzerrungen zeigen in beiden Beispielen unterschiedliche Charakteristik. Bei der geringeren Aussteuerung der ersten Simulation sehen wir ungeradzahlige Oberschwingungen und hier, wie es auch zu erwarten ist, die dominierende kubische Oberschwingung mit einer Frequenz von 3 kHz. Bei der höheren Aussteuerung der zweiten Simulation sehen wir bereits deutliche Kurvenverzerrungen auch schon im Ausgangssignal selbst. Das Artefakten-Signal zeigt zwar immer noch eine dominierende kubische Oberschwingung, aber wir sehen auch ausgeprägte weitere Verzerrungen, vor allem in den Umgebungen der Nulldurchgänge, die einen „scharfen" und somit auch unangenehmen Höreindruck mit sich bringen. Für den Schaltungsentwickler wäre es jetzt nun die naheliegende Aufgabe, die einzelnen Schaltungsstufen auf ihre jeweilige Integrität hin zu überprüfen, was in der vorliegenden Schaltung wegen der nicht vorhandenen Rückkopplung vom Aus- zum Eingang sehr einfach ist. So haben wir mit FFT-Analysen an unterschiedlichen Schaltungspunkten festgestellt, dass die deutlich ausgeprägten nichtlinearen Verzerrungen ausschließlich von der Endstufe herrühren (wie es ohnehin meist der Fall ist). Zur Vervollständigung geben wir noch die mit .FOUR-Analysen ermittelten Klirr-Betrags-Spektren der Ausgangssignale an:

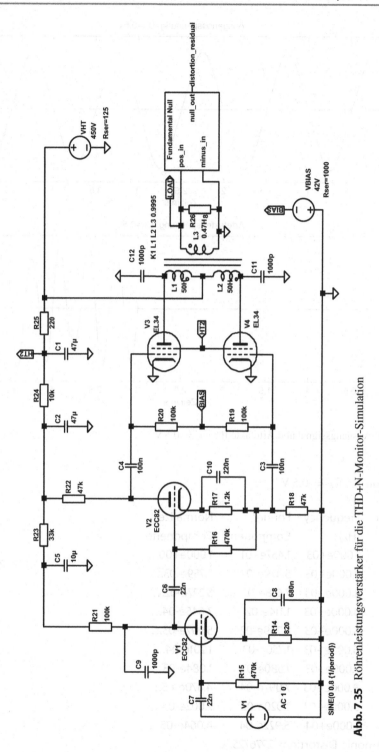

Abb. 7.35 Röhrenleistungsverstärker für die THD+N-Monitor-Simulation

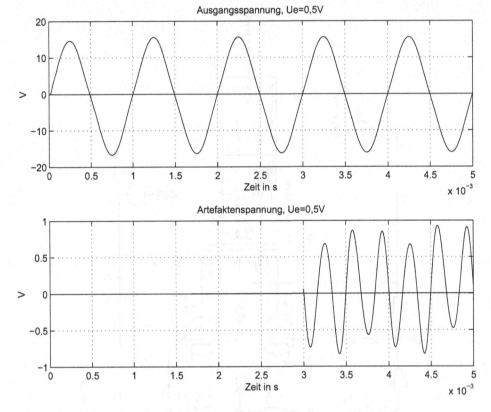

Abb. 7.36 Ausgangssignal und Artefakte für $\widehat{u}_E = 0{,}5\,\mathrm{V}$

Simulation 1 , $\widehat{u}_E = 0{,}5\,\mathrm{V}$

Harmonic Number	Frequency [Hz]	Fourier Component	Normalized... Component
1	1.000e+03	1.457e+01	1.000e+00...
2	2.000e+03	5.479e-02	3.759e-03...
3	3.000e+03	7.618e-01	5.227e-02...
4	4.000e+03	1.114e-02	7.645e-04...
5	5.000e+03	8.739e-02	5.997e-03...
6	6.000e+03	1.750e-03	1.201e-04...
7	7.000e+03	1.580e-02	1.084e-03...
8	8.000e+03	7.097e-04	4.870e-05...
9	9.000e+03	1.020e-02	7.002e-04...
10	1.000e+04	5.922e-04	4.064e-05...

Total Harmonic Distortion: 5.276725 %

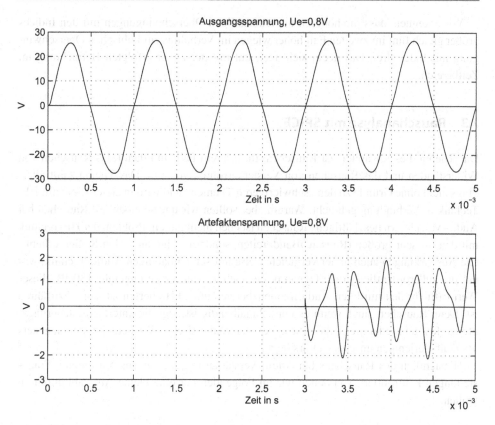

Abb. 7.37 Ausgangssignal und Artefakte für $\widehat{u}_E = 0{,}8$ V

Simulation 2 , $\widehat{u}_E = 0{,}8$ V

Harmonic Number	Frequency [Hz]	Fourier Component	Normalized... Component
1	1.000e+03	2.487e+01	1.000e+00...
2	2.000e+03	1.616e-01	6.497e-03...
3	3.000e+03	1.552e+00	6.241e-02...
4	4.000e+03	4.434e-02	1.783e-03...
5	5.000e+03	6.822e-01	2.743e-02...
6	6.000e+03	2.321e-02	9.333e-04...
7	7.000e+03	1.697e-02	6.824e-04...
8	8.000e+03	1.063e-03	4.273e-05...
9	9.000e+03	3.411e-02	1.372e-03...
10	1.000e+04	1.642e-03	6.602e-05...

Total Harmonic Distortion: 6.852955 %

Wir erkennen, dass die höheren ungeradzahligen Oberschwingungen mit den Indices größer gleich fünf im zweiten Fall höher wiegen im Verhältnis zur kubischen Oberschwingung mit Index drei. Das deckt sich auch gut mit der zuvor erfolgten Betrachtung im Zeitbereich.

7.3 Rauschanalyse mit SPICE

Das Thema dieses Kapitels ist Rauschen. In unserem Fall sind damit das Rauschen von Widerständen und das Rauschen von Verstärkerröhren gemeint. Das Thema zählt allerdings nicht ohne Gründe zu den „schwierigeren Themen" und wird in erster Linie mit HF-Technik in Verbindung gebracht. Warum aber sollten wir uns dennoch mit Rauschen bei Audio-Verstärkern beschäftigen? Rauschen ist eben nicht nur ein Problem der HF-Technik mit den oft sehr großen (Rausch-)Bandbreiten, sondern es hat an vielen Stellen erhebliche Auswirkungen auch in der vergleichsweise nur schmalbandigen Audio-Technik, was auf die außerordentlich große Dynamik des Gehörs von bis zu ungefähr 130 dB, dieser Wert trifft für den mittleren Audiofrequenzbereich um 1 kHz herum zu, zurückzuführen ist. Denn Rauschen, auch wenn es nur schmalbandig ist, legt die untere Aussteuerungsgrenze fest und jeder weiß, dass diese bei elektroakustischen Wiedergabesystemen stets oberhalb derjenigen unseres Gehörs liegt.

Hinsichtlich des Rauschens bei Audio-Verstärkern sehen wir uns mit einigen Fragestellungen konfrontiert, von denen wir im Folgenden nur eine kleine Auswahl anführen wollen:

- Wie passt man elektronische Verstärker rauscharm an niederohmige Sensoren wie Tonabnehmer oder Mikrophone an?
- Wie legt man im Kompromiss zwischen zulässiger Belastung und Rauscharmut skalierbare Bauelemente aus? Beispielhaft sind die Sallen&Key-Filter in unserem Buch. Eine Zeitkonstante $\tau = RC$ kann mit einem „rauschenden" Widerstand und einer rauschfreien Kapazität in zunächst beliebiger Wertewahl eingestellt werden, solange nur das Produkt stimmt. Leider aber können wir die Widerstände nicht beliebig klein wählen, was im Hinblick auf das Rauschen günstig wäre.
- Eine Audio-Anlage zur Wiedergabe von Schallplatten besteht aus einer mehrgliedrigen Kette von Verstärkern und Dämpfungsgliedern (Anpassungsnetzwerk, MC-Vor-Vor-Verstärker, Entzerrverstärker, Pegelsteller, Vorverstärker, Pegelsteller, Endverstärker). Wie legt man solche Kettenanordnungen rauscharm aus?
- Wie baut man rauscharme Signalmischer?
- Wie verteilt man Verstärkungsfaktoren in mehrstufigen Verstärkern?
- Wie löst man das häufig auftretende Dilemma des Widerspruchs von Klirr- und Rauscharmut?
- Soll man Entzerr-Netzwerke in Rückkopplungen einbetten oder separat ausführen?

- Soll man, wenn große Stufenverstärkungen zu erreichen sind, zwei Triodenstufen hintereinander schalten oder eine Pentode oder eine Kaskoden-Schaltung mit Trioden verwenden?

Es gibt also gute Gründe, auch in einem Buch zu Audio-Röhrenverstärkern Rauschen nicht auszublenden. Und es gibt einen weiteren gewichtigen Grund, nämlich die uns zur Verfügung stehende SPICE-Rauschanalyse.

Die Kapitelschwerpunkte sind

- Thermisches Rauschen und seine Beschreibung im Frequenzbereich,
- das Rechnen und Simulieren mit Rauschquellen,
- bewertetes Rauschen,
- Stromrauschen der Widerstände,
- Rauschen bei Verstärkerröhren in Berechnung und Simulation,
- Rauschen von Röhrenverstärkerstufen in Berechnung und Simulation.

Das Simulieren von Rauscheffekten erfolgt mit der .NOISE-Analyse in SPICE. Die .NOISE-Analyse werden wir in Verbindung mit der .meas-Anweisung anwenden lernen. Und wir werden lernen, nützliche Techniken der spektralen „Färbung" des Rauschens anzuwenden.

Simulationstechnisch ist die Rauschanalyse .NOISE nicht komplizierter als die Wechselgrößenanalyse .AC, was sich am Aufruf der .NOISE-Analyse auch erkennen lässt. Beide hängen eng miteinander zusammen, denn in beiden Fällen werden die gleichen Berechnungstechniken verwendet. Dennoch gibt es viele gute Gründe, die Betrachtung des Rauschens elektronischer Schaltungen separat und recht ausführlich vorzunehmen, da nicht die Signale selbst, sondern ihre statistischen Eigenschaften zu betrachten sind. Die Betrachtung statistischer Eigenschaften bringt die Einführung einiger nur in diesem Zusammenhang benutzter Begriffe mit sich, um deren, wenn auch knappe, Erläuterung wir nicht herumkommen.

Im weiteren sind mehrere physikalische Effekte zur Begründung und Erläuterung von Rauschphänomenen zu beachten. Es ist sogar so, dass z. B. für die Erklärung des frequenzabhängigen Stromrauschens von Widerständen eine Vielzahl von physikalischen Effekten anzuführen ist, was zur Folge hat, dass Stromrauschen ein Sammelbegriff ist und man üblicherweise nicht nach Effekten unterscheidet, sondern die Wirkung selbst durch Angabe von Kenngrößen beschreibt.

Nach einer kurzen Einführung, die darauf abzielt, Spektralfunktionen einzuführen, mit denen das Rechnen und das Simulieren mit Rauschgrößen ermöglicht wird, werden wir für elektrische Widerstände das thermische Rauschen und einige der Rechenregeln für Rauschgrößen kennenlernen. Dem folgt gleich die Anwendung der SPICE-Simulation. Auch wenn der Simulationsaufbau und das Ausführen der Simulation selbst nur wenig aufwendig sind, so sind die mit der .NOISE-Analyse zur Verfügung gestellten Informationen, die mit der .meas-Anweisung weiterverarbeitet werden können, nicht mit nur wenigen Worten abzuhandeln.

In der Folge lernen wir dann das frequenzabhängige Stromrauschen der Widerstände kennen, mit dem die Materialunterschiede der Widerstandstypen berücksichtigt werden. Auf der Grundlage des Laplace-Transformierten-Modus der spannungsgesteuerten Spannungsquelle werden wir die Rauschspektralformung in der SPICE-Rauschsimulation durchführen.

Im weiteren werden wir Rauschformungsfilter kennenlernen, mit denen man das Rauschen messtechnisch auswertet, wenn man das Gehör mit seinen im Frequenzbereich erklärten Eigenschaften, hier die frequenzabhängigen Kurven gleichen Lautstärkeempfindens, als „Rauschempfänger" berücksichtigt.

Die Rauschsimulation dreier vergleichbarer Verstärker mit unterschiedlichen Topologien wird zum Abschluss des Kapitels den hohen Gebrauchswert der Simulation aufzeigen.

7.3.1 Einleitung

Rauschen begleitet oder kontaminiert als unerwünschtes Störsignal jede elektronische Schaltung mit der Ausnahme der für die Elektroakustik und die Spektralanalyse wichtigen Rauschgeneratoren. Mit der SPICE-Rausch-Analyse .NOISE in Verbindung mit der .measure-Anweisung können wir

- Spektrale Rauschspannungs- und Rauschstromdichte,
- Rauscheffektivwerte für wählbare Bandbreiten sowie die
- Rauschzahlen und Rauschmaße

durch Simulation gewinnen. Im weiteren können wir mit SPICE

- frequenzabhängiges und frequenzunabhängiges Rauschen berücksichtigen sowie
- bewertetes (psophometrisches) und unbewertetes Rauschen von Audioverstärkern mit den hierfür vorgesehenen Rauschbewertungsfiltern messen und so z. B. unterschiedliche Schaltungstopologien für rauschempfindliche Verstärker gegeneinander abwägen.

Bevor wir nun in Anwendungen SPICE-Simulationen durchführen, müssen wir zunächst einige grundlegende Begriffe und Modellvorstellungen einführen, damit die SPICE-Simulationen plausibel ausgeführt werden können.

Rauschen im Zusammenhang mit NF-Verstärkern führen wir mit Ursache, Wirkung und Beschreibung ein. Rauschen ist ein physikalisches Phänomen und wurde in der Form *messbarer unregelmäßiger Stromschwankungen* erstmals 1918 durch Walter Schottky [Sch18] beschrieben. Gegenstand der Arbeit von Schottky war das Schrotrauschen von Elektronenröhren. Gleichwohl erkannte Schottky bereits, dass auch der Gitterableitwiderstand einen Rauschbeitrag leistet. Von den in der Literatur beschriebenen zahllosen Rauschursachen oder Rauschphänomenen elektronischer Bauelemente werden wir uns auf fünf beschränken. Wichtig für unsere Niederfrequenz-Röhrenverstärker sind frequenzunabhängiges Rauschen wie das *thermische Widerstandsrauschen* und das *Schrot-* sowie das *Stromverteilungsrauschen* der Verstärkerröhren und frequenzabhängiges Rauschen wie das *Stromrauschen* der *Widerstände* und das *Funkelrauschen* der Verstärkerröhren. Thermisches Rauschen und Schrotrauschen haben ihre Ursache in zufälliger thermischer Ladungsbewegung. Strom- und Funkelrauschen haben zahlreiche Ursachen, die in der Materialbeschaffenheit und mit den vorhandenen Grenzflächen, beispielsweise den Grenzflächen an Kontaktelektroden, zu begründen sind. So sind Strom- und Funkelrauschen Sammelbegriffe für eine Vielzahl unterschiedlicher physikalischer Effekte. Gemeinsam ist ihnen aber eine frequenzabhängige Rauschfärbung mit der Wirkung einer Tiefpassfilterung. Das Stromverteilungsrauschen bei Mehrgitterröhren tritt immer dann auf, wenn wenigstens zwei Elektroden auf einem gegenüber der Kathode positiven Potential liegen. Dann nehmen sie von der Kathode emittierte Elektronen auf, und es ist den Betriebsverhältnissen, aber auch dem Zufall, überlassen, welche Elektrode einen von der Kathode emittierten Ladungsträger aufnimmt.

Die Wirkung des Rauschens ist ein unerwünschtes Störsignal, das dem Nutzsignal, unserem Audiosignal, überlagert ist. Das Rauschsignal, wir sprechen auch betonend von Rauschstörsignal, ist vom Nutzsignal statistisch unabhängig. Das Rauschstörsignal treffen wir an den Verstärkerausgangsklemmen an, auch wenn gar kein Eingangssignal eingespeist wird. Daher wird auch ein kleines Nutzsignal vom Rauschstörsignal überlagert und gegebenenfalls sogar verdeckt. So wird mit dem Rauschen die untere Aussteuerungsgrenze festgelegt.

Einen Röhrenverstärker spezifizieren wir in üblicher Weise mit Fremd- und Geräuschspannungsabstand, wofür wir später die unbewertete und bewertete Rauschmessung nutzen werden. Wir sehen ideale Kapazitäten und Induktivitäten als rauschfrei an. Rauschquellen im Röhrenverstärker sind dann ohmsche Widerstände einschließlich der ohmschen Anteile an Übertragerwicklungen und die Verstärkerröhren.

Rauschsignale können im Zeit- und im Frequenzbereich beschrieben werden. Da es sich um statistische Signale handelt, beschreiben wir sie im Zeitbereich mit Mitteln der Statistik wie Mittelwerte und Verteilungsdichtefunktionen. Die Beschreibung von Rauschen im Frequenzbereich erfolgt mit Mitteln der statistischen Signalverarbeitung und ist für die Rechnersimulation und somit für SPICE besser geeignet[28], weshalb wir im weiteren auf die Frequenzbereichsdarstellung eingehen werden. Wir müssen nun geeignete Beschreibungsformen kennenlernen und werden als Beispiel hierfür zu Beginn das thermische Rauschen Ohmscher Widerstände betrachten, das sozusagen unser „Elementarrauschen" ist.

7.3.2 Spektralfunktionen zur Beschreibung von Verstärkerrauschsignalen

„Rauschen als Zufallsprozess" müsste die Überschrift dieses einleitenden Abschnitts sein. Und das wäre bereits ein Auftrag dazu, sehr weit auszuholen. Wenn man diesem Auftrag folgte, träten plötzlich zahlreiche Begriffe der statistischen Signalverarbeitung auf, die

---

[28] Die SPICE-Rauschanalyse wird im Frequenzbereich durchgeführt.

schon im nächsten Kapitel nicht mehr benötigt werden würden. Aber in irgendeiner Weise muß es doch möglich sein, die SPICE-Rauschanalyse für unsere technisch sehr einfachen Röhrenverstärker zu nutzen. Kurz, wir befinden uns in einer sehr vereinfachten Umgebung:

- Die SPICE-Rauschanalyse setzt voraus, dass alle Rauschquellen untereinander unkorreliertes Rauschen erzeugen.
- Die SPICE-Rauschanalyse ist ein Derivat der .AC-Analyse und rechnet mit spektralen Dichtefunktionen. SPICE berechnet, wie sich die Rauschen charakterisierenden Spektral-Funktionen beim Weg von der Rauschquelle hin zum Verstärkerausgang oder hin zum Verstärkereingang verändern. Veränderungen sind „spektrale Verfärbungen" und Verstärkung oder Abschwächung. Diese Berechnungen folgen ähnlichen Regeln wie die Berechnungen in einer .AC-Analyse.
- Für unsere Verstärkerröhren sind nur sehr wenige Daten zu ihren Rauschcharakteristika verfügbar. Daher werden auch die Rauschmodelle entsprechend simpel sein.
- Wir betrachten Audio-Röhrenverstärker für den, aus Sicht der Nachrichtentechnik schmalen, Hörfrequenzbereich und nicht Verstärker für die Mobilkommunikation.
- Wir können auch nicht erwarten, dass die Industrie nun plötzlich rauscharme NF-Röhren herstellt oder sich die Mühe macht, die gegenwärtig gefertigten Verstärkerröhren hinsichtlich des Röhrenrauschens umfassender zu charakterisieren, weil das Marktsegment viel zu unbedeutend ist.

Wir sind daher gut beraten, uns zu bescheiden und nur soviel an Rüstzeug mitzugeben, damit wir unsere einfachen Simulationen auch plausibel deuten können, was meistens heißt, unterschiedliche Schaltungsvarianten auf ihre Eignung hin im Vergleich bewerten zu können, ohne sie aufzubauen und, mit nur den wenigsten zur Verfügung stehenden Rauschmeßplätzen, auszumessen. Man würde so etwas heute einen „pragmatischen Ansatz" nennen. Aus diesen Gründen lautet die Abschnittsüberschrift: „Spektralfunktionen zur Beschreibung von Verstärkerrauschsignalen".

Rauschen, im Englischen *random noise*, ist aus der Sicht der Mathematik ein Sammelbegriff für spezielle Zufallsprozesse und bezeichnet in der Signalverarbeitung nichtdeterministische Signale oder Zufallssignale, die wir im Zeitbereich als Zufallsgrößen ansehen und mit Verteilungsfunktionen und davon abgeleiteten Mittelwerten beschreiben. Die Zufallssignale sind Resultate von Zufallsprozessen. Für deterministische Signale, beispielsweise reellwertige periodische Signale, sind vor allem zwei Mittelwerte, der arithmetische Mittelwert

$$\overline{u} = \frac{1}{T} \int\limits_{t_0}^{t_0+T} u(t)\mathrm{d}t$$

und der Mittelwert des quadrierten Signals, der quadrierte Effektivwert,

$$U^2 = \frac{1}{T} \int\limits_{t_0}^{t_0+T} u^2(t)\mathrm{d}t$$

wichtig. Für Rauschsignale ist das komplizierter und das nicht nur, weil wir keine Periodizität voraussetzen können, keine konkrete Signalfunktion kennen und auch nicht ohne weiteres eine Mittelungszeit T vorgeben können.

Nehmen wir an, dass in einem rauschbehafteten Widerstand sehr viele freie Ladungsträger auf Grund der Widerstandswärme kleine zufällige Bewegungen ausführen, diese Bewegungen zu Verschiebungen von Ladungsschwerpunkten führen, womit die elektrische Neutraliät des Widerstands verloren geht, und diese Bewegungen mit steigender Temperatur „heftiger" werden, so mag das einen physikalischen Sachverhalt widerspiegeln, aber der Schritt von der Gesamtheit aller dieser mikroskopischen Zufallsbewegungen über zufällige Ladungsschwerpunktsverschiebungen hin zum Rauschsignal als Funktion der Zeit und in Folge zur Berechnung der Mittelwerte über der Zeit ist an zahlreiche Zwischenüberlegungen und Voraussetzungen geknüpft. Hier sind vor allem *Stationarität* und *Ergodizität* zu nennen. Stationarität heißt nun, dass sich diese Mittelwerte nicht mit der Zeit ändern oder wenigstens sich nicht in unserem Betrachtungszeitraum ändern. Ergodizität besagt nun, dass die Mittelwerte, die wir über die Verteilungsfunktionen zu beliebigen (Stationarität) Zeitpunkten berechnen können, denen entsprechen, die wir erhielten, wenn wir das zeitliche Mittel der elektrischen Spannung berechneten. Dies stellt man sich am besten mit einem statistischen Experiment vor, wie es z. B. in [Ste87] oder [Mil89] beschrieben wird.

Bemerkung Sollen wir für viele gleichartige Widerstände das Widerstandsrauschen zu einem Zeitpunkt über alle diese Widerstände mitteln, oder sollen wir einen Widerstand heranziehen und das an ihm erfasste Widerstandsrauschen über der Zeit mitteln? Wenn der Zufalls- bzw. Rauschprozess (wenigstens für die Zeitdauer der Betrachtung) sowohl stationär als auch ergodisch ist, dann ist es gleich, ob wir über Widerstände oder über die Zeit mitteln. Ein viel zitiertes weiteres Beispiel ist das Würfeln. Wir können mit vielen Würfeln einmal würfeln oder mit einem Würfel viele Male.

So werden wir alle Rauschsignale in diesem Kapitel unter den Voraussetzungen von Stationarität und Ergodizität betrachten.

Wir stellen uns im weiteren vor, dass $u_N(t)$ eine Rauschspannung ist, die für Zeiten außerhalb des Intervalls $[-T/2, T2]$ verschwindet. Der arithmetische Mittelwert dieser Rauschspannung soll ebenfalls verschwinden. Nicht verschwinden hingegen soll ihr Effektivwert

$$U_N^2 = \frac{1}{T} \int\limits_{-T/2}^{T/2} u_N^2(t) \mathrm{d}t \; . \tag{7.15}$$

SPICE benötigt, wie bereits erwähnt, Spektralfunktionen für die Rauschanalyse. Wir drücken den quadrierten Effektivwert durch eine (einseitige) Spektralfunktion aus mit

$$U_N^2 = \int\limits_{0}^{\infty} S_u(f) \mathrm{d}f \tag{7.16}$$

und bezeichnen die Funktion $S_u(f)$ als *spektrale Dichtefunktion* oder *spektrale Leistungsdichte*. Die Voraussetzungen für diesen Vorgang wird man allerdings zu klären haben. Diese Funktion gibt nach Skalierung an, wieviel Leistung zufolge der Rauschspannung an einem Widerstand in einem schmalen Frequenzintervall umgesetzt werden würde. Man kann sich das so vorstellen, dass das Rauschsignal Schmalbandfilter passiert und dann die Leistung gemessen wird. Die Gesamtleistung ist dann mit Integration über der Frequenz zu erhalten.

Wenn wir nun aber diese spektrale Dichtefunktion berechnen wollen, können wir uns nicht auf das noch in (7.15) zugrundegelegte endliche Zeitintervall beschränken. Für die Berechnung der Spektralfunktion müssten wir nach einer Fouriertransformation das Integral

$$U_N^2 = \left| \int_{-\infty}^{\infty} U(f) \mathrm{d}f \right|^2$$

berechnen, aber das Rauschsignal ist nicht absolut integrierbar und möglicherweise nicht einmal definiert

$$\int_{-\infty}^{\infty} |u_N(t)| \, \mathrm{d}t = \infty \, .$$

Ein Weg zur Umgehung dieser Klippen folgt dem *Wiener-Chintschin-Theorem* und verwendet statt des Rauschsignals dessen Autokorrelierte, die für das noch endliche Zeitintervall T mit

$$\varphi_u(\tau) = \frac{1}{T} \int_{-T/2}^{T/2} u_N(t) u_N(t + \tau) \mathrm{d}t$$

definiert ist. Wir erhalten die gesuchte Autokorrelierte über die Grenzwertbildung $T \to \infty$. Deren Fouriertransformierte entspricht unserer gewünschten Spektralfunktion

$$S_u(f) = 2 \int_{-\infty}^{\infty} \varphi_u(\tau) e^{-j 2\pi f \tau} \mathrm{d}\tau \, ,$$

worin die 2 vor dem Integral der Einseitigkeit in (7.16) geschuldet ist. Die Spektralfunktion $S_u(f)$ ist, wie die Autokorrelierte $\varphi_u(\tau)$, eine gerade Funktion. Ferner gilt $|\varphi_u(\tau)| \le |\varphi_u(0)|$.

Das war nun ein schneller Parcours durch ein Gebiet, das aus guten Gründen Bücher füllt. Der interessierte Leser kann Weiterführendes beispielsweise bei Wunsch und Schreiber [Wun06] nachlesen. Für uns ist im Moment wichtig, dass wir mit diesen Spektralfunktionen $S_u(f)$ genauso „elegant" rechnen können wie mit den „gewöhnlichen"

Spektralfunktionen der .AC-Analyse, was Rechnen mit deterministischen Funktionen bzw. Signalen gleichkommt. Wir haben in der folgenden Einrückung ein paar solcher Funktionen angegeben.

Rechenbeispiele für typische Spektralfunktionen und Autokorrelierte Im Besonderen sind für uns drei Spektralfunktionen wichtig. Es sind dies die Spektralfunktion des weißen Rauschens mit

$$S_u(f) = c_W, \quad \varphi_u(\tau) = \int_{-\infty}^{\infty} S_u(f)\cos(2\pi f\tau)\mathrm{d}f = c_W\delta(\tau), \quad (7.17)$$

die Spektralfunktion des 1/f-Rauschens, das wir als gefiltertes weißes Rauschen ansehen,

$$S_{u/f}(f) = \frac{c_{1/f}}{f}S_u(f), \quad \varphi_{u/f}(\tau) = c_{1/f}c_W \int_{-\infty}^{\infty} \frac{\cos(2\pi f\tau)}{f}\mathrm{d}f,$$

worin der Integralkosinus nicht geschlossen angebbar ist (Reihenentwicklung) und schließlich das von einem Filter[29] mit der Übertragungsfunktion $H(f)$ gefilterte weiße Rauschen

$$S_{u,H}(f) = |H(f)|^2 S_u(f) = G(f)S_u(f),$$

$$\varphi_{u,H}(\tau) = c_W \int_{-\infty}^{\infty} G(f)\cos(2\pi f\tau)\mathrm{d}f.$$

Ein Beispiel ist das RC-Tiefpassfilter $H_{RC}(f)$ mit dem Leistungsfrequenzgang

$$G_{RC}(f) = \frac{1}{1 + (2\pi fRC)^2}$$

und der kausalen Impulsantwort

$$h_{RC}(t) = \frac{1}{RC}e^{-t/RC}, t \geq 0.$$

Mit dieser Impulsantwort berechnen wir die Autokorrelierte mit dem Korrelationsintegral

$$\varphi_{RC}(\tau) = \int_{\max(0,-\tau)}^{\infty} \frac{1}{RC}e^{-t/RC}\frac{1}{RC}e^{-(t+\tau)/RC}\mathrm{d}t$$

$$= \frac{1}{(RC)^2}e^{-\tau/RC} \int_{\max(0,-\tau)}^{\infty} e^{-2t/RC}\mathrm{d}t$$

---

[29] Das neutrale Element der Faltung im Zeitbereich ist $\delta(\tau)$ oder $(\varphi_{u,f} * \delta)(\tau) = \varphi_{u,f}(\tau)$.

$$= \frac{1}{2RC} e^{-\tau/RC} e^{-2\max(0,-\tau)/RC}$$

$$= \frac{1}{2RC} e^{-\tau/RC} \begin{cases} e^{-2\tau/RC}, \tau < 0, \\ 1, \tau \geq 0, \end{cases}$$

$$= \frac{1}{2RC} e^{-|\tau|/RC}.$$

Im Zusammenhang mit der in einem späteren Abschnitt betrachteten *äquivalenten Rauschbandbreite* wollen wir ergänzen, dass die Autokorrelierte zum Zeitpunkt $\tau = 0$ dem Integral des Filterleistungsfrequenzgangs entspricht

$$\varphi_{RC}(0) = \frac{1}{2RC} = \int_{-\infty}^{\infty} G_{RC}(f)\mathrm{d}f = \int_{-\infty}^{\infty} \frac{1}{1+(2\pi fRC)^2}\mathrm{d}f.$$

Für das RC-gefilterte weiße Rauschen erhalten wir dann die Spektralfunktion

$$S_{u,H_{RC}}(f) = c_W \frac{1}{1+(2\pi fRC)^2}$$

und für die Autokorrelierte

$$\varphi_{u,H_{RC}}(\tau) = c_W \left(\varphi_{RC} * \delta(\tau)\right) = c_W \varphi_{RC}(\tau).$$

Alle so berechneten Autokorrelierten sind absolut integrierbar und wir haben den Übergang $T \to \infty$ vollzogen, denn in allen drei Fällen gilt $\varphi_{u(.)}(\infty) = 0$. Alleine der Fall $\varphi_{u/f}(0)$ muß zu späterer Gelegenheit, dies erfolgt im Abschn. 7.3.7, ebenfalls betrachtet werden, wobei wir dann aber „physikalisch" argumentieren werden.

7.3.3 Thermisches Widerstandsrauschen

Johnson hat 1928 [Joh28] experimentell herausgefunden, dass die mittlere Rauschleistung in einem Leiter mit Widerstandswert R

- proportional zur absoluten Temperatur T in Kelvin ist, da die Temperatur ein Maß für die thermische Bewegung der Ladungsträger ist und
- proportional zur Bandbreite B, ein Intervall der Frequenzvariablen ist, über die ein Rauschsignal integrierend gemessen wird.

Diese Eigenschaften wurden ebenfalls 1928 von H. Nyquist [Nyq28] theoretisch begründet und als *Johnson-Nyquist Beziehung* formuliert.

Das Rauschsignal tritt am ohmschen Widerstand bei einer Temperatur oberhalb des absoluten Nullpunkts auf und ist dann auch nicht von einem Stromfluss abhängig. Das

Phänomen ist Effekt einer Brownschen Ladungsträgerbewegung (Bewegung freier Ladungsträger) und somit auch ein Effekt, der seine Ursache in der endlichen Größe der Ladungsträger (Quantelung) hat. Es ist anzumerken, dass die Quantelung elektrischer Ladung Elementarursache aller elektrischen Rauschphänomene ist.

Die bereits erwähnte Johnson-Nyquist-Beziehung gibt uns den leicht handzuhabenden, im Frequenzbereich anzuwendenden Fundamental-Zusammenhang

$$U_N^2 = 4kTRB \tag{7.18}$$

mit

- k: Boltzmannkonstante, eine Naturkonstante mit dem Wert $k = 1{,}3806488 \cdot 10^{-23} \frac{J}{K}$
- T: Temperatur in Kelvin, SPICE verwendet als Standardwert in den Rauschanalysen die globale Temperatur $\vartheta_0 = 27\,°C$, was $T_0 = (\vartheta_0 + 273{,}15)\,K = 300{,}15\,K$ entspricht. Wir werden im Folgenden den Näherungswert $T_0 = 300\,K$ für unsere Berechnungen verwenden. Die globale Temperatur der SPICE-Rauschanalysen lässt sich durch den Nutzer ändern, wobei es aber oft sinnvoller ist, nicht die Temperatur, sondern einen Rauschwiderstandswert passend zu ändern, wie wir es beim Röhrenrauschen auch praktizieren werden. Denn wir unterscheiden zwischen der hohen Temperatur der Glühkathode und der im Vergleich dazu niedrigen Betriebstemperatur der Röhrenverstärkerschaltung.
- B: (Frequenz-)Bandbreite mit $B = f_o - f_u$ als Differenz einer oberen Frequenz f_o und einer unteren Frequenz f_u. In den meisten Fällen wird für uns der Audiofrequenzbereich von 20 Hz bis 20 kHz, vor allem als Messbandbreite, genügen.

Das thermische Widerstandsrauschen ist weißes Rauschen mit der Spektral-Dichtefunktion

$$S_U(f) = 4kTR = c_W \tag{7.19}$$

Im Allgemeinen berechnen wir einen Rauschspannungs-Effektivwert gemäß (7.16) für eine Bandbreite $B = f_o - f_u$ mit einem Integral unter einer Wurzel

$$U_N = \sqrt{\int_{f_u}^{f_o} S_U(f)\,\mathrm{d}f} \,,$$

was sich, nach Quadratur für thermisches Rauschen zu (7.18) vereinfacht.

Eine Eigenschaft dieses thermischen Rauschens ist die in sehr weiten Bereichen, wir können von Terahertzbereichen ausgehen, gleichmäßige spektrale Dichtefunktion[30].

---

[30] Eine Bandbegrenzung nach oben hin erfährt das weiße Rauschen alleine schon durch unvermeidliche parasitäre Kapazitäten der technischen Widerstände.

Für die Effektivwerte von Spannung und Strom (Leerlaufspannung und Kurzschluss-strom) des Widerstandsrauschens gilt

$$U_N = \sqrt{4kTRB} \quad \text{und}$$

$$I_N = \sqrt{\frac{4kTB}{R}}.$$

Der Hinweis auf die Bandbreite zusammen mit der Erwähnung der Frequenzabhängig-keit legen es nahe, die spektralen Dichtefunktionen als Größen in den Berechnungen zu verwenden:

$$\text{spektrale Rauschleistungsdichte } p_N = 4kT,$$

$$\text{spektrale Rauschspannungsgsdichte } u_N = \sqrt{4kTR}, \qquad (7.20)$$

$$\text{spektrale Rauschstromdichte } i_N = \sqrt{\frac{4kT}{R}}.$$

Aus den spektralen Dichtefunktionen können wir bei weißem Rauschen die Effektivwerte für eine Bandbreite B mit

$$U_N = u_N \sqrt{B}, \quad I_N = i_N \sqrt{B}, \quad P_N = p_N B$$

gewinnen. Im Falle frequenzabhängigen Rauschens gewinnen wir die Effektivwerte durch Integration der spektralen Dichtefunktionen nach der Frequenz. Nun können wir das ther-mische Rauschen eines Widerstands berechnen, wobei wir bei mehreren Widerständen annehmen, dass die Einzelrauschbeiträge der Widerstände unkorreliert zueinander sind.

Zur Modellierung „rauschender" Widerstände dient die Abb. 7.38. Sie zeigt in a einen idealen rauschfreien Widerstand R. In b ist symbolisch ein rauschender Widerstand ab-gebildet. In den beiden Bildern c und d sehen wir zwei Ersatzschaltungen für rauschende Widerstände, die jeweils einen rauschfreien Widerstand mit Rauschquellen zum rauschen-den Widerstand ergänzen. SPICE verwendet die Stromquellenersatzschaltung nach d mit der spektralen Rauschstromdichte $i_N = \sqrt{\frac{4kT}{R}}$ bzw. der Spektralfunktion $S_i(f) = \frac{4kT}{R}$. Rauschspannungs- und Rauschstromquelle werden ohne Zählpfeile dargestellt, da eine Richtungsangabe bei mittelwertfreiem Rauschen nicht von Bedeutung ist.

Abb. 7.38 Modellieren des thermischen Widerstandsrau-schens

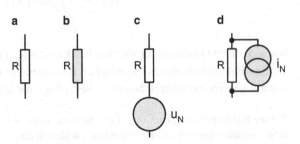

7.3.4 Grundlegendes zur Schaltungssimulation mit Rauschgrößen

Ein Schaltungssimulator wie SPICE geht bei einer Rauschanalyse von einer Schaltung mit einem ausgewählten Eingangsknoten, dem Bezugsknoten, und einem ausgewählten Ausgangsknoten aus. Die zu simulierende Schaltung enthält M untereinander unkorrelierte Rauschstromquellen, die mit den Rauschstromspektralfunktionen

$$S_{i,m}(f), m = 1, \ldots, M ,$$

spezifiziert sind. Für jede dieser Rauschstromquellen lassen sich *Transferfunktionen*[31] für Leistungsspektren

$$T_m(f), m = 1, \ldots, M ,$$

zwischen den Rauschstromquellen und dem Ausgangsknoten ermitteln. Eine korrespondierende Rauschspannungsspektralfunktion für den Index m ist mit der hierfür zuständigen Transferfunktion in der Form

$$S_{u,m}(f) = T_m(f) S_{i,m}(f)$$

zu berechnen. Am Schaltungsausgangsknoten gilt für die resultierende Rauschspannungsspektralfunktion

$$S_u(f) = \sum_{m=1}^{M} S_{u,m}(f) .$$

Aus der Kenntniss der Übertragungsfunktion $H(f)$ der Schaltung, die mit einer .AC-Analyse ermittelt wird, lässt sich aus der auf den Ausgangsknoten bezogenen Rauschspannungsspektralfunktion mit

$$S_{u,E}(f) = \frac{S_u(f)}{|H(f)|^2} = \frac{S_u(f)}{G(f)}$$

die auf den Eingangsknoten bezogenen Rauschspannungsspektralfunktion $S_{u,E}(f)$ berechnen.

Die nachfolgenden Einrückungen enthalten Beispiele für einfache und typische Berechnungsschritte bei thermischem Widerstandsrauschen und RLC-Zweipolen:

---

[31] Wir verwenden hier den Begriff *Transferfunktion*, da eine solche Funktion dimensionsbehaftet sein kann. Die ansonsten in diesem Kapitel verwendeten Leistungsfrequenzgänge $G(f)$ sind dimensionslos.

Beispiel 7.1 Parallelschaltungszweipol von Widerstand und Kapazität Wir fassen in Abb. 7.39 die Schaltung a mit rauschendem Widerstand als System in b auf. Die Systemeingangsgröße am Klemmenpaar A' und B' ist der Rauschstrom i_N mit der Spektralfunktion

$$S_i(f) = \frac{4kT}{R} .$$

Die Systemausgangsgröße ist die Rauschspannung am Klemmenpaar A und B. Die für die SPICE-Rauschanalyse nötige Transferfunktion $T(f)$ erhalten wir mit

$$S_u(f) = \left| R \parallel \frac{1}{j2\pi fC} \right|^2 S_i(f)$$

$$= T(f)S_i(f)$$

$$= \frac{R^2}{1 + (2\pi fRC)^2} \frac{4kT}{R} , T(f) = \frac{R^2}{1 + (2\pi fRC)^2} .$$

Wir stellen nun die Spektralfunktion der Rauschspannung in der Form

$$S_u(f) = 4kTR^*, R^* = \frac{R}{1 + (2\pi fRC)^2} ,$$

dar. Wir vergleichen den Widerstand R^* mit der Impedanz der RC-Parallelschaltung

$$Z = R \parallel \frac{1}{j2\pi fC} = \frac{R}{1 + (2\pi fRC)^2} - j \frac{2\pi fR^2C}{1 + (2\pi fRC)^2} = \mathrm{Re}\{Z\} + j\,\mathrm{Im}\{Z\}$$

und erkennen die Gleichheit mit der Resistanz

$$R^* = \mathrm{Re}\{Z\} .$$

Diese Gleichheit führt uns zur Rauschersatzschaltung c in Abb. 7.39 mit einem rauschfreien RC-Zweipol in Reihe mit einer Rauschspannungsquelle und der Spektralfunktion

$$S_u(f) = 4kT\,\mathrm{Re}\{Z\} .$$

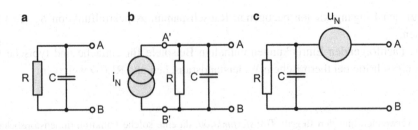

Abb. 7.39 Rauschersatzschaltung für RC-Parallel-Zweipol

Die Impedanz Z entspricht der Impedanz zwischen den Klemmen A und B. Diese Aussage gilt für beliebige RLC-Zweipole ohne gesteuerte Quellen [Wun06] und drückt aus, dass für das thermische Rauschen alleine der resistive Anteil, der Realteil der Impedanz, zuständig ist. Zum Abschluss des Beispiels wollen wir den Effektivwert der Rauschspannung berechnen. Wegen der nun gegebenen Frequenzabhängigkeit der spektralen Rauschspannungsdichte, ausgedrückt mit der Spektralfunktion

$$S_u(f) = \frac{4kTR}{1 + (2\pi fRC)^2},$$

müssen wir über die Frequenz integrieren, wobei wir zunächst die Grenzen $f_u = 0$ und $f_o = \infty$ wählen und das Integral

$$U_N^2 = \int_0^\infty \frac{4kTR\,\mathrm{d}f}{1 + (2\pi fRC)^2} = 4kT \int_0^\infty \mathrm{Re}\{Z(f)\}\,\mathrm{d}f$$

auswerten. Für hohe Frequenzen $f \gg 1/(2\pi RC)$ können wir dieses Rauschen als Rauschen mit $1/f^2$-Charakteristik oder als sogenanntes *rotes Rauschen* ansehen. Mit der Abkürzung $x = 2\pi fRC$ erhalten wir ein Standard-Integral und berechnen

$$U_N^2 = \frac{2kT}{\pi C} \int_0^\infty \frac{\mathrm{d}x}{1 + x^2}$$

$$= \frac{2kT}{\pi C} \arctan(x)\,\big|_0^\infty = \frac{kT}{C}.$$

Der letzte Ausdruck zeigt zwei Besonderheiten. Zum einen ist er unabhängig vom Wert R, und zum anderen geht der Effektivwert gegen unendlich, wenn C gegen Null geht. Das ergibt natürlich keinen Sinn und ist nur so zu verstehen, dass auch, wie es oben bereits angeführt wurde, das thermische Widerstandsrauschen bandbegrenzt ist, auch wenn die obere Grenzfrequenz sehr hoch ist. Wir sollten an dieser Stelle weiterrechnen und endliche Bandgrenzen f_u und f_o wählen. Mit der Grenzfrequenz als Kenngröße der RC-Parallelschaltung

$$f_g = \frac{1}{2\pi RC}$$

berechnen wir den quadrierten Rauschspannungseffektivwert zu

$$U_N^2 = \int_{f_u}^{f_o} \frac{4kTR\,\mathrm{d}f}{1 + \left(\frac{f}{f_g}\right)^2}.$$

Mit der Substitution

$$\widetilde{f} = \frac{f}{f_g}, \mathrm{d}f = f_g \mathrm{d}\widetilde{f}$$

wird das Integral zum bereits bekannten Standard-Integral

$$U_N^2 = 4kTR \int\limits_{f_u/f_g}^{f_o/f_g} \frac{\mathrm{d}\widetilde{f}}{1 + \widetilde{f}^2}$$

$$= 4kTR \left(\arctan\left(\frac{f_o}{f_g} \right) - \arctan\left(\frac{f_u}{f_g} \right) \right) .$$

Beispiel 7.2 Rauschen von Impedanzen und Admittanzen Wie wir es bereits im Beispiel 7.1 angegeben haben, gilt für beliebige RLC-Zweipol-Impedanzen $Z(f)$ mit der Resistanz $\mathrm{Re}\{Z(f)\}$ die Berechnungsvorschrift für die quadrierte Rauscheffektivspannung

$$U_N^2 = 4kT \int\limits_0^\infty \mathrm{Re}\{Z(f)\}\mathrm{d}f .$$

Analog dazu können wir auch für den Rauschstrom die Admittanz $Y(f) = 1/Z(f)$ heranziehen und berechnen mit der Konduktanz

$$I_N^2 = 4kT \int\limits_0^\infty \mathrm{Re}\{Y(f)\}\mathrm{d}f .$$

Mit den folgenden beiden Beispielen ergänzen wir die Berechnung der Rauschgrößen bei Reihen- und Parallelschaltungen ohmscher Widerstände. Hier könnten wir wie im Beispiel 7.1 vorgehen, was aber die Betrachtung mehrerer Eingangsgrößen verlangte. Da Reihen- und Parallelschaltungen ohmscher Widerstände sehr häufig auftreten, und das thermische Widerstandsrauschen weißes Rauschen ist, argumentieren wir in den folgenden beiden Beispielen mit Überlagerungen der quadrierten Effektivrauschspannungen.

Beispiel 7.3 Reihenschaltung von Widerständen Die quadrierten Effektivrauschspannungen zweier Widerstände betragen

$$U_{N,R_1}^2 = 4kTR_1B \quad \text{und} \quad U_{N,R_2}^2 = 4kTR_2B .$$

Unkorrelierte Rauschspannungen werden *quadratisch addiert* oder *geometrisch addiert*, da das arithmetische Mittel des Produkts (zweier) unkorrelierter Rauschspannungen verschwindet,

$$U_{N,R_g}^2 = U_{N,R_1}^2 + U_{N,R_2}^2 = 4kTB\,(R_1 + R_2) = 4kTBR_g . \tag{7.21}$$

Das ist dem Elektrotechniker wohl vertraut, da für Wechselspannungen, deren über Periodendauern berechneter arithmetischer Mittelwert verschwindet, dieselben Zusammenhänge gelten. Der resultierende Widerstand $R_g = R_1 + R_2$ wird in vertrauter Weise durch Summation der Einzelwiderstände gewonnen. Dies gilt natürlich auch für mehr als zwei Rauschspannungen

$$U_{N,R_g}^2 = \sum_n U_{N,R_n}^2 .$$

Beispiel 7.4 Parallelschaltung von Widerständen Für parallelgeschaltete Widerstände gilt entsprechend

$$U_{N,R_g}^2 = 4kTB \frac{1}{\sum_n \dfrac{1}{R_n}} ,$$

was sich für zwei Widerstände zu

$$U_{N,R_g}^2 = 4kTB \frac{1}{\dfrac{1}{R_1} + \dfrac{1}{R_2}} = 4kTB \frac{R_1 R_2}{R_1 + R_2} = 4kTB \left(R_1 \parallel R_2\right) = 4kTBR_g \quad (7.22)$$

vereinfacht. Auch hier sehen wir mit dem resultierendem Widerstand $R_g = R_1 \parallel R_2$ die wohlvertrauten Berechnungsvorschriften.

7.3.4.1 Verstärker und Rauschen

Nach der Berechnung der Rauschgrößen an Widerständen und Impedanzen sowie ihren Verschaltungen müssen nun „rauschende" Verstärker betrachtet werden, um die wichtigen Begriffe *Rauschzahl* und *Rauschmaß* einzuführen, mit denen wir Verstärker und Verstärkerstufen charakterisieren und bewerten können.

Abb. 7.40 zeigt im Bild a einen rauschbehafteten Verstärker. Wir sehen den Verstärker als eine Einheit und gehen davon aus, dass das Verstärkerrauschen am Verstärkerausgang (bewertet) gemessen werden kann, sofern Ein- und Ausgang nominal abgeschlossen wurden. Wichtige Fragen aber, wie sich der Verstärker in Hinsicht auf das Rauschen im Verbund mehrerer Verstärker verhält oder die Frage nach rauschgünstiger Anpassung auf der Eingangsseite, dies kann z. B. die Frage nach einem günstigen Übersetzungsverhältnis eines Eingangsübertragers sein, sind so nicht zu beantworten.

Ein Verstärker enthält gegebenenfalls viele Rauschquellen zufolge verwendeter aktiver und resistiver Bauelemente. Hinzu kommen die Spektralfunktionen, mit denen wir die Frequenzcharakteristik des Rauschens beschreiben. Ein Standardmodell für einen rauschbehafteten Verstärker zeigt Bild b. Man teilt den Verstärker in zwei Teile, einen vorgeschalteten Teil, der das Rauchäquivalent repräsentiert und einen rauschfreien Verstärker, der alleine mit einer Übertragungsfunktion bzw. dem daraus abgeleiteten Leistungsfrequenzgang beschrieben wird. In diesem Modell werden drei Rauschquellen verwendet. Die

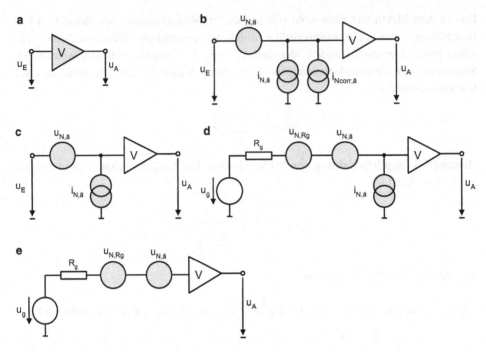

Abb. 7.40 Modelle rauschbehafteter Verstärker

Rauschstromquelle $i_{N,\ddot{a}}$ repräsentiert einen Rauschstrom, der mit den Quellrauschgrößen der beiden weiteren Rauschquellen nicht korreliert ist. Die Rauschspannungsquelle $u_{N,\ddot{a}}$ repräsentiert das Spannungsrauschen. Die Rauschstromquelle $i_{Ncorr,\ddot{a}}$ repräsentiert dasjenige Stromrauschen, das mit dem Rauschen dieser Rauschspannungsquelle $u_{N,\ddot{a}}$ korreliert ist, was man durch einen Korrelationskoeffizienten ausdrückt [Tel70]. Dieser Umstand der Korrelation ist alleine schon deswegen plausibel, da eben diese Äquivalenzquellen ein und dieselben inneren Rauschquellen ersetzen[32]. Diese korrelierte Rauschstromquelle ist aber problematisch, da die SPICE-Rauschanalyse ausschließlich untereinander nichtkorrelierte Quellen voraussetzt. Es stellt sich dann die Frage, ob man nicht dieses Modell auf ein Modell mit nur zwei unkorrelierten Quellen zurückführen kann? Eine andere Frage ist es, unter welchen Betriebsbedingungen kann der korrelierte Rauschstrom vernachlässigt werden? Hier verweisen wir auf die Literatur.

• Elst und Schreiber [Els84] haben einen Weg vorgeschlagen, mit dem ein Netzwerk mit korrelierten Rauschquellen in ein modifiziertes Netzwerk umgeformt werden kann, das nur unkorrelierte Rauschquellen enthält. Bei diesem modifizierten Netzwerk lässt sich SPICE nutzen.

---

[32] Die Zerlegung ist naheliegend, und sie wird in der Literatur auch verwendet. Es fehlt aber der Nachweis ihrer allgemeinen Gültigkeit.

- Bei Leach [Lea95a] finden wir für den Betrieb des Verstärkers an einer Quelle die Aussage, dass bei sehr kleinem Quellwiderstand die Rauschspannungsquelle dominiert und bei sehr großem die Rauschstromquellen. Im ersten Fall sind die beiden Rauschstromquellen zu vernachlässigen und im zweiten Fall die Rauschstromquelle mit korreliertem Rauschen, da die Rauschspannungsquelle keine Rolle spielt.

Über diese Station sind wir nun bei den Bildern c und d angelangt und betrachten ausschließlich unkorrelierte Quellen. Die Kennwerte der Rauschquellen können wir durch Berechnung finden. Bei Leach [Lea95a] finden wir hierzu zahlreiche Beispiele. Man kann auch mit Kurzschluss- und Leerlaufmessung am Eingang Rauschspannungs- und Rauschstromquelle erfassen. [TelII]. So können wir nun auch mit Quelle und Anpassung rechnen und erhalten am Verstärkereingang für den Rauscheffektivwert $U_{N,E}^2$

$$U_{N,E}^2 = U_{N,R_g}^2 + U_N^2 + R_g^2 I_N^2$$

oder für die zugrundeliegenden Spektralfunktionen

$$S_{u,E}(f) = S_{u,R_g}(f) + S_u(f) + R_g^2 S_i(f) \, .$$

Schließlich können wir SPICE benutzen und erhalten das äquivalente Spannungsrauschen mit einer Spannungsquelle am Eingang und das äquivalente Stromrauschen mit einer Stromquelle am Eingang.

Ausgehend vom Bild d können wir nun nach Rauschanpassung fragen, was heißt, einen rauschoptimalen Quellwiderstand $R_{g,opt}$ zu finden. Oder anders herum gefragt: Welcher der möglichen Verstärker ist für einen vorgegebenen Quellwiderstand der rauschgünstigste im Hinblick auf die wichtige Rauschanpassung? Ein für den Audiofrequenzbereich handhabbarer Kompromiss ist es, die Rauschquellwerte für die akustische Mitte bei $f = 1\,\text{kHz}$ zu verwenden.

Rauschanpassung im Bereich des weißen Rauschens Wir gehen von der Rauschzahl f_R (siehe Abschn. 7.3.4.3) des Verstärkers in der Form

$$f_R = 1 + \frac{U_N^2 + R_g^2 I_N^2}{U_{N,R_g}^2}$$

aus. Diese Rauschzahl hat ihr Minimum für

$$\frac{\partial}{\partial R_g} f_R \overset{!}{=} 0$$

oder

$$\frac{\partial}{\partial R_g} \left(\frac{U_N^2}{R_g} + R_g I_N^2 \right) \overset{!}{=} 0 \, .$$

Tab. 7.6 Rauschkennwerte von Operationsverstärkern

	u_N in nV $/ \sqrt{\text{Hz}}$	i_N in pA $/ \sqrt{\text{Hz}}$	$R_{g,opt}$ in kΩ
NE5532	5	0,7	7,14
NE5534	3,5	0,4	8, 75
LME49900	0,9	2,8	0,321
OPA140	5,1	0,0008	6000

Wir erhalten damit für den rauschoptimalen Quellwiderstand $R_{g,\text{opt}}$ den Wert

$$R_{g,\text{opt}} = \frac{U_N}{I_N} = \frac{u_N}{i_N} \, .$$

Bei den hinsichtlich NF-Rauschens besonders gut dokumentierten Operationsverstärkern für die rauscharme Audiosignalverarbeitung liegen wir mit dieser Frequenz im „weißen" Bereich, d. h., das 1/f-Rauschen kann vernachlässigt werden. Um einige wenige Zahlenbeispiele anzugeben, haben wir die Tab. 7.6 erstellt.

Bei unseren Verstärkerröhren sehen die Verhältnisse anders aus. Für $f = 1$ kHz dominiert noch das 1/f-Rauschen und eine vergleichbare Rechnung, wie die zuvor ausgeführte, zur Gewinnung der optimalen Quellwiderstände wäre wenigstens fragwürdig, denn sie würde nicht die unterschiedlichen Rauschgrenzfrequenzen des 1/f-Rauschens berücksichtigen. Wir können, grob gesagt, von rauschgünstigen Quellwiderständen im Bereich einiger zehn Kiloohm ausgehen. Nach dieser eher negativen Aussage folgt nun eine positivere. Bei Röhrenverstärkern ist doch manches etwas entspannter zu sehen. Zunächst verwenden wir nur eine einzige Rauschspannungsquelle im Gitterkreis. Da wir bei Audioverstärkern die Röhren zumeist, wenigstens aber bei allen rauschkritischen Anwendungen, am Gitter auch ansteuern, ist die Rauschspannungsquelle schon von vornherein aus dem Verstärkerelement „herausgezogen".

Das äquivalente Stromrauschen von Verstärkerröhren ist sehr klein. Wir vergleichen es mit dem Stromrauschen des FET-Operationsverstärkers OPA140 in der Tab. 7.6. Dessen Stromrauschen ist gegenüber dem Stromrauschen der anderen drei Bipolar-Operationsverstärker vernachlässigbar gering. Schließlich sind auch an den rauschkritischen Audio-Sensorschnittstellen die Quellwiderstände eher recht gering. So können wir mit gutem Gewissen das noch einmal reduzierte Modell aus Bild e verwenden, das nur noch eine unkorrelierte Rauschspannungsquelle enthält.

7.3.4.2 Äquivalente Rauschbandbreite

Mit diesem Abschnitt werden wir den Begriff *äquivalente Rauschbandbreite* einführen. Die äquivalente Rauschbandbreite entspricht der Bandbreite eines idealen selektiven Filters (i. a. Tiefpass- oder Bandpassfilter), das bei Ansteuerung mit weißem Rauschen die gleiche Rauschleistung passieren lässt wie das zum Vergleich stehende System. Die Leistungsverstärkung des idealen Filters entspricht dem Maximalwert der Leistungsverstärkung des Systems. Wichtige Anwendungen sind der Vergleich rauschbehafteter

Verstärker mit Hilfe weißen Rauschens und die Charakterisierung von Messinstrumenten wie Spektrumanalysatoren oder Lautsprecherfrequenzganganalysatoren. Auch kann die Kenntnis der äquivalenten Rauschbandbreite von Bewertungsfiltern der Elektroakustik nützlich sein. Wenn wir beispielsweise die Pegel-Meßergebnisse von Fremd- und Geräuschspannungsmessungen miteinander vergleichen, so können wir auch Hinweise auf spektrale Schwerpunkte des Störgeräuschs erhalten. Ergibt z. B. die A-bewertete Geräuschspannungsmessung Pegelwerte (siehe Abschn. 7.3.8), die denen der unbewerteten Messung unter Berücksichtigung der unterschiedlichen äquivalenten Rauschbandbreiten beider Messfilter entsprechen, so ist dies ein Hinweis auf weißes Rauschen. Ergibt die A-bewertete Geräuschspannungsmessung deutlich geringere Pegelwerte, können hierfür möglicherweise tieffrequente Störgeräusche dominieren wie $1/f$-Rauschen oder Brummstörungen.

In diesem Abschnitt werden wir die äquivalenten Rauschbandbreite für einen Verstärker definieren, der mit weißem Rauschen angesteuert wird. In den beiden folgenden Unterabschnitten werden wir die äquivalenten Rauschbandbreiten von Grundfiltern berechnen und von mit üblichen Tabellen spezifizierten Bewertungsfiltern der elektroakustischen Messtechnik berechnen.

Die äquivalente Rauschbandbreite eines Verstärkers Ein Verstärker weist die frequenzabhängige Leistungsverstärkung $G(f)$ für die Eingangsleistung $P_E(f)$ und die Ausgangsleistung $P_A(f)$

$$G(f) = \frac{P_A(f)}{P_E(f)} = \frac{U_A^2(f)}{U_E^2(f)} = |V(f)|^2$$

auf. Für die Ausgangsrauschleistung des Verstärkers erhalten wir mit (7.17) und der Leistungsverstärkung

$$P_{N,A} = \int\limits_0^\infty G(f)c_W \, df$$

$$= c_W \int\limits_0^\infty G(f) \, df$$

$$= c_W G_m \int\limits_0^\infty \frac{G(f)}{G_m} \, df, \quad G_m = G(f_m) \, .$$

Die Leistungsverstärkung G_m ist eine Bezugsleistungsverstärkung, die später der Leistungsverstärkung eines idealen Tiefpassfilters entsprechen wird. Wir wählen sie zumeist zu

$$G_m = \max_{f \in [0,\infty)} G(f) \tag{7.23}$$

und gehen von wenigstens einer Frequenz f_m aus, für die dieses Maximum auch angenommen wird. Mit

$$B_{\ddot{A}} = \int\limits_{0}^{\infty} \frac{G(f)}{G_m} \, \mathrm{d}f$$

wird die *äquivalente Rauschbandbreite* bezeichnet, die wir uns als ideale Bandbegrenzung mit

$$B_{\ddot{A}} = f_{o,\ddot{A}} - f_{u,\ddot{A}}$$

vorstellen können, wofür wir bei realen Systemen für die Frequenzen $f_{o,\ddot{A}}$ und $f_{u,\ddot{A}}$, die „Halb-Leistungs"-Frequenzen bzw. die Grenzfrequenzen, wählen. Ideale Bandbegrenzung bedeutet ein Filter mit rechteckförmigem Leistungsfrequenzgang und einer Leistungsverstärkung von G_m mit

$$B_{\ddot{A}} G_m = \int\limits_{0}^{\infty} G(f) \mathrm{d}f \; .$$

Anders ausgedrückt bezeichnet die äquivalente Rauschbandbreite die Bandbreite eines idealen Tiefpassfilters, das bei Ansteuerung mit weißem Rauschen dieselbe Rauschleistung abgibt wie das betrachtete Filter oder der betrachtete Verstärker[33]. Hinter der Vorstellung verbirgt sich eine frequenzunabhängige, aber bandbegrenzte Verstärkungsfunktion mit

$$P_{N,A} = c_W G_m B_{\ddot{A}} = G_m P_{N,E} B_{\ddot{A}} \; . \tag{7.24}$$

Berechnung der äquivalenten Rauschbandbreiten für Grundfilter Zur Veranschaulichung geben wir in einem Beispiel die äquivalenten Rauschbandbreiten für kaskadierte reelle Tiefpassfilter mit der einheitlichen Grenzfrequenz f_g und der Systemfunktion

$$H(s) = \frac{1}{\left(1 + \dfrac{s}{2\pi f_g}\right)^{N}}, N \geq 1 \; ,$$

an. Die äquivalente Rauschbandbreite wird für $s = j \, 2\pi f$ mit dem Integral

$$B_{\ddot{A}} = \frac{1}{|H(f_m)|^2} \int\limits_{0}^{\infty} |H(f)|^2 \, \mathrm{d}f = \frac{1}{G_m} \int\limits_{0}^{\infty} |H(f)|^2 \, \mathrm{d}f \tag{7.25}$$

---

[33] Man beachte, daß die Grenzfrequenzen nicht übereinstimmen.

berechnet. Beispielhaft rechnen wir die äquivalente Rauschbandbreite für $N = 1$ aus. Mit der Frequenzfunktion

$$H(f) = \frac{1}{1 + j\dfrac{f}{f_g}}$$

berechnen wir die Leistungsfunktion

$$|H(f)|^2 = H(f)H(-f) = H(f)H^*(f) = \frac{1}{1 + \left(\dfrac{f}{f_g}\right)^2} \cdot$$

Für den Bezugswert des Tiefpassfilters nimmt man sinnvollerweise $f_m = 0$ an und erhält $|H(f_m)|^2 = G_m = 1$ für den gesuchten Maximalwert. Die äquivalente Rauschbandbreite wird mit (7.25) zu

$$B_{\ddot{A}} = \int\limits_0^\infty \frac{1}{1 + \left(\dfrac{f}{f_g}\right)^2}\, df$$

berechnet. Wir substituieren $x = \frac{f}{f_g}$ und $df = f_g\, dx$ und erhalten

$$B_{\ddot{A}} = f_g \int\limits_0^\infty \frac{1}{1 + x^2}\, dx = f_g \arctan(x)\,|_0^\infty = f_g \frac{\pi}{2} \approx 1{,}57\, f_g \,. \tag{7.26}$$

Für die Filterordnungen $N = 1$ bis $N = 5$ von solcherart kaskadierten Tiefpassfiltern erhält man die äquivalenten Rauschbandbreiten in Tab. 7.7. Mit diesem Ergebnis in (7.26) können wir z. B. auch die äquivalente Rauschbandbreite eines Bandpassfilters mit den beiden Grenzfrequenzen f_{gu} und f_{go} berechnen. Wir stellen uns das Bandpassfilter als Tiefpassfilter mit der Grenzfrequenz f_{go} vor, von dem wir ein Tiefpassfilter mit der Grenzfrequenz f_{gu} abziehen. Damit erhalten wir die äquivalente Rauschbandbreite mit (7.25) zu

$$B_{\ddot{A}} = \frac{\pi}{2}\left(f_{go} - f_{gu}\right) = \frac{\pi}{2} B_{BP}\,,$$

Tab. 7.7 Äquivalente Rauschbandbreiten für Tiefpassfilter

Filterordnung N	äquivalente Rauschbandbreite $B_{\ddot{A}}$
1	$1{,}57 f_g$
2	$1{,}1 f_g$
3	$1{,}05 f_g$
4	$1{,}025 f_g$

worin B_{BP} die Bandbreite des Bandpassfilters bezeichnet. Für die vertraute Darstellung eines Bandpassfilters mit Gütefaktor Q und der Bandpassmittenfrequenz $\omega_0 = 2\pi f_0$

$$H_{BP}(s) = \frac{\dfrac{1}{Q}\dfrac{s}{\omega_0}}{1 + \dfrac{1}{Q}\dfrac{s}{\omega_0} + \left(\dfrac{s}{\omega_0}\right)^2}$$

errechnet man die äquivalente Rauschbandbreite mit

$$B_{\ddot{A}} = \int\limits_0^\infty \frac{\left(\dfrac{f}{Qf_0}\right)^2}{\left(1 - \left(\dfrac{f}{Qf_0}\right)^2\right)^2 + \left(\dfrac{f}{Qf_0}\right)^2}\,\mathrm{d}f = \frac{\pi f_0}{2Q}\,.$$

Auch in diesem Fall gilt $G_m = 1$, was bei $f_m = f_0$ angenommen wird.

Berechnung der äquivalenten Rauschbandbreiten für Bewertungsfilter anhand von Tabellendaten In manchen Fällen stehen einem analytische Beschreibungen in Form von Laplacetransformierten nicht zur Verfügung, sondern Verstärkungsmaße bezüglich eines Frequenzrasters, das zumeist den üblichen Terzfrequenzen entspricht. Beispiele hierfür sind die elektroakustischen Bewertungsfilter, die wir bereits im Abschn. 6.8 kennengelernt haben.

In den die Bewertungsfilter definierenden Normen [Iso95] [Itu468] finden wir z. B. Angaben zu Frequenzen und Verstärkungsmaßen, wie sie in der Tab. 7.8 eingetragen sind.

In solchen Fällen müssen wir die äquivalente Rauschbandbreite durch Summation näherungsweise berechnen. Wir gehen davon aus, dass N Wertepaare mit Frequenzen und Verstärkungsmaßen gegeben sind mit

$$(f_n, D_n), n = 0, 1, \ldots, N - 1\,.$$

Es bezeichnen die Verstärkungsmaße

$$D_n = 20\log_{10}(|H(f_n)|) = 20\log_{10}(M(f_n))\,.$$

Wir berechnen zunächst entweder die Summe für die Betragsfrequenzgangswerte

$$S_E = \sum_{n=1}^{N-1} \begin{cases} \dfrac{M^2(f_k)f_k - M^2(f_{k-1})f_{k-1}}{1 + 2\dfrac{\log(M(f_k)/M(f_{k-1}))}{\log(f_k/f_{k-1})}}, M(f_k) \neq M(f_{k-1}) \\ M^2(f_{k-1})f_{k-1}\ln(f_k/f_{k-1}), M(f_k) = M(f_{k-1}) \end{cases}$$

Tab. 7.8 Übertragungsmaße von A- und CCIR-Filtern
bezogen auf f = 1 kHz

Frequenz	A-Filter	CCIR468-Filter
31,5 Hz	−39,5 dB	−29,9 dB
63 Hz	−26,2 dB	−23,9 dB
100 Hz	−19,1 dB	−19,8 dB
200 Hz	−10,8 dB	−13,8 dB
400 Hz	−4,8 dB	−7,8 dB
800 Hz	−0,8 dB	−1,9 dB
1000 Hz	**0,0 dB**	**0,0 dB**
2000 Hz	+1,20 dB	+5,6 dB
3150 Hz	+1,20 dB	+9,0 dB
4000 Hz	+0,96 dB	+10,5 dB
5000 Hz	+0,56 dB	+11,7 dB
6300 Hz	−0,11 dB	+12,2 dB
7100 Hz	−0,58 dB	+12,0 dB
8000 Hz	−1,14 dB	+11,4 dB
9000 Hz	−1,80 dB	+10,1 dB
10.000 Hz	−2,49 dB	+8,1 dB
12.500 Hz	−4,25 dB	0,0 dB
14.000 Hz	−5,31 dB	−5,3 dB
16.000 Hz	−6,70 dB	−11,7 dB
20.000 Hz	−9,34 dB	−22,2 dB
31.500 Hz	−15,7 dB	−42,7 dB

oder die Summe für die Verstärkungsmaße

$$S_E = \sum_{n=1}^{N-1} \begin{cases} \dfrac{10^{D_k/10} f_k - 10^{D_{k-1}/10} f_{k-1}}{1 + \dfrac{D_k - D_{k-1}}{10 \log(f_k/f_{k-1})}}, D_k \neq D_{k-1} \\ 10^{D_{k-1}/10} f_{k-1} \ln(f_k/f_{k-1}), D_k = D_{k-1} \end{cases}$$

und skalieren anschließend mit G_m zu

$$B_{\ddot{A}} = \frac{S_E}{G_m} .$$

7.3.4.3 Rauschzahl, Rauschmaß, Signal-Rauschabstand

Auf der Seite der Ausgangsrauschleistung $P_{N,A}$ haben wir den Eigenrauschanteil des
Verstärkers, die Rauschleistung $P_{N,V}$ des Verstärkers, noch nicht berücksichtigt. Wir formulieren die Summe von verstärkter Eingangsrauschleistung und der Verstärkereigen-
rauschleistung mit (7.24) zu

$$P_{N,A} = G_m B_{\ddot{A}} P_{N,E} + P_{N,V} .$$

Die *Rauschzahl* f_R wird für weißes Rauschen zu

$$f_R = \frac{P_{N,A}}{G_m B_{\ddot{A}} P_{N,E}} = 1 + \frac{P_{N,V}}{G_m B_{\ddot{A}} P_{N,E}} \tag{7.27}$$

definiert. Diese Rauschzahl ist ein Maß, das das Verstärkerrauschen über das Verhältnis von Rauschleistung am Ausgang und verstärkter Eingangsrauschleistung definiert. Aus der Rauschzahl können wir durch Logarithmierung das *Rauschmaß* F_R mit

$$F_R = 10 \log_{10}(f_R) \tag{7.28}$$

berechnen. Wenn wir die Rauschzahl eines Verstärkers kennen, können wir mit (7.27) bei bekannter Eingangsrauschleistung und bekannter Leistungsverstärkung sowohl die Verstärkerausgangsrauschleistung

$$P_{N,A} = f_R G_m B_{\ddot{A}} P_{N,E} \,,$$

als auch den Verstärkerrauschleistungsanteil

$$P_{N,V} = (f_R - 1) G_m B_{\ddot{A}} P_{N,E}$$

berechnen. Die anschaulichste Anwendung von Rauschzahl und Rauschmaß wird über den *Signal-Rausch-Abstand* snr (*signal to noise ratio*) hergestellt. Seien nun $P_{S,E}$ die (Nutz-)Signalleistung mit ebenfalls frequenzunabhängigem[34] Spektrum am Eingang und $P_{S,A} = G_m B_{\ddot{A}} P_{S,E}$ die (Nutz-)Signalleistung am Ausgang, dann gilt für die Rauschzahl

$$f_R = \frac{P_{S,E}/P_{N,E}}{P_{S,A}/P_{N,A}} = \frac{\text{snr}_E}{\text{snr}_A} \,,$$

was das Verhältnis der Signal-Rausch-Verhältnisse an Ein- und Ausgang des Vierpols ist. Gebräuchlicher sind die logarithmierten Maße in Dezibel

$$\text{SNR}_E = 10 \log_{10}(\text{snr}_E) \quad \text{und} \quad \text{SNR}_A = 10 \log_{10}(\text{snr}_A)$$

sowie

$$F_R = 10 \log_{10}\left(\frac{\text{snr}_E}{\text{snr}_A}\right) = \text{SNR}_E - \text{SNR}_A \quad \text{in dB} \,.$$

Offensichtlich[35] gelten die beiden Ungleichungen

$$f_R \geq 1 \quad \text{und} \quad F_R \geq 0 \,.$$

Das Rauschmaß besagt also, um wieviele Dezibel sich das SNR-Maß des Eingangssignals verringert, wenn der Verstärker durch sein Eigenrauschen ein geringeres SNR-Maß am Ausgang zeigt. Rauscharme Verstärker haben ein Rauschmaß von 2 bis 3 dB. Im

---

[34] Für Linearverstärker mit halbwegs flachem Leistungsfrequenzgang im Hörfrequenzbereich kann diese Voraussetzung fallengelassen werden.

[35] Eigenrauschanteil des Verstärkers beachten.

Pflichtenheft des IRT [Irt95] ist für Gesamtanlagen, beispielsweise ein Mischpult vom Mikrophoneingang bis hin zum Ausgang für den Anschluss von Endgeräten, ein Rauschmaß von 5 dB die obere zulässige Grenze. Eine optimale Anpassung einer Signalquelle an einen Verstärker wird dann erreicht, wenn der Verlust an ausgangsseitigem SNR-Maß minimal ist. In der Praxis, vor allem bei niederohmigen Sensoren wie z. B. Mikrophonen, wird man dieses Ziel bei Röhrenverstärkern (oft) nur mit der Verwendung von Eingangsübertragern erreichen.

7.3.4.4 Reihenschaltung von Verstärkern, die rauschwichtige erste Stufe

Wenn rauschbehaftete Verstärker leistungsangepasst in Reihe geschaltet werden, gilt für das resultierende Rauschmaß ohne Berücksichtigung einer Frequenzabhängigkeit [Lea95a]

$$
\begin{aligned}
f_{R,g} &= 1 + (f_{R,1} - 1) + \frac{f_{R,2} - 1}{G_{0,1}} + \frac{f_{R,3} - 1}{G_{0,1} G_{0,2}} + \ldots + \frac{f_{R,N} - 1}{G_{0,1} G_{0,2} \ldots G_{0,N-1}} \\
&= F_{R,1} + \frac{f_{R,2} - 1}{G_{0,1}} + \frac{f_{R,3} - 1}{G_{0,1} G_{0,2}} + \ldots + \frac{f_{R,N} - 1}{G_{0,1} G_{0,2} \ldots G_{0,N-1}}.
\end{aligned}
$$

Wir sehen, dass bei mehrstufigen Verstärkern das Eigenrauschen der ersten Stufe das dominante Eigenrauschen ist (wir gehen selbstverständlich davon aus, dass bei einem Verstärker die Leistungs-Verstärkungsfaktoren größer als 1 sind). Aus diesem Grund wird die erste Stufe eines mehrstufigen Verstärkers als **rauscharme** Stufe mit hoher **Verstärkung** ausgeführt[36].

Die angegebene Formel gilt für Leistungsanpassung zwischen allen Stufen. In [Tie10] finden wir eine allgemeinere Formel, die beliebige Anpassungen zulässt. An der wichtigen Aussage zur rauschverantwortlichen ersten Verstärkerstufe ändert dies aber nichts, sofern nicht unangemessene Anpassungsverhältnisse vorgesehen sind.

7.3.5 SPICE und Widerstandsrauschen

Die SPICE-Rauschanalyse für Vierpole ist, wie die .AC-Analyse, eine Kleinsignalanalyse im Frequenzbereich. Zunächst wird mit einer .OP-Analyse der Gleichgrößenarbeitspunkt bestimmt. Für jeden Widerstand werden zueinander unkorrelierte Rauschquellen für weißes Rauschen zur Nachbildung des thermischen Widerstandsrauschens angesetzt, wofür die Spektralfunktionen (7.19) verwendet werden. Alle weiteren unabhängigen Quellen werden zu Null gesetzt. SPICE berechnet für den Vierpol die Ausgangsrauschspannung und die auf den Eingang des Vierpols bezogene Eingangsrauschspannung. Verwendet wird die in Abb. 7.38d gezeigte Ersatzschaltung für den „rauschenden" Widerstand mit einem rauschfreien Widerstand und einer Rauschstromquelle.

---

[36] Der interessierte Leser mag sich an dieser Stelle überlegen, daß diese Herangehensweise bei gegengekoppelten mehrstufigen Verstärkern ein Problem mit transienter Übersteuerung der Eingangsstufe aufwirft.

Die SPICE-Rauschanalyse wird in nachstehender Weise aufgerufen:

```
.NOISE -- Perform a Noise Analysis
```

```
This is a frequency domain analysis that computes the noise
due to Johnson, shot and flicker noise. The output data is noise
spectral density per unit square root bandwidth.
```

```
    Syntax: .noise V(<out>[,<ref>]) <src> <oct, dec, lin>
    + <Nsteps> <StartFreq> <EndFreq>
    V(<out>[,<ref>]) is the node at which the total output noise
is calculated. It can be expressed as V(n1, n2) to represent
the voltage between two nodes. <src> is the name of an inde-
pendent source to which input noise is referred. <src> is the
noiseless input signal. The parameters <oct, dec, lin>,
<Nsteps>, <StartFreq>, and <EndFreq> define the frequency ran-
ge of interest and resolution in the manner used in the .ac di-
rective.
    Output data trace V(onoise) is the noise spectral voltage
density referenced to the node(s) specified as the output in
the above syntax. If the input signal is given as a voltage
source, then data trace V(inoise) is the input-referred noise
voltage density. If the input is specified as a current source,
then the data trace inoise is the noise referred to the input
current source signal. The noise contribution of each component
can be plotted. These contributions are referenced to the out-
put. You can reference them to the input by dividing by the data
trace „gain".
```

Simulationsbeispiel Spannungsteiler Mit der ersten Simulation werden wir einen Spannungsteiler als Abschwächungsvierpol simulieren. Abbildung 7.41 zeigt die SPICE-Schaltung. Wir nutzen diese Simulation um mit Hilfe vergleichender Berechnungen zu zeigen, welche Resultate mit der SPICE .NOISE-Analyse gewonnen werden. Ein zweites Ziel ist es, den Unterschied zwischen Leistungs- und Rauschanpassung an einem sehr einfachen Beispiel aufzuzeigen.

Gegeben ist ein Wechselspannungsgenerator G mit der Generatorspannung U_G und dem Generatorinnenwiderstand R_G. Mit dem Vierpol „Spannungsteiler", den wir mit einem gezeichneten Kästchen markiert haben, soll ohne Last eine Spannungsteilung mit dem Ziel

$$U_A = 0.1\, U_G \,,$$

was einer Abschwächung von 20 dB entspricht, vorgenommen werden. Für einen Generatorinnenwiderstand $R_G = 10\,\text{k}\Omega$ dimensionieren wir den Spannungsteiler für eingangsseitige Leistungsanpassung nach den beiden Bedingungen

$$\frac{U_A}{U_G} = 0.1 = \frac{R_2}{R_G + R_1 + R_2} \quad \text{und} \quad R_G = R_1 + R_2 = 10\,\text{k}\Omega \,.$$

Abb. 7.41 SPICE-Noise-Simulation eines Vierpols

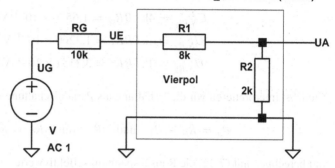

Mit dieser zweiten Bedingung, der Forderung nach einer Leistungsanpassung, sind beide Widerstandswerte für R_1 und R_2 dann eindeutig festgelegt. Wir erhalten die Spannungsteilerwiderstandswerte im Vierpol

$$R_1 = 8\,\text{k}\Omega \quad \text{und} \quad R_2 = 2\,\text{k}\Omega\,.$$

Unter der Voraussetzung, dass alle drei Widerstände rauschen, sehen wir an den Ausgangsklemmen des Vierpols den „rauschrelevanten" Widerstand

$$R_i = R_2 \parallel (R_G + R_1) = 1{,}8\,\text{k}\Omega\,, \tag{7.29}$$

für den wir mit (7.20) die spektrale Rauschspannungsdichte zu

$$u_{N,A} = 5{,}4623\,\frac{\text{nV}}{\sqrt{\text{Hz}}} \tag{7.30}$$

berechnen.

Eine interessante Fragestellung ist es, das anteilige Rauschen der drei Einzelwiderstände am Gesamtrauschen zu untersuchen. Wenn es sich nicht um einen so einfachen Spannungsteiler, sondern um einen empfindlichen Verstärker handelt, hilft eine solche Untersuchung zu entscheiden, an welchen Stellen besonders rauscharme Bauteile zu verwenden sind, die ja auch mehr Kosten verursachen und möglicherweise andere Schaltungseigenschaften verschlechtern. Die SPICE .NOISE-Analyse unterstützt diese Fragestellung:

```
The noise contribution of each component can be plotted.
These contributions are referenced to the output. You can
reference them to the input by dividing by the data trace
„gain"
```

Im ersten Schritt berechnen wir mit (7.18) die quadrierten Rauschspannungseffektivwerte der drei Widerstände, wofür wir eine Bandbreite von $B = 99.999\,\text{Hz}$ annehmen.

Wir erhalten

$$U_{N,R_G}^2 = 4kTBR_G = 1{,}6576 \times 10^{-11}\mathrm{V}^2$$

$$U_{N,R_1}^2 = 4kTBR_1 = 1{,}3260 \times 10^{-11}\mathrm{V}^2$$

$$U_{N,R_2}^2 = 4kTBR_2 = 3{,}3151 \times 10^{-12}\mathrm{V}^2 \ .$$

Zunächst interpretieren wir die Schaltung als Parallelschaltung der beiden Widerstände

$$R_a = R_G + R_1 \quad \text{und} \quad R_2 \quad \text{mit} \quad R_G = R_a \parallel R_2$$

und berechnen mit (7.22) die Rauschspannungseffektivwerte

$$U_{N,g}^2 = 4kTB\frac{R_a R_2}{R_a + R_2} = 2{,}9836 \times 10^{-12}\mathrm{V}^2 = u_{N,A}^2 B \ .$$

Diesen Wert zerlegen wir in die auf den Ausgang des Spannungsteilers bezogenen Anteile

$$U_{N,g}^2 = 4kTBR_a\left(\frac{R_2}{R_a + R_2}\right)^2 + 4kTBR_2\left(\frac{R_a}{R_a + R_2}\right)^2$$

$$= U_{N,R_a}^2\left(\frac{R_2}{R_a + R_2}\right)^2 + U_{N,R_2}^2\left(\frac{R_a}{R_a + R_2}\right)^2 \ .$$

Schließlich lösen wir die Reihenschaltung $R_a = R_g + R_1$ auf und berechnen mit (7.21) die Spannungseffektivwerte

$$U_{N,g}^2 = U_{N,RG}^2\left(\frac{R_2}{R_G + R_1 + R_2}\right)^2 + U_{N,R_1}^2\left(\frac{R_2}{R_G + R_1 + R_2}\right)^2$$

$$+ U_{N,R_2}^2\left(\frac{R_1 + R_G}{R_G + R_1 + R_2}\right)^2 \ .$$

Wir können dann Anteile mit

$$\widetilde{U}_{N,RG}^2 = U_{N,Rg}^2\left(\frac{R_2}{R_G + R_1 + R_2}\right)^2 = 1{,}6576 \times 10^{-13}\mathrm{V}^2 \ ,$$

$$\widetilde{U}_{N,R_1}^2 = U_{N,R_1}^2\left(\frac{R_2}{R_G + R_1 + R_2}\right)^2 = 1{,}3260 \times 10^{-13}\mathrm{V}^2 \quad \text{und}$$

$$\widetilde{U}_{N,R_2}^2 = U_{N,R_2}^2\left(\frac{R_a}{R_G + R_1 + R_2}\right)^2 = 2{,}6852 \times 10^{-12}\mathrm{V}^2$$

für

$$U_{N,g}^2 = \widetilde{U}_{N,RG}^2 + \widetilde{U}_{N,R_1}^2 + \widetilde{U}_{N,R_2}^2$$

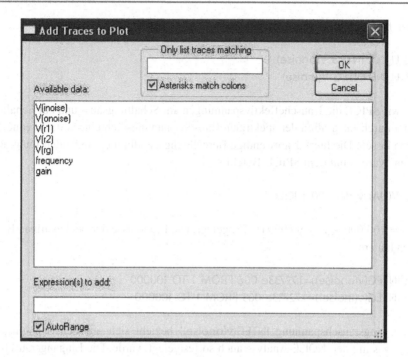

Abb. 7.42 Von LtSpice zur Verfügung gestellte *Traces*

auseinandergliedern. Wie es zu erwarten ist, stellt R_2 den größten Anteil am Rauschen.

Die gesuchten Werte gibt uns SPICE für V(onoise) im Graphik-Fenster an, in dem wir die Frequenzbereichs-Bilder einiger von SPICE zur Verfügung gestellter Größen in Abb. 7.42 darstellen können. Da nur thermisches (weißes) Rauschen simuliert wird, sind alle Kurven frequenzunabhängig und haben die Ordinaten-Werte:

V(onoise) 5,4634 nV/$\sqrt{\mathrm{Hz}}$
V(inoise) 54,634 nV/$\sqrt{\mathrm{Hz}}$
V(r1) 1,1510 nV/$\sqrt{\mathrm{Hz}}$
V(r2) 5,1822 nV/$\sqrt{\mathrm{Hz}}$
V(rg) 1,28748 nV/$\sqrt{\mathrm{Hz}}$
gain 0,1

In den SPICE-Variablen V(r1), V(r2) und V(rg) finden wir die auf den Ausgang bezogenen Anteile

$$V(r1) = \sqrt{\frac{\widetilde{U}_{N,R_1}^2}{B}}, V(r2) = \sqrt{\frac{\widetilde{U}_{N,R_2}^2}{B}} \quad \text{und} \quad V(rg) = \sqrt{\frac{\widetilde{U}_{N,R_G}^2}{B}} .$$

Mit den beiden SPICE-Anweisungen

.meas U_NA INTEG V(onoise)
.meas U_NE INTEG V(inoise)

haben wir SPICE die Rauscheffektivspannungen am Schaltungsaus- und am Schaltungseingang durch Integration der spektralen Rauschspannungsdichte nach der Frequenz berechnen lassen. Die hierfür notwendige Berechnungsbandbreite, die beiden Integrations-
grenzen, wurden mit dem SPICE-Befehl

.noise V(UA) V dec 100 1 100k

auf $B = 100.000 - 1 = 99.999\,$Hz festgelegt. Die Ergebnisse der beiden .meas-Berech-
nungen lauten:

u_na: INTEG(v(onoise))=1.72733e-006 FROM 1 TO 100000
u_ne: INTEG(v(inoise))=1.72733e-005 FROM 1 TO 100000

Die Ausgangsrauschspannung INTEG(v(onoise)) bezieht sich auf den Schaltungskno-
ten U_A, was mit der .NOISE-Analyse auch so festgelegt wurde. Die Eingangsrauschspannung bezieht sich gemäß der Festlegung in der .NOISE-Analyse auf den Generatoran-
schluss. Wir erhalten durch Berechnung nahezu dasselbe Ergebnis

$$U_{N,A} = u_{N,A}\sqrt{B} = 1{,}7263\,\mu\text{V}\,.$$

Für eine SPICE-Rauschanalyse benötigen wir **stets einen Bezugsgenerator,** den wir als
AC-Quelle eintragen und ansonsten nicht weiter spezifizieren müssen. Für weitergehen-
de Betrachtungen wollen wir den Generator mit Innenwiderstand als Quelle ansehen, für
die wir einen Signal-Rauschspannungsabstand berechnen können. Der Vierpol weist ein
Eigenrauschen auf, womit der Signal-Rauschspannungsabstand am Vierpolausgang geringer als der am Vierpoleingang ist. So können wir ebenfalls eine Rauschzahl und ein
Rauschmaß für den Vierpol berechnen. Hierzu müssen wir zunächst die Rauschanteile
von Generatorinnenwiderstand und Vierpol getrennt berechnen. Wir erhalten für den Generatorinnenwiderstand

$$u_{N,RG} = 12{,}875\frac{\text{nV}}{\sqrt{\text{Hz}}} \quad \text{und} \quad U_{N,RG} = u_{N,RG}\sqrt{B} = 4{,}0714\,\mu\text{V}.$$

Mit dieser Angabe und dem berechneten Ausgangsrauschen können wir die Rauschzahl
mit

$$f_R = \frac{U_{N,A}^2}{G_0 U_{N,RG}^2} = \frac{U_{N,A}^2}{G_0}\frac{1}{U_{N,RG}^2} \tag{7.31}$$

berechnen und erhalten mit $G_0 = 0,01$, dies entspricht hier dem quadrierten Spannungsteilerverhältnis, die Rauschzahl

$$f_R = \frac{(1{,}7263\mu\text{V})^2}{0{,}01 \times (4{,}0714\mu\text{V})^2} = 17{,}98$$

und damit das Rauschmaß

$$F_R = 10\log 10(f_R) = 12{,}55\,\text{dB}\,.$$

Im Ausdruck (7.31) entspricht der Anteil $U_{N,A}^2/G_0$ dem auf den Eingang bezogenen Ausgangsrauschen, das SPICE mit v(inoise) berechnet.

Der Vierpol verringert den Signal-Rauschabstand um 12,55 dB. Diese Berechnung und weitere können auch von SPICE ausgeführt werden. Wir ergänzen die Instruktionen

```
.meas RGnoise INTEG V(RG)
.meas R1noise INTEG V(R1)
.meas R2noise INTEG V(R2)
.meas V0 param gain
.meas NF param 10*log10(pow(V(inoise),2)/(4*K*300.15*10k))
```

und erhalten die Ergebnisse

```
rgnoise: INTEG(v(rg))=4.07135e-007 FROM 1 TO 100000
r1noise: INTEG(v(r1))=3.64153e-007 FROM 1 TO 100000
r2noise: INTEG(v(r2))=1.63869e-006 FROM 1 TO 100000
v0: gain=0.1
nf: 10*log10(pow(v(inoise),2)/(4*k*300.15*10k))=12.5527
```

Mit rgnoise, r1noise und r2noise hat SPICE die auf den Ausgang bezogenen Rauschbeiträge der drei Widerstände R_G, R_1 und R_2 berechnet. Diese Werte entsprechen den zuvor berechneten Werten

$$\widetilde{U}_{N,R_G} = U_{N,R_G}\left(\frac{R_2}{R_G + R_1 + R_2}\right) = 4{,}07135 \times 10^{-7}\,\text{V},$$

$$\widetilde{U}_{N,R_1} = U_{N,R_1}\left(\frac{R_2}{R_G + R_1 + R_2}\right) = 3{,}64153 \times 10^{-7}\,\text{V}\quad\text{und}$$

$$\widetilde{U}_{N,R_2} = U_{N,R_2}\left(\frac{R_2 + R_G}{R_G + R_1 + R_2}\right) = 1{,}63869 \times 10^{-6}\,\text{V}\,.$$

In der Variablen v0 ist die Spannungsverstärkung vom Generator zum Ausgang des Vierpols erfasst worden. Die Grundlage hierfür ist die Verstärkungsberechnung mit einer

.AC-Analyse. Die Spannungsverstärkung ist in unserem Fall über der Frequenz konstant. Schließlich haben wir in nf (noise figure) das Rauschmaß berechnet. Hierzu mussten wir das auf den Generator bezogene Rauschen durch das Rauschen des Generatorwiderstands teilen. In der Anweisung können wir k als voreingestellte Boltzmann-Konstante nutzen. Der Leser mag schon an dieser Stelle erkennen, dass die SPICE-Rauschanalyse zusammen mit der .measure-Anweisung ein mächtiges Werkzeug der Schaltungssimulation ergibt.

In der vorhergehenden Fragestellung haben wir Leistungsanpassung gefordert und man ist geneigt, dahinter etwas Vorteilhaftes zu vermuten. Wir fragen nun, ob wir dasselbe Ziel einer Spannungsteilung um den Faktor 10 auch rauschgünstiger ohne Leistungsanpassung erreichen können? Im besten Fall würden wir dann von *Rauschanpassung* sprechen. Das Rauschen am Spannungsteilerausgang wird vom Innenwiderstand (7.29) bestimmt. Wir können die Spannungsteilerbedingung in der Form

$$R_2 = \frac{1}{9} (R_1 + R_G)$$

ausdrücken. Wir müssen demnach das Optimierungsproblem (u. d. B.: *unter der Bedingung*)

$$\text{Minimiere } f(R_1, R_2) := (R_1 + R_G) \parallel R_2$$

$$\text{u. d. B. } g(R_1, R_2) := \frac{1}{9} (R_1 + R_G) = R_2$$

lösen. Das Einsetzen der Gleichungsbedingung in die Zielfunktion führt zu dem einfacheren Problem

$$\text{Minimiere } f(R_1) := (R_1 + R_G) \parallel \frac{1}{9} (R_1 + R_G)$$

oder

$$\text{Minimiere } f(R_1) := \frac{1}{10} (R_1 + R_G) \ .$$

Die Lösung ist trivial und lautet $R_1 = 0$. So entfällt R_1 und R_2 wird zu $R_1 = R_G/9$ gewählt. Wir erhalten dann den rauschoptimalen Innenwiderstand

$$R_{i,opt} = R_2 \parallel R_G = 1\,\text{k}\Omega \ .$$

Für die optimale spektrale Rauschspannungsdichte gilt dann mit (7.30)

$$u_{N,Aopt} = u_{N,A} \frac{\sqrt{5}}{3} = 4{,}0714 \frac{\text{nV}}{\sqrt{\text{Hz}}}$$

und für das Rauschmaß

$$F = 10{,}0\,\text{dB}\,.$$

Gegenüber dem Fall der Leistungsanpassung konnte mit der Rauschanpassung bzgl. des Rauschmaßes ein Gewinn von 2,55 dB erzielt werden, ohne Abstriche an das Funktionieren der Schaltung vornehmen zu müssen.

7.3.6 „Rauschfreie Widerstände" für die SPICE-Rauschanalyse

Ein „rauschfreier" Widerstand ließe sich durch extreme Abkühlung in Näherung technisch realisieren. Dieses „Abkühlen" können wir auch mit SPICE nachbilden. Zum einen können wir die globale Temperatur aller Bauelemente einer Schaltung durch Änderung der globalen Variablen temp beeinflussen. Zum anderen können wir mit der SPICE-Anweisung 10k temp=-200 im Wertefeld eines Widerstands eine Widerstandstemperatur individuell vereinbaren. Für das Beispiel gilt dann: Widerstandswert 10 kΩ und Temperatur $-200\,°\text{C}$, entsprechend $T = 273{,}2 - 200$ K. So können wir gezielt einen Widerstand (oder auch mehrere) nach Belieben „abkühlen".

7.3.7 Stromrauschen bei Widerständen

Das thermische Widerstandsrauschen ist unabhängig vom Material, aus dem ein Widerstand aufgebaut wird. Nun kann man sich aber vorstellen, dass die Homogenität des Materials, die Grenzflächen zu den Kontaktelektroden und weitere physikalische Eigenschaften einen erheblichen Einfluß auf das Widerstandsrauschen, vor allem im NF-Bereich, haben dürften. Und man mag sich auch ohne weiteres vorstellen, dass zwischen Stromdichte und Rauschen eine positive Abhängigkeit erwartet werden kann. Auch weiß der NF-Verstärkerbauer, dass beispielsweise Metallfilmwiderstände bei rauschempfindlichen Schaltungen den Kohleschichtwiderständen vorzuziehen sind. Kurz gesagt, wir können davon ausgehen, dass weitere Effekte zum Widerstandsrauschen beitragen, deren Effektstärke vom verwendeten Widerstandsmaterial und auch vom Aufbau des Widerstands abhängen.

Stromrauschen ist ein Sammelbegriff für gegebenenfalls viele physikalische Effekte, die man, wenn man sich nicht mit der Entwicklung und Herstellung besonders rauscharmer Widerstände beschäftigt, nicht im einzelnen kennen muß. Man kann sich das Stromrauschen für unsere Anwendung so vorstellen, dass der Widerstandswert selbst statistischen Schwankungen unterliegt und diese Schwankungen bei (Gleich-)Stromfluß eine der Gleichspannung überlagerte Rauschspannung zur Folge haben. Diese Rauschspannung ist im Gegensatz zum thermischen Rauschen nicht frequenzunabhängig. Die spektrale Leistungsdichte des Stromrauschens ist proportional zu $1/f$, was zu den Begrif-

Tab. 7.9 Noise-Indices unterschiedlicher Widerstandstypen (Vishay)

Widerstandstyp	Noise-Index [dB]
Bedrahtete Widerstände	
– Kohlemassewiderstand	$-12\ldots+6$
– Kohleschichtwiderstand	$-30\ldots0$
– Metallschichtwiderstand	$-32\ldots-16$
– Metallfolienwiderstand	$-40\ldots-28$
– Drahtwiderstand	$-45\ldots-30$
Integrierte Widerstände	
– Dünnfilmwiderstand	$-42\ldots-10$
– Dickfilmwiderstand	$-18\ldots-10$

fen $1/f$-*Rauschen* oder *rosa Rauschen* geführt hat. Wir werden 1/f-Rauschen mit der Schreibweise

$$u_{N/f}, i_{N/f}, U_{N/f}, I_{N/f}, p_{N/f}, P_{N/f}$$

kennzeichnen, wenn wir das 1/f-Rauschen als Rauschanteil im Blick haben.

Ein Widerstand zeigt bei Stromfluß zwei Rauschanteile, thermisches Rauschen und Stromrauschen. Es gilt für die jeweilige spektrale Dichte von Spannung und Strom das resultierende Widerstandsrauschen

$$u_{NR}^2 = u_{N/f}^2 + u_N^2 \quad \text{und} \quad i_{NR}^2 = i_{N/f}^2 + i_N^2 \,.$$

Der Widerstandshersteller Vishay [Vis03] stellt uns weiterführende Informationen zur Verfügung. In der Tab. 7.9 werden unterschiedliche Widerstandsmaterialien angeführt, die mit der Kenngröße NI (noise index) unterschieden werden. Der Noise-Index, den wir im Folgenden definieren werden, stellt den Anteil der Effektivrauschspannung des Stromrauschens in ein Verhältnis zur über dem Widerstand abfallenden Gleichspannung. Ein niedriger, möglichst negativer Dezibel-Wert kennzeichnet einen rauscharmen Widerstand. Bei den diskreten Widerständen, mit denen wir zumeist unsere Röhrenverstärker aufbauen, sehen wir deutlich das schlechtere Stromrauschverhalten von Kohlewiderständen gegenüber Metallschicht- und Drahtwiderständen. Besonders sollten wir berücksichtigen, dass wir bei Röhrenverstärkern oft den ungünstigen Fall hoher Gleichspannungen über den Widerständen haben, was im Hinblick auf das Stromrauschen besonders ungünstig ist.

Der Noise-Index ist eine dimensionslose Größe und ist mit einer zugeschnittenen Gleichung zu

$$\text{NI} = \frac{1\,\mu\text{V}}{1\,\text{V}} \frac{1}{\text{Dekade}}$$

definiert. Er wird zumeist als logarithmische Größe

$$\text{NI}_{\text{dB}} = 20\log 10(\text{NI})$$

angegeben. Zur Berechnung wird das Verhältnis von gemessenem $1/f$-Rauschen und Gleichspannung über dem Widerstand pro Frequenzdekade herangezogen. Eine alternative Darstellung kann auch mit einer Stromrauschmaterialkonstanten K_f gegeben sein. So setzen wir zum Beispiel für das Stromrauschen

$$U_{N/f} = \sqrt{\frac{K_f U B}{f}}, f \neq 0 ,$$

an, worin U die Gleichspannung am Widerstand bezeichnet.

Merksätze Das thermische Rauschen ist vom Widerstandsmaterial unabhängig und abhängig vom Widerstandswert. Das Stromrauschen ist vom Widerstandsmaterial abhängig und unabhängig vom Widerstandswert.

Um die Anwendung der Formeln zu zeigen und vor allem, um zu demonstrieren, dass Stromrauschen ein gegenüber thermischem Rauschen dominierendes Rauschen sein kann, dienen im Folgenden zwei Rechenbeispiele.

Beispiel 7.5 Von einem Widerstand mit einem Widerstandswert von $10\,\text{k}\Omega$, an dem eine Gleichspannung von $U = 10\,\text{V}$ anliegt, kennen wir vom Hersteller die Stromrauschmaterialkonstante $K_f = 6{,}88 \times 10^{-13}$. Mit diesen Angaben können wir den Noise-Index berechnen, wofür wir eine Frequenzdekade mit $f_o = 10\,f_u$ heranziehen. Der Rauschspannungseffektivwert[37] beträgt

$$U_{N/f}^2 = K_f U^2 \int_{f_u}^{f_o} \frac{\mathrm{d}f}{f} = K_f U^2 \ln\left(\frac{f_o}{f_u}\right) = K_f U^2 \ln(10) = (12{,}586\,\mu\text{V})^2 .$$

Mit dieser Angabe können wir den Noise-Index berechnen und erhalten

$$\text{NI} = \frac{U_{N/f}}{U} \frac{1}{\text{Dekade}} = \frac{12{,}586}{10} = 1{,}2586$$

sowie als Maß

$$\text{NI}_{\text{dB}} = 20 \log_{10}(1{,}2586) = 2\,\text{dB} .$$

Es handelt sich bei einem Maß mit diesem Zahlenwert um einen erheblich rauschenden Kohle-Massewiderstand, der nur bei geringen Ansprüchen an die Rauscharmut verwendet werden kann. Dieses Argument wird auch durch den Vergleich von thermischem und

---

[37] Man bedenke, dass das Integral für $f \to 0$ gegen unendlich geht, was nicht in Einklang mit der physikalischen Wirklichkeit zu bringen ist. Auch wenn man annimmt, daß sich das Rauschen zu niedrigen Frequenzen hin abflacht, wird man dies kaum durch Messungen bestätigen können, da die hierfür notwendigen großen Messzeiten nicht hinzunehmen sind.

Stromrauschen unterstützt. Wir berechnen hierfür den Spannungseffektivwert des Stromrauschens im Audiofrequenzintervall von $f_u = 20\,\text{Hz}$ bis $f_o = 20\,\text{kHz}$ mit

$$U_{N/f} = \sqrt{K_f U^2 \ln\left(\frac{f_o}{f_u}\right)} = 21{,}8\,\mu\text{V}\,.$$

Wir vergleichen diesen Wert mit dem Spannungseffektivwert des thermischen Rauschens

$$U_N = \sqrt{4kTBR} = 1{,}82\,\mu\text{V}$$

und erkennen die Dominanz des Stromrauschens.

Beispiel 7.6 Bei Vogel [Vog11] finden wir das nachstehende Rechenbeispiel. Von einem
recht rauscharmen Widerstand kennen wir vom Hersteller den logarithmischen Noise-
Index $\text{NI}_{\text{dB}} = -30\,\text{dB}$. In einem Röhrenverstärker wird dieser Widerstand als Arbeitswiderstand verwendet, über dem eine Gleichspannung von $U = 100\,\text{V}$ abfällt. Für die
Frequenz $f = 1\,\text{kHz}$ berechnen wir die spektrale Rauschspannungsdichte mit

$$u_{N/f} = \sqrt{\frac{10^{\frac{\text{NI}_{\text{dB}}}{10}} \times 10^{-12}}{\ln(10)} \frac{U^2}{f}} = \sqrt{\frac{10^{-3} \times 10^{-12}}{\ln(10)} \frac{10^4}{10^3}} = 65{,}9\,\frac{\text{nV}}{\sqrt{\text{Hz}}}\,.$$

Nachdem nun Stromrauschen und der Noise-Index eingeführt worden sind, können wir
nun mit der Modellierung des Stromrauschens mit SPICE beginnen. Die Rauschanalyse
erfolgt im Frequenzbereich. Daher ist es naheliegend, das $1/f$-Rauschen in der Simulation
als gefiltertes weißes bzw. thermisches Rauschen zu behandeln und hierfür einen zunächst
beliebigen Referenzrauschwiderstand R_{ref} in Verbindung mit einem $1/\sqrt{f}$-Filter und einem Anpassungskoeffizienten k_f zu verwenden.

Zur Durchführung einer SPICE-Simulation verwenden wir die im oben angeführten
zweiten Beispiel verwendeten Zahlen und wählen den Widerstandswert zu $R = 100\,\text{k}\Omega$.
Wenn über dem Widerstand eine Gleichspannung $U = 100\,\text{V}$ abfällt hat dies einen
Gleichstrom von $I = 1\,\text{mA}$ zur Folge. Dieser Widerstand könnte der Arbeitswiderstand
einer Triode ECC83 sein, die in einem rauscharmen Vorverstärker ihren Dienst verrichtet.
Wir haben im Beispiel eine spektrale Rauschspannungsdichte von

$$u_{N/f} = 65{,}9\,\frac{\text{nV}}{\sqrt{\text{Hz}}} \quad \text{bei} \quad f_0 = 1\,\text{kHz}$$

berechnet. Wir verwenden einen beliebigen Referenzwiderstand, beispielsweise $R_{\text{ref}} =$
$1\,\text{k}\Omega$ und setzen die spannungsgesteuerte Spannungsquelle E im Laplace-Transformierten-
Modus mit der Systemfunktion

$$H(s) = \frac{k_f}{\sqrt{|s|}} \quad \text{bzw.} \quad H(f) = \frac{k_f}{\sqrt{|2\pi f|}}$$

Abb. 7.43 LtSpice-Simulation des Widerstandsstromrauschens

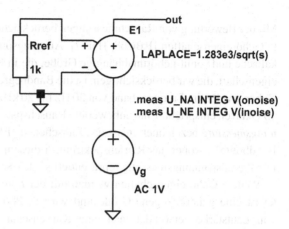

`.noise V(out) Vg dec 100 1 50K`

als Rauschformungsfilter ein. Die Betragsbildung der Frequenzvariablen s ist bei diesem Rauschformungsfilter nicht notwendig, da andernfalls ein sonst vorhandener über der Frequenz konstanter Phasenanteil von $-\pi/4$ die Rauschanalysen nicht beeinträchtigen würde[38]. Die spektrale Rauschspannungsdichte des Referenzwiderstands beträgt

$$u_N = \sqrt{4kTR_{\text{ref}}} = 4{,}07\,\frac{\text{nV}}{\sqrt{\text{Hz}}}\,.$$

Wir müssen nun den Faktor k_f so berechnen, dass die Vorgabe an $u_{N/f}$ für die Bezugsfrequenz $f_0 = 1\,\text{kHz}$ erfüllt wird mit

$$\sqrt{4kTR_{\text{ref}}}\,\frac{k_f}{\sqrt{2\pi f_0/\text{Hz}}} = 65{,}9\,\frac{\text{nV}}{\sqrt{\text{Hz}}}$$

oder

$$k_f = 65{,}9\,\frac{\text{nV}}{\sqrt{\text{Hz}}}\,\sqrt{\frac{\pi f_0/\text{Hz}}{2kTR_{\text{ref}}}} = 1{,}283 \times 10^3\,.$$

Die Abb. 7.43 zeigt die Simulationsschaltung. Mit den beiden .meas-Anweisungen wurden die Resultate

u_na: INTEG(v(onoise))=6.8549e-006 FROM 1 TO 50000

u_ne: INTEG(v(inoise))=6.8549e-006 FROM 1 TO 50000

ausgegeben, aus denen wir ersehen können, dass der Effektivwert des Stromrauschens im Frequenzintervall $f_u = 1\,\text{Hz}$ bis $f_o = 50\,\text{kHz}$ $U_{N/f} = 6{,}85\,\mu\text{V}$ beträgt.

---

[38] $\sqrt{s} = \sqrt{j\omega} = \sqrt{e^{j\pi/2}}\sqrt{\omega} = e^{j\pi/4}\sqrt{\omega}$

7.3.8 Bewertete und unbewertete Rauschmessungen

Mit der Bewertung von Rauschmessungen berücksichtigt man im Frequenzbereich erklärte Gehöreigenschaften [BBC68, Her77]. Ausgangspunkt ist der Schalldruck, eine physikalische und somit gehörunabhängige Größe, die in Pa gemessen wird. Die erste Gehöreigenschaft, die wir berücksichtigen, ist die Bandbegrenzung (Hörfrequenzbereich). Unser Gehör arbeitet im Frequenzband von 20 Hz bis 20 kHz, was immerhin einem Umfang von 10 Oktaven entspricht. Eine unbewertete Rauschspannungsmessung, auch als *Fremdspannungsmessung* bezeichnet, misst das Rauschen als Effektivwert in etwas mehr als dieser Bandbreite[39], wobei das Rauschspektrum in diesem Frequenzband nicht geändert wird. Die Fremdspannungsmessung repräsentiert so den Schalldruck bei Bandbegrenzung.

Weitere Gehöreigenschaften werden mit der *Lautstärke* berücksichtigt. Die Lautstärke ist eine gehörbezogene Größe und wird in Phon gemessen. Zur Charakterisierung von Lautstärke verwendet man eine Kurvenschar von in Normen erklärten Isophonen [Iso02]. Diese Isophonen geben für die Anregung des Gehörs mit (reinen) Tönen oder Schmalbandrauschen die frequenzabhängigen Schalldruckpegel an, mit denen Töne bei sich ändernder Frequenz als gleich laut empfunden werden. Dieser Eigenschaft des Gehörs wird mit *Geräuschspannungsmessungen* Rechnung getragen. Eine Geräuschspannungsmessung verwendet ein Bewertungsfilter zur Gewichtung oder Bewertung des Rauschspektrums vor dem Effektiv- oder dem Spitzenwertgleichrichter des Rauschmeßgeräts. Grob gesagt, es werden tief- und hochfrequente Anteile geringer gewichtet als die Anteile um die akustische Mitte von 1 kHz herum. Auch die relativ zur Empfindlichkeit bei der akustischen Mitte auftretende Empfindlichkeitsüberhöhung im Bereich zwischen 2 kHz und 4 kHz wird berücksichtigt.

Im Bereich der Audio-Verstärker sind zwei Bewertungsfilter gebräuchlich, das A-Filter, das von der 40-Phon-Kurve abgeleitet wird und das strengere CCIR468-Filter. Die Abb. 7.44 zeigt die logarithmierten Betragsfrequenzgänge des A- (gestrichelt) und des CCIR 468-Filters (durchgezogen).

Wir werden in diesem Abschnitt in der Simulation sowohl Fremd- als auch Geräuschspannungsmessungen im Rahmen der Rauschanalyse mit SPICE durchführen, wofür wir im Folgenden drei Bewertungsfilter entwickeln.

7.3.8.1 Unbewertete Messung (Fremdspannungsmessung)

Für die unbewertete Rauschmessung verwendet man ein Bandpassfilter, für das unterschiedliche Spezifikationen in Gebrauch sind. Wir verwenden als Spezifikation ein Hochpassfilter $H_{HP}(s)$ mit einer Flankensteilheit von 18 dB/Oktave und einer Grenzfrequenz von $f_{gu} = 22$ Hz sowie ein Tiefpassfilter $H_{TP}(s)$ mit einer betragsgleichen Flankensteilheit von -18 dB/Oktave und einer Grenzfrequenz von $_{go} = 22$ kHz. Beide Filter in Kaskadenanordnung ergeben das gewünschte Bandpassfilter. Es ist naheliegend, eine Potenz- oder Butterworth-Filtercharakteristik zu verwenden, da so Flachheit der Betragsfrequenz-

---

[39] Übliches Fremdspannungsfilter, z. B. Sennheiser UPM550 oder Rohde & Schwarz UPGR.

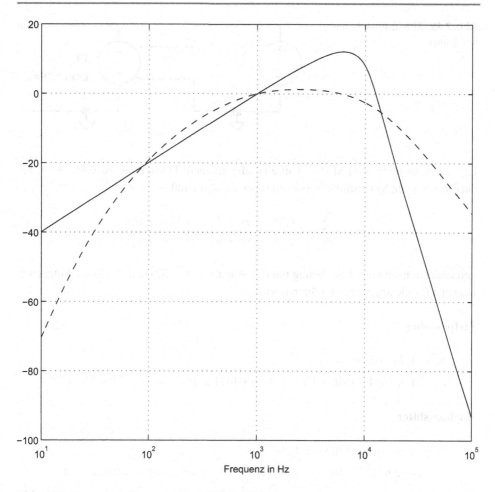

Abb. 7.44 Bewertungsfilter A (- -) und CCIR486 (-)

gangsfunktion bei recht hoher Filterselektivität gewährleistet ist. Das Fremdpannungsfilter
wird dann mit den beiden Systemfunktionen

$$H_{TP}(s) = \frac{1}{\dfrac{s^3}{\omega_{go}^3} + 2\dfrac{s^2}{\omega_{go}^2} + 2\dfrac{s}{\omega_{go}} + 1}, \omega_{go} = 2\pi f_{go}, \tag{7.32}$$

$$H_{HP}(s) = \frac{s^3}{\dfrac{1}{\omega_{gu}^3} + 2\dfrac{s}{\omega_{gu}^2} + 2\dfrac{s^2}{\omega_{gu}} + s^3}, \omega_{gu} = 2\pi f_{gu}, \tag{7.33}$$

spezifiziert und als $H(s) = H_{TP}(s)H_{HP}(s)$ realisiert. Für die SPICE-Simulation verwenden wir zur Nachbildung des Filters die spannungsgesteuerte Spannungsquelle im

Abb. 7.45 SPICE-Fremdspan-
nungsfilter

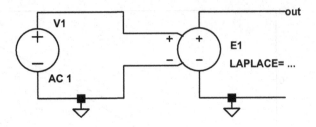

Laplace-Transformierten-Modus. Um eine allgemeinere Darstellung zu verwenden, benutzen wir einen Systemfunktions-Prototypen für den Grad 3

$$H(s) = \frac{\sum_{n=0}^{3} b_n s^n}{\sum_{n=0}^{3} a_n s^n} = \frac{b_0 + b_1 s^1 + b_2 s^2 + b_3 s^3}{a_0 + a_1 s^1 + a_2 s^2 + a_3 s^3}$$

und erhalten nach kurzer Rechnung mit den Angaben in (7.32) und (7.33) die Filterkoef-
fizienten für die angebenen Grenzfrequenzen:

Tiefpassfilter

$$b_0 = 1, b_1 = b_2 = b_3 = 0$$
$$a_0 = 1, a_1 = 1{,}44686 \times 10^{-5}, a_2 = 1{,}04671 \times 10^{-10}, a_3 = 3{,}78610 \times 10^{-16}$$

Hochpassfilter

$$b_0 = b_1 = b_2 = 0, b_3 = 1$$
$$a_0 = 2{,}64124 \times 10^6, a_1 = 3{,}82151 \times 10^4, a_2 = 2{,}76460 \times 10^2, a_3 = 1$$

Mit SPICE können wir z. B. die Nenner-Koeffizienten als Parameter

.param a0=... a1=... a2=...   ...aN=...

festlegen und mit

Laplace=a0+a1*s+a2*pow(s,2)+...+aN*pow(s,N)

im Wertefeld der E-Quelle eintragen. Die Abb. 7.45 zeigt die SPICE-Schaltung für die
Simulation.

Mit der SPICE-Simulation erzeugen wir nicht nur ein „ideales"[40] Filter, sondern messen den Betragsfrequenzgang sowie den Maximalwert der Übertragungsfunktion, die

---

[40] Keine Abstriche wegen Bauelementetoleranzen, Eigenrauschen und Aussteuerbarkeit.

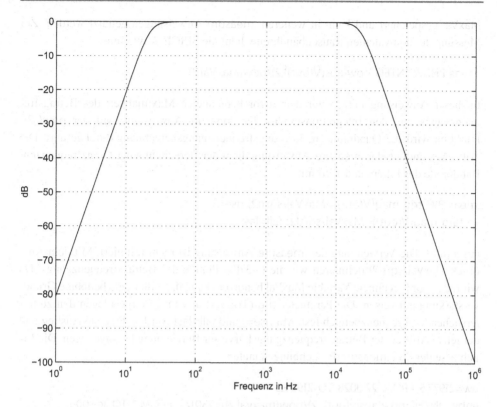

Abb. 7.46 Betragsfrequenzgang des SPICE-Fremdspannungsfilters

3 dB-Bandbreite und die äquivalente Rauschbandbreite. Zur Messung des Betragsfrequenzgangs verwenden wir für den Bereich 1 Hz bis 1 MHz eine .AC-Analyse mit der Anweisung

.ac dec 100 1 1e6

Wir erhalten den Betragsfrequenzgang in Abb. 7.46.

Zur Messung des Maximalwerts $\sqrt{G_m}$ aus (7.23) des Betragsfrequenzgangs, auf den wir bei diesem Filter die äquivalente Rauschbandbreite beziehen, dient die SPICE-Anweisung

.meas MaxVal max mag(V(out)).

Bei diesem Filter hätten wir uns diese Berechnung auch sparen können, da wir den Wert von $G_m = 1$ ohnehin kannten. So ist es aber eine weitere Demonstration dessen, was man mit der .measure-Anweisung berechnen kann. Der Maximalwert wird in der Variablen

MaxVal gespeichert und kann in weiteren .measure-Anweisungen genutzt werden. Zur Messung der äquivalenten Rauschbandbreite dient die SPICE-Anweisung

.meas ENBW INTEG pow(abs(V(out)),2)/pow(MaxVal,2).

In dieser Anweisung nutzen wir den zuvor berechneten Maximalwert des Betragsfrequenzgangs und den Integrationsmodus der .measure-Anweisung. Mit der pow(„2)-Funktion wird die Quadratur zur Leistungsfrequenzgangsberechnung durchgeführt. Die dritte Anwendung der .measure-Anweisung dient der Berechnung der Grenzfrequenzen-Bandbreite des Filters und wird mit

.meas BW trig mag(V(out))=MaxVal/sqrt(2) rise=1
+ targ mag(V(out))=MaxVal/sqrt(2) fall=last

ausgeführt. Die Verwendung der .measure-Anweisung ist recht raffiniert. Mit dem Ausdruck MaxVal/sqrt(2) definieren wir die $(-3\,\mathrm{dB})$-Punkte des Betragsfrequenzgangs. Da wir die zuvor berechnete Variable MaxVal benutzen, kann das Filter eine beliebige Grundverstärkung aufweisen. Die Parameter trig (Trigger) und targ (Target) legen den zu untersuchenden Frequenzbereich fest. Mit rise=1 und fall=last werden der erste Anstieg und der letzte Abstieg der Betragsfrequenzgangskurve zur Berechnung herangezogen. Die Ergebnisse der drei .measure-Berechnungen lauten

bw=21977.5 FROM 22.0028 TO 21999.5
enbw: INTEG(pow(abs(v(out)),2)/pow(maxval,2))=23017.3 FROM 1 TO 1e+006.
maxval: MAX(mag(v(out)))=(-8.69076e-009dB,0°) FROM 1 TO 1e+006

Unser Bewertungsfilter zeigt einen Maximalwert des Betragsfrequenzgangsmaßes von 0 dB. Die Grenzfrequenzen-Bandbreite beträgt 21.977,5 Hz mit den beiden Grenzfrequenzen $f_{gu} = 22$ Hz und $f_{go} = 22$ kHz. Die äquivalente Rauschbandbreite beträgt $B_{\ddot{A}} = 23.017,3$ Hz bei einer Referenzleistungsverstärkung $G_m = 1$ und wurde zwischen 1 Hz und 1 MHz durch Integration ermittelt. Wenn man möchte, kann man das sich mit $B_{\ddot{A}}$ darstellende Äquivalenzfilter um die Bandpassmittenfrequenz $f_m = \sqrt{f_{gu}f_{go}}$ herum zentrieren.

7.3.8.2 A-bewertete Geräuschspannungsmessung

Das zur Bewertung benötigte A-Filter wird entweder mit Tabellenangaben oder mit einer rationalen Laplace-Transformierten (Systemfunktion) in den Polstellen definiert

$$H_A(s) = \frac{k_A s^4}{(s + 129{,}4)\,(s + 676{,}6)\,(s + 4636)\,(s + 76.655)}, k_A = 7{,}39705 \times 10^9 \, ,$$

worin der Faktor k_A in der üblichen Weise so festgelegt ist, dass in der akustischen Mitte bei $f = 1$ kHz das Verstärkungsmaß den Wert 0 dB annimmt. Das ist aber nicht der Maximalwert des Verstärkungsmaßes des Filters. Dieser liegt bei einer höheren Frequenz und

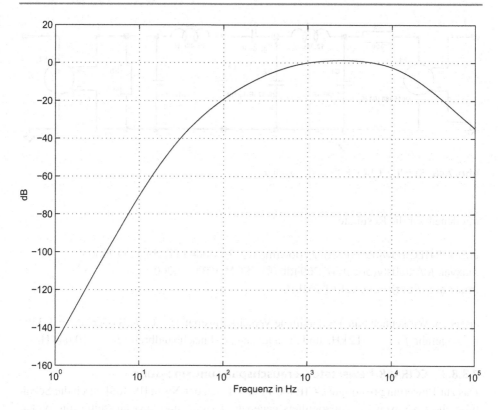

Abb. 7.47 Betragsfrequenzgang des LtSpice-A-Bewertungsfilters

ist größer als 0 dB. Auch für dieses Filter nutzen wir in der SPICE-Simulation die spannungsgesteuerte Spannungsquelle im Laplace-Transformierten-Modus. Abbildung 7.45 zeigt den Simulationsaufbau. In das Wertefeld der E-Quelle tragen wir ein

LAPLACE=7.39705e9*pow(s,4)/((s+129.4)*(s+129.4)*(s+676.7)*... (s+4636)*(s+76655)*(s+76655)).

Mit der Simulation ermitteln wir den Frequenzgang in Abb. 7.47 und die äquivalente Rauschbandbreite des Bewertungsfilters. Zur Berechnung des Maximalwerts des Betragsfrequenzgangs, der Frequenz bei der dieser Maximalwert abgelesen wurde und der äquivalenten Rauschbandbreite dienen die drei SPICE-Anweisungen

.meas MaxVal max abs(V(out))
.meas fmax when abs(V(out)) = MaxVal
.meas ENBW INTEG pow(abs(V(out)),2)/pow(MaxVal,2)

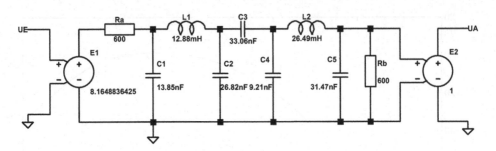

Abb. 7.48   SPICE-CCIR468-Bewertungsfilter

mit denen wir die Resultate

enbw: INTEG(pow(abs(v(out)),2)/pow(maxval,2))=10044 FROM 1 TO 100000
maxval: MAX(abs(v(out)))=(1.27094dB,0°) FROM 1 TO 100000
fmax: abs(v(out))=maxval AT 2511.89

erzielten. Wir kennen nun das maximale Verstärkungsmaß von 1,27 dB oder $G_m = 1,3397$ bei ungefähr $f_m = 2,512$ kHz und die äquivalente Rauschbandbreite $B_{\ddot{A}} = 10.044$ Hz.

7.3.8.3   CCIR468-bewertete Geräuschspannungsmessung

Das zur Bewertung benötigte CCIR468-Filter wird in der Norm [Itu468] durch die Schaltung eines passiven LC-Analogfilters gegeben, das ein- und ausgangsseitig mit Widerständen des Widerstandswerts 600 Ω abgeschlossen werden muß. Die Abb. 7.48 zeigt den SPICE-Simulationsaufbau. Wir haben für die Anwendung in SPICE das Filter um zwei spannungsgesteuerte Spannungsquellen E1 und E2 ergänzt, damit es in einem Simulationsaufbau keine Belastung der zu messenden Schaltung darstellt und auch ein angeschlossener Simulationseffektivwertgleichrichter eine Quelle mit verschwindendem Innenwiderstand sieht. Die Abb. 7.49 zeigt den Betragsfrequenzgang des Filters. Der Hochpassanteil des CCIR-Bewertungsfilters hat eine Flankensteilheit von 20 dB pro Dekade. Der Tiefpassanteil hat sogar eine Flankensteilheit von 100 dB pro Dekade, wie man es in Abb. 7.49 gut ablesen kann. Wie schon in den beiden Fällen zuvor, haben wir das maximale Verstärkungsmaß und die äquivalente Rauschbandbreite berechnet

enbw: INTEG(pow(abs(v(out)),2)/pow(maxval,2))=6444.51 FROM 1 TO 100000
maxval: MAX(mag(v(out)))=(12.2167dB,0°) FROM 1 TO 100000

Die äquivalente Rauschbandbreite beträgt $B_{\ddot{A}} = 6444,51$ Hz bei einer Leistungsverstärkung $G_m = 10^{12,2167/10} = 16,66$. Die beiden für die Simulation notwendigen Widerstände erzeugen selbst wieder ein thermisches Widerstandsrauschen in der Simulation. Nun gehen wir davon aus, dass mit 600 Ω die Widerstandswerte so gering sind, dass wir sie vernachlässigen können. Falls sie aber dennoch kritisch wären, könnte man durch Skalierung

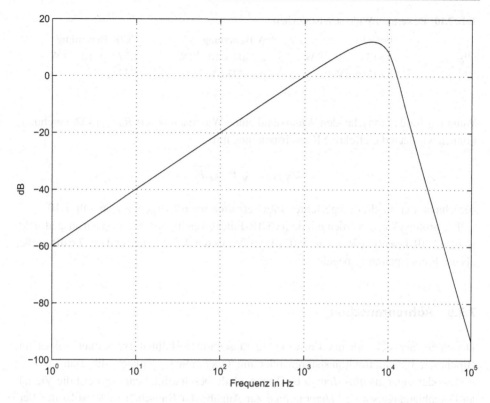

Abb. 7.49 Betragsfrequenzgang des LtSpice-CCIR-Bewertungsfilters

die Widerstandswerte reduzieren und entsprechend die Kapazitäts- und Induktivitätswerte ebenfalls skalieren. Für den Skalierungsfaktor s_C mit $s_C > 1$ erhielten wir

$$R := \frac{R}{s_C}, L := \frac{L}{s_C} \quad \text{und} \quad C := s_C C \, .$$

Wir können alternativ auch durch „Herabkühlen" in der Simulation die Widerstände „entrauschen". Siehe Fußnote im Abschn. 7.3.6.

7.3.8.4 Vergleich der Bewertungsfilter

Wir vergleichen die Bewertungsfilter hinsichtlich der mit ihnen an einem thermisch rauschenden Widerstand erzielten Rauschleistungen und Rauschspannungseffektivwerten. Die Rauschleistung für ein Bewertungsfilter beträgt

$$P_{N,BF} = 4kTB_{\ddot{A}}G_m \, .$$

Tab. 7.10 Bewertetes Widerstandsrauschen

	Fremdsp.	A-Bewertung	CCIR-Bewertung
$P_{N,BF}$	$3,8153 \times 10^{-16}$ W	$2,2304 \times 10^{-16}$ W	$1,7797 \times 10^{-15}$ W
$U_{N,BF}$	$0,61768\,\mu$V	$0,47227\,\mu$V	$1,334\,\mu$V

Wenn wir für den rauschenden Widerstand einen Widerstandswert $R_0 = 1\,\text{k}\Omega$ annehmen, können wir auch die effektive Rauschspannung mit

$$U_{N,BF} = \sqrt{P_{N,BF} R_0}$$

berechnen. Für die drei vorgestellten Filter erhalten wir die Ergebnisse in Tab. 7.10.

Die größten Werte werden mit dem CCIR-Filter erreicht. Mit Pegelwerten ausgedrückt, ist der CCIR-bewertete Pegel um 9,02 dB größer als der A-bewertete und um 7,6 dB größer als der Fremdspannungspegel.

7.3.9 Röhrenrauschen

Derjenige, der sich mit der Entwicklung rauscharmer Halbleiterverstärker, sei es mit Bipolar-, mit Feldeffekttransistoren oder mit Operationsverstärkern, die man als *low-noise-* oder sogar als *ultra-low-noise-*Typen erhält, beschäftigt, kennt zumeist die Vielfalt an Datenblattangaben und Diagrammen zur Angabe der Rauschcharakteristika der Verstärkerbauelemente. Wer damit weniger vertraut ist, mag sich einmal das Datenblatt des Operationsverstärkers LT1028, ein *Ultra Low Noise Precision High Speed Op Amp* von Linear Technologies, www.linear.com, betrachten, in dem wir alleine 9 Diagramme zum Thema Rauschen finden. Auch die SPICE-Rauschsimulation für Halbleiterbauelemente kennt mehrere Rauschquellen einschließlich Quellen mit frequenzabhängigem Rauschen. Auch ist die Literatur zum Thema Rauschen in den Bereichen Halbleiter- und Mikroelektronik sehr umfangreich. Der Blick in die Datenblätter von NF-Verstärkerröhren hingegen lässt das schlimmste vermuten. (Fast) Nichts! Die Literatur ist spärlich und das gilt im Besonderen für das im NF-Bereich dominierende 1/f-Rauschen.

Ein früher Aufsatz von Llewellyn von 1930 [Lle30] verbindet die Arbeiten von Johnson [Joh28] und Nyquist [Nyq28] mit dem Rauschen von Trioden. Zwei weitere Literaturstellen geben wir hier noch mit [Cat56] und [Wol54] an.

Rauschen bei Röhren hat früher allenfalls im Zusammenhang mit HF-Verstärkern eine Rolle gespielt. Die SPICE-Rauschmodelle für Röhren müssen wir uns selbst schaffen und dafür stehen uns zudem auch noch sehr wenige Angaben in den Datenblättern der Verstärkerröhren zur Verfügung, mit denen wir die Unterschiede der typischen Verstärkerröhren brücksichtigen können. Wir werden zunächst in diesem Abschnitt die Rauschquellen mit frequenzunabhängigem Schrot- und Stromverteilungsrauschen sowie frequenzabhängigem Funkelrauschen einführen. Soweit dies möglich ist, stellen wir dem Leser die Berechnungsgrößen der Rauschquellen zur Verfügung. Anschließend simulieren wir Röhrenrauschen mit SPICE und schließen den Abschnitt mit einem kommentierten Simulationsexperiment ab. Das Experiment, mit dem wir für Trioden nicht nur das Schrot-, sondern auch das Funkelrauschen simulieren, zeigt, wie man mit Simulation unterschiedliche Schaltungstopologien einer rauschempfindlichen Verstärkerstufe erfassen kann. Gerade dieser Vergleich unterschiedlicher Schaltungen ist eines der nützlichen Ergebnisse von SPICE-Simulationen.

7.3.9.1 Ursachen des Röhrenrauschens

Wir unterscheiden drei Ursachen für das Röhrenrauschen, von denen zwei frequenzunabhängiges und eine frequenzabhängiges, sog. $1/f$-Rauschen, begründen [Ana48, Tel70, Zum06]. Im einzelnen betrachten wir:

Schrotrauschen (*Shot Noise*) Die Elektronenemission der Glühkathode zeigt statistische Schwankungen, die man am besten im Sättigungsbetrieb, d. h., alle emittierten Elektronen erreichen die Anode (Betrieb der Röhre als Diode), beobachten kann. Schottky erkannte den für das Schrotrauschen verantwortlichen Schroteffekt und erklärte hierfür eine Berechnungsvorschrift. Der Schroteffekt ist ein thermodynamischer Effekt und daher ist er vergleichbar mit dem Effekt des thermischen Widerstandsrauschens. Er zeigt im Audiofrequenzbereich und auch weit darüber hinaus ein frequenzunabhängiges Leistungsspektrum des Rauschstroms. Bei Verstärkerröhren fällt das Schrotrauschen weniger ins Gewicht, da durch die Raumladungswolke der Rauschstrom erheblich reduziert wird.

Stromverteilungsrauschen (*Partition Noise*) Bei Mehrgitterröhren, bei denen gegenüber der Kathode auf positivem Potential liegende Gitter, d. h. stromführende Gitter verwendet werden, hierzu zählen vor allem die Schirmgitter der Pentoden, der Beam-Power-Röhren oder der Tetroden, verteilt sich der Kathodenstrom auf stromführende Gitter und die Anode. Das momentane Teilungsverhältnis unterliegt statistischen Schwankungen, die sich an der Anode, der für die Signalverarbeitung genutzten Elektrode, als Rauschstrom bemerkbar machen. Das Leistungsspektrum dieses Stromverteilungsrauschens ist so wie das des Schrotrauschens frequenzunabhängig. Ein Stromverteilungsrauschen würde sich selbstverständlich auch bei einer Triode bemerkbar machen, wenn das Potential des Steuergitters positiver als das der Kathode wäre und sich so ein Stromfluss für das Steuergitter einstellte.

Funkelrauschen (*Flicker Noise*) Einen Funkelrauschen verursachenden Funkeleffekt kennt man bei Verstärkerröhren mit Oxid-Kathoden. Man kann sich vorstellen, dass die emittierende Schicht nicht räumlich gleichmäßig emittiert, sondern sich lokal begrenzte Gebiete mit besonders hoher Temperatur und somit besonders hoher Emission ausbilden, die sich zeitlich vergleichsweise langsam ändern oder verlagern und wie ein Funkeln in Kohlen- oder Holzglut wahrgenommen werden können. Dieser Funkeleffekt verursacht ein 1/f-Rauschen (rosa Rauschen). Ein 1/f-Rauschen haben wir bereits mit dem Stromrauschen der Widerstände im Abschn. 7.3.7 kennengelernt.

Bei der rechnerischen Behandlung und Simulation des Röhrenrauschens folgen wir der bereits vorgenommenen Einteilung der Rauscheffekte.

7.3.9.2 Schrotrauschen, thermisches Röhrenrauschen

Eine ausführliche Darstellung des Schroteffekts und seiner rechnerischen Behandlung finden wir bei Barkhausen [Bar65]. Wir gehen vom Betrieb der Verstärkerröhren im Raumladungsgebiet aus. Das Röhrenrauschen lässt sich als durch die Raumladung(swolke) abgeschwächtes Sättigungsrauschen ansehen. Dieses Sättigungsrauschen hat nach Schottky den aus der Kathode austretenden quadrierten Rauschstrom

$$I_{N,k}^2 = I_S 2eB$$

zur Folge, worin I_S der Sättigungsstrom der Kathode, e die Elementarladung, B die betrachtete Bandbreite und

$$S_I(f) = I_S 2e$$

die über der Frequenz konstante Rauschstromdichtefunktion sind. Die sich beim Triodenbetrieb im Raumladungsgebiet um die Kathode herum ausbildende Raumladungswolke lässt den Anodenstrom geringer als den Sättigungsstrom werden, da viele Elektronen an dieser Wolke zur Kathode reflektiert werden und somit nicht an die Anode gelangen. Dies gilt genauso auch für den Rauschstrom der Kathode. Barkhausen leitet den Faktor (Raumladungsabschwächungsfaktor)

$$F^2 = 1{,}93 \frac{U_T}{U_{St}}, F^2 < 1 \,, \tag{7.34}$$

her, mit dem diese Abschwächung, das Verhältnis von Anoden(rausch)strom zum Emissions(rausch)strom, ausgedrückt wird. Die Spannung $U_T = kT_k/e$ bezeichnet die Temperaturspannung der Kathode und $U_{St} = U_g + DU_a - U_{min} - E_k$ (5.8) die bereits bekannte Steuerspannung der Triode. Wir können nun den quadrierten Rauschstrom $I_{N,a}$ an der Anode mit

$$I_{N,a}^2 = F^2 I_{N,k}^2 = F^2 I_a 2eB = 1{,}93 \frac{U_T}{U_{St}} I_a 2eB$$

berechnen. Vorteilhaft ist die Verwendung der statischen Steilheit als Ableitung von $I_a = K U_{St}^{3/2}$ mit

$$S = \frac{dI_a}{dU_{St}} = K \frac{3}{2} U_{St}^{1/2} = \frac{I_a}{U_{St}^{3/2}} \frac{3}{2} U_{St}^{1/2} = \frac{3}{2} \frac{I_a}{U_{St}} \,,$$

womit man den Ausdruck

$$\frac{I_{N,a}^2}{S} = \frac{2}{3} \times 1{,}93 \times 2 \times U_T \times e \times B$$
$$= 0{,}64 \times 4 \times kT_k B$$

erhält, in dem T_k die Kathodentemperatur ausdrückt. Im weiteren wird ein gegenüber der Kathode negatives Gitterpotential angenommen. Barkhausen schreibt

Die Rauschleistung einer Röhre im Raumladungsgebiet ist bei Kurzschluss 0,64 mal so groß wie die eines Widerstands $R_z = 1/S$ bei Kathodentemperatur.

Diesen Widerstandswert müssen wir noch auf die Simulationstemperatur von 27 °Celsius bzw. $T_0 = 300{,}15$ K beziehen und geben den äquivalenten Widerstand

$$R_{\ddot{a}} = 0{,}64 \frac{1}{S} \frac{T_k}{T_0} \approx 2{,}5 \frac{1}{S} \tag{7.35}$$

in der dem Leser bekannten Weise an, wofür wir eine Kathodentemperatur von $T_k \approx$ 1100 K annehmen.

Bemerkung Der Widerstandswert des äquivalenten Widerstands $R_{\ddot{a}}$ ist proportinal zur Kathodentemperatur T_k in (7.35). Bereits im Abschn. 5.1.1 haben wir notiert, dass im Raumladungsbereich die Höhe des Anodenstroms nur zu einem recht geringen Maß von der Stärke der Röhrenheizung abhängt. Mit diesem Argument lässt sich an besonders rauschsensitiven Stellen das Schrotrauschen der Trioden durch sog. *Unterheizen* reduzieren. Bei [Mei05] lesen wir, dass beipielsweise beim Mikrophon Neumann U47 die als Triode betriebene Röhre VF14 nicht mit der nominalen Heizspannung von 55 V, sondern mit einer deutlich reduzierten Heizspannung von nur 36 V betrieben wurde. Weitere Schaltungsdetails mit dem Ziel geringsten Rauschens sind der Betrieb der Pentode als Triode und eine sehr geringe Versorgungsspannung der Anode. Das ist bemerkenswert, da eine geringe Anodenversorgungsspannung den Betrieb im Bereich „stark gekrümmter Kennlinie" und somit recht hohe Klirrverzerrungen zur Folge hat. Wir hatten bereits an anderer Stelle erwähnt, dass Rausch- und Klirrarmut im Gegensatz stehen können.

Eine nützliche Argumentation und einen Hinweis zur Modellierung des Schrotrauschens finden wir in [Lan53]:

Shot noise is unique among the noise sources in the sense that the shot-noise voltage should be considered to exist in series with the grid inside the tube. The reason for this is that nothing can be done to the external grid circuit that will alter the magnitude of this component. Even though the shot noise must be tolerated, its effect can be minimized by designing the input circuit for maximum signal at the grid. This does not reduce the magnitude of the noise but does improve the signal-to-noise-ratio of the receiver.

Eine wichtige Konsequenz dieses Satzes ist es, dass man Sensoren mit geringem Innenwiderstand und geringer Sensorspannung, wie z. B. Mikrophone oder Moving-Coil-Tonabnehmersysteme, mit Hilfe hochübersetzter Eingangsübertrager an die Röhrenverstärker ankoppeln muß.

7.3.9.3 Stromverteilungsrauschen

Barkhausen definiert das frequenzunabhängige Rauschen des Anodenstroms bei stromführendem Schirmgitter einer Pentode (Bremsgitter auf Kathodenpotential, Hexoden, Heptoden usw. werden nicht als Audioverstärkerröhren verwendet) zu

$$I_{N,a}^2 = 2e I_a B \left(\frac{I_a}{I_k} F^2 + \frac{I_{g2}}{I_k} \right) .$$

Der Faktor F^2 ist der Raumladungsabschwächungsfaktor aus (7.34). Wir erkennen zwei Wirkungen des Schirmgitterstroms. Einerseits sehen wir einen kleinen abschwächenden Effekt, denn mit

$$I_k = I_a + I_{g2}$$

ergibt sich

$$\left(\frac{I_a}{I_k} F^2 \quad \text{mit} \quad I_{g2} > 0 \right) < \left(\frac{I_a}{I_k} F^2 \quad \text{mit} \quad I_{g2} = 0 \right)$$

und einen dominanten Anteil mit $\frac{I_{g2}}{I_k}$. Man sieht in der Konsequenz zweierlei: Zum einen ist das Rauschen der Schirmgitterröhren stärker als das einer Triode, und zum anderen ist ein kleiner Schirmgitterstrom für das Rauschen vorteilhaft.

Wir können rechnerisch ebenfalls einen für Mehrgitter-Röhren äquivalenten Rauschwiderstand berechnen

$$R_{\ddot{a}} = \frac{2e I_a B \left(\frac{I_a}{I_k} F^2 + \frac{I_{g2}}{I_k} \right)}{S^2 4 k T_0 B}$$

$$= 0{,}64 \frac{1}{S} \frac{T_k}{T_0} \frac{I_a}{I_k} + \frac{I_a I_{g2}}{2 U_T S^2 I_k} ,$$

worin U_T die Temperaturspannung für $T_0 = 300$ K ist. Mit $T_k = 4 T_0$ für Bariumoxid-Kathoden und $U_T = 0{,}025$ V erhalten wir die bekannte Formel

$$R_{\ddot{a}} = 2{,}5 \frac{1}{S} \frac{I_a}{I_k} + 20 \frac{I_a I_{g2}}{S^2 I_k}, T = T_0 = 300 \text{ K} . \tag{7.36}$$

7.3.9.4 Funkelrauschen

Funkelrauschen hat eine $1/f$-Charakteristik[41] und macht sich im Besonderen bei Barium-kathoden bemerkbar. Als Ursachen gibt Barkhausen [Bar65] „langsame Umlagerungen der Kathode" an, die zu Schwankungen der Emission führen. Er führt aus, dass dieses Funkelrauschen bei 50 Hz bis zu 100mal stärker sein kann als das Schrotrauschen. Oberhalb von 5 kHz könne man das Funkelrauschen hingegen vernachlässigen. Als Richtwerte für die Frequenzen, bei denen die spektralen Rauschspannungsdichten von Schrot- und Funkelrauschen zusammenfallen, werden bei Verstärkerröhren 1 kHz bis 10 kHz angegeben. Wir werden im Folgenden sehen, dass eine solche Angabe zusammen mit der Angabe des Widerstands $R_{\ddot{a}}$ für das Schrotrauschen reicht, um Funkel- und Schrotrauschen gleichermaßen simulieren zu können. Beim von Barkhausen angegebenen Wert können wir annehmen, dass bei der Frequenz $f = 5$ kHz die Anteile an Schrot- und Funkelrauschen gleich sind. Im Vergleich dazu liegt diese Frequenz bei Bipolartransistoren zwischen 100 Hz und 1 kHz und kann sogar noch geringer sein.

Die Literatur wendet sich im Hinblick auf Hochfrequenzverstärker nahezu ausschließlich dem Schrotrauschen zu und vernachlässigt das Funkelrauschen wegen der bei hohen Frequenzen erfolgenden Verdeckung durch das Schrotrauschen. Im Telefunken-Laborbuch [Tel70] lesen wir hierzu:

Der Funkeleffekt beruht auf örtlichen und zeitlichen Änderungen der Elektronen-Austrittsarbeit an der Kathodenoberfläche. Das durch den Funkeleffekt bedingte mittlere Rauschstrom-Betragsquadrat ist der Frequenz umgekehrt proportional. Er wird für Frequenzen über 10^4 Hz vernachlässigbar und bleibt im Folgenden außer acht.

Wir hingegen müssten im NF-Bereich das Funkelrauschen als den bei den tiefen Frequenzen stärkeren Effekt berücksichtigen. Leider stellen uns die Röhrenhersteller hierzu keine Daten zur Verfügung, sondern wir finden allenfalls Angaben zu den äquivalenten Schrotrausch-Widerständen und dies auch nicht für alle typischen Röhren. Bei Schröder, *Elektrische Nachrichtentechnik* [Sch67], finden wir das nachstehende aufschlussreiche Zitat:

Die vom Funkeleffekt herrührenden Störspannungen des NF-Gebietes lassen sich rechnerisch schlecht erfassen. Aus diesem Grunde wird man bei ausgesprochenen NF-Röhren in den Röhrentabellen kaum Angaben über einen äquivalenten Gitterrauschwiderstand finden. Von den speziell für die Bedürfnisse der Eingangsstufen von NF-Verstärkern entwickelten Röhren sind hinsichtlich geringen Rauschens zu nennen: die Röhre AC701 für Kondensatormikrofoneingänge und die Röhren EF86, EF804 und EF804 S für die übrigen Nf-Verstärker.

---

[41] Wir unterstellen einen Exponenten von -1 in der Frequenzabhängigkeit. Das ist zunächst nicht selbstverständlich. Wenn man es genau wissen möchte, muß man den physikalischen Ursachen auf den Grund gehen. Das mag man heutzutage für rauschkritische Halbleiterbauelemente durchführen. Wir können trotzdem unterstellen, daß wir unsere Verstärkerröhren hinreichend genau modellieren.

7.3.10 Modellierung und Simulation von Röhrenrauschen

Der vorangehende Abschnitt hat das Wesentliche schon dargestellt. Wir ergänzen zur Nachbildung des Schroteffekts die nichtrauschende Röhre um einen Widerstand am Steuergitter, dessen Wert bei der Triode von der Steilheit und bei Mehrgitterröhren, wegen des hinzukommenden Stromverteilungsrauschens, auch noch von den Röhrengleichströmen im Arbeitspunkt abhängt. Funkelrauschen können wir mit einem zweiten in Reihe geschalteten Widerstand ergänzen, dessen Rauschen wir mit einem Rosa-Rausch-Filter filtern. Um dies zu veranschaulichen zitieren wir zwei kurze Textstellen aus [Lan53]. Die erste Textstelle stellt den Zusammenhang von Anodenrauschstrom und einer Rauschspannung am Steuergitter her.

Although generated essentially in the plate circuit of the tube, which is not a convenient reference point for sensitivity or signal-to-noise ratio calculations, the shot noise is nearly always referred to as noise voltage in series with the grid. Since the following equation is true

$$u_g = i_a / S$$

by simply dividing the noise current in the plate circuit by the transconductance of the tube, the shot noise may be referred to the grid and expressed in terms of grid voltage.

Die zweite Textstelle weist darauf hin, dass man die Rauschspannung am Steuergitter durch einen rauschenden Widerstand hervorrufen kann.

It is perfectly valid to imagine that this voltage [Rauschspannung am Steuergitter] *could be replaced by a resistance whose thermal agitation noise is equal to e_N (the shot noise) and to consider the tube to be free of noise.*

Es ist wichtig, an dieser Stelle darauf hinzuweisen, dass wir einen stromlosen Betrieb des Steuergitters unterstellen, sonst fiele nämlich auch Gleich- und Wechselspannung an diesem Widerstand ab, was eine mehr oder weniger erhebliche Verfälschung des Betriebs der Röhre mit sich brächte. Schließlich müsste man dann auch noch Stromverteilungsrauschen für das stromführende Steuergitter berücksichtigen.

Für das Schrotrauschen bei Trioden dimensionieren wir den Rauschwiderstand im Steuergitter zu (7.35) und bei Mehrgitterröhren zu (7.36). Bei Mehrgitterröhren ist aber zur Auslegung des Rauschwiderstands eine .OP-Analyse notwendig, mit der die benötigten Gleichströme an Anode, Kathode und Schirmgitter im Arbeitspunkt vorab zu ermitteln sind.

Angaben zu den äquivalenten Schrotrauschwiderständen finden wir auch in einigen Datenblättern zu den Röhren, wobei hier aber die uns im Besonderen interessierenden NF-Röhren fehlen, da man früher Rauschen lediglich im Zusammenhang mit HF-Schaltungen beachtete und es, vom Höchstfrequenzbereich abgesehen, auch bei weitem nicht die Vielzahl und Vielfalt elektronischer Bauelementen gab, was sich auch auf deren Rauschcharakteristika bezieht. Man muß sich auch im Klaren darüber sein, dass die Anforderungen

Tab. 7.11 Äquivalente Rauschwiderstände von verschiedenen Verstärkerröhren

Röhre	Äquiv. Rauschwiderstand	Bedingungen
PCC88	$R_{\ddot{a}} = 300\,\Omega$	–
PC92	$R_{\ddot{a}} = 500\,\Omega$	$S = \frac{6\,\text{mA}}{V}$
EF184	$R_{\ddot{a}} = 330\,\Omega$	$I_a = 10\,\text{mA}, I_{g2} = 4{,}1\,\text{mA}, S = \frac{15\,\text{mA}}{V}$
EF80	$R_{\ddot{a}} = 1100\,\Omega$	$I_a = 10\,\text{mA}, I_{g2} = 2{,}6\,\text{mA}, S = \frac{7{,}1\,\text{mA}}{V}$

an die frühere Elektronik i. a. erheblich geringer waren als es heutzutage der Fall ist. Wir können für eine nicht weiter spezifizierte Audioverstärkerstufe hunderte Typen von Operationsverstärkern (Qual der Wahl) einsetzen, die mit ihren Rauschcharakteristika beworben werden.

Die Tab. 7.11 enthält Angaben zu vier Verstärkerröhren, von denen die ersten drei besonders rauscharme Verstärkerröhren sind. Für die besonders wichtige NF-Doppeltriode ECC83, die wegen ihrer hohen Spannungsverstärkung vor allem in rauschempfindlichen Verstärkerstufen, z. B. bei Phonoentzerrverstärkern oder Mikrophonverstärkerstufen, eingesetzt wird, liegen keine Angaben zum Röhrenrauschen vor.

Für die folgende SPICE-Simulation legen wir eine Röhre mit einem äquivalenten Schrotrauschwiderstand von $R_{\ddot{a}} = 1\,\text{k}\Omega$ zugrunde und ergänzen ein Funkelrauschen, bei dem wir anhand der Angabe von Barkhausen bei einer Frequenz von $f_0 = 50\,\text{Hz}$ ein um den Faktor $k_0 = 100$ größeres Funkelrauschen annehmen. Für die Berechnungen legen wir die Bandbreite auf $B = 99.999\,\text{Hz}$ fest, wobei wir eine untere Bandfrequenz von $f_u = 1\,\text{Hz}$ und eine obere von $f_0 = 100\,\text{kHz}$ annehmen. Eine untere Grenze von $0\,\text{Hz}$ ist nicht nur wegen des Funkelrauschens nicht sinnvoll, sondern auch im Allgemeinen für Audioverstärker belanglos[42].

Der Schrotrauschwiderstand $R_{\ddot{a}}$ verursacht im Gitterkreis Rauschen mit einer spektralen Rauschspannungsdichte von

$$u_{N,R\ddot{a}} = \sqrt{4kTR_{\ddot{a}}} = 4{,}07\frac{\text{nV}}{\sqrt{\text{Hz}}},$$

entsprechend einer effektiven quadrierten Rauschspannung von

$$U_{N,R\ddot{a}}^2 = 4kTR_{\ddot{a}}B = (1{,}28748\mu V)^2.$$

Das Funkelrauschen simulieren wir mit einem Referenz-Widerstand R_{ref}, dessen Rauschspannung mit einer spannungsgesteuerten Spannungsquelle und der reellwertigen[43]

---

[42] Eine Frequenz von 1 Hz allerdings auch!

[43] Mit der Laplactransformiertern $\frac{1}{\sqrt{s}}$ erhielte man noch einen Phasenbeitrag von $-\pi/4$, der in diesem Fall für die Rauschanalyse bedeutungslos wäre.

Laplacetransformierten

$$\frac{1}{\sqrt{|s|}} = \frac{1}{\sqrt{2\pi f}}, \quad f > 0,$$

gefiltert wird. Wir haben diese Technik bereits im Abschn. 7.3.7 zur Simulation des Stromrauschens von Widerständen kennengelernt. Wir erhalten eine spektrale Rauschleistungsdichte von

$$u_{N/f}^2 = \frac{4kTR_{\text{ref}}}{2\pi f},$$

die bei $f_0 = 50\,\text{Hz}$ um den Faktor $k_0 = 100$ größer als $u_{N,R\ddot{a}}^2$ zu sein hat bzw.

$$\frac{4kTR_{\text{ref}}}{2\pi f_0} = k_0 4kTR_{\ddot{a}} = \left(40.7\frac{\text{nV}}{\sqrt{\text{Hz}}}\right)^2$$

mit dem Ergebnis

$$R_{\text{ref}} = k_0 2\pi f_0 R_{\ddot{a}} = 31.416\,\text{M}\Omega .$$

Die gesamte Rauschspannungsdichte bei $f_0 = 50\,\text{Hz}$ beträgt

$$u_N = \sqrt{u_{N,R\ddot{a}}^2 + u_{N/f}^2} = 4.07\frac{\text{nV}}{\sqrt{\text{Hz}}}\sqrt{101} = 40.9\frac{\text{nV}}{\sqrt{\text{Hz}}} .$$

Sie geht gegen $u_{N,R\ddot{a}} = 4.07\,\text{nV}/\sqrt{\text{Hz}}$ für große Frequenzen. Bei der Frequenz $f = 5\,\text{kHz}$ entsprechen beide Rauschanteile einander und es gilt $u_N = 4.07(\text{nV}/\sqrt{\text{Hz}})\sqrt{2}$. Der quadrierte Effektivwert des Gesamtrauschens ist durch Integration nach der Frequenz und quadratischer Addition beider Rauscheffektivwerte zu gewinnen

$$U_N^2 = \left(4.07\frac{\text{nV}}{\sqrt{\text{Hz}}}\right)^2 B + \int\limits_1^{100.000} \frac{4kTR_F}{2\pi f}\text{d}f$$

$$= 1.6565 \times 10^{-12}\text{V}^2 + \frac{2kTR_F}{\pi}\ln(100.000)$$

mit dem resultierenden Effektivwert

$$U_N = 1.616\,\mu\text{V} .$$

Wir können die SPICE-Modellierung für den Fall der Simulation beider Rauscheffekte noch vereinfachen, indem wir die Systemfunktion (Laplacetransformierte) für die Summation beider Effekte anpassen zu

$$u_N^2 = 4kTR_{\ddot{a}}\left(1 + 2\pi f_0 k_0 \frac{1}{|s|}\right) = u_{N,R\ddot{a}}^2 + u_{N/f}^2 ,$$

Abb. 7.50 SPICE-Simulation
von Schrot- und Funkelrauschen

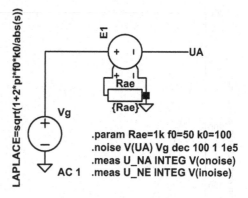

was in der SPICE-Simulation in Abb. 7.50 mit der Laplacetransformierten

$$E(s) = \sqrt{1 + \frac{2\pi f_0 k_0}{|s|}}$$

erreicht wird. Die Berechnung des Effektivwerts der Rauschspannung für die Bandbreite B von 1 Hz bis 100 kHz ergab

u_na: INTEG(v(onoise))=1.61612e-006 FROM 1 TO 100000
u_ne: INTEG(v(inoise))=1.61612e-006 FROM 1 TO 100000

So entfällt der Referenzwiderstand R_{ref} und wir gewinnen beide Rauschanteile aus einem Widerstand, den vorher getrennt ausgeführten Schrotrauschwiderstand $R_{\ddot{a}}$. Abbildung 7.51 zeigt die spektrale Rauschspannungsdichte.

Die zuletzt gewonnenen Ergebnisse werden in der Abb. 7.52 symbolisch dargestellt.
Eine rauschende Röhre wird in a abgebildet. In b sehen wir die ideale Röhre, die um einen
Schrotrauschwiderstand $R_{\ddot{a}}$ am Gitteranschluss ergänzt wird. In c wird mit Schrotrausch-
widerstand $R_{\ddot{a}}$ und spannungsgesteuerter Spannungsquelle im Laplacetransformierten-
Modus Schrot- und Funkelrauschen zur rauschfreien Röhre hinzugefügt.

7.3.10.1 Beispiel zur Abschätzung des Funkelrauschens
Wie es bereits ausgeführt wurde, sind die Datenblattangaben zum Röhrenrauschen vor
allem bei NF-Röhren sehr bescheiden. Dem Autor ist nur das Datenblatt zur Doppeltriode
ECC808 bekannt, in dem man eine einzige Angabe findet:

Die äquivalente Rauschspannung am Gitter beträgt bei $U_{ba} = 250\,V$, $R_a = 220\,k\Omega$ etwa
2 μV für den Frequenzbereich 45 Hz bis 15 kHz.

Wir versuchen nun in einer experimentellen Berechnung das Funkelrauschen zu charakterisieren. Es ist möglich, dass die Ergebnisse erheblich neben den wirklichen Zahlen

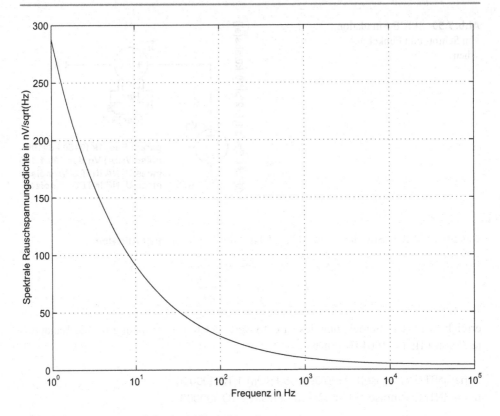

Abb. 7.51 Spektrum von Schrot- und Funkelrauschen

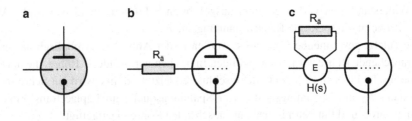

Abb. 7.52 Modellieren des Röhrenrauschens in LtSpice

liegen, aber wenigstens ist der Rechenweg plausibel und für einen Leser gangbar, der sich Röhrendaten durch Messungen zu beschaffen vermag. Zunächst bestimmen wir den äquivalenten Triodenwiderstand für das Schrotrauschen, die Steilheit und den Innenwiderstand der Röhre für den im Datenblatt beschriebenen Betriebsfall. Im Datenblatt finden wir $U_{a0} = 250\,\mathrm{V}$, $I_{a0} = 1,2\,\mathrm{mA}$, $S_0 = 1,6\,\mathrm{mA/V}$ und $\mu = 100$. Für den Betriebsfall ist ein Anodenstrom von $I_a = 0,66\,\mathrm{mA}$ und eine Spannungsverstärkung von $V_u = 72$ angegeben. Mit diesen Angaben können wir uns Steilheit und Innenwiderstand für den

Betriebsstrom berechnen

$$S = S_0 \left(\frac{I_a}{I_{a0}} \right)^{1/3} = 1{,}3 \, \text{mA/V} \quad \text{und} \quad R_i = R_{i0} \left(\frac{I_a}{I_{a0}} \right)^{1/3} = \frac{\mu}{S} \left(\frac{I_a}{I_{a0}} \right)^{1/3} = 76{,}3 \, \text{k}\Omega \, .$$

Mit der Angabe für die Steilheit berechnen wir den äquivalenten Triodenwiderstand für das Schrotrauschen zu

$$R_\ddot{a} = \frac{2{,}5}{S} = \frac{2{,}5}{1{,}3 \, \text{mA/V}} = 1{,}923 \, \text{k}\Omega \, .$$

Dieser Gitterwiderstand wird für $B = (15.000 - 45)\text{Hz} = 14.955 \, \text{Hz}$ mit

$$U_{N,R\ddot{a}}^2 = 4kTBR_\ddot{a} = (0{,}6904 \, \mu\text{V})^2 \quad \text{und} \quad u_{N,R\ddot{a}}^2 = 4kTR_\ddot{a} = \left(5{,}646 \frac{\text{nV}}{\sqrt{\text{Hz}}} \right)^2$$

charakterisiert. Vom angegebenen Rauscheffektivwert $2 \, \mu\text{V}$ ist so nur ein Teil auf das Schrotrauschen zurückzuführen. Wir setzen für das Gitterrauschen zunächst drei Anteile an, das bereits berechnete Schrotrauschen, das Funkelrauschen und das auf das Gitter bezogene Rauschen des Anodenwiderstands. Der Anodenwiderstand $R_a = 220 \, \text{k}\Omega$ selbst erzeugt ein thermisches Rauschen mit dem Effektivert

$$U_{N,Ra}^2 = 4kTBR_a = (7{,}3848 \, \mu\text{V})^2 \, .$$

Dieses Rauschen wird aber durch den mit dem Röhreninnenwiderstand gebildeten Spannunsgteiler reduziert und muß auch noch über die Spannungsverstärkung auf das Gitter bezogen werden, womit wir am Gitter den Anteil

$$U_{N,Ra->g}^2 = U_{N,Ra}^2 \left(\frac{R_i}{R_i + R_a} \right)^2 \frac{1}{V_u^2} = (26{,}4 \, \text{nV})^2$$

sehen. Wir vernachlässigen das thermische Rauschen des Anodenwiderstands und gehen davon aus, dass sich die Rauschspannungsangabe daher auf das Zusammenwirken von Schrot- und Funkelrauscheffekt bezieht. Wir beschaffen uns den Spannungsanteil des Funkelrauschens für die gegebene Bandbreite

$$U_{N/f}^2 = (2 \, \mu\text{V})^2 - U_{N,R\ddot{a}}^2 = (1{,}877 \, \mu\text{V})^2 \, .$$

Für das Funkelrauschen setzen wir die spektrale Dichtefunktion

$$u_{N/f}^2 = \frac{K_{N/f}}{f}$$

an, mit der wir den quadrierten Funkelrauscheffektivwert in der Form

$$U_{N/f}^2 = \int\limits_{45}^{15.000} \frac{K_{N/f}}{f} \, df$$

berechnen können. So kann der Funkelrauschkoeffizient $K_{N/f}$ in Abhängigkeit der Funkelrauschfrequenz mit

$$K_{N/f} = \frac{U_{N/f}^2}{\ln\left(\frac{15.000}{45}\right)} = 6{,}0651 \times 10^{-13}$$

bestimmt werden. An den uns vor allem interessierenden Wert der Funkelrauschfrequenz f_c gelangen wir durch Gleichsetzen von Schrot- und Funkelrauschen

$$\frac{K_{N/f}}{f_c} = u_{N,R\ddot{a}}^2 \quad \text{oder} \quad f_c = 19\,\text{kHz}\,.$$

Der Wert ist recht groß und vorbehaltlich der Gültigkeit aller gemachter Annahmen und Angaben zu verstehen und das schließt auch eine Meßungenauigkeit in der Datenblattangabe ein, zumal Spannungen im Bereich weniger Mikrovolt nicht ohne Aufwand genau zu messen sind[44]. Es ist auch zu sehen, dass ein kleinerer wahrer Wert als $2\,\mu$V zu einer geringeren Funkelrauschfrequenz führen würde.

In einem sehr aktuellen Aufsatz vom November 2013 [Ble13] widmet sich Blencowe dem Rauschen von Trioden. Der Autor untersuchte mit Rauschmessungen größere Lose von Trioden, die typischerweise in Phono-Entzerrverstärkern Verwendung finden. Im Besonderen erfaßt Blencowe Funkelrauschkoeffizienten, die sich auf den Rauschstrom in Abhängigkeit eines Anodengleichstroms in der Form

$$i_{NB/f}^2 = K_{NB/f} \frac{I_a^c}{f^b} \, df$$

beziehen. So finden wir im Aufsatz Angaben zu Funkelrauschkoeffizienten von fünf typischen Trioden in der Tab. 7.12 für $c = 2$ und $b = 1$ (rosa Rauschen). Die Blencowe-Funkelrauschkoeffizienten $K_{NB/f}$ lassen sich anwenden, wenn man den Trioden-Anodengleichstrom kennt.

Tab. 7.12 Funkelrauschkoeffizienten einiger Trioden

Triode	Funkelrauschkoeffizient $K_{NB/f}$
ECC81	$2{,}1 \times 10^{-13}$
ECC82	$6{,}2 \times 10^{-14}$
ECC83	$3{,}8 \times 10^{-14}$
ECC88	$6{,}2 \times 10^{-14}$
6J52P	$3{,}0 \times 10^{-14}$

---

[44] Die Angabe im Datenblatt lautet auch *etwa* $2\,\mu$V.

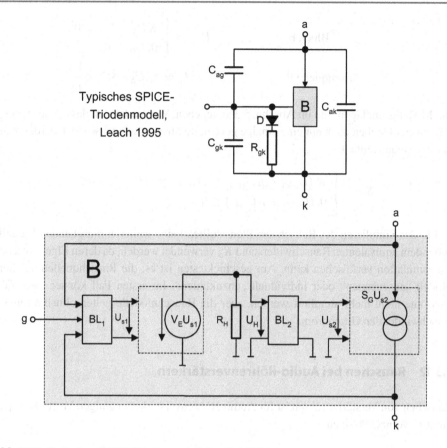

Abb. 7.53 Typisches SPICE-Triodenmodell, Leach 1995

7.3.11 SPICE Röhrenmodelle und Röhrenrauschen

Die Abb. 7.53 zeigt ein typisches Triodenmodell, das Triodenmodell von Leach [Lea95] für die Anwendung in SPICE. Das Triodenmodell enthält drei Elektrodenkapazitäten C_{gk}, C_{ag} und C_{ak}, eine Diode D in Reihenschaltung mit dem Widerstand R_{gk} zur Nachbildung des Gitterstroms bei gegenüber der Kathode positiver Gitterspannung und eine gesteuerte Stromquelle B, die den Anodenstrom in Abhängigkeit der Gitter- und Anodenspannung berechnet. Die gesteuerte Stromquelle B ist aus zwei Quellen aufgebaut, einer Funktions-Spannungsquelle BV und einer Funktions-Stromquelle BI sowie zwei Blöcken B_1 und B_2 zur Berechnung der Quellensteuerspannungen. Im einzelnen wird berechnet

$$\text{Block } B_1: \qquad U_{S1} = U_{a(k)} + \mu U_{g(k)},$$
$$\text{Spannungsquelle BV:} \qquad U_H = V_E U_{S1}, V_E = 1,$$

$$\text{Block B}_2: \qquad U_{S2} = \begin{cases} KU_H^{3/2}, U_H > 0, \\ 0, U_H \leq 0, \end{cases}$$

$$\text{Stromquelle BI:} \qquad I_a = S_G U_{S2}, S_G = \frac{1\text{A}}{1\text{V}}.$$

Die Modellgrundlagen sind im Abschn. 5.3 angegeben. Wir merken an, dass ohne weiteres statt zweier Quellen auch nur eine einzige gesteuerte Stromquelle verwendet werden kann mit der Steuersteilheit

$$S_G = \begin{cases} K\left(U_{a(k)} + \mu U_{g(k)}\right)^{3/2}, \left(U_{a(k)} + \mu U_{g(k)}\right) > 0, \\ 0, \left(U_{a(k)} + \mu U_{g(k)}\right) \leq 0. \end{cases}$$

Für das Simulieren des Rauschverhaltens sollten keine weiteren rauschenden Bauteile außer dem äquivalenten Rauschwiderstand $R_{\ddot{a}}$ verwendet werden, da deren Eigenrauschen die Simulation verfälschen kann. Am geschicktesten ist es, die Rauschquellen aus dem Modell „auszubauen" oder individuell „abzukühlen". Im ersten Fall können zwar Gitterströme nicht mehr simuliert werden, aber die Rauschmodelle gelten ohnehin nur für verschwindenden Gitterstrom.

7.3.12 Rauschen bei Audio-Röhrenverstärkern

Rauschen von Verstärkerröhren ist für Audio-Röhrenverstärker in einigen Verstärkertypen nicht zu vernachlässigen:

- **Sensorsignalverarbeitung ohne Frequenzgangsentzerrung** Beispiele hierfür sind Mikrophonverstärker und Mikrophon-Vorverstärker für Kondensatormikrophone, was vor allem Mikrophone im Betrieb mit niedrigen Pegeln betrifft.
- **Sensorsignalverarbeitung mit Frequenzgangsentzerrung** Beispiele sind Aufnahmeverstärker für Magnettontechnik mit NAB- oder IEC-Entzerrung und Entzerrer für die Phono-Wiedergabe mit RIAA-Entzerrung. Man sollte nicht außer Acht lassen, dass Liebhaber von Röhrenverstärkern oft auch Liebhaber von Schallplattenwiedergabe sind. Auch lässt ein Blick in das Internet vermuten, dass es beispielsweise noch einige Freunde von Magnettongeräten mit guter alter Röhrentechnik gibt.
- **Mischverstärker** Diese dienen dem Mischen der Signale mehrerer Audioquellen.
- **Kettensysteme mit Verstärker-Abschwächer-Kettengliedern** Im Besonderen sind Tonregieanlagen anzuführen mit den Kettengliedern Mikrophonverstärker, Dynamikprozessoren, Eingangskreuzschienenverteiler, Eingangspegelsteller, Panoramasteller, Gruppensammelschienen, Knotenpunktverstärker, Summenpegelsteller usw.. Im kleineren Maßstab trifft dies auch für Heimwiedergabeanlagen zu, bei denen Schallplatten oder Magnetbänder als Tonquellen dienen. Wir haben dies bereits in der Kapiteleinleitung erwähnt.

Wir haben es, zusammenfassend, mit zwei Problemkreisen zu tun:

• Rauscharme Signalverstärkung mit großen Verstärkungsfaktoren und
• Rauscharmut beim Zusammenstellen von Kettensystemen mit rauschenden Kettengliedern.

Im Folgenden gilt das Hauptaugenmerk dem ersten Problemkreis.

Wenn mit einem rauscharmen Verstärker ein hoher Verstärkungsfaktor erreicht werden soll, muß in der ersten Stufe eine hohe Spannungsverstärkung mit einer Röhre erzielt werden, die rauscharm an die Signalquelle anzupassen ist. Von den Grundschaltungen Kathodenbasisschaltung ohne und mit Stromgegenkopplung, Anodenbasisschaltung und Anodenfolger kommt nur die erste in Frage. Allenfalls eine Kathodenbasisschaltung mit geringer Stromgegenkopplung lässt sich bei einem mehrstufigen Verstärker noch vertreten. Für eine Kathodenbasisschaltung verwendet man

• Trioden mit großem μ wie z. B. die bekannten ECC83 oder 6922,
• Pentoden wie EF86 oder die in der Tonstudiotechnik gerne verwendete Pentode EF804S (z. B. IRT-Braunbuch-Verstärker V69, V72, V76, V77 und V78 [Irt]),
• Zwei Trioden im Verbund als Kaskodenschaltungen, um eine „rauscharme" Pentode zu nähern.

Beim Blick in die Dokumentation zum V76-Mikrophon-Verstärker (IRT-Braunbuch, [Irt]) sehen wir in der Eingangsstufe an erster Stelle einen 1:30-Übertrager. Offensichtlich sind Verstärkerröhren die ungeeigneten Bauelemente für die Anpassung an niederohmige Quellen (Quellwiderstand 200 Ω). Ein solcher Übertrager mit einem so großen Übersetzungsverhältnis will sehr sorgfältig gefertigt sein. Dann erkennen wir zwei zweistufige Verstärker mit Spannungs-Spannungs-Gegenkopplung (siehe das nächste Kapitel), wobei ein Teil des Verstärkungsstellers in der Gegenkopplung der ersten Stufe angeordnet ist. Die Angaben für Fremd- und Geräuschspitzenwertpegel lauten bei angegebenem Eingangsabschluss von 200 Ω:

• $V = 76\,\text{dB}..52\,\text{dB}, p_{FR} \leq -120\,\text{dB}, p_{ger} \leq -121\,\text{dB}$
• $V = 46\,\text{dB}..34\,\text{dB}, p_{FR} \leq -112\,\text{dB}, p_{ger} \leq -116\,\text{dB}$.

Leider beziehen sich diese Angaben auf historische Messtechnik und Bewertungsfilter. Wir können aber sicher sein, dass der Verstärker nach wie vor dem Stand professioneller Röhrenverstärkertechnik entspricht und dennoch mit seinem Eigenrauschen hochwertige Studiokondensatormikrophone deutlich übertrifft.

7.3.13 Ein Beispiel zur SPICE-Rauschanalyse

Die SPICE-Rauschanalyse von Röhrenverstärkerschaltungen wird mit einer Simulation vorgestellt. Um den Blick auf das wesentliche nicht zu verstellen, verwenden wir Trioden. Die Simulation dient dem Vergleichen von drei unterschiedlichen Schaltungstopologien von Phonoentzerrer-Verstärkern, die wegen der hohen Empfindlichkeit besonders rauscharm ausgeführt werden sollten. Im weiteren müssen wir erkennen, dass wegen des Entzerrfrequenzgangs, Anhebung im Tieftonbereich und Absenkung im Hochtonbereich, das Funkelrauschen ohnehin problematischer als das Schrotrauschen ist. Das trifft vor allem für Verstärkerröhren zu, da die Funkelrauschgrenzfrequenzen besonders hoch und somit weit im Hörfrequenzbereich liegen.

Ein Phono-Entzerrverstärker dient dazu, die nominelle Ausgangsspannung von ca. 5 mV eines Tonabnehmersystems vom Typ *Moving Magnet* bei einer Frequenz von 1 kHz auf einige 100 mV anzuheben und gleichzeitg die Schneidkennlinie der Schallplatten zu entzerren. Eine Diskussion von Schneidkennlinien findet der Leser im Abschn. 6.1. Unsere drei untersuchten Phonoentzerrer-Verstärker sind hinsichtlich des Schaltungsaufwands miteinander gut vergleichbar. In allen drei Fällen werden zwei Triodensysteme vom Typ ECC83 verwendet, die als zweistufige Verstärker zusammen mit einigen Widerständen und Kondensatoren verschaltet werden. Wegen der Wichtigkeit des Verstärkerrauschens in dieser Anwendung ist eine Triode mit hoher Spannungsverstärkung zu empfehlen.

Herzstück des Phonoentzerrer-Verstärkers ist das Entzerr-Netzwerk, das in unterschiedlicher Weise im Verstärker verwendet werden kann:

- **Passiv-Topologie** Das Entzerr-Netzwerk ist zwischen zwei Verstärkerstufen angeordnet, die jede für sich über jeweils eine Stromgegenkopplung verfügen. Es wird aber keine Gegenkopplung vom Verstärkerausgang zum Verstärkereingang verwendet.
- **Hybrid-Topologie** Das Entzerr-Netzwerk wird in zwei Teilnetzwerke aufgespalten, von denen eines, wie bei der Passiv-Topologie, zwischen den beiden Verstärkerstufen angeordnet ist. Das andere bildet, wie bei der Aktiv-Topologie, das Gegenkopplungs-Netzwerk vom Verstärkerausgang zum Verstärkereingang.
- **Aktiv-Topologie** Das Entzerr-Netzwerk bildet das Gegenkopplungs-Netzwerk vom Verstärkerausgang zum Verstärkereingang.

Welche der drei allgemein bekannten Topologien in Abb. 7.54 vorzuziehen ist, wird auch heute noch von erhitzten Gemütern kontrovers diskutiert, wobei das Niveau einiger in Internetforen geführter Diskussionen nicht allzu hoch ist. Wir beteiligen uns nicht an Diskussionen, sondern nutzen vielmehr SPICE-Simulationen des Verstärkerrauschens ohne Aussteuerung und des Verstärkerklirrens bei nomineller Aussteuerung mit 5 mV bei $f = 1\,\text{kHz}$.

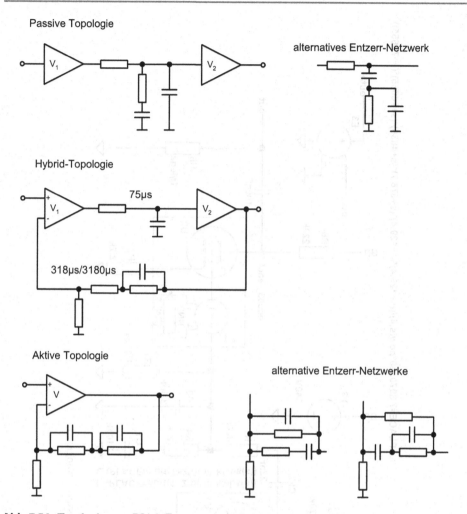

Abb. 7.54 Topologien von RIAA-Entzerrerverstärkern

7.3.13.1 Schaltung 1 Passiv-Topolgie

Das Entzerr-Netzwerk wird von R_1, R_4, C_1 und C_3 gebildet und mit R_7 belastet, der aber wegen seiner Größe keine Rolle spielt. Das Verstärkungsmaß bei $f = 1\,\text{kHz}$ beträgt ungefähr 32 dB. Abbildung 7.55 zeigt die simulierte Schaltung.

7.3.13.2 Schaltung 2 Hybrid-Topolgie

Ein Entzerr-Teilnetzwerk mit R_1 und C_3 liegt zwischen den beiden Verstärkerstufen, das andere Teilnetzwerk mit R_4 und C_4 bildet das Gegenkopplungs-Netzwerk vom Verstärkerausgang zum Verstärkereingang. Das Verstärkungsmaß bei $f = 1\,\text{kHz}$ beträgt ungefähr 32 dB. Abbildung 7.56 zeigt die simulierte Schaltung.

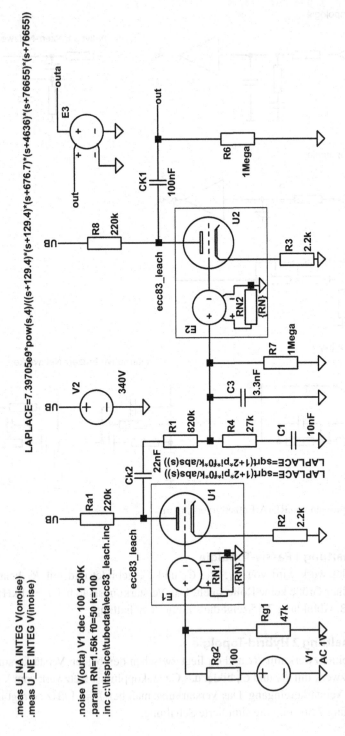

Abb. 7.55 Phono-Entzerrverstärker in der Passiv-Topologie

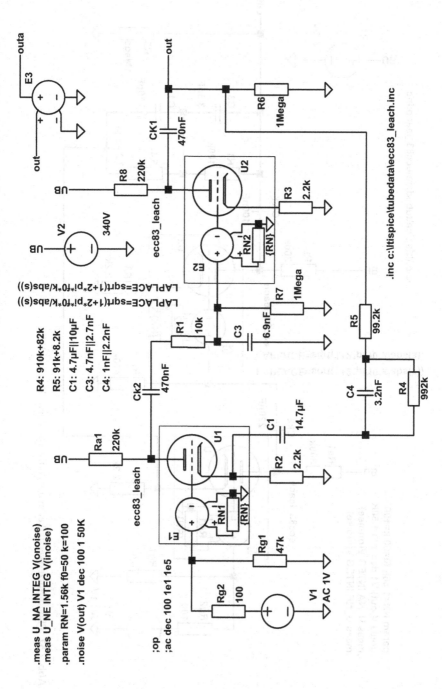

Abb. 7.56 Phono-Entzerrverstärker in der Hybrid-Topologie

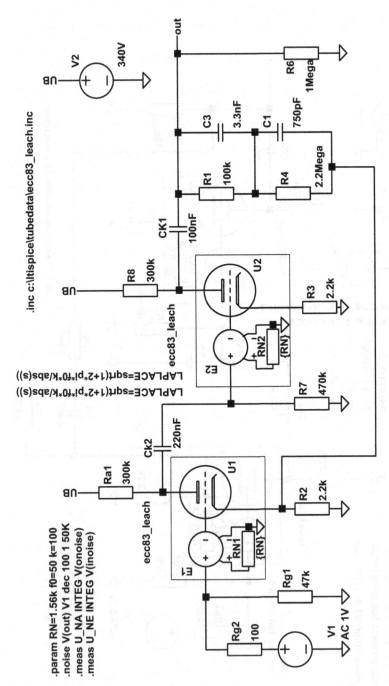

Abb. 7.57 Phono-Entzerrverstärker in der Aktiv-Topologie, Dynaco PAS3

7.3.13.3 Schaltung 3 Aktiv-Topolgie

Die Schaltung stammt von der Firma Dynaco und wurde als Baugruppe in den Vorverstärkern vom Typ PAS3 in den 60-er Jahren verkauft. Das Entzerr-Netzwerk mit R_1, R_4, C_1 und C_3 bildet das Gegenkopplungs-Netzwerk vom Verstärkerausgang zum Verstärkereingang. Das Verstärkungsmaß bei $f = 1\,\mathrm{kHz}$ beträgt ungefähr 42 dB. Abbildung 7.57 zeigt die simulierte Schaltung.

Für die Rauschsimulation werden sowohl Schrot- als auch Funkelrauschen berücksichtigt, wobei die Funkelrauschfrequenz, die Frequenz bei der die Werte von Schrot- und Funkelrauschen gleich sind, willkürlich auf 5 kHz gesetzt wurde. Leider sind keine Angaben für die Röhre verfügbar, aber der Wert 5 kHz liegt ungefähr in der Mitte zwischen den publizierten Grenzen 1 kHz und 10 kHz. Zusätzlich haben wir noch eine Klirranalyse durchgeführt. Da der Dynaco-Verstärker ein um ungefähr 10 dB größeres Verstärkungsmaß aufweist, haben wir einen klirr- und rauschfreien SPICE-Abschwächer an den Ausgang geschaltet, damit die Rauschmessungen vergleichbar sind. Das trifft aber nicht für die Klirrmessung zu. Hier könnten wir die Abschwächung auch vorteilhaft zur

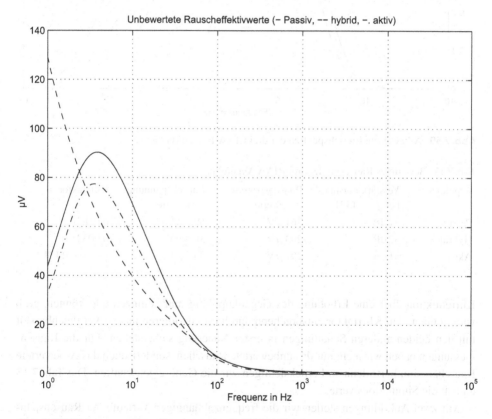

Abb. 7.58 Unbewertete Rauschspektren der drei RIAA-Entzerrverstärker

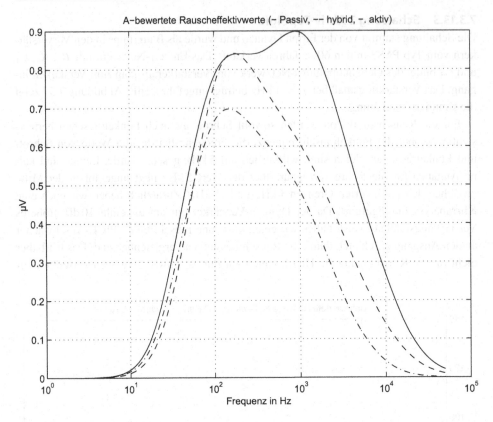

Abb. 7.59 A-bewertete Rauschspektren der drei RIAA-Entzerrverstärker

Tab. 7.13 Bewertetes Rauschen der drei RIAA-Verstärker

Topologie	Verstärkungsmaß bei $f = 1\,\mathrm{kHz}$	Rauschspannung, unbewertet	Rauschspannung, A-bewertet	Klirrfaktor
Passiv	31 dB	361 μV	60,5 μV	0,018 %
Hybrid	32 dB	263 μV	38,3 μV	0,0032 %
Aktiv	31 dB	291 μV	25,7 μV	$\left(\frac{1}{3}\times\right)0,011\,\%$

Klirreduktion über eine Erhöhung des Gegenkopplungsmaßes nutzen und können, grob veranschlagt, den Klirrfaktor entsprechend durch drei dividieren und so Vergleichbarkeit mit den beiden anderen Schaltungen in erster Näherung sicherstellen. Für die Rausch-messungen haben wir nicht nur das unbewertete Rauschen, sondern auch das A-bewertete Rauschen simuliert, denn so berücksichtigen wir die Gehöreigenschaften. Die Tab. 7.13 enthält die Simulationswerte.

Mit zwei Abbildungen stellen wir die frequenzabhängigen Verläufe der Rauschspan-nungseffektivwerte dar. In Abb. 7.58 sehen wir den Verlauf der unbewerteten Rauscheffektivspannungen und und in Abb. 7.59 den der A-bewerteten Rauscheffektivspannungen. Wir erkennen deutlich, dass die Aussagen für unbewertetes und für bewertetes Rauschen differieren, was auf den starken Einfluß des Funkelrauschens zurückzuführen ist.

Die Auswertung der Tabelle zeigt uns, dass im Hinblick auf die von uns gewählten Beurteilungskriterien die Passiv-Topologie die ungünstigste ist. Hybrid- und Aktivtopologie schneiden deutlich günstiger ab, wobei das A-bewertete Rauschen der Aktiv-Topologie den geringsten Wert annimmt.

Rückkopplungen, Stabilität und Frequenzgangskorrekturen bei Röhrenverstärkern

Mit diesem Kapitel wenden wir uns nun dem anspruchsvollsten Vorgang der Verstärkerentwicklung zu, der Auslegung von Rückkopplungen, die nahezu immer als Gegenkopplungen ausgelegt werden. Der hohe Anspruch erwächst aus zwei Forderungen, der Forderung nach Sicherstellung unbedingter Stabilität des gegengekoppelten Röhrenverstärkers und der Forderung nach wirkungsstarker Gegenkopplung.

> Gegenkopplung ist die wirkungsstarke und kostengünstige Technik zur Linearisierung der wesentlichen Eigenschaften nicht übersteuerter Verstärker und zur Reduktion der Abhängigkeit der Verstärkereigenschaften von den typischen und exemplarischen Eigenschaften der Verstärkerröhren. Die Gegenkopplung nutzt hierzu einen konstruktiv vorzusehenden Verstärkungsüberschuss. Dieser Verstärkungsüberschuss muß aber verzerrungsarm erreicht werden.

Die Abb. 8.1 zeigt eine Verstärkerstufe mit Rückkopplung – es ist eine Gegenkopplung, wie wir es später sehen werden – in zwei Darstellungen, einmal als Schaltbild in a und einmal in symbolischer Darstellung in b. Rückkopplung im allgemeinen Sinne bedeutet, dass ein Teil einer Ausgangsgröße, Spannung oder Strom, auf den Eingang des Verstärkers zurückgeführt und angepasst einer Eingangsgröße, Spannung oder Strom, hinzugefügt wird. In der Abb. 8.1 sehen wir links a das Schaltbild einer Anodenfolgerverstärkerstufe. Die rückgeführte Ausgangsgröße ist die Ausgangsspannung. Sie wird über den Widerstand R_F zurückgeführt und dabei in einen proportionalen Strom konvertiert, der dem Eingangsstrom am Gitterknoten, der Knoten, der R_F, R_S und das Steuergitter der Röhre verbindet, überlagert wird. Rechts b sehen wir in der Abbildung eine symbolische Blockbild-Darstellung der Signalverarbeitung. Das Symbol V_0 repräsentiert einen Verstärker. Die Blöcke k, Block der Rückführung, und der nicht immer notwendige Block k_E, Block der Eingangssignalanpassung, symbolisieren die Signalverarbeitung in der Umgebung des Verstärkers. Verstärker V_0, Block k und der Summationsknoten $\oplus$ bilden die *Rückkopplungsschleife*. Die symbolische Darstellung ist allgemein gehalten und kann auch für andere Verstärkerschaltungen repräsentativ sein. Wir werden beide Darstellungen zusammen mit ausführlichen Analysen im Text wiederfinden.

© Springer Fachmedien Wiesbaden 2015
A. Potchinkov, *Simulation von Röhrenverstärkern mit SPICE*,
DOI 10.1007/978-3-8348-2112-6_8

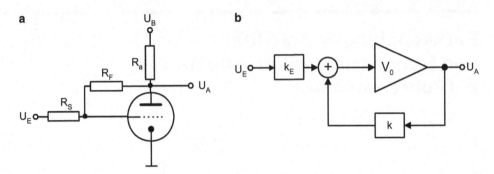

Abb. 8.1 Zwei Darstellungen für einen Verstärker mit Rückkopplung. **a** Schaltbild, **b** Symbolische Signalverarbeitung

8.1   Einleitung mit Gliederung und Glossar

Wegen des beträchtlichen Umfangs dieses Kapitels geben wir eine kurze Gliederung und ein Glossar in diesem einleitenden Abschnitt an. Gliederung und Glossar müssen nun nicht vom Anfang bis zum Ende gelesen werden. Vielmehr ist vor allem das Glossar dazu bestimmt, im Text häufig verwendete Begriffe zu erläutern, von denen einige auch selbsterklärend sind. Der Leser kann auch gleich zum Abschn. 8.2, dem einführenden Beispiel, springen.

Kapitelgliederung

- Am Beispiel der Kathodenbasisschaltung mit Stromgegenkopplung formulieren wir Hypothesen zu den Wirkungen von Gegenkopplung, die wir später verifizieren werden. Diese Wirkungen beziehen sich auf die Reduktion der Schaltungsempfindlichkeit bzgl. der Toleranzen der Verstärkerröhren und auf die linearisierenden Eigenschaften.
- Die Arten von Gegenkopplungen werden vorgestellt.
- Rückkopplungen werden als Erfindung vorgestellt und am allgemeinen Spannungsverstärker betrachtet.
- Verstärker mit einer und mit mehreren Rückkopplungsschleifen in typischen Anordnungen werden vorgestellt und analysiert. Wir führen die wichtige Schleifenverstärkung ein.
- Rückgekoppelte Schaltungen werden mit SPICE untersucht.
- Rückkopplungen werden zur Erfassung der Schleifenverstärkung aufgetrennt.
- Die Schleifenverstärkung wird in Beispielen mit SPICE erfaßt.
- Die Stabilität rückgekoppelter Schaltungen wird mit Hilfe des Nyquistkriteriums diskutiert.
- Der Phasenrand wird als Maß und als Zielvorgabe für stabile Verstärker eingeführt.

- Frequenzgangskorrekturen werden mit *Stufen-Gliedern* zur Erzielung von Stabilität und möglichst wirkungsstarker Gegenkopplungen vorgenommen.
- Die rechnerische Auslegung von Stufen-Gliedkorrekturen wird dargelegt.
- Frequenzgangskorrekturen mit Stufen-Gliedern an Ausgangsübertragern von Röhrenleistungsverstärkern werden vorgestellt.

Der Leser ahnt vermutlich schon, dass das Thema „Rückkopplungen" ganze Bücher füllen kann. Wir beziehen uns auf die Simulation mit SPICE bei Röhrenverstärkern und können Lehrbücher nicht ersetzen. Wer sich also mit Rückkopplungen im Detail befassen will, kommt nicht umhin, weiterführende Literatur zur Hand zu nehmen. Im Text werden an manchen Stellen hierfür Literaturangaben eingefügt.

Kapitelglossar

- **Rück-, Gegen- und Mitkopplung** Rückkopplung (*feedback*) liegt vor, wenn ein Verstärker- oder ein Verstärkerstufenausgangssignal ein zumeist lineares, den Rückkopplungsfrequenzgang festlegendes Netzwerk passiert und dem Verstärker- oder dem Verstärkerstufeneingangssignal überlagert wird. Das Ausgangssignal wird sozusagen auf den Eingang zurückgekoppelt. Man spricht dann von einer Rückkopplungsschleife. Gegen- und Mitkopplung (negative feedback und positive feedback) sind die beiden Fälle von Rückkopplung. Ein sachgerecht gegengekoppeltes System führt ein „vorzeichenentgegengesetztes" Signal an den Überlagerungsknoten von Eingangs- und Rückführungssignal. Bei Mitkopplung liegt „Vorzeichengleichheit" und in einigen Fällen auch (bedingte) Systeminstabilität vor, wie z. B. beim Oszillator. In vielen Fällen, vor allem bei den Grundschaltungen, ist das Rückkopplungsnetzwerk resistiv.
- **Lokale und globale Rückkopplung** Die Unterscheidung „lokale" und „globale" Rückkopplung treffen wir beim mehrstufigen Verstärker. Eine Rückkopplung ist global, wenn das rückzuführende Signal am Verstärkerausgang gewonnen und am Verstärkereingang dem Eingangssignal überlagert wird. Eine Rückkopplung ist lokal, wenn Verstärkerausgang und/oder Verstärkereingang nicht der Signalentnahme oder der Signaleinspeisung für das Rückführungssignal dienen. Ein mit nur einer Stufe aufgebauter Verstärker hat per definitionem eine globale Rückkopplung.
- **Offene Verstärkung, rückgekoppelte Verstärkung und Schleifenverstärkung** Bei einem Verstärker beeinflußt eine Gegenkopplung alle Eigenschaften des Verstärkers mit durchaus positiver Wirkung. In erster Linie betrachten wir die Verstärkung, wobei wir wissen, dass diese Verstärkung frequenzabhängig[1] ist. Aus Gründen besserer Lesbarkeit notieren wir diese Abhängigkeit von der Frequenz nur dann, wenn es für die Ausführungen hilfreich oder nötig ist. Wir benutzen die Begriffe
  - V_0: offene Verstärkung (*open loop gain*), eine Rückkopplung ist nicht wirksam, die Rückkopplungsschleife ist offen,

---

[1] Wir unterstellen ein im wesentlichen lineares System, das man als *schwach nichtlineares* System bezeichnet.

- V': rückgekoppelte Verstärkung (*closed loop gain*), die Rückkopplung ist wirksam, die Rückkopplungsschleife ist geschlossen. Wenn oder solange $|V'| < |V_0|$ zutrifft, sprechen wir von Gegenkopplung. Für $|V'| > |V_0|$ sprechen wir von Mitkopplung.

- V_S: Schleifenverstärkung (*loop gain*), die Verstärkung, die das Signal vom Verstärkereingang bis zum Rückkopplungsknoten am Verstärkereingang erfährt. Im Allgemeinen ist der Zusammenhang $V_S = 1 - V_0/V'$ anzunehmen.

- **Berechnete und gemessene Verstärkungen** Mit Berechnung oder mit Simulation lassen sich die Verstärkungen eines Röhrenverstärkers prinzipiell beliebig genau erfassen. Das trifft für den Laboraufbau bei der Messung der offenen Verstärkung aus technischen Gründen keineswegs zu, denn das Auftrennen von Rückkopplungsschleifen ist allenfalls mit einem kaum zu vertretenden technischen Aufwand möglich. Für unsere Röhrenverstärker werden wir laborgeeignete Vorschläge ausarbeiten, mit denen wir wenigstens gute Näherungen erzielen können. Um die Übereinstimmung zwischen Simulation und Messung im Labor hoch zu halten, werden wir die Simulationsmessungen so wie die Labormessungen durchführen. So gewonnene Näherungsgrößen werden mit einem Dach in der Form $\hat{V}_{(.)}$ angegeben.

- **Die Stärke der Rückkopplung Γ** Ein bei vielen Betrachtungen und Berechnungen im Zusammenhang mit Rückkopplungen auftretendes Maß ist

$$\Gamma = \frac{V_0}{V'},$$

das das wichtige Maß für die „Stärke" der Rückkopplungen darstellt. Viele Wirkungen von Rückkopplungen, wie beispielsweise die Linearisierung mit Gegenkopplung, erfolgen mit oder aber wenigstens proportional zu Γ.

- **Spannungs- und Stromrückkopplung** Von Spannungsrückkopplung sprechen wir, wenn das rückgeführte Signal proportional zur Verstärkerausgangsspannung ist. Von Stromrückkopplung sprechen wir, wenn das rückgeführte Signal proportional zum Verstärkerausgangsstrom ist.

- **Regelungstechnische Sicht** Der rückgekoppelte Verstärker kann als *Regelkreis* angesehen werden. So wird die Ausgangsgröße zurückgeführt und eine Gegenkopplung wirkt ihrer Abweichung vom Sollwert kontinuierlich entgegen. Das Eingangssignal lässt sich dann als Bezugssignal, das Summensignal als Fehlersignal und das Ausgangssignal als verstärktes Bezugssignal ansehen. Diese Sicht der Dinge ist unter Umständen hilfreich, beispielsweise, wenn man die Wirkungen von Rückkopplungen auf den Innen- bzw. Ausgangswiderstand von Verstärkern betrachtet.

- **Rückwirkungsfreiheit** Wir gehen davon aus, dass die Verstärker-, Koppel- und Rückkopplungsstufen rückwirkungsfrei sind. Rückwirkungsfreiheit bei Vierpolen bedeutet, dass die Eingangs- von den Ausgangsgrößen unabhängig sind. Für Verstärkerstufen trifft diese Rückwirkungsfreiheit nur näherungsweise zu, da eine Rückwirkung über die parasitären Kapazitäten zwischen Anode und Gitter (Kathodenbasisschaltung und Anodenfolger) sowie zwischen Kathode und Gitter (Anodenbasisschaltung) erfolgt. Diese Rückwirkung vernachlässigen wir für den Audiofrequenzbereich. Die Annahme von Rückwirkungsfreiheit erlaubt es uns, rückgekoppelte Schaltungen in symbolischer Blockdarstellung zu untersuchen und für jeden der symbolischen Blöcke unidirektionalen Signalfluß anzunehmen.

- **Betrachtungen an sog. mittleren Frequenzen und die mittlere Verstärkung** Audioverstärker mit Röhren sind wegen der Koppelkondensatoren i. a. R. Bandpass- und nicht Tiefpassverstärker. Wir schließen dann in dieser Betrachtung Entzerrverstärker aus und beziehen uns auf sog. *Linearverstärker*, für die wir sachgerechte Konstruktion annehmen und gehen für diese Definition zunächst von einer Rückkopplungsschleife aus. Wir führen eine „mittlere Frequenz" f_M für unsere Betrachtungen ein, ohne diese im Einzelfall auch tatsächlich zu spezifizieren. Bei dieser mittleren Frequenz unterstellen wir, dass die Schleifenverstärkung V_{SM} reell- und negativwertig ist. Falls gleichzeitig der Übertragungsfaktor des Rückkopplungsnetzwerks ebenfalls reellwertig ist, trifft die Reellwertigkeit auch für die offene und die geschlossene Verstärkung V_{0M} und V_M' zu. Wenn diese Annahmen nicht zutreffen sollten, z. B. bei Frequenzgangskorrekturen[2], dann führen wir die Betrachtungen auch mit Frequenzabhängigkeit, d. h. komplexwertig, durch. Hierfür enthält der Kapitelanhang 8.2 weitere Angaben. Im weiteren unterstellen wir Vorzeichengleichheit von rückgekoppelter und nicht rückgekoppelter Verstärkung mit $\operatorname{sign}(V_{0M}) = \operatorname{sign}(V_M')$ sowie Vorzeichenungleichheit mit $\operatorname{sign}(V_{0M}) \neq \operatorname{sign}(k_M)$ für den reellwertigen Rückkopplungsfaktor $k_M = (V_{0M} - V_M')/(V_{0M} V_M')$. Im weiteren nehmen wir an, dass bei der mittleren Frequenz f_M der Betrag $|V_{0M}|$ i. a. Maximalwert ist. Bei Audioverstärkern stellen wir uns diese Frequenz zu $f_M = 1\,\text{kHz}$, der akustischen Mitte vor und unterstellen, dass ein gut konstruierter Audio-Röhrenverstärker dieser Annahme hinsichtlich der Maximalverstärkung V_{0M} „im wesentlichen" auch folgt, auch wenn kleine unerwünschte Verstärkungsüberhöhungen oder Phasenabweichungen, die ihre Ursache z. B. in unzureichend ausgeführter Frequenzgangskorrektur haben, bei manchen Verstärkern auftreten. So wird in diesem Kapitel in allen Fällen, in denen Rückkopplungen nicht bei ausgewiesenen Frequenzen betrachtet werden, eben diese mittlere Frequenz unterstellt werden.

- **Reelle Rechnung** Im mittleren Frequenzbereich, der wegen der durch die Gegenkopplung erfolgenden Linearisierung des Frequenzgangs i. a. weiter gefaßt wird als in einer Schaltung ohne Gegenkopplung, gehen wir von einer reellwertigen Verstärkung aus. So können wir die Rechnungen an Röhrenverstärkerstufen anschaulich mit reellen Widerständen ausführen, wie es i. a. auch üblich ist. Sollten wir uns aus diesem mittleren Frequenzbereich herausbewegen, so müssten wir mit komplexen Widerständen rechnen, was aber an den hergeleiteten Zusammenhängen nichts ändern würde. Allenfalls wäre zu berücksichtigen, dass die Stärke der Gegenkopplung i. a. zu den Hörfrequenzgrenzen hin wegen der Frequenzabhängigkeit der von der Gegenkopplung eingeschlossenen Systeme abnimmt. Für den Übergang zur Frequenzabhängigkeit gehen wir davon aus,

---

[2] In praktischen Fällen wird der so entstandene Phasenanteil vernachlässigbar sein und man kann von „quasi-reellwertig" sprechen. Dem Leser sollte klar sein, daß dieser Zustand Ergebnis sachgerechter Konstruktion ist.

dass eine auf die reelle Verstärkung normierte rationale Frequenzfunktion zu ergänzen ist, die i. a. eine normierte Bandpasscharakteristik im Audiofrequenzbereich aufweist. Es lässt sich auch mit wenigen Worten plakativ argumentieren. Das Thema hat zwei Schwerpunkte, die Wirkungen von Rückkopplungen und die Stabilität rückgekoppelter Verstärker. Die Wirkungen ermitteln wir mit reeller Rechnung und die Stabilität wird im Frequenzbereich behandelt.

- **UF und OF** Diese beiden Abkürzungen stehen für Frequenzen am unteren Rand des Hörfrequenzbereichs und darunter (bis in den Infraschallbereich) sowie für Frequenzen am oberen Rand des Hörfrequenzbereichs und darüber (bis in den Bereich von Megahertz). Da Audio-Röhrenverstärker im Gegensatz zu vielen Halbleiter-(Operationsverstärker-)Schaltungen in aller Regel wechselgrößengekoppelt ausgeführt werden, muß man Stabilität im UF- und auch im OF-Bereich mit Korrektur **sowohl** im UF- als auch im OF-Bereich sicherstellen. In der Praxis können wir davon ausgehen, dass die Vorgänge der Sicherstellung von UF-Stabilität leichter in den Griff zu bekommen sind als bei der OF-Stabilität. UF-Instabilität lässt sich oft durch ausreichend groß bemessene Koppelkondensatoren weit in den Infraschallbereich verschieben. Allein aus diesem Grund werden wir viele Betrachtungen im kritischeren OF-Bereich vornehmen und an manchen Stellen lediglich darauf hinweisen, dass die Betrachtungen analog in den UF-Bereich übernommen werden können. Diese Argumentation wird auch dadurch gestützt, dass in den Jahren der Röhrenverstärker der UF-Instabilität allenfalls selten Beachtung eingeräumt wurde.

- **Stabilität** Die Frage nach Stabilität, vielleicht sogar unbedingter Stabilität (z. B. Stabilität bei nicht reellen Lasten und Stabilität während der „Aufheizphase"), ist bei rückgekoppelten Systemen von zentraler Bedeutung. Auf der einen Seite fragen wir danach, woran wir Instabilität erkennen (und hier ist nicht gemeint, mit einem Oszilloskop festzustellen, dass ein Verstärker schwingt, denn dann ist das Kind bereits in den Brunnen gefallen), und auf der anderen Seite fragen wir danach, wie wir mit frequenzgangskorrigierenden Maßnahmen (Verwendung linearer passiver Netzwerke) wirkungsstarke Gegenkopplungen bei Sicherstellung von Stabilität auslegen können. Röhrenleistungsverstärker sind hinsichtlich Stabilität zumeist kritischer als Transistorleistungsverstärker. Dies betrifft die Frequenzgänge der Schaltungsstufen und innerhalb derer in besonderer Weise gegebenenfalls verwendete Übertrager oder auch den Vorgang des Aufheizens der Verstärkerröhrenkathoden, weil sich in dieser Phase die Verstärkereigenschaften (z. B. Anwachsen der Verstärkung) ändern.

- **Stufen-Glieder** Ein Stufen-Glied ist eine Grundschaltung zur Frequenzgangskorrektur von Schleifenverstärkungen mit dem Ziel der Stabilität rückgekoppelter Verstärker. Das Stufen-Glied, in unserem Fall Stufen-Glieder erster Ordnung, besteht aus einer Kombination von Tief- und Hochpass, mit dem eine Stufe in den Betragsfrequenzgang der Schleifenverstärkung eingefügt wird. Da Tief- und Hochpass gegensätzlich oder ausgleichend auf den Phasenfrequenzgang im Stufen-Glied wirken, ist das Stufen-Glied für Frequenzen, weit genug entfernt von seiner Mittenfrequenz, die durch die Mitte von Hoch- und Tiefpassgrenzfrequenz gegeben ist, phasenneutral und daher besonders gut für seine spezielle Aufgabe geeignet.

- **Verschachtelte Rückkopplungsschleifen** Eine Rückkopplungsschleife in einer einfachen Verstärkerstufe, z. B. in einer Kathodenbassischaltung mit Kathodenwiderstand, ist leicht zu erkennen. In manchen (aufwendig konstruierten) Verstärkern sind mehrere Rückkopplungsschleifen ineinander verschachtelt. Dann finden wir auch unerwünschte „versteckte" Rückkopplungen, die sich über die RC-Filterstufen in den Spannungsversorgungen[3] der Vor- und der kombinierten Phaseninverterstufe ergeben. Auch die Elektrodenkapazitäten der Verstärkerröhren führen zu, allerdings im Audiofrequenzbereich meist vernachlässigbaren, Rückkopplungen.

- **Verstärker mit Subsidiär-Rückkopplung** Die globale Rückkopplung, bei Verstärkern als Gegenkopplung ausgeführt, nutzt einen möglichst großen Verstärkungsüberschuss und ist die Hauptrückkopplung, die den Verstärker am wirkungsstärksten linearisiert. Werden lokale Rückkopplungen innerhalb eines global gegengekoppelten Verstärkers verwendet, bezeichnen wir diese lokalen Rückkopplungen als *Subsidiär-Rückkopplungen*. Diese Subsidiär-Rückkopplungen haben die Aufgabe, das System „mehrstufiger global gegengekoppelter Verstärker" zu unterstützen. Unterstützung kann hierbei sein, die Sicherstellung von Stabilität bei hoher Gegenkopplungsstärke zu ermöglichen, die Gegenkopplung breitbandiger auszuführen, die Stärke der Gegenkopplung um die mittlere Frequenz herum zu erhöhen oder aber die Abhängigkeit der Eigenschaften des Verstärkers von Röhrenexemplarstreuungen zu reduzieren. Werden Subsidiär-Rückkopplungen als Gegenkopplungen ausgeführt, so haben sie den unerwünschten Nebeneffekt der Reduktion des Verstärkungsüberschusses, was beispielsweise durch Hinzunahme einer weiteren Verstärkerstufe ausgeglichen werden kann. Diesem Nebeneffekt kann aber auch dadurch Rechnung getragen werden, dass die Subsidiär-Gegenkopplung nur schwach ausgeführt wird. Ein Beispiel hierfür ist die sehr häufig benutzte Technik der globalen Gegenkopplung unter Nutzung des Kathodenwiderstands der ersten Verstärkerröhre, die eine (manchmal) unerwünschte Subsidiär-Gegenkopplung zur Folge hat.

- **Ein- und Mehrstufenverstärker** Ein n-stufiger Verstärker kann mit $n(n+1)/2$ Rückkopplungsanordnungen aufgebaut werden, was für $n = 1$ eine, für $n = 2$ drei und für $n = 3$ bereits sechs Anordnungen bedeutet. Rückkopplungen über mehr als drei Verstärkerstufen sind sehr selten und werden in der Literatur auch nicht empfohlen. Nicht alle der möglichen Rückkopplungsanordnungen sind bei Verstärkern sinnvoll, da man mit Rückkopplungen Ziele verfolgt und die Wirkungsstärke sowie die Stabilität im Blick hat. In diesem Kapitel werden wir an vier Schaltungen repräsentative Rückkopplungsanordnungen kennenlernen. Es sind dies ein einstufiger Verstärker mit globaler Rückkopplung, ein zweistufiger Verstärker mit globaler und lokaler Rückkopplung der

---

[3] Das Audiosignal findet sich in abgeschwächter Form auch als Überlagerung in den Versorgungsspannungen wieder. Dies betrifft vor allem die Vorstufenversorgungsspannungenabzweige der zumeist sehr „bescheiden" ausgeführten Versorgungsspannungsysteme in Röhrenverstärkern (siehe Abschn. 7.1).

ersten Verstärkerstufe, ein dreistufiger Verstärker mit globaler und lokaler Rückkopplung in der ersten Verstärkerstufe und ein dreistufiger Verstärker mit globaler und zwei lokalen Rückkopplungen von der ersten Verstärkerstufe und von der zweiten auf die erste Verstärkerstufe. Wir ergänzen an dieser Stelle einen Hinweis auf eine sehr häufig verwendete Verstärkertopologie. Beim dreistufigen Gegentaktverstärker mit Katodyne-Phaseninverter in der zweiten Stufe liegt auch eine lokale Rückkopplung an eben dieser zweiten Stufe vor.

- **Stabilität bei Röhrenleistungsverstärkern** Röhrenleistungsverstärker sind mehrstufige Röhrenverstärker und im Hinblick auf Stabilität besonders anspruchsvoll, was mehrere Gründe hat. Zum einen verursachen Ausgangsübertrager zusätzliche lineare (und zudem auch nichtlineare) Verzerrungen in der Schleifenverstärkung und zum anderen ist die Belastung durch Lautsprecher (vor allem Mehrwegelautsprecher) ebenfalls kritisch, da diese Last nicht als resistive Last angesehen werden kann. Im weiteren sind Endstufen erhebliche nichtlineare Verzerrungen eigen, was die hohe Aussteuerung, der Gegentakt-B-Betrieb und weiteres mehr mit sich bringen. Schließlich dürfen Modulationen und versteckte Rückkopplungen über die Spannungsversorgungseinheiten nicht vergessen werden, die wegen der notwendigen Abgabe hoher Leistung bzw. aussteuerungsabhängiger Leistungsabgabe im Hinblick auf Stabilität ebenfalls problematisch sind. Pauschalisierend können wie anführen, dass Rückkopplungen bei Röhrenleistungsverstärkern anspruchsvoller sind als z. B. bei Verstärkermodulen in Kontrollverstärkern. Daher fokussieren wir die Abschnitte zur Frequenzgangskorrektur mit dem Ziel des Erreichens stabiler Verstärker auf Röhrenleistungsverstärker. Wir gehen im weiteren davon aus, dass derjenige, der stabile Röhrenleistungsverstärker mit starker Gegenkopplung zu konstruieren weiß, nicht an sonstigen rückgekoppelten mehrstufigen Verstärkern scheitern wird.

- **Historie und „Expertenmeinungen"** Die Gegenkopplung wird in wenigen Jahren ihren hundertsten Geburtstag begehen. Sie kann ohne Übertreibung als eines der wesentlichsten Konzepte der Elektronik angesehen werden. Um so verwunderlicher ist es, wenn sie in der „HiEnd-Szene" immer wieder geschmäht und auch verschmäht wird (*feedback sucks the life out of music. . .*). Wohl aber gibt es, wie an allen anderen Stellen auch, schlecht konstruierte Verstärker und Gegenkopplungen bieten hierfür, weil sie oft nicht ausreichend verstanden werden und Instabilität potentieller Begleiter ist, eine große Angriffsfläche.

Im Gegensatz zu Darstellungen in der Literatur, siehe z. B. [Pet54], ist unsere Darstellung frei von Funktionentheorie und frei von nicht immer leicht zugänglicher Mathematik. Das ist möglich, weil wir mit Hilfe von SPICE-Simulationen nicht auf mehr oder weniger komplizierte Berechnungen angewiesen sind. So notieren wir nicht einmal die bekannten Methoden der rechnerischen Stabilitätsanalyse oder Stabilitätsbetrachtungen anhand von Bode-Diagrammen, Stabilitätskriterien oder Wurzelortskurven, sondern verlassen uns auf die SPICE-Simulation und die numerische Überprüfung des Stabilitätskriteriums nach Nyquist in der für unsere Verstärker angemessenen vereinfachten Form. Wir erkennen dann den enormen Fortschritt durch die Schaltungsentwicklung mit Unterstützung durch den Digitalrechner.

8.2 Das einführende Beispiel: Die Kathodenbasisschaltung ohne und mit einer Stromgegenkopplung

Bevor aber die Rückkopplung als Konzept theoretisch und auch praktisch, in unserem Fall mit SPICE-Simulationen, vorgestellt und analysiert wird, wird am Beispiel der am häufigsten eingesetzten Grundschaltung zur Spannungsverstärkung, der Kathodenbasisschaltung, ihr Betrieb ohne und mit Stromgegenkopplung in reeller Rechnung vorgestellt. So können wir einige der Wirkungen der Gegenkopplung kennenlernen und im Anschluss, auf einer höheren Ebene der Betrachtung, die theoretischen Grundlagen von Rückkopplungen erarbeiten. Unsere vergleichende Betrachtung von Kathodenbasisschaltungen ohne und mit Stromgegenkopplung beziehen sich auf

- Spannungsverstärkung und Innenwiderstand,
- Abhängigkeit der Spannungsverstärkung von den Röhrenparametern und die
- Reduktion von der Ausgangsspannung überlagerten Störspannungen durch die Gegenkopplung (Linearisierung).

Zum Abschluss wird die SPICE-Simulation an einer Beispielsschaltung der Vertiefung dienen.

8.2.1 Spannungsverstärkung und Innenwiderstand

Wir stellen zunächst das zusammen, was wir bereits früher im Zusammenhang mit Kathodenbasisschaltungen ohne und mit Stromgegenkopplung kennengelernt haben und stellen beide Schaltungen gegenüber. Die Abb. 8.2 zeigt im Schaltbild a eine Schaltung, bei der die zur Einstellung eines Arbeitspunkts benötigte negative Gittervorspannung mit einer Gleichspannungsquelle U_g erzeugt wird. Im Schaltbild b wird die negative Gittervorspannung mit einem Kathodenwiderstand R_k erzeugt, der mit einem hochkapazitiven Kondensator C_k überbrückt ist, damit im mittleren Frequenzbereich der Widerstand R_k die Wechselspannungsverstärkung V nicht reduziert. In d ist eine vereinfachte Wechselgrößenersatzschaltung angegeben, die, verwendbar im mittleren Frequenzbereich, für beide Schaltungen geeignet ist und das Hinzurechnen eines Lastwiderstands ermöglicht.

Mit einer Kleinsignalanalyse aus Abschn. 5.2.3 erhalten wir für die Kathodenbasisschaltung ohne Stromgegenkopplung in Abb. 8.2d eine Spannungsverstärkung (5.39) als Verhältnis von Ausgangsspannung u_A zur Eingangsspannung u_E

$$V = \frac{u_A}{u_E} = \frac{-\mu R_L}{R_i + R_L}, \tag{8.1}$$

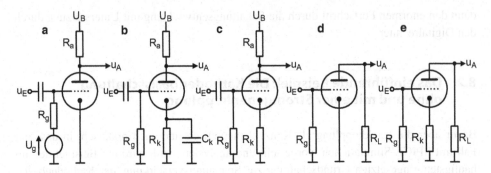

Abb. 8.2 Schaltbilder und vereinfachte Wechselspannungsersatzschaltungen der Kathodenbasisstufen mit und ohne Stromgegenkopplung

worin R_L den zusammengefassten Widerstand bezeichnet, der sich durch Parallelanordnen von Anodenwiderstand R_a in den beiden Abb. 8.2a,b und einen Belastungswiderstand, z. B. der Gitterwiderstand einer Folgestufe, ergibt. Einen möglichen Koppelkondensator zu einer Folgestufe müssen wir im Moment nicht betrachten, d. h. wir beziehen uns ebenfalls auf einen mittleren Frequenzbereich.

Der Ausgangswiderstand der Kathodenbasisschaltung ohne Stromgegenkopplung, zu messen ohne Belastungswiderstand, ist im Abschn. 5.2.3 in (5.25) angegeben.

$$R_A = R_a \| R_i$$

Wir wollen die Eigenschaften der Kathodenbasisschaltung mit Stromgegenkopplung in den Abb. 8.2c und e studieren und am Beispiel dieser Schaltung einige der Wirkungen der Stromgegenkopplung erkennen. Diese Wirkungen betreffen den Einfluß der Röhrenparameter auf die Spannungsverstärkung und weitere Eigenschaften, sie betreffen die linearen und die nichtlinearen Verzerrungen sowie den Ausgangswiderstand der Verstärkerstufe. In (5.26) und (5.29) finden wir die Angaben zu Spannungsverstärkung und Ausgangswiderstand.

$$V' = \frac{u_A}{u_E} = \frac{-\mu R_L}{R_i + R_L + (\mu + 1) R_k} \quad \text{und} \quad R_A' = R_a \| (R_i + (\mu + 1) R_k) \ . \quad (8.2)$$

Wir erkennen, dass die Stromgegenkopplung die Spannungsverstärkung reduziert und, wegen der seriellen Anordnung, den Ausgangswiderstand erhöht, indem sozusagen der Innenwiderstand R_i der Röhre um den mit $(\mu + 1)$ verstärkten Kathodenwiderstand R_k vergrößert wird. Es ist anschaulich, von einer Wirkung der Stromgegenkopplung zu sprechen, die dem vorhandenen Widerstand R_k an der Kathode einen „verstärkten" Widerstand μR_k hinzufügt, so dass der wirksame Widerstand sich zu $(\mu + 1) R_k$ ergibt. Die Gegenüberstellung dieser beiden Schaltungen ist aber, wie wir es später sehen werden, zwar vom praktischem, nicht aber vom theoretischem Interesse.

Für eine theoretische Betrachtung zu den Wirkungen der Stromgegenkopplung müssen wir nämlich erkennen, dass wir diese beiden Schaltungen nicht im Sinne von „ohne und mit Stromgegenkopplung" gegenüberstellen können. Die Betriebssituation „ohne Stromgegenkopplung" ist die, bei der das Eingangssignal nicht zwischen Gitter und Schaltungsmasse, sondern zwischen Gitter und Kathode eingespeist wird. Das heißt, **wir dürfen den Kathodenwiderstand nicht aus der Rechnung herausnehmen**, sondern fügen ihn als externen Teilinnenwiderstand dem internen Innenwiderstand R_i der Röhre hinzu. Bei Peters [Pet54] finden wir hierzu die nachstehende Formulierung: *Die theoretische Verbesserung durch Gegenkopplung bezieht sich daher auf die gleiche Schaltung mit geschlossenem und unterbrochenem Gegenkopplungsweg und bezieht sich dabei nicht auf die optimale Schaltung, welche ohne Gegenkopplung möglich wäre.* Doch zurück zum Ausgangspunkt. Für die spätere Simulation hingegen nähern wir diese Betriebssituation „ohne Stromgegenkopplung", indem wir tatsächlich den Kathodenwiderstand R_k für Wechselgrößen kapazitiv kurzschließen und somit dann doch die beiden Schaltungen gegenüberstellen. Unter der Voraussetzung, dass R_k klein gegenüber R_i ist und die Spannungsverstärkung μ der Röhre groß ist, werden wir den so entstehenden Fehler praktisch vernachlässigen können. Dieses Vorgehen entspricht dem Vorgehen am Laboraufbau. In der Simulation können wir aber auch die Spannung zwischen Gitter und Kathode erfassen, was in der Laborpraxis, vor allem bei großen Verstärkungen, kaum möglich ist (Signalkontamination und Schwingneigung durch den Meßaufbau, zu geringe Spannungswerte usw.).

Für den folgenden Text ergänzen wir noch weitere Berechnungsergebnisse mit Spannungsverstärkungen der Kathodenbasisschaltung mit Stromgegenkopplung:

Verstärkerstufeneingangsspannung auf Ausgangsspannung

$$u_A = u_E \frac{-\mu R_L}{R_i + R_L + (\mu + 1)R_k} = u_E V_{EA} \tag{8.3}$$

Verstärkerstufeneingangsspannung auf Spannung an der Kathode

$$u_k = u_E \frac{\mu R_k}{R_i + R_L + (\mu + 1)R_k} = u_E V_{Ek} \tag{8.4}$$

Gitterspannung auf Spannung an der Kathode

$$u_k = (u_g + u_k)V_{Ek}$$
$$= u_g \frac{V_{Ek}}{1 - V_{Ek}}$$
$$= u_g \frac{\mu R_k}{R_i + R_L + R_k}$$
$$= u_g V_{gk} \tag{8.5}$$

Gitterspannung auf Ausgangsspannung

$$u_A = (u_g + u_k)V_{EA}$$

$$= u_g V_{EA} + u_g \frac{V_{EA}V_{Ek}}{1 - V_{Ek}}$$

$$= u_g \frac{V_{EA}}{1 - V_{Ek}}$$

$$= u_g \frac{-\mu R_L}{R_i + R_L + R_k}$$

$$= u_g V_{gA} \tag{8.6}$$

8.2.2 Abhängigkeit der Spannungsverstärkung von den Röhrenparametern

Die Hypothese des Abschnitts lautet:

Die Stromgegenkopplung verringert die Abhängigkeit der Spannungsverstärkung von den Röhrenparametern μ und R_i in dem Maße, in dem die Verstärkung durch die Gegenkopplung verringert wird. Wir ergänzen, dass dieselbe Hypothese auch im Falle der Spannungsgegenkopplung statthaft ist.

Dies bedeutet, dass die Verstärkung besser durch die in engeren Toleranzen verfügbaren passiven Bauelemente eingestellt werden kann[4]. Wir gehen zunächst von der Spannungsverstärkung ohne Wirkung der Stromgegenkopplung (8.6) aus, die wir als Verhältnis von Ausgangsspannung u_A zur Gitterspannung u_g, der Spannung zwischen Gitter und Kathode, gewinnen, und notieren sie in Abhängigkeit von den Röhrenparametern μ und R_i sowie in Abhängigkeit von den Widerständen der Röhrenbeschaltung

$$V_0(\mu, R_i) = \frac{u_A}{u_g} = \frac{-\mu R_L}{R_i + R_L + R_k} = V_{gA} . \tag{8.7}$$

Im Unterschied zum Ausdruck (8.1) ist im Nenner zusätzlich zum Widerstand R_L die Summe von Innenwiderstand R_i und Kathodenwiderstand R_k zu berücksichtigen. Die Spannungsverstärkung mit Stromgegenkopplung (8.3), als Verhältnis von Ausgangs- zur Eingangsspannung u_E, lautet, wie wir es bereits wissen,

$$V'(\mu, R_i) = \frac{u_A}{u_E} = \frac{-\mu R_L}{R_i + R_L + (\mu + 1)R_k} = V_{EA} . \tag{8.8}$$

Bildlich gesprochen bewirkt die Stromgegenkopplung die Verstärkung des Einflusses von R_K auf die Eigenschaften der Schaltung, wie wir es bereits im Abschn. 8.2.1 gesehen

---

[4] Wir haben diese Idealvorstellung bereits im Abschn. 6.7 zum Anodenfolger kennengelernt.

haben. Bei dieser Gelegenheit haben wir auch schon zwei bereits im Glossar angegebene Bezeichnungen eingeführt, die im Kapitel zu den Rückkopplungen häufig auftreten werden:

- V_0: Verstärkung ohne Gegen- bzw. Rückkopplung,
- V': Verstärkung mit Gegen- bzw. Rückkopplung.

Im weiteren ist es nützlich, dem Verhältnis von V_0 zu V', der Stärke der Gegenkopplung, eine Bezeichnung zu geben

$$\Gamma = \frac{V_0}{V'}$$

und diese zu

$$\Gamma = \frac{R_i + R_L + (\mu + 1)R_k}{R_i + R_L + R_k} \tag{8.9}$$

zu berechnen. Dieses Verhältnis wird uns noch an einigen Stellen im folgenden Text begegnen. Ohne Stromgegenkopplung berechnen wir das totale Differential der Verstärkung für die Röhrenparameter μ und R_i

$$dV_0 = \frac{\partial V_0(\mu, R_i)}{\partial \mu} d\mu + \frac{\partial V_0(\mu, R_i)}{\partial R_i} dR_i = \nabla_{V_0}^T \begin{pmatrix} d\mu \\ dR_i \end{pmatrix},$$

$$\nabla_{V_0}^T = \left(\frac{\partial V_0(\mu, R_i)}{\partial \mu}, \frac{\partial V_0(\mu, R_i)}{\partial R_i} \right)$$

mit den beiden Gradientenkomponenten

$$\frac{\partial V_0(\mu, R_i)}{\partial \mu} = \frac{-R_L}{R_i + R_L + R_k} \quad \text{und} \quad \frac{\partial V_0(\mu, R_i)}{\partial R_i} = \frac{\mu R_L}{(R_i + R_L + R_k)^2}.$$

Mit Stromgegenkopplung berechnen wir das entsprechende totale Differential der Verstärkung zu

$$dV' = \frac{\partial V'(\mu, R_i)}{\partial \mu} d\mu + \frac{\partial V'(\mu, R_i)}{\partial R_i} dR_i = \nabla_{V'}^T \begin{pmatrix} d\mu \\ dR_i \end{pmatrix},$$

$$\nabla_{V'}^T = \left(\frac{\partial V'(\mu, R_i)}{\partial \mu}, \frac{\partial V'(\mu, R_i)}{\partial R_i} \right)$$

mit den beiden Gradientenkomponenten

$$\frac{\partial V'(\mu, R_i)}{\partial \mu} = \frac{-R_L (R_i + R_L + (\mu + 1)R_k) + \mu R_k R_L}{(R_i + R_L + (\mu + 1)R_k)^2}$$

$$= \frac{-R_L (R_i + R_L + R_k)}{(R_i + R_L + (\mu + 1)R_k)^2}$$

und

$$\frac{\partial V'(\mu, R_i)}{\partial R_i} = \frac{\mu R_L}{(R_i + R_L + (\mu + 1)R_k)^2} \cdot$$

Interessant ist nun die Frage nach den Veränderungen der Gradientenkomponenten aufgrund der Stromgegenkopplung. Wir berechnen nun das Verhältnis der μ-Gradientenkomponenten

$$\frac{\dfrac{\partial V_0(\mu, R_i)}{\partial \mu}}{\dfrac{\partial V'(\mu, R_i)}{\partial \mu}} = \frac{\dfrac{-R_L}{R_i + R_L + R_k}}{\dfrac{-R_L(R_i + R_L + R_k)}{(R_i + R_L + (\mu + 1)R_k)^2}} = \Delta \mu$$

und erhalten

$$\Delta \mu = \frac{(R_i + R_L + (\mu + 1)R_k)^2}{(R_i + R_L + R_k)^2} = \frac{V_0^2}{V'^2} = \Gamma^2 \,. \tag{8.10}$$

Analog geben wir für das Verhältnis der R_i -Gradientenkomponenten

$$\frac{\dfrac{\partial V_0(\mu, R_i)}{\partial R_i}}{\dfrac{\partial V'(\mu, R_i)}{\partial R_i}} = \frac{\dfrac{\mu R_L}{(R_i + R_L + R_k)^2}}{\dfrac{\mu R_L}{(R_i + R_L + (\mu + 1)R_k)^2}} = \Delta R_i$$

mit

$$\Delta R_i = \frac{(R_i + R_L + (\mu + 1)R_k)^2}{(R_i + R_L + R_k)^2} = \Delta \mu \tag{8.11}$$

an. Für die Interpretation der Auswirkungen einer Stromgegenkopplung und die Überprüfung der zum Beginn des Abschnitts aufgestellten Hypothese ist das Verhältnis der beiden Verstärkungen, einmal mit und einmal ohne Stromgegenkopplung, interessant und wir berechnen

$$\frac{V_0}{V'} = \frac{R_i + R_L + (\mu + 1)R_k}{R_i + R_L + R_k} = \Delta V = \Gamma \,. \tag{8.12}$$

Wir erhalten für (8.10) und (8.11) mit (8.12)

$$\Delta R_i = \Delta \mu = \Delta V^2 \,.$$

Wir erkennen, dass wir für einen durch die Stromgegenkopplung verursachten Verlust an Verstärkung $V' = V_0/\Delta V$ in Form eines Faktors einen hierzu quadratischen Gewinn an

Unabhängigkeit der gegengekoppelten Verstärkung von den Röhrenparametern R_i und μ erhalten.

Die Ergebnisse können wir in guter Näherung unter der Bedingung $R_i + R_L \gg R_k$ für die Kathodenbasisschaltung nach Abb. 8.2, Schaltbild b übernehmen, die die Spannungsverstärkung (8.1) aufweist.

8.2.3 Innenwiderstand und Schaltungsausgangswiderstand

Die Hypothese des Abschnitts lautet:

Die Stromgegenkopplung vergrößert den Innenwiderstand der stromgegengekoppelten Verstärkerröhre in dem Maße, in dem die Verstärkung durch die Gegenkopplung verringert wird.

Wir berechnen zunächst die Innenwiderstände der Verstärkerröhre an der Anode. Ohne Stromgegenkopplung beträgt der Innenwiderstand $R_{i0} = R_i + R_k$ und mit Stromgegenkopplung $R_i' = R_i + (\mu + 1)R_k$. Wir können beide Innenwiderstände zueinander ins Verhältnis setzen

$$\frac{R_i'}{R_{i0}} = \frac{R_i + (\mu + 1)R_k}{R_i + R_k} = 1 + \frac{\mu R_k}{R_i + R_k} = \Gamma_{R_i} . \tag{8.13}$$

Wir vergleichen diesen Ausdruck mit (8.9) und erkennen mit

$$\Gamma_{R_i} \to \Gamma \quad \text{für} \quad R_L \to 0$$

die zu erwartende Näherung für den Kurzschlussfall unter der Voraussetzung gleicher Bedingungen. Durch die Gegenkopplung wächst der Innenwiderstand proportional zur Stärke der Gegenkopplung. Analog dazu können wir auch die Ausgangswiderstände der Verstärkerstufen ohne und mit Stromgegenkopplung berechnen. Wir erhalten unter Weglassen von R_L

$$\frac{R_A'}{R_{A0}} = \frac{(R_i + (\mu + 1)R_k) \parallel R_a}{(R_i + R_k) \parallel R_a} = \Gamma_{R_A} .$$

Auch in diesem Fall können wir uns auf die Stärke der Gegenkopplung (8.13) beziehen und erhalten

$$\Gamma_{R_A} = \frac{\Gamma_{R_i} R_i' + R_a}{\Gamma_{R_i} \left(R_i' + R_a \right)} .$$

8.2.4 Reduktion von der Ausgangsspannung überlagerten Störspannungen durch die Gegenkopplung

Wir betrachten die Kathodenbasisschaltung zunächst ohne Rückkopplung und setzen für den verzerrungsfreien Verstärker mit reeller Rechnung mit (8.6)

$$u_A = V_{gA} u_E \tag{8.14}$$

an. Die Eingangsspannung u_E ist sinusförmig oder setzt sich aus linear überlagerten Sinusschwingungen zusammen. Im weiteren stellen wir uns vor, dass der Verstärker dieser Ausgangsspannung eine Störspannung d hinzufügt, wobei wir aber nicht Abhängigkeit der Stör- von der Eingangsspannung berücksichtigen. Eine solche Störspannung kann mehrere Ursachen haben. Sie kann eine Brumm- oder Rauschspannung sein oder sich aber aus Oberschwingungen zusammensetzen, die sich bei einem sinusförmigen Eingangssignal aufgrund der Verstärkerröhrennichtlinearität ergeben. Auch Intermodulationsverzerrungen führen zu solchen Störspannungen. Die wichtigsten Eigenschaften dieser Störspannungen sind diese, dass sie innerhalb der Rückkopplungsschleife entstehen und dem Verstärkerausgangssignal überlagert werden können. Ebenfalls in diesem Abschnitt formulieren wir eine Hypothese, die der Hypothese im vorigen Abschn. 8.2.3 ähnelt.

Die Stromgegenkopplung reduziert die auf die Ausgangsspannung bezogene Störspannung in dem Maße, in dem auch die Spannungsverstärkung reduziert wird. Wir ergänzen, dass dieselbe Hypothese auch im Falle der Spannungsgegenkopplung statthaft ist.

Um diese Störspannung wird der Ausdruck (8.14) erweitert

$$u_A + d = V_{gA} u_E + d \ .$$

Nun lassen wir die Gegenkopplung wirken (Rückführung eines Teils der Ausgangsspannung) und stellen die Eingangsspannung $u_{E,R}$, die gegenüber u_E im Falle der Gegenkopplung vergrößerte Eingangsspannung des nun rückgekoppelten Verstärkers, so ein, dass der unverzerrte Ausgangsspannungsanteil u_A aus (8.14) erhalten bleibt

$$u_{E,R} + \frac{R_k}{R_L} (u_A + d_R) = u_g \ . \tag{8.15}$$

Es bezeichnet d_R das dem Ausgang überlagerte Störsignal des rückgekoppelten Verstärkers. Das Signal u_g, die Gitterspannung, setzt sich aus dem Eingangssignal $u_{E,R}$ und einem rückgeführten Anteil des s $u_A + d_R$ zusammen. Dieser rückgeführte Anteil entspricht der Spannung an der Kathode und wir nutzen zu ihrer Bestimmung (8.5) und (8.6). Das Signal u_g wird von der Triode mit (8.6) verstärkt und mit dem Störsignal d verzerrt, da ja in den beiden betrachteten Fällen, mit und ohne Gegenkopplung, das Nutzausgangssignal u_A gleich groß sein soll mit

$$u_A + d_R = V_{gA} u_g + d = \frac{-\mu R_L}{R_i + R_L + R_k} u_g + d \ .$$

Wir ersetzen das Signal u_g mit (8.15) und erhalten

$$u_A + d_R = \frac{-\mu R_L}{R_i + R_L + R_k}\left(u_{E,R} + \frac{R_k}{R_L}(u_A + d_R)\right) + d \ .$$

Wir stellen um und erhalten so

$$(u_A + d_R)\left(1 + \frac{\mu R_k}{R_i + R_L + R_k}\right) = \frac{-\mu R_L}{R_i + R_L + R_k}u_{E,R} + d$$

und schließlich mit (8.3)

$$u_A + d_R = \frac{-\mu R_L}{R_i + R_L + (\mu + 1)R_k}u_{E,R} + d\ \frac{1}{\dfrac{R_i + R_L + (\mu + 1)R_k}{R_i + R_L + R_k}}$$

$$V_{EA}u_{E,R} + d\ \frac{1}{\dfrac{R_i + R_L + (\mu + 1)R_k}{R_i + R_L + R_k}}$$

mit dem für uns interessanten Ergebnis

$$d_R = d\ \frac{V_{EA}}{\dfrac{-\mu R_L}{R_i + R_L + R_k}} = d\ \frac{V'}{V_0} = d\,\Gamma^{-1}\ .$$

Die Gegenkopplung reduziert die aufgrund von Verstärkernichtlinearitäten entstandenen und auf das Ausgangssignal bezogenen Störsignalanteile in dem Maße, in dem auch die Spannungsverstärkung reduziert wird. So ist es mit der Hypothese auch angenommen worden. Diese Hypothese kann allerdings nur dann wahr sein, wenn der Verstärker nicht übersteuert wird und sich Begrenzung im Ausgangssignal dann auch nicht bemerkbar macht. Gegenkopplung erhöht nicht die ausgangsseitige Aussteuerungsgrenze, denn die hängt im wesentlichen von der Versorgungsspannung des Verstärkers ab. Liegt also keine Übersteuerung vor, werden wir später sehen, dass die Hypothese allgemeingültig wahr für gegengekoppelte Verstärker ist.

8.2.5   SPICE-Simulationen an Kathodenbasisschaltungen mit und ohne Stromgegenkopplung

Mit zwei SPICE-Experimenten haben wir eine Kathodenbasisschaltung mit der Triode ECC83 hinsichtlich der mittleren Verstärkungen und der nichtlinearen Verzerrungen simuliert. Die Schaltung zeigt Abb. 8.3. Der Rückkopplungswiderstand ist R_k. Mit dem Widerstand R_b, der mit einem Kondensator mit großer Kapazität wechselspannungs-

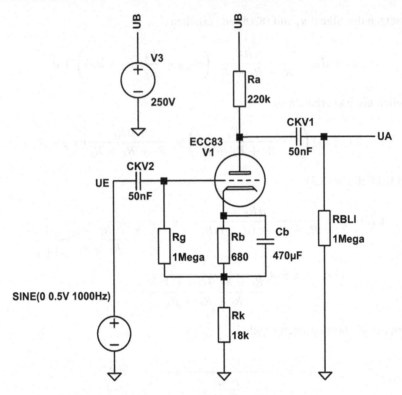

Abb. 8.3 Spice-Simulation der Kathodenbasisstufe

mäßig kurzgeschlossen ist, wird nur der Arbeitspunkt[5] der Triode eingestellt. Um für einen Vergleich von Simulation und Hypothese Rechengrößen zur Verfügung zu haben, berechnen wir mit den Röhrenparametern $\mu = 100$ und $R_i = 80\,\mathrm{k\Omega}$ und (8.1), (8.2) und (8.6) die Verstärkungswerte

$$V = -71{,}4, \quad V' = -9{,}5 \quad \text{und} \quad V_0 = -67{,}1\,.$$

Die relativ große Diskrepanz zwischen V und V_0 ist auf den großen Kathodenwiderstand R_k zurückzuführen. Mit der SPICE-Simulation wurden bei $f = 1\,\mathrm{kHz}$ die Verstärkungen

$$V' = -9{,}0 \quad \text{und} \quad V_0 = -69{,}6$$

---

[5] Man kann im gewissen Rahmen mit R_k die Stärke der Gegenkopplung einstellen, ohne den Arbeitspunkt der Röhre zu verändern. Mit „gewissem Rahmen" ist gemeint, daß mit groß werdendem Widerstand der Gleichspannungsabfall über dem Widerstand nicht mehr vernachlässigt werden kann.

erfasst, wobei wir die offene Verstärkung direkt aus dem Verhältnis $V_0 = u_A/u_g$ gewonnen haben.

Zur Analyse nichtlinearer Verzerrungen stellt SPICE die Transientenanalyse gefolgt von einer Fourieranalyse der Zeitbereichssignale zur Verfügung, wie es auch im Abschn. 6.5.2 beschrieben wurde. Mit der Transientenanalyse speisen wir im Zeitbereich eine Schaltung mit einem sinusförmigen Eingangs- oder Testsignal. Wir gewinnen das uns interessierende Ausgangssignal, wobei wir einen Einschwingvorgang ausblenden. Die Fourieranalyse unter SPICE listet uns eine vorzugebende Anzahl M von Oberschwingungen nach Amplituden und Phasen auf und errechnet einen Klirrfaktor. Es bezeichnen U_0 den Effektivwert der Grundschwingung und U_1 bis U_M die Effektivwerte der aufgrund nichtlinearen Schaltungsverhaltens erzeugten Oberschwingungen. Das von SPICE berechnete Verzerrungsmaß

$$\text{THD}_M = \frac{\sqrt{\sum_{m=1}^{M} U_m^2}}{U_0} \times 100 \text{ in Prozent}$$

entspricht für geringe nichtlineare Verzerrungen mit $U_0 \gg U_m, m = 1, \ldots, M$, dem Klirrfaktor unter Berücksichtigung von M Oberschwingungen

$$\text{K}_M = \frac{\sqrt{\sum_{m=1}^{M} U_m^2}}{\sqrt{\sum_{m=0}^{M} U_m^2}} \times 100 \text{ in Prozent}.$$

Die Signalquelle ist eine Sinusschwingung mit der Frequenz $f = 1\,\text{kHz}$. Mit einer Transientenanalyse

.TRAN 0 20ms 10ms 0.01us

zeichnen wir die Verstärkerausgangsspannung über 10 ms (10 Perioden) auf, nachdem ein Einschwingvorgang mit 10 ms abgewartet wurde. Die Spice-Anweisung

.FOUR 1kHz V(UA)

berechnet die Anteile von $M = 8$ Oberschwingungen und das uns hier interessierende Verzerrungsmaß THD_8. Im ersten Experiment wurde der Verstärker ohne Gegenkopplung, der Widerstand R_k wurde mit einem Kondensator für Wechselspannungen kurzgeschlossen, simuliert. Bei einer Eingangsspannung von $U_E = 0{,}1184\,\text{Vpp}$ erhielten wir eine Ausgangsspannung von $U_A = 8{,}8\,\text{Vpp}$, was einer Verstärkung von $V_0 = 74{,}32$ entspricht. Der Klirrfaktor betrug in diesem Fall $\text{K}_8 = 0{,}191692\,\%$. Im zweiten Experiment wurde der gegengekoppelte Verstärker mit einer Eingangsspannung von $U_E = 1\,\text{Vpp}$ betrieben und gab ebenfalls eine Ausgangsspannung von $U_A = 8{,}8\,\text{Vpp}$ ab, was einer Verstärkung von $V' = 8{,}8$ entspricht. Der Klirrfaktor betrug in diesem Fall $\text{K}_8 = 0{,}024549\,\%$. Die

Verstärkungsreduktion erfolgte mit dem Faktor $1 - kV_0 = V_0/V' = 8{,}4459$. Die von der Gegenkopplung verursachte Reduktion des Klirrfaktors beträgt $0{,}024549/0{,}191692 = 7{,}808$, was sich in guter Übereinstimmung mit den oben ausgeführten Berechnungen befindet.

8.2.6   Ergebnisse der Betrachtungen am einführenden Beispiel

Wir haben am einführenden Beispiel die dem Leser wohlvertrauten Kathodenbasisschaltungen ohne und mit Stromgegenkopplung sowie einige Wirkungen der Gegenkopplung kennengelernt. Die Gegenkopplung hat, anschaulich gesprochen, zu einer Kathodenbasisschaltung mit einer in manchen Eigenschaften verbesserten Verstärkerröhre geführt. Zwar ist die Spannungsverstärkung gesunken und der Ausgangswiderstand wurde vergrößert, dafür aber sinkt die Abhängigkeit der Verstärkereigenschaften von den Röhrenparametern, was auch ihre durch Röhrenalterung verursachten Werteänderungen einschließt. Ebenfalls wurde die Linearität des Verstärkers verbessert. Wenn man sich dann auch noch überlegt, dass beim mehrstufigen Röhrenverstärker die Nichtlinearitäten in der Endstufe am deutlichsten wirken, so ist das Potential der Linearitätsverbesserung auf Kosten von Verstärkung, die durch Hinzunahme weiterer verstärkender Stufen, die aber nicht Leistungsstufen sein müssen, ausgeglichen werden muß, erheblich. Etwas anschaulicher ausgedrückt und auch nicht jeden Aspekt berücksichtigend kann man sagen, dass man mit geringverzerrenden Eingangs- und Zwischenstufen bzw. sich einen Verstärkungsüberschuss anlegen kann, mit dem durch korrespondierend starke Gegenkopplung die Endstufennichtlinearitäten entsprechend erheblich reduziert werden können.

8.2.7   Übergang vom einführenden Beispiel zur allgemeinen Betrachtung

Hinter uns liegt das einführende Beispiel, das wir dazu genutzt haben, Phänomene der **Wirkungen** von Rückkopplungen auf die elektrischen Eigenschaften von Verstärkern aufzuzeigen. Hierfür haben wir uns der Rechnung im **Zeitbereich** bedient, wie wir es auch in den ersten Buchkapiteln getan haben. Nun wechseln wir die Perspektive hin zur **Analyse** von Rückkopplungen im **Frequenzbereich**. Es ist nun das Ziel herauszuarbeiten, wie Rückkopplungen in Röhrenverstärkern ausgelegt werden.

Zur Verbesserung der Lesbarkeit verwenden wir i. a. Kurzformen für die Notation der betrachteten Größen. Die Tab. 8.1 enthält die Kurzformen und die ausgeschriebenen Formen.

Es ist anzumerken, dass die Trennlinie nicht ganz so scharf ist, denn wir werden im Frequenzbereich beispielsweise die Wirkungen von Rückkopplungen auf die linearen Verzerrungen der Verstärker studieren und wir werden Klirrkomponenten im Zeitbereich berechnen.

Tab. 8.1 Kurzformen und ausgeschriebene Formen der Größen im Zeit- und im Frequenzbereich

	Kurzform	Ausgeschriebene Form
Zeitbereich	u, i, V_0, V', V_S	$u(t), i(t), V_0, V', V_S$
Frequenzbereich	U, I	$U(s), U(\omega), I(s), I(\omega)$
	k	$k(s), k(\omega)$
– Mittlere	V_0, V', V_S	$V_0(s), V_0(\omega), V'(s), V'(\omega), V_S(s), V_S(\omega)$
Frequenz ω_M	V_{0M}, V'_M, V_{SM}	$V_0(\omega_M), V'(\omega_M), V_S(\omega_M)$

8.3 Die Arten der Gegenkopplung

Mit diesem Abschnitt wollen wir Gegenkopplungen ausgehend von ihren technischen Verwirklichungen mit Röhrenverstärkerstufen kategorisieren.

8.3.1 Strom- und Spannungsgegenkopplung als Oberbegriffe

Wenn die rückgeführte und zur Eingangsspannung hinzugefügte Spannung proportional zu einem Verstärkerausgangsstrom ist, spricht man von *Stromgegenkopplung*. Und entsprechend, wenn die rückgeführte und zur Eingangsspannung hinzugefügte Spannung proportional zu einer Verstärkerausgangsspannung ist, spricht man von *Spannungsgegenkopplung*. Für Röhrenverstärker bei stromloser Ansteuerung der Röhren ist es naheliegend, eingangsseitig von Spannungssteuerung auszugehen, auch wenn dies nicht zwingend der Fall sein muß, wie wir es in diesem Abschnitt auch noch kennenlernen werden.

Eine kurze, dennoch aber instruktive Aufbereitung dieser Thematik finden wir im Telefunken Laborbuch 1 [Tel70], an der wir uns im Folgenden orientieren und die dort angegebenen Formeln an unsere Notation anpassen und wiedergeben werden. Wir gehen von den beiden Verstärkerschaltungen in der Abb. 8.4 aus, worin wir ideale Verstärkervierpole mit Spannungsverstärkung V_0 und Innenwiderstand R_i ansetzen. Im Telefunken-

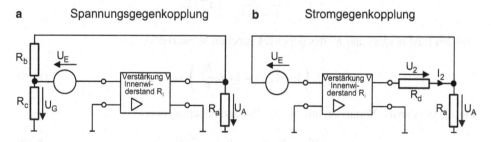

Abb. 8.4 Spannungs- und Stromgegenkopplung am allgemeinen Verstärker

Laborbuch lesen[6] wir unter der Bedingung $R_b \gg R_a$ die leicht aus der Abbildung ersichtlichen Zusammenhänge für den Spannungsrückführungsfaktor

$$k_U = \frac{U_G}{U_A} = \frac{R_c}{R_b + R_c} \, ,$$

die gegengekoppelte Verstärkung

$$V' = \frac{U_A}{U_E} = \frac{V_0}{1 - k_U V_0} = \Gamma_U^{-1} V_0$$

und den Innenwiderstand R_i' des gegengekoppelten Verstärkers

$$R_i' = \frac{R_i}{1 - k_U V_0 - k_U V_0 \dfrac{R_i}{R_a}} = \left(\Gamma_U^* \right)^{-1} R_i \, . \qquad (8.16)$$

Für die praxisnahe Voraussetzung $R_i \ll R_a$ kann näherungsweise

$$R_i' \approx \frac{R_i}{1 - k_U V_0} = \Gamma_U^{-1} R_i \qquad (8.17)$$

gesetzt werden.

Analog lesen wir die entsprechenden Größen für die Stromgegenkopplung aus der Abb. 8.4 ab. Wir erhalten mit den beiden Gleichungen

$$U_G = I_2 R_d \quad \text{und} \quad U_2 = I_2 R_a$$

den Spannungsrückführungsfaktor

$$k_I = \frac{U_G}{U_2} = \frac{R_d}{R_a} \, ,$$

die gegengekoppelte Verstärkung

$$V' = \frac{V_0}{1 - k_I V_0} = \Gamma_I^{-1} V_0$$

und den Innenwiderstand R_i' des gegengekoppelten Verstärkers

$$R_i' = R_i \left(1 - k_I V_0 - k_I V_0 \frac{R_a}{R_i} \right) = \Gamma_I^* R_i \, . \qquad (8.18)$$

Für die praxisnahe Voraussetzung $R_a \ll R_i$ kann näherungsweise

$$R_i' \approx R_i \left(1 - k_I V_0 \right) = \Gamma_I R_i \qquad (8.19)$$

---

[6] Das Telefunken-Laborbuch verwendet komplexe Impedanzen statt reeller Widerstände.

gesetzt werden.

In beiden Fällen verringert die Gegenkopplung die Spannungsverstärkung. Unterschie-de sehen wir bei den Innenwiderständen. Die Erkenntnis lautet: Der Innenwiderstand R_i' (8.16) wird durch eine Spannungsgegenkopplung verkleinert und der Innenwiderstand R_i' (8.18) wird durch eine Stromgegenkopplung vergrößert. Wir können mit Analogien argumentieren. Bei einer geregelten Spannungsquelle erfahren wir durch die Spannungs-regelung einen sehr kleinen Innenwiderstand. Bei einer geregelten Stromquelle erfahren wir durch die Stromregelung einen sehr großen Innenwiderstand.

8.3.1.1 Die „gegengekoppelte Verstärkerröhre"

Wir können Gegenkopplungen bei einstufigen Röhrenverstärkern auch auf die Verstärker-röhre selbst beziehen und für den Betrieb der Gegenkopplung sozusagen *gegengekoppelte Verstärkerröhren* einführen, die durch die Gegenkopplung veränderte Kennwerte haben. Die Abb. 8.5 zeigt die Wechselspannungsersatzschaltbilder gegengekoppelter Einzelröh-ren, die die Leerlaufspannungsverstärkung μ, die Steilheit S und den, diesmal außerhalb des Röhrensymbols angeordnet, Innenwiderstand R_i aufweisen bzw. enthalten. Die ge-gengekoppelten Verstärkerröhren, betrachtet als Ersatzröhren (die wir als nichtgegenge-koppelte Röhren betrachten), haben die Kenngrößen μ', S' und R_i'. Im Falle der Span-nungsgegenkopplung hat die Ersatzröhre die Steilheit

$$S' = S \, ,$$

den Innenwiderstand

$$R_i' = \frac{R_i}{1 - k_U \mu}$$

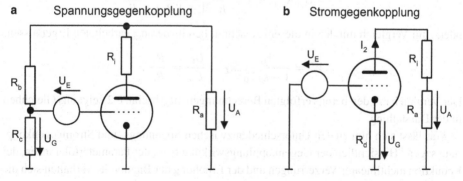

a   Spannungsgegenkopplung   **b**   Stromgegenkopplung

Abb. 8.5 Spannungs- und Stromgegenkopplung an einer Röhrenverstärkerstufe, R_i außerhalb der Röhren gezeichnet

und die Spannungsverstärkung

$$\mu' = \frac{\mu}{1 - k_U \mu} \, .$$

Die Spannungsverstärkung V' können wir dann analog zu (8.1) in der Form

$$V' = \frac{-\dfrac{\mu}{1 - k_U \mu} R_a}{\dfrac{R_i}{1 - k_U \mu} + R_a} = \frac{-\mu R_a}{R_i + R_a \, (1 - k_U \mu)}$$

mit

$$k_U = \frac{U_G}{U_A} = \frac{R_c}{R_b + R_c}$$

berechnen. Im Falle der Stromgegenkopplung hat die Ersatzröhre die Steilheit

$$S' = \frac{S}{1 + SR_d} \, ,$$

den Innenwiderstand

$$R_i' = R_i \, (1 + SR_d) = R_i + \mu R_d$$

und die Spannungsverstärkung

$$\mu' = \mu \, .$$

Die Spannungsverstärkung wird entsprechend der bekannten Berechnungsvorschrift zur Spannungsverstärkung $V = S(R_i \parallel R_a)$ zu

$$V' = S'(R_i' \parallel R_a) = \frac{SR_i R_a}{R_i \, (1 + SR_d) + R_a}$$

oder, zum Vergleich mit den in diesem Abschnitt bereits herausgearbeiteten Ergebnissen,

$$V' = \frac{V_0}{1 - k_I V_0}, k_I = \frac{U_G}{U_A} = \frac{R_d}{R_a} \, .$$

Der Vergleich mit den bereits erfolgten Berechnungen im Abschn. 8.2 zeigt uns Gleichheit in der Darstellung.

Was lässt sich nun zu den Unterschieden zwischen Spannungs- und Stromgegenkopplung sagen? Hinsichtlich der Gegenkopplungswirkung bzgl. der Parametertoleranzen, der Reduktion nichtlinearer Verzerrungen und der Erhöhung der Bandbreite verhalten sich die beiden Arten von Gegenkopplungen prinzipiell gleich und die Erkenntnisse aus den vorangegangenen Abschnitten können ohne Einschränkungen herangezogen werden. Unterschiede finden wir, wenn wir fragen, welchen Einfluß ein sich ändernder Lastwiderstand auf den Ausgangsstrom bzw. auf die Ausgangsspannung hat, oder, anders gefragt, können wir den einen Verstärker als durch die Gegenkopplung verbesserte Spannungsquelle und den anderen als eine durch die Gegenkopplung verbesserte Stromquelle betrachten? Genau hiervon ist die Rede. Eine geregelte (nichts anderes führt eine Gegenkopplung aus) Spannungsquelle ist eine Spannungsquelle mit geringem Innenwiderstand und eine geregelte Stromquelle ist eine Stromquelle mit großem Innenwiderstand.

8.3.2 Die drei bei Röhrenverstärkern gebräuchlichen Gegenkopplungsarten

Da eingangs- wie auch ausgangsseitig sowohl Spannungen als auch Ströme auftreten, müssen wir vier und nicht zwei Arten von Gegenkopplungen unterscheiden, wenn die Gegenkopplung auch auf den Eingangsstrom wirken darf. Es sind dies:

- **Spannungs-Spannungs-Gegenkopplung,** Ausgangsspannung wirkt auf Eingangsspannung, Eingangsimpedanz wird vergrößert, Ausgangsimpedanz wird verkleinert.
- **Spannungs-Strom-Gegenkopplung,** Ausgangsspannung wirkt auf Eingangsstrom, Eingangsimpedanz wird verkleinert, Ausgangsimpedanz wird verkleinert.
- **Strom-Spannungs-Gegenkopplung,** Ausgangsstrom wirkt auf Eingangsspannung, Eingangsimpedanz wird vergrößert, Ausgangsimpedanz wird vergrößert.
- **Strom-Strom-Gegenkopplung,** Ausgangsstrom wirkt auf Eingangsstrom, Eingangsimpedanz wird verkleinert, Ausgangsimpedanz wird vergrößert.

Hilfreich zum Verständnis ist die Abb. 8.6. Zum einen sind die in der englischsprachigen Literatur anzutreffenden Bezeichnungen angegeben, deren Begründungen in den Darstellungen gut ersichtlich sind. Zum anderen erkennt man auch gut die oben notierten Aussagen zu den Wirkungen der Gegenkopplungsarten auf die Ein- und Ausgangsimpedanzen.

In diesem Buch und auch in der Audio-Röhrenverstärkertechnik spielen nur die ersten drei Arten von Gegenkopplung eine Rolle. Wir betrachten hierzu die Abb. 8.7. Im Bild sehen wir Umsetzungen der drei Gegenkopplungsarten mit Grundschaltungen unter Verwendung nur jeweils einer Verstärkerröhre. Diese Grundschaltungen berechnen wir mit Hilfe der bekannten linearen Verstärkerröhrenersatzschaltungen. Später, wenn wir nicht nur Gegenkopplungen, sondern weiter gefaßt auch Rückkopplungen in Verstärkern betrachten, werden wir „in Systemen denken" und zur Erfassung der Wirkungen von Rückkopplungen SPICE verwenden.

Die Schaltung a, Kathodenbasisschaltung mit Stromgegenkopplung, ist ein Beispiel für Strom-Spannungsgegenkopplung und wurde in diesem Kapitel bereits als einführendes Beispiel berechnet. Die Schaltung b, Anodenfolgerschaltung, ist ein Beispiel für Spannungs-Stromgegenkopplung. Wir haben sie bereits im Abschn. 6.7.2 kennengelernt. Die Schaltung c, ein Kathodenfolger (Anodenbasisschaltung), ist ein Beispiel für Spannungs-Spannungsgegenkopplung. Auch diese Schaltung haben wir bereits im Abschn. 5.2.3 ken-

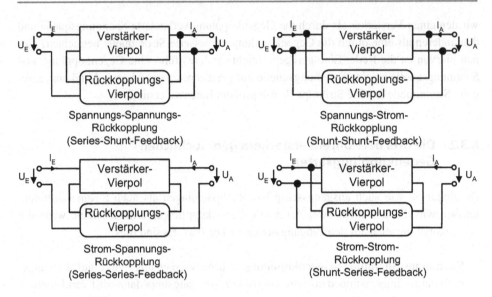

Abb. 8.6 Rückkopplungen in symbolischer Vierpol-Darstellung

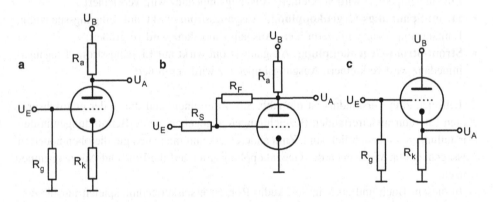

Abb. 8.7 Drei Arten von Gegenkopplung mit Grundschaltungen in diesem Buch

nengelernt. Schaltungen mit Strom-Strom-Gegenkopplung sind bei Röhrenverstärkern, wie bereits gesagt, nicht von Bedeutung[7]. Mit den beiden nun folgenden Abschnitten wollen wir dann auch die Schaltungen b und c hinsichtlich der Gegenkopplung berechnen.

---

[7] Solche Strom-Strom-Gegenkopplungen könnte man bei einem Leistungsverstärker mit Ausgangsübertrager aufbauen, bei dem der Ausgangsstrom für die Gegenkopplung herangezogen wird und man wegen der galvanischen Trennung auch leicht den Potentialausgleich zur Einspeisung des Rückkopplungsstroms vornehmen kann. Mit geregeltem Ausgangsstrom hat man gelegentlich Verstärker mit einstellbarem Dämpfungsfaktor gebaut.

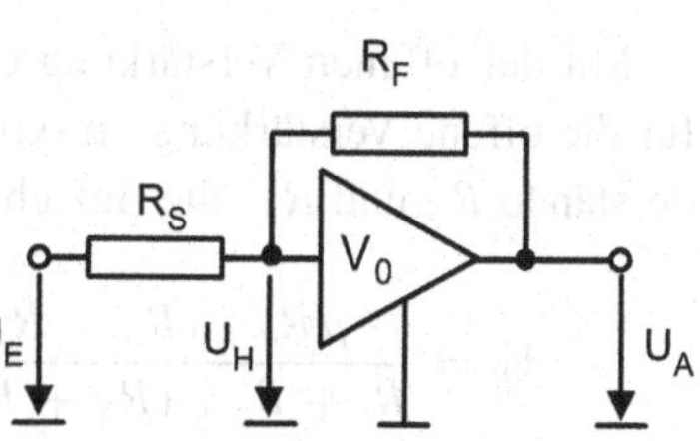

Abb. 8.8 Prinzipschaltung
des Anodenfolgers zur Berechnung der Schleifenverstärkung

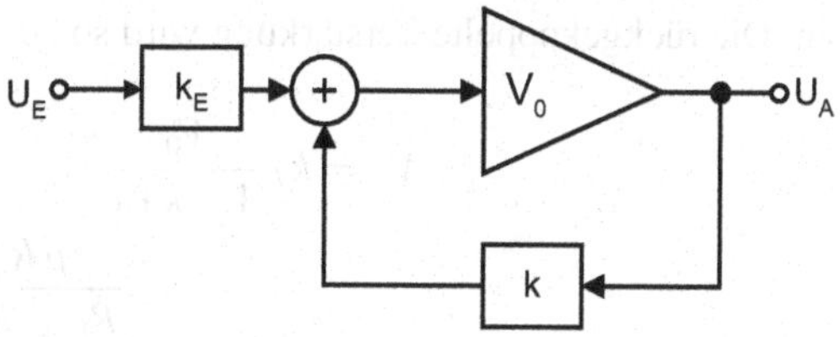

Abb. 8.9 Regelungs-
technische Struktur einer
Anodenfolgerschaltung

8.3.2.1   Der Anodenfolger, eine Schaltung mit Spannungs-Strom-Gegenkopplung

Wir gehen zunächst von der Prinzipschaltung in Abb. 8.8 aus. Unter der Voraussetzung vernachlässigbaren Stroms in den Verstärker setzen wir eine Knoten- und eine Hilfsglei-chung für die Spannung U_H an

$$\frac{U_E - U_H}{R_S} + \frac{U_A - U_H}{R_F} = 0 \quad \text{und} \quad U_H = \frac{U_A}{V_0}.$$

Ausgehend vom Zwischenschritt

$$\frac{U_E}{R_S} = U_A \left(\frac{1}{V_0 R_S} - \frac{1}{R_F} + \frac{1}{V_0 R_F} \right)$$

erhalten wir für die Verstärkung mit Gegenkopplung

$$V' = \frac{U_A}{U_E} = \frac{V_0}{1 - V_0 \dfrac{R_S}{R_F} + \dfrac{R_S}{R_F}}.$$

Es ist an dieser Stelle vorteilhaft, eine sog. *regelungstechnische Struktur* nach Abb. 8.9 zu verwenden und den Ausdruck für die Verstärkung V' hierfür geeignet umzuschreiben

$$V' = \frac{R_F}{R_S + R_F} \frac{V_0}{1 - \dfrac{R_S}{R_S + R_F} V_0}$$

$$= k_E \frac{V_0}{1 - k V_0}, \quad k_E = \frac{R_F}{R_S + R_F}, \quad k = \frac{R_S}{R_S + R_F}.$$

Mit der offenen Verstärkung einer gewöhnlichen Kathodenbasisschaltung setzen wir für die offene Verstärkung, im vorliegenden Fall unter Berücksichtigung der beiden Widerstände R_S und R_F, die Beziehung

$$V_0 = \frac{-\mu R_a \parallel (R_S + R_F)}{R_i + R_a \parallel (R_S + R_F)} = \frac{-\mu R_a^*}{R_i + R_a^*}, R_a^* = R_a \parallel (R_S + R_F) \qquad (8.20)$$

an. Die rückgekoppelte Verstärkung wird so zu

$$
\begin{aligned}
V' &= k_E \frac{V_0}{1 - k V_0} \\
&= k_E \frac{\dfrac{-\mu R_a^*}{R_i + R_a^*}}{1 - \dfrac{R_S}{R_S + R_F} \dfrac{-\mu R_a^*}{R_i + R_a^*}} \qquad (8.21)\\
&= \frac{-\mu R_a^* R_F}{(R_S + R_F)\left(R_i + R_a^*\right) + \mu R_a^* R_S}
\end{aligned}
$$

berechnet. Wir vergleichen dieses Ergebnis mit (8.20). Für die Stärke der Rückkopplung ergibt sich schließlich

$$\Gamma = \frac{k_E V_0}{k_E \dfrac{V_0}{1 - k V_0}} = 1 - k V_0 = 1 + \frac{R_S}{R_S + R_F} \frac{\mu R_a^*}{R_i + R_a^*} . \qquad (8.22)$$

Wir schließen die Analyse der Anodenfolgerschaltung mit der Berechnung der Innenwiderstände ab. Ohne Gegenkopplung beträgt der Innenwiderstand der Verstärkerröhre

$$R_{i0} = R_i \parallel (R_S + R_F) .$$

Den Innenwiderstand R_i' mit Gegenkopplung haben wir bereits im Abschn. 6.7.2 berechnet (6.230). Das Verhältnis beider Innenwiderstände ergibt sich dann zu

$$\frac{R_i'}{R_{i0}} = \frac{R_i + R_F + R_S}{R_i + R_F + (1 + \mu) R_S} .$$

Dieses Verhältnis vergleichen wir mit dem Verhältnis (8.22) der Spannungsverstärkungen mit und ohne Gegenkopplung. Hierfür lassen wir den Anodenwiderstand R_a in (8.20) entfallen und setzen

$$R_a^* = R_S + R_F \quad \text{unter der Voraussetzung} \quad R_a = \infty .$$

Diesen Widerstand R_a^* setzen wir in (8.22) ein und erhalten

$$\Gamma = 1 + \frac{R_S}{R_S + R_F} \frac{\mu\,(R_S + R_F)}{R_i + R_S + R_F}$$

$$= \frac{R_i + R_F + (1 + \mu)\,R_S}{R_i + R_F + R_S}, \quad R_a = \infty.$$

Also folgt, wie es zu erwarten war,

$$\frac{R_{i0}}{R_i'} = \Gamma, \quad R_a = \infty.$$

Der Innenwiderstand wird mit der Stärke der Gegenkopplung vermindert. Für den Ausgangswiderstand der Schaltung mit wieder herbeigenommenem Anodenwiderstand R_a folgt

$$\frac{R_{A0}}{R_A'} = \frac{R_{i0} \parallel R_a}{R_i' \parallel R_a} = \Gamma_{R_A}.$$

Auch diesen Verhältnisfaktor können wir auf die Stärke der Gegenkopplung beziehen und berechnen

$$\frac{R_{A0}}{R_A'} = \Gamma_{R_A} = \frac{\Gamma R_{i0} + R_a}{\Gamma\,(R_{i0} + R_a)} = \Gamma \left(\frac{R_{i0}}{R_{i0} + R_a} + \frac{R_a}{\Gamma\,(R_{i0} + R_a)} \right),$$

was sich für eine starke Gegenkopplung zu

$$\Gamma_{R_A} \approx \Gamma \left(\frac{R_{i0}}{R_{i0} + R_a} \right)$$

nähern lässt.

Mit der bislang erfolgten Analyse der Schaltung haben wir den Anteil „Spannung" an der Spannungs-Strom-Gegenkopplung oder die Ausgangsseite der Schaltung berücksichtigt. Der Anteil „Strom" an der Spannungs-Strom-Gegenkopplung betrifft die Eingangsseite. Wir müssen nun, in Abkehr vom Gewohnten, einen Eingangsstrom einer Röhrenverstärkerschaltung berücksichtigen, was in unserem Fall mit der Berechnung des Eingangswiderstands erfolgt. Ohne Gegenkopplung hat die Anodenfolgerschaltung den Eingangswiderstand

$$R_{E0} = R_S + R_F.$$

Den Eingangswiderstand mit Gegenkopplung haben wir bereits im Abschn. 6.7.1 berechnet und dafür den unhandlichen Ausdruck (6.231) erhalten. Dort wurden auch bereits die beiden praktischen Näherungsausdrücke

$$R_E' \approx R_S + \frac{R_F}{(\mu + 1)}, \quad R_i = 0, \quad \text{und} \quad R_E' \approx R_S, R_i = 0, \mu \quad \text{sehr groß},$$

angegeben. Durch die Gegenkopplung wird der Eingangswiderstand reduziert und zwar in einem von der Stärke der Gegenkopplung abhängigen Maße.

8.3.2.2 Der Kathodenfolger, eine Schaltung mit Spannungs-Spannungs-Gegenkopplung

Den Kathodenfolger oder die Anodenbassischaltung haben wir bereits im Abschn. 5.2.3 kennengelernt. An dieser Stelle folgt eine kurze Berechnung dieser Verstärkerschaltung mit dem Ziel, die Stärke der Gegenkopplung zu bestimmen. Die offene Verstärkung berechnen wir mit (8.5), indem wir in der Gleichung den Lastwiderstand R_L an der Anode zu Null setzen. Ausgehend von der so erhaltenen Beziehung zwischen Ausgangs- und Gitterspannung

$$U_k = U_A = U_g \frac{\mu R_k}{R_i + R_k}$$

gewinnen wir für die offene Verstärkung

$$V_0 = \frac{U_A}{U_g} = \frac{\mu R_k}{R_i + R_k} . \tag{8.23}$$

Die geschlossene Verstärkung V' haben wir bereits in (5.39) gewonnen. Wir können nun das Verhältnis von geschlossener zu offener Verstärkung berechnen

$$\frac{V_0}{V'} = \frac{R_i + (1 + \mu) R_k}{R_i + R_k} = \Gamma .$$

Die Innenwiderstände des Kathodenfolgers ohne und mit Gegenkopplung (5.42) ergeben sich zu

$$R_{i0} = R_i \quad \text{und} \quad R_i' = \frac{R_i}{1 + \mu} .$$

Damit können wir die Ausgangswiderstände ohne und mit Gegenkopplung berechnen

$$R_{A0} = R_{i0} \parallel R_k \quad \text{und} \quad R_A' = R_i' \parallel R_k .$$

Für ihr Verhältnis gilt dann

$$\frac{R_{A0}}{R_A'} = \frac{R_i + (1 + \mu) R_k}{R_i + R_k} = \Gamma ,$$

wie es zu erwarten war. Der Ausgangswiderstand wird durch die Spannungsgegenkopplung in demselben Maße wie die Verstärkung reduziert.

8.3.2.3 Bemerkungen zur reellen Rechnung

Wir haben die drei Grundschaltungen mit reeller Rechnung berechnet, auch wenn wir wissen, dass die Verstärkungen von der Frequenz abhängen. Das hat den Vorteil, dass wir die vertraute Notation beibehalten können.

Im Audiofrequenzbereich von 20 Hz bis 20 kHz spielen die Röhrenkapazitäten keine große Rolle. Wir können davon ausgehen, dass die reelle Rechnung allenfalls geringe Fehler, und diese auch nur am oberen Frequenzbereichsende, mit sich bringt. Aber auch, wenn wir statt der Widerstände mit Impedanzen rechneten, würden sich die Beziehungen nicht ändern. Ändern würde sich die Stärke der Gegenkopplung in Abhängigkeit von der Frequenz und damit auch ihr Effekt. Die so gewonnenen Ergebnisse können also leicht in den Frequenzbereich übernommen werden, indem Verstärkungen für eine mittlere Frequenz angenommen werden, die den reell berechneten entsprechen und eine normierte Frequenzfunktion ergänzt wird, die das Verhalten für davon abweichende Frequenzen ausdrückt.

8.4 Rückkopplungen, Gegen- und Mitkopplung bei Audioverstärkern

Ohne der noch folgenden genauen Definition von Rückkopplung vorwegzugreifen, definieren wir hier anschaulich, allerdings auf Kosten der Genauigkeit, dass man je nach Phasenlage, *in Phase* oder *in Gegenphase*, von *Mit-* und von *Gegenkopplung* (positive and negative feedback) spricht. Die Genauigkeit geht am Begriff Phasenlage verloren und muß in den folgenden Abschnitten wiederhergestellt werden.

Die Gegenkopplung ist für unsere Röhrenverstärker die weit wichtigere Form der Rückkopplung, der wir im Folgenden auch den größeren Raum in der Darstellung einräumen wollen. Mitkopplungen werden selten bei Röhrenverstärkern genutzt. Meist sind sie eine unerwünschte Begleiterscheinung, die frequenzabhängig aus einer an sich als Gegenkopplung ausgelegten Rückkopplung entsteht. Wir werden aber am Beispiel einer praktischen Phaseninverterschaltung auch den Fall einer gewollten Mitkopplung betrachten. Eine recht prägnante Definition von Rückkopplung gibt F. Langford-Smith in [Lan53], die bereits einige Aussagen enthält, die wir in den folgenden Abschnitten weiter ausführen werden.

If the effect of feedback is to increase the gain, the feedback is positive; if it decreases the gain, the feedback is negative. Positive feedback is used to convert an amplifying valve into an oscillator. Negative feedback is used mainly in amplifiers, both at radio and audio frequencies...

Aus der Entwicklungspraxis ist zu berichten, dass Verstärker stets, Oszillatoren aber nie schwingen. Leider führt aber der Versuch, einen Oszillator zu entwickeln, nicht zu einem brauchbaren Verstärker und umgekehrt. Wie bereits erwähnt, gibt es zwischen „Schwarz und Weiß" auch noch „Grautöne", d. h. Mitkopplungen in Verstärkern, die nicht für eine Schwingungserzeugung vorgesehen sind.

In diesem Kapitel werden Rückkopplungen in Verstärkern hinsichtlich ihrer Wirkung und hinsichtlich ihrer Auslegung diskutiert, wobei das für die Auslegung besonders hilfreiche SPICE eingesetzt wird.

Rückkopplungen finden wir bei allen Arten von Audioverstärkern, wie beispielsweise bei Phono-Entzerrverstärkern oder Klangregelverstärkern. Besonders wichtig aber sind Röhrenleistungsverstärker, da sie zum einen wegen der Endstufen besonders starke nichtlineare Verzerrungen (neben starken linearen Verzerrungen) aufweisen und zum anderen der Ausgangsübertrager mit seinem Frequenzgang zusammen mit der nichtresistiven Lautsprecherlast die Auslegung der Rückkopplungen erheblich erschweren. Daher bezieht sich dieses Kapitel in erster Linie auf Röhrenleistungsverstärker.

8.4.1 Gegenkopplung, die negative Rückkopplung (negative feedback)

Im August 1927 erfand der junge Bell-Laboratories-Ingenieur Harold Black auf einer Hudson-Fähre die Gegenkopplung und den gegengekoppelten Verstärker. Er skizzierte die Erfindung auf einer Zeitung. Er selbst sprach – so die Legende – später von einem Geistesblitz, wie wir es bei Kline [Kli93] nachlesen können. Heute wissen wir, dass dieser Geistesblitz genial war. Kline führt in seinem Aufsatz aus, dass bei den Bell-Laboratories Verzerrungen und weitere Unzulänglichkeiten der Röhrenverstärker in der Telekommunikation den technischen Fortschritt bei den bereits bekannten Trägerfrequenzsystemen in nicht akzeptabler Weise behinderten. Die Aufgabe von Black war es, zur Lösung dieser Probleme technische Wege zu finden. Kline schreibt

The gain of the amplifiers varied with plate voltage, temperature, aging of the tubes, etc., while the nonlinearity of the tubes created intermodulation distortion in the multichannel carrier system.

Das Bahnbrechende an Blacks Erfindung ist, dass sie prinzipiell gegen alle diese Unzulänglichkeiten erfolgreich angehen kann:

- Reduktion linearer und nichtlinearer Verzerrungen,
- Vergrößerung der Bandbreite,
- verbesserte Unempfindlichkeit gegen Röhrenparametertoleranzen und somit auch gegen die Änderung der Röhrenparameter aufgrund des Röhrenalterns,
- Reduktion des Verstärkerausgangswiderstands (differentieller Innenwiderstand eines Verstärkers) zur Erhöhung der Verstärkerdämpfung im Falle einer Spannungsgegenkopplung,
- Reduktion der Temperaturabhängigkeit der Verstärkereigenschaften,
- und weiteres mehr.

Negative Rückkopplung, also Gegenkopplung, könnte zum **nahezu** perfekten Röhrenverstärker führen, wenn nur nicht das mit der Gegenkopplung einhergehende leidige Stabilitätsproblem existierte, das die Wirkung der Gegenkopplung begrenzt[8],[9]. Oder, anders ausgedrückt, wenn wir beliebige Betragsfrequenzgänge ohne die leidigen Phasenfrequenzgänge technisch mit kausalen Systemen realisieren könnten, nicht auf die Kosten schauen müssten und beliebig große Verstärkungsfaktoren aufbauen könnten, so existierten die Grenzen nicht[10].

Nyquist veröffentlichte 1932 [Nyq32] einen fundamentalen Aufsatz, in dem Stabilität definiert und beschrieben wurde. Vor allem aber gab Nyquist Kriterien an, anhand derer man mit **Meßmethoden** Stabilität erkennen konnte. Auch heute noch verwenden wir die Erkenntnisse Nyquists, aus denen wir z. B. die im weiteren besprochenen Konzepte der Frequenzgangskorrekturen ableiten, mit denen wir möglichst viele Segnungen der Gegenkopplung, also möglichst wirkungsstarke Gegenkopplung, auch mit stabilen Verstärkern realisieren können und dann auch die Maßnahmen zur Stabilisierung an gegengekoppelten Verstärkern testen und auslegen können. In den Abschnitten zu Verstärkern und Stabilität werden wir das sog. *Nyquist-Stabilitätskriterium* in seiner vereinfachten Form vorstellen und nutzen.

Eine weitere Betrachtung soll an dieser Stelle ergänzt werden. Im einleitenden Abschnitt hatten wir eher beiläufig erwähnt, dass die von uns dargelegten Wirkungen von Gegenkopplungen voraussetzen, dass der gegengekoppelte Verstärker nicht übersteuert wird. Was aber bedeutet dies nun für einen Audio-Röhrenleistungsverstärker in der Praxis? Die Abb. 8.10 zeigt für fiktive Verstärker Prinzipverläufe der Klirrfaktoren über der abgegebenen Ausgangsleistung. Beim nichtgegengekoppelten Verstärker sehen wir deutliches und regelmäßiges Anwachsen des Klirrfaktors mit wachsender Aussteuerung. Beim gegengekoppelten Verstärker verbleibt der Klirrfaktor in einem weiten Aussteuerbereich auf sehr niedrigem Niveau um dann an der Aussteuerungsgrenze „schlagartig" anzuwachsen. Gerade dieses schlagartige Anwachsen wird aber von vielen HiFi-Enthusiasten als typisch für Transistorleistungsverstärker angesehen, denen Röhrenverstärker dann als „die besseren Verstärker" gegenübergestellt werden. Nun hat aber dieser steile Anstieg nichts mit Transistoren zu tun, sondern ist auf eine wirkungsstarke Gegenkopplung zurückzuführen. Aber auch hier muß man sehen, dass hohen abgegebenen Leistungen i. a. auch hohe Wiedergabelautstärken entsprechen. Unser Gehör ist dann aus vielen Gründen gar nicht in der Lage, subtile Klangunterschiede zu erfassen.

---

[8] Es gibt auch weitere Einschränkungen, wie sie z. B. in den 70ger Jahren an Transistorverstärkern erforscht wurden [Lei77]. Allerdings meint der Autor, daß diese weiteren Einschränkungen eher von nachrangiger Bedeutung sind, wenn man sie mit dem Gewinn durch Gegenkopplung vergleicht.
[9] Ein absolut perfekter Verstärker mit Hilfe einer Gegenkopplung ist nicht möglich. Eine im regelungstechnischen Sinne verstandene Gegenkopplung fußt auf einem Fehlersignal, das nicht den Wert Null annehmen kann.
[10] Recht nahe an diese Vorstellung kommen Operationsverstärker.

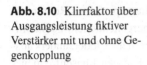

Abb. 8.10 Klirrfaktor über
Ausgangsleistung fiktiver
Verstärker mit und ohne Ge-
genkopplung

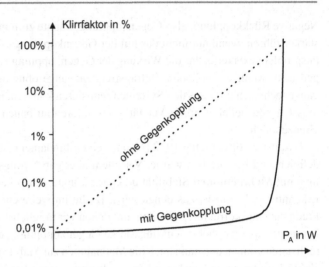

Bemerkung
Im Falle einer Übersteuerung einer Verstärkerstufe geht für die Zeitabschnitte des Betriebs in Sättigung der Zusammenhang zwischen Stufeneingangs- und Stufenausgangssi-
gnal verloren. Eine Gegenkopplung unter Einschluss einer übersteuerten Verstärkerstufe
erfährt so eine aufgetrennte Schleife. Daher setzt jegliche gegenkopplungsbedingte Linearisierung im Falle von Übersteuerung aus.

Das Kapitel ist in zwei Teile aufgeteilt. Im ersten Teil zeigen wir an allgemeinen rückgekoppelten Systemen die positiven Wirkungen der Gegenkopplung. Diese werden wir
mit Beispielen von Röhrenverstärkerschaltungen belegen, die wir mit SPICE-Simulationen überprüfen werden. Im einzelnen diskutieren wir die verbesserte Unempfindlichkeit
gegen Systemparametertoleranzen, die Reduktion linearer und nichtlinearer Verzerrungen
und die Vergrößerung der Bandbreite (damit ist nicht das sog. Verstärkungs-Bandbreite-
Produkt GBW gemeint). Im zweiten Teil werden wir uns der Stabilität rückgekoppelter
Verstärker zuwenden und das besondere Gewicht auf die Frequenzgangskorrektur mit geeigneten passiven Netzwerken legen. An dieser Stelle werden wir, was besonders wichtig
ist, auch zeigen, wie Frequenzgangskorrekturnetzwerke dimensioniert werden können.

8.4.2 Rückkopplungstechniken in Verstärkern

Bei Röhrenverstärkern sind zwei Rückkopplungstechniken besonders wichtig, die Gegenkopplung mit einer globalen Rückkopplungsschleife, wie wir sie z. B. bei der Kathodenbasisschaltung mit Stromgegenkopplung kennen, und die Rückkopplungen mit zusätzlichen
Subsidiär-Rückkopplungsschleifen, wie sie u. a. bei den meisten Röhrenleistungsverstärkern verwendet werden. Man kann insofern von einer Arbeitsteilung sprechen, indem die

globale Gegenkopplung als Hauptrückkopplung und die lokalen Subsidiärrückkopplungen als Nebenrückkopplungen angesehen werden. In den folgenden Abschnitten werden beide Rückkopplungstechniken nacheinander betrachtet und hinsichtlich ihrer Eigenschaften analysiert und mit Beispielen vorgestellt, wofür SPICE-Simulationen eingesetzt werden, die hier im besonderen Maße Nutzen und Leistungsfähigkeit von Analogsimulatoren demonstrieren.

8.5 Die Schleifenverstärkung

Die später entscheidende Verstärkung ist die Schleifenverstärkung, die wir dann mit SPICE-Simulationen an Röhrenverstärkern messen wollen. Die Schleifenverstärkung ist die Verstärkung, die ein Signal beim Duchlaufen der in einer Rückkopplungsschleife enthaltenen Systeme erfährt, was in unseren bisherigen Beispielen der nicht rückgekoppelte Verstärker und ein System ist, das durch den Rückkopplungsfaktor repräsentiert wird. Dabei wollen wir es in diesem Abschnitt belassen. Allerdings werden in den noch folgenden Abschnitten Rückkopplungen auch verschachtelt und wir müssen die Frequenzabhängigkeit aller in den Schleifen beteiligter Systeme betrachten, was dann auch Impedanzen-Rückkopplungsnetzwerke einschließt.

Wir fragen uns, wie wir die Schleifenverstärkung messen können. Entweder erfolgt die Messung durch Auftrennen der Schleife an geeigneter Stelle in einem Schritt oder aber in zwei Schritten mit zwei Teilmessungen, einer Messung der rückgekoppelten Verstärkung V' und einer Messung der offenen Verstärkung V_0. Wir betrachten zunächst die letztere Methode, da wir sie später vorziehen werden. Wir erhalten dann die interessierende Schleifenverstärkung durch Berechnen von

$$V_S = 1 - \frac{V_0}{V'} = 1 - \Gamma \quad \text{bzw.} \quad 1 - V_S = \frac{V_0}{V'} = \Gamma \,.$$

Alle Verstärkungen und die Stärke der Rückkopplung, die wir messtechnisch in Form von Frequenzgängen und Übertragungsfunktionen erfassen, es sind dies $V_S(\omega)$, $V_0(\omega)$, $V'(\omega)$ und $\Gamma(\omega)$, sind Fouriertransformierte mit der reellen Frequenz ω und liegen als Ergebnisse der Simulation in frequenzdiskreter Form vor (Abtastung), wobei im Falle einer Berechnung der Schleifenverstärkung aus offener und rückgekoppelter Verstärkung mit SPICE dasselbe Frequenzraster zugrunde gelegt werden muß. Eine Fouriertransformierte ist, wie es betrachtet werden kann, eine spezielle Laplacetransformierte, bei der wir die linearen Systeme beispielsweise nicht mit Eigenschwingungen und ihren exponentiellen Einhüllenden[11] beschreiben, sondern lediglich das Systemverhalten als Antwort auf harmonische Schwingungen, den Eigenfunktionen der linearen Systeme, als Eingangssignale untersuchen.

---

[11] Siehe z. B. $u(t) = \widehat{u}\sin(\omega t + \varphi)e^{-\delta t}$, eine Sinusschwingung mit Einhüllender $e^{-\delta t}$.

Zunächst aber beziehen wir uns noch auf die zuvor berechneten und simulierten einfachen Röhrenverstärkerschaltungen mit alleine globalen Gegenkopplungen.

8.5.1 Die Schleifenverstärkung der Kathodenbasisschaltung mit Stromgegenkopplung

Im einfachsten Beispiel analysieren wir für die analytische Beschreibung dieser Begriffe die Kathodenverstärkerschaltung mit Stromgegenkopplung aus Abschn. 8.2. Der nichtrückgekoppelte Verstärker hat die offene Verstärkung (8.6) und die rückgekoppelte Verstärkung (8.3). Wir verbinden beide Ausdrücke in geeigneter Form und erhalten

$$
\begin{aligned}
V' &= \frac{V_0\,(R_i + R_L + R_k)}{R_i + R_L + (\mu + 1)R_k} \\
&= \frac{V_0}{1 + \dfrac{\mu R_k}{R_i + R_L + R_k}} \, .
\end{aligned}
\tag{8.24}
$$

In diesem Ausdruck stellt

$$
\frac{\mu R_k}{R_i + R_L + R_k} = -V_S
$$

die negative Schleifenverstärkung dar, die im konkreten Fall mit reellen Widerständen R_k und R_L frequenzunabhängig ist. Diese Schleifenverstärkung stellen wir im weiteren in der Form

$$
V_S = \frac{-\mu R_k}{R_i + R_L + R_k} = \frac{-\mu R_k}{\dfrac{-\mu R_L}{V_0}} = V_0 \frac{R_k}{R_L} = k\,V_0
$$

dar und lesen ab

$$
k = \frac{R_k}{R_L} \, .
$$

Wir interpretieren diesen Faktor k als *Rückkopplungsfaktor*. Im weiteren ist es interessant zu sehen, dass im Falle einer betragsgroßen Schleifenverstärkung aufgrund einer betragsgroßen offenen Verstärkung die rückgekoppelte Verstärkung von den beiden Widerstandswerten und nicht von den Eigenschaften des verstärkenden Bauelements abhängig ist. Der Leser weiß, dass dieses Prinzip, die offene Verstärkung sehr hoch zu wählen[12], bei Operationsverstärkern genutzt wird, in deren linearen Schaltungen die Schaltungseigenschaften

---

[12] Bei Wechselgrößen nimmt auch bei Operationsverstärkern die offene Verstärkung (ihr Betrag) mit der Frequenz ab.

möglichst weitgehend von passiven Bauelementen mit geringen Toleranzen und hoher Linearität festgelegt werden.

Den Ausdruck (8.24) können wir auch in der Form

$$V' = \frac{V_0}{1 - kV_0} = \frac{V_0}{1 - V_S} \tag{8.25}$$

schreiben, was dem entspricht, was wir bei der symbolischen Systemdarstellung gewonnen haben.

8.5.2 Die Schleifenverstärkung der Anodenfolgerschaltung

Ausgehend vom Ausdruck (8.21) erhalten wir für die Schleifenverstärkung der Anodenfolgerschaltung

$$V_S = \frac{R_S}{R_S + R_F} \frac{-\mu R_a^*}{R_i + R_a^*} = \frac{R_S}{R_S + R_F} V_0 = kV_0 \, .$$

8.5.3 Die Schleifenverstärkung der Kathodenfolgerschaltung

Wir nutzen die zuvor berechneten Ergebnisse und erhalten aus offener und geschlossener Verstärkung mit (8.23) und (5.39) die Schleifenverstärkung der Kathodenfolgerschaltung. Mit

$$V' = \frac{\mu R_k}{R_i + R_k + \mu R_k}$$

und $\mu R_k = V_0 \, (R_i + R_k)$ erhalten wir mit Einsetzen

$$V' = \frac{V_0}{1 + V_0}$$

und anschließendem Vergleich

$$V_S = V_0 \quad \text{und} \quad k = -1 \, .$$

Da der Rückkopplungsfaktor den Absolutwert von eins hat, sprechen wir von *vollständiger Rückkopplung*.

8.5.4 Messtechnische und simulationstechnische Erfassung der offenen Verstärkung bei globaler Gegenkopplung

Wir diskutieren am Beispiel der Kathodenbasisschaltung mit Stromgegenkopplung eine (zumeist) einfach durchführbare Technik des Messens der offenen Verstärkung. Mit der

Kenntnis von offener und geschlossener Verstärkung können wir die Schleifenverstärkung berechnen.

Die Kathodenbasisschaltung mit Stromgegenkopplung ist die wohl am häufigsten eingesetzte Technik für lokale Rückkopplungen. Im weiteren wird in den meisten Fällen der Kathodenwiderstand einer Vorstufenröhre auch zum Einspeisen des Signals der globalen Gegenkopplung verwendet. Messtechnisch können wir, falls wir eine hochverstärkende Röhre verwenden, was in der Folge einen großen Innen- und Arbeitswiderstand ausmacht, und somit

$$R_i + R_L \gg R_k$$

gesetzt werden kann, einen Hochkapazitäts-Kathodenkondensator[13] C_k parallel zu R_k vorsehen, der die Kathodenwechselspannung kurzschließt[14] (und somit die Gegenkopplung außer Betrieb setzt, sofern die Frequenz hoch genug ist[15], bzw. die Schaltung zu einer nichtgegengekoppelten Kathodenbasisschaltung wandelt). In diesem Fall würden wir in guter Näherung eine offene Verstärkung $\widehat{V}_0$ in der Form

$$\widehat{V}_0 = \frac{-\mu R_L}{R_i + R_L} \approx \frac{-\mu R_L}{R_i + R_L + R_k} = V_0$$

erhalten, die in guter Näherung der offenen Verstärkung (8.6) entspricht. Die messtechnische Herangehensweise führt auch zu Näherungswerten für den Rückkopplungsfaktor $\widehat{k}$ und die Schleifenverstärkung $\widehat{V}_s$. Wir setzen hierfür an:

$$\hat{V}' = \frac{\widehat{V}_0 (R_i + R_L)}{R_i + R_L + (\mu + 1) R_k}$$

$$= \frac{\widehat{V}_0}{1 + \dfrac{(\mu + 1) R_k}{R_i + R_L}}$$

$$= \frac{\widehat{V}_0}{1 + \widehat{V}_0 \dfrac{(\mu + 1) R_k}{\mu R_L}} = \frac{\widehat{V}_0}{1 - \widehat{k} \widehat{V}_0} = \frac{\widehat{V}_0}{1 - \widehat{V}_s}$$

mit

$$\widehat{k} = \frac{(\mu + 1) R_k}{\mu R_L} = \frac{(\mu + 1)}{\mu} k \approx k \quad \text{für} \quad \mu \gg 1$$

$$\widehat{V}_s = -\frac{(\mu + 1) R_k}{R_i + R_L} \approx V_S \quad \text{für} \quad \mu \gg 1 \quad \text{und} \quad R_i + R_L \gg R_k \,.$$

---

[13] Hier unterscheiden sich Laborwirklichkeit und Simulation. SPICE läßt uns ohne weiteres mit Mega-Farad-Kapazitäten simulieren.

[14] Später werden wir von einer *Technik Kapazitiver Kurzschluß* sprechen.

[15] Diese Annahme ist bei der bekannten Katodyne-Phaseninverterschaltung nicht erfüllt, da Anoden- und Kathodenwiderstand (nahezu) gleich groß sind.

Wie gut die Näherung ist, soll an einem realitätsnahen Zahlenbeispiel gezeigt werden. Wir verwenden eine hochverstärkende Triode vom Typ ECC83 und setzen mit Datenblattangaben an: $\mu = 100$, $R_i = 80\,\text{k}\Omega$, $R_L = 200\,\text{k}\Omega$ und $R_k = 1\,\text{k}\Omega$. Wir erhalten $\widehat{V}_0 = -71{,}42$ und mit (8.6) $V_0 \approx V_{gA} = -71{,}17$. Wir werden wegen der guten Übereinstimmung, für die der relativ niedrige Wert des Kathodenwiderstands verantwortlich ist, diese messtechnische Herangehensweise später bei der SPICE-Simulation von Röhrenleistungsverstärkern ausnutzen, bei denen die Näherung statthaft ist, da i. a. hochverstärkende Trioden oder Pentoden an dieser Stelle (Vorstufenröhre) verwendet werden und der Katodenwiderstand, siehe später dargelegte Überlegungen, i. a. geeignet niedrig ist.

Die Einschränkungen der technischen Messung treffen für die Simulation nicht zu. Hier können wir V_{gA} aus (8.6) ohne weiteres erfassen, indem wir ohne Kondensator C_k Anoden- und Gitterspannung in ein Verhältnis zueinander setzen. Bei einer SPICE-Simulation haben wir für die Datenblatt-Betriebsspannung $U_B = 200\,\text{V}$ mit dem Trioden-Modell von Koren die Werte $\widehat{V}_0 = -74{,}26$, $V_0 \approx V_{gA} = -74{,}553$ und $\widehat{V}' = 54{,}15$ simuliert, die sogar noch besser als die Rechenergebnisse übereinstimmen.

8.6 Die globale Gegenkopplung in Audio-Röhrenverstärkern

Zunächst stellen wir uns einen global gegengekoppelten Verstärker mit einer Rückkopplungsschleife (single loop feedback) in symbolischer Darstellung vor.

In Abb. 8.11 bezeichnet V_0 die Verstärkung[16] ohne Gegenkopplung, oder kurz *offene Verstärkung*, und k die Gegenkopplungssystemfunktion, die angibt, wieviel vom Ausgangssignal U_A an den Summationsknoten am Verstärkereingang zurückgeführt wird. Alle bezeichneten Größen sind, wenn wir das Systemverhalten analytisch beschreiben wollen, Laplacetransformierte[17], d. h. rationale Laplacetransformierte, da es sich zunächst um lineare Systeme handelt. Wir lassen bei $U_E(s)$, $U_A(s)$, $V_0(s)$, $A(s)$ und $k(s)$ die Angabe der Abhängigkeit von s aus Gründen besserer Lesbarkeit immer dann entfallen, wenn es darstellungstechnisch möglich ist. Im weiteren gehen wir davon aus, dass die Teilsysteme

Abb. 8.11 Symbolische Darstellung eines Verstärkers mit einer Rückkopplungsschleife

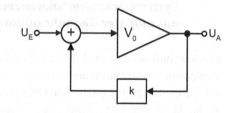

---

[16] Um den Sprachgebrauch nicht unnötig kompliziert werden zu lassen, sprechen wir von Verstärkung, auch wenn wir wissen, daß eine solche Verstärkung eine Systemfunktion im Laplace-Bereich bzw. eine Übertragungsfunktion im Fourier-Bereich ist.

[17] Deswegen verwenden wir Großbuchstaben für Spannungen und Ströme.

rückwirkungsfrei sind, d. h. der Signalfluß ist unidirektional, was mit den Pfeilspitzen angedeutet wird.

Mit der Abbildung haben wir uns nicht zum Aufbau des Verstärkers, mit dem die Verstärkung V_0 erzeugt wird, geäußert. Das ist auch nicht nötig, solange sichergestellt ist, dass der Verstärker stabil ist und seine Verstärkung gegen Null geht, wenn die Frequenz gegen unendlich – und auch gegen Null im Falle wechselgrößengekoppelter Verstärker – geht. Dieser Verstärker kann selbst aus beliebig vielen technischen Verstärkerstufen aufgebaut sein, die für sich auch wieder über Rückkopplungen verfügen können, die nicht sowohl am Verstärkerein- als auch am Verstärkerausgang angeschlossen sind (lokale Subsidiär-Rückkopplungen).

Zur Analyse dieses einfachen und gegebenenfalls reduzierten Systems führen wir ein Hilfssignal A am Ausgang des Summierknotens ein. Wir können das Systemverhalten mit zwei Gleichungen beschreiben

$$A = U_E + kU_A \qquad (8.26)$$

$$U_A = V_0 A \qquad (8.27)$$

und erhalten mit der Verbindung der beiden Gl. 8.26 und 8.27

$$U_A = V_0 \left(U_E + kU_A \right)$$

oder, unter Einbeziehung von rückgekoppelter Verstärkung und Schleifenverstärkung,

$$\frac{U_A}{U_E} = V' = \frac{V_0}{1 - kV_0} = \frac{V_0}{1 - V_S}, \quad V_S = kV_0 \,. \qquad (8.28)$$

Bei dieser Betrachtung unterscheiden wir nicht zwischen Gegenkopplung und Mitkopplung. Das Glossar zu Beginn des Kapitels enthält hierzu weitere Angaben.

8.6.1 Verbesserte Unempfindlichkeit gegen Systemparametertoleranzen beim Verstärker mit globaler Gegenkopplung

Die Annahme ist, dass die Eigenschaften des gegengekoppelten Verstärkers gegenüber Systemparametertoleranzen unabhängiger als beim nicht gegengekoppelten Verstärker sind. Wir haben dies beim einführenden Beispiel bereits für die beiden Röhrenparameter μ und R_i im Abschn. 8.2.2 verifiziert. Hier fragen wir weniger speziell und unterstellen lediglich, dass ein realisierter Verstärkungswert, hier ein Systemparameter, vom berechneten Wert V_0 abweicht, ohne hierfür konkrete Ursachen zu benennen. Sei

$$V' = \frac{V_0}{1 - kV_0}$$

die Spannungsverstärkung eines rückgekoppelten Verstärkers. Differentiation nach V_0 ergibt

$$\frac{dV'}{dV_0} = \frac{1}{(1 - kV_0)^2}$$

$$= \frac{V_0}{1 - kV_0} \frac{V_0^{-1}}{1 - kV_0}$$

$$= \frac{V'}{V_0} \frac{1}{1 - kV_0} = \Gamma^{-2}$$

oder, nach Umstellen des Ausdrucks,

$$\frac{dV'}{V'} = \frac{dV_0}{V_0} \frac{1}{1 - kV_0} = \frac{dV_0}{V_0} \frac{V'}{V_0} = \frac{dV_0}{V_0} \Gamma^{-1}.$$

So sehen wir, dass mit einer Gegenkopplung, für die $|1 - kV_0| = |\Gamma| > 1$ gilt, die Verringerung der Abhängigkeit von Systemparametern um den Faktor Γ erreicht wird. Diese Betrachtung schließt selbstverständlich eine temperaturabhängige Änderung von Systemparametern ein.

8.6.2 Rückkopplung und lineare Verzerrungen beim Verstärker mit globaler Gegenkopplung

Lineare Verzerrungen bezeichnen die Frequenzgangsverzerrungen eines Verstärkers und werden i. a. als Abweichungen des Verstärkungsmaßes über der Frequenz spezifiziert, wobei man sich auf das Verstärkungsmaß bei der Mittenfrequenz $f = 1$ kHz bezieht. Das Pflichtenheft 3/5 des IRT [Irt95] spezifiziert für Anlagen der Tonstudiotechnik Sollwerte und Toleranzen für logarithmierte Betragsfrequenzgangsabweichungen:

- $+0,5$ dB$/ - 0,5$ dB für das Frequenzintervall von 63 Hz bis 12,5 kHz,
- $+1,0$ dB$/-1,0$ dB für die beiden Frequenzintervalle von 40 Hz bis 63 Hz und 12,5 kHz bis 15 kHz,
- Sollwerte von -6 dB bei 15 Hz und -20 dB bei 100 kHz (Bandpasscharakteristik).

Zulässige Abweichungen für den Phasenfrequenzgang sind meist nur vage formuliert. Im IRT-Pflichtenheft finden wir den (nicht sehr aufschlussreichen) Satz: *Die Phasendifferenz zwischen zwei gleich konfigurierten Wegen soll incl. Entzerrer im gesamten Frequenzbereich sein* $\Delta\varphi \leq 15°$. Diese Definition lässt sich beispielsweise auf Stereo-Verstärker anwenden. Aber was bedeutet das, wenn nur ein Verstärker entwickelt wird. Soll man dann, bezogen auf die Phase bei $f_M = 1$ kHz, eine maximale Phasenabweichung von beispielsweise $\pm 7,5°$ zwischen 20 Hz und 20 kHz zulassen? Manchmal findet man stattdessen auch Angaben zu zulässigen Gruppenlaufzeitabweichungen [Bla78], die uns beim Bau von Röhrenverstärkern auch „ein wenig ratlos zurücklassen".

Eine Gegenkopplung verringert die linearen Verstärkerverzerrungen. Um diese Wirkung zu beschreiben, können wir auf zweierlei Weise argumentieren. Zum einen können wir, wie im Abschn. 8.2.2 zu Röhrentoleranzen und Gegenkopplung, prinzipiell den Ansatz des vorangegangenen Abschnitts benutzen und eine Verstärkungsänderung in einer Differenz dV_0 ausdrücken, die ihre Ursache in linearer Verzerrung bei einer zu $f = 1\,\text{kHz}$, der akustischen Mitte, geänderten Frequenz hat. Wir haben im vorangegangenen Abschnitt gezeigt, dass die relative Änderung um die Verstärkungsreduktion verringert wird. Hierfür dient ein kleines Berechnungsbeispiel.

Beispiel 8.1 Zur Veranschaulichung des Effekts von Rückkopplungen auf lineare Verzerrungen gehen wir davon aus, dass der reelle Rückkopplungsfaktor k eines Verstärkers passend und vorzeichenrichtig für die vorgegebenen reellen Verstärkungen V_{0M} und V_M' ausgelegt wurde. Bei einer Frequenz $\omega^* \neq \omega_M$ zeigt der Verstärker die abweichenden Verstärkungen

$$V_0(\omega^*) = V_{0M} + D \quad \text{und}$$
$$V'(\omega^*) = V_M' + D',$$

worin D und D' zwei komplexe Zahlen sind, die lineare Verzerrungen, sprich Abweichungen, repräsentieren. Ein solcher Ansatz ist sinnvoll, da er für $\omega_M = 2\pi f_M = 2\pi 1000\,\text{s}^{-1}$ die IRT-Angaben für die zulässigen Toleranzen für lineare Verzerrungen nach Logarithmierung widerspiegelt. Wir setzen für $\omega = \omega^*$ an

$$V'(\omega^*) = V_M' + D' = \frac{V_{0M} + D}{1 - k\,(V_{0M} + D)}$$

oder

$$
\begin{aligned}
D' &= \frac{V_{0M} + D}{1 - k\,(V_{0M} + D)} - \frac{V_{0M}}{1 - k\,V_{0M}} \\
&= \frac{D}{(1 - k\,(V_{0M} + D))\,(1 - k\,V_{0M})} \\
&= D\,\Gamma_M^{-1}\,(\Gamma^*)^{-1}
\end{aligned}
$$

mit

$$\Gamma^* = \frac{V_0(\omega^*)}{V'(\omega^*)} = 1 - k\,(V_{0M} + D),\ \Gamma^* \quad \text{komplexwertig.}$$

Wir können den so gewonnenen Ausdruck geeignet umschreiben und erhalten für die relative Abweichung

$$\frac{D'}{V_M'} = \frac{D}{V_{0M}}\,(\Gamma^*)^{-1}.$$

Wir sehen, dass die relative Abweichung im Falle einer Gegenkopplung um Γ^*, die Stärke der Gegenkopplung bei $\omega = \omega^*$, verringert wird. Wenn wir, und das trifft vor allem bei Bandpass-Röhrenverstärkern auch zu, von $|V'(\omega^*)| < |V_0(\omega^*)|$ ausgehen, erkennen wir, dass ebenfalls $\Gamma^* < \Gamma_M$ zutrifft. Zu ergänzen ist, dass die Verstärkungen V_{0M} und V'_M für das Rechenergebnis nicht hätten reellwertig sein müssen.

Im weiteren können wir über die Wirkung der Gegenkopplung auf die Verstärker-bandbreite bzw. Verschiebung von Verstärkergrenzfrequenzen argumentieren, denn eine Rückkopplung hat einen entscheidenden Einfluß auf die Bandbreite eines Verstärkers, wofür wir drei Rechenbeispiele und eine Bemerkung angeben wollen.

Beispiel 8.2 Wir stellen uns eine einfache direktgekoppelte Röhrenverstärkerstufe vor, die wir, nicht rückgekoppelt, als Tiefpass erster Ordnung mit der Systemfunktion

$$V_0(\omega) = \frac{V_{0M}}{1 + j\dfrac{\omega}{\omega_g}}, \quad V_{0M} = V_0(0), V_{0M} > 0,$$

modellieren. Die Verstärkung mit Rückkopplung erhalten wir für reellwertiges negatives k zu

$$
\begin{aligned}
V'(\omega) &= \frac{V_0(\omega)}{1 - kV_0(\omega)} \\[2mm]
&= \frac{V_{0M}}{1 - kV_{0M} + j\dfrac{\omega}{\omega_g}} \\[2mm]
&= \frac{V_{0M}}{1 - kV_{0M}} \frac{1}{1 + j\dfrac{\omega}{\omega_g}\dfrac{1}{1 - kV_{0M}}} \\[2mm]
&= V'_M \frac{1}{1 + j\dfrac{\omega}{\omega_g}\dfrac{1}{1 - kV_{0M}}}, \quad V'_M = \Gamma_M^{-1} V_{0M}, V'_M > 0,
\end{aligned}
$$

in der Form „reellwertiger Verstärkungsfaktor V'_M mal Frequenzgang". Wir berechnen die Grenzfrequenz ω'_g für die Verstärkerstufe mit Rückkopplung zu

$$V'(\omega) = V'_M \frac{1}{1 + j\dfrac{\omega}{\omega'_g}}, \quad \omega'_g = \omega_g (1 - kV_{0M}) = \Gamma_M \omega_g. \tag{8.29}$$

Wir sehen, dass die Verstärkerstufe mit Rückkopplung ebenfalls ein Tiefpass erster Ordnung mit der Grenzfrequenz ω'_g ist, die im Falle der Gegenkopplung größer und im Falle der Mitkopplung kleiner als ω_g ist. Für den Fall der Gegenkopplung zeigt Abb. 8.12 qualitativ diesen Zusammenhang.

Abb. 8.12 Betragsfrequenzgang am gegengekoppelten
Tiefpass-Verstärker

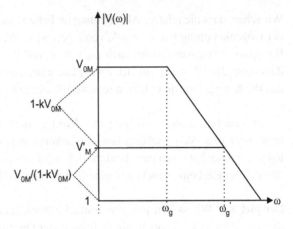

Beispiel 8.3 Wir stellen uns einen einfachen wechselgrößengekoppelten Röhrenver-
stärker vor, den wir als Bandpass zweiter Ordnung modellieren. Der Tiefpassanteil des
Bandpasses wird z. B. von den Röhrenkapazitäten und der Hochpassanteil von der RC-
Kopplung der Verstärkerstufen verursacht. Die Systemfunktion lautet

$$V_0(\omega) = V_{0M} \frac{j\omega \dfrac{2D}{\omega_m}}{\left(1 - \dfrac{\omega^2}{\omega_m^2}\right) + j\omega \dfrac{2D}{\omega_m}}. \tag{8.30}$$

Diese Übertragungsfunktion hat die Parameter:

- Mittenfrequenz: $f_m = \frac{\omega_m}{2\pi}$,
- Grenzfrequenzen: f_u und f_o, diese sind die untere und die obere Grenzfrequenzen,
- Bandbreite: $B = 2D\frac{\omega_m}{2\pi} = 2Df_m = f_o - f_u$,
- Zusammenhang zwischen Mittenfrequenz und Grenzfrequenzen: $f_m = \sqrt{f_u f_o}$,
- Bezugsverstärkung: $V_0(\omega_m) = V_{0M}$, $V_{0M} > 0$, $V'(\omega_m) = V'_M$, $V'_M > 0$.

Der Verstärker erhält eine Rückkopplung mit einem reellwertigen negativen Rückkopplungsfaktor k. Wir erhalten für die rückgekoppelte Verstärkung mit $(1 - kV_{0M}) = \Gamma_M > 0$

$$V'(\omega) = \frac{V_0(\omega)}{1 - kV_0(\omega)}$$

$$= \frac{V_{0M}\, j\omega \dfrac{2D}{\omega_m}}{\left(1 - \dfrac{\omega^2}{\omega_m^2}\right) + j\omega \left(\dfrac{2D}{\omega_m} - kV_{0M}\dfrac{2D}{\omega_m}\right)}$$

$$= \frac{V_{0M}\, j\omega \dfrac{2D}{\omega_m}}{\left(1 - \dfrac{\omega^2}{\omega_m^2}\right) + j\omega(1 - kV_{0M})\dfrac{2D}{\omega_m}}$$

$$= \frac{V_{0M}}{1 - kV_{0M}} \frac{j\omega(1 - kV_{0M})\dfrac{2D}{\omega_m}}{\left(1 - \dfrac{\omega^2}{\omega_m^2}\right) + j\omega(1 - kV_{0M})\dfrac{2D}{\omega_m}}$$

$$= \frac{V_{0M}}{1 - kV_{0M}} \frac{j\omega\Gamma_M \dfrac{2D}{\omega_m}}{\left(1 - \dfrac{\omega^2}{\omega_m^2}\right) + j\omega\Gamma_M \dfrac{2D}{\omega_m}}$$

$$= V_M' \frac{j\omega \dfrac{2D'}{\omega_m}}{\left(1 - \dfrac{\omega^2}{\omega_m^2}\right) + j\omega \dfrac{2D'}{\omega_m}}, \quad V_M' = \Gamma_M^{-1} V_{0M}, \quad D' = \Gamma_M D .$$

Bei der Auswertung des Ausdrucks erkennen wir:

- Die Mittenfrequenz f_m bleibt unverändert,
- Die Verstärkung bei der Mittenfrequenz wird zu

$$V'(\omega_m) = V_M' = \Gamma_M^{-1} V_{0M} = \Gamma_M^{-1} V_0(\omega_m) .$$

Für $1 - kV_{0M} = \Gamma_M > 1$ liegt Gegenkopplung und damit Reduktion der Verstärkung vor.

- Die Bandbreite $B \sim D$ wird mit Γ_M verändert. Sie wird im Falle der Gegenkopplung wegen $\Gamma_M > 1$ größer.

Beispiel 8.4 Im Beispiel 8.1 haben wir die lineare Verzerrung für komplexwertige Abweichungen von den mittleren Verstärkungsfaktoren $V_0(\omega_M)$ und $V'(\omega_M)$ berechnet. Mit den Beispielen 8.2 und 8.3 haben wir die Verstärker als Tief- und Bandpasssysteme angesehen. Davon ausgehend können wir die linearen Verzerrungen für Frequenzen ω^* in der Umgebung von ω_M auch getrennt nach Betrag und Phase untersuchen. Hierzu gehen wir vom Tiefpasssystem mit $\omega_M = 0$ und $V_{0M} > 0$ aus und schließen damit das Bandpasssystem mit $\omega^* > \omega_M$ ein. Wir setzen mit

$$V_{(.)}(\omega) = M_{(.)}(\omega)e^{j\beta_{(.)}(\omega)}$$

für Betrags- und Phasenfrequenzgänge an

$$M_0(\omega) = \frac{V_{0M}}{\sqrt{1 + \left(\dfrac{\omega}{\omega_g}\right)^2}}, \quad M'(\omega) = \frac{V_M'}{\sqrt{1 + \left(\dfrac{\omega}{\Gamma_M \omega_g}\right)^2}},$$

$$\beta_0(\omega) = -\arctan\left(\frac{\omega}{\omega_g}\right), \quad \beta'(\omega) = -\arctan\left(\frac{\omega}{\Gamma_M \omega_g}\right).$$

Differenzieren nach der Frequenz ergibt

$$\frac{dM_0(\omega)}{d\omega} = \frac{-2V_{0M}\dfrac{\omega}{\omega_g^2}}{\left(1 + \left(\dfrac{\omega}{\omega_g}\right)^2\right)^{3/2}},$$

$$\frac{dM'(\omega)}{d\omega} = \frac{-2V_M'\dfrac{\omega}{\Gamma_M^2\omega_g^2}}{\left(1 + \left(\dfrac{\omega}{\Gamma_M \omega_g}\right)^2\right)^{3/2}} = \frac{-2V_{0M}\dfrac{\omega}{\Gamma_M^3\omega_g^2}}{\left(1 + \left(\dfrac{\omega}{\Gamma_M \omega_g}\right)^2\right)^{3/2}}$$

$$\frac{d\beta_0(\omega)}{d\omega} = \frac{-\dfrac{1}{\omega_g}}{1 + \left(\dfrac{\omega}{\omega_g}\right)^2}, \quad \frac{d\beta'(\omega)}{d\omega} = \frac{-\dfrac{1}{\Gamma_M \omega_g}}{1 + \left(\dfrac{\omega}{\Gamma_M \omega_g}\right)^2}.$$

Für kleine Frequenzänderungen können wir in den Ableitungen die Nennerterme mit

$$1 + \left(\frac{\omega^*}{\omega_g}\right)^2 \approx 1 \quad \text{bzw.} \quad 1 + \left(\frac{\omega^*}{\Gamma_M \omega_g}\right)^2 \approx 1$$

abschätzen. Damit erhalten wir für die Verzerrungsreduktionen die Abschätzungen

$$\frac{dM'(\omega)}{d\omega} \approx \frac{1}{\Gamma_M^3}\frac{dM_0(\omega)}{d\omega} \quad \text{und} \quad \frac{d\beta'(\omega)}{d\omega} \approx \frac{1}{\Gamma_M}\frac{d\beta_0(\omega)}{d\omega}.$$

Unter Berücksichtigung von $M'(\omega_M) = M(\omega_M)/\Gamma_M$ sehen wir, dass sich der Betragsfrequenzgangsfehler mit Γ_M^2 und der Phasenfrequenzgangsfehler mit Γ_M reduzierten.

Bemerkung Mit einer Mitkopplung lässt sich die Verstärkung vor allem um die Mittenfrequenz herum erhöhen und im Gegenzug die Bandbreite einengen. So hat man früher in der Röhrenzeit manchmal die Klirrfaktormeßgeräte gebaut, für die man möglichst schmalbandige Bandpass- oder Bandsperrenfilter benötigte. Bei einem Verstärker mit subsidiärer Mitkopplung an einer inneren Stufe ist die Einengung der Bandbreite eher kritisch zu sehen, da sich dann die Verluste an Stärke der Gegenkopplung schon bei geringerem Abstand zur Mittenfrequenz bemerkbar machen.

Eine weitere Betrachtung ist am gewählten Beispiel hilfreich. Wir ordnen dem realen Bandpassverstärker mit der Übertragungsfunktion (8.30) einen idealen Bandpassverstärker mit der Übertragungsfunktion

$$V_{0I}(\omega) = \begin{cases} V_{0M}, V_{0M} > 0, 2\pi f_u \leq |\omega| \leq 2\pi f_o, \\ 0, \text{ sonst} \end{cases}$$

so zu, dass beide Verstärker die gleiche Rauschbandbreite haben. Das bedeutet, dass beide Verstärker bei einem idealen weißen Rauschsignal die gleiche Rauschleistung passieren ließen. Dieser ideale Verstärker hat die Bandbreite B mit den Grenzfrequenzen f_u und f_o, und die Verstärkung V_{IM}, die der Verstärkung des realen Bandpassverstärkers V_M bei der Mittenfrequenz entspricht. Das Produkt aus Verstärkung und Bandbreite bezeichnen wir als *Verstärkungs-Bandbreite-Produkt* und wählen hierfür die weit verbreitete englische Bezeichnung GBW (*gain bandwidth product*). Für den idealen Verstärker gilt

$$\text{GBW: } V_{0M} B \ .$$

Im Falle des rückgekoppelten Verstärkers gilt

$$\text{GBW: } \Gamma_M B V_M' = B' V_M' = V_{0M} B, B' = \Gamma_M B \ .$$

Die Rückkopplung verändert nicht das Verstärkungs-Bandbreite-Produkt.

Im Falle der Gegenkopplung mit $\Gamma_M > 1$ werden die beiden Grenzfrequenzen des realen Bandpassverstärkers jeweils nach außen verschoben. Der Bereich mit nur geringer Übertragungsmaßabweichung vom mittleren Wert wächst somit und wir sehen die von der Gegenkopplung verursachte Linearisierung des Frequenzgangs. Im weiteren trifft dies natürlich auch auf den Phasenfrequenzgang zu, denn die starken Phasenänderungen in den Umgebungen der Grenzfrequenzen rücken ebenfalls aus dem wichtigsten, dem mittleren, Hörbereich heraus.

Analog hätten wir bereits für den Tiefpass-Verstärker aus dem Beispiel 8.2 in (8.29) argumentieren können, denn es gilt in diesem Fall

$$\text{GBW: } V_{0M} \omega_g = V_M' \omega_g' \ .$$

Die beiden Beispielsbetrachtungen beziehen sich auf „reine" Verstärkerstufen, d. h. Verstärkerstufen ohne Komponenten außerhalb der Rückkopplungsschleife. In realen Schaltungen sehen wir nicht nur reine Verstärkerstufen, sondern beispielsweise auch Kopplungsstufen, die nicht in den Rückkopplungsschleifen liegen. So können wir im Allgemeinen auch davon ausgehen, dass die Übertragungsfunktionen komplizierter sind als die

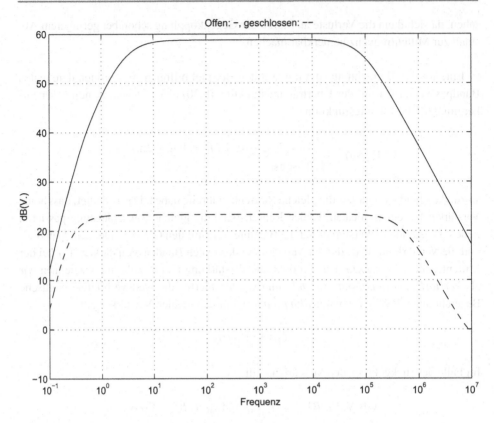

Abb. 8.13 Verstärkungsmaße ohne und mit Gegenkopplung

unserer Beispiele. Wir werden daher nur mit sehr viel Aufwand die Wirkungen der Rückkopplungen auf Verstärker-Übertragungsfunktionen berechnen können. Diese Aufgabe
ist, wie sollte es auch anders sein, am besten eine Aufgabe für einen Schaltungssimulator.
Als Beispiel für eine Simulation dient der zweistufige Verstärker in Abb. 8.32. Die erste
Simulation ist die Simulation ohne Gegenkopplung, für die wir den Widerstand R_k mit
einem parallelgeschalteten Hochkapazitäts-Kondensator für Wechselspannungen kurzgeschlossen haben[18]. Die Simulation ergab für $f = 1$ kHz eine logarithmierte Verstärkung
von 58,8 dB mit den beiden Grenzfrequenzen[19] $f_u = 3{,}37$ Hz und $f_o = 83{,}2$ kHz.

---

[18] Ideal ist diese Herangehensweise nicht, da der Verstärkerausgang wegen des Wechselgrößen-
Wegfalls von R_k anders belastet wird. Nun ist aber der Rückkopplungswiderstand R_F relativ groß
gegenüber dem Ausgangswiderstand der zweiten Verstärkerstufe, der sich aus der Parallelschaltung
von R_{a2} und dem geringen Innenwiderstand von wenigen kΩ der kräftigen Triode 12BH7A ergibt,
so daß sich der über R_k geänderte Lastanteil allenfalls unwesentlich bemerkbar macht.
[19] Die -3 dB beziehen sich auf das Verstärkungsmaß bei $f = 1$ kHz.

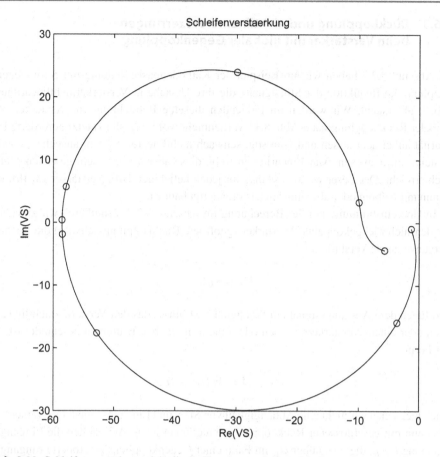

Abb. 8.14 Schleifenverstärkung, dekadische Frequenzen sind markiert

Die zweite Simulation erfolgte mit der zweifachen Gegenkopplung. Sie ergab für $f =$ 1 kHz eine logarithmierte Verstärkung von 23,3 dB mit den beiden Grenzfrequenzen $f_u =$ 0,22 Hz und $f_o = 483,2$ kHz. Die Abb. 8.13 zeigt die jeweiligen Betragsfrequenzgänge. Man sieht, dass die Gegenkopplung die logarithmierte Verstärkung um 35,5 dB, entsprechend einem Faktor von ungefähr 60, reduziert. Die beiden Grenzfrequenzen werden zwar deutlich, und dies im Sinne einer Bandbreitenvergrößerung, geändert, aber die beiden Änderungsfaktoren sind kleiner als der Änderungsfaktor der Verstärkung bei $f =$ 1 kHz. Unabhängig davon aber steht die Aussage, dass Verstärkerbandbreite durch Gegenkopplung, also auf Kosten der mittleren Verstärkung, vergrößert wird. Im weiteren zeigt Abb. 8.14 die Ortskurve der Schleifenverstärkung mit Markierungen für die dekadischen Frequenzen $f = 10^{-1}$ Hz bis $f = 10^7$ Hz.

8.6.3 Rückkopplung und nichtlineare Verzerrungen beim Verstärker mit globaler Gegenkopplung

Im Abschn. 8.2.4 haben wir am Beispiel der Kathodenbasisschaltung mit Stromgegenkopplung die Reduktion der Störsignale, die ihre Ursache in Verstärkernichtlinearitäten haben, untersucht. Wir werden im Folgenden dieselbe Betrachtung am Verstärker mit globaler Rückkopplung nach Abb. 8.11 vornehmen, wofür wir die zuletzt geforderte Linearität außer acht lassen und vom sog. schwach nichtlinearen System ausgehen, einem System, mit dem man zwar Linearität anstrebt, diese aber nur in einem gewissen Maße auch erreicht. Der Leser weiß, dass dies für jeden beliebigen HiFi-Verstärker zutrifft, ob er nun mit Röhren oder aber mit Transistoren aufgebaut ist.

In Übereinstimmung mit der Berechnung im Abschn. 8.2.4 formulieren wir zunächst für den nichtrückgekoppelten Verstärker (geöffnete Rückkopplungsschleife) die lineare, also unverzerrte Verstärkung,

$$U_A = V_0 U_E$$

und fügen dem Ausgangssignal ein Störsignal[20] D hinzu, das den Verstärkernichtlinearitäten oder einem Verstärkerrauschen oder einem möglichen Brummen geschuldet ist, in der Form

$$U_A + D = V_0 U_E + D \, .$$

Auch hier sehen wir nicht eine Abhängigkeit von Stör- und Eingangssignal. Der Verstärker wird nun mit geschlossener Rückkopplungsschleife betrieben. Wir stellen die Eingangsspannung $U_{E,R}$, die gegenüber U_E im Falle einer Gegenkopplung vergrößerte Eingangsspannung des nun rückgekoppelten Verstärkers, so ein, dass der unverzerrte Ausgangsspannungsanteil erhalten bleibt mit

$$U_{E,R} + k \, (U_A + D_R) = A \, . \tag{8.31}$$

Hier bezeichnet D_R das am Ausgang überlagerte Störsignal des rückgekoppelten Verstärkers. Das Signal A, wie wir es schon benutzt haben, ist das Summensignal am Rückkopplungsknoten, das sich aus dem Eingangssignal $U_{E,R}$ und einem rückgeführten Anteil des Ausgangssignals $U_A + D_R$ zusammensetzt. Das Signal A wird verstärkt und mit dem Störsignal D verzerrt, da ja in den beiden betrachteten Fällen, mit und ohne Rückkopplung, das Nutzausgangssignal U_A gleich groß sein soll. Hierfür setzen wir

$$U_A + D_R = V_0 A + D$$

---

[20] Entscheidend ist, daß D ein Signal ist, das nicht Bestandteil des Eingangssignals ist. Ein anschauliches Beispiel hierfür sind die Oberschwingungen, die nicht Bestandteile des Eingangssignals sind, sondern im Verstärker aufgrund von Verstärkernichtlinearitäten entstehen.

an. Wir ersetzen das Signal A mit (8.31) und erhalten

$$U_A + D_R = V_0 \left(U_{E,R} + k \left(U_A + D_R \right) \right) + D \,.$$

Wir stellen um mit

$$\left(U_A + D_R \right) \left(1 - k V_0 \right) = V_0 U_{E,R} + D$$

und erhalten

$$U_A + D_R = \frac{V_0}{1 - k V_0} U_{E,R} + \frac{D}{1 - k V_0}$$

$$= V' U_{E,R} + \frac{D}{1 - V_S}$$

mit dem für uns interessanten Ergebnis

$$D_R = \frac{D}{1 - V_S} = D \, \Gamma^{-1} \,. \tag{8.32}$$

Die Gegenkopplung reduziert die Störsignalanteile, die aufgrund von Verstärkernichtlinearitäten auftreten, in dem Maße, in dem auch die Verstärkung reduziert wird. Auf der anderen Seite würde eine Mitkopplung solche Störsignale gleichermaßen vergrößern.

Bemerkung Ein Aspekt soll der Vollständigkeit wegen nicht unerwähnt bleiben. Angenommen, ein Verstärker hat ungeradzahlige Klirrkomponenten (z. B. aufgrund der Magnetisierungskennlinie eines Übertragers oder wegen Übernahmeverzerrungen in einer Gegentaktendstufe) wie beispielsweise kubischen Klirr, den man als nichtlinear verzerrtes sinusförmiges Signal der Zeitfunktion $\sin(\omega t)$ mit

$$\sin^3(\omega t) = \frac{1}{4} \left(3 \sin(\omega t) - \sin(3 \omega t) \right)$$

ansieht. Es werden dann nicht nur Oberschwingungen dem Ausgangssignal hinzugefügt, im Beispiel der Anteil $\frac{1}{4} \sin(3 \omega t)$, sondern auch die Verstärkung des Linearanteils implizit vergrößert, im Beispiel aufgrund des Anteils $\frac{3}{4} \sin(\omega t)$, was als Erhöhung der offenen Verstärkung anzusehen ist. Die rückgekoppelte Verstärkung entspricht dann nicht mehr V' mit $U_A = V' U_{E,R}$, sondern einer ebenfalls größeren, von den Klirrkoeffizienten abhängigen Verstärkung, die man als *äquivalente Verstärkung* bezeichnet und die nicht in der vorangegangenen Betrachtung berücksichtigt wurde. Die pauschale Aussage, dass die hinzugefügten Oberschwingungen durch Gegenkopplung um die Stärke der Gegenkopplung reduziert werden, kann aber dennoch als Anhaltspunkt dienen, sofern die ungeradzahligen Klirrkoeffizienten klein genug sind, sprich von HiFi-Verstärkern die Rede ist.

Die vorstehende Betrachtung unterstellt in einem sehr allgemeinen Sinne additive Störsignale, die am Verstärkerausgang vorhanden, nicht aber Bestandteile des Eingangssignals sind. Die Störsignale können Brummen, Rauschen oder, bei sinusförmigen Eingangssignalen, Oberschwingungen und bei beliebigen, z. B. aus Einzelschwingungen zusammengesetzten, periodischen Signalen Intermodulationssignale sein. In den beiden letzten Fällen sind Verstärkernichtlinearitäten die Ursachen für das Auftreten der Störsignale, was bedeutet, dass die Störsignale erst entstehen, wenn auch Eingangssignale am Verstärker anliegen. Speziell für sinusförmige Eingangssignale lesen wir bei Crowhurst [Cro57]:

Feedback, of course, reduces the distortions at lower levels very successfully. A fact that gets overlooked, however, is that for each reduction in magnitude of distortion there is a multiplication of the order of distortion. If the basic amplifier, without feedback, generates second and third harmonic distortion, the addition of feedback may reduce the second and third components, but it will introduce fourth, sixth, and ninth components. True these are, theoretically, of very small magnitude, because the feedback works on them too.

Wir werden darauf aufmerksam gemacht, dass Verzerrungsprodukte (die Störsignale in diesem Fall) im Verstärker entstehen, rückgekoppelt und erneut linear und eben auch nichtlinear verarbeitet werden. Um diese Aussage zum einen besser zu verstehen und zum anderen um Rechenergebnisse zu erhalten, die gesichert sind, im Gegensatz zu zahlreichen vagen Spekulationen, mit denen die klangliche Überlegenheit der Röhrenverstärker gegenüber den Transistorverstärkern aufgrund vermeintlich unterschiedlicher Verzerrungscharakteristika bzw. Kennlinien der Verstärkerbauelemente herbeidiskutiert wird, folgt nun eine Analyse mit reeller Rechnung, die wir in ähnlicher Form bereits bei [Lan53] finden.

Wir gehen vom Verstärker in der Abb. 8.11 aus, dessen Nichtlinearität mit zwei Faktoren H_2 und H_3 charakterisiert wird. Es sind dies die Maße, die die quadratischen und die kubischen nichtlinearen Verzerrungen repräsentieren und aus den Kennlinien der Verstärkerbauelemente berechnet werden können. Es bezeichnen im Verstärkerausgangssignal

- H_2 das Verhältnis der Amplituden von erster Oberschwingung mit der Frequenz $2\omega_0$ zur Grundschwingung mit der Frequenz ω_0 bzw. einem Störsignal mit der doppelten Frequenz eines sinusförmigen Verstärkereingangssignals und

- H_3 das Verhältnis der Amplituden von zweiter Oberschwingung mit der Frequenz $3\omega_0$ zur Grundschwingung mit der Frequenz ω_0 bzw. einem Störsignal mit der dreifachen Frequenz eines sinusförmigen Verstärkereingangssignals.

Im weiteren nehmen wir einen (im betrachteten Frequenzbereich) *gedächtnislosen* Verstärker an, d. h., wir unterstellen den gleichen Verstärkungsfaktor V_0 für alle Grund- und alle betrachteten Oberschwingungen und vernachlässigen die Phasenlagen. Dieses Vereinfachen ist im mittleren Frequenzbereich, wie wir es bereits wissen, durchaus statthaft, zumal es die prinzipiellen Aussagen nicht verfälscht. Wir führen im Unterschied zu den Frequenzbereichsberechnungen in diesem Kapitel eine Zeitbereichsrechnung aus und setzen für das Eingangssignal

$$u_E(t) = \widehat{u}_{E0} \cos(\omega_0 t)$$

an. Für das Ausgangssignal, von dem wir nur die Grundschwingung, die erste und die zweite Oberschwingung mit den Frequenzen $2\omega_0$ und $3\omega_0$ betrachten, setzen wir

$$u_A(t) = \widehat{u}_{A0}\cos(\omega_0 t) + \widehat{u}_{A2}\cos(2\omega_0 t) + \widehat{u}_{A3}\cos(3\omega_0 t) \qquad (8.33)$$

an. Am Ausgang des Signalsummierers liegt die Spannung

$$a(t) = \widehat{u}_{E0}\cos(\omega_0 t) + k\left(\widehat{u}_{A0}\cos(\omega_0 t) + \widehat{u}_{A2}\cos(2\omega_0 t) + \widehat{u}_{A3}\cos(3\omega_0 t)\right)$$

an. Der Verstärker erzeugt einen linear verarbeiteten Ausgangsspannungsanteil

$$
\begin{aligned}
u_{A,L}(t) &= V_0 a(t) \\
&= V_0 \widehat{u}_{E0}\cos(\omega_0 t) + V_0 k\left(\widehat{u}_{A0}\cos(\omega_0 t) + \widehat{u}_{A2}\cos(2\omega_0 t) + \widehat{u}_{A3}\cos(3\omega_0 t)\right) \\
&= V_0 \left((\widehat{u}_{E0} + k\widehat{u}_{A0})\cos(\omega_0 t) + k\widehat{u}_{A2}\cos(2\omega_0 t) + k\widehat{u}_{A3}\cos(3\omega_0 t)\right)
\end{aligned}
$$

und einen wegen der nichtlinearen Verzerrungen entstehenden Anteil

$$
\begin{aligned}
u_{A,NL}(t) &= H_2 V_0 \left(\widehat{u}_{E0} + k\widehat{u}_{A0}\right)\cos(2\omega_0 t) + H_3 V_0 \left(\widehat{u}_{E0} + k\widehat{u}_{A0}\right)\cos(3\omega_0 t) \\
&\quad + H_2 k\widehat{u}_{A2}\cos(4\omega_0 t) + H_2 k\widehat{u}_{A3}\cos(6\omega_0 t) \\
&\quad + H_3 k\widehat{u}_{A2}\cos(6\omega_0 t) + H_3 k\widehat{u}_{A3}\cos(9\omega_0 t)\,.
\end{aligned}
$$

In der ersten Zeile sehen wir die verzerrte Grundschwingung und in der zweiten und dritten Zeile die verzerrten Oberschwingungen. Die Spannungsanteile $u_{A,L}(t)$ und $u_{A,NL}(t)$ werden überlagert, wobei wir wegen der besseren Übersichtlichkeit die „verzerrten Verzerrungen" als *höhere Oberschwingungen* zusammenfassen

$$
\begin{aligned}
u_A(t) &= u_{A,L}(t) + u_{A,NL}(t) \\
&= V_0 \left(\widehat{u}_{E0} + k\widehat{u}_{A0}\right)\cos(\omega_0 t) \\
&\quad + \left(V_0 k\widehat{u}_{A2} + H_2 V_0 \left(\widehat{u}_{E0} + k\widehat{u}_{A0}\right)\right)\cos(2\omega_0 t) \\
&\quad + \left(V_0 k\widehat{u}_{A3} + H_3 V_0 \left(\widehat{u}_{E0} + k\widehat{u}_{A0}\right)\right)\cos(3\omega_0 t) \\
&\quad + \text{höhere Oberschwingungen.}
\end{aligned}
$$

Wir vergleichen diesen Ausdruck mit unserem Ansatz (8.33) und erhalten für Grundschwingung sowie erste und zweite Oberschwingung:

- **Grundschwingung** (Grundfrequenz)

$$\widehat{u}_{A0} = V_0 \left(\widehat{u}_{E0} + k\widehat{u}_{A0}\right)$$

oder

$$\widehat{u}_{A0} = \frac{V_0 \widehat{u}_{E0}}{1 - kV_0}\,. \qquad (8.34)$$

- **Erste Oberschwingung** (zweifache Grundfrequenz)

$$\widehat{u}_{A2} = V_0 k \widehat{u}_{A2} + H_2 V_0 \left(\widehat{u}_{E0} + k \widehat{u}_{A0} \right)$$

oder einen Ausdruck, in dem wir aus (8.34) den Zusammenhang $V_0 \widehat{u}_{E0} = (1 - kV_0)$ $\widehat{u}_{A0}$ einsetzen,

$$\begin{aligned} \widehat{u}_{A2} \left(1 - V_0 k \right) &= H_2 V_0 \widehat{u}_{E0} + H_2 V_0 k \widehat{u}_{A0} \\ &= H_2 \left(1 - kV_0 \right) \widehat{u}_{A0} + H_2 V_0 k \widehat{u}_{A0} \\ &= \widehat{u}_{A0} \left(H_2 \left(1 - kV_0 \right) + H_2 V_0 k \right) . \end{aligned} \quad (8.35)$$

Umschreiben ergibt den gewünschten Ausdruck

$$\frac{\widehat{u}_{A2}}{\widehat{u}_{A0}} = H_2 \frac{1}{1 - kV_0} = H_2 \Gamma^{-1} = H_2' ,$$

worin H_2' einen Verzerrungsfaktor des gegengekoppelten Verstärkers darstellt.
- **Zweite Oberschwingung** (dreifache Grundfrequenz)

$$\widehat{u}_{A3} = V_0 k \widehat{u}_{A3} + H_3 V_0 \left(\widehat{u}_{E0} + k \widehat{u}_{A0} \right) ,$$

was wir, analog zur Berechnung der ersten Oberschwingung in (8.35), in der Form

$$\frac{\widehat{u}_{A3}}{\widehat{u}_{A0}} = H_3 \frac{1}{1 - kV_0} = H_3 \Gamma^{-1} = H_3'$$

schreiben können, worin H_3' einen Verzerrungsfaktor des gegengekoppelten Verstärkers darstellt.

Wir erkennen zweierlei. Zum einen sehen wir, dass die Verzerrungsfaktoren bei Gegenkopplung um den bekannten Ausdruck $\Gamma = (1 - kV_0)$ verringert werden, was auch bereits für den allgemeineren Fall in (8.32) formuliert wurde. Zum anderen sehen wir, dass, auch wenn ein Verstärker nur quadratischen und kubischen Klirr erzeugen sollte, wegen der Gegenkopplung höhere Oberschwingungen auftreten als im nicht gegengekoppelten Betrieb.

8.6.3.1 Abhängige und unabhängige nichtlineare Verzerrungen

In den vorangegangenen Betrachtungen zu Gegenkopplung und nichtlinearen Verzerrungen haben wir den Verstärker von außen betrachtet und unterstellt, dass eine wie auch immer entstandene Störspannung der Ausgangsspannung überlagert wird. Wenn wir aber in einen Verstärker hineinschauen, müssen wir zwei unterschiedliche Arten nichtlinearer Verzerrungen und sich aus ihnen ergebender Störspannungen betrachten. Die Abb. 8.15 zeigt symbolisch die beiden relevanten Fälle.

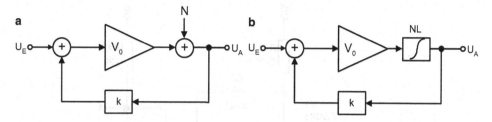

Abb. 8.15 **a** Unabhängige Störsignale N und **b** nichtlineare Verzerrungen NL

Der zweite Fall ist nur mit erheblichem Aufwand zu analysieren. Ein Ergebnis einer Analyse ist die durch Gegenkopplung verursachte *Linearisierung der Kennlinie*. Bei Peters [Pet54] finden wir hierzu ein ausgearbeitetes Beispiel für die Reihenschaltung eines Widerstands mit einem *Trockengleichrichterelement*. Wir werden jetzt nicht die Unternehmung starten, für einen fiktiven Verstärker und eine Taylorreihenentwicklung der Nichtlinearität NL die Wirkung der Gegenkopplung im Allgemeinen zu berechnen, sondern ziehen es vor, die entsprechenden zusammenfassenden Sätze von Peters zu zitieren:

Alle Fehler eines Verstärkers außer den linearen Fehlern können durch Ersatzgeneratoren dargestellt werden. Dabei sind zwei Arten zu unterscheiden, solche, die durch die Nutzspannung gesteuert werden und nicht gesteuerte Ersatzgeneratoren. Durch gesteuerte Ersatzgeneratoren können dargestellt werden: a nichtlineare Verzerrungen, b auf die Nutzspannung aufmodulierte Störspannungen, c Verstärkungsschwankungen. Nicht gesteuerte Störspannungen zerfallen in Eigenstörungen, die innerhalb des Verstärkers entstehen (Röhrenrauschen, Widerstandsrauschen), und von außen eindringende Störspannungen (Netzbrummen, Übersprechen aus anderen Übertragungssystemen). Die Gegenkopplung senkt die nicht gesteuerte Störspannung um denselben Faktor wie die Nutzspannung, während die gesteuerte Störspannung mit dem Quadrat des Gegenkopplungsfaktors fällt. Setzt man voraus, dass die Nutzeingangsspannung um den Verstärkungsverlust erhöht wird, so sind die nicht gesteuerten Störspannungen relativ um den Gegenkopplungsfaktor geringer geworden. Die gesteuerten Störspannungen sind relativ ebenfalls um den Gegenkopplungsfaktor gefallen, wenn sie von vornherein klein in Bezug auf die Nutzspannung waren.

Im Resultat gilt in beiden Fällen der Satz mit der Reduktion um die Stärke der Gegenkopplung, und daher können wir uns auf die vereinfachende Sicht auf den Verstärker von außen beschränken.

8.6.3.2 Simulationsbeispiel für eine globale Spannungs-Spannungsgegenkopplung

Als Beispiel für eine Schaltung mit globaler Spannungs-Spannungsgegenkopplung wählen wir den zweistufigen Verstärker in Abb. 8.16. Dieser Verstärker verfügt über zwei Gegenkopplungen, eine lokale Subsidiär-Stromgegenkopplung für die erste Triode, die für die nachfolgende Betrachtung ohne Bedeutung ist, und eine globale Spannungs-Spannungsgegenkopplung von der Anode der zweiten Triode zum Gegenkopplungssummier-

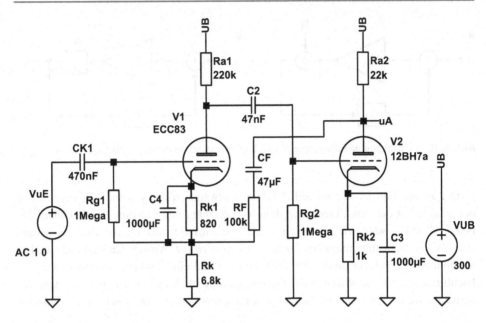

Abb. 8.16 Simulationsschaltung mit Gegenkopplung

knoten an der Kathodenbeschaltung der ersten Röhre. Wir fassen den Verstärker dann als einstufigen Verstärker mit der offenen Verstärkung

$$V_0 = \frac{V_{01}}{1 - k_1 V_{01}} V_{02} = V_1' V_{02} \tag{8.36}$$

auf, worin V_{01} die offene Verstärkung der ersten Verstärkerstufe und V_{02} die offene Verstärkung der zweiten Verstärkerstufe darstellen. Mit k_1 wird die Stromgegenkopplung der ersten Stufe (lokale Subsidiär-Stromgegenkopplung) berücksichtigt. In den Simulationen erreichen wir dies in guter Näherung durch Hinzufügen einer großen Induktivität L_F in Reihe zum Widerstand R_F. Verwendet wird die SPICE .AC-Analyse. Die beiden Simulationsschaltungen für die Messung der Spannungsverstärkung zeigen die Abb. 8.16 und 8.17. Die Messungen der Ausgangswiderstände werden mit den beiden Simulationen in den Abb. 8.18 und 8.19 durchgeführt. Hierzu wird eine Wechselspannungsquelle einer .AC-Analyse an den Schaltungsausgang mit einem großen Koppelkondensator angelegt. Der Schaltungseingang wird kurzgeschlossen. Wenn der Ausgangswiderstand als Quotient von Anodenspannung an der zweiten Triode vom Type 12BH7A und dem Strom, der von der am Ausgang angeschlossenen Quelle errechnet wird, dann sind die Kapazität des Koppelkondensators und der Wert der Spannung der Wechselspannung bedeutungslos. Die Abb. 8.20 zeigt die frequenzabhängigen Verläufe der Ausgangswiderstände (Beträge der Impedanzen, Scheinwiderstände) mit und ohne Gegenkopplung. Es ist gut zu erkennen,

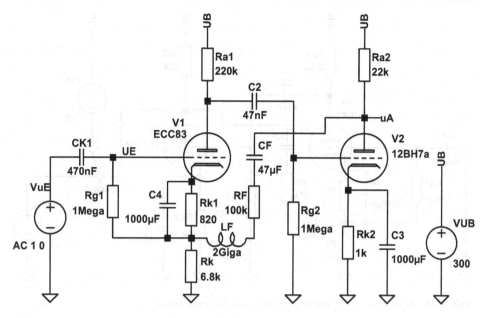

Abb. 8.17 Simulationsschaltung ohne Gegenkopplung

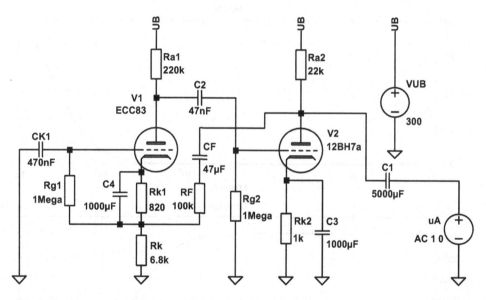

Abb. 8.18 Messung des Ausgangswiderstands mit Gegenkopplung

dass der Ausgangswiderstand im gegengekoppelten Fall für hohe Frequenzen gegen den Wert des Ausgangswiderstands im nichtgegengekoppelten Fall strebt (bei 1 MHz ist fast Gleichheit erreicht), was sich durch den frequenzabhängigen Verlust an gegengekoppelter

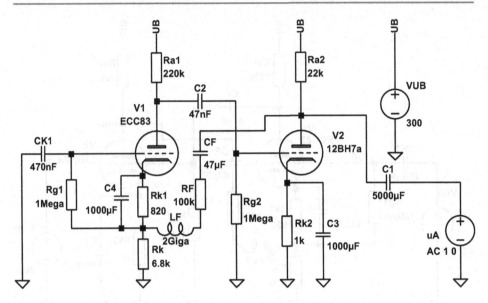

Abb. 8.19 Messung des Ausgangswiderstands ohne Gegenkopplung

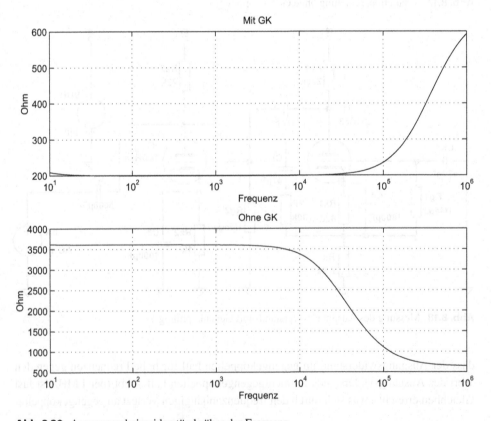

Abb. 8.20 Ausgangsscheinwiderstände über der Frequenz

Tab. 8.2 Leerlaufverstärkung und Ausgangswiderstand

	Mit Spg.-Gegenkoppl.	Ohne Spg.-Gegenkoppl.
Leerl.-Verstärkung	14,7	253,9
Ausgangswiderstand	200 Ω	3,6 kΩ

Verstärkung leicht erklären lässt. Die Tab. 8.2 faßt die Werte von Leerlaufspannungsverstärkung und Ausgangswiderstand zusammen, die für eine Frequenz von $f = 1\,\text{kHz}$ gemessen wurden. Offensichtlich ist der Ausgangswiderstand in Übereinstimmung mit der Theorie durch die Spannungsgegenkopplung kleiner geworden. Auch die beiden Faktoren

$$\hat{\Gamma} = \frac{\hat{V}_0}{\hat{V}'} \approx \frac{253,9}{14,7} = 17,27 \quad \text{und} \quad \hat{\Gamma} = \frac{\hat{R}_{A0}}{\hat{R}'_A} \approx \frac{3,6\,\text{k}\Omega}{200\,\Omega} = 18$$

zeigen gute Übereinstimmung zwischen Simulation und Berechnung.

8.7 Subsidiär-Rückkopplungen in Audio-Röhrenverstärkern

Subsidiär-Rückkopplungen sind lokale Rückkopplungen innerhalb eines global gegengekoppelten mehrstufigen Verstärkers. Die globale Gegenkopplungsschleife bestimmt das Gesamtverhalten des Verstärkers zwischen Ein- und Ausgang im wesentlichen. Subsidiär-Rückkopplungen unterstützen die globale Gegenkopplung in unterschiedlichen Weisen:

- Mit einer Subsidiär-Gegenkopplung lässt sich auf Kosten eines Verstärkungsüberschusses die Stufen-Bandbreite erhöhen, was sich dann gegebenenfalls erhöhend auf die Bandbreite der globalen Gegenkopplung oder reduzierend auf mögliche Verstärkungsüberhöhungen (siehe Abschn. 8.7.2) auswirkt.

- Mit einer Subsidiär-Mitkopplung lässt sich der Verstärkungsüberschuss zur Nutzung durch die globale Gegenkopplung um die mittlere Frequenz herum erhöhen. Im Effekt erhöht dies dann auch die Stärke der globalen Gegenkopplung.

- Subsidiär-Gegenkopplungen lassen sich auch zur Frequenzgangskorrektur nutzen, mit der Stabilität global gegengekoppelter Verstärker erreicht werden kann. Ordnet man beispielsweise eine kleine Kapazität zwischen Anode und Steuergitter einer Verstärkerstufe mit Spannungsverstärkung an, so lässt sich unter Nutzung des Millereffekts (Verstärkung der Kapazität) eine Tiefpass-Frequenzgangskorrektur aufbauen (*miller compensation*).

- Beim stark global gegengekoppelten Verstärker sollte die Gegenkopplungsstärke aus Gründen der Sicherstellung von Stabilität nicht durch Exemplarstreuungen der Verstärkerröhren (Austausch von Röhren wegen Alterung oder Beschädigung) übermäßig beeinflußt werden. Dies lässt sich am einfachsten durch Subsidiär-Gegenkopplungen erreichen.

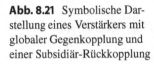

Abb. 8.21 Symbolische Darstellung eines Verstärkers mit globaler Gegenkopplung und einer Subsidiär-Rückkopplung

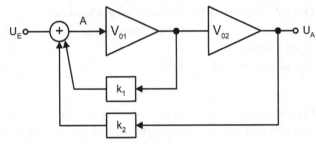

Zugrunde liegt in der ersten Betrachtung das System nach Abb. 8.21. Wir erkennen eine innere Schleife mit lokaler Rückkopplung über k_1, der Subsidiär-Rückkopplung, um den ersten Verstärker mit der offenen Verstärkung V_{01} und der Schleifenverstärkung $V_{S1} = k_1 V_{01}$. Dann erkennen wir eine äußere Schleife mit globaler Gegenkopplung über k_2. Unter der realitätsnahen Voraussetzung, dass die globale Gegenkopplung die wichtige Rückkopplung sein sollte, da sie den in der Endstufe, hier die zweite Stufe, entstehenden Verzerrungen entgegenwirkt, ist die Subsidiär-Rückkopplung in zweierlei Weise zu verstehen:

- In der Praxis bietet die Kathodenbeschaltung der ersten Verstärkerröhre wie in Abb. 8.16 einen gut zugänglichen Punkt zur Einspeisung des globalen Gegenkopplungssignals. So gesehen ist die Subsidiär-Rückkopplung, die eine Konsequenz der Art der Einspeisung des Global-Gegenkopplungs-Signals ist, unerwünscht, da sie die Stärke der globalen Gegenkopplung vermindert.
- Die Subsidiär-Rückkopplung kann aber die Sicherstellung von Verstärkerstabilität durch weitestgehend „phasenneutrale" Reduktion der äußeren Schleifenverstärkung vereinfachen, was wir später noch einmal aufgreifen werden.

Die Rückkopplungstechnik eines Verstärkers nach Abb. 8.16 ist als typisch anzusehen. Ein dies unterstreichendes Zitat finden wir bei Peters [Pet54]:

Die praktische Bedeutung der viel angewendeten Gegenkopplung auf die Kathode der Vorröhre liegt in ihrer Einfachheit und in ihrer Stabilität. Außerdem sind praktisch nicht selten gerade zwei Röhren für den geforderten Zweck ausreichend, nämlich eine Vorröhre und eine Endröhre, während die für die Herstellung der richtigen Polung erforderliche ungerade Röhrenzahl entweder keine zufriedenstellende Lösung (1 Röhre) oder einen zu hohen Aufwand (3 Röhren) bedeutet. Nimmt man aber bei der Zwei-Röhren-Schaltung eine Phasentauschung mit Hilfe eines Übertragers vor, so entsteht auf jeden Fall ein Stabilisierungsverlust, weil die durch den Übertrager unvermeidlich entstehende zusätzliche Phasendrehung wieder aufgehoben werden muß. Dann ist einer einfachen Schaltung mit wenig Schaltelementen in vielen praktischen Fällen der Vorzug zu geben, obwohl sie wegen der zweifachen Gegenkopplung nicht „optimal" ist.

Zunächst müssen wir die Rückkopplungsstruktur analysieren. Wir lesen mit einem Hilfssignal A am Ausgang des Summierers aus dem Bild ab

$$A = U_E + k_1 V_{01} A + k_2 U_A$$
$$U_A = V_{01} V_{02} A$$

und erhalten durch Zusammenfassen

$$U_A = V_{01} V_{02} \frac{U_E + k_2 U_A}{1 - k_1 V_{01}}$$

und schließlich

$$V' = \frac{U_A}{U_E} = \frac{\dfrac{V_{01} V_{02}}{1 - k_1 V_{01}}}{1 - \dfrac{k_2 V_{01} V_{02}}{1 - k_1 V_{01}}}$$

$$= \frac{V_{01} V_{02}}{1 - k_1 V_{01} - k_2 V_{01} V_{02}} . \tag{8.37}$$

Den Ausdruck (8.37) müssen wir interpretieren. Wir gehen davon aus, dass beide Rückkopplungen als Gegenkopplungen wirken. Für die Stärke der globalen Gegenkopplung setzen wir, unter der Voraussetzung sich nicht in Abhängigkeit der Subsidiärrückkopplung ändernder rückgekoppelter Verstärkung V', für den Fall $k_1 = 0$ die Beziehung

$$\Gamma_{k_1 = 0} = |1 - k_2^* V_{01} V_{02}|$$

und für den Fall, dass beide Gegenkopplungen wirken, die Beziehung

$$\Gamma = |1 - k_1 V_{01} - k_2 V_{01} V_{02}|$$

an mit

$$k_2^* = k_2 + \frac{k_1}{V_{02}} .$$

Abbildung 8.22 zeigt wegen der Vollständigkeit die beiden weiteren Möglichkeiten, einen zweistufigen, global rückgekoppelten Verstärker unterschiedlich lokal, d. h. subsidiär rückzukoppeln. Diese beiden Möglichkeiten sind aber für unsere Röhrenverstärker von geringer Bedeutung, zumal die Zielsetzung starker globaler Gegenkopplung so nicht „gut" erfüllt wird.

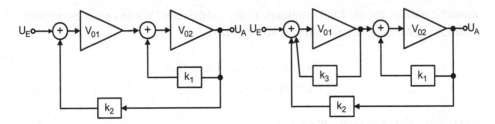

Abb. 8.22 Zweistufige Verstärker mit globaler Gegenkopplung und möglichen Subsidiär-Rück-kopplungen

8.7.1 Einfluß von Verstärkungsfaktor-Toleranzen beim Verstärker mit Subsidiär-Rückkopplung

Zur Untersuchung des Einflusses von Verstärkungsfaktor-Toleranzen müssen wir nun die Abhängigkeit der rückgekoppelten Verstärkung von den zwei inneren offenen Verstärkungen V_{01} und V_{02} berücksichtigen, wofür wir den Gradienten

$$\nabla V' = \begin{pmatrix} \dfrac{\partial V'}{\partial V_{01}} \\ \dfrac{\partial V'}{\partial V_{02}} \end{pmatrix}$$

mit der rückgekoppelten Verstärkung V' in (8.37) berechnen. Die beiden Gradientenkomponenten gewinnen wir mit einfacher Differentiation. Ausgehend von

$$V' = \frac{V_{01} V_{02}}{1 - k_1 V_{01} - k_2 V_{01} V_{02}} = \frac{V_{01} V_{02}}{1 - V_{S1} - V_{S2}} = \frac{V_{01} V_{02}}{1 - V_S}$$

berechnen wir zunächst

$$\begin{aligned}
\frac{\partial V'}{\partial V_{01}} &= \frac{V_{02} \left(1 - k_1 V_{01} - k_2 V_{01} V_{02}\right) + \left(k_1 + k_2 V_{02}\right) V_{01} V_{02}}{\left(1 - k_1 V_{01} - k_2 V_{01} V_{02}\right)^2} \\
&= \frac{1}{V_{01}} \frac{V_{01} V_{02}}{1 - k_1 V_{01} - k_2 V_{01} V_{02}} \frac{1}{1 - k_1 V_{01} - k_2 V_{01} V_{02}} \\
&= \frac{1}{V_{01}} V' \frac{1}{1 - V_S} \,.
\end{aligned}$$

Umstellen führt zu

$$\frac{\partial V'}{V'} = \frac{\partial V_{01}}{V_{01}} \frac{1}{1 - V_S} = \frac{\partial V_{01}}{V_{01}} \frac{V'}{V_{01}} = \frac{\partial V_{01}}{V_{01}} \Gamma_1^{-1} \,.$$

In gleicher Weise berechnen wir die zweite Komponente

$$\frac{\partial V'}{\partial V_{02}} = \frac{V_{01}\,(1 - k_1 V_{01} - k_2 V_{01} V_{02}) + k_2 V_{01}^2 V_{02}}{(1 - k_1 V_{01} - k_2 V_{01} V_{02})^2}$$

$$= \frac{1}{V_{02}}\,\frac{V_{01} V_{02}}{1 - k_1 V_{01} - k_2 V_{01} V_{02}}\,\frac{1 - k_1 V_{01}}{1 - k_1 V_{01} - k_2 V_{01} V_{02}}$$

$$= \frac{1}{V_{02}}\,V'\,\frac{1 - k_1 V_{01}}{1 - V_S}\,.$$

Umstellen führt zu

$$\frac{\partial V'}{V'} = \frac{\partial V_{02}}{V_{02}}\,\frac{1 - k_1 V_{01}}{1 - V_S} = \frac{\partial V_{02}}{V_{02}}\,\frac{1 - V_{S1}}{1 - V_S} = \frac{\partial V_{02}}{V_{02}}\,\Gamma_2^{-1}\,,\quad |\Gamma_2| < |\Gamma_1|\,.$$

Das Ergebnis fällt wie zu erwarten aus, indem beide Ausdrücke differieren. Wenn im inneren Verstärker eine Gegenkopplung vorliegt, und das wird meist der Fall sein, dann gilt

$$|1 - V_{S1}| > 1\,.$$

Das bedeutet, dass die Verstärkungsabweichung im zweiten Verstärker um eben den Gegenkopplungsbetrag, dieser entspricht dem Faktor, um den die offene Verstärkung bei Gegenkopplung reduziert wird, weniger „ausgeregelt" wird, als eine Verstärkungsabweichung im ersten Verstärker. Das ist leicht einzusehen, da das Eingangssignal des ersten Verstärkers zwei rückgeführte Signale erhält. Dennoch gibt dieses Ergebnis Anlass zu einer weiterreichenden Betrachtung. Aus der Perspektive der Verstärkungsabweichungen sollte man den ersten Verstärker möglichst nicht gegenkoppeln, oder, allenfalls nur sehr wenig gegenkoppeln. Auf der anderen Seite werden wir im nächsten Kapitel sehen, dass eine größere lokale Gegenkopplung wegen der damit verbundenen Aufweitung der Stufenbandbreite nützlich im Hinblick auf die Stabilität des global gegengekoppelten Verstärkers ist.

8.7.2 Lineare Verzerrungen beim Verstärker mit Subsidiär-Rückkopplung

Statt einer aufwendigen und im Ergebnis nur wenig anschaulichen Berechnung der Wirkung einer Gegenkopplung auf lineare Verstärkerverzerrungen, wie wir es im Abschn. 8.6.2 am Beispiel einer Rückkopplungsschleife durchgeführt haben, wollen wir hier eine Rechnersimulation heranziehen und am Ergebnis aufzeigen, dass man zwar im mittleren Frequenzbereich die gewünschte Verminderung der linearen Verzerrungen erreicht, an den Übertragungsgrenzen hingegen manchmal recht unerfreuliche Frequenzgangsverzerrungen hinnehmen muß, gegen die dann mit weiteren Maßnahmen vorzugehen ist.

Für die beiden Verstärker V_1 und V_2 in der Abb. 8.21, wir werden sie, ihre Funktionen berücksichtigend, als *Vor-* und *Endverstärker* bezeichnen, haben wir zwei Bandpassverstärker angesetzt. Der Vorverstärker hat eine größere Bandbreite und eine in der

Frequenzbereichsmitte größere Verstärkung als der Endverstärker, wie es z. B. bei einem Röhren(leistungs)verstärker auch üblich ist. Die Grenzfrequenzen des Endverstärkers sind gegenüber denen des Vorverstärkers bandbreiteneinengend um jeweils eine Oktave verschoben worden, damit beide Verstärker dieselbe Mittenfrequenz, das harmonische Mittel von unterer und oberer Grenzfrequenz, aufweisen.

Vorverstärker:

- Mittenfrequenz $f_{m1} = f_M = 1\,\text{kHz}$,
- Untere Grenzfrequenz $f_{u1} = 100\,\text{Hz}$
- Obere Grenzfrequenz $f_{o1} = 10\,\text{kHz}$,
- Verstärkungsfaktor bei der Mittenfrequenz $V_{01M} = 1000$.

Endverstärker:

- Mittenfrequenz $f_{m2} = f_M = 1\,\text{kHz}$,
- Untere Grenzfrequenz $f_{u2} = 200\,\text{Hz}$
- Obere Grenzfrequenz $f_{o2} = 5\,\text{kHz}$,
- Verstärkungsfaktor bei der Mittenfrequenz $V_{02M} = 100$.

Der Vorverstärker soll mit einer Subsidiär-Gegenkopplung bei der Mittenfrequenz f_M auf eine Verstärkung von 100 eingestellt werden, was mit

$$|1 - k_1 V_{01M}| = |1 - 1000k_1| = 10 = \Gamma_1$$

für $k_1 = -0{,}009$ erreicht wird. Der gesamte Verstärker soll mit der globalen Gegenkopplung bei der Mittenfrequenz f_M auf eine Verstärkung von 10 eingestellt werden, was mit

$$|1 - k_1 V_{01M} - k_2 V_{01M} V_{02M}|$$
$$= |1 - 1000k_1 - 100.000k_2| = 10.000$$

für $k_2 = -0{,}0999$ erreicht wird.

Es ist anschaulich, den Verstärker als eine Reihenanordnung zweier Bandpassverstärker mit einer globalen Rückkopplungsschleife anzusehen, wie es in der Abb. 8.21 angegeben ist. Der lokal gegengekoppelte Vorverstärker hat dann die Parameter

Lokal gegengekoppelter Vorverstärker:

- Mittenfrequenz $f_{m1} = f_M = 1\,\text{kHz}$,
- Untere Grenzfrequenz $f'_{u1} = f_{u1}\Gamma_1^{-1} = 10\,\text{Hz}$,
- Obere Grenzfrequenz $f'_{o1} = f_{o1}\Gamma_1 = 100\,\text{kHz}$,
- Verstärkungsfaktor bei der Mittenfrequenz $V'_{01M} = V_{01M}\Gamma_1^{-1} = 100$.

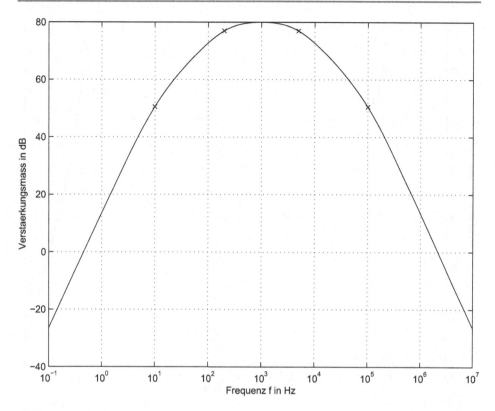

Abb. 8.23 Verstärkungsmaß ohne Rückkopplung

Die Abb. 8.23 zeigt das Verstärkungsmaß des nichtgegengekoppelten Verstärkers als Bandpassverstärker vierter Ordnung. Im Bild sind die Werte bei den vier Bezugs-Grenzfrequenzen f'_{u1}, f_{u2}, f_{o2} und f'_{o1} markiert. Die Grenzfrequenzen entsprechen nahezu denen des Endverstärkers, da die Grenzfrequenzen des lokal gegengekoppelten Vorverstärkers mit dem Faktor 20 auseinanderliegen. Abbildung 8.24 zeigt das Verstärkungsmaß des Gesamtverstärkers. Wir erkennen sofort die beiden ausgeprägten Überhöhungen an den Übertragungsbereichsrändern mit Maxima bei 1,5 Hz und 685 kHz. Wie es zu diesen Überhöhungen kommt, ist in der Abb. 8.25 gut zu erkennen. Im oberen Bild werden das Verstärkungsmaß aus Abb. 8.21 zusammen mit dem Gegenkopplungsmaß gezeigt. Wenn das Gegenkopplungsmaß kleiner als 0 dB ist, liegt nicht mehr Gegen- sondern Mitkopplung vor, d. h. die Verstärkung wird vergrößert und nicht verkleinert. Im unteren Bild ist der Phasenfrequenzgang des Gesamtverstärkers dargestellt. Man sieht gut an den Phasensprüngen das Kippen des Vorzeichens und den Übergang von der Gegen- zur Mitkopplung. Wir müssen beachten, dass dieses Verhalten zwar an einer Simulation mit fiktivem Beispiel gezeigt wird, es aber bei gegengekoppelten Röhrenleistungsverstärkern

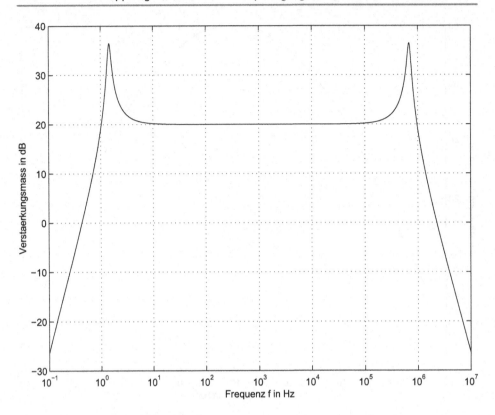

Abb. 8.24 Verstärkungsmaß mit Rückkopplung

nicht anders zu erwarten ist. Bereits in [Lan53] finden wir Beschreibungen, woraus hier kurz zitiert werden soll:

> *The peaks, which occur as the value of βA is increased, are due to the reduction in effective negative feedback and the development of positive feedback through phase angle shift, which approaches 180° at very low and very high frequencies... These peaks may be reduced or eliminated entirely by designing the amplifier with one stage having a much wider frequency range than the other.*

Neben der Erwähnung des Phänomens finden wir in diesem Zitat auch einen Hinweis zur (weitgehenden) Behandlung des Problems. In der Praxis wird man mit sehr hoher Vor- oder Zwischenstufenbandbreite auch brauchbare Ergebnisse erzielen können. Später aber werden wir sehen, dass Frequenzgangskorrekturen zur Erzielung stabiler rückgekoppelter Verstärker den Weg der Bandbreiteneinengung gehen und beides lässt sich dann nur schlecht miteinander kombinieren. Im weiteren verweisen die Autoren auf zwei Verfahren zur Gewinnung einer *flat frequency response*, die allerdings so kompliziert zu sein schei-

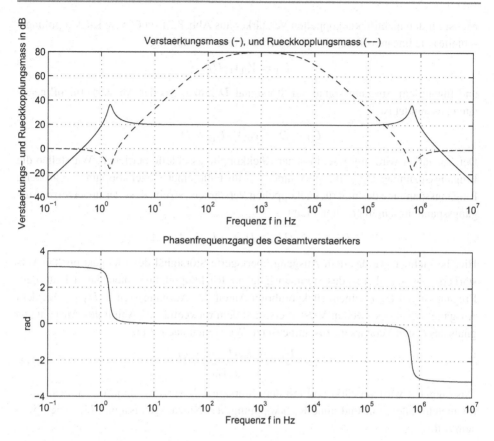

Abb. 8.25 Verstärkungs- und Rückkopplungsmaß mit Rückkopplung

nen, dass sie vermutlich nicht oft in der Entwicklungspraxis zum Einsatz kamen. Aus diesem Grund sollen diese Verfahren hier nicht diskutiert werden.

In manchen Fällen wird man beim Röhrenleistungsverstärker diese Überhöhungen ignorieren können oder, mit einer einstellbaren globalen Gegenkopplung und Test mit einem Rechtecksignal recht brauchbare Ergebnisse erzielen können.

8.7.3 Nichtlineare Verzerrungen beim Verstärker mit Subsidiär-Rückkopplung

Wir haben im Abschn. 8.6.3 beim Verstärker mit globaler Einschleifenrückkopplung die Beeinflussung der nichtlinearen Verzerrungen aufgrund einer Rückkopplung berechnet. Genauso können wir auch beim Verstärker mit Subsidiärrückkopplung vorgehen. Die nachfolgende Berechnung finden wir z. B. bei Duerdoth [Due50]. Wir formulieren zunächst für den nichtrückgekoppelten Verstärker aus Abb. 8.21 (geöffnete Rückkopplungs-schleife) die lineare offene, also unverzerrte offene Verstärkung,

$$U_A = V_{01} V_{02} U_E$$

und fügen dem Ausgangssignal ein Störsignal D hinzu, das den Verstärkernichtlineari-täten geschuldet ist,

$$U_A + D = V_{01} V_{02} U_E + D \ .$$

Der Verstärker wird mit geschlossener Rückkopplungsschleife betrieben. Wir stellen die Eingangsspannung $U_{E,R}$, die gegenüber U_E im Falle einer Gegenkopplung vergrößerte Eingangsspannung des nun rückgekoppelten Verstärkers, so ein, dass der unverzerrte Aus-gangsspannungsanteil erhalten bleibt

$$U_{E,R} + k_2 (U_A + D_R) + k_1 V_{01} A = A \ .$$

Hier bezeichnet D_R das dem Ausgang überlagerte Störsignal des rückgekoppelten Ver-stärkers. Das Signal A ist das Summensignal am Rückkopplungsknoten, das sich aus dem Eingangssignal $U_{E,R}$, einem rückgeführten Anteil des Ausgangssignals $U_A + D_R$, dem Ausgangssignal des zweiten Verstärkers, und dem rückgeführten Anteil des Ausgangssi-gnals des ersten Verstärkers zusammensetzt. Wir stellen nach A um

$$A = \frac{U_{E,R} + k_2 (U_A + D_R)}{1 - k_1 V_{01}} \ . \tag{8.38}$$

Das Signal A wird verstärkt und mit dem Störsignal D verzerrt, da ja in den beiden be-trachteten Fällen, mit und ohne Rückkopplung, das Nutzausgangssignal U_A gleich groß sein soll,

$$U_A + D_R = V_{01} V_{02} A + D \ .$$

Wir ersetzen das Signal A mit (8.38) und erhalten

$$U_A + D_R = V_{01} V_{02} \frac{U_{E,R} + k_2 (U_A + D_R)}{1 - k_1 V_{01}} + D \ .$$

Wir stellen um mit

$$(U_A + D_R) \left(1 - \frac{k_2 V_{01} V_{02}}{1 - k_1 V_{01}} \right) = \frac{V_{01} V_{02}}{1 - k_1 V_{01}} U_{E,R} + D$$

und erhalten

$$\begin{aligned} U_A + D_R &= \frac{V_{01} V_{02}}{1 - k_1 V_{01} - k_2 V_{01} V_{02}} U_{E,R} + \frac{D (1 - k_1 V_{01})}{1 - k_1 V_{01} - k_2 V_{01} V_{02}} \\ &= \frac{V_{01} V_{02}}{1 - V_{S1} - V_{S2}} U_{E,R} + \frac{D (1 - V_{S1})}{1 - V_{S1} - V_{S2}} \end{aligned}$$

mit dem für uns interessanten Ergebnis

$$D_R = \frac{D (1 - V_{S1})}{1 - V_{S1} - V_{S2}} = D \frac{1 - V_{S1}}{1 - V_S}, \quad V_S = V_{S1} + V_{S2} \ .$$

Für die Interpretation des Ergebnisses unterstellen wir im angenommenen mittleren Frequenzbereich punktweise (weitestgehend) reellwertige Größen V_{01}, V_{02}, k_1 und k_2. Dann gilt für die Beträge der Störsignale

$$|D_R| = \left| D \frac{1 - V_{S1}}{1 - V_S} \right| = |D| \left| \Gamma^{-1} - \frac{V_{S1}}{1 - V_S} \right| = |D| \left| \left(\Gamma' \right)^{-1} \right| , \quad \left| \Gamma' \right| < |\Gamma| .$$

Die Gegenkopplung reduziert die Störsignalanteile aufgrund von Verstärkernichtlinearitäten **nicht** in dem Maße, in dem auch die Produkt-Verstärkung reduziert wird. Dieses Ergebnis konnten wir bereits vor der Berechnung erahnen. Die größtmögliche Reduktion der verzerrungsbedingten Störsignale erhielten wir für $k_1 = 0$, das heißt ohne die innere Rückkopplung. Wir können es so sehen, dass die Verstärkungsreduktion in der ersten Stufe Anteile an der wirksamen Schleifenverstärkung wegnimmt. Wir verweisen an dieser Stelle auf den Abschn. 8.7.1, in dem weitere Aussagen zum Thema getroffen werden.

8.7.4 Der Subsidiär-Rückkopplungsüberlagerer als Grundschaltung

In den meisten Röhrenverstärkern wird eine einfache Grundschaltung zum Überlagern von globaler Gegenkopplung und Subsidiär-Gegenkopplung verwendet. Diese Grundschaltung zeigt die Abb. 8.26a. Mit dem Signal u_F wird das Rückkopplungssignal der globalen Gegenkopplung bezeichnet. Zur rechnerischen Analyse verwenden wir die lineare Ersatzschaltung in Abb. 8.26b.

Die rechnerische Analyse der Ersatzschaltung nutzt vier Gleichungen

$$u_k = \frac{u_F - u_k}{R_F} R_k + i_k R_k ,$$

$$-u_A + i_k R_i + u_k - \mu u_g = 0 ,$$

$$i_k = -\frac{u_A}{R_a} ,$$

$$u_g = u_E - u_k .$$

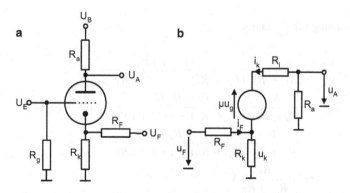

Abb. 8.26 Subsidiär-Rückkopplungsüberlagerer (**a**) mit Ersatzschaltung (**b**)

Aus erster und dritter Gleichung erhalten wir

$$u_k = u_F \frac{R_k}{R_k + R_F} - u_A \frac{R_F R_k}{R_a (R_k + R_F)}$$

und aus zweiter und vierter Gleichung erhalten wir

$$-u_A \left(1 + \frac{R_i}{R_a}\right) + u_k - \mu u_g = 0 \,.$$

Anschließendes Zusammenfassen ergibt

$$-u_A \left(1 + \frac{R_i}{R_a} + (1 + \mu) \frac{R_F R_k}{R_a (R_k + R_F)}\right) + u_F (1 + \mu) \frac{R_k}{R_k + R_F} - \mu u_E = 0 \,.$$

Wir können nun zwei Spannungsverhältnisse bestimmen, zum einen den bereits bekannten Zusammenhang zwischen Stufenausgangsspannung und Stufeneingangsspannung in Abb. 8.26a, für die Kathodenbasisschaltung mit Stromgegenkopplung

$$\frac{u_A}{u_E} = \frac{-\mu R_a}{R_i + R_a + (1 + \mu) R_k} = V'$$

und zum anderen den Zusammenhang zwischen Stufenausgangsspannung und Rückführungsspannung in Abb. 8.26b,

$$\frac{u_A}{u_F} = \frac{(1 + \mu) \dfrac{R_k}{R_k + R_F}}{1 + \dfrac{R_i}{R_a} + (1 + \mu) \dfrac{R_F R_k}{R_a (R_k + R_F)}}$$

$$= \frac{(1 + \mu) R_a}{(R_i + R_a) \dfrac{R_k + R_F}{R_k} + (1 + \mu) R_F} \,.$$

Eine Abschätzung für $\frac{u_A}{u_F}$ lautet

$$\frac{u_A}{u_F} = \frac{R_k}{R_k + R_F} \frac{(1 + \mu) R_a}{(R_i + R_a) + (1 + \mu) R_F \parallel R_k}$$

$$\approx \frac{R_k}{R_k + R_F} \frac{(1 + \mu) R_a}{(R_i + R_a) + (1 + \mu) R_k} \,, \quad R_F \parallel R_k \approx R_k$$

$$\approx \frac{R_k}{R_k + R_F} \frac{\mu R_a}{(R_i + R_a) + (1 + \mu) R_k} \,, \quad \mu \gg 1 \,,$$

$$= -\frac{R_k}{R_k + R_F} V' \,.$$

8.7.5 Ein Beispiel für eine Subsidiär-Mitkopplung

Es ist nun an der Zeit, dem Leser ein Beispiel anzugeben, mit dem die Bemerkungen zu Mitkopplungen in den ersten Abschnitten dieses Kapitels „zum Leben erweckt" werden.

Nun könnten wir uns sogar die Frage stellen, ob wir eine nahezu unbegrenzte Reduktion der Störsignale erzielen könnten, wenn wir einen inneren Verstärker nicht mit einer Gegenkopplung, sondern mit einer Mitkopplung betreiben, womit die globale Schleifenverstärkung V_S sogar noch erhöht werden könnte. Bevor wir diesen Gedanken diskutieren, müssen wir aber berücksichtigen, dass Stabilität immer vorausgesetzt werden muß, was einer solchen Herangehensweise Schranken[21] setzt. Der Gedanke selbst ist aber schon früh in der Literatur diskutiert worden [Mil50].

Die in diesem Abschnitt gestellte Frage lässt sich sowohl mit „ja" als auch mit „nein" beantworten. Tatsächlich können wir die Schleifenverstärkung stark erhöhen, aber die Bandbreite, mit der dies geschieht, wird immer kleiner, da das Verstärkungs-Bandbreite-Produkt GBW gleich bleiben muß. Aus diesem Grund sehen wir eine solche Herangehensweise nicht als besonders vorteilhaft an und schlagen stattdessen die Verwendung einer weiteren Verstärkerstufe vor. Trotzdem ist von solchen Techniken Gebrauch gemacht worden. So finden wir in manchen preisgünstigeren Röhrenleistungsverstärkern eine Mitkopplung in der Phaseninverterstufe.

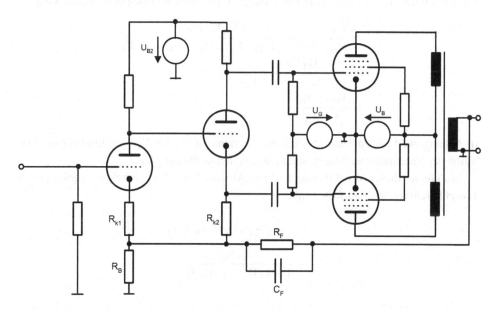

Abb. 8.27 Prinzipschaltung des Verstärkers Fisher X100A

---

[21] Diese Schranken sind zumeist noch enger, als die Schranken, die ohne eine solche Mitkopplung gesetzt werden.

8.7.5.1 Die Subsidiär-Mitkopplung im Röhrenleistungsverstärker Fisher X100A

Die Abb. 8.27 zeigt die Prinzipschaltung des seinerzeit weit verbreiteten HiFi-Stereo-Verstärkers Fisher Model X100A, der auch wegen seines vergleichsweise niedrigen Preises recht attraktiv war. Bei diesem Verstärker liegt eine Rückkopplungsanordnung mit drei Schleifen vor. Am Knoten zwischen R_{k1} und R_B im Kathodenkreis der Eingangsröhre wird mit R_{k2} eine **Mitkopplung** und mit R_F eine **Gegenkopplung** angeschlossen, die um die lokale **Stromgegenkopplung der Eingangsröhre** ergänzt wird. Man beachte, dass R_{k1} nicht mit einem Kondensator überbrückt ist, was die lokale Stromgegenkopplung verstärkt.

Zunächst wollen wir kurz die Rückkopplungsstruktur[22] des Verstärkers betrachten, die in Abb. 8.28 symbolisch dargestellt ist. Wir erkennen drei Verstärkerstufen und drei Rückführungsnetzwerke. Die Systemanalyse benötigt vier Gleichungen

$$A = U_E + k_1 B + k_2 C + k_3 U_A$$

$$B = A V_{01}$$

$$C = B V_{02}$$

$$U_A = V_{01} V_{02} V_{03} U_E \ .$$

Die Zusammenfassung dieser vier Gleichungen ergibt die rückgekoppelte Verstärkung

$$V' = \frac{U_A}{U_E} = \frac{V_{01} V_{02} V_{03}}{1 - k_1 V_{01} - k_2 V_{01} V_{02} - k_3 V_{01} V_{02} V_{03}}$$

$$= \frac{V_{01} V_{02} V_{03}}{1 - V_{S1} - V_{S2} - V_{S3}}$$

$$= \frac{V_{01} V_{02} V_{03}}{1 - V_S}$$

in Abhängigkeit der einzelnen Schleifenverstärkungen V_{S1} bis V_{S3} und ihrer für die Stabilität des Verstärkers wichtigen Summenschleifenverstärkung V_S.

Wir können diesen Verstärker auch wie im Abschn. 8.6.3.2 als global gegengekoppelten Einschleifenverstärker auffassen mit

$$V' = \frac{V_0}{1 - k_3 V_0}, V_0 = V_{03} V_{12} \ ,$$

$$V_{12} = \frac{V_{01} V_{02}}{1 - k_1 V_{01} - k_2 V_{01} V_{02}} \ .$$

---

[22] Es finden zwei Wechsel in der Art der Signalverarbeitung statt. Ausgehend von *asymmetrischer* Signalverarbeitung in der Vorstufe und am Verstärkerausgang hin zu *symmetrischer* Signalverarbeitung vom Phaseninverter zur Endstufe. Die Übergänge werden im Phaseninverter (nicht mit idealer Symmetrie) und im Ausgangsübertrager vollzogen. Für die symbolische Analyse ist das ohne Belang, da in beiden Fällen alleine elektrische Spannungen Ein- und Ausgangsgrößen der Stufen sind.

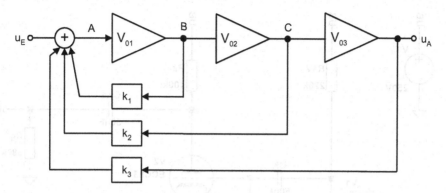

Abb. 8.28 Symbolische Struktur Fisher X100A

Die Abbildung (8.29) zeigt eine solche Phaseninverterstufe mit Mitkopplung. Zur Bewertung dieser Phaseninverterstufe haben wir zwei SPICE-Simulationen ausgeführt, einmal mit (8.29) und einmal ohne (8.30) Mitkopplung, mit denen wir die Verstärkungsfaktoren, die Bandbreiten und die nichtlinearen Verzerrungen erfasst haben. Die Abb. 8.31 zeigt die Übertragungsmaße für beide Simulationen. Um die Ergebnisse mit ihren Zahlenwerten vergleichbar zu machen, wurden beide Schaltungen mit unterschiedlichen Ein-

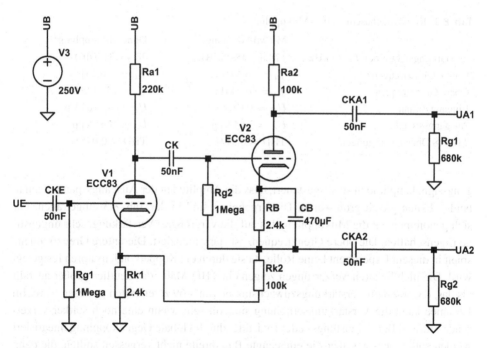

Abb. 8.29 Katodyne-Phaseninverterschaltung mit Mitkopplung

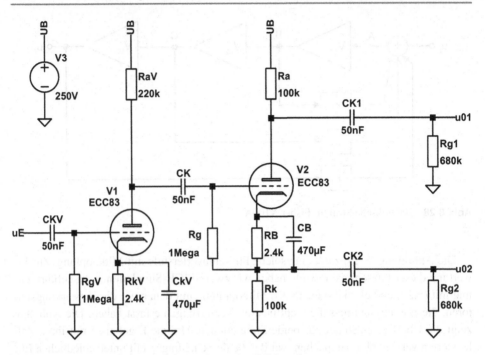

Abb. 8.30 Katodyne-Phaseninverterschaltung ohne Mitkopplung

Tab. 8.3 Katodynephaseninverter, Mitkopplung

	Mit Mitkopplung	Ohne Mitkopplung[23]
Verstärkungsfaktor bei $f = 1$ kHz	178,85 (45,05 dB)	38,46 (31,7 dB)
Untere Grenzfrequenz	$f_u = $ 6,1 Hz	$f_u = $ 6,1 Hz
Obere Grenzfrequenz	$f_o = 30,3$ kHz	$f_o = 151,1$ kHz
Eingangssignal	$U_E = 0,01$ Vp	$U_E = 0,0469$ Vp
Ausgangssignal	$U_A = 3,64$ Vpp	$U_A = 3,64$ Vpp
THD (8 Oberschwingungen)	THD $= 0,91$ %	THD $= 0,075$ %

gangssignalamplituden so ausgesteuert, dass die Amplituden der Ausgangsspannungen in beiden Fällen gleich groß waren. Die Ergebnisse sind in der Tab. 8.3 eingetragen. Für sich genommen hat die Mitkopplung, bis auf die vergrößerte Verstärkung, sehr ungünstige Eigenschaften. Die obere Grenzfrequenz ist stark reduziert. Die untere Grenzfrequenz spielt in diesem Experiment keine Rolle, da sie durch die Koppelkondensatoren festgelegt wird. Die nichtlinearen Verzerrungen zeigen ein THD-Maß , das deutlich größer ausfällt als das, das mit dem Verstärkungszuwachsfaktor von 4,69 zu erwarten gewesen wäre. Im Resümee kann die Verstärkungserhöhung sinnvoll sein, wenn eine noch stärker verzerrende Stufe, z. B. die Leistungs- oder Endstufe, durch globale Gegenkopplung linearisiert werden soll, wobei wir aber die eingeengte Bandbreite nicht vergessen sollten, die dann nur eine Schmalbandlinearisierung zulässt. Und schließlich sollten wir den Abschn. 8.7.2

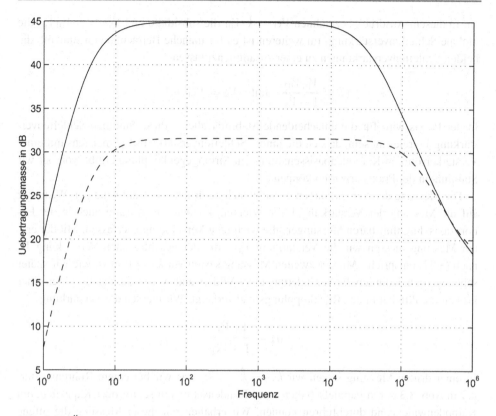

Abb. 8.31 Übertragungsmaße für beide Simulationen der Katodyne-Phaseninverterschaltungen

noch einmal zur Kenntnis nehmen, in dem wir große Stufenbandbreiten als nützlich kennengelernt haben. Wie wir aber aus den vorangegangenen Kapiteln wissen, wäre in einem qualitativ hochstehenden Verstärker das Hinzufügen einer weiteren Verstärkerstufe weit sinnvoller, da dann eine „starke" Gegenkopplung breitbandig wirken kann. Beim betrachteten Gerät schied diese Lösung wohl aus Kostengründen aus.

8.7.6 Messtechnische Erfassung der Schleifenverstärkungen beim Verstärker mit einer Subsidiär-Rückkopplung

Wir setzen für die rückgekoppelte Verstärkung des Verstärkers in Abb. 8.21 mit (8.37) den Ausdruck

$$V' = \frac{V_{01} V_{02}}{1 - V_{S1} - V_{S2}}$$

an. In diesem Ausdruck bezeichnen $V_{S1} = k_1 V_{01}$ die subsidiäre und $V_{S2} = k_2 V_{01} V_{02}$ die globale Schleifenverstärkung. Im weiteren ist es für manche Betrachtungen sinnvoll, die beiden Schleifenverstärkungen zu einer zusammenzufassen

$$V' = \frac{V_{01} V_{02}}{1 - V_S} \quad \text{mit} \quad V_S = V_{S1} + V_{S2}.$$

In der Praxis wird für die entscheidende Stabilität alleine diese Summen-Schleifenverstärkung V_S relevant sein, da sich die innere Schleifenverstärkung V_{S1} meistens mit einer Verstärkerröhre in Kathodenbasisschaltung mit Stromgegenkopplung ergibt, von der wir Stabilität in der Praxis erwarten können.

Die Messung der Verstärkungen gestaltet sich natürlich etwas aufwendiger. Wenn wir auf die Messung der Verstärkung V_{01} verzichten, können wir mit drei auch in der Laborpraxis durchführbaren Messungen alle wichtigen Verstärkungen erfassen. Mit der ersten Messung messen wir die Verstärkung V_{M1}, die der geschlossenen Verstärkung V' nach (8.37) entspricht. Mit der zweiten Messung setzen wir $\hat{k}_2 = 0$, was, wie wir später sehen werden, lediglich die Veränderung eines Widerstandswerts oder das Einfügen einer großen Induktivität in den Rückkopplungspfad verlangt. Wir messen die Verstärkung

$$V_{M2} = \frac{\hat{V}_{01} \hat{V}_{02}}{1 - \hat{V}_{S1}}.$$

In einer dritten Messung setzen wir $\hat{k}_1 = \hat{k}_2 = 0$, was wir bei einem Röhrenverstärker in Abb. 8.3 durch Parallelschalten eines Kondensators mit sehr großer Kapazität zum Kathodenwiderstand durchführen können. Wir erhalten mit dieser Messung die offene Verstärkung

$$V_{M3} = \hat{V}_{01} \hat{V}_{02}.$$

Mit der Kenntnis der offenen Verstärkung können wir anschließend die innere Schleifenverstärkung gemäß

$$\hat{V}_{S1} = 1 - \frac{V_{M3}}{V_{M2}} = 1 - \frac{\hat{V}_{01} \hat{V}_{02}}{V_{M2}} \tag{8.39}$$

berechnen. Die äußere Schleifenverstärkung und die Summenschleifenverstärkung erhalten wir, indem wir

$$\hat{V}_{S2} = V_{M3} \left(\frac{1}{V_{M2}} - \frac{1}{V_{M1}} \right), \quad \hat{V}_S = \frac{V_{M3}}{V_{M1}}, \tag{8.40}$$

auswerten. Da $V_{M3} = \hat{V}_{01} \hat{V}_{02}$ gilt, entspricht der Klammerausdruck dem Frequenzgang des Rückkopplungsnetzwerks oder

$$k_2 = \left(\frac{1}{V_{M2}} - \frac{1}{V_{M1}} \right). \tag{8.41}$$

8.7.7 Berechnung eines Verstärkers mit Subsidiär-Rückkopplung

Das Rechenbeispiel für einen Verstärker mit Subsidiär-Rückkopplung ist der Zwei-Trioden-Verstärker in Abb. 8.32. Unser Augenmerk gilt den beiden Rückkopplungen, für die wir die Schleifenverstärkungen berechnen werden. Wir beginnen mit der ersten Stufe und unterstellen praxisgerecht, dass

$$R_F \gg R_k$$

angenommen werden kann. Für die Spannungsverstärkung der ersten Stufe gilt wie in (8.6) der Zusammenhang

$$\frac{U_{g,2}}{U_{g,1}} = \frac{-\mu_1 R_1}{R_1 + R_k + R_{i1}} = V_{01} \tag{8.42}$$

mit den zusammengefassten Widerständen

$$R_1 = R_{a1} \| R_{g2} \, .$$

Für die zweite Stufe können wir ablesen

$$\frac{U_A}{U_{g,2}} = \frac{-\mu_2 R_2}{R_2 + R_{i2}} = V_{02} \tag{8.43}$$

mit den zusammengefassten Widerständen

$$R_2 = R_{a2} \| R_L \, .$$

Die Ausgangsspannung U_A der Schaltung kann in Abhängigkeit von der Gitterspannung $U_{g,1}$ der ersten Triode zu

$$U_A = V_{01} V_{02} U_{g,1}$$

berechnet werden. Die Eingangsspannung U_E setzt sich aus zwei Anteilen zusammen, der Gitterspannung $U_{g,1}$ der ersten Triode und der Kathodenspannung U_{Rk} gegenüber Null

$$U_E = U_{g,1} + U_{Rk} = U_{g,1} + R_k I_{Rk} \, .$$

Der Strom I_{Rk} durch den Widerstand R_k setzt sich aus zwei Anteilen zusammen, dem Anodenstrom der ersten Röhre und einem Strom, der über R_F fließt. Wir lesen ab

$$
\begin{aligned}
I_{Rk} &= \frac{-\mu_1 U_{g,1}}{R_1 + R_k + R_{i1}} + \frac{R_k}{R_F + R_k} \frac{U_A}{R_k} \\
&= U_{g,1} \left(\frac{-\mu_1}{R_1 + R_k + R_{i1}} + \frac{V_{01} V_{02}}{R_F + R_k} \right), \quad R_k \| R_F \approx R_k \, .
\end{aligned}
$$

Diesen Ausdruck setzen wir in den Ausdruck für die Eingangsspannung der Schaltung ein und erhalten

$$
\begin{aligned}
U_E &= U_{g,1} + R_k U_{g,1} \left(\frac{\mu_1}{R_1 + R_k + R_{i1}} + \frac{V_{01} V_{02}}{R_F + R_k} \right) \\
&= U_{g,1} \left(1 + \frac{\mu_1 R_k}{R_1 + R_k + R_{i1}} + \frac{R_k V_{01} V_{02}}{R_F + R_k} \right).
\end{aligned}
$$

Nun können wir die Abhängigkeit der Ausgangs- von der Eingangsspannung der Schaltung berechnen und erhalten

$$
\begin{aligned}
U_A &= V_{01} V_{02} U_{g,1} \\
&= U_E \frac{V_{01} V_{02}}{1 + \dfrac{\mu_1 R_k}{R_1 + R_k + R_{i1}} + \dfrac{R_k V_{01} V_{02}}{R_F + R_k}}.
\end{aligned}
$$

Wir notieren den letzten Ausdruck als Verstärkung einer rückgekoppelten Schaltung

$$
\begin{aligned}
V' = \frac{U_A}{U_E} &= \frac{V_{01} V_{02}}{1 + \dfrac{\mu_1 R_k}{R_1 + R_k + R_{i1}} + \dfrac{R_k V_{01} V_{02}}{R_F + R_k}} \tag{8.44} \\
&= \frac{V_{01} V_{02}}{1 - \dfrac{R_k}{R_1} V_{01} + \dfrac{R_k}{R_F + R_k} V_{01} V_{02}} \\
&= \frac{V_{01} V_{02}}{1 - V_{S1} - V_{S2}}. \tag{8.45}
\end{aligned}
$$

Wir erhalten die beiden Schleifenverstärkungen

$$
V_{S1} = k_1 V_{01}, \quad k_1 = \frac{R_k}{R_1} \tag{8.46}
$$

und

$$
V_{S2} = k_2 V_{01} V_{02}, \quad k_2 = -\frac{R_k}{R_F + R_k}. \tag{8.47}
$$

8.7.8 Simulationsbeispiel für einen Verstärker mit Subsidiär-Rückkopplung

Mit dem Simulationsbeispiel soll ein Verstärker mit Subsidiär-Rückkopplung mit dem Ziel, die charakteristischen Größen V_{01M}, V_{02M}, V'_M, V_{S1M}, V_{S2M}, k_{1M}, k_{2M} und V_{0M} für die zunächst unbekannte mittlere Frequenz f_M zu erfassen, simuliert werden. Wir

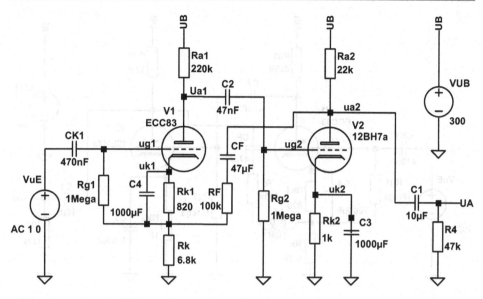

Abb. 8.32 Schaltung des zweistufigen gegengekoppelten Verstärkers

unterstellen in der Simulation, dass f_M den Wert 1 kHz hat und werden dies nach erfolgter Simulation am Ergebnis hinterfragen. Die Simulationsergebnisse werden anschließend mit den Berechnungen in den entsprechenden Abschnitten verglichen. Den zweistufigen Verstärker zeigt die Abb. 8.32. Da die erste Triode eine hochverstärkende ECC83 ist, und wir im weiteren die Summe von Last- und Röhreninnenwiderstand als groß gegenüber dem Kathodenwiderstand R_k ansehen können, wird der Fehler gering ausfallen, der entsteht, wenn lokale und globale Rückkopplung durch Wechselgrößenkurzschluss mit einem Kondensator parallel zu R_k ausgesetzt werden. Die globale Rückkopplung alleine wird mit einer sehr großen Serieninduktivität L_F im Rückkopplungspfad ausgesetzt.

Zunächst werden die drei Messungen nach Abschn. 8.7.6 ausgeführt, wofür die Abb. 8.32, 8.33 und 8.34 die Simulationsaufbauten zeigen. Die Simulation mit SPICE ergibt die komplexen Werte

$$V_{M1} = 14{,}625 - \text{j}0{,}024 \,,$$

$$V_{M2} = 235{,}45 - \text{j}7{,}676 \quad \text{und}$$

$$V_{M3} = 869{,}59 - \text{j}6{,}852 \,.$$

Schließlich haben wir noch aus dem Meßaufbau in Abb. 8.34 die beiden offenen Verstärkungen

$$\hat{V}_{01} = -70{,}4 + \text{j}0{,}82062 \quad \text{und}$$

$$\hat{V}_{02} = -12{,}388 - \text{j}0{,}005039$$

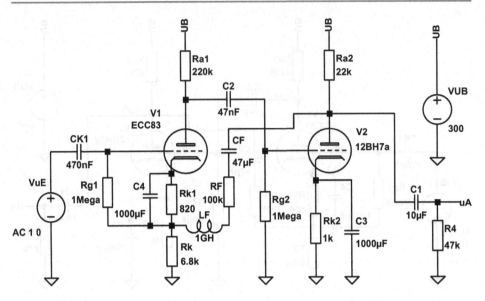

Abb. 8.33 Schaltung des zweistufigen gegengekoppelten Verstärkers, äußere Schleife aufgetrennt ($k_2 = 0$)

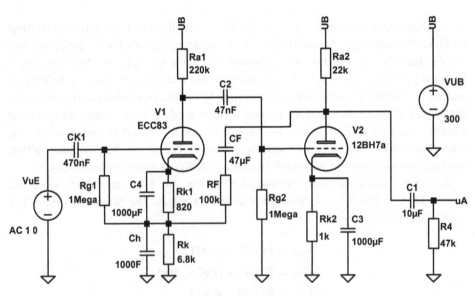

Abb. 8.34 Schaltung des zweistufigen gegengekoppelten Verstärkers, beide Schleifen aufgetrennt ($k_1 = k_2 = 0$)

gewonnen. Da der Verstärker einige Kondensatoren enthält, hier sind auch die Elektrodenkapazitäten der beiden Röhren nicht zu vergessen, erhalten wir komplexe Werte. Allerdings sind die Imaginärteile im Vergleich zu den Realteilen so klein, dass wir sie vernachlässigen können. Wir können daher mit offensichtlich vernachlässigbarem Fehler die Simulationsfrequenz als mittlere Frequenz $f_M = 1\,\text{kHz}$ auffassen und die mittleren Verstärkungen zu

$$\hat{V}_{01M} = \left|\hat{V}_{01}\right| \text{sign}(\text{Re}\{\hat{V}_{01}\}) = -70{,}41\,,$$

$$\hat{V}_{02M} = \left|\hat{V}_{02}\right| \text{sign}(\text{Re}\{\hat{V}_{02}\}) = -12{,}388$$

ansetzen. Für die Gegenkopplungsfaktoren, dies betrifft vor allem $\hat{k}_1$, erhalten wir in der Simulation ebenfalls komplexe Werte mit vernachlässigbaren Imaginärteilen

$$\hat{k}_1 = 0{,}0382 + \text{j}0{,}0017\,, \quad \hat{k}_{1M} = \left|\hat{k}_1\right| \text{sign}(\text{Re}\{\hat{k}_1\}) = 0{,}0382\,,$$

$$\hat{k}_2 = -0{,}0641 + \text{j}0\,, \quad \hat{k}_{2M} = \left|\hat{k}_2\right| \text{sign}(\text{Re}\{\hat{k}_2\}) = -0{,}0641\,.$$

Aus den Angaben können wir unter Verwendung der Gl. 8.39, 8.40 und 8.41 die charakteristischen Größen berechnen. Die Ergebnisse sind in der Tab. 8.4 eingetragen.

Für die Berechnung der charakteristischen Größen müssen wir zunächst die Röhrenparameter μ und R_i beschaffen. Das verwendete ECC83-Modell setzt $\mu = 95{,}43$ und das verwendete 12BH7A-Modell einen Wert $\mu = 16{,}64$. Für die ECC83 finden wir im Datenblatt die Angabe $R_i = 80\,\text{k}\Omega$ für eine Anodenspannung von $U_a = 100\,\text{V}$ und einen Anodenstrom von $I_a = 0{,}5\,\text{mA}$. Für die 12BH7A finden wir im Datenblatt die Angabe $R_i = 5{,}3\,\text{k}\Omega$ für eine Anodenspannung von $U_a = 200\,\text{V}$ und einen Anodenstrom von $I_a = 11{,}5\,\text{mA}$. Diese Werte müssen in Abhängigkeit der tatsächlichen (simulierten!) Arbeitspunkte angepasst werden. Die Arbeitspunkte erhalten wir mit einer .OP-Analyse, die für die ECC83 eine Anodenspannung von $U_a = 105\,\text{V}$ und einen Anodenstrom von $I_a = 0{,}8584\,\text{mA}$ und für die 12BH7A eine Anodenspannung von $U_a = 150\,\text{V}$ und einen Anodenstrom von $I_a = 6{,}464\,\text{mA}$ ergibt. Da uns für die 12BH7A keine Angaben zum Innenwiderstand bei einer Anodenspannung von $150\,\text{V}$ zur Verfügung stehen, rechnen wir

Tab. 8.4 Simulation und Berechnung des zweistufigen Verstärkers

Größe	SPICE-Simulation	Berechnung	nach Formel(n)
V_{01M}	−70,41	−67,8	(8.42)
V_{02M}	−12,39	−11,65	(8.43)
k_{1M}	0,0382	0,0377	(8.46)
k_{2M}	−0,0641	−0,0637	(8.47)
V_{S1}	−2,6903	−2,5561	(8.46)
V_{S2}	−55,7692	−50,3147	(8.47)
V_M'	14,63	14,66	(8.44)
V_{0M}	869,6	789,9	(8.42), (8.43)

mit dem Wert für 250 V. Wir erhalten

$$\text{ECC83:} \quad R_i = 80\,\text{k}\Omega \left(\frac{0,5\,\text{mA}}{0,8584\,\text{mA}} \right) = 66,8\,\text{k}\Omega,$$

$$\text{12BH7A:} \quad R_i = 5,3\,\text{k}\Omega \left(\frac{11,5\,\text{mA}}{6,464\,\text{mA}} \right) = 6,42\,\text{k}\Omega.$$

Die Tab. 8.4 zeigt eine sehr enge Übereinstimmung von simulierten und berechneten Daten. Lediglich die Leerlaufverstärkung des zweiten Verstärkers mit der Triode 12BH7A weicht deutlicher vom simulierten Wert ab, was sich dann in der Folge auch bei den Werten zur Verstärkung V_0 ohne Gegenkopplung bemerkbar macht.

8.7.9 Ein besonderer Verstärker mit Subsidiär-Rückkopplung

Wir beenden diesen Abschnitt mit einer SPICE-Simulation einer sehr interessanten Schaltung, von der Hood [Hoo06] schreibt:

A very succesful series feedback circuit arrangement, nicknamed the ring of three for obvious reasons, and much favoured in physics labs for use as a high gain, linear, wide bandwidth gain module is shown in outline form in Fig. (Bild einer Ring-Of-Three-Prinzipschaltung mit drei Trioden). With suitable components this would give a gain of up to several hundred, with very little waveform distortion and with gain/bandwidths flat from 20 Hz up to 20 MHz or more.

Wir haben eine Ring-Of-Three-Schaltung mit drei Pentoden vom Typ EF86 dimensioniert, wie man sie z. B. in strukturell ähnlicher Form in historischen Meßgeräten aus der Röhrenzeit, wie z. B. beim Pegelmesser TPFM76 von Wandel und Goltermann, findet. Abbildung 8.35 zeigt die Schaltung für die SPICE-Simulation. Man beachte die Gegenkopplung via R_{FB} an die Kathode der ersten Röhre. Die Kapazität C_F erlaubt es in der Simulation, die Gegenkopplung ein- und auszuschalten, ohne hierbei den Rückführungsgleichstrom zu beeinflussen. So haben wir in Abb. 8.36 die Betragsfrequenzgänge mit und ohne Gegenkopplung gewonnen. Wir sehen die bemerkenswert große offene Verstärkung von rund 80 dB, die sich bis ungefähr 20 kHz nach oben hin erstreckt. Die gegengekoppelte Verstärkung erstreckt sich sogar über 1 MHz. Die beiden Abb. 8.37 und Abb. 8.38 zeigen die Ortskurve der Schleifenverstärkung in unterschiedlichen Skalierungen. Abbildung 8.38 zeigt hiervon einen Ausschnitt zusammen mit einer Markierung des kritischen Punkts und einem Ausschnitt des Einheitskreises. Man erkennt die Stabilität der Schaltung bei einem Phasenrand größer als 45°.

Die von Hood angesprochene Linearität der Schaltung soll zusätzlich mit einigen Klirrfaktor-Simulationen demonstriert werden. Die Tab. 8.5 enthält hierfür die Ergebnisse von sieben Simulationen für unterschiedliche Aussteuerungen bis hin zu beginnender Begrenzung.

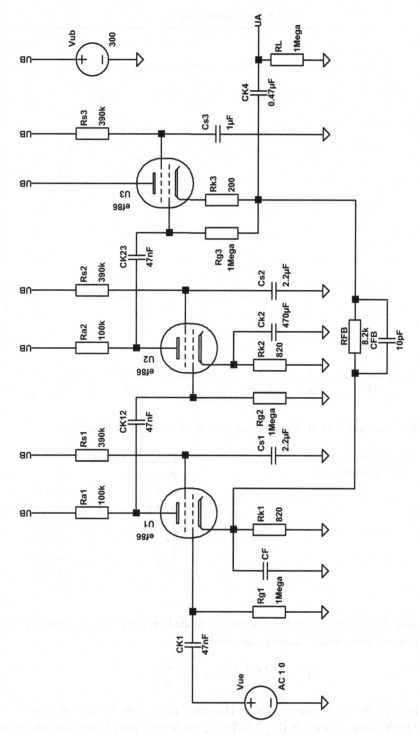

Abb. 8.35 Ring-Of-Three-Schaltung mit drei Pentoden

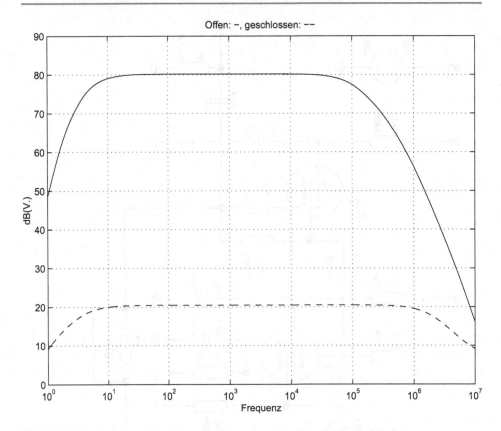

Abb. 8.36 Verstärkung mit und ohne Gegenkopplung der Ring-Of-Three-Schaltung

Tab. 8.5 Klirrfaktoren der
Ring-Of-Three-Schaltung

Eingangsspannung	Klirrfaktor
0,1 Vp	0,00132 %
0,2 Vp	0,00146 %
0,5 Vp	0,00198 %
1 Vp	0,00327 %
2 Vp	0,00795 %
3 Vp	0,0146 %
3,5 Vp	0,857 %

Eine sehr wichtige Eigenschaft der Schaltung ist die Einstellung der gegengekoppelten Verstärkung mit zwei Widerständen in der Form

$$V' = \frac{R_{FB} + R_{k1}}{R_{k1}} = 1 + \frac{R_{FB}}{R_{k1}} .$$

Rechnerisch ergibt sich bei der gewählten Dimensionierung eine Verstärkung von $V' = 11$. Die SPICE-Simulation ergab $V'_{\text{SPICE}} = 10,55$, was in recht guter Übereinstimmung mit

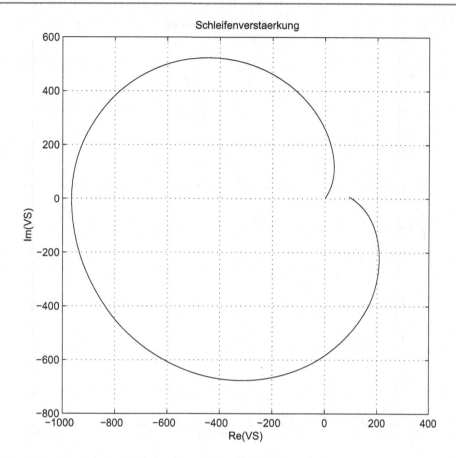

Abb. 8.37 Schleifenverstärkung der Ring-Of-Three-Schaltung

der Berechnung liegt. Mit ihren höchst bemerkenswerten Eigenschaften kann die Ring-Of-Three-Schaltung für HiFi-Verstärker mit Nachdruck empfohlen werden. Als Verstärkermodul für allgemeine Anwendungen kann der Einsatz in Kontrollverstärkern, Phono-Verstärkern oder in Endverstärkern erfolgen. da es sich aber um einen asymmetrischen Verstärker handelt. ist der Anspruch an die Spannungsversorgung hoch. Hier sollten dann auch geregelte bzw. aufwendig gefilterte Spannungsversorgungen verwendet werden.

8.7.10 Der Phono-Entzerrverstärker in Aktiv-Topologie als Beispiel für eine frequenzabhängige Gegenkopplung

Wenn der Gegenkopplungsfaktor mit $k \rightarrow k(\omega)$ frequenzabhängig wird, können aktive Frequenzgangentzerrer mit Hilfe frequenzabhängiger Gegenkopplungen aufgebaut wer-

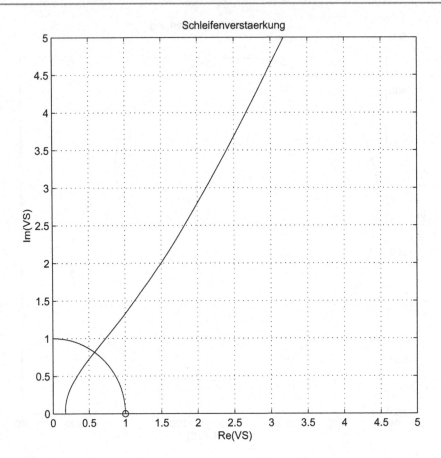

Abb. 8.38 Schleifenverstärkung der Ring-Of-Three-Schaltung, kritischer Bereich

den. Wir haben hierfür bereits zwei Beispiele kennengelernt, einen Baxandall-Klangregler mit einer Anodenfolgerstufe im Abschn. 6.7.1 und einen Phono-Entzerrverstärker in Aktiv-Topologie mit einem zweistufigen Verstärker mit Spannungs-Spannungs-Gegenkopplung im Abschn. 7.3.13.3. Im zweiten Fall ist der zweistufige Verstärker ein mittlerweile guter Bekannter, denn es ist die Schaltungstechnik mit Subsidiär-Gegenkopplung nach Abb. 8.32, die mit einer frequenzabhängigen globalen Gegenkopplung ausgeführt wird. Leider ist der Rechenaufwand für diese Schaltung nicht unerheblich, weshalb wir zunächst mit einem einfacheren Beispiel beginnen werden. Doch zuvor soll wieder eine Hypothese formuliert werden:

Eine frequenzabhängige Gegenkopplung führt (nicht nur!) für die elementaren frequenzselektiven Verstärker zu einem frequenzselektiven Verstärker mit komplementärer Frequenzcharakteristik wie Tief- zu Hochpasscharakteristik oder Bandpass- zu Bandsperrcharakteristik.

Da nur die globale Gegenkopplung frequenzabhängig ausgeführt wird, nehmen wir die Subsidiär-Gegenkopplung aus der Rechnung heraus und unterstellen für den Audiofrequenzbereich frequenzunabhängige Verstärkungen V_{01} und V_{02}. Das heißt vor allem, dass wir die Kopplungsnetzwerke und die Röhrenkapazitäten für den betrachteten Frequenzbereich nicht berücksichtigen. So verwenden wir den Ansatz mit (8.37)

$$
\begin{aligned}
V'(\omega) &= \frac{V_{01} V_{02}}{1 - k_1 V_{01} - k_2(\omega) V_{01} V_{02}} \\
&= \frac{V_1' V_{02}}{1 - k_2(\omega) V_1' V_{02}} \\
&= \frac{V_0}{1 - k(\omega) V_0}, \quad V_0 = V_1' V_{02}, \quad k(\omega) = k_2(\omega).
\end{aligned}
$$

Die Frequenzabhängigkeit in der globalen Gegenkopplung wird mit $R_F \to Z_F(\omega)$ realisiert, womit sich

$$
k(\omega) = \frac{R_k}{R_k + Z_F(\omega)}
$$

ergibt.

Unser Beispiel ist die Realisierung einer Hochpasscharakteristik mit einem Tiefpass in der Rückkopplung. Da nun Frequenzabhängigkeit gewünscht ist, werden wir in diesem und auch im folgenden Beispiel nicht mehr die mittlere Frequenz f_M, sondern die Frequenz $f_{DC} = 0$ als Bezugsfrequenz verwenden. Zunächst rechnen wir allgemein mit einem Tiefpass, erste Ordnung mit der Grenzfrequenz $\omega_g = 1/\tau_g$, in der Rückkopplung

$$
k(\omega) = \frac{k_{DC}}{1 + j\omega\tau_g}.
$$

Wir erhalten für die rückgekoppelte Verstärkung mit $V_0 = V_{DC}$

$$
\begin{aligned}
V'(\omega) &= \frac{V_{DC}}{1 - \dfrac{k_{DC}}{1 + j\omega\tau_g} V_{DC}} \\
&= \frac{V_{DC}}{1 - k_{DC} V_{DC}} \frac{1 + j\omega\tau_g}{1 + j\omega \dfrac{\tau_g}{1 - k_{DC} V_{DC}}} \\
&= V_{DC}' \frac{1 + j\dfrac{\omega}{\omega_{HP}}}{1 + j\dfrac{\omega}{\omega_{TP}}}.
\end{aligned}
$$

Wir sehen, dass nicht der komplementäre Hochpass, sondern ein Hochpass-Shelving-Filter, eine Kombination von Hoch- und Tiefpass, entstanden ist, was seine Ursache in der

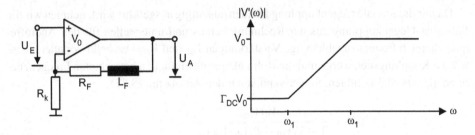

Abb. 8.39 Frequenzabhängige Gegenkopplung mit einer Tiefpasscharakteristik im Gegenkopplungsnetzwerk

„Deckelung" der Verstärkung $|V'(\omega)| < V_{DC}$ für $\omega \to \infty$ hat. Die Verhältnisse der Betragsfrequenzgänge und der Grenzfrequenzen für Hoch- und Tiefpass werden über die Stärke der Rückkopplung Γ_{DC} für $\omega = 0$ festgelegt. Es gelten offensichtlich die Zusammenhänge

$$\omega_{TP} = \omega_{HP}\,\Gamma_{DC} \quad \text{und} \quad V'_{DC} = V_{DC}\,\Gamma_{DC}^{-1}$$

oder (idealer Verstärker)

$$V'(\infty) = V_{DC}\,.$$

Die Abb. 8.39 zeigt eine mögliche Realisierung mit einer zum Widerstand R_F in Reihe geschalteten Induktivität L_F im Gegenkopplungspfad. Für diese Schaltung gilt

$$k(\omega) = \frac{R_k}{R_k + R_F}\,\frac{1}{1 + j\omega\dfrac{L_F}{R_k + R_F}}\,, \quad \omega_g = \frac{R_k + R_F}{L_F} = \omega_{HP}\,,$$

$$\omega_{TP} = \omega_{HP}\left|1 - \frac{R_k}{R_k + R_F}V_0\right|\,.$$

Die Abb. 8.40 zeigt eine Prinzipschaltung, die den Phono-Entzerrverstärker nach Abb. 6.54 repräsentiert. Für die komplexe Rückführungsimpedanz gilt

$$Z_F(\omega) = \frac{R_{F1}(1 + j\omega\tau_{F2}) + R_{F2}(1 + j\omega\tau_{F1})}{(1 + j\omega\tau_{F1})(1 + j\omega\tau_{F2})}\,,$$

$$\tau_{F1} = R_{F1}C_{F1}, \tau_{F2} = R_{F2}C_{F2}\,.$$

Ein Phono-Entzerrverstärker ist in der Form

$$V'(\omega) = V'_{DC}\frac{(1 + j\omega\tau_3)}{(1 + j\omega\tau_1)(1 + j\omega\tau_2)}$$

Abb. 8.40 Prinzipschaltung eines aktiven Phonoentzerrers

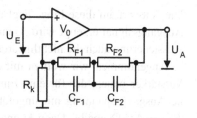

mit $\tau_1 = 3180\,\mu s$ (entspr. $f_1 = 50\,\text{Hz}$), $\tau_2 = 75\,\mu s$ (entspr. $f_2 = 2122\,\text{Hz}$) und $\tau_3 = 318\,\mu s$ (entspr. $f_3 = 500\,\text{Hz}$) gefordert. So lautet der Dimensionierungsansatz idealerweise

$$V'_{DC}\frac{(1 + j\omega\tau_3)}{(1 + j\omega\tau_1)(1 + j\omega\tau_2)} \overset{!}{=} \frac{V_{DC}}{1 - \dfrac{R_k}{R_k + \dfrac{R_{F1}(1 + j\omega\tau_{F2}) + R_{F2}(1 + j\omega\tau_{F1})}{(1 + j\omega\tau_{F1})(1 + j\omega\tau_{F2})}}V_{DC}},$$

sofern eine geschlossene Lösung angebbar ist. Eine genaue Berechnung ist mit erheblichem Aufwand verbunden. Wir unterstellen daher, dass V_{DC} sehr groß ist und nähern dann

$$V'_{DC} \approx \frac{R_k + R_{F1} + R_{F2}}{R_k}$$

$$V'(\omega) \approx \frac{\dfrac{R_{F1}}{R_k}(1 + j\omega\tau_{F2}) + \dfrac{R_{F2}}{R_k}(1 + j\omega\tau_{F1}) + (1 + j\omega\tau_{F1})(1 + j\omega\tau_{F2})}{(1 + j\omega\tau_{F1})(1 + j\omega\tau_{F2})}.$$

Aus dieser Näherung folgen ein Ansatz und eine Beobachtung. Der Nenner führt zu $\tau_{F1} = \tau_1$ und $\tau_{F2} = \tau_2$ und die Beobachtung lässt erkennen, dass der Zähler nun vom Grad 2 ist, was bedeutet, dass eine weitere Hochpasscharakteristik mit hinzugekommen ist. Im weiteren sehen wir, dass V'_{DC} das Verstärkungsmaximum darstellt, das im realen Fall (deutlich) kleiner als das endliche V_{DC} zu wählen ist. Wir brechen an dieser Stelle die Berechnungen ab und verweisen auf die Literatur [Vog11], in der wir die benötigten vollständigen Angaben zu einer Dimensionierung eines Phono-Entzerrverstärkers mit der hier diskutierten Schaltungstopologie finden.

8.8 Eine allgemeine Überlegung zum Gegenkoppeln

In den beiden Abschn. 8.6.3 und 8.7.3 konnten wir zeigen, dass eine Gegenkopplung die nichtlinearen Verzerrungen in ungefähr dem Maße reduziert, in dem auch die Verstärkung reduziert wird. Nun bedeutet eine reduzierte Verstärkung aber eine vergrößerte, d. h. verstärkte, notwendige Eingangsspannung zur Erzielung einer gewünschten Verstärkerausgangsspannung. Muß also eine Eingangsspannung verstärkt werden, so kauft man sich dies mit weiteren nichtlinearen Verzerrungen ein. Auf den ersten Blick könnte man sich nun fragen, wo denn in diesem Fall der offensichtliche Vorteil einer Gegenkopplung liegt.

Die Antwort auf diese Frage liegt in der Aussteuerung der Röhre begründet, mit der das Ausgangssignal erzeugt wird. Genau gesagt, liegt der Grund darin, dass mit steigender Aussteuerung auch die nichtlinearen Verzerrungen anwachsen.

Angenommen, wir wollten mit einer recht kräftigen Triode vom Typ 12BH7A einen Verstärker bauen, der für eine Eingangsspannung mit dem Spitzenwert $\hat{u}_E = 1\,\text{V}$ eine Ausgangsspannung mit ungefähr dem Effektivwert $U_A = 10\,\text{V}$ an einer Last von $R_L = 47\,\text{k}\Omega$ abgibt. Dann könnten wir diese Bedingung bereits mit einer Triode ohne Gegenkopplung erreichen. Die von dieser Röhre erzeugten nichtlinearen Verzerrungen werden dann aber nicht reduziert. Falls eine Gegenkopplung gewünscht ist, benötigten wir eine weitere Verstärkerröhre, die die Verstärkungsreserve erbringt, mit der dann eine effektive Gegenkopplung aufgebaut werden kann. Diese Verstärkungsreserve erbringt die vorgeschaltete weitere Verstärkerröhre, die aber nur sehr gering ausgesteuert wird und daher auch nur sehr wenig nichtlineare Verzerrungen aufweist. Die Verstärkungsreserve kann also zur Reduktion der nichtlinearen Verzerrungen der Ausgangsröhre genutzt werden, die, bei gleichen Ausgangsspannungen, genauso ausgesteuert wird wie im ersten Fall, dem Fall mit einer nicht gegengekoppelten Verstärkerröhre. Die Schaltung in Abb. 8.41 zeigt einen Verstärker ohne Gegenkopplung. Bei einer Aussteuerung mit $U_E = 1\,\text{Vp}$ erzeugt der Verstärker an der Last die Effektivspannung $U_A = 9{,}2\,\text{V}$ und zeigt nichtlineare Verzerrungen, die zu einem Verzerrungsmaß von THD $= 0{,}26\,\%$ bei Berücksichtigung von 9 Oberschwingungen und einer Grundschwingung mit der Frequenz $f = 1\,\text{kHz}$ führen. Mit dem zweiten Experiment wurde der zweistufige Verstärker aus der Abb. 8.42

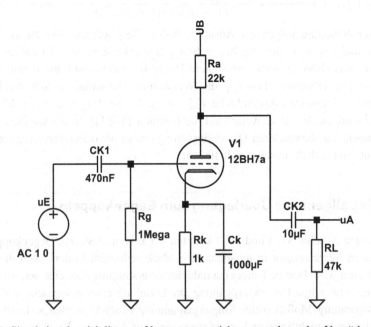

Abb. 8.41 Simulation der nichtlinearen Verzerrungen, nicht gegengekoppelter Verstärker

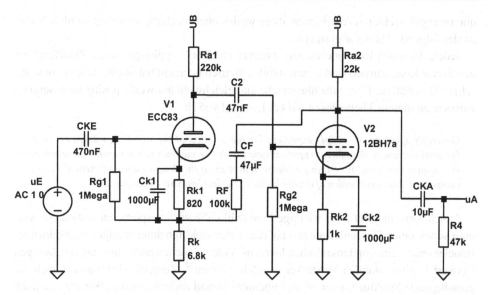

Abb. 8.42 Simulation der Reduktion nichtlinearer Verzerrungen mit einem gegengekoppelten Verstärker

simuliert. Ausgesteuert mit ebenfalls $U_E = 1\,\mathrm{Vp}$ erzeugt der Verstärker an der Last die Effektivspannung $U_A = 10,4\,\mathrm{V}$ und erzeugt nichtlineare Verzerrungen, die zu einem entsprechenden Verzerrungsmaß von THD $= 0,02\,\%$ führen. Die Versorgungsspannung beider Schaltungen betrug $U_B = 300\,\mathrm{V}$.

Auch wenn die Verstärkung der zweiten Schaltung sogar etwas größer als die der ersten Schaltung ist, ist das Verzerrungsmaß THD mehr als zehnmal so klein. Um eine effektive Gegenkopplung zu erreichen, wird man in vielen Fällen die Anzahl der Verstärkerstufen erhöhen. Heutzutage stellt diese Erhöhung ein kleineres Problem als in früheren Zeiten dar, da elektronische Bauelemente (und damit auch Verstärkerröhren) preiswerter als früher sind, sofern es sich nicht um „esoterische Wunderröhren" handelt. So sollte man beim Bau von Qualitätsaudioverstärkern heute einen deutlich erhöhten Schaltungsaufwand im Vergleich zu den historischen Röhrenverstärkern in Kauf nehmen.

8.9 Röhrenleistungsverstärker, Rückkopplungen, Stabilität und SPICE

Bis jetzt haben wir so getan, dass man Gegenkopplungen beliebig stark auslegen kann. Wir haben auch den Fall des Kathodenfolgers betrachtet, der sogar eine Spannungsverstärkung kleiner als eins aufweist. Im Allgemeinen aber ist einem Gegenkoppeln mit dem Risiko der Instabiliät stets eine Schranke gesetzt. Man kann diese Schranke zwar mit Frequenzgangskorrekturen verschieben, diese wollen aber sorgfältig ausgelegt werden. Somit ist das folgende Thema abgesteckt.

Jeder, der einen Röhrenleistungsverstärker mit Rückkopplungen unter Zuhilfenahme geeigneter Korrekturnetzwerke zum stabilen Betrieb gebracht hat, weiß, dass es ein mühseliges Geschäft ist. Eine aufschlussreiche und gleichwohl nur wenig positiv motivierende Aussage zu diesem Thema lesen wir bei Lynch [Lyn51]:

> *Generally speaking, no simple expedient for the solution of the stability problem exists. It becomes necessary, therefore, to apply systematic design methods of a somewhat comprehensive nature that may, in certain problems, reflect upon the design choice of virtually every component. This overburden of design is one of the hidden costs of feedback.*

Lynch weist hier auf zwei wichtige Punkte hin, die wir interpretieren wollen. So wird man selten einen Röhrenleistungsverstärker unter Zuhilfenahme weniger preisgünstiger Bauelemente, „ein Kondensatörchen hier, ein Widerständchen dort", bei einem beliebigen Entwurf in einen stabilen Verstärker wandeln können[24]. Zumeist wird man oft auch die grundlegende Struktur immer wieder überdenken und ändern müssen. Wir werden auch keine Maßnahme kennenlernen, die bei (nahezu) jedem Verstärker Stabilität erzwingt und wegen ihrer Universalität nur von Entwurf zu Entwurf kopiert und allenfalls ein wenig angepasst werden muß. Diese Aussagen werden noch verschärft, wenn man wirkungsstarke Gegenkopplungen aufbauen möchte.

Eine weitere zitierenswerte Aussage finden wir bei Crowhurst [Cro57], der sich zur schon erwähnten Mühe äußert:

> *All the circuit methods described here are easy to use once you get a grasp of them. The first time is sweat and tears, but the fifty-first time it has become second nature.*

Auch hier ergänzen wir, dass Schweiß und Tränen nach wie vor fließen, und auch in Zukunft weiter fließen werden, nur, mittlerweile halten Analogsimulatoren wie SPICE Hand- und Taschentücher bereit, um uns zu trocknen und zu trösten.

8.9.1 Röhrenleistungsverstärker und Transistorleistungsverstärker

Der Autor hat Rückkopplungen und Stabilität im Studium in einer Vorlesung zur Analogelektronik am Beispiel von Operationsverstärkerschaltungen mit den ersten Ansätzen kennengelernt. Dies geschah zu einer Zeit, als man Operationsverstärker als analoge Universalverstärker positionierte und auch noch viele nicht frequenzkompensierte bzw. frequenzgangskorrigierte Operationsverstärker angeboten wurden. Röhren und Röhrenverstärker gab es damals in den 80ern des vorigen Jahrhunderts schon nicht mehr im Lehrplan. Es wird vielen Lesern in ähnlicher Weise ergangen sein. Aus dieser Zeit resultiert

---

[24] Der Amateur fragt nach einer solchen Maßnahme.

auch ein recht umfangreiches Schrifttum zur Stabilität von Transistorleistungsverstärkern. Auch hier werden viele Leser sich an Begriffe wie *lead-*, *lag-* und *lead-lag-compensation*, *dominant pole* und weitere mehr erinnern. Es ist daher sinnvoll, eine kurze vergleichende Diskussion zwischen Röhren- und Transistorleistungsverstärkern zu führen.

Zwischen Röhren- und Transistorleistungsverstärkern, auch wenn alle im Prinzip den gleichen Aufgabenstellungen genügen, gibt es aber einige Unterschiede, die berücksichtigt werden müssen. Bei diesem wichtigen Thema unterscheiden sich Röhrenleistungsverstärker doch in vielem von Transistorleistungsverstärkern, was vor allem denjenigen Schwierigkeiten bereitet, die die Thematik am Transistorleistungsverstärker kennengelernt haben. Im einzelnen sprechen wir hier die nachstehenden Punkte an:

- Wegen der Wechselgrößenkopplung, kurz *AC-Kopplung*, bei Röhrenleistungsverstärkern haben wir Stabilitätsprobleme auch für niedrige Frequenzen im *UF-Bereich*. Röhrenleistungsverstärker können auch niederfrequent im Bereich weniger Hertz schwingen. Viele industrielle Röhrenleistungsverstärker schwingen auch im UF-Bereich. Im Besonderen wird in der Literatur das sog. *Motorboating* erwähnt, womit vor allem Rückkopplungen über die RC-gesiebten Versorgungsspannungserzeugungen (Siebketten) gemeint sind, die bei Eintaktverstärkern eine Rolle spielen. Da früher die Lautsprecher im UF-Bereich meist deutlich weniger gut abstrahlten, als das heutige Lautsprecher können, und die Musik früher auch weit weniger deutliche spektrale Anteile im UF-Bereich aufwies, musste das *Motorboating* [Lan53],[Jon95] nicht notwendigerweise problematisch sein. Tatsächlich profitieren bass-schwächliche Wiedergabeanlagen sogar durch ein wenig mehr an Tieftonfülle, sofern die Schwingungsfrequenz hoch genug ist. So weisen nur die wenigsten Röhrenleistungsverstärker Korrekturnetzwerke für den UF-Bereich auf. Nur in wenigen sehr hochwertigen historischen Verstärkern und bei modernen HighEnd-Verstärkern finden wir solche Korrekturnetzwerke. Vor allem aber ist anzumerken, dass ein niederfrequentes Schwingen heutzutage nicht mehr einfach ignoriert werden kann. Wir ergänzen an dieser Stelle, dass das niederfrequente Schwingen, wenn es im Infraschallbereich liegt, als langsame Verstärkungsänderungen wahrgenommen wird.
- Nahezu alle Röhrenleistungsverstärker verfügen über eine Subsidiär-Mehrschleifenrückkopplung.
- Röhrenleistungsverstärker werden mit wenigen Ausnahmen mit Ausgangsübertragern betrieben. Ohne jetzt der Darstellung der spezifischen Problematik vorweggreifen zu wollen, sei hier angemerkt, dass eben dieser Ausgangsübertrager Ursache dafür ist, dass die Gegenkopplung bei Röhrenverstärkern i. a. weniger „stark" ausgeführt werden kann, als bei Transistorleistungsverstärkern. Dies hat vor allem zur Folge, dass die außerordentlich geringen und werbewirksamen Klirrfaktoren von qualitativ hochwertigen Transistorleistungsverstärkern auch mit qualitativ höchstwertigen Röhrenleistungsverstärkern nicht erreicht werden können.
- Wegen der AC-Kopplung ist es bei Röhrenleistungsverstärkern oft einfacher, eine Rückkopplungsschleife aufzutrennen, da die Arbeitspunkte der Röhren, bei durch-

dachtem Auftrennen, nicht beeinflusst werden. Bei den DC-gekoppelten Transistorleistungsverstärkern ist eine solche Auftrennung oftmals weder in der Technik noch in
der Simulation ohne weiteres durchzuführen. Es gibt aber bei Middlebrook [Mid06]
Lösungen, um diesem Problem wenigstens im Falle einer einzigen Rückkopplungsschleife bei der SPICE-Simulation entgegenzutreten.

• In der (An-)Heizphase der Röhrenverstärker ändern sich die Verstärkereigenschaften,
  was bei bedingt stabilen Röhrenleistungsverstärkern zu Instabilitäten, d. h. Verstärker-
  schwingen, führen kann. Im Besonderen lesen wir bei Crowhurst [Cro57]: *As a result,
  when first switched on, with the heaters warming up, the circuit will sing, and the resul-
  ting grid current may keep the amplifier in the unstable low gain condition.* Der Autor
  kann ein solches Verhalten aus seiner eigenen Erfahrung bestätigen.

8.9.2 Elektroniklabor und SPICE-Simulation

Auf der einen Seite stehen uns heute Soundkarten und PC-FFT-Signalanalyser zu geringen
Kosten zur Verfügung, auf der anderen Seite aber reicht deren Bandbreite bei weitem
nicht aus, da sich OF-Stabilitätsprobleme oft weit oberhalb der Hörfrequenzen im Bereich
mehrerer 100 kHz zeigen[25]. So steht uns auch heute bei limitiertem Budget eine zwar
weit bessere, aber noch längst nicht ausreichende Messtechnik zur Verfügung. Aber im
Gegensatz zu früher können wir erfolgreich Analogsimulatoren wie SPICE nutzen, bei
denen, realistische Modelle vorausgesetzt, die Laborarbeit erheblich vereinfacht werden
kann.

Ein wichtiges Einsatzgebiet von SPICE bei der Entwicklung von Röhrenleistungsverstärkern mit Rückkopplungen ist die Simulation von Schleifenverstärkung und rückgekoppelter Verstärkung sowie die Unterstützung bei der Dimensionierung von Frequenzgangs-
korrekturnetzwerken zur Erzielung der angestrebten unbedingten Stabilität der Röhrenleistungsverstärker zusammen mit einem ausreichenden Phasenrand, einer Stabilitätsre-
serve.

Bei diesen Simulationen wird die .AC-Analyse verwendet, die für ein lineares Er-
satzsystem „um den Gleichgrößen-Arbeitspunkt herum" die Systemfrequenzgänge bzw.
die Frequenzgänge aller Ströme und Spannungen in Bezug auf einen Sinus-Sweep einer
Strom- oder Spannungsquelle berechnet. Man erhält so Aussagen, die für „modera-
te" Aussteuerungen plausibel sind. Wir verstehen diese Plausibilität im Rahmen der
Kleinsignalanalyse. Bei einem System mit nichtlinearen Bauelementen, ein Röhrenleistungsverstärker ist ein solches System, ändern sich die Verhältnisse mit der Aussteuerung.
Dies gilt vor allem für große Aussteuerung, bei denen z. B. die Übertragernichtlinearitäten
nicht mehr vernachlässigbar wirken. Dies können wir mit einer .AC-Analyse nicht erfassen und müssen in der Konsequenz die Verstärker dann so großzügig dimensionieren, dass
ihre Stabilität, also wohlgeordnete Betriebsverhältnisse, auch für höhere Aussteuerung

---

[25] Streuinduktivitäten der Übertrager spielen hier oft eine nicht unwesentliche Rolle.

gewährleistet ist. Im konkreten Fall werden Simulation und Probeaufbau nebeneinander genutzt und gleichermaßen mit ständiger Abstimmung weiterentwickelt. Der große Wert der Simulation besteht darin, dass wir an einem Probeaufbau zwar relativ leicht Betragsfrequenzgänge messen können, hingegen das Messen von Phasenfrequenzgängen ungleich schwieriger ist. Früher hat man das Problem der schwierigen Phasenfrequenzgangsmessung mit systemtheoretischen Methoden recht weitgehend umgangen. Die Systemtheorie linearer Systeme sagt uns, dass bei minimalphasigen Systemen der logarithmierte Betragsfrequenzgang und der Phasenfrequenzgang, bis auf einen Faktor, voneinander abhängig sind. Nun können wir davon ausgehen, dass unsere Röhrenleistungsverstärker minimalphasige Systeme sind[26]. Bei Learned [Lea44] lesen wir, dass der den Elektrotechnikern (wenigstens namentlich) wohlbekannte H. W. Bode für rückgekoppelte Verstärker diese Zusammenhänge analysiert und 1940 veröffentlicht hat. So wurde es den Ingenieuren ermöglicht, zu charakteristischen Verläufen der messbaren logarithmierten Betragsfrequenzgänge die dazugehörigen Phasenfrequenzgänge zu ermitteln, ohne diese messen zu müssen. Im weiteren hat Bode Regeln angegeben, wie die logarithmierten Betragsfrequenzgänge verlaufen müssen, damit ein rückgekoppelter Verstärker stabil ist. Gleich an dieser Stelle erwähnen wir, dass die Umsetzung der Regeln nicht trivial ist, was zur Folge hatte, dass sicher die meisten Verstärker durch Ausprobieren mit einstellbaren Widerständen und Kondensatoren[27] in einen stabilen Betrieb versetzt worden sind. Die wohl wichtigste Strategie bei diesem Vorgang ist es dann, die Gegenkopplung „schwächer" als möglich auszulegen und einen größeren Klirrfaktor als nötig dann auch zu tolerieren.

8.10   Grundlagen linearer rückgekoppelter Röhrenverstärker im Hinblick auf Verstärkerstabilität

Das notwendige Rüstzeug zur Untersuchung linearer rückgekoppelter Röhrenverstärker findet man in zahllosen Büchern beschrieben. Auch hier lässt sich das Buch von Crowhurst [Cro57] besonders hervorheben. Ein fundamentales, aber auch recht anspruchsvolles Buch hat Bode [Bod57] geschrieben. Dieses Buch ist vor allem für Systemtheoretiker interessant. Erkenntnisse dieses Buches von Bode dienen auch heute noch den Ingenieuren dazu, stabile Röhren- und Transistorleistungsverstärker zu entwickeln. Wir wollen hier nur einige wenige Sachverhalte, die wir im weiteren benötigen, zusammenstellen, mit Beispielen belegen und ansonsten den interessierten Leser auf die Literatur hinweisen.

Der Schlüssel zu allen Charakterisierungen und Voraussetzungen von Verstärkerstabilität ist die Laplacetransformation, die in Erweiterung zur Fouriertransformation mit der reellen Frequenz ω eine komplexe Frequenz $s = \sigma + j\omega$ als Transformationsvariable

---

[26] Die Zusammenhänge werden mit der Hilbertransformation hergestellt.

[27] Früher konnte man für solche Aufgaben Widerstands- und Kapazitätsdekaden in „kleinen Kästchen" verwenden.

Abb. 8.43 Wurzelortkurven
für einen fiktiven Verstärker

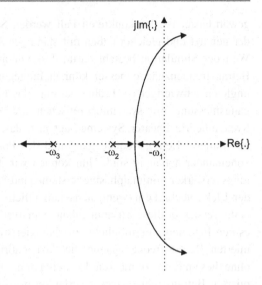

verwendet. In dieser komplexen Frequenz entscheidet der Realteil σ mit seinem Vorzeichen über Stabilität, da er bei Verstärker-Eigenschwingungen die Amplitudenhüllkurve festlegt und so zwischen abklingenden, die Eigenschwingungen der stabilen Verstärker, und anklingenden, die Eigenschwingungen der instabilen Verstärker, Eigenschwingungen unterscheidet.

Die Laplacetransformierte $V'(s)$, eine Systemfunktion, ist bei linearen Systemen eine rationale Funktion der komplexen Frequenz s. Wir wissen, wie für solche rationalen Funktionen Stabilität des durch sie beschriebenen Systems definiert ist:

Notwendige und hinreichende Bedingung für die Stabilität des linearen (rückgekoppelten) Systems ist es, dass seine rationale Systemfunktion keine Pole in der rechten s-Halbebene aufweist.

Wenn $V'(s)$ **analytisch** gegeben ist, können wir Stabilität überprüfen, indem wir entweder die Realteile der Pole explizit berechnen oder aber eine der leicht anzuwendenden iterativen Methoden zur Stabilitätsüberprüfung anwenden wie z. B. die *Routh-Hurwitz-Methode* [Bot50]. Eine andere Herangehensweise ist die in der Regelungstechnik gebräuchliche *Wurzelortskurven-Methode* (*root locus method*). Man geht davon aus, dass der nichtrückgekoppelte Verstärker stabil ist und somit seine Pole in der linken S-Halbebene liegen. Für die Stabilität des rückgekoppelten Verstärkers ist aber mittelbar die Funktion $1 - kV_0(s)$ verantwortlich bzw. unmittelbar das Nennerpolynom der rationalen Funktion $V'(s)$. Dessen Nullstellen können sich in Abhängigkeit von k in die rechte S-Halbebene bewegen, was gleichbedeutend mit Instabilität des rückgekoppelten Verstärkers ist. Die Abb. 8.43 zeigt dies an einem fiktiven Verstärker. Die reellwertigen drei Pole der offenen Verstärkung mit Tiefpasscharakteristik sind durch Kreuze markiert. Zwei dieser Pole (der nun geschlossenen Verstärkung) laufen bei Variation von k aufeinander zu, werden komplexwertig und bewegen sich den gezeichneten Kurven folgend in die rechte S-Halbebene. Der dritte Pol bleibt reellwertig und bewegt sich betragsmäßig in Richtung größerer Werte (Verschiebung der Grenzfrequenz durch Gegenkopplung). Man kennt nun Techniken, die einem diese „Pole-Wanderung" abzuschätzen erlauben. Aus unserer Sicht ist diese Herangehensweise auch nicht vorteilhafter als der zuvor angesprochene Stabilitätstest, da die Pole des nichtrückgekoppelten Verstärkers im Vorhinein bekannt sein müssen.

Zur Entlastung dieser Aussagen müssen wir anführen, dass wir über wohlkonstruierte Röhrenverstärker sprechen und nicht über beliebig komplizierte Regelstrecken aus der Verfahrenstechnik. Unsere Rückkopplungsschleifen enthalten (schwach nichtlineare) Teilsysteme wie Verstärker- und Kopplungsstufen, Rückkopplungsnetzwerke und später auch noch Netzwerke zur Frequenzgangskorrektur. Es sind bei weitem nicht alle Systemfunktionsbestandteile wichtig, sondern nur die, die in den Bereich hineinwirken, in dem der Betrag der Schleifenverstärkung noch „gefährlich" groß ist. Irgendwelche parasitären Kapazitäten gibt es sicher auch noch, aber wir beziehen uns auf Audio-Verstärker und wenn es denn sein muß, dann lassen wir eine der später vorgestellten Frequenzgangskorrekturen unsere „Randprobleme" lösen.

Auf unserem Labortisch steht ein Röhrenleistungsverstärker in der Phase der Entwicklung und vielleicht haben wir auch eine gute, d. h. sehr wirklichkeitsgetreue SPICE-Simulation am Laufen. Die geforderte analytische Beschreibung von $V'(s)$ oder die Angabe zu ihren Polen jedenfalls stehen uns i. a. nicht zur Verfügung. Wir können auch sicher sein, dass der Aufwand zur Beschaffung mit Hilfe der Berechnung so erheblich ist, dass wir diese Wege zum Stabilitätstest nicht gehen werden. Kurz gesagt, wir benötigen einen Stabilitätstest auf der Grundlage messbarer Verstärkereigenschaften, hier auf der Grundlage einer Frequenzgangsmessung, die wir mit entsprechenden Meßgeräten im Elektroniklabor oder aber mit einer geeigneten SPICE-Methode, diese ist die .AC-Analyse, an unserer Verstärkersimulation ausführen können. Die Forderung nach Messbarkeit verbietet also die komplexe Frequenz s und verlangt die Beschränkung auf die reelle Frequenz ω. Im weiteren, und dies ist mindestens genau so wichtig, sollte uns der Stabilitätstest auch dabei unterstützen, die zu einer Erlangung von Stabilität notwendige Frequenzgangskorrektur auch auslegen zu können, denn wir haben uns in diesem Abschnitt ja das Ziel gesetzt, eine möglichst „starke" Gegenkopplung zu erreichen.

8.10.1 Verstärkerstabilität über den Frequenzgang $V_S(\omega)$

Für die uns interessierende Stabilität eines Verstärkers interpretieren wir den messbaren Frequenzgang $V_S(\omega)$ der Schleifenverstärkung. Vor dem methodischen Vorgehen unter Nutzung des Simulators wollen wir noch auf einige „historische" Angaben aus den Vor-Simulator-Zeiten hinweisen. Sie helfen, einen zunächst groben Überblick zu erhalten, der den Zutritt zum später nötigen tieferen Einblick etwas erleichtert.

Wir finden z. B. in [Lan53] 7.3.(i), S.356, die für die Fälle (Frequenzen) reellwertiger Schleifenverstärkungen gültige Aufzählung:

- Wenn $V_S = kV_0$ reellwertig und negativ ist, haben wir negative Rückkopplung bzw. Gegenkopplung und es gilt mit $|1 - V_S| > 1$ die Ungleichung $|V'| < |V_0|$.
- Wenn V_S reellwertig, positiv und kleiner als eins ist, dann haben wir positive Rückkopplung bzw. Mitkopplung und es gilt mit $|1 - V_S| < 1$ die Ungleichung $|V'| > |V_0|$.
- Wenn $V_S = 1$ beträgt, dann geht V' gegen unendlich und der Verstärker ist instabil (er schwingt).
- Wenn V_S reellwertig, positiv und größer als eins ist, dann ist der Verstärker bedingt stabil, d. h. der Verstärker wird wohl beim Aufheizen, entsprechend einem Anstieg der Verstärkung, schwingen.

Die Angaben in dieser Aufzählung dienen alleine der Anschauung, da die Beschränkung auf reelle Werte zwar aus Sicht der Messtechnik statthaft ist, aber die damit verbundenen Einschränkungen viele wichtige Phänomene nicht erklären. Die SPICE-Simulation aber erlaubt es, die Schleifenverstärkung komplexwertig zu erfassen und in jeder nützlichen Form graphisch darzustellen, sei es als Ortskurve in der komplexen Zahlenebene oder sei es als Bode-Diagramm mit Verstärkungsmaß und Phasenfrequenzgang.

Wir wollen an dieser Stelle, vor Beginn der Diskussion von Verstärkerstabilität, die Begriffe Rück-, Mit- und Gegenkopplung etwas gründlicher definieren. Rückkopplung ist der Oberbegriff, der Mit- und Gegenkopplung einschließt. Die Unterscheidung zwischen Gegen- und Mitkopplung erfolgt über die Wertebereiche der Schleifenverstärkung im Ausdruck $|1 - V_S(\omega)|$. Es gilt

- Für $|1 - V_S(\omega)| > 1$ gilt $|V'(\omega)| < |V_0(\omega)|$ und wir sprechen von Gegenkopplung.
- Für $|1 - V_S(\omega)| < 1$ gilt $|V'(\omega)| > |V_0(\omega)|$ und wir sprechen von Mitkopplung.

Der Unterschied zum ersten Überblick ist der, dass Mitkopplung nicht notwendig Instabilität bedeutet. Denn wir wissen bereits aus dem Abschn. 8.7.2, dass ein für mittlere Frequenzen stabiler gegengekoppelter Verstärker an den Frequenzrändern Mitkopplung zeigt.

Besonders gut lässt sich der Übergang von Gegen- zu Mitkopplung in der komplexen Ebene darstellen, in die ein Ausschnitt einer Ortskurve der Schleifenverstärkung mit dem Parameter ω eines stabilen Systems eingezeichnet ist. Die Kurve C: $|1 - V_S(\omega)| = |V_S(\omega) - 1| = 1$ ist ein Kreis mit Radius eins und dem Mittelpunkt $P_M : (1 + j0)$. Die Abb. 8.44 zeigt einen solchen Fall. Für Frequenzen, die kleiner sind als die Frequenz beim Eintritt der Ortskurve in den Kreis liegt Gegenkopplung, für den Schleifenverstärkungsanteil innerhalb des Kreises liegt hingegen Mitkopplung (für die höheren Frequenzen) vor. Die Kurve ist insofern typisch, da wir sie bei allen rückgekoppelten mehrstufigen Verstärkern in ähnlicher Form antreffen werden. So gibt es Frequenzabschnitte mit Gegen- und ebenso Frequenzabschnitte mit Mitkopplung, sofern die Systemordnung groß genug ist. Wir haben das Phänomen bereits im Abschn. 8.7.2 kennengelernt, wo wir ausgeprägte Spitzen an den Rändern des Übertragungsfrequenzbands gesehen haben. Wir müssen an dieser Stelle innehalten und etwas zum Vorzeichen der Schleifenverstärkung in den Dar-

Abb. 8.44 Übergang von der Gegen- zur Mitkopplung beim stabilen System

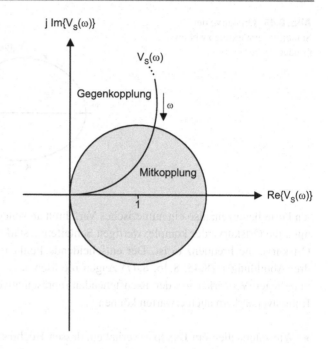

stellungen von Ortskurven ausführen. Leider sind diese Darstellungen in der Literatur nicht einheitlich, was im Besonderen durch Unterschiede in der Literatur zu Verstärkern (Elektronik) und zur Regelungstechnik erschwert wird. In vielen Darstellungen ist der Punkt P: $(1 + j0)$ der kritische Punkt, an dem sich Stabilität entscheidet. In anderen Darstellungen ist es der Punkt P: $(-1 + j0)$[28]. Für unsere Verstärker setzen wir die dargestellte Schleifenverstärkung stets so an, dass sie für mittlere Frequenzen ω_M, wenn die Schleifenverstärkung phasenneutral ist, negativ gerechnet wird, d. h. wenn die „Hochpasscharakteristik nicht mehr und die Tiefpasscharakteristik noch nicht" auf die Phase wirken und die Gegenkopplung ihre maximale Stärke hat. Für die Vorzeichen der reellen Werte bei der mittleren Frequenz unterscheiden wir in diesem Kapitel zwei Fälle:

- Invertierender Verstärker, $V_{0M} < 0$, $V'_M < 0$, $k_M > 0$, $V_{SM} < 0$, $\Gamma_M > 0$, Kathodenbasisverstärker im Abschn. 8.2.1, Anodenfolger im Abschn. 8.3.2, Subsidiärrückkopplung im Zweistufenverstärker im Abschn. 8.7.8
- Nichtinvertierender Verstärker, $V_{0M} > 0$, $V'_M > 0$, $k_M < 0$, $V_{SM} < 0$, $\Gamma_M > 0$, Anodenbasisverstärker im Abschn. 8.3.2, globale Gegenkopplung im Zweistufenverstärker im Abschn. 8.6.3

Wir haben bereits festgestellt, dass analytische Beschreibungen der Verstärker i. a. nicht vorliegen. In diesem Fall können wir das sog. *Nyquist-Kriterium* in seiner vereinfach-

---

[28] Letzlich ist es die Frage, ob wir am Rückkopplungssummierknoten die rückgekoppelte Größe selbst (in unserem Fall) oder invertiert zuführen.

Abb. 8.45 Ortskurve der
Schleifenverstärkung zweiten
Grades

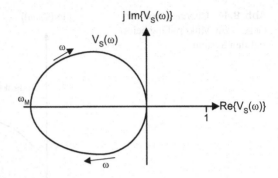

ten Form benutzen, also ein numerisches Verfahren anwenden. Dieses Nyquist-Kriterium
nutzt die Ortskurve der komplexwertigen Schleifenverstärkung, wobei der Parameter der
Ortskurve die Frequenz ω ist. Der entscheidende Punkt ist der Punkt P: $(1 + j0)$. Die
drei Abbildungen (8.45, 8.46, 8.47) zeigen repräsentative Fälle. Den drei Abbildungen
unterliegen Verstärker mit den nachstehenden repräsentativen Eigenschaften, die wir bei
Röhrenverstärkern auch erwarten können[29]:

- Wir unterstellen ein Bandpassverhalten, dessen Hochpassanteile von den Koppelkon-
  densatoren, kapazitiv überbrückten Kathodenwiderständen und den Übertragern, und
  dessen Tiefpassanteile von den Röhren-, den Schaltungskapazitäten und ebenfalls den
  Übertragern herrühren.
- Die mittlere Frequenz ω_M ist die Frequenz mit maximaler Gegenkopplung, bei der die
  Phase der Schleifenverstärkung exakt $\varphi_S(\omega_M) = -\pi$ beträgt.

Abb. 8.46 Ortskurve der
Schleifenverstärkung eines
stabilen Verstärkers

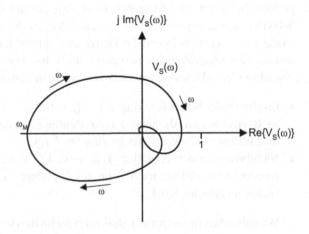

---

[29] Letztlich aber bedeuten alle folgenden Annahmen nur, daß es links (Hochpass) und rechts (Tiefpass) von der Mitte liegende reellwertige Pole gibt, die weit auseinander liegen.

Abb. 8.47 Ortskurve der Schleifenverstärkung eines instabilen Verstärkers

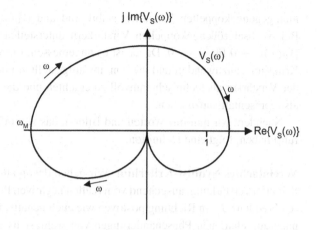

- Für Frequenzen oberhalb der Frequenz ω_M zeigt die Schleifenverstärkung alleine Tiefpassverhalten bestimmten Maximalgrades, für Frequenzen unterhalb der Frequenz ω_M zeigt die Schleifenverstärkung alleine Hochpassverhalten bestimmten Maximalgrades. In beiden Fällen wird die Gegenkopplung bei Entfernung von der Mittenfrequenz in beiden Richtungen daher „schwächer". In der Praxis ist es durchaus möglich, besser sogar, man kann es oft erwarten, dass sich weit komplexere Ortskurven ergeben, d. h., dass sich z. B. auch im oberen Frequenzbereich Hochpassverhalten (Ein- und Ausgangsübertrager) zeigen kann, das zu Überhöhungen im Frequenzgang führt.

- Für die beiden Frequenzen $\omega = 0$ und $\omega = \infty$ geht der Wert der Schleifenverstärkung gegen Null. Dies bedeutet zum einen, dass der Röhrenleistungsverstärker keine Gleichspannungen verstärkt (wie sollte dies auch mit einem Ausgangsübertrager funktionieren?) und zum anderen, dass, und auch dies ist selbstverständlich, die Schleifenverstärkung bei hohen Frequenzen tendenziell sinkt. Für diesen Effekt reicht bereits eine parasitäre Kapazität, man denke an die Röhrenkapazitäten, aus.

Die Ortskurve in Abb. 8.45 zeigt einen stets stabilen Verstärker mit Hoch- und Tiefpassverhalten zweiten Grades. Dieser Verstärker kann bei einer Gegenkopplung nicht schwingen. Die Abb. 8.46 zeigt einen stabilen Verstärker mit Hochpassverhalten vierten Grades und Tiefpassverhalten dritten Grades. Der Verstärker ist stabil, da in beiden Fällen die Ortskurve beim Schneiden der Realteilsachse in der rechten S-Halbebene den kritischen Punkt P : $(1 + j0)$ links passiert bzw. „rechts liegen lässt". Die Abb. 8.47 zeigt einen instabilen Verstärker mit Hochpassverhalten zweiten Grades und Tiefpassverhalten dritten Grades. Der kritische Punkt wird von der Ortskurve der Schleifenverstärkung eingeschlossen.

Das Nyquist-Kriterium ist ein allgemein gehaltenes Stabilitätskriterium und kann auch auf sehr beliebige Systeme angewendet werden. Für Details verweisen wir den Leser an die Literatur, z. B. an den Originaltext [Nyq32]. Unsere Systeme, die Röhrenverstärker, sind vergleichsweise einfache Systeme. Wir können vor allem davon ausgehen, dass die nichtgegengekoppelten Verstärker stabil sind und $|V_0(\omega)| \rightarrow 0$ für $\omega \rightarrow \infty$ zutrifft. Bei wechselgrößengekoppelten Verstärkern unterstellen wir im weiteren praxisgerecht $|V_0(\omega)| \rightarrow 0$ für $\omega \rightarrow 0$. Daher ist es angemessen, die vereinfachte Form des Nyquist-Kriteriums anzuwenden und die von uns aufgestellten Forderungen an die Eigenschaften der Verstärker als technisch sinnvoll zu erachten und die Abbildungen (8.45, 8.46, 8.47) als repräsentativ anzusehen.

Nachdem wir nun mit Worten und Bildern das vereinfachte Nyquist-Kriterium eingeführt haben, folgt eine Definition.

Vereinfachtes Nyquist-Kriterium   Wir gehen davon aus, dass die Ortskurve $V_S(\omega)$ der Schleifenverstärkung, ausgehend vom reellen negativen Punkt $P_M \colon (V_{SM} + j\,0)$ der mittleren Frequenz f_M in Richtung positiven wie auch negativen (AC-Kopplung) Imaginärteils, nach aufgelaufenen Phasenänderungen von wenigstens $\pm\pi$ die positive reelle Achse a bei abnehmenden Frequenzen im Falle kritischer UF-Stabilität und b bei zunehmenden Frequenzen im Falle kritischer OF-Stabilität schneidet. Im weiteren gehen wir davon aus, dass der nichtrückgekoppelte Verstärker selbst asymptotisch stabil[30] ist. Liegt der kritische Punkt $P \colon (1 + j\,0)$ **rechts** von der Ortskurve, ist der Verstärker mit Rückkopplung ebenfalls asymptotisch stabil.

8.10.2   Messung des Frequenzgangs der Schleifenverstärkung von typischen Röhrenleistungsverstärkern mit SPICE

Ziel dieses Abschnitts ist es, mit SPICE-Simulationen für Röhrenleistungsverstärker mit globaler Gegenkopplung und Subsidiär-Rückkopplung den Frequenzgang derjenigen Schleifenverstärkung, die für die Verstärkerstabilität ausschlaggebend ist, in ausreichender Genauigkeit zu erfassen. Im Folgenden werden wir die Schleifenverstärkung $V_S(\omega)$ aus der nicht rückgekoppelten Verstärkung $V_0(\omega)$ und der rückgekoppelten Verstärkung $V'(\omega)$ gemäß

$$V_S(\omega) = 1 - \frac{V_0(\omega)}{V'(\omega)} \qquad (8.48)$$

gewinnen. Hierzu sind zwei Messungen nötig, die wir innerhalb eines Simulationslaufs unter Verwendung der SPICE .STEP-Anweisung ausführen werden. Das Modell des typischen Röhrenleistungsverstärkers zeigt Abb. 8.48. Der allgemeine Verstärker V_{02} repräsentiert beliebig viele Verstärkerstufen und ihre Verschaltungen einschließlich der i. a. vorhandenen Ausgangsübertrager. Die Analyse dieses Verstärkermodells wurde bereits im Abschn. 8.7.7 vorgenommen, wo wir in (8.46) und (8.47) auch schon die beiden Rückkopplungsfaktoren berechnet haben. Wir unterstellen praxisgerecht, dass R_F groß gegenüber dem Innenwiderstand der Endstufe ist.

---

[30] Die Impulsantwort $h(t) = \mathcal{L}^{-1}\{V_0(s)\}$ ist absolut integrierbar, d. h. $\int_0^\infty |h(\tau)|\,\mathrm{d}\tau \leq M < \infty$.

Abb. 8.48 Allgemeiner
Röhrenleistungsverstärker
mit Subsidiär- und globaler
Spannungs-Spannungs-Gegenkopplung

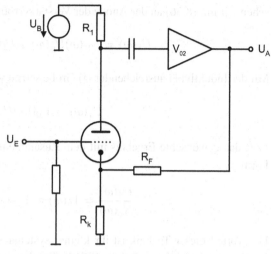

Abb. 8.49 Allgemeiner Röhrenleistungsverstärker, *Technik
Induktives Abblocken*

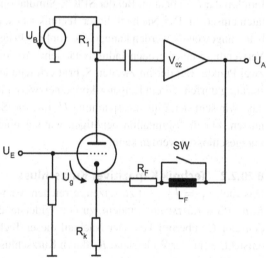

Für die Simulation mit (8.48) benötigen wir aber den Frequenzgang der nicht rückgekoppelten Verstärkung $V_0(\omega) = V_{01}(\omega)V_{02}(\omega)$, den wir aus (8.44) erhalten, indem wir
$k_1 = 0$ und $k_2 = 0$ setzen. Hierfür schlagen wir im Folgenden zwei einfache Simulati-
onstechniken vor.

8.10.2.1 Technik Induktives Abblocken

Die Technik *Induktives Abblocken* wird in der Abb. 8.49 gezeigt. Für die Erfassung der
offenen Verstärkung wird das Verhältnis von Verstärker-Ausgangsspannung zur Gitterspannung der Verstärkerröhre berechnet. Wenn die Induktivität L_F weggelassen wird,

sehen wir mit (8.36) an der Anode der Verstärkerröhre die Spannung

$$U_a(\omega) = V_{01}(\omega)U_g(\omega) + k_2 V_1'(\omega)U_A(\omega) \, .$$

Mit der Induktivität ausreichender (!) Größe setzen wir $k_2 = 0$ und erhalten

$$U_a(\omega) = \widehat{V}_{01}(\omega)U_g(\omega)$$

bzw. das gewünschte Ergebnis mit dem Zusammenhang $U_A(\omega) = \widehat{V}_{02}(\omega)U_a(\omega)$ in der Form

$$\frac{U_A(\omega)}{U_g(\omega)} = V_0(\omega) \approx \widehat{V}_{01}(\omega)\widehat{V}_{02}(\omega) \, .$$

Der Vorteil dieser Technik ist ihr kleiner systematischer Fehler, der von der Größe der Induktivität L_F abhängt. Bei der SPICE-Simulation können wir beliebig große Induktivitäten einsetzen. Der Nachteil dieser Technik ist es, dass sie nur schwerlich am Laboraufbau[31] angewendet werden kann, da sowohl die Erfassung der Gitterspannung als auch die Verwendung einer großen Induktivität sehr problematisch sind. Zu ergänzen sind noch zwei Punkte. Bei der im zweiten Schritt erfolgenden Messung der rückgekoppelten Verstärkung dürfen wir ein Eingangskoppelnetzwerk nicht ignorieren. Dies kann so erfolgen, dass wir statt der Eingangsspannung $U_E(\omega)$ die Spannung zwischen Gitter und Masse nutzen. Für die Simulation benötigen wir nur einen Schalter, mit dem die Induktivität kurzgeschlossen werden kann.

8.10.2.2 Technik Kapazitiver Kurzschluss

Das Ziel, $k_1 = k_2 = 0$ zu setzen, erreichen wir wie im Abschn. 8.7.8 mit der *Technik Kapazitiver Kurzschluss*, indem wir den Widerstand R_k mit einem hochkapazitiven Kondensator C_k überbrücken. Der Nachteil dieser Technik ist der systematische Fehler, der entsteht, wenn der Widerstand R_k durch Kurzschluss aus der Schaltung herausgenommen wird. Wir haben diesen Fehler bereits im Abschn. 8.5.4 diskutiert.

Die Abb. 8.50 zeigt ein vereinfachtes Röhrenleistungsverstärkermodell, in dem die Abhängigkeit der Verstärkung $V_{01}(\omega)$ von R_k nicht berücksichtigt wird. Die Abb. 8.51 zeigt ein Röhrenleistungsverstärkermodell, in dem die Abhängigkeit der Verstärkung $V_{01}(\omega)$ von R_k berücksichtigt wird. Dieses Modell verwendet eine Kopie des Kathodenwiderstands R_k in der Anodenzuleitung der Röhre. Um den Gleichspannungsabfall über diesem kopierten Widerstand auszugleichen, wird eine Ausgleichsgleichspannungsquelle verwendet. Zur Dimensionierung dieser Ausgleichsspannungsquelle muß im ersten Schritt der Anodenstrom I_{a0} ohne Signal mit einer .OP-Analyse erfasst werden. Die Ausgleichsgleichspannungsquelle erhält dann den Spannungswert $U_{A0} = I_{a0}R_k$. Beim vereinfachten Modell nach Abb. 8.50 erhält man mit dem Quotienten $U_A(\omega)/U_E(\omega)$ bei geöffnetem

---

[31] Man wird sich dafür eine hochohmige Trennstelle suchen müssen.

Abb. 8.50 Allgemeiner Röhrenleistungsverstärker, *Technik Kapazitiver Kurzschluß*

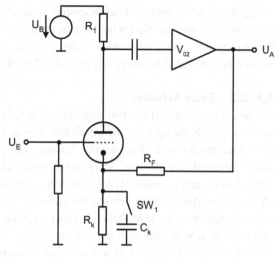

Abb. 8.51 Allgemeiner Röhrenleistungsverstärker, *Technik Kapazitiver Kurzschluß* und Ausgleich für R_k

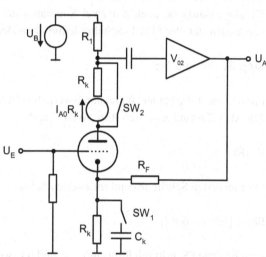

Schalter SW_1 die Verstärkung mit Rückkopplung und bei geschlossenem Schalter SW_1 die Verstärkung ohne Rückkopplung. Entsprechend erhält man beim Modell in Abb. 8.51 bei geöffnetem Schalter SW_1 und geschlossenem Schalter SW_2 die Verstärkung mit Rückkopplung und bei geschlossenem Schalter SW_1 und geöffnetem Schalter SW_2 die Verstärkung ohne Rückkopplung.

Ein Vorteil dieser Technik ist die mögliche Anwendung am Laboraufbau und die so erfolgende Plausibilisierung der Simulation mit Hilfe einiger Pegelmessungen. Da dieser Kondensator an einen „niederohmigen" Punkt, eine Kathode, anzuschließen ist, ist diese Technik unkritischer als die *Technik Induktive Abblockung*. Ein hochkapazitiver Kondensator C_k steht ohne Schwierigkeiten als Elektrolytkondensator zur Verfügung, der an der angegebene Stelle nicht einmal besonders spannungsfest sein muß. Schwierig beim Laboraufbau ist aber die Korrektur für den entfallenen Widerstand R_k, was dann bei der Simulation berücksichtigt werden sollte. Für die Simulation mit Widerstandskorrektur werden zwei Schalter benötigt, wie es in der Abb. 8.51 gezeigt wird.

8.10.2.3 Spice-Schalter

Die Simulation benötigt die Verwendung von Schaltern, mit denen zwischen „rückgekoppelt" und „nicht rückgekoppelt" geschaltet werden kann, damit beide Simulationsergebnisse miteinander verrechnet werden können. Ein SPICE-Schalter ist, grob dargestellt, ein Widerstand, der für den AN-Zustand einen kleinen Widerstandswert und für den AUS-Zustand einen großen Widerstandswert aufweist. Hierzu enthält SPICE bereits zwei Modelle, das Modell W für den stromgesteuerten und das Modell S für den spannungsgesteuerten Schalter. Beide Modelle sind leistungsfähig, sie können z. B. mit Schaltschwelle und Schalthysterese oder auch einer Schalterinduktivität ausgestattet werden, was für unseren doch recht einfachen Fall weit über unsere Bedürfnisse hinausreicht, weil wir unsere Simulationsaufgabe auch mit zwei Simulationsläufen nacheinander lösen können. Wir verwenden statt der SPICE-Schalter lediglich Widerstände, denen wir mit der Anweisung

.step RV list 1e-6 1e6

nacheinander die beiden Widerstandswerte RV=1e-6 für den AN-Zustand und RV=1e6 für den AUS-Zustand zuweisen. Ein „Widerstand"

R={RV}

wird im ersten Schritt an- und im zweiten Schritt ausgeschaltet. Der inverse Schalter

Rinv={1e6+1e-6-RV}

wird im ersten Schritt mit Rinv=1e6 aus- und im zweiten Schritt mit RV=1e-6 angeschaltet.

8.10.2.4 Ein Simulationsexperiment

Die Abb. 8.52 zeigt das SPICE-Schaltungsbeispiel mit zwei Widerstands-Schaltern entsprechend dem Modell aus Abb. 8.51 für die Anwendung der *Technik Kapazitiver Kurzschluss*. In der Vorab-Arbeitspunktanalyse wurde der Anodenstrom $I_{a0} = 1,01589\,\text{mA}$ gemessen, was eine Ausgleichsgleichspannung $U_{A0} = 1,219068\,\text{V}$ ergibt. Die gesuchte Schleifenverstärkung lässt sich im Graphik-Fenster mit der Berechnungsvorschrift

1-(V(UA)@2/V(A)@2)/(V(UA)@1/V(A)@1)

ermitteln. Mit der Angabe „@2" werden die Ergebnisse des zweiten Simulationslaufs, die Analyse zur Erfassung der nichtrückgekoppelten Verstärkung verwendet. Entsprechend

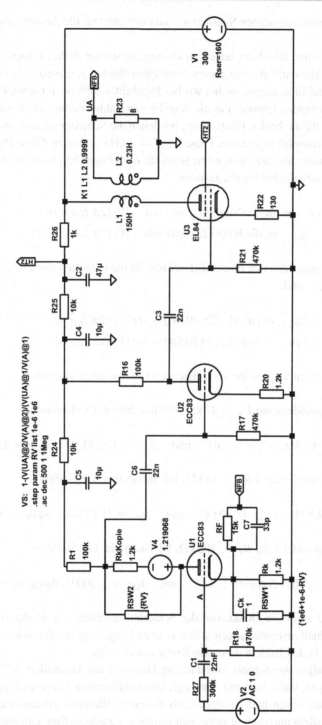

Abb. 8.52 Testschaltung zur Messung der Schleifenverstärkung

werden die Ergebnisse des ersten Simulationslaufs mit „@1" für die Auswertung herangezogen.

Um aussagekräftige Resultate zeigen zu können, haben wir in drei Experimenten den Rückkopplungswiderstand R_F mit unterschiedlichen Werten eingesetzt. So können wir Stabilität und Instabilität zeigen, wobei wir bei Instabilität auch noch nach UF- und OF-Instabilität unterscheiden können. Für die Angabe von Zahlenwerten haben wir, getrennt nach UF und OF, für die beiden Frequenzen, bei denen die Schleifenverstärkung den Wert 1 annimmt, die Phasendifferenzen zur Phase bei $f = 1$ kHz gemessen. Diese Phasendifferenzen müssen kleiner als 180° sein, wenn Stabilität vorzuliegen hat. In der nachstehenden Aufzählung bedeuten die beiden Frequenzen:

$$f_{UF} \quad \text{ist die niedrige Frequenz mit} \quad |V_S(2\pi f_{UF})| = 1 \,,$$
$$f_{OF} \quad \text{ist die hohe Frequenz mit} \quad |V_S(2\pi f_{OF})| = 1 \,.$$

Die beiden korrespondierenden Phasendifferenzen für die niedrige Frequenz f_{UF} und die hohe Frequenz f_{OF} sind:

$$\Delta\varphi_{UF} = |\arg(V_S(2\pi 1000)) - \arg(V_S(2\pi f_{UF}))| \,,$$
$$\Delta\varphi_{OF} = |\arg(V_S(2\pi 1000)) - \arg(V_S(2\pi f_{OF}))| \,.$$

Mit den Experimenten wurden die nachstehenden Ergebnisse gewonnen:

- Rückkopplungswiderstand $R_F = 47\,\text{k}\Omega$, UF-Instabilität, OF-Instabilität

$$f_{UF} = 4{,}1\,\text{Hz}, \Delta\varphi_{UF} = 210° \quad \text{und} \quad f_{OF} = 186{,}5\,\text{kHz}, \Delta\varphi_{OF} = 210°$$

- Rückkopplungswiderstand $R_F = 68\,\text{k}\Omega$, UF-Instabilität, OF-Stabilität

$$f_{UF} = 4{,}9\,\text{Hz}, \Delta\varphi_{UF} = 190{,}4° \quad \text{und} \quad f_{OF} = 180{,}7\,\text{kHz}, \Delta\varphi_{OF} = 171°$$

- Rückkopplungswiderstand $R_F = 100\,\text{k}\Omega$, UF-Stabilität, OF-Stabilität

$$f_{UF} = 5{,}9\,\text{Hz}, \Delta\varphi_{UF} = 175{,}4° \quad \text{und} \quad f_{OF} = 179\,\text{kHz}, \Delta\varphi_{OF} = 150°$$

Die Abb. 8.53 zeigt die Ortskurven der Schleifenverstärkungen. In der Abb. (8.54) sehen wir die Schleifenverstärkungen in der näheren Umgebung um den kritischen Punkt $P:(1 + j0)$, der in den Bildern durch ein Kreuz markiert ist.

Wenn die Analyse der Schleifenverstärkung Hinweise auf Instabilität, UF- und/oder OF-Instabilität, gibt, sollte man mit einer ggf. substantiierenden Zeitbereichsanalyse das Verstärkerverhalten testen und feststellen, ob dieselben Hinweise erkannt werden können. Dies sollte allein auch schon deswegen erfolgen, da unsere Simulationen allenfalls

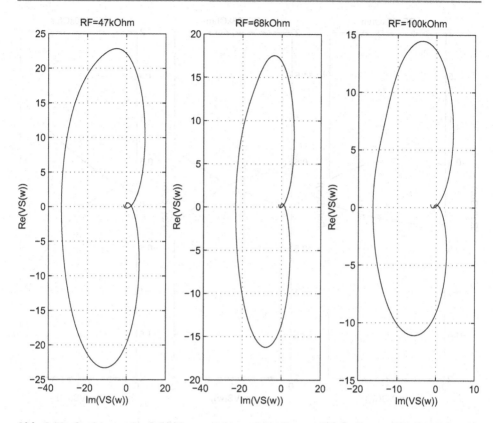

Abb. 8.53 Ortskurven der Schleifenverstärkungen für $R_F = 47\,\text{k}\Omega$, $R_F = 68\,\text{k}\Omega$ und $R_F = 100\,\text{k}\Omega$

eine Näherung an die Schleifenverstärkung, auch wenn es eine gute Näherung ist, ergeben. Das Testsignal der Zeitbereichsanalyse darf keine Sinusschwingung sein, sondern es
muß so breitbandig[32] sein, dass der Verstärker im Falle der Instabilität dann auch mit der
Simulation zu Schwingungen tatsächlich angeregt werden kann. Wir haben eine Rechteckschwingung mit der Periodendauer 1 ms gewählt, die man mit der SPICE Anweisung

PULSE(-0.1 0.1 0 1us 1us 0.498ms 1ms)

erhält. An- und Abstiegszeit haben wir zu je $1\,\mu\text{s}$ gewählt. Die Schaltzeiten betragen
dann 0,498 ms. Die Transientenanalyse wurde für die Dauer von 2 s ausgeführt. Wegen
der großen anfallenden Datenmengen verbietet sich hier die graphische Darstellung der
Ausgangssignale mit 2000 Periodendauern. Wir konnten mit einer FFT-Analyse über den

---

[32] Nennenswerte Spektralanteile an den kritischen Frequenzen müssen vorhanden sein, um den Verstärker dann auch „zum Schwingen anzuregen".

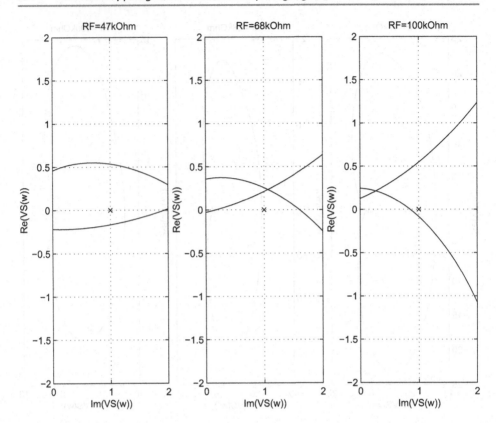

Abb. 8.54 Ortskurven der Schleifenverstärkungen für $R_F = 47\,\text{k}\Omega$, $R_F = 68\,\text{k}\Omega$ und $R_F = 100\,\text{k}\Omega$ in der Nähe des kritischen Punkts

Gesamtzeitraum beobachten, dass eine signifikante Schwingung von ungefähr 5 Hz in allen drei Fällen auftrat, was bereits mit der Schleifenverstärkungsanalyse zu vermuten war.

Für $R_F = 47\,\text{k}\Omega$ und $R_F = 68\,\text{k}\Omega$ steigt die Schwingungsamplitude aufgrund der UF-Instabilität an, für $R_F = 100\,\text{k}\Omega$ klingt sie hingegen aufgrund der UF-Stabilität ab. Die beiden Abb. 8.55 und (8.56) zeigen jeweils einen kleinen Zeitausschnitt der Ausgangssignale. Man erkennt eine hochfrequente Schwingung, die für $R_F = 47\,\text{k}\Omega$ aufgrund der OF-Instabilität nicht abklingt. Für $R_F = 68\,\text{k}\Omega$ und $R_F = 100\,\text{k}\Omega$ hingegen klingt die OF-Schwingung aufgrund der OF-Stabilität ab. Der größere Phasenrand bei $R_F = 100\,\text{k}\Omega$ sorgt für ein sehr rasches Abklingen. Zusammenfassend lässt sich sagen, dass wir sowohl im Frequenzbereich mit der Analyse der Schleifenverstärkung als auch im Zeitbereich mit der Transientenanalyse beim Betrieb des Verstärkers mit einer Rechteckschwingung übereinstimmende und so wohl auch plausible Ergebnisse für die Kategorien Stabilität und Instabilität sowohl im UF- als auch im OF-Bereich erhalten konnten.

Das Experiment legt die Frage nahe, ob mit einer Korrektur des Verstärkerfrequenzgangs im Interesse einer starken Gegenkopplung auch im kritischsten Fall mit $R_F =$

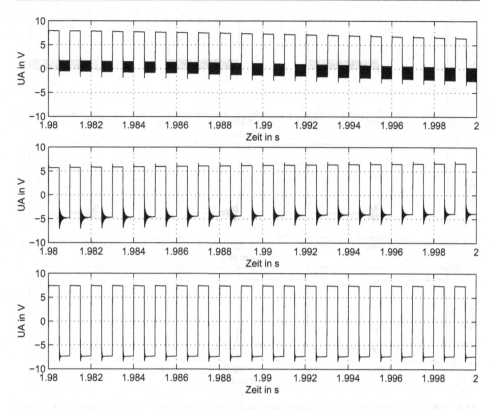

Abb. 8.55 Zeitauschnitte der Verstärkerausgangsspannungen mit der Transientenanalyse für $R_F = 47\,\text{k}\Omega$, $R_F = 68\,\text{k}\Omega$ und $R_F = 100\,\text{k}\Omega$, von oben nach unten.

$47\,\text{k}\Omega$ Stabilität erreicht werden kann. Mit diesem Thema beschäftigen wir uns in den folgenden Abschnitten.

8.10.3   Frequenzgangskorrektur zur Erzielung stabiler rückgekoppelter Röhrenleistungsverstärker

Die Forderung an einen stabilen Verstärker in unserem Sinne ist die Erfüllung der Ungleichung $V_S(\omega^*) < 1$ für reelles und positives $V_S(\omega^*)$. Nun müssen wir aber Bauelementetoleranzen berücksichtigen, so dass ein Verstärker mit $V_S(\omega^*) = 0,99$ bei der kritischen Frequenz ebenfalls nicht brauchbar ist. Ein schönes Beispiel hierfür ist der Motorboating-Effekt [Lan53, Jon95]. Die Zeitkonstanten der RC-Siebglieder in der Versorgungsspannungserzeugung hängen auch von den Kondensatorkapazitäten ab. Es ist offensichtlich, dass UF-Stabilität gegebenenfalls mit Änderung von Kapazitätswerten erreichbar ist. Nun sind aber die Toleranzen von Elektrolytkondensatoren so groß und die

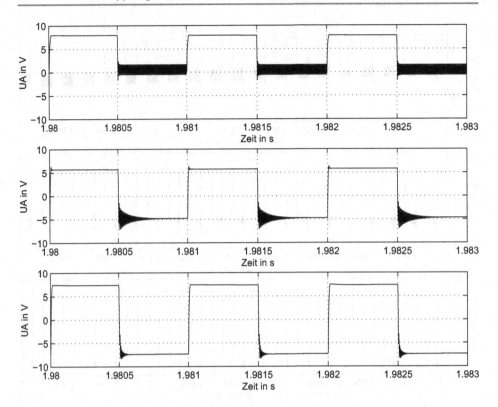

Abb. 8.56 Zeitauschnitte der Verstärkerausgangsspannungen mit der Transientenanalyse für $R_F = 47\,\text{k}\Omega$, $R_F = 68\,\text{k}\Omega$ und $R_F = 100\,\text{k}\Omega$, von oben nach unten

Kapazitätswerte zudem noch alterungsabhängig, dass eine Serienfertigung eines solcherart „ad-hoc-korrigierten" Verstärkers sicher heikel sein wird. Um damit umzugehen, sollte man einen gewissen „Sicherheitsabstand" vorsehen, d. h. einen deutlich kleineren Schleifenverstärkungswert bei der kritischen Frequenz ω^*. Man drückt diesen Wunsch nach einem Sicherheitsabstand zumeist über den sog. *Phasenrand* oder die *Phasenreserve* aus. Genau genommen geht es um zwei Sicherheitsabstände, einen im UF- und einen im OF-Bereich. Zur Illustration dient die Abb. 8.57, in der wir einen Teil der Tiefpass-Ortskurve der Schleifenverstärkung im Bereich der OF-Stabilität betrachten. Für die Frequenz ω_P gilt $|V_S(\omega_P)| = 1$ und $\arg(V_S(\omega_P)) = \varphi_P$. Der Winkel φ_P bezeichnet den Phasenrand. Offensichtlich sollte dieser Phasenrand nicht zu klein gewählt werden. Eine technisch oft benutzte Zahl ist $\varphi_P = \frac{\pi}{6}$, entsprechend einem Winkel von 30°. Rechnerisch heißt dies, dass für eine bestimmte hohe Frequenz ω_P die Forderung

$$V_S(\omega_P) = \cos\left(\frac{\pi}{6}\right) + j\sin\left(\frac{\pi}{6}\right) = e^{j(\pi/6)} \quad \text{mit} \quad |V_S(\omega_P)| = 1$$

Abb. 8.57 Schleifenverstärkung mit Phasenrand

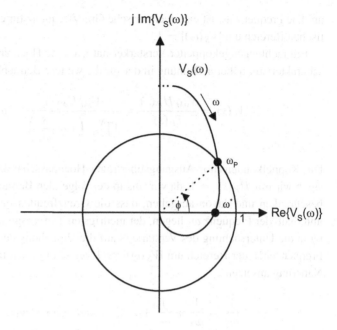

erfüllt sein muß und Stabilität im weiteren durch

$$|V_S(\omega > \omega_P)| < 1 \quad \text{bei} \quad \arg(V_S(\omega > \omega_P)) < \frac{\pi}{6}$$

sicherzustellen ist[33]. Analog können wir für den UF-Bereich argumentieren. Hier befindet sich das Phasenrand-Bild nicht im ersten, sondern im vierten Quadranten, und die Phasenrandsforderungen sind entsprechend anzupassen.

8.10.4 Verstärkereigenschaften in Abhängigkeit des Phasenrands

Wir haben mit einer SPICE-Simulation in Abb. 8.56 bereits beobachtet, dass es einen Zusammenhang zwischen Phasenrand und Übergangsverhalten des gegengekoppelten Verstärkers geben muß (Überschwingen bei der Verstärkerantwort auf ein Rechteck-Eingangssignal). Um hierfür zu weiterführenden Aussagen zu gelangen, setzen wir im OF-Bereich einen Prinzipverstärker in der Form

$$V'(s) = \frac{V_0(s)}{1 - kV_0(s)}, \quad V_0(s) \approx \frac{V_{0M}}{\left(1 + \dfrac{s}{\omega_1}\right)\left(1 + \dfrac{s}{\omega_{\ddot{a}}}\right)}$$

---

[33] Wir unterstellen, daß der Betragsfrequenzgang der Schleifenverstärkung oberhalb der mittleren Frequenz, wenigstens aber im I. und im IV. Quadranten, monoton fällt, was i. a. bei Röhrenverstärkern konstruktiv sichergestellt ist bzw. mit einer der später vorgestellten Frequenzgangentzerrungen sichergestellt werden kann.

an. Die Frequenz $\omega_{\ddot{a}}$ ist eine rechnerische Grenzfrequenz für eine Approximation im kritischen Bereich um $|V_S(\omega)| = 1$.

Ein nichtgegengekoppelter Verstärker hat i. a. eine Hochpass-Tiefpass-Frequenzgangscharakteristik höherer Ordnung in der für die weitere Betrachtung geeigneten Form

$$V_0(s) = \frac{V_{0M} H_P(s)}{T_P(s)} = \frac{V_{0M} H_P(s)}{\prod_{k=1}^{N} \left(1 + \dfrac{s}{\omega_k} \right)}, \quad \omega_{k+1} > \omega_k . \tag{8.49}$$

Die Koppelkondensator-Ausgangsübertrager-Hochpasscharakteristik $H_P(s)$ vernachlässigen wir mit $H_P(s) = 1$, da wir uns in der folgenden Betrachtung auf den OF-Bereich beschränken und davon ausgehen, dass die Grenzfrequenzen des Hochpassanteils weit unterhalb der Frequenz ω_1 liegen, der niedrigsten Tiefpassgrenzfrequenz. Da wir im weiteren die Untersuchung des Verstärkers auf die Umgebung des kritischen Bereichs (hohe Frequenzen!), der Bereich um $|V_S(\omega)| \approx 1$, $\omega_1 < \omega < \omega_{\ddot{a}}$, beschränken, können wir in Näherung ansetzen

$$\frac{1}{\omega_{\ddot{a}}} = \frac{1}{\omega_2} + \frac{1}{\omega_3} + \dots, \quad \dots \omega_3 > \omega_2 > \omega_1, \quad \omega_{\ddot{a}} > \omega_1 ,$$

und so die Beschränkung auf ein System vom Grad 2 rechtfertigen[34]. Das ist leicht einzusehen, da wir die algebraische Zerlegung

$$\prod_{k=2}^{N} \left(1 + \frac{s}{\omega_k} \right) = 1 + s \sum_{k=2}^{N} \frac{1}{\omega_k} + s^2 \left(\frac{1}{\omega_2 \omega_3} + \dots + \frac{1}{\omega_{N-1} \omega_N} \right) + s^3 \dots$$

vornehmen können. Bei Vernachlässigung der wegen der Frequenzprodukte kleinen Terme höherer Ordnung können wir die Näherung

$$\prod_{k=2}^{N} \left(1 + \frac{s}{\omega_k} \right) \approx \left(1 + \frac{s}{\omega_{\ddot{a}}} \right)$$

ansetzen. Für die uns interessierende Umgebung nehmen wir für die Frequenzen der Analyse $\omega \gg \omega_1$ an. Wir setzen hierfür an

$$V_0(s) \approx \frac{\omega_1 V_{0M}}{(\omega_1 + s) \left(1 + \dfrac{s}{\omega_{\ddot{a}}} \right)} \approx \frac{\omega_1 V_{0M}}{s \left(1 + \dfrac{s}{\omega_{\ddot{a}}} \right)} .$$

---

[34] Das Ziel der Herleitung ist es, einen Ausdruck für OF-Überschwingen im Übergangsverhalten in Abhängigkeit vom Phasenrand zu finden. Dies gelingt uns mit überschaubarem Aufwand nur, wenn wir in Näherung ein Tiefpaß-Verhalten vom Grad zwei annehmen können. Tatsächlich ist diese Annahme bei weit genug auseinanderliegenden Polen statthaft.

Diese offene Verstärkung setzen wir in den Ausdruck für die Verstärkung mit Gegenkopplung ein und erhalten

$$V'(s) = \frac{\dfrac{\omega_1 V_{0M}}{s\left(1 + \dfrac{s}{\omega_{\ddot{a}}}\right)}}{1 - k\dfrac{\omega_1 V_{0M}}{s\left(1 + \dfrac{s}{\omega_{\ddot{a}}}\right)}}$$

$$= \frac{1}{k}\frac{1}{1 + \dfrac{s}{k\omega_1 V_{0M}} + \dfrac{s^2}{k\omega_1 V_{0M}\omega_{\ddot{a}}}} .$$

Den zuletzt gewonnenen Ausdruck vergleichen wir mit einem geeigneten allgemeinen Ausdruck für ein System zweiter Ordnung mit den beiden Parametern Resonanzfrequenz ω_0 und Güte Q in der Form

$$V_R(s) = \frac{V_{RM}}{1 + \dfrac{s}{Q\omega_0} + \dfrac{s^2}{\omega_0^2}} , \quad V_{RM} = V_{0M} .$$

Durch den Vergleich erhalten wir mit $k V_{0M} > 0$

$$\omega_0 = \sqrt{k\omega_1 V_{0M}\omega_{\ddot{a}}} \quad \text{und} \quad Q = \sqrt{\frac{k\omega_1 V_{0M}}{\omega_{\ddot{a}}}} . \tag{8.50}$$

Der Phasenrand wird bestimmt, wenn der Betrag der Schleifenverstärkung die Bedingung $|V_S(\omega_P)| = 1$ erfüllt. Man kann dies gut in der Abb. 8.57 erkennen. Mit

$$|V_S(\omega_P)| = |k V_0(\omega_P)|$$

$$= k\frac{\omega_1 V_{0M}}{\left| j\omega_P\left(1 + j\dfrac{\omega_P}{\omega_{\ddot{a}}}\right)\right|}$$

$$= k\frac{\omega_1 V_{0M}}{\omega_P\sqrt{\left(\dfrac{\omega_P}{\omega_{\ddot{a}}}\right)^2 + 1}}$$

erhalten wir nach kurzer Rechnung für $|V_S(\omega_P)|^2 = 1$

$$k^2\omega_1^2 V_{0M}^2 = \omega_P^2\left(1 + \frac{\omega_P^2}{\omega_{\ddot{a}}^2}\right) .$$

Umschreiben und Verwenden von (8.50) ergibt

$$\frac{\omega_1 V_{0M}}{\omega_{\ddot{a}}} = \frac{1}{k}\frac{\omega_P}{\omega_{\ddot{a}}}\sqrt{\left(\frac{\omega_P}{\omega_{\ddot{a}}}\right)^2 + 1} = \frac{Q^2}{k} . \tag{8.51}$$

Auflösen von (8.51) führt zum gewünschten Ausdruck für die Güte in Abhängigkeit von $\left(\frac{\omega_P}{\omega_\ddot{a}}\right)$ mit

$$Q\left(\frac{\omega_P}{\omega_\ddot{a}}\right) = \sqrt{\frac{\omega_P}{\omega_\ddot{a}}\sqrt{\left(1 + \frac{\omega_P^2}{\omega_\ddot{a}^2}\right)}} .$$

Der Winkel der Schleifenverstärkung an der Stelle $\omega = \omega_P$ entspricht dem Phasenrand φ_P in Abb. 8.57 mit

$$\varphi_P = |\arg(V_S(\omega_P))| = \arctan\left(\frac{\omega_P}{\omega_\ddot{a}}\right) .$$

Mit

$$\frac{\omega_P}{\omega_\ddot{a}} = \tan(\varphi_P)$$

können wir die Güte nun als Funktion des Phasenrands $Q(\varphi_M)$ ausdrücken. Ein bekanntes Ergebnis aus den Grundlagen der Regelungstechnik gibt uns einen Zusammenhang zwischen Prozentsatz $P_\ddot{U}$ des Überschwingens und der Güte eines allgemeinen Systems zweiter Ordnung mit

$$P_\ddot{U} = 100e^{-\frac{\pi}{\sqrt{4Q^2(\varphi_P) - 1}}} .$$

In der Abb. 8.58 haben wir diesen Prozentsatz über dem Phasenrand aufgetragen. Man sieht deutlich, dass ein großer Phasenrand einen geringen Prozentsatz des Überschwingens mit sich bringt, was für jeden Audioverstärker als vorteilhaft anzusehen ist.

Die Beschaffung des Phasenrands mit SPICE erfolgt am besten unter Nutzung der .meas -Anweisung für die Abfrage $|V_S(\omega)|? = 1$, die zur gewünschten Frequenz ω_P führt, mit der dann in einem zweiten Schritt der Phasenrand von SPICE berechnet wird. Ergänzend ist anzuführen, dass eine analoge Betrachtung auch für niedrigste Frequenzen und einen UF-Phasenrand angestellt werden kann. In diesem Fall würden wir im Ansatz (8.49) den Hochpassanteil $H_P(s)$ nutzen und den Tiefpassanteil für die dann betrachteten niedrigen Frequenzen zu $T_P(s) = 1$ annehmen.

An dieser Stelle sollten wir eine weitere Beobachtung aufgreifen. In der Abb. 8.24 haben wir die beiden Verstärkungsüberhöhungen eines gegengekoppelten Verstärkers an zwei Stellen an den Rändern des Übertragungsbands gesehen. Es mag nicht überraschen, dass diese Überhöhungen in Beziehung zum Phasenrand gestellt werden können. Auch hier werden wir sehen, dass ein großer Phasenrand geringe Überhöhungen mit sich bringt und umgekehrt. Wenn wir davon ausgehen, dass diese Überhöhungen an den Orten mit Schleifenverstärkung $|V_S(\omega)| = 1$ auftreten, an denen Gegen- in Mitkopplungen übergehen und der Phasenrand bestimmt wird, dann können wir für die Bestimmung der

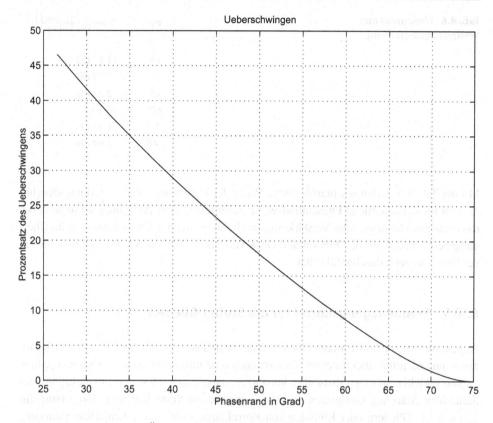

Abb. 8.58 Prozentsatz des Überschwingens in Abhängigkeit des Phasenrands

Verstärkungsüberhöhung das Verhältnis

$$\frac{V'(\omega)}{V_0(\omega)} = \frac{1}{1 - |V_S(\omega)| \, e^{j\varphi_S}}$$

heranziehen. Für das Betragsverhältnis notieren wir

$$\left| \frac{V'(\omega)}{V_0(\omega)} \right| = \frac{1}{|1 - |V_S(\omega)| \, e^{j\varphi_S}|}$$

$$= \frac{1}{\sqrt{1 - 2|V_S(\omega)| \cos(\varphi_S) + |V_S(\omega)|^2}}.$$

Am Phasenrand $\varphi_S = \varphi_P$ gilt $|V_S(\omega_P)| = 1$ und

$$\left| \frac{V'(\omega_P)}{V_0(\omega_P)} \right| = \frac{1}{\sqrt{2 - 2\cos(\varphi_P)}}.$$

Tab. 8.6 Phasenrand und
Verstärkungsüberhöhung

φ_P	$20 \log_{10} \left| \frac{V'(\omega_P)}{V_0(\omega_P)} \right|$
0°	∞
15°	11,67 dB
30°	5,72 dB
45°	2,32 dB
60°	0 dB
75°	−1,71 dB
90°	−3,01 dB

Mit der Tab. 8.6 stellen wir hierfür einige Werte der logarithmierten Verstärkungsüberhöhungen für gebräuchliche Phasenrandswerte zusammen. Zum Abschluss sei angemerkt, dass man aus Messungen der Verstärkungsüberhöhung oder des Überschwingens im Übergangsbereich auch auf den Phasenrand eines Verstärkers schließen kann, und man dies in der Praxis so auch durchgeführt hat.

8.10.5   Frequenzgangskorrektur mit Stufen-Gliedern

Angenommen, wir konstruieren einen Verstärker und streben mit dem Ziel großer Bandbreite und niedriger nichtlinearer Verzerrungen eine möglichst „starke" Gegenkopplung an und erhielten so einen instabilen Verstärker, dann müssen wir den Frequenzgang der Schleifenverstärkung korrigieren. Korrektur in unserem Sinne bedeutet, durch Hinzufügen von RC-Gliedern oder Einfügen von Korrekturnetzwerken die Schleifenverstärkung gezielt zu verändern, damit Stabilität erreicht wird, ohne den Frequenzgang des gegengekoppelten Verstärkers unzulässig zu verändern und ohne den frequenzabhängigen Klirrfaktor an den Intervallrändern, an denen die „Stärke" der Gegenkopplung geringer ist, unzulässig zu vergrößern.

Eine **OF-Frequenzgangskorrektur** dient dazu, den Betrag der Schleifenverstärkung bei hohen Frequenzen zu reduzieren und bei Verwendung eines Stufen-Glieds darüber hinaus, die durch die Korrektur verursachte Phasenänderung über der Frequenz auszugleichen.

Eine **UF-Frequenzgangskorrektur** dient dazu, den Betrag der Schleifenverstärkung bei niedrigen Frequenzen zu reduzieren und bei Verwendung eines Stufen-Glieds darüber hinaus, die durch die Korrektur verursachte Phasenänderung über der Frequenz auszugleichen.

Die Stufen-Glieder werden so abgestimmt, dass sie beim gegengekoppelten und korrigierten Verstärker nicht (oder wenigstens vernachlässigbar) im mittleren Frequenzbereich wirken, d. h. die Voraussetzungen für die reelle Rechnung bleiben auch nach der Frequenzgangskorrektur erhalten. Dies trifft aber nicht im gleichen Maße für die offene Verstärkung zu. Vor allem bei einer tief abgestimmten OF-Entzerrung und gleichzeitg sehr hohen Werten von $|V_{0M}|$ kann die mittlere Frequenz deutlich von der akustischen Mitte entfernt sein.

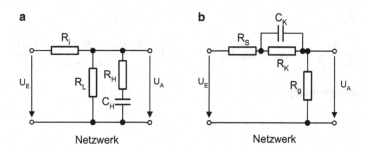

Abb. 8.59 Stufen-Glieder zur OF- und UF-Entzerrung

Bevor wir zeigen, wo beim Röhrenverstärker welche Stufen-Glieder Verwendung finden, berechnen wir am Beispiel zweier repräsentativer Netzwerke für die UF- und für die OF-Korrektur deren Frequenzgänge und analysieren ihre speziellen Charakteristika, um schließlich zu erkennen, welche der Eigenschaften dieser Netzwerke zur Erzielung von Stabilität in einem sonst instabilen Verstärker nützlich sind. Kurz gesagt, wir wollen die Korrektur-Idee der Stufen-Glieder beschreiben und nutzen hierzu die beiden dualen[35] Netzwerke in Abb. 8.59.

Man erkennt bereits bei der Bezeichnung der Bauelemente die Verwendung im Röhrenverstärker. Die Korrektur-Bauelemente im linken Netzwerk a sind der Widerstand R_H und der Kondensator C_H mit der Reaktanz $Z_{CH} = \frac{1}{j\omega C_H}$ und im rechten Netzwerk b der Widerstand R_K und der Kondensator C_K mit der Reaktanz $Z_{CK} = \frac{1}{j\omega C_K}$. Wir berechnen nun die beiden Übertragungsfunktionen

$$H_{a,b}(\omega) = \frac{U_A(\omega)}{U_E(\omega)} \,,$$

jeweils für das linke a und für das rechte b Netzwerk. Für das Netzwerk a erhalten wir

$$
\begin{aligned}
H_a(\omega) &= \frac{R_L||(R_H + Z_{CH})}{R_i + R_L||(R_H + Z_{CH})} \\[2mm]
&= \frac{\dfrac{R_L + j\omega C_H R_L R_H}{1 + j\omega C_H (R_L + R_H)}}{R_i + \dfrac{R_L + j\omega C_H R_L R_H}{1 + j\omega C_H (R_L + R_H)}} \\[2mm]
&= k_S \frac{1 + j\omega\tau_{S1}}{1 + j\omega\tau_{S2}}
\end{aligned}
$$

---

[35] Duale Netzwerke bilden R_L, R_H und C_H bezüglich C_K, R_K und R_g. Die beiden weiteren Widerstände in Abb. 8.59 sind Stufenquellwiderstände.

mit den Größen

$$k_S = \frac{R_L}{R_i + R_L}, \quad \tau_{S1} = C_H R_H, \quad \tau_{S2} = C_H \frac{R_L R_H + R_i (R_L + R_H)}{R_L + R_i} \tag{8.52}$$

und dem Zusammenhang

$$\tau_{S2} > \tau_{S1},$$

den man sofort erkennt, wenn man

$$\tau_{S2} = C_H R_H \frac{\dfrac{R_i R_L}{R_H} + R_L + R_i}{R_L + R_i} = C_H R_H \left(\frac{1}{R_H} R_i \| R_L + 1 \right)$$

schreibt und mit $\tau_{S1} = C_H R_H$ vergleicht. Wir können statt der Zeitkonstanten auch Grenzfrequenzen benutzen und notieren

$$H_a(\omega) = \frac{U_A(\omega)}{U_E(\omega)} = k_S \frac{1 + j\dfrac{\omega}{\omega_{S1}}}{1 + j\dfrac{\omega}{\omega_{S2}}} = k_S \frac{H_p(\omega, \omega_{S1})}{T_p(\omega, \omega_{S2})} \tag{8.53}$$

mit $\omega_{S1} = \frac{1}{\tau_{S1}}$ und $\omega_{S2} = \frac{1}{\tau_{S2}}$. Es bezeichnen $H_p(\omega, \omega_{S1})$ den Hochpassanteil und $T_p(\omega, \omega_{S2})$ den Tiefpassanteil in (8.53). Der Zusammenhang $\omega_{S2} < \omega_{S1}$ bedeutet, dass der Tiefpassanteil mit niedrigerer Frequenz wirkt als der Hochpassanteil.

In gleicher Weise berechnen wir den Frequenzgang zum Netzwerk b. Wir erhalten

$$\begin{aligned} H_b(\omega) &= \frac{R_g}{R_g + R_S + \dfrac{R_K}{1 + j\omega C_K R_K}} \\ &= \frac{R_g}{R_g + R_S + R_K} \frac{1 + j\omega C_K R_K}{1 + j\omega C_K \dfrac{R_K(R_g + R_S)}{R_g + R_S + R_K}} \\ &= k_S \frac{1 + j\omega \tau_{S1}}{1 + j\omega \tau_{S2}} \end{aligned}$$

mit den Größen

$$k_S = \frac{R_g}{R_g + R_S + R_K}, \quad \tau_{S1} = C_K R_K, \quad \tau_{S2} = C_K \frac{R_K(R_g + R_S)}{R_g + R_S + R_K} \tag{8.54}$$

und dem Zusammenhang

$$\tau_{S2} < \tau_{S1},$$

den man sofort erkennt, wenn man

$$\tau_{S2} = C_K R_K \frac{R_g + R_S}{R_g + R_S + R_K} = C_K R_K \parallel (R_g + R_S)$$

schreibt und mit $\tau_{S1} = C_K R_K$ vergleicht. Wir können in diesem Fall statt der Zeitkonstanten auch Grenzfrequenzen benutzen und notieren den zu (8.53) äquivalenten Ausdruck

$$H_b(\omega) = \frac{U_A(\omega)}{U_E(\omega)} = k_S \frac{1 + j\dfrac{\omega}{\omega_{S1}}}{1 + j\dfrac{\omega}{\omega_{S2}}} = k_S \frac{H_p(\omega, \omega_{S1})}{T_p(\omega, \omega_{S2})} = H_a(\omega) \qquad (8.55)$$

mit $\omega_{S1} = \frac{1}{\tau_{S1}}$ und $\omega_{S2} = \frac{1}{\tau_{S2}}$. Der Zusammenhang $\omega_{S1} < \omega_{S2}$ bedeutet, dass der Hochpassanteil mit niedrigerer Frequenz wirkt als der Tiefpassanteil. Die beiden Netzwerke sind also Hoch-Tiefpass-Kombinationen und unterscheiden sich darin, welcher von beiden Anteilen, der Hoch- oder der Tiefpassanteil, in Bezug auf die Frequenzachse „vorher" einsetzt. Im weiteren sehen wir, dass sich die Anteilsphasen für $\omega \ll \min(\omega_{S1}, \omega_{S2})$ und $\omega \gg \max(\omega_{S1}, \omega_{S2})$ wegheben.

Mit den beiden Berechnungen haben wir gesehen, dass in beiden Fällen (8.53) und (8.55) die Netzwerkcharakteristiken, die Übertragungsfunktionen, durch einen Ausdruck der Form

$$H(\omega) = k_S \frac{1 + j\dfrac{\omega}{\omega_{S1}}}{1 + j\dfrac{\omega}{\omega_{S2}}} = k_S \frac{H_p(\omega, \omega_{S1})}{T_p(\omega, \omega_{S2})},$$

wobei beim Netzwerk a $\omega_{S2} < \omega_{S1}$ und beim Netzwerk b $\omega_{S1} < \omega_{S2}$ gelten, beschrieben werden können. Zur Analyse dieser Übertragungsfunktion führen wir eine Mittenfrequenz ω_0 mit

$$\omega_0 = \sqrt{\omega_{S1} \omega_{S2}},$$

dem geometrischen Mittel der beiden Frequenzen ω_{S1} und ω_{S2}, ein. Wir werden nun den logarithmierten Betragsfrequenzgang in Dezibel und das Übertragungsmaß über der Frequenz für die ausgewiesenen drei Frequenzen $\omega = 0$, $\omega = \omega_0$ und $\omega = \infty$ berechnen. Die beiden Fälle $\omega = 0$ und $\omega = \infty$ können wir direkt ablesen

$$20 \log(|H(0)|) = 20 \log(k_S)$$

und

$$20 \log(|H(\infty)|) = 20 \log\left(k_S \frac{\omega_{S2}}{\omega_{S1}}\right) = 20 \log(k_S) + 20 \log\left(\frac{\omega_{S2}}{\omega_{S1}}\right).$$

Bei der Mittenfrequenz ω_0 berechnen wir

$$
20 \log \left(|H(\omega_0)| \right) = 20 \log \left(\left| k_S \frac{1 + j \dfrac{\omega_0}{\omega_{S1}}}{1 + j \dfrac{\omega_0}{\omega_{S2}}} \right| \right)
$$

$$
= 20 \log (k_S) + 20 \log \left(\sqrt{\frac{1 + \dfrac{\omega_{S1}\omega_{S2}}{\omega_{S1}^2}}{1 + \dfrac{\omega_{S1}\omega_{S2}}{\omega_{S2}^2}}} \right)
$$

$$
= 20 \log (k_S) + 10 \log \left(1 + \frac{\omega_{S2}}{\omega_{S1}} \right) - 10 \log \left(1 + \frac{\omega_{S1}}{\omega_{S2}} \right)
$$

$$
= 20 \log (k_S) + 10 \log \left(\frac{1}{\omega_1} (\omega_{S1} + \omega_{S2}) \right)
$$

$$
- 10 \log \left(\frac{1}{\omega_{S2}} (\omega_{S1} + \omega_{S2}) \right)
$$

$$
= 20 \log (k_S) + 10 \log \left(\frac{1}{\omega_{S1}} \right) - 10 \log \left(\frac{1}{\omega_{S2}} \right)
$$

$$
= 20 \log (k_S) + 10 \log \left(\frac{\omega_{S2}}{\omega_{S1}} \right) .
$$

Auf der Dezibel-Skala liegt dieser Wert genau in der Mitte zwischen den beiden Dezibel-Werten für $\omega = 0$ und $\omega = \infty$.

Die eben gewonnenen Zusammenhänge wollen wir nun etwas weitergehend interpretieren. Der Abstand zwischen $20 \log (|H(0)|)$ und $20 \log (|H(\infty)|)$ beträgt $20 \log \left(\frac{\omega_{S2}}{\omega_{S1}} \right)$ in Dezibel. Diesen Abstand wollen wir als *Stufenhöhe des Schritts* ansehen, die alleine vom Verhältnis der beiden Frequenzen ω_{S1} und ω_{S2} abhängig ist. Eine 20 dB-Stufenhöhe wird mit dem Verhältnis $\frac{\omega_{S2}}{\omega_{S1}} = 10$ als „Schritt nach oben", d. h. Hochpasscharakteristik im UF-Stufen-Glied, und beim Verhältnis $\frac{\omega_{S2}}{\omega_{S1}} = 0,1$ als „Schritt nach unten", d. h. Tiefpasscharakteristik im OF-Stufen-Glied, erreicht. Der weitere Anteil $20 \log (k_S)$ ist ein frequenzunabhängiger „Sockel", der die Schleifenverstärkung im rückgekoppelten Verstärker für alle Frequenzen gleich reduziert.

Nun berechnen wir den Phasenfrequenzgang und werten diesen ebenfalls für die drei ausgewiesenen Frequenzen aus. Es gilt allgemein für den Phasenfrequenzgang von (8.53) und (8.55)

$$
\varphi(\omega) = \arctan \left(\frac{\omega}{\omega_{S1}} \right) - \arctan \left(\frac{\omega}{\omega_{S2}} \right) .
$$

Es ist leicht einzusehen, dass $\varphi(0) = 0$ und ebenso $\varphi(\infty) = 0$ gelten, da in beiden Fällen die Übertragungsfunktion reellwertig ist. Im weiteren nehmen wir an, dass der Phasenfrequenzgang an der Stelle ω_0 einen Extremwert annimmt. Hierzu berechnen wir die Nullstelle der Ableitung des Phasenfrequenzgangs nach der Frequenz ω mit der Gleichung

$$\frac{\partial \varphi(\omega)}{\partial \omega} = \frac{\dfrac{1}{\omega_{S1}}}{1 + \dfrac{\omega^2}{\omega_{S1}^2}} - \frac{\dfrac{1}{\omega_{S2}}}{1 + \dfrac{\omega^2}{\omega_{S2}^2}} = 0 \ .$$

Wir erhalten

$$\omega_{S1} \left(1 + \frac{\omega^2}{\omega_{S1}^2} \right) = \omega_{S2} \left(1 + \frac{\omega^2}{\omega_{S2}^2} \right)$$

oder

$$\frac{\omega_{S1}}{\omega_{S2}} = \frac{\omega_{S1}^2 + \omega^2}{\omega_{S2}^2 + \omega^2}$$

mit der Nullstelle

$$\omega = \sqrt{\frac{\omega_{S1}^2 - \omega_{S1}\omega_{S2}}{\dfrac{\omega_{S1}}{\omega_{S2}} - 1}} = \sqrt{\omega_{S1}\omega_{S2} \frac{\omega_{S1} - \omega_{S2}}{\omega_{S1} - \omega_{S2}}} = \sqrt{\omega_{S1}\omega_{S2}} = \omega_0$$

und sehen so die Vermutung bestätigt. Der Wert der Phase beträgt dann

$$\varphi(\omega_0) = \arctan\left(\sqrt{\frac{\omega_{S2}}{\omega_{S1}}} \right) - \arctan\left(\sqrt{\frac{\omega_{S1}}{\omega_{S2}}} \right) \ . \tag{8.56}$$

Der Wert liegt zwischen 0 bei $\omega_{S1} = \omega_{S2}$ und $\pm\frac{\pi}{2}$ bei sehr weit auseinanderliegenden Frequenzen ω_{S1} und ω_{S2}, wobei der Phasenwert negativ für $\omega_{S1} < \omega_{S2}$ (Tiefpasscharakteristik) und positiv für $\omega_{S2} < \omega_{S1}$ (Hochpasscharakteristik) ausfällt. In der Abb. 8.60 haben wir diese Extremwerte für Verhältnisse von ω_{S2} zu ω_{S1} dargestellt, indem wir $\omega_{S1} = 1$ gesetzt und ω_{S2} von 10^{-4} bis 10^4 haben laufen lassen. Für die Werte mit $\omega_{S2} > 1$ liegt Tiefpassverhalten mit negativen Extremwerten und für die Werte mit $\omega_{S2} < 1$ liegt Hochpassverhalten mit positiven Extremwerten vor.

Die Stufen-Glieder haben also die Aufgabe, einen Schritt mit wählbarer Stufenhöhe in einen Betragsfrequenzgang einzufügen, ohne aber einen Phasenzuwachs bzw. eine Phasenabnahme für, bezogen auf ω_0, hohe bzw. niedrige Frequenzen nach sich zu ziehen. Das heißt, dass der Phasenfrequenzgang lediglich eine mehr oder weniger ausgeprägte „Beule" zeigt. Man kann so also die Beträge von Schleifenverstärkungen reduzieren, ohne damit aber die Phasenbilanz zu verschlechtern.

Um die Bedeutung der Frequenzgangskorrektur mit Stufen-Gliedern zu unterstreichen und Wege zu zeigen, auf denen Frequenzgangskorrekturen ausgelegt werden können,

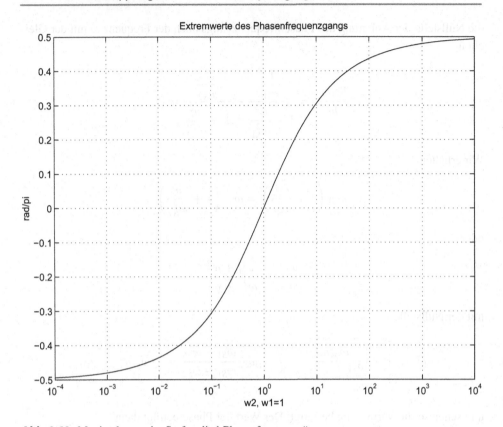

Abb. 8.60 Maximalwerte der Stufenglied-Phasenfrequenzgänge

haben wir zwei repräsentative numerische Experimente ausgeführt, mit denen wir die Berechnung und Auslegung einer Stufen-Glied-Korrektur für Stabilität im oberen Frequenzbereich, eine OF-Korrektur, zeigen möchten. Im ersten Experiment haben wir eine willkürliche Vorgabe an die Stufentiefe formuliert und mit dem zweiten Experiment haben wir eine ergebnisausgerichtete Vorgabe an die Frequenz der Phasenrandsbedingung gestellt und das Problem analytisch gelöst. Im weiteren legen wir besonderes Augenmerk darauf, den Nutzen einer Rechnerunterstützung bei diesem Vorgang der Schaltungsdimensionierung erkennen zu lassen.

Ein Verstärker habe eine Tiefpass-Schleifenverstärkung vom Grad 3 in der Form

$$V_S(\omega) = \frac{V_{SM}}{\left(1 + j\dfrac{\omega}{\omega_1}\right)\left(1 + j\dfrac{\omega}{\omega_2}\right)\left(1 + j\dfrac{\omega}{\omega_3}\right)} \tag{8.57}$$

mit den Parametern $V_{SM} = -100$, $\omega_1 = 2\pi \times 10^4\,\mathrm{s}^{-1}$, $\omega_2 = 2\pi \times 10^5\,\mathrm{s}^{-1}$ und $\omega_3 = 2\pi \times 1{,}2 \times 10^5\,\mathrm{s}^{-1}$. Die Abb. 8.61 und 8.62 zeigen die Ortskurve der Schleifenverstärkung, die die reelle positive Halbachse bei 3,814 schneidet. Ein Verstärker mit dieser reellen

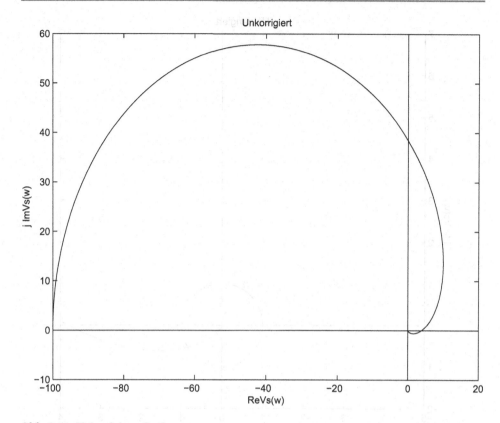

Abb. 8.61 Unkorrigierte Ortskurve

positiven Schleifenverstärkung ist mit den o. g. Angaben deutlich instabil und daher nicht brauchbar. Nun soll mit Frequenzgangskorrekturen Stabilität erreicht werden, wobei ein Phasenrand von $\varphi = \frac{\pi}{6}$ sicherzustellen ist[36].

Wenn wir die nachfolgend beschriebene Methode zur Erzielung von Stabilität mit Hilfe einer OF-Stufen-Glied-Frequenzgangskorrektur für einen realen Verstärker anwenden wollen, müssen wir zunächst ein Parameteridentifikationsproblem wie im Abschn. 5.3.2 unter (5.89) lösen. Dieses Problem könnte lauten:

$$\text{Minimiere über} \quad \omega_1, \omega_2 \quad \text{und} \quad \omega_3$$

$$\int_{\omega_a}^{\omega_b} |V_S(\omega) - V_{S,\text{Verstärker}}(\omega)|^2 \, d\omega, \omega > \omega_M \,.$$

---

[36] Ein Phasenrand von $\pi/6$ ist, wie wir es bereits gesehen haben, ein recht knapp bemessener Phasenrand.

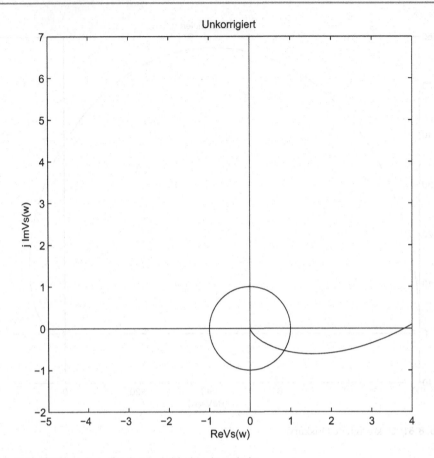

Abb. 8.62 Unkorrigierte Ortskurve, kritischer Ausschnitt

Die Frequenzen ω_1, ω_2 und ω_3 liegen im Intervall $[\omega_a, \omega_b]$. Die Schleifenverstärkung $V_{S,\text{Verstärker}}(\omega)$ können wir mit SPICE gewinnen. Diese Herangehensweise ist allerdings nur dann sinnvoll, wenn wir annehmen können, dass $V_S(\omega)$ tatsächlich repräsentativ ist. Und hier liegt die Schwierigkeit begründet. Das Lösen des Optimierungsproblems selbst ist trivial und kann mit einem beliebigen *Nonlinear-Least-Squares-Verfahren* zügig nach Diskretisierung gelöst werden.

8.10.5.1 Erstes numerisches Experiment, willkürliche Wahl der Stufentiefe des Stufen-Glieds

Im ersten Experiment haben wir eine OF-Stufen-Glied-Korrektur mit der Übertragungsfunktion

$$H_{\text{Stufe}}(\omega) = k_S \frac{1 + j\dfrac{\omega}{\omega_{S1}}}{1 + j\dfrac{\omega}{\omega_{S2}}}$$

für den Wert $k_S = 1$ dimensioniert, wofür die Wahl der beiden Frequenzparameter ω_{S1} und ω_{S2} notwendig ist. Wir geben willkürlich eine Stufentiefe von $20\,\mathrm{dB}$ vor und setzen somit die beiden Frequenzparameter in das Verhältnis $\omega_{S1} = 10\omega_{S2}$ zueinander. Dieses Vorgehen erleichtert die Dimensionierung, da nur noch ein Parameter, nämlich der Frequenzparameter ω_{S2}, die Tiefpassgrenzfrequenz, gefunden werden muß. Die rechnerische Aufgabenstellung lautet für eine Phasenrandsfrequenz ω_P:

Finde ω_{S2} und ω_P so, dass die komplexe Gleichung

$$V_S(\omega_P)H_{\text{Stufe}}(\omega_P) = \frac{V_{SM}}{\left(1 + j\dfrac{\omega_P}{\omega_1}\right)\left(1 + j\dfrac{\omega_P}{\omega_2}\right)\left(1 + j\dfrac{\omega_P}{\omega_3}\right)} \frac{1 + j\dfrac{\omega_P}{10\omega_{S2}}}{1 + j\dfrac{\omega_P}{\omega_{S2}}} = e^{j(\pi/6)}$$

erfüllt ist.

Der Berechnungsaufwand ist nicht unerheblich, was ein einfaches Ausprobieren mit PC-Unterstützung nahelegt. Dies kann z. B. mit Matlab in einer Schleife erfolgen, wobei wir natürlich wissen, dass sich die Tiefpassfrequenz am unteren bis mittleren Frequenzbereich, einige $100\,\mathrm{Hz}$ beispielsweise, bewegt. Auf diese Weise haben wir die Frequenzen

$$\omega_{S1} = 2\pi \times 4000\,\mathrm{s}^{-1}, \quad \omega_{S2} = 2\pi \times 400\,\mathrm{s}^{-1} \quad \text{und} \quad \omega_P = 2\pi \times 7 \times 10^4\,\mathrm{s}^{-1}$$

gefunden. Die beiden Abb. 8.63 und 8.64 zeigen die gesamte Ortskurve der korrigierten Schleifenverstärkung $V_S(\omega)H_{\text{Step}}(\omega)$ und den wichtigen Ausschnitt, aus dem der Phasenrand abgelesen werden kann (in der Abb. 8.64 ist der entsprechende Punkt $e^{j\frac{\pi}{6}}$ markiert). Das Betragsmaximum der „Phasenauslenkung" des Stufen-Glieds beträgt mit (8.56)

$$\varphi(\omega_0) = \arctan\left(\sqrt{\frac{400}{4000}}\right) - \arctan\left(\sqrt{\frac{4000}{400}}\right) = -0{,}9582\,,$$

was einem Winkel von $-54{,}9°$ entspricht.

Im Kontrast dazu soll eine einfache Tiefpass-Frequenzgangskorrektur ausgelegt werden, die denselben Phasenrand sicherstellt. Die Korrektur erfolgt mit der Korrekturübertragungsfunktion

$$H_{\text{TP}}(\omega) = \frac{k_T}{1 + j\dfrac{\omega}{\omega_{TP}}}\,,$$

in der wir k_T aus Vergleichsgründen ebenfalls zu $k_T = 1$ wählen. Der Leser kann sich wertunterschiedliche Faktoren k_T in die Verstärkung V_{SM} hineingerechnet vorstellen. Wir unterstellen, dass Grunddämpfungen durch Verstärkungsnachführung in dafür geeigneten Verstärkerstufen ausgeglichen werden. Die Aufgabenstellung der Korrektur ist analog zur oben angegebenen, bei der wir durch Festlegung des Verhältnisses der Frequenzen von Hoch- und Tiefpassanteil eine Aufgabenstellung mit zwei unbekannten Parametern gewonnen hatten. Ebenfalls mit PC-Unterstützung konnten wir für eine Tiefpasskorrektur

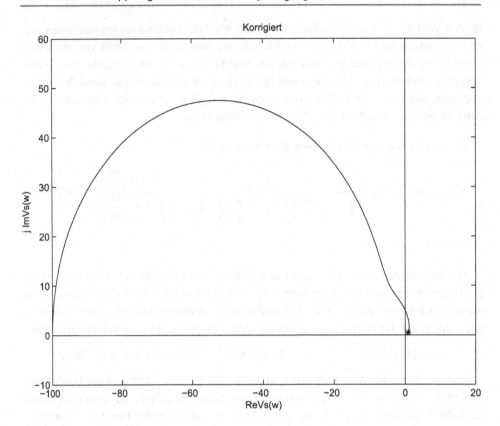

Abb. 8.63 Stufenglied-korrigierte Ortskurve

die Parameter

$$\omega_{TP} = 2\pi \times 180\,\mathrm{s}^{-1} \quad \text{und} \quad \omega_P = 2\pi \times 1{,}15 \times 10^4\,\mathrm{s}^{-1}$$

finden. Die beiden Abb. 8.65 und 8.66 zeigen die gesamte Ortskurve der korrigierten Schleifenverstärkung $V_S(\omega)\,H_{TP}(\omega)$ und den wichtigen Ausschnitt, aus dem der Phasenrand abgelesen werden kann.

Die kritische Gegenüberstellung der beiden Frequenzgangskorrekturen zeigt, dass mit dem Stufen-Korrekturnetzwerk die Rauschbandbreite[37] der Schleifenverstärkung sehr viel größer ist als im Falle des Tiefpass-Korrekturnetzwerks. Dies bedeutet, dass in einem entsprechend großen Frequenzbereich die angestrebte Gegenkopplung vorteilhaft wirken kann, denn im Tieftonbereich ist die Grenzfrequenz bei der Tiefpass-Korrektur um mehr als eine Oktave niedriger. Die Phasenrandfrequenz, bei der bereits Mit- und schon nicht

---

[37] Dies entspricht für die Stufen-Glied Frequenzgangskorrektur der Fläche $F_{\mathrm{Stufe}} = \int_0^\infty |V_S(\omega)\,H_{\mathrm{Stufe}}(\omega)|\,\mathrm{d}\omega$.

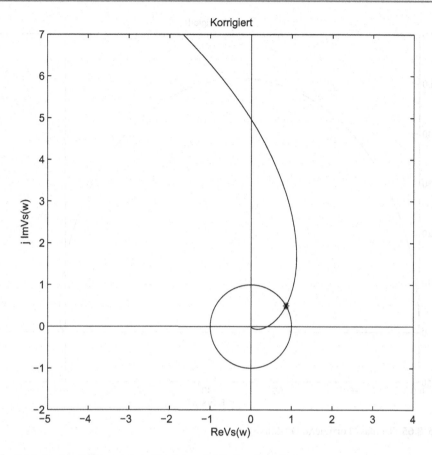

Abb. 8.64 Stufenglied-korrigierte Ortskurve, kritischer Ausschnitt

mehr Gegenkopplung vorliegt, da

$$|1 - V_S(\omega_P)H_{\text{Stufe}}(\omega_P)| = |1 - V_S(\omega_P)H_{\text{TP}}(\omega_P)| = \left|1 - e^{j(\pi/6)}\right| = 0{,}5176 < 1 \tag{8.58}$$

gilt, liegt mit 11,5 kHz noch im Hörfrequenzbereich, wohingegen sie bei der Stufen-Glied-Korrektur mit 70 kHz schon weit oberhalb des Hörfrequenzbereichs liegt. Die offensichtlichen Vorteile der Stufen-Glied-Korrektur gegenüber der einfacheren Tiefpass-Korrektur, wie sie in zahlreichen Röhrenleistungsverstärkern mit geringerer Qualität angewendet wird, ist mit dem zusätzlichen Hochpassanteil zu begründen[38]. Auf der anderen Seite muß

[38] Im Prinzip lassen sich alle Röhrenleistungsverstärker mit einer einfachen Tiefpaßcharakteristik stabilisieren, man muß die Tiefpass-Grenzfrequenz nur tief genug wählen. Die Wirkungsweise versteht man am besten so, daß dieser Tiefpass den Betrag der Schleifenverstärkung vor Einsetzen der

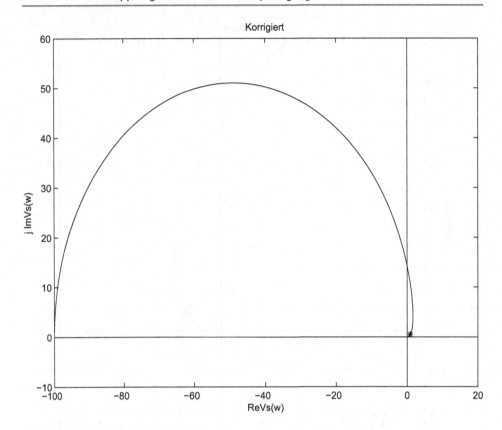

Abb. 8.65 Tiefpass-korrigierte Ortskurve

mit der Grenzfrequenz des Hochpassanteils ein weiterer Parameter für die Auslegung berücksichtigt werden.

Für die OF- und UF-Stufen-Korrektur nach Abschn. 8.10.5 wollen wir nun zwei einfache Dimensionierungen für Röhrenverstärker durchrechnen.

8.10.5.2 Dimensionierung einer Stufen-Glied-OF-Frequenzgangskorrektur

Wir gehen von einem Triodenverstärker ohne Stromgegenkopplung wie in Abb. 8.68 aus, der mit einem (durchaus gebräuchlichen) Anodenwiderstand

$$R_a = 4 R_i \tag{8.59}$$

Verstärkerphasendrehungen soweit reduziert hat, daß er unkritisch ist. Man muß allerdings sehen, daß dann für eine starke Gegenkopplung kaum mehr Schleifenverstärkungsreserve vorhanden ist.

Diese Technik der Tiefpasskorrektur wird als `dominant pole compensation` bezeichnet, da der Tiefpasspol wegen seiner niedrigen Frequenz die Schleifenverstärkung bis zum kritischen Betrag dominiert.

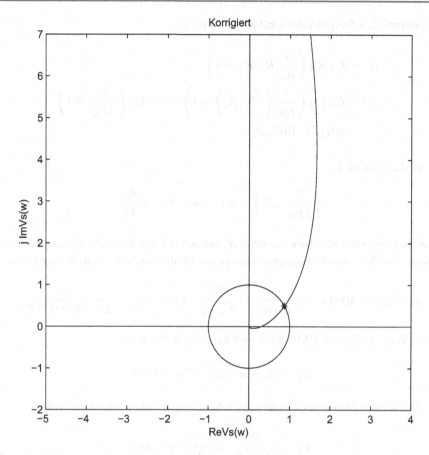

Abb. 8.66 Tiefpass-korrigierte Ortskurve, kritischer Ausschnitt

[Lan53] betrieben wird. Beim Einsatz einer Stufen-Glied-OF-Frequenzgangskorrektur ist der Anodenwiderstand eine Impedanz mit

$$Z_a = R_a \parallel \left(R_H - j \frac{1}{\omega C_H} \right)$$

und die Bedingung (8.59) wird für $\omega = 0$ erfüllt. Für eine Verstärkerstufe mit Stromgegenkopplung ist die Bedingung (8.59) nicht sinnvoll, da der Innenwiderstand (erheblich) zu $R_i' = R_i + (\mu + 1)R_k$ vergrößert wird.

Im weiteren gehen wir davon aus, dass der Gitterwiderstand R_g der Folgestufe groß gegenüber dem der Parallelschaltung von R_a und R_i, dem Verstärkerstufeninnenwiderstand, ist. Da dieser Widerstand parallel zu R_a liegt, vernachlässigen wir ihn und nähern in (8.52) den Lastwiderstand R_L der Triode in Abb. 8.59a mit R_a. Nun berechnen wir die

Zeitkonstante des Tiefpassanteils näherungsweise zu

$$\tau_{S2} = C_H R_H \left(\frac{1}{R_H} R_i \| R_L + 1 \right)$$

$$\approx C_H R_H \left(\frac{1}{R_H} \left(\frac{R_a}{4} \| R_a \right) + 1 \right) = C_H R_H \left(\frac{R_a}{5R_H} + 1 \right)$$

$$= 10\tau_{S1} = 10 C_H R_H \ .$$

Wir erhalten demnach

$$\left(\frac{R_a}{5R_H} + 1 \right) = 10 \quad \text{und} \quad R_H = \frac{R_a}{45} \ .$$

Für einen gegebenen Anodenwiderstand R_a können wir den Korrekturwiderstand R_H berechnen. Den Korrekturkondensator erhalten wir für die Hochpassgrenzfrequenz aus

$$\omega_{S1} = 2\pi \times 4000\,\text{s}^{-1} = \frac{1}{C_H R_H} = \frac{45}{C_H R_a} \quad \text{bzw.} \quad C_H = \frac{45}{2\pi \times 4000\,\text{s}^{-1} R_a} \ .$$

Für die Vorgabe $R_a = 100\,\text{k}\Omega$ erhält man dann die Norm-Werte

$$R_H = 2{,}2\,\text{k}\Omega \quad \text{und} \quad C_H = 18\,\text{nF} \ .$$

Der „frequenzunabhängige Grundabschwächungsfaktor" nimmt dann den Wert

$$k_S = \frac{R_L}{R_i + R_L} \approx \frac{R_a}{R_i + R_a} = 0{,}8$$

an, womit wir eine Stufenverstärkung von $V = -\mu k_S$ erhalten.

8.10.5.3 Dimensionierung einer Stufen-Glied-UF-Frequenzgangskorrektur

Für das Beispiel der Dimensionierung einer Stufen-Glied-UF-Frequenzgangskorrektur gehen wir von der typischen Schaltung in Abb. 8.67 aus. Die Endröhre eines Leistungsverstärkers mit automatischer Gittervorspannungserzeugung über R_{k2} und C_{k2} wird von einem Kathodenfolger angesteuert. Der Kathodenfolger wird über U_{DC} so eingestellt[39], dass die Gleichspannung an der Kathode ungefähr null Volt beträgt, womit die Gleichgrößenkopplung zwischen beiden Stufen möglich wird. Der Preis dafür ist die zusätzliche negative Betriebsspannung $-U_{BN}$. Der Ausgangswiderstand des Kathodenfolgers ist für die Stufen-Glied-UF-Frequenzgangskorrektur unerheblich.

---

[39] Mit der veränderlichen Gleichspannung ließen sich z. B. in einer Gegentaktendstufe die beiden Endröhren fein für die Anodenruheströme symmetrieren. Gleichspannungen in der Schaltung werden aber mit dem Spannungsteiler R_K und R_g abgeschwächt. Diese Abschwächung vermindert natürlich auch Gleichspannungsänderungen, die z. B. auf Altern der Triode zurückzuführen sind.

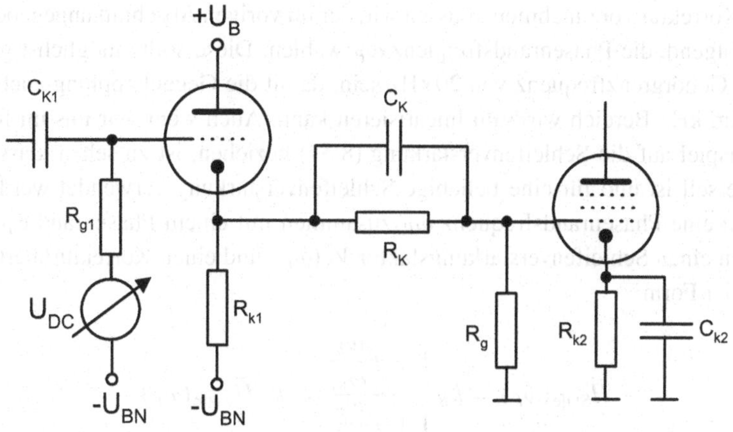

Abb. 8.67 Treiber- und Endverstärker mit UF-Stufen-Glied

Wir dimensionieren für die Bedingungen $\omega_{S1} = 2\pi \times 10\,\mathrm{s}^{-1}$ und $\omega_{S2} = 2\pi \times 100\,\mathrm{s}^{-1}$, was zu einer Stufentiefe von 20 dB führt. Unser Ansatz lautet mit (8.54)

$$\frac{1}{\omega_{S1}} = C_K R_K$$

$$\frac{1}{\omega_{S2}} = \frac{1}{10\omega_{S1}} = C_K \frac{R_K R_g}{R_g + R_K}, \quad \text{u. d. B.} \quad R_S \ll R_g.$$

Wir stellen die erste Ansatzgleichung nach C_K um und erhalten damit aus der zweiten Ansatzgleichung

$$R_K = 9R_g.$$

Wir legen den Kondensatorwert wie im Beispiel zur Dimensionierung einer Stufen-Glied-OF-Frequenzgangskorrektur auf $C_K = 18\,\mathrm{nF}$ fest und erhalten damit aus der ersten Ansatzgleichung

$$R_K = \frac{1}{C_K \omega_{S1}} \approx 880\,\mathrm{k\Omega},$$

die wir z. B. mit der Reihenschaltung $820\,\mathrm{k\Omega} + 56\,\mathrm{k\Omega}$ mit Normwerten zusammensetzen können. Den Gitterableitwiderstand legen wir dann zu $R_g = 100\,\mathrm{k\Omega}$ fest.

8.10.5.4 Zweites numerisches Experiment, Festlegung der Phasenrandsfrequenz

Die Wahl der Stufentiefe des Stufen-Glieds sagt zunächst nichts über den Erfolg der Korrektur im Hinblick auf eine wirksame Gegenkopplung aus. Um unter diesem Aspekt eine günstige Korrektur vorzunehmen, müssen wir, der im vorigen Abschnitt angegebenen Diskussion folgend, die Phasenrandsfrequenz ω_P wählen. Diese sollte möglichst größer als die obere Gehörgrenzfrequenz von 20 kHz sein, damit die Gegenkopplung auch für Frequenzen im kHz-Bereich wirksam linearisieren kann. Auch wenn wir uns im folgenden Zahlenbeispiel auf die Schleifenverstärkung (8.57) beziehen, ist zu sehen, dass der Ansatz universell ist und für eine beliebige Schleifenverstärkung verwendet werden kann. Wir geben eine Phasenrandsfrequenz ω_P zusammen mit einem Phasenrand φ_P vor und verwenden einen Schleifenverstärkungsfaktor $V_S(\omega_P)$ und einen Korrekturübertragungsfaktor in der Form

$$H_{\text{Stufe}}(\omega_P) = k_S \frac{1 + j\dfrac{\omega_P}{\omega_{S1}}}{1 + j\dfrac{\omega_P}{\omega_{S2}}} = k_S \widetilde{H}_{\text{Stufe}}(\omega_P) \, .$$

Den Schleifenverstärkungsfaktor $V_S(\omega_P)$ gewinnen wir mit einer SPICE-Simulation. Wichtig an dieser Stelle ist der Hinweis, dass wir den Schleifenverstärkungsfrequenzgang $V_S(\omega)$ für Frequenzen $\omega \neq \omega_P$ nicht kennen müssen. So **entfällt** auch das Lösen des Parameteridentifikationsproblems des vorangegangenen Abschnitts.

Der reelle Ansatz für die Phasenrandsbedingung lautet nun

$$|k_S V_S(\omega_P)| \left| \widetilde{H}_{\text{Stufe}}(\omega_P) \right| = 1 \, ,$$
$$\arg(V_S(\omega_P)) + \arg\left(\widetilde{H}_{\text{Stufe}}(\omega_P)\right) = \varphi_P \, .$$

Für die folgende Rechnung ist es günstiger, den entsprechenden Ansatz mit komplexen Größen zu wählen

$$k_S V_S(\omega_P) \widetilde{H}_{\text{Stufe}}(\omega_P) = e^{j\varphi_P} \, .$$

Nach einigen algebraischen Umformungen, siehe Kapitelanhang 8.1, erhalten wir zwei Berechnungsvorschriften

$$\omega_{S1} = \omega_P \frac{\text{Im}\left\{k_S V_S(\omega_P) e^{j\varphi_P}\right\}}{\text{Re}\left\{k_S V_S(\omega_P) e^{j\varphi_P}\right\} - 1}$$

und

$$\omega_{S2} = \omega_P \frac{\sin(\varphi_P)}{\text{Im}\left\{k_S V_S(\omega_P)\right\}\dfrac{\omega_P}{\omega_{S1}} + \cos(\varphi_P) - \text{Re}\left\{k_S V_S(\omega_P)\right\}} \, .$$

Mit den Zahlenwerten des ersten numerischen Beispiels konnten wir die Werte in der Tab. 8.7 berechnen. Beim Lesen dieser Tabelle erkennen wir, dass wir die Phasenrands-

Tab. 8.7 Phasenrandsfrequenzen

$\frac{\omega_P}{2\pi}$	$\frac{\omega_{S2}}{2\pi}$	$\frac{\omega_{S1}}{2\pi}$
50 kHz	1233,6 Hz	21.780,4 Hz
60 kHz	1066,7 Hz	13.799,2 Hz
70 kHz	390,6 Hz	3915,3 Hz
73 kHz	54,4 Hz	509,52 Hz

frequenz nicht beliebig hoch wählen können. Oberhalb von $\frac{\omega_P}{2\pi} = 73$ kHz sind die Phasenrandsbedingungen nicht mehr zu erfüllen. Im weiteren sehen wir, dass das erste, experimentell gewonnene Ergebnis von hoher Qualität ist.

Im Resümee bleibt anzuführen, dass ein Stufen-Glied auf der einen Seite eine recht leistungsfähige Frequenzgangskorrektur ermöglicht, auf der anderen Seite aber ist die Dimensionierung nicht trivial und verlangt einen erheblichen Berechnungs- oder Experimentieraufwand. Zu ergänzen ist noch, dass man noch effizientere Frequenzgangskorrekturen mit Korrekturnetzwerken zweiter Ordnung, z. B. mit Bandsperr-Netzwerken, realisieren kann. Hier müssen wir auf die Literatur verweisen. In [Lan53] werden z. B. RLC-Korrekturnetzwerke diskutiert. In der Praxis wird man solche Techniken bei NF-Röhrenleistungsverstärkern vermeiden, da eine Dimensionierung zu kompliziert ist.

8.10.6 Frequenzgangskorrekturen am Röhrenleistungsverstärker und ihre praktischen Ausführungen

Gebräuchlich sind vier Frequenzgangskorrekturtechniken in Röhrenleistungsverstärkern, von denen manchmal nur eine, manchmal mehrere, dies vor allem bei modernen und hochwertigen Röhrenleistungsverstärkern, und bisweilen sogar alle vier eingesetzt werden. Es sei an dieser Stelle noch einmal erwähnt, dass in den 50er und 60er Jahren, als Röhrenleistungsverstärker noch weit verbreitet kommerziell gefertigt wurden, die Meßmöglichkeiten in den Entwicklungslaboren weit entfernt von den heutigen Standards waren. So verfügte man damals nur selten über Oszilloskope mit vielen Megahertz Bandbreite, die für die Dimensionierung einer aufwendigen Frequenzgangskorrektur unbedingt nötig sind. Heute sind wir besser ausgestattet. Wir verfügen über weit leistungsfähigere Messtechnik und vor allem verfügen wir über Schaltungssimulatoren, die unsere Labortestarbeit erheblich unterstützen.

Mit diesem letzten Kapitelabschnitt stellen wir Methoden der Laborpraxis als Alternative zur „strengen" rechnerischen Behandlung der Frequenzgangskorrekturen mit Stufen-Gliedern vor, wie wir sie z. B. in historischen Handbüchern finden. Gleichzeitig ergänzen wir die Vorstellung weiterer Frequenzgangskorrekturmaßnahmen am Ausgangsübertrager und im Netzwerk zur Rückführung des Global-Gegenkopplungs-Signals.

Abb. 8.68 Stufen-Glied zur
OF-Entzerrung

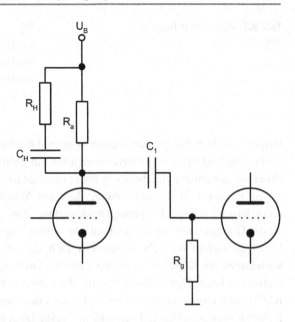

(1) Stufen-Glied zur OF-Frequenzgangskorrektur

Ein RC-Serienglied als Stufen-Glied wird meist parallel zum Arbeitswiderstand einer
hochverstärkenden Spannungsverstärkerstufe, in den Röhrenleistungsverstärkern ist dies
zumeist die erste Stufe, die Vorverstärkerstufe, angeordnet. Das Bild (8.68) zeigt die
gebräuchliche Schaltungstechnik. Es bezeichnen R_a den Arbeitswiderstand der Verstärkerröhre, R_g den Gitterwiderstand der Folgeröhre und C_1 den Koppelkondensator. Das
Stufen-Glied wird mit den Bauelementen R_H und C_H gebildet und entspricht dem Netzwerk a in Abb. 8.59 im Abschn. 8.10.5. Unter Berücksichtigung der weiteren Bauelemente
können wir Überschlags-Formeln angeben, die für die Dimensionierung benutzt werden
können. Solche Überschlagsformeln finden wir bei [Lan53]:

- Frequenzunabhängiges Übertragungsmaß

$$\ddot{U} \approx 20 \log \frac{R_H}{R^* + R_H} \, ,$$

- Grenzfrequenz des Tiefpassanteils (cut off frequency),

$$f_{TP} \approx \frac{1}{2\pi R^* C_H} \, ,$$

- Grenzfrequenz des Hochpassanteils (flattening-out frequency)

$$f_{HP} \approx \frac{1}{2\pi R_H C_H} \, ,$$

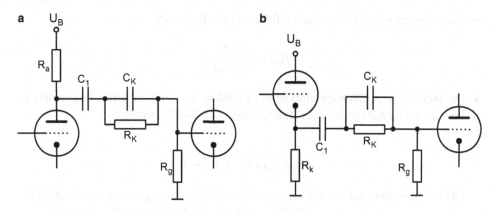

Abb. 8.69 Stufen-Glied zur UF-Entzerrung mit zwei Ansteuerungstechniken

mit dem zusammengefassten Widerstand

$$R^* = R_a \| R_g .$$

In vielen Industrieverstärkern finden wir die Dimensionierung $R_H = R_a/10$, die möglicherweise eine Art Rezept-Status erlangt hat.

(2) Stufen-Glied zur UF-Frequenzgangskorrektur
Ein RC-Parallelglied wird in die Kopplung zweier Verstärkerstufen eingebracht. Abbildung 8.69 zeigt die Schaltungstechnik in zwei Varianten. In der Variante a, die Variante mit Spannungsverstärkung in der ersten Röhre, müssen wir den Quellwiderstand vor dem Stufen-Glied berücksichtigen. Die Variante b haben wir in ähnlicher Form bereits im Abschn. 8.10.5.3 kennengelernt. Die Bauelemente im Bild entsprechen denjenigen im vorangehenden Abschnitt. Das Stufen-Glied wird mit den Bauelementen R_K und C_K gebildet und entspricht bis auf den Koppelkondensator C_1, der aber ohnehin „groß genug" zu dimensionieren ist, dem Netzwerk b in Abb. 8.59 im Abschn. 8.10.5. In [Lan53] finden wir ebenfalls Überschlagsformeln:

- Frequenzunabhängiges Übertragungsmaß

$$\ddot{U} \approx 20 \log \frac{R_K}{R_g + R_K} ,$$

- Grenzfrequenz des Hochpassanteils (cut off frequency),

$$f_{TP} \approx \frac{1}{2\pi C_K (R_a + R_g)} ,$$

- Grenzfrequenz des Tiefpassanteils (flattening-out frequency)

$$f_{HP} \approx \frac{1}{2\pi R_K C_K},$$

- Der Wert des Koppelkondensators ist so zu wählen, dass seine Abschwächungswirkung bei f_{HP} vernachlässigbar ist. In [Lan53] finden wir den Vorschlag

$$C_1 \approx \frac{5}{\pi f_{HP}(R_K + R_a + R_g)}.$$

Die UF-Korrektur, auch wenn sie gerade bei Röhrenleistungsverstärkern wichtig ist, wurde früher nur selten angewendet. Bei modernen hochwertigen Röhrenverstärkern ist sie eher zu finden. Argumente hierzu haben wir bereits im Abschn. 8.9.1 angeführt.

In diesem Abschnitt bleibt noch zu erwähnen, dass die mit einem Kondensator, parallel zum Kathodenwiderstand[40] angeordnet, versehene Kathodenbasisschaltung ebenfalls ein UF-Stufen-Glied darstellt. Wir gehen von der Schaltung in Abb. 8.2b aus, für die die Spannungsverstärkung ohne Kondensator C_k den Wert

$$V' = \frac{U_A}{U_E} = \frac{-\mu R_L}{R_i + R_L + (\mu + 1)R_K}$$

annimmt, den wir bereits hergeleitet haben. Wir ersetzen nun R_K durch die Parallelschaltung von R_K und C_K mit der Impedanz

$$Z_K = \frac{R_K}{1 + j\omega C_K R_K}$$

und erhalten für die interessierende Spannungsverstärkung nun eine Frequenzabhängigkeit in nunmehr wohlbekannter Form

$$
\begin{aligned}
V'(\omega) &= \frac{-\mu R_L}{R_i + R_L + (\mu + 1)\dfrac{R_K}{1 + j\omega C_K R_K}} \\[2mm]
&= \frac{-\mu R_L (1 + j\omega C_K R_K)}{R_i + R_L + (\mu + 1)R_K + j\omega C_K R_K (R_i + R_L)} \\[2mm]
&= \frac{-\mu R_L}{R_i + R_L + (\mu + 1)R_K} \cdot \frac{1 + j\omega C_K R_K}{1 + j\omega C_K R_K \dfrac{R_i + R_L}{R_i + R_L + (\mu + 1)R_K}} \\[2mm]
&= k_S \frac{1 + j\omega\tau_{S1}}{1 + j\omega\tau_{S2}}
\end{aligned}
$$

---

[40] Frequenzabhängiges Aussetzen der Stromgegenkopplung

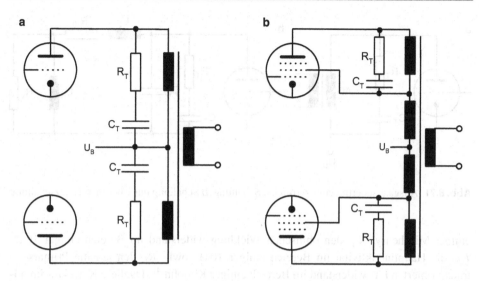

Abb. 8.70 Stufenglieder an der Primärseite eines Ausgangsübertragers

mit

$$k_S = \frac{-\mu R_L}{R_i + R_L + (\mu + 1)R_K}, \quad \tau_{S1} = C_K R_K, \quad \tau_{S2} = C_K R_K \frac{R_i + R_L}{R_i + R_L + (\mu + 1)R_K}.$$

Die Anwendung dieser Schaltungstechnik zum Lösen eines Instabilitätsproblems im UF-Bereich wird allerdings zumeist daran scheitern, dass die Widerstandswerte nicht frei gewählt werden können. Zudem muß der Kondensator C_K eine vergleichsweise große Kapazität zur Erzielung einer großen Zeitkonstante τ_1 aufweisen, da der Widerstand R_K im Bereich nur einiger $100\,\Omega$ liegt. Ein solcher Kondensator ist ein Elektrolytkondensator mit einer vergleichsweise erheblichen Kapazitätstoleranz, die sich dann auch auf die Toleranz der Zeitkonstanten auswirkt.

(3) Stufen-Glied zur Ausgangsübertrager-Korrektur
Ein RC-Reihenglied mit den Bauelementen R_T und C_T wird oft parallel zum Ausgangsübertrager angeordnet, wie es in Abb. 8.70 gezeigt wird. Das Schaltungsfragment könnte z. B. Teil eines Gegentaktverstärkers sein. Beim Gegentaktverstärker mit Trioden oder mit Pentoden bei fester Schirmgitterspannung erfolgt der Anschluss zweier Stufen-Glieder parallel zu den beiden Primärwicklungshälften. Bei Pentodenverstärkern in Ultralinearschaltung mit am Übertrager gewonnener Gegenkopplungsspannung für die Schirmgitter erfolgt der Anschluss zweier Stufen-Glieder oft parallel zu den beiden Primärwicklungsteilen zwischen Anoden- und Schirmgitteranschlüssen. Die Notwendigkeit einer solchen Korrektur erkennt man in Abb. 8.71, in das die für diesen Fall wichtigen Elemente einer Transformatorersatzschaltung aufgenommen wurden. Es bezeichnen der Kondensator C_W die Wicklungskapazität im Bereich einiger $100\,\mathrm{pF}$, L_σ die Streuinduktivität im Bereich

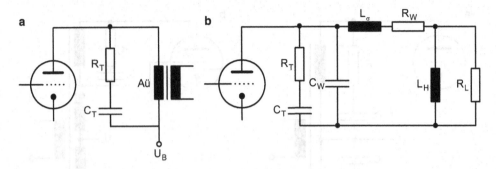

Abb. 8.71 Ausgangsübertragerentzerrung: **a** Schaltung, **b** Schaltung mit Übertragerersatzschaltung

einiger Millihenry, R_W den ohmschen Wicklungswiderstand im Bereich einiger $10\,\Omega$, L_H die Hauptinduktivität im Bereich einiger $10\,\mathrm{H}$ sowie R_L den auf die Primärseite transformierten Lastwiderstand im Bereich einiger Kiloohm[41]. Da diese Korrektur im höheren Frequenzbereich notwendig ist, können wir die Hauptinduktivität vernachlässigen. Man erkennt einen Schwingkreis, der zur Betragsfrequenzgangsüberhöhung der Schleifenverstärkung im Bereich von zumeist 150..250 kHz führt und einen Sprung im Phasenfrequenzgang mit sich bringt. Mit dem Kompensationsglied lässt sich diese Resonanz erfolgreich bedämpfen, das heißt die Resonanzspitze im Betragsfrequenzgang abflachen.

Zur Veranschaulichung dienen zwei SPICE-Simulationen, die der Autor für einen seiner Gegentakt-Röhrenleistungsverstärker erstellt hat. Die Endröhre ist eine Pentode vom Typ GU50 und wird mit der Steilheit $S = 11{,}5\,\mathrm{mA/V}$ und dem Innenwiderstand $R_i = 40\,\mathrm{k\Omega}$ im Datenblatt spezifiziert. Der Verstärker wird mit fester Schirmgitterspannung und einer Last zwischen den beiden Anoden von $R_{aa} = 5\,\mathrm{k\Omega}$ betrieben. Da es sich um Pentoden handelt, empfiehlt es sich, eine Stromquelle zur Nachbildung der Röhre zu verwenden. SPICE sieht hierfür eine gesteuerte Stromquelle mit dem Kennbuchstaben G vor, die mit einem Strom-Spannungsverhältnis von 0,015 A/V spezifiziert wird und so mit dem Parameter Steilheit eine Steuerspannung in einen Strom umsetzt. Die Abb. 8.72 zeigt eine Hälfte des nicht korrigierten Übertragers mit Haupt- und Streuinduktivität L_H und L_s, Lastwiderstandshälfte R_L, Wicklungswiderstand R_{cu} und Wicklungs-

---

[41] Meist stehen die zur Dimensionierung der Entzerrung notwendigen Daten der Übertrager nicht zur Verfügung. Vielen Entwicklern steht auch kein leistungsfähiger Impedanzanalysator mit einem großen Messfrequenzbereich zur Verfügung. Der Autor kann einen hochgenauen HP4392-Impedanzanalysator nutzen, der bis 13 MHz misst. Wenn ein solcher Impedanzanalysator also nicht zur Verfügung steht, kann man sich zunächst mit Schätzdaten behelfen, die ggf. mit einfach zu messenden Werten ergänzt werden. So kann man den Wicklungswiderstand mit einem Multimeter messen. Die Streuinduktivität kann auch mit einem einfachen Induktivitätsmesser gemessen werden, wenn man den Übertrager sekundärseitig kurzschließt. Die feinere Erfassung entsteht in einem Parallelbetrieb von Verstärker und Simulation, wobei die einfach zu messende Resonanzfrequenz bei der Verfeinerung der Simulation hilft. Auch kann mit der Step-Anweisung in SPICE ein Wertebereich eines Bauelements in kurzer Zeit überprüft werden.

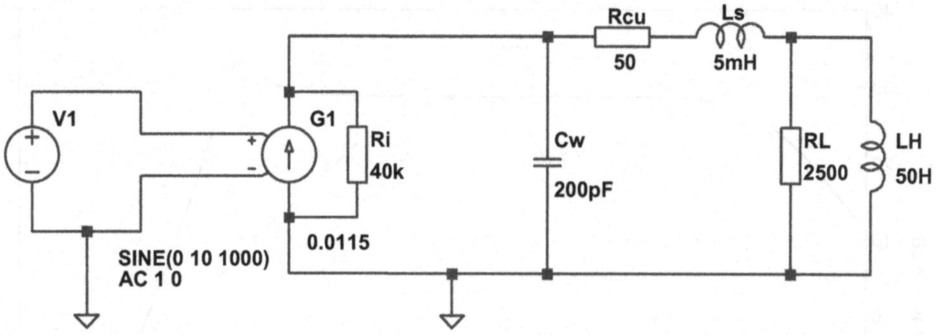

Abb. 8.72 Simulation des nicht entzerrten Ausgangsübertragers

kapazität C_w. Abbildung 8.73 zeigt mit der ununterbrochenen Kurve den Betragsfrequenzgang der Spannung über dem Lastwiderstand. Gut zu erkennen ist eine Resonanzüberhöhung bei ungefähr 160 kHz. Die Abb. 8.74 zeigt die Anwendung eines Stufen-Glieds mit dem Widerstand R_T und dem Kondensator C_T. Die Abb. 8.73 zeigt mit der gestrichelt dargestellten Kurve den entsprechenden Betragsfrequenzgang. Man erkennt gut den Wegfall der Resonanzüberhöhung und die für eine Frequenzgangskorrektur des Gesamtverstärkers nützliche Tiefpasscharakteristik oberhalb einer Frequenz von 10 kHz.

(4) Stufen-Glied in der globalen Rückkopplung

Die Abb. 8.75 zeigt die Rückführung eines Röhrenleistungsverstärkerausgangssignals zum Kathodenwiderstand der Vorverstärkerstufe. Die Spannung an diesem Kathodenwiderstand setzt sich, wie wir bereits wissen, aus zwei, im Ergebnis zu überlagernden, Anteilen zusammen, dem Subsidiär-Anteil, der vom Röhrenstrom verursacht wird und dem Anteil, der von der globale Rückkopplung verursacht wird. Diesen Anteil werden wir im Folgenden berechnen. Wir erhalten

$$\frac{U_A}{U_k} = \frac{R_k}{R_1 + R_k + Z_F},$$

worin Z_F die Impedanz der Parallelschaltung von R_F und C_F ist. Ausgeschrieben erhalten wir

$$\frac{U_A}{U_k} = \frac{R_k}{R_1 + R_k + \dfrac{R_F}{1 + j\omega C_F R_F}}$$

$$= \frac{R_k}{R_1 + R_k + R_F} \frac{1 + j\omega C_F R_F}{1 + j\omega C_F R_F \dfrac{R_1 + R_k}{R_1 + R_k + R_F}}$$

$$= k_S \frac{1 + j\omega \tau_{S1}}{1 + j\omega \tau_{S2}}$$

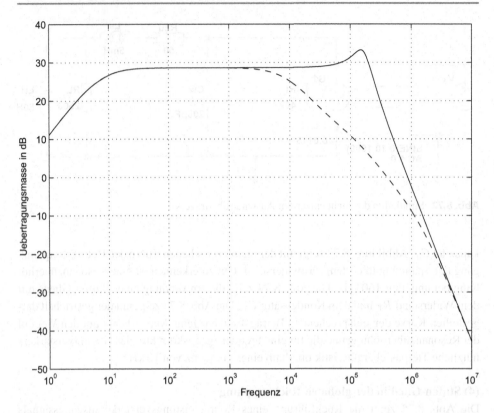

Abb. 8.73 Betragsfrequenzgänge des entzerrten (- -) und des nichtentzerrten Ausgangsübertragers (-)

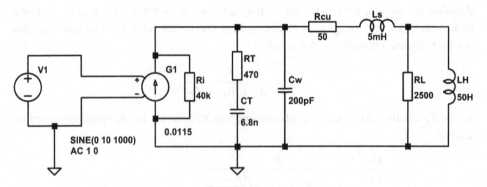

Abb. 8.74 Simulation des entzerrten Ausgangsübertragers

Abb. 8.75 Rückführung eines Röhrenleistungsverstärkerausgangssignals zum Kathodenwiderstand

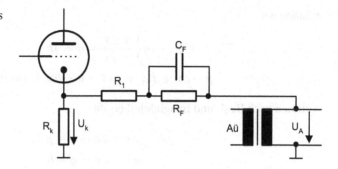

mit

$$k_S = \frac{R_k}{R_1 + R_k + R_F}, \quad \tau_{S1} = C_F R_F,$$

$$\tau_{S2} = C_F R_F \frac{R_1 + R_k}{R_1 + R_k + R_F}.$$

Da $\tau_{S1} > \tau_{S2}$ und somit $\omega_{S1} < \omega_{S2}$ in der Darstellung

$$\frac{U_A}{U_k} = k_S \frac{1 + j \dfrac{\omega}{\omega_{S1}}}{1 + j \dfrac{\omega}{\omega_{S2}}}$$

gilt, handelt es sich um eine Stufen-Glied-Frequenzgangcharakteristik vom Typ b im Abschn. 8.10.5. Die „Stärke" der Rückkopplung wächst mit steigenden Frequenzen, womit u. a. der inhärente Abfall der Schleifenverstärkung hin zu hohen Frequenzen ausgeglichen sein kann. Eine Aufgabe einer solchen Gegenkopplungsfrequenzgangskorrektur ist die Korrektur des Übertragerfrequenzgangs [Lan53].

Kapitelanhang 8.1 Rechenweg der Stufenglied-Frequenzgangskorrektur
Wir gehen von (8.58) aus und notieren

$$\left|1 - V_S(\omega_P)H_{\text{Step}}(\omega_P)\right| = \left|1 - V_S(\omega_P)H_{\text{TP}}(\omega_P)\right| = \left|1 - e^{j\varphi_P}\right|,$$

wofür wir ansetzen

$$V_S(\omega_P)H_{\text{Step}}(\omega_P) = e^{j\varphi_P}.$$

Mit den Abkürzungen

$$V_S(\omega_P) = p + jq$$

$$H_{\text{Step}}(\omega_P) = \frac{1 + jy}{1 + jx}, k_S = 1,$$

$$e^{j(\pi/6)} = a + jb$$

erhalten wir

$$p + jq\frac{1 + jy}{1 + jx} = a + jb$$

$$p - qy + j(q + py) = a - bx + j(b + ax)\,.$$

Auflösen nach Real- und Imaginärteil ergibt

$$bx - qy = a - p$$

$$ax - py = q - b\,.$$

Wir formen um

$$x - \frac{q}{b}y = \frac{a - p}{b}$$

$$x - \frac{p}{a}y = \frac{q - b}{a}$$

und bilden die Differenz

$$y\left(\frac{q}{b} - \frac{p}{a}\right) = \frac{q - b}{a} - \frac{a - p}{b}\,.$$

Wir erhalten schließlich

$$y = \frac{qb + pa - 1}{qa - bp}$$

$$x = \frac{qy + a - p}{b}$$

oder

$$y = \frac{\operatorname{Im}\{V_S(\omega_P)\}\sin(\varphi_P) + \operatorname{Re}\{V_S(\omega_P)\}\cos(\varphi_P) - 1}{\operatorname{Im}\{V_S(\omega_P)\}\cos(\varphi_P) - \operatorname{Re}\{V_S(\omega_P)\}\sin(\varphi_P)}$$

$$x = \frac{\operatorname{Im}\{V_S(\omega_P)\}\,y + \cos(\varphi_P) - \operatorname{Re}\{V_S(\omega_P)\}}{\sin(\varphi_P)}\,.$$

Einsetzen und Berücksichtigen von $k_S \neq 1$ ergibt die gewünschten Berechnungsvorschriften

$$\omega_{S1} = \omega_P\frac{\operatorname{Im}\{k_S V_S(\omega_P)e^{j\varphi_P}\}}{\operatorname{Re}\{k_S V_S(\omega_P)e^{j\varphi_P}\} - 1}$$

und

$$\omega_{S2} = \omega_P\frac{\sin(\varphi_P)}{\operatorname{Im}\{k_S V_S(\omega_P)\}\dfrac{\omega_P}{\omega_{S1}} + \cos(\varphi_P) - \operatorname{Re}\{k_S V_S(\omega_P)\}}\,.$$

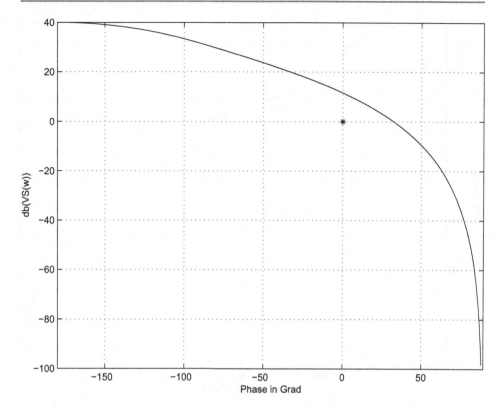

Abb. 8.76 Logarithmierte Schleifenverstärkung, unkorrigiert

Kapitelanhang 8.2 Mittlere Frequenz und komplexwertiger Rückkopplungsfaktor
Nicht in jedem Fall ist das Rückkopplungsnetzwerk resistiv. Häufig werden z. B. bei
Audio-Röhrenleistungsverstärkern Stufen-Glieder im Rückkopplungsnetzwerk verwendet, wie es im Abschn. 8.10.6,(4), auch angesprochen wurde. Der hierfür verwendete
Kondensator ist i. a. aber so geringkapazitiv, dass er im mittleren Hörfrequenzbereich
kaum eine Rolle spielt. Wir können aber dennoch ohne Schwierigkeiten einen komplexwertigen Rückkopplungsfaktor in unsere Definition der mittleren Frequenz aufnehmen.
Wir verlangen, dass bei der mittleren Frequenz f_M die Schleifenverstärkung $V_S(\omega_M)$ reellwertig und negativ ist. Sei nun der komplexwertige Rückkopplungsfaktor mit

$$k(\omega_M) = k_M e^{j\varphi_{kM}}, |\varphi_{kM}| \ll \pi,$$

gegeben, so ergibt sich damit die offene Verstärkung folglich zu

$$V_0(\omega_M) = V_{0M} e^{-j(\varphi_{kM} \pm \pi)}$$

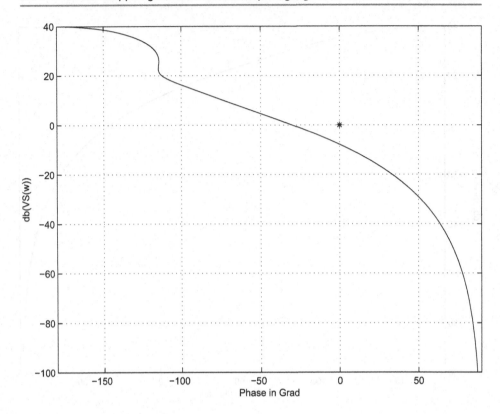

Abb. 8.77 Logarithmierte Schleifenverstärkung, korrigiert

oder

$$V_S(\omega_M) = k_M e^{j\varphi_{kM}} V_{0M} e^{-j(\varphi_{kM} \pm \pi)} = V_{SM} e^{\mp j\pi} .$$

Kapitelanhang 8.3 Logarithmische Darstellung der Schleifenverstärkung

Wir haben zur Darstellung der Schleifenverstärkung mit dem Parameter ω die Ortskurve gewählt, wie es i. a. auch üblich ist. Falls nun aber der Maximalwert des Rückkopplungsfaktors groß ist, müssen wir mit einem zweiten Bild in den kritischen Bereich „hineinzoomen", damit Instabilität erkannt werden kann. Das ist mit einem einzigen Bild möglich, indem die logarithmierte Schleifenverstärkung

$$\mathrm{dB}(|V_S(\omega)|) = 20\log_{10}(|V_S(\omega)|)$$

über dem Phasenwinkel $\varphi_S(\omega)$ mit dem Parameter ω abgebildet wird. Wir haben als Beispiele zwei Bilder gewählt, die je zwei Bilder aus dem Abschn. 8.10.5 ersetzen.

Die Abb. 8.76 zeigt die logarithmierte Schleifenverstärkung eines instabilen Verstärkers und fasst die beiden Abb. 8.61 und 8.62 zusammen. Der kritische Punkt ist markiert. Instabilität bedeutet, dass die Kurve oberhalb des kritischen Punktes verläuft.

Die Abb. 8.77 zeigt die logarithmierte Schleifenverstärkung des mit Hilfe einer Stufen-Glied-Frequenzgangskorrektur stabilen Verstärkers und fasst die beiden Abb. 8.63 und 8.64 zusammen. Auch hier ist der kritische Punkt markiert. Stabilität bedeutet, dass die Kurve unterhalb des kritischen Punktes verläuft. In diesem Bild lassen sich Verstärkungsmaß- und Phasenrand besonders leicht ablesen, da ausgehend vom Null-Durchgang der Kurve zum kritischen Punkt das Maß des Verstärkungsmaßrands durch Bewegung nach unten und der Phasenrand durch Bewegung nach rechts abgelesen werden können.

Anhang Röhrenmodelle

Modelle der Doppeltriode ECC81

- *C81.1*, Heuristisches Modell von Koren (5.85, 5.86): mu=60, x=1.35, kp1=460, kp=300, kvb=300; RGI=2000, C_{gk}=2.3pF, C_{ga}=2.2pF, C_{ak}=1.0pF

Modelle der Doppeltriode ECC82

- *C82.1*, Raumladungsmodell (5.83): K=10.88e-6, mu=18.28, C_{gk}=1.6pF, C_{ga}=1.5pF, C_{ak}=0.5pF
- *C82.2*, Raumladungsmodell (5.83): K=9.6897e-6, mu=17, C_{gk}=1.6pF, C_{ga}=1.5pF, C_{ak}=0.5pF
- *C82.3*, Heuristisches Modell von Koren (5.85, 5.86): mu=21.5, x=1.3, kg1=1180, kp=84, kvb=300; RGI=2000, C_{gk}=2.3pF, C_{ga}=2.2pF, C_{ak}=0.36pF
- *C82.4*, Heuristisches Modell von Koren (5.85, 5.86), Parameter von Konar: mu=19.84, x=1.234, kp1=1258, kp=83.31, kvb=562.6; RGI=2000, C_{gk}=1.6pF, C_{ga}=1.5pF, C_{ak}=0.36pF
- *C82.5*, Heuristisches Modell von Rydel (5.87, 5.88): K=0.524e-3, mu=15.2, kb=49.7, kc=9.93, C_{gk}=1.6pF, C_{ga}=2.5pF, C_{ak}=0.45pF
- *C82.6*, Heuristisches Modell von Duncan

Modelle der Doppeltriode ECC83

- *C83.1*, Spezielles Raumladungsmodell, Spannungsoffset 45V in der Steuerspannung, K=1.147e-6, mu=95.43, C_{gk}=1.6pF, C_{ga}=1.6pF, C_{ak}=0.33pF
- *C83.2*, Heuristisches Modell von Koren (5.85, 5.86), mu=100, x=1.4, kp1=1060, kp=600, kvb=300, C_{gk}=2.3pF, C_{ga}=2.4pF, C_{ak}=0.9pF.
- *C83.3*, Heuristisches Modell von Koren (5.85, 5.86), Parameter von Konar, mu=107.6, X=1.03, kp1=851, kp=682, kvb=8837; RGI=2000, C_{gk}=1.6pF, C_{ga}=1.6pF, C_{ak}=0.33pF

© Springer Fachmedien Wiesbaden 2015
A. Potchinkov, *Simulation von Röhrenverstärkern mit SPICE*,
DOI 10.1007/978-3-8348-2112-6

Modelle der Doppeltriode E88CC

- *C88.1*, Angepasstes Raumladungsmodell K=8.486e-5, mu=29, C_{gk}=3.3pF, C_{ga}=1.4pF, C_{ak}=0.18pF
- *C88.2*, Raumladungsmodell (5.83): K=34.56E-6, mu=31, C_{gk}=3.3pF, C_{ga}=1.4pF, C_{ak}=0.18pF
- *C88.3*, Heuristisches Modell von Koren (5.85, 5.86), Parameter von Konar, mu=35.7, x=1.35, kg1=274, kp=305, kvb=310; RGI=2000, C_{gk}=3.1pF, C_{ga}=1.4pF, C_{ak}=0.45pF

Modelle der Doppeltriode 12BH7A

- *BH7.1*, Raumladungsmodell (5.83): K=22.34e-6, mu=16.64, C_{gk}=3.2pF, C_{ga}=2.6pF, C_{ak}=0.5pF
- *BH7.2*, Heuristisches Modell von Koren (5.85, 5.86), Parameter von Konar, mu=22.52, X=1.48, kg1=995.7, kp=77.5, kvb=104.6; RGI=2000, C_{gk}=3.1pF, C_{ga}=1.4pF, C_{ak}=0.45pF

Modelle der Leistungspentode EL34

- *L34.1*, Raumladungsmodell (5.90, 5.92): K=1.217e-6, muc=132.76, mug2=12.96, alpha=0.955, VK=50, C_{gk}=15.2pF, C_{ga}=1.1pF, C_{ak}=8.4pF, C_{gg2}=5pF
- *L34.2*, Heuristisches Modell von Koren (5.97, 5.98, 5.99): mu=11, X=1.35, kg1=650, kg2=4200, kp=60, kvb=24; RGI=1000, C_{gk}=15pF, C_{ga}=1pF, C_{ak}=8pF
- *L34.3*, Heuristisches Modell von Rydel (5.100, 5.101): Ka=1.99e-3, mu=135, kg2=0.1, mu2=9.2, k1=21, k2=0.1, k3=0.072, k4=10.8, k5=11.5, k6=6.8, C_{gk}=15.2pF, C_{ga}=1.1pF, C_{ak}=8.4pF, C_{gg2}=5pF
- *L34.4*, Heuristisches Modell von Duncan

Bezugsquellen der Röhrenmodellparameter und Subcircuits
Duncan: http://www.duncanamps.com/spicevalvest.html
Koren: http://www.normankoren.com
Koren/Konar: http://www.birotechnology.com/articles/pspice/

Anhang Formelzeichen und Symbole

Allgemeine elektrotechnische Symbole

C:	Kapazität
c_m:	Koeffizient der m-ten Harmonischen
c_m:	Klirrkoeffizient
$c_{d2}, c_{d3.1}, c_{d3.2}$:	Differenztonkoeffizienten zweiter und dritter Ordnung
d_2, d_3:	Differenztonfaktoren zweiter und dritter Ordnung
df:	Frequenzabstand bei Zweitonsignalen
d_{tot}:	Klirrfaktor als Prozentwert
f:	Frequenz
f_A:	Abtastfrequenz
f_G:	Grundfrequenz eines harmonischen Schwingungsgemisches
f_m:	Mittenfrequenz bei Zweitonsignalen
f_S, f_{S1}, f_{S2}, f_Q:	Frequenzen von Testsignalen zur Messung nichtlinearer Verzerrungen
$H(\omega)$:	Übertragungsfunktion eines Vierpols
I, i:	Gleich- und Wechselstrom
I_M:	Intermodulationsfaktor
k:	Kopplungsfaktor für magnetisch gekoppelte Induktivitäten
k_m:	Klirrfaktor bzgl. der m-ten Oberschwingung
k_{mn}:	Kopplungsfaktor für die gekoppelten Induktivitäten L_m und L_n
L, L_h, L_σ:	Induktivität, Haupt- und Streuinduktivität
$L_m, L_{mh}, L_{m\sigma}$:	m-te Induktivität, m-te Haupt- und m-te Streuinduktivität
M:	Gegeninduktivität
N_m:	Windungszahl der m-ten Übertragerwicklung
N_g:	Gesamtwindungsanzahl einer Übertragerwicklung mit Anzapfungen
$r_m = N_m/N_g$:	Übersetzungsfaktoren
p:	Schirmgitteranzapfung in % eines Ultralinearübertragers
P:	elektrische Leistung, Effektivwert einer Wechselleistung

R:	differentieller und allgemeiner Widerstand (Festwertwiderstand)
$R = R_1 \parallel R_2$:	Parallelschaltung zweier Widerstände, $R = R_1 R_2/(R_1 + R_2)$
s:	komplexe Frequenz der Laplace-Transformation
T:	Periodendauer einer Schwingung
t_F:	(Gleichspannungs-)Übertragungsfaktor
T_G:	Periodendauer der Grundschwingung einer Fourieranalyse
U, u:	Gleich- und Wechselspannung
U:	Effektivwert einer Wechselspannung
$\widehat{u}$:	Spitzenwert einer Wechselspannung
U_B:	Versorgungsspannung einer Verstärkerschaltung
$U(\omega)$:	Fouriertransformierte einer Wechselspannung
$\ddot{u}$:	Windungsverhältnis eines Übertragers
$Z = Z_1 \parallel Z_2$:	Parallelschaltung zweier Impedanzen, $Z = Z_1 Z_2/(Z_1 + Z_2)$
Z_C:	Impedanz eines Kondensators mit $Z_C = 1/j\omega C$
Λ:	magnetischer Leitwert
τ:	Zeitkonstante
Φ:	Potential
ω:	Kreisfrequenz

Verstärkerröhren, Elektroden und Indizierung bzgl. der Elektroden an Röhren und in Schaltungen

a, k:	Anode und Kathode einer Verstärkerröhre
g:	Steuergitter einer Triode
g_1, g_2, g_3:	Steuer-, Schirm- und Bremsgitter einer Pentode
i_a, i_k:	Anoden- und Kathodenwechselstrom
U_a, u_a:	Gleich- und Wechselspannung zwischen Anode und Kathode
U_g, u_g:	Gleich- und Wechselspannung zwischen Steuergitter und Kathode einer Triode
$U_{g,1}, u_{g,1}, U_{g,2}, u_{g,2}$:	Gleich- und Wechselspannung zwischen Steuer- oder Schirmgitter und Kathode einer Mehrgitterröhre
$U_{g,3}$:	Gleichspannung zwischen Bremsgitter und Kathode einer Pentode
U_k, u_k:	Gleich- und Wechselspannung zwischen Kathode und Schaltungsmasse
u_{an}, u_{kn}:	Indizierung für Anode und Kathode der n-ten Verstärkerröhre
$u_{g,n}$:	Steuergitter der n-ten Triode
$u_{g1,n}, u_{g2,n}, u_{g3,n}$:	Indizierung für Steuer-, Schirm- und Bremsgitter der n-ten Pentode

Verstärkerröhren, Elektrodenkapazitäten

C_{xy}:	Elektrodenkapazität, z. B. C_{g1a}, C_{g1g2} für Pentoden oder C_{ga}, C_{gk} für Trioden

Röhrendioden und Verstärkerröhren, Kennwerte

a:	Abstand zwischen (Ersatz-)Anode und Kathode
B, B^*:	Bedeckungsverhältnis, bezogenes Bedeckungsverhältnis
D:	Durchgriff der Triode
D_S:	reziproker Bedeckungsfaktor
E_k:	Kontaktpotential
E_T:	Voltgeschwindigkeit, Temperaturspannung
E_0:	Austrittsarbeit
F:	Kathodenfläche
I_S:	Sättigungsstrom
I_R:	Raumladungsstrom
K, K^*:	Raumladungskonstanten
R_i:	(differentieller) Innenwiderstand, Verwendung eines Großbuchstabens R wie es in den Datenblättern üblich ist
S:	Steilheit
U_S:	Sättigungsspannung
μ:	Spannungsverstärkungsfaktor einer Triode
μ_{mn}:	Spannungsverstärkungsfaktor einer Mehrgitterröhre zwischen den Elektroden m und n, z. B. μ_{g2g1}, μ_{ag2}

Verstärkerröhrenbeschaltung

C_B:	Kondensator zur Wechselgrößenüberbrückung des Widerstands R_B
C_f:	Kondensator für eine Gegentaktaussteuerung
C_K:	Koppelkondensator
R_a:	Anodenwiderstand
R_{aa}:	Arbeitswiderstand, Anode zu Anode, von Gegentaktendstufen
R_B:	Widerstand zur automatischen Gittervorspannungserzeugung, Biaswiderstand
R_f:	Widerstand für eine Gegentaktaussteuerung
R_g:	Gitterableitwiderstand
R_{g2}:	Schirmgitter(strombegrenzungs)widerstand
R_{an}, R_{kn}, R_{gn}:	Widerstände der n-ten Verstärkerröhre in einer Schaltung
R_k:	Kathodenwiderstand
R_K:	(differentieller) Innenwiderstand einer Konstantstromsenke

Verstärkerkennwerte

C_E, R_E, Z_E:	Eingangsseitige(r) Kapazität, Widerstand und Impedanz (Parallelschaltung von C_E und R_E)
CMRR:	Gleichtaktunterdrückung des Differenzverstärkers
i_E, i_A:	Ein- und Ausgangswechselstrom eines Verstärkers

i_{01}, i_{02}:   Phasenverschobene Ausgangswechselströme einer Phaseninverter-
                            stufe

R_A: (differentieller) Verstärkerausgangswiderstand, Verstärkerinnen-
                            widerstand

R_L, Z_L: Lastwiderstand, Lastimpedanz, Zusammenfassung aller an der Röh-
                            renausgangselektrode angeschlossenen Bauelemente

R_{01}, R_{02}:   (differentielle) Ausgangswiderstände einer Phaseninverterstufe

u_E, u_A: Ein- und Ausgangswechselspannung eines Verstärkers

u_{01}, u_{02}:   Phasenverschobene Ausgangswechselspannungen einer Phasenin-
                            verterstufe

V: Spannungsverstärkung

V_D, V_G: Differenz- und Gleichtaktverstärkung des Differenzverstärkers

V_{01}, V_{02}:   Spannungsverstärkungen einer Phaseninverterstufe

ξ: Verstärkungssymmetriefaktor einer Phaseninverterstufe

ξ_R: relativer Verstärkungssymmetriefaktor einer Phaseninverterstufe

ρ, σ: Anteile der Gitter-Kathoden-Kapazität C_{gk} und Gitter-Anodenkapa-
                            zität C_{ga} an der Eingangskazität C_E

Kennlinienfelder

$(I_a, U_a)_{Ug}$-   Beispiel einer Kennlinienfeldbezeichnung, In der Klammer ist der
Kennlinienfeld :   funktionale Zusammenhang angegeben, hier Anodenstrom in Ab-
                            hängigkeit von der Anodenspannung, und als Index der Parameter,
                            hier die Gitterspannung

Allgemeine Symbole und Abkürzungen

$E(\ldots)$:   Fehlermaß, in Abhängigkeit von den in der Klammer angegebenen
                            unabhängigen Variablen

n. v.:   nicht verfügbar

u. d. B.:   unter der Bedingung, unter den Bedingungen

V, V1, V2:   Verstärkerröhren

Vp: Spitzenwert einer Spannung in Volt (peak value)

Vpp: Spitze-Spitze-Wert einer Spannung in Volt (peak to peak value)

w_1: dw: w_2:   Liste von Werten zwischen w_1 und w_2 mit dem Abstand dw

? =:   Abfrage auf Gleichheit

! =:   Aufforderung zur Gleichheit

Formelzeichen und Symbole im Kap. 7 (Rauschen)

B: Bandbreite

$B_{\ddot{A}}$:   äquivalente Bandbreite

F^2:   Raumladungsabschwächungsfaktor

f_R: Rauschzahl

F_R: Rauschmaß

$G(f)$: Leistungsverstärkung

G_m: Bezugsleistungsverstärkung

$i_N(t)$: Rauschstrom

i_N: spektrale Rauschstromdichte

I_N: Effektivwert eines Rauschstroms

k: Boltzmannkonstante, eine Naturkonstante mit dem Wert
$k = 1,3806488 \cdot 10^{-23} \frac{J}{K}$

K_f: Stromrauschmaterialkonstante

$K_{N/f}$, $K_{NB/f}$: Funkelrauschkoeffizienten

NI: Noise-Index

NI_{dB}: Noise-Index in Dezibel

p_N: spektrale Rauschleistungsdichte

P_N: Rauschleistung

$\varphi_.(\tau)$: Autokorrelierte

$R_{\ddot{a}}$: äquivalenter Widerstand

$R_{g,opt}$: rauschoptimalen Quellwiderstand

$S_.(f)$: spektrale Dichtefunktion oder spektrale Leistungsdichte

T: Temperatur in Kelvin

T_k: Kathodentemperatur

$T_0 = 300\,K$: globale Temperatur für die SPICE-Rauschanalyse

$T_m(f)$: Transferfunktion

$u_N(t)$: Rauschspannung

u_N: spektrale Rauschspannungsgsdichte

U_N: Effektivwert einer Rauschspannung

$u_{N/f}$, $i_{N/f}$, $U_{N/f}$, Rauschgrößen für $1/f$-Rauschen
$I_{N/f}$, $p_{N/f}$, $P_{N/f}$:

Formelzeichen und Symbole im Kap. 8 (Rückkopplungen)

d: Zeitbereichs-Störsignal

D: Frequenzbereichs-Störsignal

Γ: Stärke der Rückkopplung

f_M: mittlere Frequenz

GBW: Verstärkungs-Bandbreite-Produkt

k: Rückführungsfaktor, Gegenkopplungsfaktor

k_I: Stromrückführungsfaktor

k_U: Spannungsrückführungsfaktor

K: Verzerrungsmaß, Klirrfaktor

THD: Verzerrungsmaß, Total Harmonic Distortions

V_0: offene Verstärkung (*open loop gain*)

V': rückgekoppelte Verstärkung (*closed loop gain*)

V_S: Schleifenverstärkung (*loop gain*)

Literatur

Alh94. Al-Hashimi, B.: The Art of Simulation using PSpice Analog and Digital. CRC Press (1994)

Ana48. Analog Devices: Op Amp Noise Relationships: $1/f$ Noise, RMS Noise, and Equivalent Noise Bandwidth. MT-048 TUTORIAL (2009)

Art43. Artzt, M.: Balanced Direct and Alternating Current Amplifiers. United States Patent 2310342 (1943)

Bar64. Barkhausen, H., Woschni, E.: Lehrbuch der Elektronen-Röhren und ihrer technischen Anwendungen. Bd. 2. Verstärker. Hirzel, 9. Aufl. (1964)

Bar65. Barkhausen, H., Woschni, E.: Lehrbuch der Elektronen-Röhren und ihrer technischen Anwendungen. Bd. 1. Allgemeine Grundlagen. Hirzel, 11. Aufl. (1965)

Bax52. Baxandall, P.J.: Negative feedback tone control independent variation of bass and treble without switches. Wireless World **58**, Nr. 10, 402–405 (1952)

Bax81. Baxandall, P.J.: Comments on „On RIAA Equalization Networks" and Author's Reply by Baxandall, Peter J.; Lipshitz, Stanley P., JAES **29**, 47–53 (1981)

BBC68. BBC Research Department Report: The assessment of noise in audio-frequency circuits. http://downloads.bbc.co.uk/rd/pubs/reports/1968-08.pdf (1968). Zugegriffen: 28. April 2015

Bie83. Biering, H., Pedersen, O.Z.: Bruel & Kjaer Technical Review – System Analysis and Time Delay Spectrometry (TDS) (Part I and Part II). Bruel & Kjaer (1983)

Bla78. Blauert, J., Laws, P.: Group Delay Distortions in Electroacoustical Systems, J. Acoust. Soc. Am. **63**, Nr. 5, 1478–1483 (1978)

Ble13. Blencowe, M.: Noise in Triodes with Particular Reference to Phono Preamplifiers, J. Audio Eng. Soc. **61**, Nr. 11, 911–916 (2013)

Bod57. Bode, W.: Network Analysis and Feedback Amplifier Design. D. Van Nostrand Company, Twelfth Printing, Princeton, New Jersey (1957)

Boe60. Boegli, C.: The Anode Follower. Audio **44**, December, 19–22 (1960)

Bor88. Borwick, J.: Loudspeaker and Headphone Handbook. Butterworth & Co. (Publishers) Ltd., London (1988)

Bot50. Bothwell, F.E.: Nyquist Diagrams and the Routh-Hurwitz Stability Criterion- Proceedings of the I.R.E **38**, November, 1345–1348 (1950)

Bri52. Briggs, G.A., Garner, H.H.: Amplifiers, The Why and How of good Amplification. Wharfedale Wireless Works (1952)

Bro99. Broskie, J.: The White Cathode Follower, Tube Cad Journal **1**, Nr. 8, 4–8 (1999)

Bro02. Broskie, J.: SRPP Deconstructed, Tube Cad Journal, John Broskie's Guide to Tube Circuit Analysis & Design. http://www.tubecad.com/ (2002). Zugegriffen: 28. April 2015

Cab97. Cabot, R.: Fundamentals of Modern Audio Measurement. Audio Engineering Society Conference, UK, 12th Conference, The Measure of Audio (MOA), April (1997)

Cat56. Cathode Ray: More about Noise, Wireless World **62**, Nr. 6, 266–270 (1956)

Cor10. Cordell, R.: Designing Audio Power Amplifiers. Mcgraw Hill Book Co (2010)

Cro57. Crowhurst, N.H., Cooper, G.F.: High-Fidelity Circuit Design. Gernsback Library Inc., New York (1957)

Cro57b. Crowhurst, N.: Some Defects in Amplifier Performance Not Covered by Standard Specifications. Journal of the Audio Engineering Society **5**, Nr. 4, 195–202 (1957)

Dem11. Dempwolf, K., Holters, M., Zoelzer, U.: A Triode Model for Guitar Amplifier Simulation with Individual Parameter Fitting. AES 131st Convention, New York, USA, October 20-23 (2011)

Dic97. Dickreiter, M.: Handbuch der Tonstudiotechnik Bd. II. De Gruyter Saur, 6. Aufl. (1997)

Din01. DIN EN 60268-3:2001-10: Elektroakustische Geräte – Teil 3: Verstärker (IEC 60268-3:2000), Deutsche Fassung EN 60268-3:2000. Beuth Verlag GmbH, Berlin (2001)

Due50. Duerdoth, W.T.: Some considerations in the design of negative-feedback amplifiers. Proceedings of the IEE – Part III: Radio and Communication Engineering **97**, Nr. 47, 138–158 (1950)

Ebu79. EBU Tech Note: The EBU Standard Peak-Programme meter for the control of international transmission, European Broadcasting Union, Genf. http://tech.ebu.ch/publications/tech3205 (1979). Zugegriffen: 28. April 2015

ECC81. ECC81: Philips Electronic Tube Handbook, Datenblatt zur Doppeltriode ECC81. Philips Eindhoven (1969)

ECC82. ECC82: Philips Electronic Tube Handbook, Datenblatt zur Doppeltriode ECC82. Philips Eindhoven (1969)

ECC83. ECC83: Philips Electronic Tube Handbook, Datenblatt zur Doppeltriode ECC83. Philips Eindhoven (1969)

E88CC. E88CC: Philips Electronic Tube Handbook, Datenblatt zur Doppeltriode E88CC. Philips Eindhoven (1969)

EL34. EL34: Philips Electronic Tube Handbook, Datenblatt zur NF-Leistungspentode EL34. Philips Eindhoven (1969)

Els84. Elst, G., Schreiber, H.: Rauschanalyse linearer Netzwerke mit korrelierten Rauschquellen. Nachrichtentech., Elektron., Ost-Berlin **34** Nr. 11, 428–430 (1984)

Fer55. Ferguson, W.A.: Design for a 20-Watt High Quality Amplifier. Wireless World **61**, Nr. 5, 223–227 (1955)

Fey07. Fey, F: Mikrofontest, Teil 9. Studio Magazin **21**, Nr. 4, 24–37 (2007)

Fre13. Fredel, R.: Homepage Rainers-Elektronikpage. http://www.rainers-elektronikpage.de/\discretionary-RADIO-RIM-Baumappen\discretionary-/radio-rim-baumappen.html. Zugegriffen: 28. April 2015

Gul87. Guels, J.P.: Röhrenvorverstärker. Elektor **18**, Nr. 194/195, 34–38/56–61 (1987)

Haf51. Hafler, D., Keroes, H.I.: An Ultralinear Amplifier. Audio Engineering **35**, Nr. 11, 15–17 (1951)

Har58. Hartley, H.A.: Audio Design Handbook. Gernsback Library, Inc., New York (1958)

Her77. Hertz, B.F.: Psophometric Noise Measurements on Audio Equipment, preprint 1192. 56th Convention of the AES, March (1977)

Hoe85. Hoefer, E., Nielinger, H.: Spice. Springer (1985)

Hoo69. Hood, J.L.: Simple Class A Amplifier, A 10-W design giving subjectively better results than class B transistor amplifiers. Wireless World **75**, Nr. 4, 148–153 (1969)

Hoo06. Hood, J.L.: Valve & Transistor Audio Amplifiers. Newnes, Amsterdam (2006)

Int94a. Intusoft Newsletter NL34: Modeling Vacuum Tubes Part I. Intusoft Inc., Februar (1994)

Int94b. Intusoft Newlsetter NL35: Modeling Vacuum Tubes Part II. Intusoft Inc., April (1994)

Irt95. IRT (Institut für Rundfunktechnik): Technische Richtlinie 3/5, Tonregieanlagen, Juli (1995)

Irt. IRT (Institut für Rundfunktechnik): http://www.irt.de/IRT/publikationen/\discretionary-braunbuch.htm und http://audio.kubarth.com/rundfunk/index.cgi (1959). Zugegriffen: 28. April 2015

Iso95. ISO/DIS 10845: Akustik – Frequenzbewertung A für Geräuschmessungen, Bd. 06, Beuth Verlag, Berlin (1995)

Iso02. ISO 226:2003: Acoustics – Normal equal-loudness-level contours

Itu468. ITU R468-4: ITU (International Telecommunication Union) (1986)

Jcx10. JCX: http://www.diyaudio.com/forums/software-tools/101810-spice-simulation-37.html#post1333137 (2007). 24. Oktober, Zugegriffen: 28. April 2015

Joh28. Johnson, J.B.: Thermal Agitation of Electricity in Conductors. Physical Review **32**, Nr. 1, 97–109 (1928)

Joh87. Johnson, W.Z.: Cascode Amplifier. United States Patent 4647872 (1987)

Jon95. Jones, M.: Valve Amplifiers. Newnes, Butterworth-Heinemann Ltd, Oxford (1995)

Kli93. Kline, R.: Harold Black and the Negative–Feedback Amplifier. IEEE Control Systems **13**, Nr. 4, 82–85 (1993)

Kon98. Konar, M.F.: Vacuum Tube Parameter Identification Using Computer Methods. Biro Technology, 81 W Golden Lake Road, Circle Pines, MN 55014 USA (1998)

Kor03. Koren, N.: Improved vacuum tube models for SPICE simulations. http://www.normankoren.com/Audio/Tubemodspice_article.html (2003). Zugegriffen: 28. April 2015

Kun95. Kundert, K.S.: The Designer's Guide to Spice & Spectre. Kluwer Academic Publishers (1995)

Lan53. Langford-Smith, F.: Radiotron Designer's Handbook. Amalgamated Wireless Valve Company Pty. Ltd., Sydney (1953)

Lea44. Learned, V.: Corrective Networks for Feedback Circuits. Proceedings of the IRE **32**, Nr. 7, 403–408 (1944)

Lea94. Leach, W.M.: Fundamentals of Low Noise Analog Circuit Design. Proceedings of the IEEE **82**, Nr. 10, 1515–1538 (1994)

Lea95. Leach, W.M.: SPICE Models for Vacuum-Tube Amplifiers. JAES **43**, Nr. 3, 117–126 (1995)

Lea95a. Leach, W.M.: On the Calculation of Noise in Multistage Amplifiers. IEEE Transactions on Circuits and Systems I **42**, Nr. 3, 176–178 (1995)

Lea05. Leach, W.M.: Introduction to Electroacoustics and Audio Amplifier Design. Kendall Hunt Pub. Co., 3. Aufl. (2005)

Lei77. Leinonen, E., Otala, M., Curl, J.: A Method for Measuring Transient Intermodulation Distortion (TIM). Journal of the Audio Engineering Society **25**, Nr. 4, 170–177 (1977)

Lin76. Linkwitz, S.: Active Crossover Networks for Noncoincident Drivers. JAES **24**, Nr. 1, 2–8 (1976)

Lle30. Llewellyn, F.B.: A Study of Noise in Vaccum Tubes and attached Circuits. Proceedings of the Institute of Radio Engineers **18**, Nr. 2, 243–265 (1930)

Lyn51. Lynch, W.: The Stability Problem in Feedback Amplifiers. Proceedings of the IRE **39**, Nr. 9, 1000–1008 (1951)

Mar56. Margolis, S.: On the Design of Active Filters with Butterworth Characteristics. IRE Trans. on Circuit Theory **3**, Nr. 3, 202 (1956)

Mei05. Meitz, V.: Die historische Entwicklung von Kondensatormikrophonen unter Berücksichtigung von Schaltungstechnik und Klangverhalten. Master-Arbeit, Inst. für Sprache und Kommunikation, Fakultät I der TU Berlin (2005)

Mid06. Middlebrook, R.D.: The general feedback theorem: a final solution for feedback systems. Microwave Magazine, IEEE **7**, Nr. 2, 50–63 (2006)

Mil50. Miller, J.: Combining Positive and Negative Feedback. Electronics **23**, March, 106–109 (1950)

Mil89. Mildenberger, O.: System- und Signaltheorie: Grundlagen für das informationstechnische Studium. Vieweg+Teubner Verlag, 2. Aufl. (1989)

Mor59. Morgan-Voyce, A.M.: Ladder network analysis using Fibonacci numbers. IRE Transactions on Circuit Theory, **6**, Nr. 3, 321–322 (1959)

Nyq28. Nyquist, H.: Thermal Agitation of Electric Charge in Conductors. Physical Review. **32**, Nr. 1, 110–113 (1928)

Nyq32. Nyquist, H.: Regeneration Theory. Bell System Technical Journal **11**, 126–147 (1932)

Pea04. Pease, B.: Analog Circuits (World Class Designs). Newnes (2004)

Pet54. Peters, J.: Einschwingvorgänge Gegenkopplung Stabilität. Springer (1954)

Pet61. Pettit, J.M; McWorther, M.M.: Electronic Amplifier Circuits, Theory and Design. McGraw-Hill Book Company, Inc. (1961)

Ree12. Reeve, B.: The Capacitance Multiplier. Making sense of a misunderstood circuit. AudioX-Press **43**, Nr. 8, 18–22 (2012)

Rei44. Reich, H.: Theory and Applications of Electron Tubes. McGraw-Hill Book Company, Inc. (1944)

Rei99. Reifflin, M.: Cathode-Follower High Fidelity Power Amplifier. United States Patent 5859565 (1999)

Ryd95. Rydel, C.: Simulation of Electron Tubes with Spice. Audio Engineering Society Papers, Preprint Nr. 3695 (1995)

Sal55. Sallen, R.P., Key E.L.: A Practical Method of Designing RC Active Filters. IRE Transactions on Circuit Theory **2**, 74–85 (1955)

Sch18. Schottky, W.: Über spontane Stromschwankungen in verschiedenen Elektrizitätsleitern. Annalen der Physik **57**, 541–567 (1918)

Sch64. Schubert, K.: Elektronisches Jahrbuch 1965. Deutscher Militärverlag (1964)

Sch67. Schroeder, H.: Elektrische Nachrichtentechnik: Band II, Röhren und Transistoren mit ihren Anwendungen bei der Verstärkung, Gleichrichtung und Erzeugung von Sinusschwingungen. Verlag für Radio-Foto-Kinotechnik GmbH (1967)

Spa48. Spangenberg, K.R.: Vacuum Tubes. McGraw-Hill Book Company, Inc. (1948)

Ste87. Stearns, S.: Digitale Verarbeitung analoger Signale: Digital Signal Analysis. Oldenbourg Wissenschaftsverlag, 3. Aufl. (1987)

Tel67. Telefunken: Taschenbuch Röhren Halbleiter Bauteile. Telefunken Aktiengesellschaft (1967)

Tel70. Telefunken Laborbuch: Band 1, AEG Telefunken. Zentrales Bildungswesen, 9. Aufl. (1970)

TelII. Telefunken Laborbuch: Band 2, AEG Telefunken. Zentrales Bildungswesen, 5. Aufl., ohne Jahreszahlangabe

Tie10. Tietze, U., Schenk, C.: Halbleiter-Schaltungstechnik. Springer, 13. Aufl. (2010)

Val48. Valley, G., Walman, H.: Vacuum Tube Amplifiers. McGraw-Hill Book Company, Inc. (1948)

Vee99. Van der Veen, M.: Modern High-End Valve Amplifiers Based on Toroidal Output Transformers. Elektor Electronics Publishing, Dorcester (1999)

Vis03. Vishay: Audio Noise Reduction Through the Use of Bulk Metal® Foil Resistors „Hear the Difference". Application Note AN0003 (2005). Revision 12. Juli

Vog11. Vogel, B.: The Sound of Silence: Lowest-Noise RIAA Phono-Amps Designer's Guide. Springer, 2. Aufl. (2011)

Web03. Webers, J.: Handbuch der Tonstudiotechnik. Franzis (2003)

Wol54. Woll H.J., Putzrath F.L.: A Note on Noise in Audio Amplifiers. Transactions of the IRE, Professional Group on Audio **2**, Nr. 2, 39–42 (1954)

Wun06. Wunsch, G., Schreiber H.: Stochastische Systeme. Springer, 4. Aufl. (2006)

Zoe02. Zoelzer, U.: DAFX: Digital Audio Effects. Wiley & Sons (2002)

Zum06. Zumbahlen, H.: Linear Circuit Design Handbook. Elsevier-Newnes, Amsterdam (2008)

Sachverzeichnis

Printed in the United States
By Bookmasters